建筑施工五大员岗位培训丛书

质量员必读

(第二版)

上海市建筑施工行业协会　编
工程质量安全专业委员会
潘延平　主编

中国建筑工业出版社

图书在版编目（CIP）数据

质量员必读/潘延平主编；上海市建筑施工行业协会，
工程质量安全专业委员会编．—2版．—北京：中国建
筑工业出版社，2005
（建筑施工五大员岗位培训丛书）
ISBN 7-112-07506-8

Ⅰ．质… Ⅱ．①潘…②上…③工… Ⅲ．建筑工
程-工程质量-质量控制-技术培训-教材 Ⅳ.TU712

中国版本图书馆CIP数据核字（2005）第074444号

本书介绍施工企业质量员必须掌握的基础知识、专业技术及质量管理
知识。基础知识包括建筑材料、建筑识图、房屋构造及工程质量管理知识
等；专业知识包括土建及安装各分部工程的施工要点和质量验收与控制。
这次修订再版，作者以新颁发的法规文件及建筑业新标准、规范为依
据，对施工各分部工程的质量控制和质量验收工作做了详细的更正和补
充。本书内容丰富，技术先进并有必要的技术基础知识，可作为施工企业
质量员自学或短期培训用，也可供业主和工程监理人人员参阅。

* * *

责任编辑：袁孝敏
责任设计：崔兰萍
责任校对：关　健

建筑施工五大员岗位培训丛书
质 量 员 必 读
（第二版）
上海市建筑施工行业协会
工程质量安全专业委员会　编
潘延平　主编

*

中国建筑工业出版社出版、发行（北京西郊百万庄）
新华书店经销
北京富生印刷厂印刷

*

开本：787×1092毫米　1/16　印张：34¼　字数：832千字
2005年8月第二版　2006年5月第十次印刷
印数：25701—28700册　　定价：53.00元
ISBN 7-112-07506-8
(13460)

版权所有　翻印必究
如有印装质量问题，可寄本社退换
（邮政编码100037）

本社网址：http://www.china-abp.com.cn
网上书店：http://www.china-building.com.cn

《质量员必读》编写人员名单

顾　问：张国琮　徐　伟

主　编：潘延平

副主编：叶伯铭　辛达帆　邱　震

成　员：石国祥　孙玉明　余洪川　徐佳彦　翁益民
　　　　　季　晖　陶为农　董　伟　黄建中　吴晓宇
　　　　　蔡振宇　王国庆　鲍　逸　李慧萍　胡　宽
　　　　　邬嘉荪　宋　玮　汪林红　魏寿根　杨凤芳
　　　　　余康华

第二版出版说明

建筑施工现场五大员(施工员、预算员、质量员、安全员和材料员),担负着繁重的技术管理任务,他们个人素质的高低、工作质量的好坏,直接影响到建设项目的成败。

2001年初,我社根据建设部对现场技术管理人员的要求,编辑出版了"建筑施工五大员岗位培训丛书"共五册,着重对五大员的基础知识和专业知识作了介绍。其中基础知识部分浓缩了建筑业几大科目的知识要点,便于各地施工企业短期、集中培训用。这套书出版后反映良好,共陆续印刷了近10万册。

近4~5年来,我国建筑业形势有了新的发展,《建设工程质量管理条例》、《建设工程安全生产管理条例》、《建设工程工程量清单计价规范》……等一系列法规文件相继出台;由建设部负责编制的《建筑工程施工质量验收统一标准》及相关的十几个专业的施工质量验收规范也已出齐;施工技术管理现场的新做法、新工艺、新技术不断涌现;建筑材料新标准及有关的营销管理办法也陆续颁发。建筑业的这些新的举措和大好发展形势,不啻为我国施工现场的技术管理工作规划了新的愿景,指明了改革创新的方向。

有鉴于此,我们及时组织了对这套"丛书"的修订。修订工作不仅在专业层面上,按照新的法规和标准规范做了大量调整和更新;而且在基础知识方面,对以人为本的施工安全、环保措施等内容以及新的科学知识结构方面也加强了论述。希望施工现场的五大员,通过对这套"丛书"的学习和培训,能具备较全面的基础知识和专业知识,在建筑业发展新的形势和要求下,从容应对施工现场的技术管理工作,在各自的岗位上作出应有的贡献。

中国建筑工业出版社

2005年6月

第一版出版说明

建筑施工企业五大员（施工员、预算员、质量员、安全员和材料员）为建筑业施工关键岗位的管理人员，是施工企业项目基层的技术管理骨干。他们的基础知识水平和业务能力大小，直接影响到工程项目的施工质量和企业的经济效益。五大员的上岗培训工作一直是各施工企业关心和重视的工作之一，原建设部教育司曾讨论制订施工企业八大员的培训计划和大纲，对全国开展系统的教育培训，持证上岗工作，发挥了积极作用。

当前我国建筑业的发展十分迅猛，各地施工任务十分繁忙，活跃在施工现场的五大员，工作任务重，学习时间少，不少企业难以集中较长时间进行正规培训。为了适应这一形势，我们以原建设部教育司的八大员培训计划和大纲为基础，以少而精的原则，结合施工企业目前的人员素质状况和实际工作需要，组织编辑出版了这套"建筑施工五大员岗位培训丛书"，丛书共分5册，它们分别是：《施工员必读》、《预算员必读》、《质量员必读》、《安全员必读》和《材料员必读》，每册介绍各大员必须掌握的基础知识和专业技术、管理知识，内容强调实用性、科学性和先进性，便于教学和培训之用。

本丛书可供各地施工企业对五大员进行短期培训时选用，同时也可作为基层施工管理人员学习参考用书。

中国建筑工业出版社
2001年4月

目 录

第一篇 基础知识

第一章　建筑材料 …………………… 3
　第一节　概述 ……………………… 3
　　一、建筑材料的作用 ……………… 3
　　二、对建筑材料的基本要求 ……… 3
　　三、建筑材料的分类 ……………… 3
　　四、材料的结构 …………………… 4
　　五、材料的基本性质 ……………… 4
　第二节　水泥 ……………………… 7
　　一、水泥的作用和分类 …………… 7
　　二、硅酸盐水泥 …………………… 8
　　三、掺混合材料的硅酸盐水泥 …… 9
　　四、水泥新标准的特点 …………… 11
　第三节　普通混凝土 ……………… 11
　　一、普通混凝土的概念和特点 …… 11
　　二、普通混凝土的组成材料 ……… 11
　　三、普通混凝土的主要技术性质 … 16
　　四、普通混凝土外加剂和掺合料 … 18
　第四节　建筑砂浆 ………………… 20
　　一、建筑砂浆的作用和分类 ……… 20
　　二、砌筑砂浆 ……………………… 21
　　三、抹面砂浆 ……………………… 22
　　四、防水砂浆 ……………………… 23
　第五节　建筑钢材 ………………… 23
　　一、建筑钢材的作用和分类 ……… 23
　　二、建筑钢材的力学性能 ………… 24
　　三、建筑钢材的主要钢种 ………… 25
　　四、钢筋 …………………………… 27
　　五、型钢和钢板 …………………… 28
　第六节　墙体材料 ………………… 29
　　一、墙体材料的作用和分类 ……… 29
　　二、砌墙砖 ………………………… 29
　　三、砌块 …………………………… 30
　第七节　木材 ……………………… 31
　　一、木材的作用和分类 …………… 31
　　二、木材的主要性质 ……………… 32
　　三、人造板 ………………………… 33
　第八节　防水材料 ………………… 33
　　一、防水材料的作用和分类 ……… 33
　　二、防水材料的基本成分 ………… 34
　　三、防水卷材 ……………………… 34
　　四、防水涂料 ……………………… 36
　第九节　装饰材料 ………………… 37
　　一、装饰材料的作用、分类和要求 … 37
　　二、石材 …………………………… 38
　　三、建筑陶瓷 ……………………… 38
　　四、建筑玻璃 ……………………… 39
　　五、建筑塑料制品 ………………… 39
　　六、建筑装饰涂料 ………………… 39
　　七、木材与竹材 …………………… 39
　　八、装饰金属 ……………………… 39
　　九、顶棚罩面板 …………………… 39
　第十节　室内装饰装修材料有害物
　　　　　质限量 ………………………… 40
　　一、人造板及其制品中甲醛释放限量
　　　　（GB 18580—2001） ……………… 40
　　二、溶剂型木器涂料中有害物质限量
　　　　（GB 18581—2001） ……………… 40
　　三、内墙涂料中有害物质限量
　　　　（GB 18582—2001） ……………… 41
　　四、胶粘剂中有害物质限量
　　　　（GB 18583—2001） ……………… 41
　　五、木家具中有害物质限量
　　　　（GB 18584—2001） ……………… 41
　　六、壁纸中有害物质限量
　　　　（GB 18585—2001） ……………… 42
　　七、聚氯乙烯卷材地板中有害物质限量
　　　　（GB 18586—2001） ……………… 42

八、地毯、地毯衬垫及胶粘剂中有害物
　　　质限量（GB 18587—2001） ………… 42
　　九、混凝土外加剂中释放氨的限量
　　　（GB 18588—2001） …………………… 43
　　十、建筑材料放射性核素限量
　　　（GB 6566—2001） ……………………… 43

第二章　建筑力学基础知识 …………………… 45
第一节　静力学基础知识 …………………… 45
　　一、静力学的基本概念 …………………… 45
　　二、静力学的基本公理 …………………… 47
　　三、力矩 …………………………………… 48
　　四、力偶 …………………………………… 49
　　五、荷载及其简化 ………………………… 50
　　六、约束和约束反力 ……………………… 51
　　七、受力图和结构计算简图 ……………… 53
　　八、平面力系的平衡条件 ………………… 55
第二节　轴向拉伸和压缩 …………………… 57
　　一、强度问题和构件的基本变形 ………… 57
　　二、轴向拉伸与压缩的内力和应力 ……… 58
　　三、轴向拉伸与压缩的变形 ……………… 59
　　四、材料在拉伸和压缩时的力学性质 …… 60
　　五、许用应力和安全系数 ………………… 63
　　六、拉伸和压缩时的强度计算 …………… 63
第三节　剪切 ………………………………… 65
　　一、剪切的概念 …………………………… 65
　　二、剪切的应力-应变关系 ……………… 65
　　三、剪切的强度计算 ……………………… 67
第四节　梁的弯曲 …………………………… 68
　　一、梁的弯曲内力 ………………………… 68
　　二、梁的弯曲应力和强度计算 …………… 72
　　三、梁的弯曲变形及刚度校核 …………… 78

第三章　建筑识图 ……………………………… 81
第一节　建筑工程图的概念 ………………… 81
　　一、什么是建筑工程图 …………………… 81
　　二、图纸的形成 …………………………… 81
　　三、建筑工程图的内容 …………………… 85
　　四、建筑工程图的常用图形和符号 ……… 86

第二节　看图的方法和步骤 ………………… 94
　　一、一般方法和步骤 ……………………… 94
　　二、建筑总平面图 ………………………… 95
　　三、建筑施工图 …………………………… 96
　　四、结构施工图 …………………………… 104
　　五、建筑施工图和结构施工图综合
　　　看图方法 ……………………………… 117

第四章　房屋构造和结构体系 ………………… 119
第一节　房屋建筑的类型和构成 …………… 119
　　一、房屋建筑的类型 ……………………… 119
　　二、房屋建筑的构成和影响因素 ………… 120
第二节　房屋建筑基本构成 ………………… 124
　　一、房屋建筑基础 ………………………… 124
　　二、房屋骨架墙、柱、梁、板 …………… 126
　　三、其他构件的构造 ……………………… 127
　　四、房屋的门窗、地面和装饰 …………… 130
　　五、水、电等安装 ………………………… 134
第三节　常见建筑结构体系简介 …………… 135
　　一、多层及高层房屋 ……………………… 135
　　二、单层工业厂房 ………………………… 143
　　三、大空间、大跨度建筑 ………………… 147

第五章　工程质量管理基础 …………………… 153
第一节　概述 ………………………………… 153
　　一、工程质量 ……………………………… 153
　　二、工程质量管理的指导思想 …………… 155
　　三、工程质量管理的基础工作 …………… 155
第二节　政府对工程质量的监督
　　　　　　管理 ………………………………… 157
　　一、政府对工程质量的监督管理形式 …… 157
　　二、工程建设质量检测制度 ……………… 158
　　三、工程质量保修制度 …………………… 159
　　四、质量认证制度 ………………………… 159
第三节　施工单位的工程质量管理 ………… 160
　　一、施工单位的质量责任和义务 ………… 160
　　二、工程施工质量管理的内容和措施 …… 161
　　三、质量员的职责和工作范围 …………… 167

第二篇　专业知识

第六章　土方与基坑支护工程 ………………… 173
第一节　土方开挖 …………………………… 173
　　一、场地和基坑开挖施工 ………………… 173
　　二、填方与压实 …………………………… 176
　　三、施工排、降水方法 …………………… 177
第二节　基坑（槽）支护方法 ……………… 180

一、基坑支护方法……………… 180
　　二、支护结构的监测……………… 182
第七章　地基与基础工程……………… 183
　第一节　地基处理……………………… 183
　　一、换填垫层法…………………… 183
　　二、预压法………………………… 184
　　三、振冲法………………………… 185
　　四、砂石桩法……………………… 186
　　五、深层搅拌法…………………… 186
　　六、高压喷射注浆法……………… 187
　第二节　桩基工程……………………… 187
　　一、桩的分类……………………… 187
　　二、灌注桩施工…………………… 188
　　三、混凝土预制桩施工…………… 190
　　四、钢桩施工……………………… 192
　第三节　基础工程……………………… 192
　　一、刚性基础施工………………… 192
　　二、扩展基础施工………………… 194
　　三、杯形基础施工………………… 196
　　四、筏形基础施工………………… 197
　　五、箱形基础施工………………… 198
第八章　地下防水工程………………… 201
　第一节　概述…………………………… 201
　第二节　地下防水工程施工技术
　　　　　要求………………………… 201
　　一、地下防水工程的一般施工技术
　　　　要求………………………… 201
　　二、几种主要地下防水工程的施工
　　　　技术要求…………………… 203
第九章　砌体工程……………………… 212
　第一节　砌筑砂浆……………………… 212
　　一、水泥砂浆与水泥混合砂浆…… 212
　　二、预拌砂浆……………………… 214
　第二节　砖砌体工程…………………… 216
　　一、一般规定……………………… 216
　　二、质量控制……………………… 217
　　三、质量验收……………………… 220
　第三节　混凝土小型空心砌块砌体
　　　　　工程………………………… 222
　　一、一般规定……………………… 222
　　二、质量控制……………………… 223
　　三、质量验收……………………… 225
　第四节　填充墙砌体工程……………… 226
　　一、一般规定……………………… 226
　　二、质量控制……………………… 226
　　三、质量验收……………………… 228
第十章　混凝土结构工程……………… 230
　第一节　模板工程……………………… 230
　　一、一般要求……………………… 230
　　二、现浇混凝土结构模板工程设计… 230
　　三、模板安装的质量控制………… 232
　　四、模板拆除的质量控制………… 233
　第二节　钢筋工程……………………… 234
　　一、一般要求……………………… 234
　　二、钢筋冷处理的质量控制……… 235
　　三、钢筋加工的质量控制………… 237
　　四、钢筋连接的质量控制………… 238
　　五、钢筋安装的质量控制………… 251
　第三节　预应力混凝土工程…………… 252
　　一、先张法………………………… 252
　　二、后张法………………………… 255
　　三、施工质量控制注意事项……… 261
　第四节　混凝土工程…………………… 262
　　一、原材料要求…………………… 262
　　二、混凝土配合比设计…………… 275
　　三、混凝土施工的质量控制……… 276
　　四、混凝土强度评定……………… 281
　　五、碱骨料反应对混凝土的影响… 283
　第五节　现浇结构混凝土工程………… 285
　　一、一般规定……………………… 285
　　二、外观质量与尺寸偏差………… 286
　第六节　装配式结构混凝土工程……… 287
　　一、一般要求……………………… 287
　　二、预制构件的质量控制………… 287
　　三、预制构件结构性能检验……… 288
　　四、装配式结构施工的质量控制… 288
　第七节　混凝土结构子分部工程……… 288
　　一、结构实体检验………………… 288
　　二、混凝土结构子分部工程验收… 290
第十一章　钢结构工程………………… 292
　第一节　钢结构原材料………………… 292
　　一、钢材…………………………… 292
　　二、焊接材料……………………… 294

三、连接用紧固件……………… 295
　　四、钢网架材料………………… 297
　　五、涂装材料…………………… 298
　　六、其他材料…………………… 299
　第二节　钢结构连接………………… 300
　　一、钢结构焊接………………… 300
　　二、钢结构紧固件连接………… 303
　第三节　钢结构加工制作…………… 307
　　一、钢零件及钢部件加工……… 307
　　二、钢构件组装和预拼装……… 313
　　三、钢网架制作………………… 315
　第四节　钢结构安装………………… 317
　　一、钢结构安装………………… 317
　　二、钢网架安装………………… 323
　第五节　钢结构涂装………………… 326
　　一、钢结构防腐涂装…………… 326
　　二、钢结构防火涂装…………… 328
　第六节　钢结构分部工程质量验收… 328
第十二章　门窗与幕墙工程…………… 331
　第一节　门窗工程…………………… 331
　　一、一般规定…………………… 331
　　二、木门窗……………………… 333
　　三、钢门窗……………………… 336
　　四、铝合金门窗………………… 338
　　五、涂色钢板门窗……………… 341
　　六、塑料门窗…………………… 342
　　七、特种门……………………… 346
　　八、门窗玻璃安装……………… 348
　第二节　幕墙工程…………………… 350
　　一、一般规定…………………… 350
　　二、材料要求…………………… 353
　　三、幕墙的性能和构造要求…… 355
　　四、幕墙的产品保护…………… 357
　　五、幕墙的施工技术…………… 358
　　六、幕墙的质量监督检验……… 362
第十三章　屋面防水与保温隔热屋面
　　　　　工程……………………… 370
　第一节　屋面防水工程……………… 370
　　一、卷材屋面防水工程………… 370
　　二、涂膜屋面防水工程………… 378
　　三、刚性屋面防水工程………… 382
　第二节　保温与隔热屋面…………… 386

　　一、保温屋面…………………… 386
　　二、隔热屋面…………………… 388
第十四章　建筑地面工程……………… 391
　第一节　基层工程…………………… 391
　　一、基土………………………… 391
　　二、垫层………………………… 392
　　三、找平层……………………… 395
　　四、隔离层……………………… 396
　　五、填充层……………………… 397
　第二节　整体面层工程……………… 397
　　一、水泥混凝土（含细石混凝土）
　　　　面层………………………… 397
　　二、水泥砂浆面层……………… 398
　　三、水磨石面层………………… 399
　　四、防油渗面层………………… 400
　　五、沥青砂浆和沥青混凝土面层… 400
　　六、水泥钢（铁）屑面层……… 401
　第三节　板块地面工程……………… 402
　　一、砖面层……………………… 402
　　二、大理石和花岗石面层……… 403
　　三、塑料地板面层……………… 403
　　四、活动地板面层……………… 405
　第四节　木质楼板地面工程………… 405
　　一、硬木地板面层……………… 405
　　二、硬质纤维板面层…………… 406
　第五节　地面工程变形缝与镶边的
　　　　　设置……………………… 407
　　一、变形缝的设置……………… 407
　　二、镶边的位置………………… 410
第十五章　装饰工程…………………… 411
　第一节　抹灰工程…………………… 411
　　一、抹灰工程施工技术要求…… 411
　　二、抹灰工程施工质量控制…… 413
　第二节　涂饰工程…………………… 414
　　一、涂饰工程施工技术要求…… 414
　　二、涂饰工程施工质量控制…… 416
　第三节　轻质隔墙工程……………… 417
　　一、轻质隔墙工程施工技术要求… 417
　　二、隔墙工程的施工质量控制… 420
　第四节　吊顶工程…………………… 421
　　一、吊顶工程施工技术要求…… 421
　　二、吊顶工程施工质量控制…… 423

第五节 饰面板（砖）工程 …………… 424
  一、饰面板（砖）工程施工技术要求 …… 424
  二、饰面板（砖）工程施工质量控制 …… 428
第六节 裱糊与软包工程 …………………… 429
  一、裱糊与软包工程施工要求 …………… 429
  二、裱糊与软包工程的质量控制 ………… 431
第七节 细部工程 …………………………… 431
  一、细部工程施工技术要求 ……………… 431
  二、细部工程的质量控制 ………………… 432

第十六章 建筑给水排水及采暖工程 …… 434
 第一节 室内给水管道安装 ……………… 434
  一、施工技术要求 ………………………… 434
  二、施工质量控制 ………………………… 434
 第二节 室内塑料排水管安装 …………… 438
  一、施工技术要求 ………………………… 438
  二、施工质量控制 ………………………… 439
 第三节 卫生洁具安装 …………………… 440
  一、施工技术要求 ………………………… 440
  二、施工质量控制 ………………………… 440
 第四节 室内采暖管道安装 ……………… 442
  一、施工技术要求 ………………………… 442
  二、施工质量控制 ………………………… 442
 第五节 室内消防管道及设备安装 ……… 444
  一、施工技术要求 ………………………… 444
  二、施工质量控制 ………………………… 444
 第六节 锅炉及附属设备安装 …………… 446
  一、施工技术要求 ………………………… 446
  二、施工质量控制 ………………………… 446
 第七节 室内自动喷水灭火系统
      安装 ……………………………… 448
  一、施工技术要求 ………………………… 448
  二、施工质量控制 ………………………… 449

第十七章 电气工程 ………………………… 450
 第一节 导管工程 ………………………… 450
  一、导管工程技术要求 …………………… 450
  二、电气导管工程质量检查 ……………… 452
 第二节 配线工程 ………………………… 454
  一、配线工程技术要求 …………………… 454
  二、配线工程的质量检查 ………………… 456
 第三节 电气照明装置安装工程 ………… 458
  一、照明装置安装技术要求 ……………… 458

  二、照明装置工程质量检查 ……………… 460
 第四节 配电装置安装工程 ……………… 462
  一、成套柜安装技术要求 ………………… 462
  二、配电装置的质量检查 ………………… 464
 第五节 避雷针（带）及接地装置
      安装工程 ………………………… 466
  一、避雷针（带）及接地装置安装技术
    要求 …………………………………… 466
  二、避雷针（带）及接地装置质量
    检查 …………………………………… 467

第十八章 通风与空调工程 ………………… 469
 第一节 风管制作 ………………………… 469
  一、施工技术要求 ………………………… 469
  二、施工质量控制 ………………………… 474
 第二节 风管部件制作 …………………… 475
  一、施工技术要求 ………………………… 475
  二、施工质量控制 ………………………… 476
 第三节 风管系统安装 …………………… 477
  一、施工技术要求 ………………………… 477
  二、施工质量控制 ………………………… 480
 第四节 通风与空调设备安装 …………… 482
  一、施工技术要求 ………………………… 482
  二、施工质量控制 ………………………… 485
 第五节 空调水系统及制冷设备
      安装 ……………………………… 486
  一、施工技术要求 ………………………… 486
  二、施工质量控制 ………………………… 489
 第六节 防腐与绝热 ……………………… 492
  一、施工技术要求 ………………………… 492
  二、施工质量控制 ………………………… 495
 第七节 系统调试 ………………………… 497
  一、施工技术要求 ………………………… 497
  二、施工质量控制 ………………………… 498

第十九章 电梯安装工程 …………………… 500
 第一节 设备进场验收与土建交接
      检验 ……………………………… 500
  一、设备进场控制要点 …………………… 500
  二、土建交接检验 ………………………… 500
 第二节 电梯机房设备安装 ……………… 500
  一、曳引机组安装 ………………………… 500
  二、承重梁安装 …………………………… 501

三、制动器安装 …………………… 502
四、限速器安装 …………………… 502
五、导向轮（或复绕轮）安装 …… 503
六、电气装置 ……………………… 503
七、控制柜、屏安装 ……………… 504
八、电机接线 ……………………… 505
九、线槽与电气配管安装 ………… 505
十、机房安全规定 ………………… 507

第三节 井道设备安装 ……………… 507
一、导轨支架安装 ………………… 507
二、导轨安装 ……………………… 508
三、对重装置安装 ………………… 509
四、井道电气安装 ………………… 510
五、井道安全规定 ………………… 510
六、曳引绳安装 …………………… 512

第四节 轿厢、层门安装 …………… 513
一、轿厢、轿门安装 ……………… 513
二、轿厢体拼装 …………………… 514
三、轿顶反绳轮安装 ……………… 514
四、安全钳安装 …………………… 515
五、导靴安装 ……………………… 515
六、层门安装 ……………………… 516
七、轿厢电气安装 ………………… 518
八、层门电气设备安装 …………… 518
九、验收安全装置 ………………… 519

第五节 电梯底坑设备安装 ………… 519
一、缓冲器安装 …………………… 519
二、防护栏杆安装 ………………… 519
三、底坑电气设备装置 …………… 519

第六节 安全保护装置 ……………… 520
一、安全保护开关安装 …………… 520
二、与机械配合的各种安全开关质量
控制要点 …………………… 521

三、缓速装置（减速装置）……… 523
四、轿厢自动门安全触板检查 …… 523

第七节 电梯整机安装工程质量
验收 ………………………… 523
一、安全保护验收 ………………… 523
二、限速器安全钳联动试验 ……… 524
三、层门与轿门的试验 …………… 524
四、曳引式电梯的曳引能力试验 … 524
五、电梯安装后进行空载、额定载荷下
运行试验 …………………… 524
六、平层准确度检验 ……………… 525
七、曳引式电梯的平衡系数 ……… 525
八、噪声检验 ……………………… 525
九、速度规定 ……………………… 525
十、其他 …………………………… 525
十一、观感质量 …………………… 525

第八节 液压电梯安装工程 ………… 525
一、设备进场验收 ………………… 525
二、土建交接验收 ………………… 525
三、液压系统 ……………………… 526
四、导轨 …………………………… 526
五、门系统 ………………………… 526
六、轿厢 …………………………… 527
七、平衡重 ………………………… 527
八、安全部件 ……………………… 527
九、悬挂装置、随行电缆 ………… 527
十、电气装置 ……………………… 527
十一、整机安装验收 ……………… 527

第九节 自动扶梯、自动人行道安装
工程 ………………………… 530
一、设备进场验收 ………………… 530
二、土建交接验收 ………………… 531
三、整机安装验收 ………………… 532

第一篇

基础知识

第一章 建筑材料

第一节 概 述

一、建筑材料的作用

建筑材料指建筑工程结构物中使用的各种材料和制品,它是一切建筑工程的物质基础。建筑材料的费用,一般占工程土建总造价的50%以上。

建筑材料的品种、性能和质量,直接影响着建筑工程的坚固、适用和美观,影响着结构形式和施工进度。各种建筑工程的质量和造价在很大程度上取决于正确地选择和合理地使用建筑材料。

二、对建筑材料的基本要求

一般来说,优良的建筑材料必须具备足够的强度,能够安全地承受设计荷载;自身的重量(表观密度)以轻为宜,以减少下部结构和地基的负荷;要求与使用环境相适应的耐久性,以便减少维修费用;用于装饰的材料,应能美化房屋并产生一定的艺术效果;用于特殊部位的材料,应具有相应的特殊功能,例如屋面材料要能隔热、防水;楼板和内墙材料要能隔声等。

三、建筑材料的分类

建筑材料可按不同原则进行分类。根据材料来源,可分为天然材料及人造材料;根据使用部位,可分为承重材料、屋面材料、墙体材料和地面材料等;根据建筑功能,可分为结构材料、装饰材料、防水材料、绝热材料等。目前,通常根据组成物质的种类及化学成分,将建筑材料分为无机材料、有机材料和复合材料三大类,各大类中又可进行更细的分类,如图1-1所示。

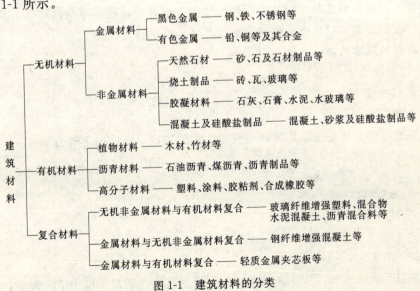

图1-1 建筑材料的分类

四、材料的结构

材料的结构可分为宏观、细观和微观三个层次。

（一）宏观结构

建筑材料的宏观结构是指用肉眼或放大镜能够分辨的粗大组织。按其孔隙特征分为：

1. 致密结构：可以看作无宏观层次的孔隙存在。例如钢铁、有色金属、致密天然石材、玻璃、玻璃钢、塑料等。

2. 多孔结构：指具有粗大孔隙的结构。如加气混凝土、泡沫混凝土、泡沫塑料及人造轻质多孔材料。

3. 微孔结构：是指具有微细孔隙的结构。如石膏制品、烧黏土制品等。

按存在状态或构造特征分为：

1. 堆聚结构：由集料与胶凝材料胶结成的结构。具有这种结构的材料种类繁多，如水泥混凝土、砂浆、沥青混合料等均可属此类结构的材料。

2. 纤维结构：由纤维状物质构成的材料结构。如木材、玻璃钢、岩棉、钢纤维增强水泥混凝土、GRC 制品等。

3. 层状结构：天然形成或人工采用粘结等方法将材料迭合而成层状的材料结构。如胶合板、纸面石膏板、蜂窝夹芯板、各种新型节能复合墙板等。

4. 散粒结构：指松散颗粒状结构。如混凝土集料、膨胀珍珠岩等。

（二）细观结构

细观结构（原称亚微观结构）是指用光学显微镜所能观察到的材料结构。建筑材料的细观结构，只能针对某种具体材料来进行分类研究。对混凝土可分为基相、集料相、界面；对天然岩石可分为矿物、晶体颗粒、非晶体组织；对钢铁可分为铁素体、渗碳体、珠光体；对木材可分为木纤维、导管髓线、树脂道。材料细观结构层次上的各种组织性质各不相同，这些组织的特征、数量、分布和界面性质对材料性能有重要影响。

（三）微观结构

微观结构是指原子分子层次的结构。可用电子显微镜或 X 射线来分析研究该层次上的结构特征。材料的许多物理性质如强度、硬度、熔点、导热、导电性都是由其微观结构所决定的。在微观结构层次上，材料可分为晶体、玻璃体、胶体。

五、材料的基本性质

（一）物理性质

1. 材料的密度

（1）密度：

材料在绝对密实状态下单位体积的质量，称为密度。密度用下式表示：

$$\rho = \frac{m}{V}$$

式中　ρ——密度（g/cm³）；

　　　m——材料干燥时的质量（g）；

　　　V——材料的绝对密实体积（cm³）。

（2）表观密度：

材料在自然状态下单位体积的质量，称为表观密度。表观密度用下式表示：

$$\rho_0 = \frac{m}{V_0}$$

式中　ρ_0——表观密度（g/cm³ 或 kg/m³）；

　　　m——材料的质量（g 或 kg）；

　　　V_0——材料自然状态下的体积（cm³ 或 m³）。

表观密度值通常取气干状态下的数据，否则当注明是何种含水状态。

（3）堆积密度：

散粒状材料在一定的疏松堆放状态下，单位体积的质量，称为堆积密度。堆积密度用下式表示：

$$\rho_0' = \frac{m}{V_0'}$$

式中　ρ_0'——堆积密度（kg/m³）；

　　　m——材料的质量（kg）；

　　　V_0'——粒状材料的堆积体积（m³）。

散粒材料的堆积体积，会因堆放的疏松状态不同而异，必须在规定的装填方法下取值。因此，堆积密度又有松堆密度和紧堆密度之分。

2. 孔隙率和密实度

材料中孔隙的体积占材料总体积的百分率，称孔隙率。仍用前述的代表符号，孔隙率 P，可写作下式：

$$P = \frac{V_0 - V}{V_0} \times 100\%$$

即

$$P = \left(1 - \frac{V}{V_0}\right) \times 100\%$$

对于绝对密实体积与自然状态体积的比率，即式中的 V/V_0，定义为材料的密实度。密实度表征了在材料体积中，被固体物质所充实的程度。同一材料的密实度和孔隙率之和为1。

将 $V = m/\rho$，$V_0 = m/\rho_0$ 代入并简化，孔隙率可由下式表示：

$$P = \left(1 - \frac{\rho_0}{\rho}\right) \times 100\%$$

材料孔隙率的大小、孔的粗细和形态等，是材料构造的重要特征，它关系到材料的一系列性质，如强度、吸水性、保温性、吸声性等等。

3. 耐水性、抗渗性和抗冻性

（1）耐水性

材料长期受饱和水作用，能维持原有强度的能力，称为耐水性。耐水性常以软化系数表示：

$$K = \frac{f_1}{f}$$

式中　K——软化系数；

　　　f_1——材料在饱水状态下的抗压强度（MPa）；

　　　f——材料在干燥状态下的抗压强度（MPa）。

软化系数 K 值，可由 0～1，接近于 1，说明耐水性好。通常认为，$K > 0.8$ 的材料，就具备了相当的耐水性。处于水浸和高湿度下的构筑物，尤其要考虑所用材料的耐水性。

(2) 抗渗性

材料抵抗有压力水的渗透能力，称为抗渗性。材料抗渗性的指标，通常用抗渗等级提出，如 P6、P8、P12……。抗渗等级中的数字，系在特定的条件下，对试件施以水压，并逐级升高，待达到最高水压规定时，该水压的 MPa 值乘 10。另外，抗渗性也常用渗透系数表示，其值越小，材料的抗渗性越好。

地下建筑、水工建筑和防水工程所用的材料，均要求有足够的抗渗性。根据所处环境的最大水头差，提出不同的抗渗指标。

(3) 抗冻性

材料饱水后，经受多次冻融循环，保持原有性能的能力，称为抗冻性。将饱水的试件所能抵抗的冻融循环数，作为评价抗冻性的指标，通称抗冻等级。如 F15、F50、F100……，分别表示抵抗 15 个、50 个、100 个冻融循环，而未超过规定的损失程度。

对于冻、融的温度和时间，循环次数，冻后损失的项目和程度，不同的材料均有各自的具体规定。

材料遭受冻结破坏，主要因浸入其孔隙的水，结冰后体胀，对孔壁产生的应力所致。另外，冻融时的温差应力，亦产生破坏作用。抗冻性良好的材料，其耐水性、抗温度或干湿交替变化能力、抗风化能力等亦强，因此抗冻性也是评价材料耐久性的综合指标。

(二) 力学性质

1. 强度

材料因承受外力（荷载），所具有抵抗变形不致破坏的能力，称作强度。破坏时的最大应力，为材料的极限强度。

外力（荷载）作用的主要形式，有压、拉、弯曲和剪切等，因而所对应的强度有抗压强度、抗拉强度、抗弯（折）强度和抗剪强度。图 1-2 中列举了几种强度试验时的受力装置，对于识别外力的作用形式和所测强度的类别，是相当直观的。

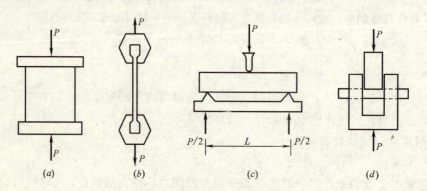

图 1-2　几种强度试验装置
(a) 抗压；(b) 抗拉；(c) 抗弯；(d) 抗剪

材料的抗拉、抗压和抗剪强度，可用下式计算：

$$f=\frac{P}{A}$$

式中　f——抗拉、抗压或抗剪强度（MPa）；
　　　P——拉、压或剪切的破坏荷载（N）；

A——被该荷载作用的面积（mm²）。

抗弯（折）强度的计算，则按受力情况、截面形状等不同，方法各异。如当跨中受一集中荷载的矩形截面的试件，其抗弯强度按下式计算：

$$f_\mathrm{f}=\frac{3PL}{2bh^2}$$

式中　f_f——抗弯（折）强度（MPa）；
　　　P——破坏荷载（N）；
　　　L——两支点间距离即跨度（mm）；
　　　b——试件截面的宽度（mm）；
　　　h——试件截面的高度（mm）。

在工程应用中，许多材料按其具有的强度值，划分档次，确定为若干强度级别，作为合理选用及质量评定的依据。为此，强度的计算和单位，必须十分熟练掌握。

材料的成分、结构和构造，决定了它所具备的强度性质。不同的材料，或同一种材料所表现的各项强度性能，都会有很大差异，必须研究和掌握这些规律，才能充分发挥材料的强度效能。

在检测材料的强度时，试件的尺寸、施力速度、含水状态和环境温度等的影响，使测值产生误差。因此必须严格按检验方法的统一规定进行，强度的测值才能准确可靠。

几种常用材料的强度约值如表 1-1 所列：

几种常用材料的强度约值　　　　　　　　　　　表 1-1

材料名称	抗压强度(MPa)	抗拉强度(MPa)	抗弯强度(MPa)
花岗石	100～250	5～8	10～14
普通黏土砖	7.5～20	—	2～4
普通混凝土	7.5～60	0.4～5	0.7～9
松木	30～50	80～120	60～100
低碳钢	240～1500	240～1500	—

2. 变形性质

材料在外力作用下产生变形，当解除外力后，变形能完全消失，这种变形称为弹性变形；如不能恢复原有形状，仍保留的变形，称为塑性变形。

材料的变形性能，同样取决于它们的成分、结构和构造。同一种材料，在不同的受力阶段，多表现出兼有弹性和塑性变形。如低碳钢，从加载初始到某一限度前，即发生弹性变形，继后又表现出塑性变形。而混凝土受力后，则弹性变形和塑性变形同时产生。

材料处于弹性变形阶段时，其变形与外力成正比。工程上常用弹性模量表示材料的弹性性能，用作衡量材料抵抗变形性能的指标。弹性模量是应力与应变的比值，其值越大，说明材料越不易变形。

第二节　水　　泥

一、水泥的作用和分类

水泥呈粉末状，属于无机水硬性胶凝材料，它与水拌合后所形成的浆体，既能在空气中硬化，又能更好地在水中硬化，并保持发展其强度。

水泥是最重要的建筑材料之一，它大量用于建筑工程之中，可制造成各种形式的混凝土、钢筋混凝土及预应力混凝土构件和构筑物。

我国建筑工程中目前常用的水泥主要有以硅酸钙为主要成分的硅酸盐水泥、普通硅酸盐水泥、矿渣硅酸盐水泥、火山灰质硅酸盐水泥和粉煤灰硅酸盐水泥等五类通用水泥。在一些特殊工种中，还使用高铝水泥、膨胀水泥、快硬水泥、低热水泥和耐酸水泥等特性水泥和专用水泥。水泥品种虽然很多，但硅酸盐水泥是最基本的。

二、硅酸盐水泥

将石灰质原料、黏土质原料和校正原料按一定比例配合后在磨机中磨细成生料，然后将制得的生料入窑（立窑或回转窑）进行煅烧，再把煅烧好的熟料配以适当的石膏和混合料在磨机中磨成细粉，即得到硅酸盐水泥（波特兰水泥）。

硅酸盐水泥根据掺加混合料的情况可分为两种类型：

Ⅰ型硅酸盐水泥，是不掺混合料的水泥，代号为P·Ⅰ。

Ⅱ型硅酸盐水泥，掺加不超过水泥重量5%的石灰石或粒化高炉矿渣混合料的水泥，代号为P·Ⅱ。根据《硅酸盐水泥、普通硅酸盐水泥》（GB 175—1999）的规定，它的强度等级分为42.5，42.5R，52.5，52.5R，62.5，62.5R六个。

（一）硅酸盐水泥的凝结与硬化

水泥加水拌和后，成为可塑的水泥浆，水泥浆逐渐变稠失去塑性，但尚不具有强度的过程，称为水泥的"凝结"。随后产生明显的强度并逐渐发展而成为坚强的人造石——水泥石，这一过程称为水泥的"硬化"。凝结和硬化是人为地划分的。实际上是一个连续的复杂的物理化学变化过程。

影响水泥凝结硬化的主要因素：

（1）矿物组成。矿物成分影响水泥的凝结硬化，组成的矿物不同，使水泥具有不同的水化特性，其强度的发展规律也必然不同。

（2）水泥细度。水泥颗粒的粗细影响着水化的快慢。同样质量的水泥，其颗粒越细，总表面积越大，越容易水化，凝结硬化越快；其颗粒越粗时，表现则相反。

（3）用水量。拌合水的用量，影响着水泥的凝结硬化。加水太多，水化固然进行得充分，但水化物间加大了距离，减弱了彼此间的作用力，延缓了凝结硬化；再者，硬化后多余的水蒸发，会留下较多的孔隙而降低水泥石的强度。因此，适宜的加水量，可使水泥充分水化，加快凝结硬化，并能减少多余水分蒸发所留下的孔隙。同时，由于水化物结合水减少，结晶过程受到抑制而形成更紧密的结构。所以在工程中，减小水灰比，是提高水泥制品强度的一项有利措施。

（4）温湿度。温度和湿度，是保障水泥水化和凝结硬化的重要外界条件。必须在高湿度环境下，才能维持水泥的水化用水，如果处于干燥环境下，强度会过早停滞，并不再增长。因此，水泥制品成型凝结后，要保持环境的温度和湿度，称为养护，特别是早期的养护。一般地说，温度越高，水泥的水化反应越快。当处于0℃以下的环境，凝结硬化完全停止。因此在保障湿度的同时，又要有适宜的温度，水泥石的强度才能不断增长。因此，通常水泥制品多采用蒸汽养护的措施。

（5）石膏掺量。水泥中掺入适量石膏，主要是延缓凝结时间。若石膏加入量过多，会导致水泥石的膨胀性破坏；过少则达不到缓凝的目的。一般石膏的掺入量，占水泥成品质量的3%～5%。

（二）硅酸盐水泥的主要技术性质

1. 凝结时间

水泥从加水开始到失去流动性，即从可塑状态发展到固体状态所需的时间叫凝结时间。水泥凝结时间分初凝时间和终凝时间。

初凝时间是从水泥加水拌合起至水泥浆开始失去可塑性所需的时间；从加水拌合至水泥浆完全失去塑性的时间为水泥的终凝时间。水泥的初凝不宜过早，以便施工时有足够的时间来完成混凝土或砂浆的搅拌、运输、浇捣和砌筑等操作；水泥终凝不宜过迟，以便使混凝土能尽快地硬化，达到一定的强度，以利于下道工序的进行。国家标准规定，初凝不早于45min，终凝不迟于6.5h。

2. 体积安定性

如果在水泥已经硬化后，产生不均匀的体积变化，即所谓体积安定性不良，就会使构件产生膨胀性裂缝，降低建筑物质量，甚至引起严重事故。

国家标准规定，用沸煮法检验水泥的体积安定性。体积安定性不良的水泥应作废品处理，不能用于工程中。

3. 水化热

水泥和水之间化学反应放出的热量称为水化热，通常以"J/kg"表示。水泥的水化热，大部分在水化初期（7天）内放出，以后逐渐减少。其量的大小和发热速度因水泥的种类、矿物组成、水灰比、细度、养护条件等而不同。水泥的水化热，对于大体积混凝土工程是不利的。因为水化热积聚在内部不易发散，致使内外产生很大的温度差，引起内应力，使混凝土产生裂缝。对于大体积混凝土工程，应采用低热水泥，若使用水化热较高的水泥施工时，应采取必要的降温措施。

三、掺混合材料的硅酸盐水泥

在生产水泥时，为改善水泥性能、调节水泥强度等级，而加到水泥中去的人工的和天然的矿物材料，称为水泥混合材料，通常分为活性和非活性两大类。

（一）常用掺混合材料的硅酸盐水泥特性

（1）普通硅酸盐水泥。这种水泥是在硅酸盐水泥熟料中加入6%～15%的混合材料及适量石膏磨细而成，其代号为P·O，它的强度等级为32.5，32.5R，42.5，42.5R，52.5，52.5R六个。

普通硅酸盐水泥同硅酸盐水泥相比，早期强度增进率稍有减少；抗冻、耐磨性稍差；低温凝结时间稍有延长；抗硫酸盐侵蚀能力有所增强。

（2）矿渣硅酸盐水泥。由硅酸盐水泥熟料和粒化高炉矿渣及适量石膏磨细而成。所掺入的粒化高炉矿渣，按重量计为20%～70%，它的代号为P·S。

这种水泥凝结时间长，早期强度低，后期强度增长高；水化热低；抗硫酸盐侵蚀性好；但其保水性、抗冻性差。

（3）火山质硅酸盐水泥。这种水泥是在硅酸盐水泥熟料和火山质混合材料中加入适量石膏磨细而成的水泥，其代号为P·P。水泥中火山灰质混合材料掺量按重量百分比计为20%～50%。

该水泥具有较强的抗硫酸盐侵蚀能力和保水性及水化热低等优点；但需水量大、低温凝结慢、干缩性大、抗冻性差。

(4) 粉煤灰硅酸盐水泥。在硅酸盐熟料中掺入20%～40%粉煤灰及适量石膏磨细而成的水硬性胶凝材料，代号为P·F。

此种水泥性能与火山质水泥基本接近，但粉煤灰水泥的早期强度发展较慢、需水性小。

上述矿渣、火山灰、粉煤灰三种水泥强度等级为分32.5，32.5R，42.5，42.5R，52.5，52.5R六个。

(二) 水泥的技术指标

硅酸盐水泥、普通硅酸盐水泥、矿渣硅酸盐水泥、火山灰质和粉煤灰硅酸盐水泥的技术指标见表1-2。

(三) 几种水泥的强度指标（表1-3）

通用水泥的技术指标　　　　　　　　　　　　　　　表1-2

各水泥技术指标项目		水泥品种					
		P·Ⅰ	P·Ⅱ	P·O	P·S	P·P	P·F
细度	比表面积(m²/kg)	>300		—			
	80μm筛筛余(%)	—		≤10			
凝结时间	初凝时间	不得早于45min					
	终凝时间	不迟于390min			不迟于10h		
安定性		用沸煮法检验必须合格					
氧化镁		水泥中≤5.0% 安定性合格后放宽至6.0%			熟料中≤5.0% 安定性合格后放宽至6.0%		
水泥中三氧化硫含量		≤3.5%			≤4%	≤3.5%	
不溶物(%)		≤0.75	≤1.5	—	—	—	—
烧失量(%)		≤3.0	≤3.5	≤5.0			

注：此表技术指标符合新标准（GB 175—1999）。

几种水泥的强度指标（MPa）　　　　　　　　　　　　表1-3

品种	强度等级	抗压强度		抗折强度	
		3d	28d	3d	28d
硅酸盐水泥	42.5	17.0	42.5	3.5	6.5
	42.5R	22.0	42.5	4.0	6.5
	52.5	23.0	52.5	4.0	7.0
	52.5R	27.0	52.5	5.0	7.0
	62.5	28.0	62.5	5.0	8.0
	62.5R	32.0	62.5	5.5	8.0
普通水泥	32.5	11.0	32.5	2.5	5.5
	32.5R	16.0	32.5	3.5	5.5
	42.5	16.0	42.5	3.5	6.5
	42.5R	21.0	42.5	4.0	6.5
	52.5	22.0	52.5	4.0	7.0
	52.5R	26.0	52.5	5.0	7.0

注：1. 此表引自《硅酸盐水泥、普通硅酸盐水泥》（GB 175—1999）。
　　2. 矿渣水泥、火山灰水泥和粉煤灰水泥的3天强度指标略低于普通水泥1～3MPa，28天的强度指标同表中普通水泥。

四、水泥新标准的特点

从 2001 年 4 月起，我国水泥新标准（GB 175—1999）等将取代原水泥国家标准（GB 175—1992）。新标准有什么特点呢？

新水泥标准采用与国际接轨的 ISO 法，与原有的国际的软练法（或称 GB 法）相比有以下主要区别：

(1) 水泥胶砂用的标准砂由单级改为 0.08～2.0mm 三级级配。

(2) 胶砂组成中的灰砂比由 1∶2.5 改为 1∶3.0；水灰比由 0.44 改为 0.5。

(3) 试件受压面积由 GB 法的 40mm×62.5mm 改为 ISO 法的 40mm×40mm。

(4) 强度试验体的龄期规定新标准更为严密。

由于以上种种原因，我国原有水泥由 GB 法过渡到新标准的 ISO 法，其强度等级大体降低了一个等级。即原 GB 法 52.5 等级（525 号）水泥降为 ISO 法的 42.5 等级；而新标准 ISO 法的 32.5 等级水泥，则相当于原 GB 法的 42.5 等级（原 425 号）水泥。其关系式大体为：

GB 水泥等级：32.5，42.5，52.5，62.5

ISO 水泥等级：—，32.5，42.5，52.5

水泥新标准于 2001 年正式实施。新标准的实施有利于我国水泥质量的提高，并逐步与国际接轨；也有助于淘汰或转产质量低下的立窑水泥。

第三节 普通混凝土

一、普通混凝土的概念和特点

混凝土是以胶凝材料、水、细骨料、粗骨料，必要时掺入化学外加剂和矿物质混合材料，按适当比例均匀拌制、密实成型及养护硬化而成的人工石材。

建筑工程中用量最大、用途最广的是以水泥为胶凝材料配制而成的水泥混凝土，其表观密度为 1950～2500kg/m³。用天然的砂、石作为骨料配制而成的，称为普通混凝土，一般在施工现场用人工或机械拌制，近年来集中搅拌、供应现场使用的商品混凝土在我国得到迅速发展。

普通混凝土具有许多优点，可根据不同要求配制各种不同性质的混凝土；在凝结前具有良好的塑性，因此可以浇制成各种形状和大小的构件或结构物；它与钢筋有牢固的粘结力，能制作钢筋混凝土结构和构件；经硬化后有抗压强度高与耐久性良好的特性；其组成材料中砂、石等地方材料占 80% 以上，符合就地取材和经济的原则。但事物总是一分为二的，混凝土也存在着抗拉强度低，受拉时变形能力小，容易开裂，自重大等缺点。

由于普通混凝土具有上述各种优点，因此它是一种主要的建筑材料，无论是工业与民用建筑、道路、桥梁及给水与排水工程、水利工程以及地下工程、国防建设等都广泛地应用。因此，它在国家基本建设中占有重要地位。

二、普通混凝土的组成材料

普通混凝土以下简称混凝土由水泥、砂、石和水组成，为改善其某些性能还常加入适量的外加剂和掺合料。

（一）混凝土中各组成材料的作用

混凝土的结构及各组成材料的比例见图1-3、图1-4,图中可见,骨料约占混凝土体积的70%,其余是水泥和水组成的水泥浆和少量残留的空气。

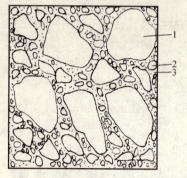

图1-3 普通混凝土结构示意图
1—粗骨料;2—细骨料;3—水泥浆

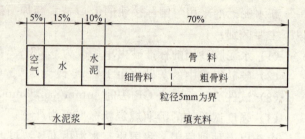

图1-4 混凝土组成的体积比

在混凝土中,水泥浆的作用是包裹在骨料表面并填满骨料间的空隙,作为骨料之间的润滑材料,使尚未凝固的混凝土拌合物具有流动性,并通过水泥浆的凝结硬化将骨料胶结成整体。石子和砂起骨架作用,称"骨料"。石子为"粗骨料",砂为"细骨料"。砂子填充石子的空隙,砂石构成的坚硬骨架可抑制由于水泥浆硬化和水泥石干燥而产生的收缩。

(二)混凝土组成材料的选择

1. 水泥

(1)水泥品种选择:

一般可采用硅酸盐系水泥,必要时采用其他水泥,具体可根据混凝土工程特点和所处环境、温度及施工条件参照表1-4选择。

常用水泥的选用   表1-4

序号	混凝土工程特点或所处环境条件	优先选用	可以使用	不宜使用
1	在普通气候环境中的混凝土	普通硅酸盐水泥	矿渣硅酸盐水泥、火山灰质硅酸盐水泥、粉煤灰硅酸盐水泥、复合硅酸盐水泥	
2	在干燥环境中的混凝土	普通硅酸盐水泥	矿渣硅酸盐水泥	火山灰质硅酸盐水泥、粉煤灰硅酸盐水泥
3	在高湿度环境中或永远处在水下的混凝土	矿渣硅酸盐水泥	普通硅酸盐水泥、火山灰质硅酸盐水泥、粉煤灰硅酸盐水泥、复合硅酸盐水泥	
4	厚大体积的混凝土	粉煤灰硅酸盐水泥 矿渣硅酸盐水泥 火山灰质硅酸盐水泥 复合硅酸盐水泥	普通硅酸盐水泥	硅酸盐水泥、快硬硅酸盐水泥
5	要求快硬的混凝土	快硬硅酸盐水泥 硅酸盐水泥	普通硅酸盐水泥	矿渣硅酸盐水泥、火山灰质硅酸盐水泥、粉煤灰硅酸盐水泥、复合硅酸盐水泥
6	高强(大于C40级)的混凝土	硅酸盐水泥	普通硅酸盐水泥、矿渣硅酸盐水泥	火山灰质硅酸盐水泥、粉煤灰硅酸盐水泥

续表

序号	混凝土工程特点或所处环境条件	优先选用	可以使用	不宜使用
7	严寒地区的露天混凝土，寒冷地区的处在水位升降范围内的混凝土	普通硅酸盐水泥	矿渣硅酸盐水泥	火山灰质硅酸盐水泥、粉煤灰硅酸盐水泥
8	严寒地区处在水位升降范围内的混凝土	普通硅酸盐水泥		火山灰质硅酸盐水泥、矿渣硅酸盐水泥、粉煤灰硅酸盐水泥、复合硅酸盐水泥
9	有抗渗性要求的混凝土	普通硅酸盐水泥、火山灰质硅酸盐水泥		矿渣硅酸盐水泥
10	有耐磨性要求的混凝土	硅酸盐水泥、普通硅酸盐水泥	矿渣硅酸盐水泥	火山灰质硅酸盐水泥、粉煤灰硅酸盐水泥

注：蒸汽养护时用的水泥品种，宜根据具体条件通过试验确定。

(2) 水泥强度等级选择：

水泥强度等级的选择，应与混凝土的设计强度等级相适应。应充分利用水泥活性，根据生产实践经验得出：

1) 一般情况下，水泥强度等级为混凝土强度等级的 1.5～2.0 倍为宜。

2) 配置高强度等级混凝土时，水泥强度等级应是混凝土强度的 0.9～1.5 倍。

3) 用高强度等级水泥配制低强度等级混凝土时，每立方米混凝土的水泥用量偏少，会影响和易性和密实度，所以，混凝土中应掺一定数量的外掺料，如粉煤灰等。

2. 砂

(1) 砂的分类

粒径在 0.16～5mm 之间的骨料称为细骨料（砂）。可分为天然砂和人工砂两类，一般采用天然砂。天然砂由岩石风化而成，按产源分为河砂、海砂与山砂等。河砂、海砂颗粒圆滑、质地坚固，但海砂中常夹有贝壳碎片及可溶性盐类，会影响混凝土强度。山砂系岩石风化后在原地沉积而成，颗粒多棱角，并含有黏土及有机杂质等，坚固性差。河砂比较洁净，所以配制混凝土宜采用河砂。

(2) 砂的选择

主要依据可归结为以下三个方面。

1) 颗粒级配和粗细程度

砂的颗粒级配，表示砂大小颗粒的搭配情况。它决定了砂的空隙率的大小。砂的空隙率小，混凝土骨架密实，填充砂子空隙的水泥浆则少。

砂的粗细程度，表示不同粒径的砂混合后总体的粗细程度，通常有粗砂、中砂和细砂之分。它决定了砂的总表面积。砂的总表面积小，包裹砂子表面的水泥浆用量则少。

2) 砂中含泥量及泥块含量

含泥量是指砂中粒径小于 0.08mm 颗粒的含量；泥块含量是指砂中粒径大于 1.25mm，经水洗、手捏后变成小于 0.630mm 颗粒的含量。

砂中含泥量多会影响混凝土强度。砂中的泥块对混凝土的抗压、抗渗、抗冻及收缩等性能均有不同程度的影响，尤其是包裹型的泥更为严重。

3) 有害物质含量

砂中有害物质包括黏土、淤泥、云母、轻物质（砂中相对表观密度小于2.0的物质）、硫化物和硫酸盐及有机物质。

砂中黏土、淤泥、云母及轻物质含量过多，会使混凝土表面形成薄弱层，若粘附在骨料表面，又会妨碍骨料与水泥的粘结。

硫化物与硫酸盐的存在会腐蚀混凝土，引起钢筋锈蚀，降低混凝土强度和耐久性。

有机质含量多，会延迟混凝土的硬化，影响强度的增长。所以，砂中各有害物质的含量应严格控制在表1-5的范围内。

砂中有害物质限值　　　　　　　　　　　表1-5

项　目	质量指标
云母含量（按质量计%）	≤2.0
轻物质含量（按质量计%）	≤1.0
硫化物及硫酸盐含量（折算成SO_3，按质量计%）	≤1.0
有机物含量（用比色法试验）	颜色不应深于标准色，如深于标准色，则应按水泥胶砂强度方法，进行强度对比试验，抗压强度比不应低于0.95

3. 石子

（1）石子的分类：

由天然岩石或卵石经破碎、筛分而得的粒径大于5mm的岩石颗粒称为碎石；岩石由自然条件作用而形成的，粒径大于5mm的颗粒称为卵石。

天然卵石有河卵石、海卵石和山卵石等。河卵石表面光滑，少棱角，比较洁净，有的具有天然级配。而山卵石含黏土杂质较多，使用前必须加以冲洗，因此河卵石为最常用。碎石比卵石干净，而且表面粗糙，颗粒富有棱角，与水泥石粘结较牢。

（2）石子的选择：

主要依据归结为以下六个方面。

1）颗粒级配及最大粒径

石子的颗粒级配原理与砂基本相同，石子级配好坏对节约水泥和保证混凝土具有良好和易性有很大关系，特别是拌制高强度混凝土，尤为重要。

2）颗粒形状及表面特征

粗骨料的颗粒形状及表面特征同样会影响其与水泥的粘结及混凝土拌合物的流动性。碎石具有棱角，表面粗糙，与水泥粘结较好，而卵石多为圆形，表面光滑，与水泥的粘结较差，在水泥用量和水用量相同的情况下，碎石拌制的混凝土流动性较差，但强度较高，而卵石拌制的混凝土则流动性较好，但强度较低。如要求流动性相同，用卵石时用水量可少些，结果强度不一定低。

粗骨料的颗粒形状还有属于针状（颗粒长度大于该颗粒所属粒级的平均粒径该粒级上、下限粒径的平均值的2.4倍）和片状（厚度小于平均粒径的0.4倍）的，这种针、片状颗粒过多，会使混凝土强度降低，其含量应符合表1-6规定。

等于及小于C10级的混凝土，其针、片状颗粒含量可放宽到40%。

碎石或卵石中针、片状颗粒含量　　　　　　　　表 1-6

混凝土强度等级	大于或等于 C30	C25～C15
针、片状颗粒含量，按质量计（%）	≤15	≤25

3）强度

为保证混凝土的强度要求，石子都必须是质地致密、具有足够的强度。碎石或卵石的强度可用岩石立方体强度和压碎指标两种方法表示。当混凝土强度等级为 C60 及以上时，应进行岩石抗压强度检验。在选择采石场或对石子强度有严格要求或对质量有争议时，也宜用岩石立方体强度作检验。对经常性的生产质量控制则可用压碎指标值检验。

4）含泥量及泥块含量

含泥量是指碎石或卵石中粒径小于 0.080mm 颗粒的含量；泥块含量是指碎石或卵石中粒径大于 5mm，经水洗、手捏后变成小于 2.5mm 的颗粒含量。

含泥量将会严重影响骨料与水泥石的粘结力、降低和易性、增加用水量，影响混凝土的干缩和抗冻性。泥块含量对混凝土性能的影响较含泥量大，特别对抗拉、抗渗、收缩的影响更为显著。一般对高强度等级混凝土的影响比低强度等级混凝土影响为大，所以根据混凝土强度等级的高低规定骨料中含泥量及泥块含量的控制指标，详见表 1-7。石中含泥量及泥块含量超过表中限值时，应过筛冲洗后方能使用。

碎石或卵石中含泥量及泥块含量　　　　　　　　表 1-7

混凝土强度等级	大于或等于 C30	小于 C30
含泥量按质量计（%）	≤1.0	≤2.0
泥块含量按质量计（%）	≤0.50	≤0.70

注：1. 对有抗冻、抗渗或其他特殊要求的混凝土，其所用碎石或卵石的含泥量不大于 1.0%，泥块含量不大于 0.5%；
　　2. 对于等于或小于 C10 级的混凝土用碎石或卵石的含泥量可放宽到 2.5%，泥块含量可放宽到 1.0%。

5）有害物质含量

碎石或卵石中的硫化物和硫酸盐，以及卵石中的有机杂质等均属有害物质，其含量应不超过表 1-8 的规定。

碎石或卵石中的有害物质含量　　　　　　　　表 1-8

项　目	质量要求
硫化物及硫酸盐含量（折算成 SO_3，按质量计）（%）	≤1.0
卵石中有机质含量（用比色法试验）	颜色应不深于标准色。如深于标准色，则应配制成混凝土进行强度对比试验，抗压强度比应不低于 0.95

4. 拌合用水

混凝土拌合用水按水源可分为饮用水、地表水、地下水、海水以及经适当处理或处置后的工业废水五大类。其中地表水包括江、河、淡水湖的水；地下水中包括井水；工业废水包括工厂排放的废水，混凝土生产厂的冲刷水等。

拌制各种混凝土所用的水应采用符合国家标准的生活饮用水。地表水和地下水情况很复杂，若总含盐量及有害离子的含量大大超过规定值时，必须进行适用性检验合格后，方能使用。

三、普通混凝土的主要技术性质

混凝土在未凝结硬化以前，称为混凝土拌合物。它必须具有良好的和易性，便于施工，以保证能获得良好的浇灌质量；混凝土拌合物凝结硬化以后，应具有足够的强度，以保证建筑物能安全地承受设计荷载；并应具有必要的耐久性。

（一）和易性

新拌的混凝土，要具有施工所需要的和易性，以保证搅拌、运输、浇筑、振捣等所有工序顺利进行，而得到均匀密实，质量优良的制品。

1. 和易性的概念和指标

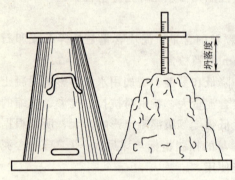

图 1-5 坍落度测定图

混凝土和易性是一个十分综合的性能，甚至难以把它所包括的方面描述完全。一般认为，和易性包括流动性、粘聚性及保水性三个方面的涵义。流动性是指拌合物在自身及外力作用下具有的流动能力；黏聚性是指拌合物所表现的粘聚力，而不致受作用后离析；保水性则是拌合物保全拌合水不泌出的能力。

混凝土和易性的指标，当前塑性混凝土多以坍落度表示。在特制的坍落度测定筒内，按规定方法装入拌合物捣实抹平，把筒垂直提起，量出试料坍落的厘米数，即该拌合物的坍落度（如图 1-5 所示）。

坍落度小于 10mm 的拌合物，多用维勃度作为指标。其装置如图 1-6 所示。把试料按规定方法装入维勃度仪的截锥桶内，提走桶器后，施以配重盘，在规定的频率和振幅下振动，自开始振动到试料顶面振平时，所用的秒数，即维勃度。

2. 坍落度的选择

混凝土拌合物的坍落度，要根据施工条件，如搅拌、运输、振捣方式，也要根据结构物的类型，如截面尺寸、配筋疏密等，选用最宜值（参见表 1-9）。

混凝土浇筑时的坍落度（mm）   表 1-9

结构种类	坍落度
基础或地面等的垫层、无配筋的大体积结构（挡土墙、基础等）或配筋稀疏的结构	10～30
板、梁和大型及中型截面的柱子等	30～50
配筋密列的结构（薄壁、斗仓、筒仓、细柱等）	50～70
配筋特密的结构	70～90

注：1. 本表系采用机械振捣混凝土时的坍落度，当采用人工捣实混凝土时其值可适当增大；
    2. 当需要配制大坍落度混凝土时，应掺用外加剂；
    3. 曲面或斜面结构混凝土的坍落度应根据实际需要另行选定；
    4. 轻骨料混凝土的坍落度，宜比表中数值减少 10～20mm；
    5. 预拌混凝土的坍落度不受上表的限制，由预拌厂另行设计，为保证泵送性，一般需增大坍落度。

无配筋的浇筑物比配筋很密的坍落度，应该小；人工捣实的拌合物比振捣器振捣的坍落度应该大；截面窄狭的结构，泵送的混凝土，其坍落度都应大等等。总之，要根据具体情况，综合考虑确定。坍落度的具体数值，以合宜为度，不能无原则地加大。坍落度越大，水泥浆用得越多，不仅多用了水泥，提高了造价，还会带来不少副作用。靠单纯增加拌合水去加大坍落度，能使硬后的混凝土强度严重降低，也削弱了混凝土的耐久性，应坚决禁止。

3. 影响和易性的因素

材料的品种影响和易性。各种组成材料用量都相同的两种拌合物，采用泌水严重、黏聚性低的水泥，都会显得和易性差；粒型圆滑的骨料，总表面小的骨料，粗细颗粒搭配合理的骨料，都会显得和易性好。

各项组成材料用量的比例，是影响和易性的重要因素。当骨料的用量已定时，水泥浆的多少和稀稠，对和易性影响很显著；当水泥浆用量和骨料的总用量已定时，改变砂子占骨料的比率，和易性会明显改变。

另外，在施工中称料准确，搅拌适度，运输浇筑不造成离析等，都是确保和易性的重要因素。

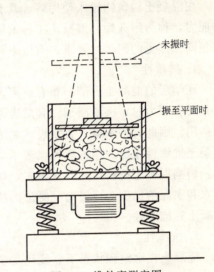

图 1-6 维勃度测定图

可见，尽管影响和易性的因素很多，但总的来讲，确保材料的品种、用量和精心施工，是保障和易性的三条有效途径。

(二) 强度

硬结后的混凝土，必须达到设计要求的强度，结构物才能安全可靠。混凝土的强度包括抗压强度、抗拉强度、抗折强度和抗剪强度等。混凝土抗压强度最大，主要用来承受压力。由于它的抗压强度和其他强度间存在着一定的关系，所以一般情况下，只要求抗压强度。习惯上泛指混凝土的强度，就是它的极限抗压强度。

1. 立方体抗压强度

混凝土的抗压强度，通常以规定的正立方体试件测定结果评定，称为立方体抗压强度。用立方体试件试验，当加压时，试件的两个端面与试验机的压板间，产生的摩擦力阻碍着试件的横向扩展，因而立方体强度比实际的抗压强度偏高。

2. 混凝土的强度等级

按立方体强度标准值的大小，混凝土划分为：C7.5，C10，C15，C20，C25，C30，C35，C40，C45，C50，C55，C60 共 12 个强度等级。

例如 C20 混凝土，为强度等级是 20 级的混凝土，即强度标准值 $f_{cu,k}$ 为 20MPa 的混凝土。

3. 影响混凝土强度的因素

材料的品种和质量，影响混凝土的强度。同等水泥用量的拌合物，水泥标号高的，混凝土的强度必然高；骨料的颗粒组成不好，搭配的不密实，含有泥土、杂质等过多，都能降低混凝土的强度。

组成材料的配合比，是影响强度的重要因素。比如减少拌合用水和所用水泥的比例，适当增多水泥浆的含量，都能显著提高混凝土的强度，反之则显著降低。

在施工中混凝土作业的各个环节，准确称料，适度的搅拌和振捣，加强养护等，对混凝土强度的影响也很大。

（三）耐久性

在混凝土构筑物投入使用后，具有抵抗环境中多种自然侵蚀因素，长期作用不致破坏的能力，称为耐久性。混凝土工程的所处环境不同，对耐久性的要求方面和要求的程度都不相同。多见的耐久性要求，有以下几种。

1. 抗渗性

硬结后的混凝土内部，布有许多大小不同的微细孔隙，所接触到的水或其他液体，尤其是具有压力时，极易浸透。其危害性不仅是浸透的自身，还能导致腐蚀或冰冻等多种不利作用。因此，如水塔、蓄水设施和地下建筑的混凝土，都必须要求具有足够的抗渗性。混凝土抗渗性指标，用抗渗等级表示，如 P6, P8, P12, ……。

影响混凝土抗渗性的因素很多，如选用水泥的品种、骨料的颗粒大小及搭配状况。减少水和水泥的比例，可提高混凝土的抗渗性。施工中适度的振捣，加强养护等，都能改善混凝土的抗渗性。

2. 抗冻性

混凝土在水饱和状态下，能经受多次冻融循环作用而不被破坏，同时也不严重降低强度的性能，叫抗冻性。抗冻性好的混凝土，对于抵抗温度变化、干湿变化等风化作用的能力也强。因此，抗冻性可以作为耐久性的综合指标。

混凝土抗冻性，以抗冻等级作为指标。在规定的冻、融制度下试验，经受某一循环次数后，检验其强度的降低，当不超过 25% 时的循环数，即为所验混凝土的抗冻等级。混凝土的抗冻等级有：F25, F50, F100, F150, F200, F250 和 F300，共七个等级，字母下的角注，即所能抵抗的循环数。

在混凝土硬结过程中，由于析水而布有的细微孔道，不仅使渗透性变差，还会使吸水性增大，导致抗冻性降低。因此，提高抗冻性的措施，也在于减少和排除细微孔道，使混凝土更加密实。

3. 混凝土的碳化

空气中的二氧化碳和水泥水化物相作用，生成碳酸盐，而降低混凝土的原始碱度，简称碳化。由于碳化后碱度降低，减弱了对钢筋的保护作用，会导致钢筋的锈蚀。碳化还会引起混凝土的收缩，而导致表面形成细微裂缝。碳化对强度的影响，因所用水泥的品种而异。

混凝土耐久性的主要方面，还应该包括抗侵蚀性。

四、普通混凝土外加剂和掺合料

（一）普通混凝土外加剂

在混凝土拌合过程中掺入的，并能按要求改变混凝土性能，一般情况下掺量不超过水泥重量的 5% 的材料，统称混凝土外加剂。

1. 外加剂的六种类型

（1）减水剂：

是指在保持混凝土坍落度不变的条件下，具有减水及增强作用的外加剂。常见减水剂主要有以下三个系列的产品。

1) 木质素磺酸盐系减水剂。如木质素磺酸钙（木钙）、木质素磺酸钠（木钠）、木质素磺酸镁（木镁），其中木钙（又称 M 型减水剂）使用较多。

2) 多环芳香族磺酸盐系减水剂（又称萘系减水剂）。市场上品牌很多，如 MF、建Ⅰ型等等。

3) 水溶性树脂系减水剂。如三聚氰胺树脂、古玛隆树脂等，我国生产的 SM 减水剂、CRS 减水剂就属这一系列。

（2）早强剂：

是指能提高混凝土的早期强度，并对后期强度无显著影响的外加剂。常见早强剂主要有以下三类：

1) 氯盐类早强剂。如氯化钙、氯化纳、氯化铁等。

2) 硫酸盐类早强剂。如硫酸钠（即元明粉）、硫酸钙、硫代硫酸钠等。

3) 有机氨类早强剂。如三乙醇胺（即 TEA）、三异丙醇胺（即 TP）、二乙醇胺等。

（3）缓凝剂：

指能延缓混凝土凝结时间，并对混凝土后期强度发展无不利影响的外加剂。常见缓凝剂主要有以下四类：

1) 羟基羧酸及盐类。如酒石酸、柠檬酸、水杨酸等。

2) 含糖碳水化合物类。如糖蜜、葡萄糖、蔗糖等。

3) 无机盐类。如硼酸盐、磷酸盐、锌盐等。

4) 木质素磺酸盐类。如木钙、木钠等。

（4）引气剂：

在混凝土搅拌过程中，能引入大量分布均匀的微小气泡，以减少混凝土拌合物泌水离析，改善和易性，并能显著提高硬化混凝土抗冻融耐久性的外加剂。常见的有以下五类：

1) 松香树脂类。如松香热聚物、松香皂等。

2) 烷基苯磺酸盐类。如烷基苯磺酸钠、烷基磺酸钠等。

3) 脂肪酸类。如脂肪酸醇硫酸钠、高级脂肪酸衍生物等。

4) 非离子型表面活性剂。如烷基酚环氧乙烷缩合物等。

5) 木质素磺酸盐类。如木质素磺酸钙等。

（5）防冻剂：

在规定温度下，能显著降低混凝土的冰点，使混凝土液相不冻结或仅部分冻结，以保证水泥的水化作用，并能在一定的时间内获得预期强度的外加剂。常见的有以下三类：

1) 氯盐类。如氯化钙、氯化钠等。

2) 氯盐阻锈类。由氯盐和亚硝酸钠、铬酸盐、磷酸盐等阻锈剂复合而成。

3) 无氯盐类。如硝酸盐、亚硝酸盐、碳酸盐等。

（6）膨胀剂：

指能使混凝土产生一定体积膨胀的外加剂。常见有以下三类：

1) 硫铝酸钙类。如明矾膨胀剂、CSA 膨胀剂、U 型膨胀剂等。

2) 氧化钙类。如用一定温度下煅烧的石膏加入适量石膏与水淬矿渣制成、生石灰与硬脂酸混磨而成等。

3) 金属类。如铁屑膨胀剂等。

2. 外加剂的使用

在试验和实践中人们发现，尽管在混凝土中掺外加剂，可以改善混凝土的技术性能，取得显著的技术经济效果。但是，正确和合理的使用，对外加剂的技术经济效果有重要影响。如使用不当，会酿成事故。因此，在使用外加剂时，应注意以下几点：

（1）外加剂品种的选择　外加剂品种很多，效果各异，特别是对不同品种水泥效果不同。在选择外加剂时，应根据工程需要，现场的材料条件，参照有关资料，通过试验确定。

（2）外加剂掺量的确定　混凝土的外加剂均有适宜掺量，掺量过小，往往达不到预期的效果；掺量过大，则会造成浪费，有时会影响混凝土质量，甚至造成质量事故。因此，应通过试验确定最佳掺量。

（3）外加剂的掺加方法　外加剂掺入混凝土拌和物中的方法不同，其效果也不同。例如减水剂采用后掺法比先掺法和同掺法效果好，其掺量只需先掺法和同掺法的一半。所谓先掺法是将减水剂先与水泥混合然后再与骨料和水一起搅拌；同掺法是将减水剂先溶于水形成溶液后再加入拌合物中一起搅拌；后掺法是指在混凝土拌和物送到浇筑地点后，才加入减水剂并再次搅拌均匀进行浇筑。

因此，使用外加剂时要根据工程特点、材料情况和施工条件通过试验确定。

（二）普通混凝土掺合料

在混凝土拌和物制备时，为了节约水泥、改善混凝土性能、调节混凝土强度等级，而加入的天然的或者人造的矿物材料，统称为混凝土掺合料。

粉煤灰是由燃烧煤粉的锅炉烟气中收集到的油粉末，是当前国内外用量最大、使用范围最广的混凝土掺合料。用作为掺合料有两方面的效果：

1. 节约水泥

一般可节约水泥 10%～15%，有显著的经济效益。

2. 改善和提高混凝土的下述技术性能

（1）改善混凝土拌合物的和易性、可泵性和抹面性。

（2）降低了混凝土水化热，是大体积混凝土的主要掺合料。

（3）提高混凝土抗硫酸盐性能。

（4）提高混凝土抗渗性。

（5）抑制碱骨料等不良反应。

其他混凝土的掺合料还有硅灰、沸石粉、火山灰质掺合料和超细微粒矿物质掺合料等多种类型。

第四节　建　筑　砂　浆

一、建筑砂浆的作用和分类

建筑砂浆是由无机胶凝材料、细骨料和水，有时加入某些掺合料，按一定比例配合调制而成，砂浆可以看成无粗骨料的混凝土，或砂率为 100% 的混凝土，因此有关混凝土的许多规律，也基本适用于砂浆。但由于砂浆多以薄层使用，且又多是铺抹在多孔、吸水及不平的基底上，因此对砂浆的要求，也有它的特殊性。

建筑砂浆在建筑工程中，是一项用量大、用途广泛的建筑材料。主要用于砌筑、抹面、灌缝及粘贴饰面材料等。

按胶凝材料不同建筑砂浆可分为水泥砂浆、石灰砂浆和混合砂浆。混合砂浆有水泥石灰砂浆、水泥黏土砂浆和石灰黏土砂浆等。

按建筑砂浆的用途又可分为砌筑砂浆、抹面砂浆、特种砂浆。特种砂浆主要用于防水、绝热、吸声、防腐等方面的砂浆。

二、砌筑砂浆

用于砌筑砖、石等各种砌块的砂浆称为砌筑砂浆。它起着粘结砌块、构筑砌体、传递荷载的作用，因此是砌体的重要组成部分。

（一）砌筑砂浆的组成材料

1. 水泥

普通水泥、矿渣水泥、火山灰质水泥等常用品种的水泥都可以用来配制砌筑砂浆。为了合理利用资源、节约原材料，在配制砂浆时要尽量采用低强度等级水泥和砌筑水泥。严禁使用废品。水泥对于一些特殊用途如配制构件的接头、接缝或用于结构加固、修补裂缝，应采用膨胀水泥。

2. 石灰

有时为了改善砂浆的和易性和节约水泥还常在砂浆中掺入适量的石灰或黏土膏浆而制成混合砂浆。

为了保证砂浆的质量，需将石灰预先充分"陈伏"熟化制成石灰膏，然后再掺入砂浆中搅拌均匀。如采用生石灰粉或消石灰粉，则可直接掺入砂浆搅拌均匀后使用。

有时还利用一些其他工业废料或电石灰等作为代用材料，但必须经过砂浆的技术性质检验合格，保证不影响砂浆质量，才能够采用。

3. 砂

砌筑砂浆用砂应符合混凝土用砂的技术性质要求。由于砂浆层较薄，对砂子最大粒径应有所限制。对于毛石砌体所用的砂，最大粒径应小于砂浆层厚度的 1/4~1/5。对于砖砌体以使用中砂为宜，粒径不得大于 2.5mm。对于光滑的抹面及勾缝的砂浆则应采用细砂。

砂的含泥量对砂浆的强度、变形性、稠度及耐久性影响较大。对 M5 以上的砂浆，砂中含泥量不应大于 5%；M5 以下的水泥混合砂浆，砂中含泥量可大于 5%，但不应超过 10%。

若采用人工砂、山砂、炉渣等作为骨料配制砂浆，应根据经验或经试配而确定其技术指标。

4. 水

砂浆拌合水的技术要求与混凝土拌和水相同。应选用无杂质的洁净水来拌制砂浆。

（二）砌筑砂浆的主要技术性能

对新拌砂浆主要要求其具有良好的和易性。和易性良好的砂浆容易在粗糙的砖石底面上铺抹成均匀的薄层，而且能够和底面紧密粘结。使用和易性良好的砂浆，既便于施工操作，提高劳动生产率，又能保证工程质量。砂浆和易性包括流动性和保水性两个方面。

硬化后的砂浆则应具有所需的强度和对底面的粘结力，并应有适宜的变形性。

1. 流动性

砂浆的流动性也叫做稠度。是指在自重或外力作用下流动的性能。

施工时，砂浆铺设在粗糙不平的砖石表面上，要能很好地铺成均匀密实的砂浆层，抹面砂浆要能很好地抹成均匀薄层，采用喷涂施工需要泵送砂浆，都要求砂浆具有一定的流动性。

砂浆的流动性和许多因素有关，胶凝材料的用量、用水量、砂粒粗细、形状、级配，以及砂浆搅拌时间都会影响砂浆的流动性。

砂浆的流动性一般可由施工操作经验来掌握，也可用砂浆稠度仪测定其稠度值（即沉入量）来表示砂浆流动性的大小。

砂浆流动性的选择与砌体材料及施工天气情况有关。对于多孔吸水的砌体材料和干热的天气，则要求砂浆的流动性要大些。相反对于密实不吸水的材料和湿冷的天气，可要求流动性小些，一般情况可参考表 1-10 选择。

建筑砂浆流动性（沉入量：mm） 表 1-10

砌块种类	干燥气候	寒冷气候	抹灰工程	机械施工	手工操作
砖砌体	80～100	60～80	准备层	80～90	110～120
普通毛石砌体	60～70	40～50	底 层	70～80	70～80
振捣毛石砌体	20～30	10～20	面 层	70～80	90～100
矿渣混凝土砌块	70～90	50～70	石膏浆面层		90～120

2. 强度

砂浆强度等级是以边长为 70.7mm×70.7mm×70.7mm 的一组六块立方体试块，按标准条件养护至 28 天的抗压强度的平均值并考虑具有 95％强度保证率而确定的。砂浆的强度等级共有 M2.5、M5、M7.5、M10、M15、M20 等六个等级。对特别重要的砌体，对有较高耐久性要求的工程，宜采用 M10 以上的砂浆。M 后的数字代表抗压强度平均值，单位 MPa。

影响砂浆抗压强度的因素较多。其组成材料的种类也较多，因此很难用简单的公式准确地计算出其抗压强度。在不吸水的基底上进行砌筑时，砂浆的强度主要取决于水泥的强度及水灰比；砌筑多孔的吸水底面时，其强度主要取决于水泥的强度和用量。在实际工作中，多根据具体的组成材料，采用试配的办法经过试验来确定其抗压强度。

3. 粘结力

砖石砌体是靠砂浆把许多块状的砖石材料粘结成为一坚固整体的。因此要求砂浆对于砖石必须有一定的粘结力。一般情况下，砂浆的抗压强度越高其粘结力也越大。此外，砂浆的粘结力与砖石表面状态、清洁程度、湿润情况以及施工养护条件等都有相当关系。如砌砖要事先浇水湿润，表面不沾泥土，就可以提高砂浆与砖之间的粘结力，保证墙体的质量。

三、抹面砂浆

抹面砂浆，是抹在建筑物及构筑物的表面，以使外表平整美观，并有抵御周围环境侵蚀的作用。

抹面砂浆，应具有更好的和易性及更高的粘结力，因此胶结材料用量都较多。抹面砂浆采用体积比，多为经验配合比。有的地区，以表的形式，确定抹面砂浆的层次和配合比。

(一) 一般抹面砂浆

一般抹面砂浆，有外用和内用两类。为保证抹灰层表面平整，避免开裂脱落，抹面砂浆通常以底层、中层、面层三个层次分层涂抹。底层砂浆主要起与基底材料的粘结作用，依所用基底材料的不同，选用不同种类的砂浆。如砖墙常用白灰砂浆，当有防潮、防水要求时则选用水泥砂浆。对于混凝土基底，宜采用混合砂浆或水泥砂浆。板条、苇箔上的抹灰，多用掺麻刀或玻璃丝的砂浆。中层砂浆主要起找平作用，所使用的砂浆基本上与底层相同。面层砂浆主要起装饰、保护作用，通常要求使用较细的砂子，且要求涂抹平整，色泽均匀，施工时也常根据需要掺用麻刀或纸筋，以代替砂子。

(二) 装饰抹面砂浆

装饰抹面砂浆是用于室内外装饰，以增加建筑物美感为主要目的的砂浆，应具有特殊的表面形式及不同的色彩和质感。

装饰抹面砂浆常以白水泥、石灰、石膏、普通水泥等为胶凝材料，以白色、浅色或彩色的天然砂、大理石及花岗石的石屑或特制的塑料色粒为骨料。为进一步满足人们对建筑艺术的需求，还可利用矿物颜料调制成多种彩色，但所加入的颜料应具有耐碱、耐光、不溶等性质。

装饰砂浆的表面可进行各种艺术处理，以形成不同形式的风格，达到不同的建筑艺术效果，如制成水磨石、水刷石、斩假石、麻点、干粘石、粘花、拉毛、拉条及人造大理石等。

四、防水砂浆

防水砂浆是在水泥砂浆中掺入防水剂配制而成的特种砂浆。防水砂浆常用来制作刚性防水层，这种刚性防水层仅适用于不受振动和具有一定刚度的混凝土或砖石砌体工程，而变形较大或可能发生不均匀沉陷的建筑物不宜采用。

常用的防水剂有氯化物金属盐类，硅酸钠类及金属皂类。

配制防水砂浆，应使用强度等级为 32.5 以上的普通硅酸盐水泥或微膨胀水泥，应选用洁净的中砂，水泥与砂的比例为 1∶2.5～1∶3.0，水灰比应在 0.5～0.55 之间。

防水砂浆对施工操作的要求较高，在搅拌、抹平及养护等过程中均应严格，否则难以达到建筑物的防水要求。

第五节 建 筑 钢 材

一、建筑钢材的作用和分类

钢材是应用最广泛的一种金属材料，建筑钢材是指用于钢结构的各种型材（如圆钢、角钢、工字钢）、钢板、钢管、用于钢筋混凝土中的各种钢筋、钢丝等。

钢材具有强度高，有一定塑性和韧性，有承受冲击和振动荷载的能力，可以焊接或铆接，便于装配等特点，因此，在建筑工程中大量使用钢材作为结构材料。用型钢制作钢结构，安全性大，自重较轻，适用于大跨度及多层结构。用钢筋制作的钢筋混凝土结构，自重较大，但用钢量较少，还克服了钢结构因易锈蚀而维护费用大的缺点，因而钢筋混凝土结构在建筑工程中采用尤为广泛，钢筋是最重要的建筑材料之一。

钢的主要成分是铁和碳，它的含碳量在 2% 以下，含碳量大于 2% 的铁碳合金叫生铁。

钢按化学成分可分为碳素钢和合金钢两大类：

碳素钢中除铁和碳以外，还含有在冶炼中难以除净的少量硅、锰、磷、硫、氧和氮等。其中磷、硫、氧、氮等对钢材性能产生不利影响，为有害杂质。碳素钢根据含碳量可分为：低碳钢（含碳小于0.25%）、中碳钢（含碳0.25%～0.6%）和高碳钢（含碳大于0.6%）。

合金钢中含有一种或多种特意加入或超过碳素钢限量的化学元素如锰、硅、钒、钛等。这些元素称为合金元素。合金元素的作用是改善钢的性能，或者使其获得某些特殊性能。合金钢按合金元素的总含量可分为低合金钢（合金元素总含量小于5%）、中合金钢（合金元素总含量为5%～10%）和高合金钢（合金元素总含量大于10%）。

根据钢中有害杂质的多少，工业用钢可分为普通钢、优质钢和高级优质钢。

根据用途的不同，工业用钢常分为结构钢、工具钢和特殊性能钢。

建筑上所用的主要是属碳素结构钢的低碳钢、碳素结构钢和优质碳素结构钢和属普通钢的低合金结构钢。

二、建筑钢材的力学性能

建筑钢材的力学性能主要有抗拉强度、伸长率、冲击韧性、冷弯性能等。

（一）抗拉强度

抗拉性能是建筑钢材的重要性能。通过试件的拉力试验测定的屈服点、抗拉强度和伸长率是钢材的重要技术指标：

(1) 屈服点指钢材出现不能恢复原状的塑性变形时的应力值σ_s。

(2) 抗拉强度指钢材被拉断时的最大应力σ_b。

(3) 伸长率指钢材拉断后，标距的伸长与原始标距的百分比δ，表明钢材塑性变形能力。

（二）伸长率

在拉伸试验之前，把试件的受拉区内，量规定的长度做好记号，称为标距。试件拉断后，将断口对严，再量拉伸后的标距长，按下式计算伸长率：

$$\delta = \frac{L_1 - L_0}{L_0} \times 100\%$$

式中　δ——试件的伸长率（%）；

　　　L_0——拉伸前的标距长度（mm）；

　　　L_1——拉伸后的标距长度（mm）。

伸长率是评价钢材塑性的指标，其值越高，说明钢材越软。在测定伸长率时，标距的大小对结果影响严重，因此规定长试件的标距为10倍直径，短试件为5倍直径。测得的伸长率，分别以δ_{10}和δ_5表示。线材的伸长率，多采用定标距100mm，结果应以δ_{100}表示。

（三）冲击韧性

钢材的冲击韧性，是指抵抗冲击荷载的能力。用于重要结构的钢材，特别是承受冲击荷载结构的钢材，必须保证冲击韧性。

钢材的冲击韧性，是以标准试件在弯曲冲击试验时，每平方厘米所吸收的冲击断裂功表示。该值越大，冲击韧性越好。

钢材的冲击韧性，会随温度的降低而明显减小，当降低至一定负温范围时，能呈现脆性，即所谓冷脆性。在负温下使用的钢材，不仅要保证常温下的冲击韧性，通常还规定测—20℃的冲击韧性。

（四）冷弯性能

冷弯是一种工艺性能，指常温下对钢材试件按规定弯曲后，检验是否存在对弯曲加工时的种种危害。

冷弯试验的主要规定，是试样所绕的弯心直径和弯曲角度，因钢种不同而异。软钢的弯心直径相对要小、弯曲角相对要大；硬钢则相反。

三、建筑钢材的主要钢种

目前我国建筑钢材主要采用碳素结构钢和低合金高强度结构钢。

（一）碳素结构钢

1. 碳素结构钢的牌号

碳素结构钢的牌号由代表屈服点的字母 Q、屈服点数值、质量等级符号、脱氧方法符号四个部分按顺序组成，具体见表 1-11。

碳素结构钢牌号中的符号　　　　表 1-11

代表屈服点的字母	屈服点数值	质量等级符号	脱氧方法符号
Q "屈"字汉语拼音首位字母	195,215,235,255,275 取自≤16mm 厚度（直径）的钢材屈服点低限 MPa 值	A B C D	F——沸腾钢 b——半镇静钢 Z——镇静钢 TZ——特殊镇静钢

2. 碳素结构钢的力学性能

碳素结构钢的力学性能包括屈服点、抗拉强度、伸长率和冲击试验四个指标，该钢种的五个牌号的力学性能见表 1-12。

碳素结构钢力学性能　　　　表 1-12

牌号	等级	拉 伸 试 验											冲击试验	
		屈服点 σ_s(N/mm²)					抗拉强度 σ_b N/mm²	伸长率 δ_5(%)					温度 ℃	V型冲击功（纵向）J
		钢材厚度（直径）(mm)						钢材厚度（直径）(mm)						
		≤16	>16~40	>40~60	>60~100	>100~150	>150		≤16	>16~40	>40~60	>60~100	>100~150	>150		
		不小于							不小于						不小于
Q195	—	(195)	(185)					315~390	33	32	—				—	—
Q215	A	215	205	195	185	175	165	335~410	31	30	29	28	27	26	—	—
	B														20	27
Q235	A	235	225	215	205	195	185	375~460	26	25	24	23	22	21	—	—
	B														20	27
	C														0	
	D														−20	
Q255	A	255	245	235	225	215	205	410~510	24	23	22	21	20	19	—	—
	B														20	27
Q275	—	275	265	255	245	235	225	490~610	20	19	18	17	16	15	—	—

注：牌号 Q195 的屈服点仅供参考，不作为交货条件。

（二）低合金高强度结构钢

为了改善钢的组织结构，提高钢的各项技术性能，而向钢中有意加入某些合金元素，称为合金化。含有合金元素的钢就是合金钢。合金化是强化建筑钢材的重要途径之一。

我国低合金高强度结构钢的生产特点是：在普通碳素钢的基础上，加入少量我国富有的合金元素，如硅、钒、钛、稀土等，以使钢材获得强度与综合性能的明显改善，或使其成为具有某些特殊性能的钢种。

1. 低合金高强度结构钢的牌号

低合金高强度结构钢的牌号，由代表屈服点的汉语拼音字母（Q）、屈服点数值（三位阿拉伯数字）、质量等级符号（A、B、C、D、E）三个部分依次组成。如写作 Q295-A、Q345-D、Q-460E 等。

2. 低合金高强度结构钢的力学性能

低合金高强度结构钢的力学性能也包括屈服点、抗拉强度、伸长率、冲击试验四个指标，该钢种的五个牌号的力学性能指标与碳素结构钢的最高牌号 Q275 的档次衔接，具体见表 1-13。

低合金高强度结构钢的力学性能　　　　　表 1-13

牌号	质量等级	屈服点 σ_s, ≥MPa 钢材厚度（直径、边长），mm				抗拉强度 σ_b≥MPa	伸长率 δ_5≥%	冲击功（A kV）纵向	
		≤16	>16～35	>35～50	>50～100			温度℃	≥J
Q295	A	295	275	255	235	390～570	23	—	—
	B							20	34
Q345	A	345	325	295	275	470～630	21	—	—
	B							20	34
	C						22	0	
	D							−20	
	E							−40	27
Q390	A	390	370	350	330	490～650	19	—	—
	B							20	34
	C							0	
	D						20	−20	
	E							−40	27
Q420	A	420	400	380	360	520～680	18	—	—
	B							20	34
	C							0	
	D						19	−20	
	E							−40	27
Q460	C	460	440	420	400	550～720	17	0	34
	D							−20	
	E							−40	27

四、钢筋

钢筋是建筑工程中用量最大的钢材品种。按所用的钢种，可分为碳素结构钢钢筋和低合金结构钢钢筋；按生产工艺可分为热轧钢筋、冷加工钢筋、热处理钢筋、钢丝及钢绞线等。

（一）热轧钢筋

经热轧成型并自然冷却的成品钢筋，称为热轧钢筋。从表面形状来分，热轧钢筋有光圆和带肋两大类。

1. 热轧光圆钢筋

热轧光圆钢筋，横截面为圆形，表面光滑，分圆盘条和直条二种类型，圆盘条推荐的公称直径为 5.5mm、6.0mm、6.5mm、7.0mm、8.0mm、9.0mm、10.0mm、11.0mm、12.0mm、13.0mm、14.0mm，直条推荐的公称直径有 8mm、10mm、12mm、16mm 和 20mm 五种。光圆钢筋必须用 Q235 钢制造，牌号为 HPB235，牌号中的 H、P、B，分别为热轧、光圆、钢筋三个词的英文首位字母，牌号中的数字，为其屈服点最小值（MPa），其技术要求中，力学性能应保证屈服点（σ_s）不小于 235MPa、抗拉强度（σ_b）不小于 370MPa、伸长率（δ_5）不低于 25%，工艺性能应保证以弯心直径为试样公称直径下的 180°冷弯试验。

2. 热轧带肋钢筋

热轧带肋钢筋，指横截面通常为圆形，且表面通常带有两条纵肋和沿长度方向均匀分布着横肋的钢筋。对于肋的品种、各部位名称、基本要求和允许偏差等，GB 1499—1998 中重新做出详细规定。推荐的公称直径为 8mm、10mm、12mm、16mm、20mm、25mm、32mm、40mm。

热轧带肋钢筋分为 HRB335、HRB400、HRB500 三个牌号。牌号中的 H、R、B，分别为热轧、带肋、钢筋三个词的英文首位字母，牌号中的数字，为该牌号钢筋中屈服点最小值（MPa）。

钢筋混凝土用热轧带肋钢筋的力学性能和工艺性能见表 1-14，主要保证屈服点（σ_s）、抗拉强度（σ_b）和伸长率（δ_5）三项指标。此外，要求钢筋在最大力下的总伸长率 δ_{gt} 不小于 2.5%（供方如能保证，可不作检验）；根据需方要求，可供应满足下列条件的钢筋：钢筋实测抗拉强度与实测屈服点之比不小于 1.25；钢筋实测屈服点与规定的最小屈服点之比不大于 1.30。

钢筋混凝土用热轧带肋钢筋的力学性能和工艺性能　　　　　　　表 1-14

牌　号	公称直径 mm	屈服点 σ_s（或 $\sigma_{p0.2}$*）MPa	抗拉强度 σ_b MPa	伸长率 δ_5 %	弯曲 180°试验弯心直径（a 为公称直径）
		不小于			
HRB335	6～25 28～50	335	490	16	3a 4a
HRB400	6～25 28～50	400	570	14	4a 5a
HRB500	6～25 28～50	500	630	12	6a 7a

注：＊$\sigma_{p0.2}$ 是"规定非比例伸长应力"。

3. 热轧钢筋的符号

现行《混凝土结构设计规范》（GB 50010—2002），对不同牌号（或级别）的热轧钢筋均用规定的符号来代表其牌号与直径：HPB235-ϕ、HPB335-Φ、HPB400-Φ、HPB500-Φ。

（二）冷加工钢筋

在常温下，将热轧钢筋或盘条，在规定的条件下，进行拉、拔、轧等作用，以提高屈服强度，称为冷加工。目前，冷加工钢筋主要有下列三种。

1. 冷拉钢筋

在常温下，将热轧钢筋施加规定的拉应力，解除后，即得到冷拉钢筋。

2. 冷拔低碳钢丝

将直径 6.5～8mm 的 Q235—A 圆盘条，通过拔丝机上的钨合金拔丝模，以强力拉拔而成的线材，称为冷拔低碳钢丝。

冷拔低碳钢丝分为甲、乙两级。甲级钢丝适用于作预应力筋；乙级钢丝适用于作焊接网、焊接骨架、箍筋和构造钢筋。

3. 冷轧带肋钢筋

冷轧带肋钢筋，是将热轧圆盘条经冷轧，或冷拔减径后，在其表面冷轧成三面有肋的钢筋。

（三）预应力钢丝和钢绞线

1. 预应力钢丝

预应力混凝土用钢丝，是以优质碳素钢盘条，经等温淬火并拔制而成的专用线材。

按交货状态，预应力钢丝分为冷拉钢丝和消除应力钢丝两种；按外形分为光面、刻痕和螺旋肋三种，其直径符号分别为 ϕ^P、ϕ^H 和 ϕ^I；按松弛性分为Ⅰ级松弛和Ⅱ级松弛两级。

2. 钢绞线

钢绞线是按严格的技术条件，绞捻起来的钢丝束。一般以七根碳素钢丝，于绞捻机上，绕中心的一根旋紧，保持规定的捻距为钢丝直径的 12～16 倍，不得松散，然后再经低温回火和消除应力等工序制成。

钢绞线按捻制结构有 1×2、1×3、1×7 三种，其中 2、3、7，分别表示用两根、三根、七根钢丝捻制的，其直径符号为 ϕ^S。

钢绞线具有强度高、柔性好，质量稳定，与混凝土粘合力强，易于锚固，成盘供应不需接头等诸多优点，适用于大跨度、重荷载、后张法的预应力混凝土。

五、型钢和钢板

按厚度来分，热轧钢板分为厚板（厚度大于 4mm）和薄板（厚度为 0.35～4mm）两种；冷轧钢板只有薄板（厚度为 0.2～4mm）一种。厚板可用于焊接结构；薄板可用作屋面或墙面等围护结构，或作为涂层钢板的原料，如制作压型钢板等；钢板可用来弯曲型钢。

薄钢板经冷压或冷轧成波形、双曲形、V 形等型状，称为压型钢板。制作压型钢板的板材采用有机涂层薄钢板（或称彩色钢板）、镀锌薄钢板、防腐薄钢板或其他薄钢板。

压型钢板具有单位质量轻、强度高、抗震性能好、施工快、外形美观等特点。主要用于围护结构、楼板、屋面等。

钢结构构件一般应直接选用各种型钢。构件之间可直接连接或附以连接钢板进行连接。连接方式可铆接、螺栓连接或焊接。所以钢结构所用钢材主要是型钢和钢板。型钢有热轧及冷成型两种，钢板也有热轧（厚度为 0.35～200mm）和冷轧（厚度为 0.2～5mm）两种。

（一）热轧型钢

常用的热轧型钢有角钢（等边和不等边）、工字钢、槽钢、T 型钢、H 型钢、Z 型钢等。

钢结构用钢的钢种和钢号，主要根据结构与构件的重要性、荷载性质（静载或动载）、连接方法（焊接、铆接或螺栓连接）、工作条件（环境温度及介质）等因素予以选择。

我国建筑用热轧型钢主要采用碳素结构钢 Q235—A（含碳量约为 0.14％～0.22％），强度适中，塑性和可焊性较好，而且冶炼容易，成本低廉，适合建筑工程使用。低合金钢 Q345（16Mn）及 Q390（15MnV）；可用于大跨度、承受动载的钢结构中。

（二）冷弯薄壁型钢

通常是用 2～6mm 薄钢板冷弯或模压而成，有角钢、槽钢等开口薄壁型钢及方形、矩形等空心薄壁型钢，可用于轻型钢结构。

（三）钢板和压型钢板

用光面轧辊轧制而成的扁平钢材，以平板状态供货的称钢板，以卷状供货称钢带。按轧制温度不同，又可分为热轧和冷轧两种。建筑用钢板及钢带的钢种主要是碳素结构钢，一些重型结构、大跨度桥梁、高压容器等也采用低合金钢钢板。

第六节 墙 体 材 料

一、墙体材料的作用和分类

墙体在建筑中起承重或围护或分隔作用。墙体材料是地方性很强的材料，品种较多，归纳起来为三类：砖、砌块和墙板。

我国传统的墙体材料为烧结黏土砖，然而随着现代建设发展，这些传统材料已无法满足要求，加之黏土砖自重大、生产能耗高、又需耗用大量耕地黏土，继续大量使用黏土砖已不适合我国国情。因此大力开发和使用轻质、高强、大尺寸、耐久、多功能、节土、节能和可工业化生产的新型墙体材料（如混凝土空心小型砌块等）就显得十分重要。

二、砌墙砖

砌墙砖按规格、孔洞率及孔的大小，分为普通砖、多孔砖和空心砖；按工艺不同，又分为烧结砖和非烧结砖。主要用于承重内外墙、柱、沟道及基础等。

（一）烧结普通砖

烧结普通砖，是指尺寸为 240mm×115mm×53mm、无孔洞或孔洞率小于 15％、经焙烧而成的实心砖。常结合主要原料命名，如烧结黏土砖、烧结粉煤灰砖、烧结页岩砖等。

烧结普通砖，根据抗压强度分为 MU30，MU25，MU20，MU15，MU10 五个强度等级。MU 后的数字为抗压强度平均值，单位为 MPa。

尺寸偏差和抗风化性能合格的烧结普通砖，根据尺寸偏差、外观质量、泛霜和石灰爆裂，分为优等品、一等品、合格品三个质量等级。

泛霜是指可溶性盐类在砖表面的盐析现象。

烧结砖的原料或内燃物质中夹杂着石灰质，焙烧时被烧成生石灰，砖吸水后，体积膨胀而发生的爆裂现象，称为石灰爆裂。

（二）烧结多孔砖

烧结多孔砖，是以黏土、页岩、煤矸石为主要原料，经焙烧制成的孔洞率≥15%、孔的尺寸小而数量多的砖。烧结多孔砖、旧称承重空心砖，主要以竖孔方向使用，砌成承重或非承重的墙、柱、沟道等。

烧结多孔砖为直角六面体，定型的规格尺寸有两种：190mm×190mm×90mm（代号为M），240mm×115mm×90mm（代号P）。

根据砖的抗压强度和抗折荷载，分为MU30、MU25、MU20、MU15、MU10五个强度等级。

烧结多孔砖，根据尺寸偏差、外观质量、强度等级和物理性能（冻融、泛霜、石灰爆裂、吸水率），分为优等品、一等品及合格品三个质量等级。

（三）烧结空心砖

以黏土、页岩、煤矸石为主要原料，经焙烧而成的，孔洞率≥3.5%、孔的尺寸大而数量少的砖，称为烧结空心砖。

烧结空心砖主要用于非承重墙，以横孔方向砌筑用，在与砌（抹）砂浆接触的表面上，应设有足够的凹线槽，其深度应大于1mm，以增加结合力。空心砖多采用矩形条孔或其他形条孔。

烧结空心砖的长度、宽度、高度的尺寸有以下两个系列：

a. 290、190（140）、90mm；

b. 240、180（175）、115mm。

按长度不超过365mm、宽度不超过240mm、高度不超过115mm的规定选用。否则就属于烧结空心砌块。

按砖的抗压强度，分为MU10.0、MU7.5、MU5.0、MU3.5、MU2.5五个等级。

根据尺寸偏差、外观质量、强度等级和物理性能分为优等品、一等品和合格品三个质量等级。

（四）非烧结砖

不经过焙烧制成的砖，都属于非烧结砖。与烧结砖相比，它具有耗能低的优点。目前非烧结砖主要有蒸养砖、蒸压砖、碳化砖和非烧结黏土砖。

蒸养砖是经常压蒸汽养护硬化而成的砖。蒸压砖是经高压蒸汽养护硬化而成的砖。这两种砖因为能够利用工业废料为原料，所以会优先得到发展。碳化砖是以石灰为胶结料，加入骨料，成型后经二氧化碳处理硬化而成的砖。非烧结黏土砖，是以黏土为主要原料，掺入少量胶凝材料，经搅拌、压制成型、自然养护而成的砖。

三、砌块

砌块是用于砌筑的人造块材，外形多为直角六面体，也有各种异形的。砌块系列中主规格的长度、宽度或高度有一项或一项以上分别大于365mm、240mm或115mm。但高度不大于长度或宽度的六倍，长度不超过高度的三倍。当系列中主规格的高度大于115mm

而又小于 380mm 的砌块，简称为小砌块；当系列中的主规格的高度为 380～980mm 的砌块，称为中砌块；系列中主规格的高度大于 980mm 的砌块，称为大砌块。目前，我国以中小型砌块使用较多。

砌块按其空心率大小分为空心砌块和实心砌块二种。空心率小于 25% 或无孔洞的砌块为实心砌块。空心率等于或大于 25% 的砌块为空心砌块。

砌块通常又可按其所用主要原料及生产工艺命名，如水泥混凝土砌块、粉煤灰硅酸盐混凝土砌块、多孔混凝土砌块、石膏砌块、烧结砌块等。

制作砌块能充分利用地方材料和工业废料，且制作工艺不复杂。砌块尺寸比砖大，施工方便，能有效提高劳动生产率，还可改善墙体功能。

(一) 混凝土小型空心砌块

混凝土小型空心砌块是由水泥、粗细骨料加水搅拌，经装模、振动（或加压振动或冲压）成型，并经养护而成。其粗、细骨料可用普通碎石或卵石、砂子，也可用轻骨料（如陶粒、煤渣、煤矸石、火山渣、浮石等）及轻砂。

混凝土小型空心砌块分为承重砌块和非承重砌块两类。按其外观质量分为优等品 (A)、一等品 (B) 和合格品 (C)。

砌块的抗压强度是用砌块受压面的毛面积除破坏荷载求得的。按砌块的抗压强度分为 MU20.0、MU15.0、MU10.0、MU7.5、MU5.0、MU3.5 六个等级。

有关混凝土小型空心砌块的设计与施工要求，可参阅中国建筑工业出版社 2001 年 3 月出版的《小砌块建筑设计与施工》一书。

(二) 粉煤灰硅酸盐中型砌块

粉煤灰硅酸盐砌块简称粉煤灰砌块。粉煤灰中型砌块是以粉煤灰、石灰、石膏和骨料等为原料，经加水搅拌、振动成型、蒸汽养护而制成的密实砌块。通常采用炉渣作为砌块的骨料。粉煤灰砌块原材料组成间的互相作用及蒸养后所形成的主要水化产物等与粉煤灰蒸养砖相似。

砌块的强度等级按其立方体试件的抗压强度分为 MU10 级和 MU13 级二个强度等级。砌块按其外观质量、尺寸偏差和干缩性能分为一等品和合格品二个质量等级。

(三) 蒸压加气混凝土砌块

蒸压加气混凝土砌块是以钙质材料和硅质材料以及加气剂、少量调节剂，经配料、搅拌、浇筑成型、切割和蒸压养护而成的多孔轻质块体材料。原料中的钙质材料和硅质材料可分别采用石灰、水泥、矿渣、粉煤灰、砂等。根据所采用的主要原料不同，加气混凝土砌块也相应有水泥—矿渣—砂；水泥—石灰—砂；水泥—石灰—粉煤灰三种。

砌块按外观质量、尺寸偏差分为优等品、一等品、合格品三个质量等级。按砌块抗压强度分 MU10、MU25、MU35、MU50、MU75 五个强度等级。

第七节 木 材

一、木材的作用和分类

木材具有许多优良性质：轻质高强、易加工、导电、导热性低，有很好的弹性和塑性、能承受冲击和振动等作用，在干燥环境或长期置于水中均有很好的耐久性。因而木材历来与水泥、钢材并列为建筑工程中的三大材料。目前，木材用于结构相应减少，但由于木材具有美丽的天然花纹，给人以淳朴、古雅、亲切的质感，因此木材作为装饰与装修材料，仍有其独特的功能和价值，因而被广泛应用。木材也有使其应用受到限制的缺点，如构造不均匀性，各向异性，易吸湿吸水从而导致形状、尺寸、强度等物理、力学性能变化；长期处于干湿交替环境中，其耐久性变差；易燃、易腐、天然疵病较多等。

建筑工程中所用木材主要来自某些树木的树干部分。然而，树木的生长缓慢，而木材的使用范围广、需求量大，因此对木材的节约使用与综合利用显得尤为重要。

木材的树种很多，从树叶的外观形状可将木材分为针叶树木和阔叶树木两大类。

针叶树树干通直而高大，易得大材，纹理平顺，材质均匀，木质较软而易于加工，故又称软木材。表观密度和胀缩变形较小，耐腐性较强。为建筑工程中主要用材，多用作承重构件。常用树种有松、杉、柏等。

阔叶树树干通直部分一般较短，材质较硬，较难加工，故又名硬木材。一般较重，强度较大，胀缩、翘曲变形较大，较易开裂。建筑上常用作尺寸较小的构件。有些树种具有美丽的纹理，适于作内部装修、家具及胶合板等。常用树种有榆木、水曲柳、柞木等。

二、木材的主要性质

树木的生长方向为高、粗向，以纵向管状细胞为主的构造，组成管状细胞壁的纤维，属链状联结的胶粒，纵向比横向联结要牢固得多。再加木材本身的构造是很不均匀的，所以各个方向的各种性能，都相差甚巨，即所谓各向异性。

（一）强度

1. 抗压强度

木材的顺纹抗压强度很高。因此，多用于桩、柱和木桁架的受压杆件。但木材的横纹抗压强度很低，所以在发生横纹受压的部位，需认真核算局部承压力，采取补强措施。

2. 抗拉强度

木材的顺纹抗拉强度比顺纹抗压强度还高。横纹抗拉强度甚低。木材的顺纹抗拉强度虽然很高，但受拉杆件的两端节点难以处理妥善，因此却难以发挥。木材横纹抗拉强度过弱，在木结构和木制品中，必须避免承受横纹拉力。

3. 抗弯强度

木材承受弯曲，是同时承受拉伸和压缩的主要作用力，在受压区首先达到强度极限后，最终为受拉破坏所支配。因此，木材的抗弯强度值，居顺纹抗拉强度和顺纹抗压强度值之间。由于木材的抗弯强度很高，故多用于梁、檩等抗弯构件。

4. 抗剪强度

木材的横纹抗剪强度尚高，顺纹抗剪强度极弱。从结构应用角度讲，主要是克服顺纹抗剪的薄弱环节，在发生顺纹剪力的部位，采取有效措施。

（二）吸水性和吸湿性

由于木材的化学组成和组织构造所致，所有木材都是吸水的。长期浸入水中的木材，可接近或达到水饱和状态。处于空气中的木材，随环境中的湿度增、减，在不停地进行着吸水或失水，直到自身的含水率与环境中的湿度平衡为止，此时的含水率，称平衡含水率。平衡含水率不是恒定的，它会随环境的温、湿度变化而变化。自然干燥达到或接近平衡含水率的气干材，含水率约为 12%～18%，因树种、地区不同而异。

木材的含水率，首先影响各向强度。当含水率低于纤维饱和点时，含水率越大，强度越低；超过纤维饱和点，就不再有这种规律。对于不同强度，含水率所影响的程度，并不是一致的。含水率对顺纹抗压和抗弯强度的影响较大，对顺纹抗剪强度影响则小，对顺纹抗拉强度几乎无影响。

木材中含水率的变化，会引起木材的湿胀与干缩。干燥的木材被水润湿，其体积及各向尺寸，均随含水率的提高而增大，即湿胀的过程。反之，将含水率为纤维饱和点的木材进行干燥，其体积及各向尺寸随含水率的降低而减小，即产生干缩过程。木材的湿胀和干缩，会造成开裂、翘曲、胶结处脱离等危害。

三、人造板

人造板包括胶合板、纤维板和刨花板等以木材为主要原料的加工品。生产人造板，是节约木材、开展木材综合利用的有效途径。

（一）胶合板

胶合板是将原木旋切成单板，或者将木方刨切成薄板，再经多层胶合一起的人造板。由于胶合板相邻层的木纹是垂直交错的，且按对称的原则组成，使木材的各向异性得到改善。按胶合板的面板采用的树种不同，分为针叶树胶合板和阔叶树胶合板两类。

特等胶合板，适用于高级建筑装饰、高级家具及其他特殊需要的制品。一等胶合板适用于较高级建筑装饰、高中级家具、各种电器外壳等制品。二等胶合板适用作家具、普通建筑、车辆、船舶等装修。三等胶合板适用于低级建筑装修及包装材料等。

胶合板经过进一步加工，可生产预饰面胶合板、直接印刷胶合板、浮雕胶合板和改形胶合板等。也可在制造中或制造后，利用化学药品处理，得到防腐胶合板、阻燃胶合板和树脂处理胶合板等。以普通胶合板作面板，改变芯材，又可制成各种结构胶合板，如星形组合胶合板、夹芯胶合板、细木工板和蜂窝板等。

（二）硬质纤维板

以木质或其他植物纤维为原料，经过纤维分离、成型、干燥和热压等工艺，制成的表观密度大于 $0.80g/cm^3$ 的人造板，称为纤维板。

硬质纤维板，按原料分为木质和非木质两类；按物理性能和外观质量分为特级、一级、二级和三级；按光滑面分为一面光和两面光纤维板。

硬质纤维板，经特殊加工处理，可制成多种进一步加工的产品，如防火、防腐、防霉、浮雕、异形及表面装饰等。可用作室内墙壁、地板、家具和装饰等。

（三）刨花板

刨花板是利用施加或未施加胶料的木质刨花，或木质纤维材料（如木片、锯屑和亚麻等）压制的板材。根据制造方法，可分为平压刨花板和挤压刨花板；根据表面状况，分为加压刨花板、砂光或刨光刨花板、饰面刨花板和单板贴面刨花板等。

刨花板通常用于吊顶材料、隔断、隔热板和吸声板等。

第八节 防 水 材 料

一、防水材料的作用和分类

防水材料是防止雨水、地下水和其他水分渗透的主要建筑材料之一，它的质量优劣与建筑物的使用寿命紧密相关。随着我国新型建筑防水材料的迅速发展，各类防水材料品种逐渐增多。用于屋面、地下工程及其他工程的防水材料，除常用的沥青类防水材料外，已向高聚物改性沥青、橡胶、合成高分子防水材料发展，并在工程应用中取得较好的防水效果。

二、防水材料的基本成分

石油沥青、煤焦油、树脂、橡胶、改性沥青等定为防水材料的基本成分。

1. 石油沥青

石油沥青是石油原油经蒸馏等提炼出各种轻质油（如汽油、柴油等）及润滑油以后的残留物，或再经加工而得的产品。它是一种有机胶凝材料，在常温下呈固体、半固体或粘性液体，颜色为褐色或黑褐色。

通常石油沥青又分成建筑石油沥青、道路石油沥青和普通石油沥青三种。

建筑上主要使用建筑石油沥青制成各种防水材料制品或现场直接使用。

石油沥青的主要技术性质包括防水性、粘滞性、塑性、溶解度、温度敏感性、大气稳定性等，相应的技术质量指标有针入度、延伸度、软化点等。

2. 煤焦油和煤沥青

煤焦油是生产焦炭和煤气的副产物，煤焦油经分馏加工，提出各种油质后的产品为煤沥青。煤沥青与石油沥青外观相似，具有共同点，但也存在很大区别。

3. 合成树脂

合成树脂主要是由碳、氢和少量氧、氮、硫等原子以某种化学键结合而成的高分子化合物。大致可分为加聚树脂和缩聚树脂两类。

4. 橡胶

橡胶是一种弹性体。可分为天然橡胶和合成橡胶两类。建筑工程中常用的合成橡胶有氯丁橡胶、丁基橡胶、乙丙橡胶、三元乙丙橡胶、丁腈橡胶、再生橡胶等。

5. 改性沥青（改性石油沥青）

建筑上使用的沥青必须具有一定的物理性质和粘附性。在低温条件下应有弹性和塑性；在高温条件下要有足够的强度和稳定性；在加工和使用条件下具有抗"老化"能力；还应与各种矿料和结构表面有较强的粘附力；以及对构件变形的适应性和耐疲劳性。通常，石油加工厂制备的沥青不一定能全面满足这些要求，尤其我国大多数用大庆油田的原油加工出来的沥青，如只控制了耐热性（软化点），其他方面就很难达到要求，致使目前沥青防水屋面渗漏现象严重，使用寿命短。为此，常用橡胶、树脂和矿物填料等改性。橡胶、树脂和矿物填料等通称为石油沥青的改性材料。改性沥青主要有以下四类：

（1）橡胶沥青。常用的有氯丁橡胶沥青、丁基橡胶沥青、再生橡胶沥青等。

（2）树脂沥青。常用的有古马隆树脂沥青、聚乙烯树脂沥青等。

（3）橡胶和树脂改性沥青。

（4）矿物填充料改性沥青。主要填充料有滑石粉、石灰石粉、硅藻土和石棉等。

三、防水卷材

（一）防水卷材的分类

防水卷材是建筑工程防水材料的重要品种之一。它主要包括沥青防水卷材、高聚物改性沥青防水卷材和合成高分子卷材三大类。其中，沥青防水卷材是传统的防水卷材，由于其价格较低，货源充足，且胎体材料有较大的发展，性能有所改善；所以，在我国的建筑防水工程中仍然广泛采用。而后两类防水卷材由于其优异的性能，应用日益广泛，是防水卷材的发展方向。

（二）防水卷材的性能要求

防水卷材的品种较多，性能各异；但无论何种防水卷材，要满足建筑防水工程的要求，均必须具备以下性能：

1. 耐水性

指在水的作用和被水浸润后其性能基本不变，在压力水作用下具有不透水性，常用不透水性、吸水性等指标表示。

2. 温度稳定性

指在高温下不流淌、不起泡、不滑动，低温下不脆裂的性能。即在一定温度变化下保持原有性能的能力。常用耐热度，耐热性等指标表示。

3. 机械强度、延伸性和抗断裂性

指防水卷材承受一定荷载、应力或在一定变形的条件下不断裂的性能。常用拉力、拉伸强度和断裂伸长率等指标表示。

4. 柔韧性

指在低温条件下保持柔韧的性能。它对保证易于施工，不脆裂十分重要。常用柔度、低温弯折性等指标表示。

5. 大气稳定性

指在阳光、热、臭氧及其他化学侵蚀介质等因素的长期综合作用下抵抗侵蚀的能力。常用耐老化性，热老化保持率等指标表示。

（三）各类防水卷材的特点及应用

各类防水卷材的选用应充分考虑建筑的特点、地区环境条件、使用条件等多种因素，结合材料的特性和性能指标来选择。

1. 沥青防水卷材的特点及应用

沥青防水卷材是用原纸、纤维织物、纤维毡等胎体浸涂沥青，表面撒布粉状、粒状或片状材料制成可卷曲的片状防水材料。其特点及应用见表1-15。

沥青防水卷材的特点及适用范围　　表1-15

卷材名称	特　点	适用范围	施工工艺
石油沥青纸胎油毡	是我国传统的防水材料，目前在屋面工程中仍占主导地位。其低温柔性差，防水层耐用年限较短，但价格较低	三毡四油、二毡三油叠层铺设的屋面工程	热玛琋脂、冷玛琋脂粘贴施工
玻璃布沥青油毡	抗拉强度高，胎体不易腐烂，材料柔韧性好，耐久性比纸胎油毡提高一倍以上	多用作纸胎油毡的增强附加层和突出部位的防水层	热玛琋脂、冷玛琋脂粘贴施工
玻纤毡沥青油毡	有良好的耐水性、耐腐蚀性和耐久性，柔韧性也优于纸胎沥青油毡	常用作屋面或地下防水工程	热玛琋脂、冷玛琋脂粘贴施工
黄麻胎沥青油毡	抗拉强度高，耐水性好，但胎体材料易腐烂	常用作屋面增强附加层	热玛琋脂、冷玛琋脂粘贴施工
铝箔胎沥青油毡	有很高的阻隔蒸汽的渗透能力，防水功能好，且具有一定的抗拉强度	与带孔玻纤毡配合或单独使用，宜用于隔汽层	热玛琋脂粘贴

2. 高聚物改性沥青防水卷材的特点及应用

高聚物改性沥青卷材是以合成高分子聚合物改性沥青为涂盖层,纤维织物或纤维毡为胎体,粉状、粒状、片状或薄膜材料为覆面材料制成的可卷曲片状防水材料。其特点及应用见表1-16。

常见高聚物改性沥青防水卷材的特点和适用范围　　表1-16

卷材名称	特点	适用范围	施工工艺
SBS改性沥青防水卷材	耐高、低温性能有明显提高,卷材的弹性和耐疲劳性明显改善	单层铺设的屋面防水工程或复合使用,适合于寒冷地区和结构变形频繁的建筑	冷施工铺贴或热熔铺贴
APP改性沥青防水卷材	具有良好的强度、延伸性、耐热性、耐紫外线照射及耐老化性能	单层铺设,适合于紫外线辐射强烈及炎热地区屋面使用	热熔法或冷粘法铺设
PVC改性焦油防水卷材	有良好的耐热及耐低温性能,最低开卷温度为-18℃	有利于在冬季负温度下施工	可热作业亦可冷施工
再生胶改性沥青防水卷材	有一定的延伸性,且低温柔性较好,有一定的防腐蚀能力,价格低廉属低档防水卷材	变形较大或档次较低的防水工程	热沥青粘贴
废橡胶粉改性沥青防水卷材	比普通石油沥青纸胎油毡的抗拉强度、低温柔性均明显改善	叠层使用于一般屋面防水工程,宜在寒冷地区使用	热沥青粘贴

3. 合成高分子防水卷材的特点及应用

合成高分子防水卷材是以合成橡胶、合成树脂或它们的共混体为基料,加入适量的化学助剂和填充料等,经不同工序加工而成可卷曲的片状防水材料,或把上述材料与合成纤维等复合形成两层或两层以上可卷曲的片状防水材料。

四、防水涂料

(一) 防水涂料的特点和分类

防水涂料是一种流态或半流态物质,涂布在基层表面,经溶剂或水分挥发或各组分间的化学反应,形成有一定弹性和一定厚度的连续薄膜,使基层表面与水隔绝,起到防水、防潮作用。

防水涂料固化成膜后的防水涂膜具有良好的防水性能,特别适合于各种复杂、不规则部位的防水,能形成无接缝的完整防水膜。它大多采用冷施工,不必加热熬制,既减少了环境污染,改善了劳动条件,又便于施工操作,加快了施工进度。此外,涂布的防水涂料既是防水层的主体,又是粘结剂,因而施工质量容易保证,维修也较简单。但是,防水涂料须采用刷子或刮板等逐层涂刷(刮),故防水膜的厚度较难保持均匀一致。因此,防水涂料广泛适用于工业与民用建筑的屋面防水工程、地下室防水工程和地面防潮、防渗等。

防水涂料按液态类型可分为溶剂型、水乳型和反应型三种;按成膜物质的主要成分可分为沥青类、高聚物改性沥青类和合成高分子类。

(二) 防水涂料的性能要求

防水涂料的品种很多,各品种之间的性能差异很大,但无论何种防水涂料,要满足防水工程的要求，必须具备以下性能：

1. 固体含量。指防水涂料中所含固体比例。由于涂料涂刷后靠其中的固体成分形成涂膜，因此，固体含量多少与成膜厚度及涂膜质量密切相关。

2. 耐热度。指防水涂料成膜后的防水薄膜在高温下不发生软化变形、不流淌的性能。它反映防水涂膜的耐高温性能。

3. 柔性。指防水涂料成膜后的膜层在低温下保持柔韧的性能。它反映防水涂料在低温下的施工和使用性能。

4. 不透水性。指防水涂膜在一定水压（静水压或动水压）和一定时间内不出现渗漏的性能；是防水涂料满足防水功能要求的主要质量指标。

5. 延伸性。指防水涂膜适应基层变形的能力。防水涂料成膜后必须具有一定的延伸性，以适应由于温差、干湿等因素造成的基层变形，保证防水效果。

（三）防水涂料的特点及应用

防水涂料的使用应考虑建筑的特点、环境条件和使用条件等因素，结合防水涂料的特点和性能指标选择。

1. 沥青基防水涂料

指以沥青为基料配制而成的水乳型或溶剂型防水涂料。这类涂料对沥青基本没有改性或改性作用不大，有石灰乳化沥青、膨润土沥青乳液和水性石棉沥青防水涂料等。主要适用于Ⅲ级和Ⅳ级防水等级的工业与民用建筑屋面、混凝土地下室和卫生间防水等。

2. 高聚物改性沥青防水涂料

指以沥青为基料，用合成高分子聚合物进行改性，制成的水乳型或溶剂型防水涂料。这类涂料在柔韧性、抗裂性、拉伸强度、耐高低温性能、使用寿命等方面比沥青基涂料有很大改善。品种有再生橡胶改性沥青防水涂料、水乳型氯丁橡胶沥青防水涂料、SBS橡胶改性沥青防水涂料等。适用于Ⅱ、Ⅲ、Ⅳ级防水等级的屋面、地面、混凝土地下室和卫生间等的防水工程。

3. 合成高分子防水涂料

指以合成橡胶或合成树脂为主要成膜物质制成的单组分或多组分的防水涂料。这类涂料具有高弹性、高耐久性及优良的耐高低温性能，品种有聚氨酯防水涂料、丙烯酸酯防水涂料和有机硅防水涂料等。适用于Ⅰ、Ⅱ、Ⅲ级防水等级的屋面、地下室、水池及卫生间等的防水工程。

第九节 装 饰 材 料

一、装饰材料的作用、分类和要求

装修材料是指对建筑物室内外进行装潢和修饰的材料。装修目的在于满足房屋建筑的使用和美观要求，保护主体结构在室内外各种环境因素作用下的稳定性和耐久性，是建筑物不可缺少的组成部分。主要包括石材、建筑陶瓷、建筑玻璃、建筑装饰涂料、木材、装饰金属和顶棚、罩面板等。

装饰材料外观方面应满足颜色、光泽、透明性、表面组织等要求；力学和理化性能方面应满足一定的强度、耐水性、抗火性、耐腐蚀性等要求。

二、石材

（一）天然石材

所谓天然石材是指从天然岩体中开采出来的毛料，或经过加工成为板状或块状的饰面材料。用于建筑装饰用的主要有大理石和花岗石两大类。

1. 花岗石板

花岗石是一种火成岩，属硬石材，其主要矿物成分是长石、石英，并含有少量云母和暗色矿物。花岗石常呈现出一种整体均粒状结构，正是这种结构使花岗石具有独特的装饰效果。其耐磨性和耐久性优于大理石，既适用于室外也适用于室内装饰。

2. 大理石板

大理石因盛产于云南大理而得名。它是由石灰岩、白云岩、方解石、蛇纹石等经过地壳内高温高压作用而形成的变质岩，其主要矿物成分是方解石和白云石，属于中硬石材，比花岗石易于雕琢、磨光、加工。由于其主要化学成分为碳酸钙，易被酸侵蚀，所以除个别品种外（如汉白玉），一般不宜用作室外装饰。

（二）人造石材

人造石材一般指人造大理石和人造花岗石，其色彩和花纹均可根据要求设计制作，如仿大理石、仿花岗石、仿玛瑙石等，还可以制作成弧形、曲面等天然石材难以加工的复杂形状。

人造石材具有天然石材的质感，但重量轻、强度高、耐腐、耐污染，可锯切、钻孔，施工方便。适用于墙面、门套或柱面装饰，也可用作工厂、学校等的工作台面及各种卫生洁具，还可加工成浮雕、工艺品等。与天然石材相比，人造石材是一种比较经济的饰面材料。

三、建筑陶瓷

建筑陶瓷包括釉面砖、墙地砖、锦砖、建筑琉璃制品等。广泛用作建筑物内外墙、地面和屋面的装饰和保护，已成为房屋装修的一类极为重要的装饰材料。其产品总的发展趋势是：提高质量、增大尺寸、品种多样、色彩丰富、图案新颖。

（一）釉面砖

又称内墙砖，属于精陶类制品。它是以黏土、石英、长石、助熔剂、颜料以及其他矿物为原料，经破碎、研磨、筛分、配料等工序加工含一定水分的生料，再经模具压制成型（坯体）、烘干、素烧、施釉和釉烧而成；或坯体施釉一次烧成。这里所谓的釉，是指附着于陶瓷坯体表面的连续玻璃质层，具有与玻璃相类似的某些物理化学性质。

釉面砖具有色泽柔和典雅、美观耐用、朴实大方、防火耐酸、易清洁等特点。主要用作建筑物内部墙面，如厨房、卫生间、浴室、墙裙等的装饰与保护。

（二）墙地砖

生产工艺类似于釉面砖，或不施釉一次烧成无釉墙地砖。产品包括内墙砖（参见釉面砖）、外墙砖和地砖三类。

墙地砖具有强度高，耐磨，化学性能稳定，不燃，吸水率低，易清洁，经久不裂等特点。

（三）陶瓷锦砖

陶瓷锦砖俗称马赛克（Masaic），是以优质瓷土为主要原料，经压制烧成的片状小瓷砖，表面一般不上釉。通常将不同颜色和形状的小块瓷片铺贴在牛皮纸上形成色彩丰富、图案繁多的装饰砖成联使用。

陶瓷锦砖具有耐磨，耐火，吸水率小，抗压强度高，易清洗以及色泽稳定等特点。广泛适用于建筑物门厅、走廊、卫生间、厨房、化验室等内墙和地面，并可作建筑物的外墙饰面与保护。

（四）建筑琉璃制品

建筑琉璃制品是我国陶瓷宝库中的古老珍品之一。是用难熔粘土制坯，经干燥、上釉后焙烧而成。颜色有绿、黄、蓝、青等。品种可分为三类：瓦类（板瓦、滴水瓦、筒瓦、沟头）、脊类和饰件类（吻、博古、兽）。

琉璃制品色彩绚丽、造型古朴、质坚耐久，用它装饰的建筑物富有我国传统的民族特色。

（五）卫生陶瓷

卫生陶瓷为用于浴室、盥洗室、厕所等处的卫生洁具，如洗面器、坐便器、水槽等。

卫生陶瓷多用耐火黏土或难熔黏土经配制料浆、灌浆成型、上釉焙烧而成。卫生陶瓷结构型式多样，颜色分为白色和彩色，表面光洁、不透水，易于清洗，并耐化学腐蚀。

四、建筑玻璃

建筑玻璃主要有平板玻璃、钢化玻璃、磨砂玻璃、有色玻璃、玻璃空心砖、夹层玻璃、中空玻璃、玻璃锦砖等品种。

五、建筑塑料制品

建筑塑料制品主要有塑料壁纸、塑料地板、塑料地毯、塑料装饰板等品种。

六、建筑装饰涂料

建筑装饰涂料简称涂料，与油漆是同一概念。是涂敷于物体表面能与基体材料很好粘结并形成完整而坚韧保护膜的物料。

涂料的种类繁多，按主要成膜物质的性质可分为有机涂料、无机涂料和有机无机复合涂料三大类；按使用部位分有外墙涂料、内墙涂料和地面涂料等；按分散介质种类分有溶剂型和水性两种。

常用装饰涂料有过氯乙烯内墙涂料、氯化橡胶、外墙涂料、聚醋酸乙烯乳胶内墙涂料、苯丙乳液外墙涂料、硅酸钾无机外墙涂料、丙烯酸系复层外墙涂料等品种。

七、木材与竹材

装饰用木材的树种包括杉木、红松、水曲柳、柞木、栎木、色木、楠木、黄杨木等。凡木纹美丽的可作室内装饰之用，木纹细致、材质耐磨的可供铺设拼花地板。

竹材也可用于某些特色装修，竹地板采用天然原竹，经锯片、干燥、四面修平、上胶、油压拼板、开槽、砂光、涂漆等工艺，同时经过防霉、防蛀、防水处理而制得。

八、装饰金属

装饰金属主要有铝合金及其制品（如铝合金门窗、铝合金花纹板、镁铝合金装饰板等）、不锈钢及其制品（如板材、管材、型材及各种连接件等）、彩色压型钢板和金属搪瓷板等。

九、顶棚罩面板

顶棚罩面板主要有玻璃棉装饰吸声板、膨胀珍珠岩装饰吸声板、石膏装饰板、矿棉装饰吸声板和贴塑矿（岩）棉吸声板等。

第十节 室内装饰装修材料有害物质限量

各类民用建筑室内环境污染危及健康的问题日益突出，而污染的来源主要是建筑装饰装修材料，控制建筑装饰装修材料的污染物含量是实现建筑工程室内环境污染控制的主要手段。为此国家质量监督检验检疫总局在2002年12月10日发布了室内装饰装修材料有害物质限量的十个国家强制性标准，并于2002年7月1日起施行。

一、人造板及其制品中甲醛释放限量（GB 18580—2001）

人造板及其制品（包括地板、墙板等）中甲醛释放量试验方法及限量值　　表1-17

产品名称	试验方法	限量值	使用范围	限量标志
中密度纤维板、高密度纤维板、刨花板、定向刨花板等	穿孔萃取法	≤9mg/100g	可直接用于室内	E1
		≤30mg/100g	必须饰面处理后可允许用于室内	E2
胶合板、装饰单板贴面胶合板、细木工板等	干燥器法	≤1.5mg/L	可直接用于室内	E1
		≤5.0mg/L	必须饰面处理后可允许用于室内	E2
饰面人造板（包括浸渍纸层压木质地板、实木复合地板、竹地板、浸渍胶膜纸饰面人造板等）	气候箱法	≤0.12mg/m³	可直接用于室内	E2
	干燥器法	≤1.5mg/L		

注：1. 仲裁时采用气候箱法。
2. E1为可直接用于室内的人造板，E2为必须饰面处理后允许用于室内的人造板。

二、溶剂型木器涂料中有害物质限量（GB 18581—2001）

表1-18

项　目	限　量　值		
	硝基漆类	聚氨酯漆类	醇酸漆类
挥发性有机化合物(VOC)[a]/(g/L)≤	750	光泽(60°)≥80,600 光泽(60°)<80,700	550
苯[b]/%≤	0.5		
甲苯和二甲苯总和[b]/%≤	45	40	10
游离甲苯二异氰酸酯(TDI)[c]/%≤	—	0.7	—
重金属(限色漆)(mg/kg)≤ 可溶性铅	90		
可溶性镉	75		
可溶性铬	60		
可溶性汞	60		

注：1. 按产品规定的配比和稀释比例混合后测定。如稀释剂的使用量为某一范围时，应按照推荐的最大稀释量稀释后进行测定。
2. 如产品规定了稀释比例或产品由双组分或多组分组成时，应分别测定稀释剂和各组分中的含量，再按产品规定的配比计算混合后涂料中的总量。如稀释剂的使用量为某一范围时，应按照推荐的最大稀释量进行计算。
3. 如聚氨酯漆类规定了稀释比例或由双组分或多组分组成时，应先测定固化剂（含甲苯二异氰酸酯预聚物）中的含量，再按产品规定的配比计算混合后涂料中的含量。如稀释剂的使用量为某一范围时，应按照推荐的最小稀释量进行计算。

其他树脂类型和其他用途的室内装饰装修用溶剂型涂料可参照上表使用，但表1-18

不适用于水性木器涂料。

三、内墙涂料中有害物质限量（GB 18582—2001）

表 1-19

项　目		限　量　值
挥发性有机化合物(VOC)/(g/L)≤		200
游离甲醛(g/kg) ≤		0.1
重金属(mg/kg)	可溶性铅≤	90
	可溶性镉≤	75
	可溶性铬≤	60
	可溶性汞≤	60

适用于水性墙面涂料，不适用于有机物作为溶剂的内墙涂料。

四、胶粘剂中有害物质限量（GB 18583—2001）

（一）溶剂型胶粘剂中有害物质限量值

表 1-20

项　目	指　标		
	橡胶胶粘剂	聚氨酯类胶粘剂	其他胶粘剂
游离甲醛(g/kg)≤	0.5	—	—
苯[1]/(g/kg)≤	5		
甲苯+二甲苯/(g/kg)≤	200		
甲苯二异氰酸酯/(g/kg)≤	—	10	—
总挥发性有机物/(g/L)≤	750		

注：1) 苯不能作为溶剂使用，作为杂质其最高含量不得大于表的规定。

（二）水基型胶粘剂中有害物质限量值

表 1-21

项　目	指　标				
	缩甲醛类胶粘剂	聚乙酸乙烯酯胶粘剂	橡胶类胶粘剂	聚氨酯类胶粘剂	其他胶粘剂
游离甲醛(g/kg)≤	1	1	1	—	1
苯/(g/kg)≤	0.2				
甲苯十二甲苯/(g/kg)≤	10				
总挥发性有机物/(g/L)≤	50				

五、木家具中有害物质限量（GB 18584—2001）

表 1-22

项　目		限　量　值
家具的人造板甲醛释放量(mg/L)		≤1.5
家具表面色漆涂层可溶性重金属含量(mg/kg)	可溶性铅	≤90
	可溶性镉	≤75
	可溶性铬	≤60
	可溶性汞	≤60

六、壁纸中有害物质限量（GB 18585—2001）

表 1-23

有害物质名称		限量值(mg/kg)
重金属(或其他)元素	钡	≤1000
	镉	≤25
	铬	≤60
	铅	≤90
	砷	≤8
	汞	≤20
	硒	≤165
	锑	≤20
氯乙烯单体		≤1.0
甲醛		≤120

适用于以纸为基材，通过胶粘剂贴于墙面或顶棚上的壁纸，不包括墙毡及其他类似的墙挂。

七、聚氯乙烯卷材地板中有害物质限量（GB 18586—2001）

（一）氯乙烯单体限量

卷材地板聚氯乙烯层中氯乙烯单体含量≤5mg/kg。

（二）可溶性重金属限量

卷材地板中不得使用铅盐助剂；作为杂质，卷材地板中可溶性铅含量应≤20mg/m²、可溶性镉含量应≤20mg/m²。

（三）挥发物限量

表 1-24

发泡类卷材地板中挥发物的限量(g/m²)		非发泡类卷材地板中挥发物的限量(g/m²)	
玻璃纤维基材	其他基材	玻璃纤维基材	其他基材
≤75	≤35	≤40	≤10

适用于以聚氯乙烯树脂为主要原料并加入适当助剂，用涂敷、压延、复合工艺生产的发泡或不发泡的、有基材或无基材的卷材地板。

八、地毯、地毯衬垫及胶粘剂中有害物质限量（GB 18587—2001）

（一）地毯中有害物质释放限量

表 1-25

序号	有害物质测试项目	限量(mg/m²h)	
		A级	B级
1	总挥发性有机化合物(TVOC)	≤0.500	≤0.600
2	甲醛(Formaldehyde)	≤0.050	≤0.050
3	苯乙烯(Styrene)	≤0.400	≤0.500
4	4-苯基环己烯(4-Phenylcyclohexene)	≤0.050	≤0.050

（二）地毯衬垫有害物质释放限量

表 1-26

序号	有害物质测试项目	限量（mg/m²h）	
		A 级	B 级
1	总挥发性有机化合物（TVOC）	≤1.000	≤1.200
2	甲醛（Formaldehyde）	≤0.050	≤0.050
3	丁基羟基甲苯（BHT-Butylated hydroxytoluene）	≤0.030	≤0.030
4	4-苯基环己烯（4-Phenylcyclohexene）	≤0.050	≤0.050

（三）地毯胶粘剂有限物质释放限量

表 1-27

序号	有害物质测试项目	限量（mg/m²h）	
		A 级	B 级
1	总挥发性有机化合物（TVOC）	≤10.000	≤12.000
2	甲醛（Formaldehyde）	≤0.050	≤0.050
3	2-乙基己醇（2-ethyl-1-hexanol）	≤3.000	≤3.500

以上各表中 A 级为环保型产品，B 级为有害物质释放限量合格产品。

九、混凝土外加剂中释放氨的限量（GB 18588—2001）

混凝土外加剂中释放氨的量≤0.10%（质量分数）。

适用于各类具有室内使用功能的建筑用、能释放氨的混凝土外加剂，不适用于桥梁、公路及其他室外工程用混凝土外加剂。

十、建筑材料放射性核素限量（GB 6566—2001）

建筑材料指用于建造各类建筑物所使用的无机非金属类材料，包括掺工业废渣的建筑材料。放射性核素限量指标为内照射指数 I_{Ra} 和外照射指数 I_γ。

（一）建筑主体材料放射性核素限量

包括水泥与水泥制品、砖、瓦、混凝土、混凝土预制构件、砌块、墙体保温材料、工业废渣、掺工业废渣的建筑材料及各种新型墙体材料等。

建筑主体材料中天然放射性核素镭-226、钍-232、钾-40 的放射性比活度同时满足 I_{Ra}≤1.0 和 I_γ≤1.0。

空心率大于 25% 的建筑主体材料，其天然放射性核素镭-226、钍-232、钾-40 的放射性比活度同时满足 I_{Ra}≤1.0 和 I_γ≤1.3。

（二）装饰材料

包括花岗石、建筑陶瓷、石膏制品、吊顶材料、粉刷材料及其他新型饰面材料等。

根据装饰材料放射性水平大小划分为以下三类：

1. A 类装修材料

装修材料中天然放射性核素镭-226、钍-232、钾-40 的放射性比活度同时满足 I_{Ra}≤1.0 和 I_γ≤1.3 要求的为 A 类装修材料，使用范围不受限制。

2. B 类装修材料

不满足 A 类装修材料要求，但同时满足 $I_{Ra}\leqslant1.3$ 和 $I_\gamma\leqslant1.9$ 要求的为 B 类装修材料。B 类装修材料不可用于Ⅰ类民用建筑的内饰面，但可用于Ⅰ类民用建筑的外饰面及其他一切建筑物的内、外饰面。Ⅰ类民用建筑为住宅、老年建筑、幼儿园、学校、医院等需特别关注的地方，其余为Ⅱ类民用建筑。

3. C 类装修材料

不满足 A、B 类装修材料要求，但满足 $I_\gamma\leqslant2.8$ 要求的为 C 类装修材料。C 类装修材料只可用于建筑物的外饰面及室外其他用途。

$I_\gamma>2.8$ 的花岗石只可用于碑石、海堤、桥墩等人类很少涉及到的地方。

第二章 建筑力学基础知识

第一节 静力学基础知识

一、静力学的基本概念

（一）力

力是物体与物体之间的相互机械作用，这种作用的效果会使物体的运动状态发生变化（力的运动效应或外效应），或者使物体的形状发生变化（力的变形效应或内效应）。如图2-1所示。

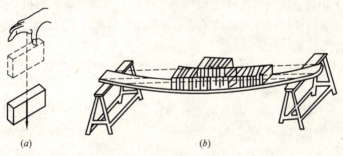

图 2-1 力的作用效果
(a) 砖在重力作用下坠落；(b) 脚手板在砖块作用下弯曲

力不能脱离物体而单独存在，有受力物体，必定有施力物体。两物体之间力的作用方式有两种。一种是直接的、互相接触的，称为接触力，如塔吊吊装构件时，钢丝绳对构件的拉力使其上升；另一种是间接的、互相不接触的，称为非接触力，如建筑物所受的地心引力（也称重力）。

力对物体的作用效果取决于力的大小、方向和作用点三个要素，三个要素中的任何一个要素发生了改变，力的作用效果也会随之改变。要表达一个力，就要把力的三要素都表示出来。

1. 力的大小

它反映物体间相互作用的强弱程度。通常用数量表示，力的度量单位，在国际单位制中为牛顿（N，简称牛）或千牛顿（kN，简称千牛）；在工程实际中为千克力（kgf）或吨力（tf），它们的换算关系为：

1kN=1000N，1tf=1000kgf；

1kgf=9.80665N≈10N，1tf=9.80665kN≈10kN。

2. 力的方向

包括方位和指向两个含义。如说重力的方向是"铅垂向下"，"铅垂"是力的方位，"向下"则是力的指向。

3. 力的作用点

指物体受力的地方。实际上，作用点并非一个点，而是一个面积。当作用面积很小时，可以近似看成一个点。通过力的作用点，沿力的方向的直线，称为力的作用线。

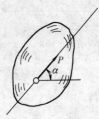

图 2-2 力的作用点

力是既有大小，又有方向的物理量，把这种既有大小，又有方向的量称为矢量。它可以用一个带有箭头的直线线段（即有向线段）表示，如图 2-2 所示。其中线段的长短按一定的比例尺表示力的大小，线段的方位和箭头的指向表示力的方向。另外力还有作用点这个要素，而线段的起点或终点就表示力的作用点。过力的作用点，沿力的矢量方位画出的直线就表示力的作用线。这就是力的图示法。

本书凡是矢量都以黑体英文字母表示，如力 F；而以白体的同一字母表示其大小，如 F。

（二）平衡

所谓平衡，就是指物体相对于地面处于静止状态或保持匀速直线运动状态，是机械运动的特殊情况，例如：我们不仅说静止在地面上的房屋、桥梁和水坝是处于平衡状态的，而且也说在直线轨道上作匀速运动的塔吊以及匀速上升或下降的升降台等也是处于平衡状态的。但是，在本书中没有特殊说明时所说的平衡，系单指物体相对于地面处于静止状态。

（三）力系和合力

一群力同时作用在一物体上，这一群力就称为力系。作用在物体上的力或力系统称为外力。

如果有一力系可以代替另一力系作用在物体上而产生同样的机械运动效果，则两力系互相等效，可称为等效力系见图 2-3。

我们记得　　$F_1+F_2+F_3=R_1+R_2$。

如用一个力来代替一力系作用在物体上而产生同样效果，则这个力即为该力系的合力，而原力系中的各力称为合力的分力，见图 2-4。

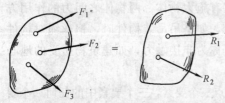

图 2-3 等效力系　　　　　　　　图 2-4 力系的合力

我们记为　　$R=F_1+F_2+F_3=\Sigma F_i$

物体沿着合力的指向作机械运动。所以有合力作用在物体上，该物体一定是运动的。如果要物体保持静止（或作等速直线运动），则合力应该等于零，换言之，要使物体处于平衡状态，则作用在物体上的力系应是一组平衡力系，即合力为零的力系。合力为零称力系的平衡条件，

即：　　　　　　　　　　　　$\Sigma F_i=0$。

（四）刚体

在外力作用下，形状、大小均保持不变的物体称为刚体。在静力学中，所研究的物体都是指刚体。显然，在自然界中刚体是不存在的，任何物体在力作用下，都将发生变形。

但是工程实际中许多物体的变形都很微小,对物体平衡问题的研究影响不大,可以忽略不计,这样将使静力学问题的研究大为简化。

必须注意:"刚体"的概念在以后各节中将不再适用,因为在计算结构的内力、应力、变形时,结构的变形在所研究的问题中处于主要地位,不能忽略不计了。

二、静力学的基本公理

静力学基本公理是人们在长期的生产活动和生活实践中,经过反复观察和实践总结出来的客观规律,它正确地反映了作用在物体上的力的基本性质。

(一)二力平衡公理

作用于同一刚体上的两个力,使刚体平衡的必要与充分条件是:这两个力的大小相等,方向相反,且在同一直线上。如图 2-5。

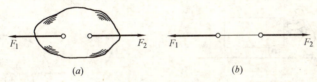

图 2-5　二力平衡原理

(二)加减平衡力系公理

可以在作用于刚体上的任一力系上,加上或减去任意的平衡力系,而不改变原力系对刚体的作用效果。

应用这个公理可以推导出静力学中一个重要的定理——力的可传性原理,即作用在刚体上的力,可沿其作用线移动,而不改变该力对刚体的作用效果。如图 2-6 所示。

(三)力的平行四边形法则

作用于刚体上一点的两个力的合力亦作用于同一点,且合力可用以这两个力为邻边所构成的平行四边形的对角线来表示。

力的平行四边形法则可以简化为力的三角形法则,即用力的平行四边形的一半来表示。如图 2-7 所示。

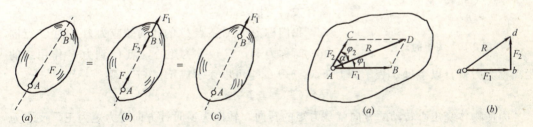

图 2-6　力的可传性原理　　　　　　图 2-7　力的平行四边形法则和三角形法则
F_1、F_2 为大小与 F 相等的一平衡力系

利用力的平行四边形法则,可以将作用于刚体上同一点的两个力合成为一个合力;反过来利用平行四边形法则将作用于刚体上的一个力分解为作用于同一点的两个相交的分力。

(四)作用力与反作用力公理

当一个物体给另一个物体一个作用力时,另一物体也同时给该物体以反作用力。作用力与反作用力大小相等,方向相反,且沿着同一直线。这就是作用力与反作用力公理,此公理概括了自然界中物体间相互作用的关系,普通适用于任何相互作用的物体。即作用力与反作用力同时出现,同时消失,说明了力总是成对出现的。如图2-8所示。

值得注意的是,不能将作用力与反作用力公理和二力平衡公理混淆起来,作用力与反作用力虽然也是大小相等,方向相反,且沿着同一直线,但此两力分别作用在两个不同的物体上,而不是同时作用在同一物体上,故不能构成力系或平衡力系。而二力平衡公理中的两个力是作用在同一物体上的。这就是它们的区别。

应用上述静力学基本公理和力的可传性原理可以证明静力学的一个基本定理——三力汇交定理:

在刚体上作用着三个相互平衡的力 F_1、F_2 和 F_3,若其中两个力 F_1 和 F_2 的作用线相交于点 A,则第三个力 F_3 的作用线必通过汇交点 A,如图2-9所示。

图 2-8 作用力和反作用力

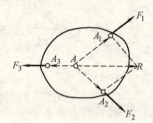

图 2-9 三力汇交定理

三、力矩

(一)力矩的概念

力对物体的作用可以使物体的运动状态发生改变,既能产生平动效应,又能产生转动效应。一个力作用在具有固定转动轴的刚体上,如果力的作用线不通过该固定轴,那么刚体将会发生转动,例如用手推门、用扳手转动螺母等。

力使刚体绕某点(轴)旋转的效果的大小,不仅与力的大小有关,而且与该点到力的作用线的垂直距离有关,见图2-10。

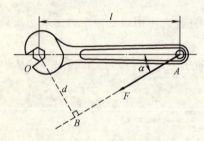

图 2-10 力矩的概念

我们称力 F 对某点 O 的转动效应为力 F 对 O 点的矩,简称力矩,点 O 称为矩心,点 O 到力 F 作用线的距离称为力臂,以字母 d 表示。力 F 对点 O 的矩可以表示成 $M_O(F)$ 则

$$M_O(F) = \pm F \cdot d$$

力使物体绕矩心转动的方向就是力矩的转向,转向为逆时针方向时力矩为正,反之为负,因为它是一个代数量。

力矩的单位是牛顿米(N·m)或千牛顿米(kN·m)。

由力矩的定义可知:

当力的大小为零或者力的作用线通过矩心时,力矩为零。

当力沿作用线移动时,它对某一点的矩不变。

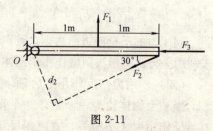

图 2-11

【例】 已知 $F_1=2\text{kN}$,$F_2=10\text{kN}$,$F_3=5\text{kN}$,作用方向如图 2-11,求各力对 O 点的矩。

【解】 由力矩的定义可知:
$$M_O(F_1)=F_1 \cdot d_1=2\times 1=2\text{kN}\cdot\text{m}$$
$$M_O(F_2)=F_2 \cdot d_2=-10\times 2\cdot\sin 30°=-10\text{kN}\cdot\text{m}$$
$$M_O(F_3)=F_3 \cdot d_3=5\times 0=0$$

(二)合力矩定理

合力对平面内任意一点的矩,等于各分力对该点力矩的代数和。即:

如果 $\qquad R=F_1+F_2+F_3+\cdots\cdots+F_n$,

则 $\qquad M_O(R)=M_O(F_1)+M_O(F_2)+M_O(F_3)+\cdots\cdots+M_O(F_n)=\Sigma M_O(F_i)$

于同一平面内的各力作用于某一物体上,该力系使刚体绕某点不能转动的条件是,各力对该点的力矩代数和为零(合力矩为零)。

即:
$$\Sigma M_O(F_i)=0$$

称为力矩平衡方程。

四、力偶

力使物体绕某点转动的效果可用力矩来度量,然而在生产实践和日常生活中,还经常通过施加两个大小相等、方向相反,作用线平行的力组成的力系使物体发生转动。例如司机操纵汽车的方向盘时,两手加在方向盘上的一对力使方向盘绕轴杆转动;木工师傅用麻花钻钻孔时,加在钻柄上的一对力,如图 2-12 所示。

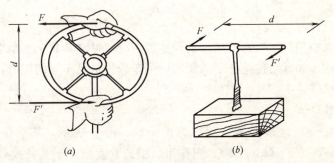

图 2-12 力偶的概念

我们将大小相等、方向相反,作用线互相平行而不共线的力 F 和 F',称为力偶,记为 $(F、F')$,两力作用线的距离,称为力偶臂,记为 d,力偶所在的平面,称为力偶的作用面。

力偶不可能用更简单的一个力来代替它对物体的作用效果,所以力偶和力都是构成力系的基本元素。

力偶使物体发生转动的效果的大小,不仅与力的大小有关,而且与力偶臂的大小有关。

我们称力偶 $(F、F')$ 的转动效应为力偶矩,可以表示为 $m(F、F')=m=\pm F\cdot d$。

力偶使物体转动的方向就是力偶矩的方向,转向为逆时针时力偶矩为正,反之为负,因此它是一个代数量。

力偶矩的单位也是牛顿米(N·m)或千牛顿米(kN·m)。

根据力偶的性质和特点,今后我们在研究一个平面内的力偶时,只考虑力偶矩,而不必论及力偶中力的大小和力偶臂的长短,今后一般用一带箭头的弧线表示力偶,并在其附近标

记 m、m' 等字样,其中 m、m' 表示力偶矩的大小,箭头表示力偶的转向,如下图所示。

五、荷载及其简化

(一) 荷载的概念

作用在建筑结构上的外力称为荷载。它是主动作用在结构上的外力,能使结构或构件产生内力和变形。

确定作用在结构上的荷载,是一项细致而复杂的工作,在进行结构或构件受力分析时,必须根据具体情况对荷载进行简化,略去次要和影响不大的因素,突出本质因素。在结构设计时,需采用现行《建筑结构荷载规范》的标准荷载,它是指在正常使用情况下,建筑物等可能出现的最大荷载,通常略高于其使用期间实际所受荷载的平均值。

(二) 荷载的分类

1. 按作用时间分类

(1) 恒载:

指长期作用在结构上的不变荷载。如结构自重、土的压力等等。结构的自重,可根据其外形尺寸和材料密度计算确定。

(2) 活载:

指作用在结构上的可变荷载。如楼面活荷载、屋面施工和检修荷载、雪荷载、风荷载、吊车荷载等。在规范中,对各种活载的标准值都作了规定。

2. 按分布情况分类

(1) 集中荷载:

在荷载作用面积相对于结构或构件的尺寸较小时,可将其简化为集中地作用在某一点上,称为集中荷载。如屋架传给柱子的压力,吊车轮传给吊车梁的压力,人站在脚手板上对板的压力等。单位是牛(N)或千牛(kN)。

(2) 分布荷载:

连续地分布在一块面积上的荷载称为面荷载,用 p 表示,其单位是牛顿每平方米(N/m^2)或千牛每平方米(kN/m^2);当作用面积的宽度相对于其长度较小时,就可将面荷载简化为连续分布在一段长度上的荷载,称为线荷载,用 q 表示,其单位是牛顿每米(N/m)或千牛每米(kN/m)。

根据荷载分布是否均匀,分布荷载又分为均布荷载和非均布荷载。

1) 均布荷载:

在荷载的作用面上,每个单位面积上的作用力都相等。如等截面混凝土梁的自重就是

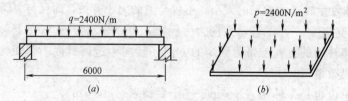

图 2-13 均布荷载示意

(a) 均布线荷载;(b) 均布面荷载

均布线荷载，等截面混凝土预制楼板的自重就是均布面荷载，见图2-13所示。

2）非均布荷载：

在荷载的作用面上，每单位面积上都有荷载作用，但不是平均分布而是按一定规律变化的。例如挡土墙、水池壁都是承受这类荷载，如图2-14所示。

此外根据荷载随时间的变化，还可将荷载分为静力荷载和动力荷载两种。前者指缓慢施加的荷载，后者指大小、方向、位置急骤变化的荷载（如地震、机器振动、风荷载等）。

六、约束和约束反力

（一）约束和约束反力的概念

在工程实践中，如塔吊，房屋结构中的梁、板，吊车钢索上的预制构件等物体的运动大都受到某些限制而不能任意运动，阻碍这些物体运动的限制物就称为该物体的约束，如墙对梁、轨道对塔吊等，都是约束。

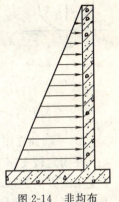

图2-14 非均布荷载示意图

当物体沿着约束所能限制的方向运动或有运动趋势时，约束对该物体必然有力的作用，这种力称为约束反力，它是一种被动产生的力，不同于主动作用于物体上的荷载等主动力。

工程上的物体，一般都同时受荷载等主动力和约束反力等被动力的作用。主动力通常是已知的，约束反力是未知的，它的大小和方向随物体所受主动力的情况而定。

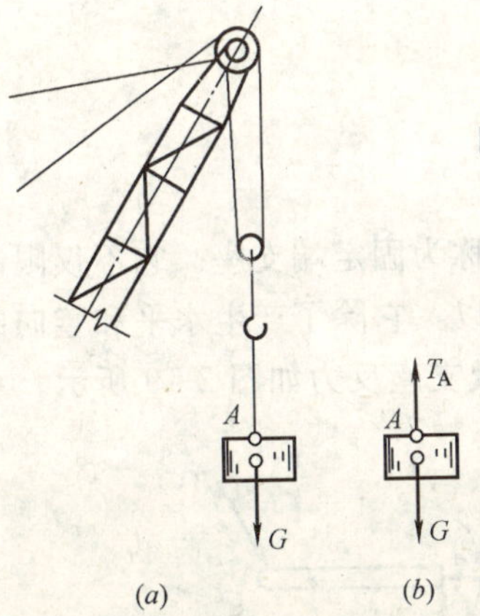

（二）工程中常见约束及约束反力的特征

约束反力的确定，与约束的类型及主动力有关，常见的几种典型的约束。

1. 柔体约束

钢丝绳、皮带、链条等柔性物体用于限制物体的运动时都是柔体约束。由于柔体约束只能限制物体沿柔体中心线伸长的方向运动，故其约束反力的方向一定沿着柔体中心线，背离被约束物体。即柔体约束的反力恒为拉力，通常用 T 表示，如图2-15所示。

2. 光滑接触面约束

物体与光滑支承面（不计摩擦）接触时，不论支承面形状如何，这种约束只能限制物体沿接触面公法线指向光滑面方向的运动。故其约束反力方向必定沿着接触面公法线指向被约束物体，即为压力。如图2-16所示。

图2-15

3. 固定铰支座

在工程实际中，常将一支座用螺栓与基础或静止的结构物固定起来，再将构件用销钉与该支座相连接，构成固定铰支座，用来限制构件某些方向的位移。其简图及约束反力如图2-17所示。

支座约束的反力称为支座反力，简称支反力。以后我们将会经常用到支座反力这个概念。

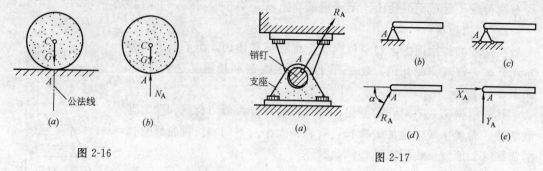

图 2-16

图 2-17

4. 可动铰支座

在固定铰支座下面用几个滚轴支承于平面上构成的支座。这种支座只能限制构件垂直于支承面方向的移动，而不能限制物体绕销钉轴线的转动和沿支承面方向的移动。故其支座反力通过销钉中心，垂直于支承面，指向未定。其简图及支反力如图 2-18 所示。

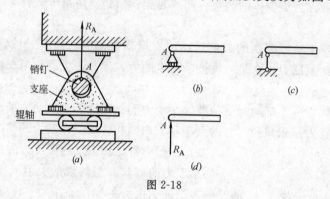

图 2-18

5. 固定端支座

构件的一端被牢固地嵌在墙体内或基础上，这种支座称为固定端支座。它不仅限制了被约束物体任何方向的移动，而且限制了物体的转动。所以，它除了产生水平和竖向的支座反力外，还有一个阻止转动的支座反力偶 m_A，其简图及支座反力如图 2-19 所示。

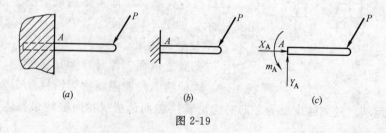

图 2-19

上面介绍的几种约束是比较典型的约束。工程实际中，结构物的约束不一定都做成上述典型的形式。例如柱子插入杯形基础后，在杯口周围用沥青麻丝作填料时，基础允许柱子在荷载作用下产生微小转动，但不允许柱子上下左右移动。因此这种基础可简化为固定铰支座。如图 2-20 所示。

又如屋架的端部支承在柱子上，并将预埋在屋架和柱子上的两块钢板焊接起来。它可以阻止屋架上下左右移动，但因焊缝长度有限，不能限制屋架的微小转动。因此，柱子对屋架的约束可简化为固定铰支座。如图 2-21 所示。

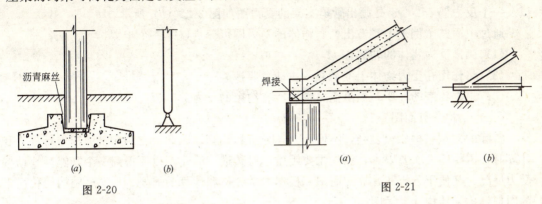

图 2-20

图 2-21

七、受力图和结构计算简图

（一）受力图

为能清晰地表示物体的受力情况，通常将要研究的物体（称为受力体）从与其联系的周围物体（称为施力体）中分离出来，单独画出其简单的轮廓图形，把施力物体对它的作用分别用力表示，并标于其上。这种简单的图形，称为受力图或分离体图。物体的受力图是表示物体所受全部外力（包括主动力和约束反力）的简图。

【**例**】 重量为 W 的球置于光滑的斜面上，并用绳系住，如图 2-22（a）所示。试画出圆球的受力图。

【**解**】 取球为研究对象，把它单独画出。与球有联系的物体有斜面、绳和地球。球受到地球的引力 W，作用于球心，垂直于地球表面，指向地心；绳对球的约束反力 T_A 通过接触点 A 沿绳作用，方向背离球心；斜面对球的约束反力 N_B 通过切点 B，垂直于斜面指向球心。于是便画出了球的受力图，如图 2-22（b）所示。

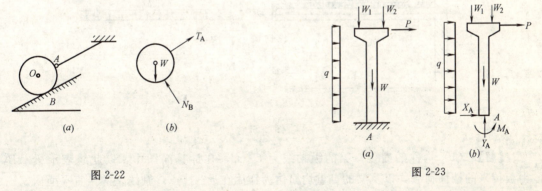

图 2-22

图 2-23

【**例**】 图 2-23（a）所示为一管道支架，其自重为 W，迎风面所受的风力简化成沿架高均匀分布的线荷载，其集度为 q，支架上还受有由于管道受到风压而传来的集中荷载 P，以及由于管道重量而造成的铅垂压力 W_1 和 W_2。试画出支架的受力图。

【**解**】 取管道支架为研究对象。

（1）单独画出管道支架的轮廓。

（2）管道支架受到荷载或主动力有自重 W，风压 q，管道压力 W_1 和 W_2，以及管道传给支架的风压力 P，将这些力按规定的作用位置和方向标出。

(3) 管道支架在其根部 A 受固定端支座的约束，有一对正交垂直的反力 X_A、Y_A，以及一个反力偶 M_A，于是画出管道支架的受力图如图 2-23 (b) 所示。

通过上面二个例子不难看出，画物体的受力图可分为以下三个步骤：
(1) 画出受力物体的轮廓。
(2) 将作用在受力物体上的荷载或主动力照抄。
(3) 根据约束的性质，画出受力物体所有约束的反力。

(二) 结构计算简图

实际的建筑结构比较复杂，不便于力学分析和计算。因此，在对建筑结构进行分析和计算时，需要略去次要因素，抓住主要矛盾，对其进行简化，以便得到一个既能反映结构受力情况，又便于分析和计算的简图。根据力学分析和计算的需要，从实际结构简化而来的图形，称为结构计算简图。

确定结构计算简图的原则是：
(1) 能基本反映结构的实际受力情况。
(2) 能使计算工作简便可行。

简化过程一般包括三个方面：
(1) 构件简化：将细长构件用其轴线表示。
(2) 荷载简化：将实际作用在结构上的荷载以集中荷载或分布荷载表示。
(3) 支座简化：根据支座和结点的实际构造，用典型的约束加以表示。

【例】 图 2-24 (a) 所示为钢筋混凝土楼盖，它由预制钢筋混凝土空心板和梁组成，试选取梁的计算简图。

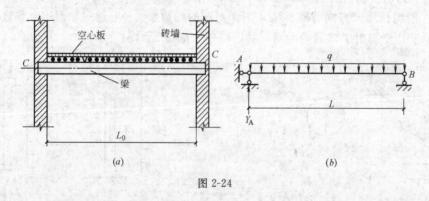

图 2-24

【解】 (1) 构件的简化。梁的纵轴线为 $C—C$，在计算简图中，以此线表示梁 AB，由板传来的楼面荷载，以及梁的自重均简化为作用在通过 $C—C$ 轴线上的铅直平面内。

(2) 支座的简化。由于梁端嵌入墙内的实际长度较短，加以砂浆砌筑的墙体本身坚实性差，所以在受力后，梁端有产生微小松动的可能，即由于梁受力变弯，梁端可能产生微小转动，所以起不到固定端支座的作用，只能将梁端简化成为铰支座。另外，考虑到作为整体，虽然梁不能水平移动，但又存在着由于梁的变形而引起其端部有微小伸缩的可能性。因此，可把梁两端支座简化为一端固定铰支座，另一端为可动铰支座。这种形式的梁称为简支梁。

(3) 荷载的简化。将楼板传来的荷载和梁的自重简化为作用在梁的纵向对称平面内的均布线荷载。

经过以上简化，即可得图 2-24（b）所示的计算简图。

上例简单地说明了建立结构计算简图的过程。实际上，作出一个合理的结构计算简图是一件极其复杂而重要的工作。需要深入学习，掌握各种构造知识和施工经验，才能提高确定计算简图的能力。

八、平面力系的平衡条件

1. 平面一般力系的平衡条件

平面一般力系处于平衡的必要和充分条件是：向任一简化中心简化后，主向量 $R'=0$，主矩 $M_D=0$，即力多边形闭合，各力对任一点的合力矩为零。

如果力系中的各个力或它们的分力分别平行于水平轴 x 或垂直轴 y 的话，则平面一般力系的平衡条件也可以为：平行于 x 轴各力的代数和 $\Sigma F_x=0$，平行于 y 轴的各力的代数和 $\Sigma F_y=0$，各力对任一点 A 的合力矩 $\Sigma M_A=0$，我们称之为平面一般力系的平衡方程式。

【例】已知简支梁 AB 承受荷载如图 2-25 所示。均布荷载 $q=2\text{t/m}$，集中力 $P=3\text{t}$，力偶矩 $M_D=3\text{t}\cdot\text{m}$。试求 A、B 处的支座反力。

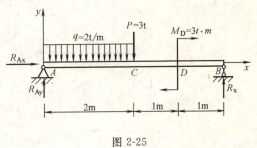

图 2-25

【解】（1）考虑梁 AB 为平衡对象，绘梁的受力图。支座 A 是固定铰支座，反力 R_A 的方向未知，可分解为一个水平分力 R_{Ax} 和一个垂直分力 R_{Ay}。支座 B 是滚动铰支座。反力 R_B 垂直地面，指向可以假定如图所示。

（2）选坐标轴 x、y。

（3）列平衡方程式：

这里应注意力偶中两力在任何轴上的投影的代数和为零；力偶中两力对任一点的力矩代数和等于力偶矩。另外，求支座反力时，均布荷载的作用可用它的合力（集中于 AC 的中点，大小为 $q\times AC$）来代替。

$$\Sigma F_x=0 \quad R_{Ax}=0$$
$$\Sigma M_A=0 \quad 4R_B-M_D-2P-q\times 2\times 1=0$$
$$4R_B=M_D+2P+2q=3+2\times 3+2\times 2=13$$
$$R_B=\frac{13}{4}=3.25\text{t}（↑）;$$
$$\Sigma F_y=0 \quad R_{Ax}+R_B-P-2q=0$$
$$R_{Ay}=P+2q-R_B=3+2\times 2-\frac{13}{4}=\frac{15}{4}=3.75\text{t}（↑）$$

所示 $R_{Ax}=0$。
$R_{Ay}=3.75\text{t}$（↑）。
$R_B=3.25\text{t}$（↑）。

从本例可以看出，水平梁在竖向荷载作用下铰支座只产生竖向反力，而水平反力等于零。今后画受力图时，可以不画实际上等于零的水平反力。

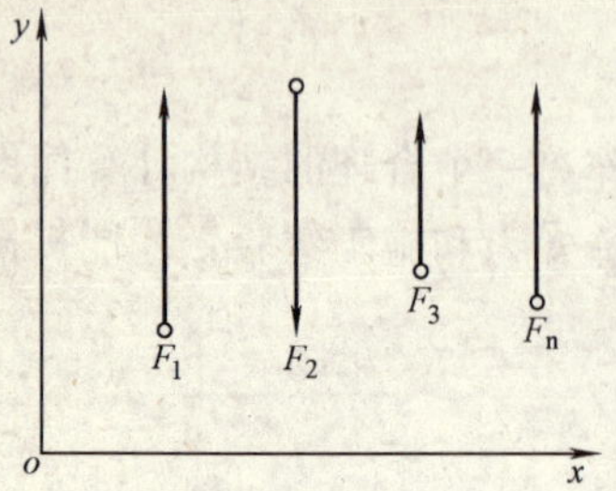

2. 平面平行力系的平衡条件

平面平行力系是平面一般力系的一个特例。设物体受平面平行力系 F_1、F_2……F_n 的作用（图 2-26），如果 x 轴与各力垂直，y 轴与各力平行，由平面一般力系的平衡条件可推出：

平面平行力系平衡的必要和充分条件是力系中各力的代数和 $\Sigma F_y = 0$；各力对于平面内任一点的力矩的代数和 $\Sigma M_A = 0$。

图 2-26

【例】 某雨篷（当作悬臂梁考虑）如图 2-27 所示。挑出长度 $l = 0.8\text{m}$，雨篷自重 $q = 4000\text{N/m}$，施工时的集中荷载 $P = 1000\text{N}$。试求固定端的支座反力。

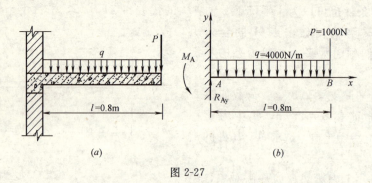

图 2-27

【解】 （1）以雨篷板（悬臂梁）AB 为平衡对象，并画受力图。

在竖向荷载 q 和 P 的作用下，固定端 A 不产生水平反力，只有竖向反力 R_{Ay} 和反力偶矩 M_A。

（2）选定坐标轴 x 和 y。

（3）列平衡方程式：

$$\Sigma F_y = 0 \quad R_{Ay} - P - ql = 0$$

$$R_{Ay} = P + ql = 1000 + 4000 \times 0.8 = 4200\text{N}\ (\uparrow)$$

$$\Sigma M_A = 0 \quad M_A - Pl - \frac{1}{2}ql^2 = 0$$

$$M_A = Pl + \frac{1}{2}ql^2 = 1000 \times 0.8 + \frac{1}{2} \times 4000 \times 0.8^2 = 2080\text{N} \cdot \text{m}\ (\curvearrowleft)$$

R_{Ay} 和 M_A 的计算结果均为正值，表明实际方向与假定的方向相同。

3. 重心和形心的概念

物体的重力就是地球对物体的引力，设想把物体分割成无数微小部分，则物体上每个微小部分都受着地球引力的作用，这些引力可认为是一空间平行力系，此力系的合力 R，称为物体的总重量。通过实验我们知道，无论物体怎样放置，合力 R 总是通过物体内的一个确定点 C，这个点就叫物体的重心，当该物体由均质材料组成时，这个点又称为该物体所代表几何体的形心。

当物体为一厚度一致的平面薄板，并且由均质材料组成时，其重心在其平面图形中投影位置就称为该平面图形的形心。

在工程实践中，经常遇到具有对称轴、对称平面或对称中心的均质物体，这种物体的重心一定在对称轴、对称面或对称中心上，并且其重心与形心相重合。

表 2-1 给出了简单几何图形的形心位置。

几何图形的形心位置 表 2-1

图　形	面　积	形　心
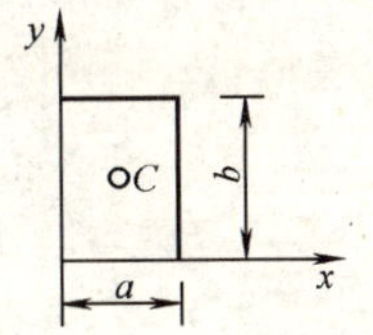 （矩形）	$F=ab$	$x_C=\dfrac{1}{2}a$ $y_C=\dfrac{1}{2}b$
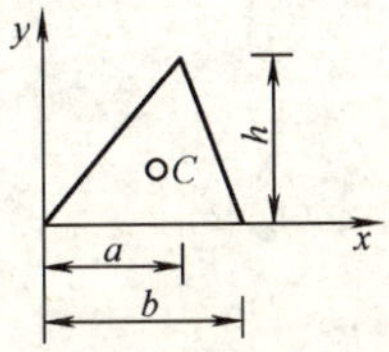 （三角形）	$F=\dfrac{1}{2}bh$	$x_C=\dfrac{1}{3}(a+b)$ $y_C=\dfrac{1}{3}h$
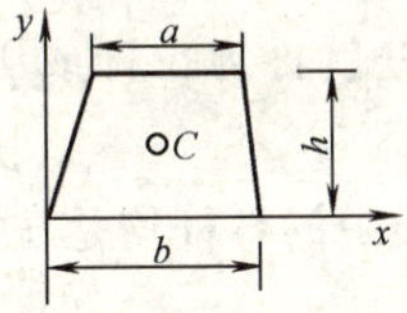 （梯形）	$F=\dfrac{h}{2}(a+b)$	在上下底边的中点连线上 $y_C=\dfrac{1}{3}\cdot\dfrac{h(2a+b)}{a+b}$
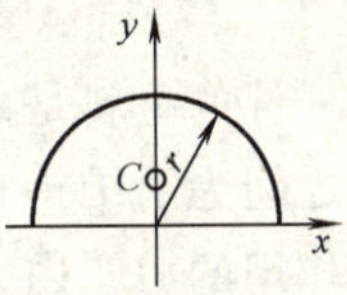 （半圆）	$F=\dfrac{1}{2}\pi r^2$	$x_C=0$ $y_C=\dfrac{4r}{3\pi}$
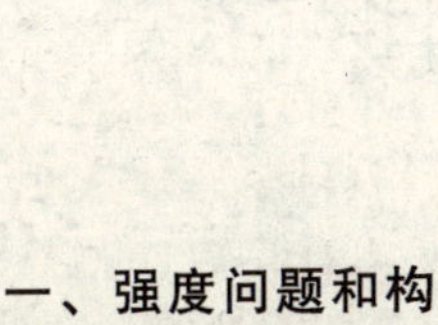 （抛物线区域）	$F_1=\dfrac{2}{3}ab$ $F_2=\dfrac{1}{3}ab$	对于面积 AOC $x_1=\dfrac{5}{8}a$ $y_1=\dfrac{2}{5}b$ 对于面积 BOC $x_2=\dfrac{1}{4}a$ $y_2=\dfrac{7}{10}b$

第二节　轴向拉伸和压缩

一、强度问题和构件的基本变形

（一）强度问题

建筑结构要正常安全地使用，不仅要做到在外力（荷载和支座反力）作用下满足平衡条件，即不能倒，还要做到结构中的构件，如梁、板、柱等在外力作用下不发生破坏，即不能塌。上一节我们主要讨论的是物体的受力分析和平衡问题，以下几节所要讨论的是物体的破坏问题,也就是强度问题,主要是构件抵抗破坏的能力和承载能力,同时涉及抵抗变形的能力(刚度)和保持平衡的能力(稳定性)问题。

在研究强度问题时,构件不再是刚体,而是变形体,静力学中的某些基本公理,如力的可传性原理、力的平移定理、加减平行力系公理以及等效力系的代换均不再适用。

(二)构件的基本变形

变形是强度问题不可回避的主要问题,构件的变形可分为基本变形和组合变形。基本变形有以下四种:

(1)轴向拉伸与压缩。

(2)剪切。

(3)弯曲。

(4)扭转。

我们重点介绍前三种变形的强度问题。

二、轴向拉伸与压缩的内力和应力

(一)轴向拉伸与压缩的内力——轴力

当作用于杆件上的外力作用线与杆的轴线重合时,杆件将产生轴向伸长或缩短变形,这种变形形式就称为轴向拉伸或压缩。产生轴向拉伸或压缩变形的杆就称为拉杆或压杆。也可以说受拉构件或受压构件。

在建筑结构中,拉杆和压杆是最常见的结构构件之一,例如桁架中的各杆均是拉杆或压杆,还有门厅的柱子是压杆等等。

1. 内力的概念

工程结构在工作时,组成结构的杆件将受到外力作用,由于制作杆件的材料是由许多分子组成的,分子间的距离便发生改变,因此杆件产生变形,而分子之间为了维持它们原来的距离,就产生一种相互作用的力,力图阻止距离变化。这种相互作用的力叫内力。杆件受的外力越大,则变形越大,内力也越大。当内力达到一定限度时,分子就不能再维持它们间的相互联系了,于是杆件就发生破坏。因此内力是直接与构件的强度相联系的,为了解决强度问题,必须算出杆件在外力作用下的内力数值。

2. 轴向拉伸和压缩的内力

现在来讨论杆件在轴向拉伸或压缩时产生的内力。为了便于观察它的变形现象,以图

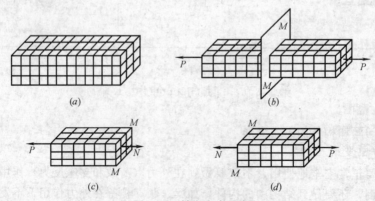

图 2-28 轴向内力示意

2-28 所示橡皮受拉为例。

当橡皮两端沿轴线加上拉力 P 后，可以看到所有的小方格都变成了矩形格子，即橡皮伸长了，也就是说产生了伸长变形。同时，在橡皮内部产生了内力。为了研究内力的大小，假设用 M—M 截面将杆件分成两部分（这种方法称为截面法），它的左段受到右段给它的作用力 N，而右段受到左段给它的反作用力 N。由于构件在外力作用下是平衡的，所以左段和右段也各自保持平衡，即必须满足平衡条件，由

$$\Sigma F_x = 0$$

得 $\qquad N - P = 0 \quad N = P$

这种通过杆件轴线的内力称为轴力。一般规定：拉力为正，压力为负。内力的单位通常用牛顿（N）或千牛顿（kN）表示。

（二）轴向拉伸和压缩的应力

由实践而知，两根由同一材料制成的不同截面的杆件，在受相等的轴向拉力时，截面小的杆件容易破坏。因此，杆件的破坏与否，不但与轴力的大小有关，还与截面的大小有关。所以我们必须进一步研究单位截面面积上的内力，即应力。

从橡皮拉伸试验中可以看到，如果外力通过橡皮的轴线，则所有的格子变形都大致相同，即基本上是均匀拉伸，这说明横截面上的应力是均匀的。这种垂直于横截面的应力称为正应力（或称法向应力），以 σ 表示。见图 2-29 所示。

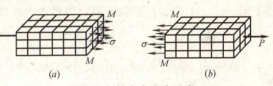

图 2-29 轴向内应力示意

若用 F 代表横截面面积，正应力公式可表达为

$$\sigma = \frac{N}{F}$$

当轴力为拉力时，σ 为拉应力，用正号表示；当轴力为压力时，σ 为压应力，用负号表示。

正应力常用的单位是帕斯卡，中文代号是帕，国际代号是 Pa，$1Pa = 1N/m^2$。在工程实际中，应力的数值较大，常用兆帕（MPa）或吉帕（GPa）表示，$1MPa = 10^6 Pa$，$1GPa = 10^9 Pa$。

三、轴向拉伸与压缩的变形

（一）弹性变形与塑性变形

杆件在外力作用下发生的变形分为弹性变形与塑性变形两种。

外力卸除后杆件变形能完全消除的叫弹性变形。材料的这种能消除由外力引起的变形的性能，称为弹性。常用的钢材、木材等建筑材料可以看成是完全弹性体，材料保持弹性的限度称为弹性范围。

如果外力超过弹性范围后再卸除外力，杆件的变形就不能完全消除，而残留一部分。这部分不能消除的变形，称为塑性变形或残余变形。材料的这种能产生塑性变形的性能称为塑性。利用塑性人们可将材料加工成各种形状的物品。

材料发生塑性变形时，常使构件不能正常工作。所以，工程中一般都把构件的变形限定在弹性范围内。这里介绍的也就是弹性范围内的变形情况。

（二）绝对变形与相对变形

取一根矩形截面的橡皮棒。如在它的两端加一轴向拉力 P，可以看到，棒的纵向尺寸沿轴线方向伸长，而横向尺寸缩短；纵向尺寸由原来的长度 l 伸长为 l_1，横向尺寸 a 缩短为 a_1、b 缩短为 b_1。如在棒的两端加轴向压力，则情况相反，纵向尺寸缩短，横向尺寸增大。见图 2-30 所示。

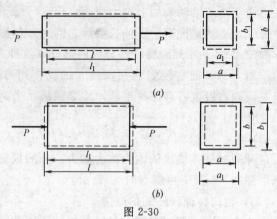

图 2-30

拉伸时纵向的总伸长 $\Delta l = l_1 - l$，称为绝对伸长；压缩时纵向的总缩短称为绝对缩短。绝对伸长和绝对缩短与杆的原来长度有关。在其他条件相同的情况下，直杆的原来长度 l 越大，则绝对伸长（或缩短）Δl 越大。为了消除原来长度对变形的影响，改用单位长度的伸长或缩短来量度杆件的变形，用 ε 来表示。实验证明，等截面直杆的纵向变形沿杆长几乎是均匀的，故有

$$\varepsilon = \frac{\Delta l}{l}$$

比值 ε 称为相对伸长或相对缩短，也叫纵向应变，它在拉伸时为正，压缩时为负。

横向应变用 ε′ 表示，同样

$$\varepsilon' = \frac{\Delta b}{b} \text{ 或 } \varepsilon' = \frac{\Delta a}{a}$$

式中：$\Delta b = b - b_1$，$\Delta a = a - a_1$

应变 ε 和 ε′ 都是比值，是无量纲的量。

（三）弹性定律

实验证明材料在弹性范围内应力 σ 与应变 ε 之比是一常数，通常用 E 表示：

$$E = \frac{\sigma}{\varepsilon}$$

称为弹性定律，又称虎克定律。上述公式也可表示为：

$$\Delta l = \frac{Nl}{EF}$$

E 称为材料的拉压弹性模量。如果应力不变，E 越大，则应变 ε 越小。所以，E 表示了材料抵抗弹性变形的能力。由于 ε 是一个比值，无量纲，故弹性模量 E 的单位与应力的单位相同。E 的数值随材料而异，是通过试验测定的，可查有关的手册得到。

四、材料在拉伸和压缩时的力学性质

（一）材料的力学性质

材料的力学性质是指材料受力时在强度和变形方面表现出来的各种特性。在对构件进行强度、刚度和稳定性计算时，都要涉及到材料在拉伸和压缩时的一些力学性质。这些力学性质都要通过力学实验来测定。

工程上所使用的材料根据破坏前塑性变形的大小可分为两类：塑性材料和脆性材料。这两类材料的力学性质有明显的差别。低碳钢和铸铁分别是工程中使用最广泛的塑性材料

和脆性材料的代表。下面主要介绍这两种材料在拉伸和压缩时的力学性质。拉伸试验一般将材料做成标准试件，常用标准试件都是两端较粗而中间有一段等值的部分，在此等值部分规定一段作为测量变形的标准，称为工作段，其长度 l 称为标距。

1. 材料在拉伸时的力学性质

(1) 低碳钢拉伸时的力学性质：

图 2-31 所示为低碳钢在拉伸时的应力-应变曲线。

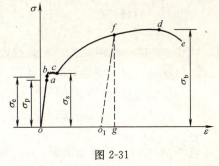

图 2-31

该曲线可分为以下四个阶段。

1) 弹性阶段（ob 段）：

从图中可以看出，oa 是直线，说明在 oa 范围内应力与应变成正比，材料服从虎克定律。即

$$\sigma = E \cdot \varepsilon$$

与 a 点所对应的应力值，称为材料的比例极限，用 σ_p 表示。

应力超过比例极限后，应力与应变已不再是直线关系。但只要应力不超过 b 点，材料的变形仍然是弹性的。b 点对应的应力称为弹性极限，用 σ_e 表示。由于 a、b 两点非常接近，工程上对弹性极限和比例极限不加严格区分，常认为在弹性范围内应力和应变成正比。

2) 屈服阶段（bc 段）：

当应力超过 b 点所对应的应力后，应变增加很快，应力仅在很小范围内波动。在应力-应变图上呈现出接近水平的锯齿形线段，说明材料暂时失去了抵抗变形的能力。这种现象称为屈服（或流动）现象。此阶段的应力最低值称为屈服极限，用 σ_s 表示。

应力达到屈服极限时，由于材料出现了显著的塑性变形，就会影响构件的正常使用。

3) 强化阶段（cd 段）：

这一阶段，曲线在缓慢地上升，表示材料抵抗变形的能力在逐渐加强。强化阶段最高点 d 所对应的应力是材料所能承受的最大应力，称为强度极限，用 σ_b 表示。应力达到强度极限时，构件将被破坏。

若在强化阶段内任一点 f 卸去荷载，应力-应变曲线将沿着与 oa 近似平行的直线回到 o_1 点。图中 $o_1 g$ 代表消失的弹性变形，oo_1 代表残留的塑性变形。如果卸载后立即重新加载，应力-应变关系将大致沿 $o_1 f$ 直线变化。到达 f 点后，又沿着 fde 变化。这表明经过加载、卸载处理的材料，其比例极限和屈服极限都有所提高，这种现象称为冷作硬化。

工程中常利用冷作硬化来提高材料的承载能力。如冷拉钢筋、冷拔钢丝等。但另一方面，这样做降低了材料的塑性。

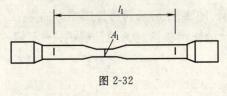

图 2-32

4) 颈缩阶段（de 段）：

应力达到强度极限后，试件局部显著变细，出现"颈缩"现象，如图 2-32 所示。因此，试件继续变形所需的拉力反而下降。到达 e 点，试件被拉断。

试件拉断后，弹性变形消失，只剩下塑性变

形。工程上用塑性变形的大小来衡量材料的塑性性能。常用的塑性指标有两个，一个是延伸率，用 δ 表示

$$\delta = \frac{l_1 - l}{l} \times 100\%$$

式中 l 是试件标距原长，l_1 是拉断后的长度。$\delta > 5\%$ 的材料，工程上称为塑性材料；$\delta < 5\%$ 的材料，称为脆性材料。低碳钢的 $\delta = 20\% \sim 30\%$。

另一个塑性指标是截面收缩率，用 ψ 表示

$$\psi = \frac{A - A_1}{A} \times 100\%$$

式中 A 为试件原横截面积，A_1 为试件拉断后颈缩处的最小横截面积。低碳钢的 $\psi = 60\%$。

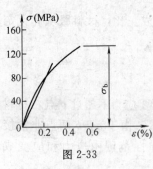

图 2-33

(2) 铸铁拉伸时的力学性质：

铸铁是典型的脆性材料，其 $\delta = 0.4\%$。铸铁拉伸时的应力-应变图如图 2-33 所示。图中没有明显的直线部分，但应力较小时接近于直线，可近似认为服从虎克定律，以割线的斜率 $\mathrm{tg}\alpha$ 为近似的弹性模量 E 值。铸铁拉伸时没有屈服和颈缩现象，断裂是突然的。强度极限是衡量铸铁强度的唯一指标。

2. 材料在压缩时的力学性质

(1) 低碳钢压缩时的力学性质：

低碳钢压缩时的应力-应变曲线如图 2-34 所示。图中虚线为低碳钢拉伸时的应力-应变曲线，两条曲线的主要部分基本重合。低碳钢压缩时的比例极限 σ_p、屈服极限 σ_s、弹性模量 E 都与拉伸时相同。故在实用上可以认为低碳钢是拉压等强度材料。

当应力到达屈服极限后，试件越压越扁，横截面积逐渐增大，因此试件不可能被压断，故得不到压缩时的强度极限。

(2) 铸铁压缩时的力学性质：

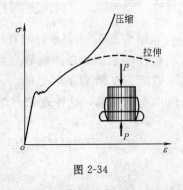

图 2-34

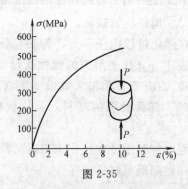

图 2-35

脆性材料在拉伸和压缩时的力学性能有较大差别。图 2-35 所示为铸铁压缩时的应力-应变曲线。其压缩时的图形与拉伸时相似，但压缩时的强度极限约为拉伸时的 4~5 倍。一般脆性材料的抗压能力显著高于其抗拉能力。

3. 两类材料力学性质比较

塑性材料抗拉强度和抗压强度基本相同，有屈服现象，破坏前有较大塑性变形，材料可塑性好；脆性材料抗拉强度远低于抗压强度，不宜用作受拉杆件，无屈服现象，构件破坏前无先兆，材料可塑性差。总的来说，塑性材料优于脆性材料。但脆性材料最大的优点是价廉，故受压构件宜采用脆性材料。这样，既发挥了脆性材料抗压性能好的特长，又发挥了它价廉的优势。

五、许用应力和安全系数

构件正常工作时应力所能达到的极限值称为极限应力，用 σ^0 表示。其值可由实验测定。

塑性材料达到屈服极限时，将出现显著的塑性变形；脆性材料达到强度极限时会引起断裂。构件工作时发生断裂或出现显著的塑性变形都是不允许的，所以

对塑性材料　　　　　　　　　　　$\sigma^0 = \sigma_s$

对脆性材料　　　　　　　　　　　$\sigma^0 = \sigma_b$

由于在设计计算构件时，有许多实际不利因素无法预计，为保证构件的安全和延长使用寿命，杆内的最大工作应力不仅应小于材料的极限应力，而且还应留有必要的安全度。因此，规定将极限应力 σ^0 缩小 K 倍作为衡量材料承载能力的依据，称为许用应力，用 $[\sigma]$ 表示。

$$[\sigma] = \frac{\sigma^0}{K}$$

K 为大于 1 的数，称为安全系数。一般工程中

脆性材料　　　　　　　　　　　$[\sigma] = \dfrac{\sigma_b}{K_b}$

塑性材料　　　　　　　　　　　$[\sigma] = \dfrac{\sigma_s}{K_s}$

根据工程实践经验和大量的试验结果，对于一般结构的安全系数规定如下：

钢材　　　　　　　　　　　$K_s = 1.5 \sim 2.0$

铸铁、混凝土　　　　　　　$K_b = 2.0 \sim 5.0$

木材　　　　　　　　　　　$K_b = 4.0 \sim 6.0$

表 2-2 列举了几种材料的许用应力，供大家参考。

常用材料的许用应力　　　　　　　表 2-2

材料名称	牌号	许用应力(MPa)	
		轴向拉伸	轴向压缩
低碳钢	Q235	170	170
低合金钢	16Mn	230	230
灰口铸铁		34~54	160~200
混凝土	C20	0.44	7
混凝土	C30	0.6	10.3
红松(顺纹)		6.4	10

注：适用于常温、静荷载和一般工作条件下的拉杆和压杆。

六、拉伸和压缩时的强度计算

(一) 拉(压)杆的强度条件

拉（压）杆横截面上的正应力 $\sigma=\dfrac{N}{A}$，是拉（压）杆工作时由荷载引起的应力，称为工作应力。

为保证构件安全正常工作，杆内最大工作应力 σ_{max} 不得超过材料的许用应力。即

$$\sigma_{max}=\frac{N}{A}\leqslant [\sigma]$$

上式称为轴向拉压杆的强度条件。

对于作用有几个外力的等截面直杆，最大应力 σ_{max} 在最大轴力所在的截面上；对于轴力不变而截面面积变化的杆，最大应力 σ_{max} 在截面面积最小处。这些发生最大正应力的截面，称为危险截面。

（二）拉压杆强度条件的应用

利用拉压杆强度条件，可以解决工程实际中有关构件强度的三类问题。

1. 校核强度

已知构件的横截面面积 A，材料的许用应力 $[\sigma]$ 及所受荷载，可检查构件的强度是否满足要求。

【例】 已知 Q235 钢拉杆受轴向拉力 $P=21.9 \text{kN}$ 作用，杆由直径 $d=14\text{mm}$ 的圆钢制成，许用应力 $[\sigma]=170\text{MPa}$，试校核拉杆强度。

【解】 （1）计算轴力

$$N=P=21.9\text{kN}$$

（2）校核拉杆强度

由强度条件

$$\sigma_{max}=\frac{N}{A}\leqslant [\sigma]$$

代入已知数据得

$$\sigma_{max}=\frac{N}{A}=\frac{21.9\times 10^3\times 10^6}{\frac{1}{4}\times \pi \times 14^2}=142.3\times 10^6 \text{N/m}^2$$

$$=142.3\text{MPa}<[\sigma]=170\text{MPa}$$

故满足强度要求。

2. 设计截面尺寸

已知构件所受的荷载及材料的许用应力 $[\sigma]$，则构件所需的横截面面积可按下式计算

$$A\geqslant \frac{N}{[\sigma]}$$

【例】 已知钢拉杆用圆钢制成，其许用应力 $[\sigma]=120\text{MPa}$，受轴向拉力为 $P=8\text{kN}$，试确定钢拉杆的直径。

【解】 （1）计算轴力 $N=P=8\text{kN}$。

（2）确定截面面积

由强度条件得

$$A\geqslant \frac{N}{[\sigma]}=\frac{8\times 10^3}{120\times 10^6}=0.667\times 10^{-4}\text{m}^2$$

（3）确定钢拉杆直径

$$d \geqslant \sqrt{\frac{4A}{\pi}} = \sqrt{\frac{4 \times 0.667 \times 10^{-4}}{\pi}}$$
$$= 0.92 \times 10^{-2} \text{m} = 9.2 \text{mm}$$

鉴于安全，取 $d=10$mm 即可。

3. 设计许可荷载

已知构件的横截面面积 A 及材料的许用应力 $[\sigma]$，则构件所能承受的许可轴力为

$$N \leqslant [\sigma] \cdot A$$

然后根据轴力与荷载的关系，即可确定许可荷载的大小。

【例】已知钢拉杆用圆钢制成，其直径为 $d=20$mm，其许用应力 $[\sigma]=160$MPa，求该拉杆的许可荷载。

【解】由强度条件得

$$N \leqslant [\sigma] \cdot A = 160 \times 10^6 \times \frac{\pi}{4} \times (20 \times 10^{-3})^2$$
$$= 50240 \text{N} \qquad N = 50.24 \text{kN}$$

该圆钢拉杆能承受的最大荷载为 $P_{\max} = 50.24$kN

第三节 剪　切

一、剪切的概念

杆件承受垂直于轴线的一对大小相等、方向相反而相距极近的平行力作用，使两相邻横截面沿外力作用方向发生相对错动的现象，称为剪切。垂直于轴线的外力称为横向力。图 2-36 为用切断机切割钢筋的示意图。

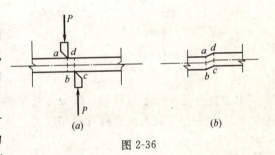

图 2-36

用切断机切割钢筋，两个刀口一上一下，一左一右，相距极近，在这一对 P 力作用下，钢筋在沿刀口的两个相邻横截面 ab 和 cd 上受到力的作用，这种力就是剪力。由于剪力使 ab 和 cd 两横截面产生相对错动，原来的矩形 $abcd$ 变成了平行四边形，这种变形称为剪切变形。当 P 力足够大时，就会切断钢筋，使钢筋的左面部分沿 ab 面与右面部分分开，分开后还可以看到剪切的残余变形。

在工程上剪切变形多数发生在结构构件和机械零件的某一局部位置及其连接件上，例如图 2-37（a）所示的插于钢耳片内的轴销，图 2-37（b）所示的连接钢板的铆钉等等。

二、剪切的应力-应变关系

（一）剪切变形

杆件受到一对横向力作用后，截面上产生剪力，同时两截面 ab 和 cd 开始相对错动，使原来的矩形 $abcd$ 变成平行四边形 $abc'd'$，即剪切变形，如图 2-38 所示。

与简单拉伸中的相对伸长 ε 相比较，γ 又可称为剪应变或相对剪切。剪切变形 γ 是角变形，而简单拉伸变形 ε 是线变形。

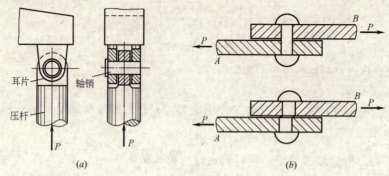

图 2-37

(二) 剪力与剪应力

如果把受剪的物体在两力之间截开,取其中一部分,用内力代替去掉的那部分对留下部分的作用,这些内力作用在截面上如图 2-39 所示。因分布在截面上的内力 Q 需与外力 P 保持平衡,故 Q 必须在数量上等于 P,方向相反。称 Q 为该截面的剪力,其单位与力的单位一样。

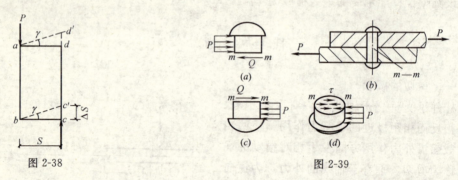

图 2-38　　　　　　　图 2-39

由于剪力是平行于截面的,其分布规律相当复杂,应用时假定内力是均匀分布在截面上的,所以平行于截面的应力称剪切应力(或剪应力),可按下式求得:

$$\tau = \frac{P}{A} = \frac{Q}{A}$$

其单位与正应力的单位一样。

(三) 剪切虎克定律

实验证明,剪应力 τ 不超过材料剪切比例极限 τ_p 时,剪应力与剪应变 γ 成正比关系:

$$\gamma = \frac{\tau}{G} \text{ 或 } \tau = G \cdot \gamma$$

比例常数就是剪变模量 G。此关系为剪切弹性定律,也就是剪切虎克定律。表 2-3 是常见材料的剪变模量的值。

常用材料的剪变模量 G　　表 2-3

材料	G MPa	G (kgf/cm²)	材料	G MPa	G (kgf/cm²)
钢	$8 \sim 8.1 \times 10^4$	$(8 \sim 8.1 \times 10^5)$	铝	$2.6 \sim 2.7 \times 10^4$	$(2.6 \times 2.7 \times 10^5)$
铸铁	4.5×10^4	(4.5×10^5)	木材	5.5×10^2	(0.055×10^5)
铜	$4 \sim 4.6 \times 10^4$	$(4 \sim 4.6 \times 10^5)$			

剪切虎克定律与拉、压虎克定律是完全相似的。在建筑力学中，无论进行实验分析，还是进行理论研究，经常用到这两个定律。

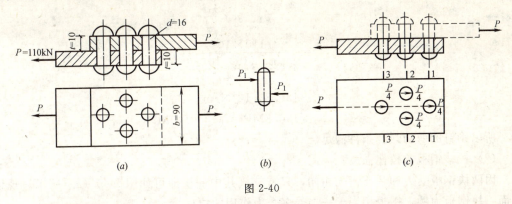

图 2-40

三、剪切的强度计算

根据强度要求，剪切时，截面上的剪应力不应超过材料的许用剪应力：

$$\tau = \frac{Q}{A} \leqslant [\tau]$$

式中 $[\tau]$ 称为材料的许用剪应力，它由实验测定的极限剪应力 τ_0 除以安全系数得到，材料的具体数值可在设计手册或技术规范中查到。

通常同种材料的许用剪应力 $[\tau]$ 和许用拉应力 $[\sigma]$ 之间存在着一定的近似关系。因此，也可以根据其关系式由许用拉应力 $[\sigma]$ 的值得出许用剪应力 $[\tau]$ 的值。

对于塑性材料　$[\tau] = (0.6 \sim 0.8)[\sigma]$
对于脆性材料　$[\tau] = (0.8 \sim 1.0)[\sigma]$

【例】 对图 2-40（a）所示的铆接构件，已知钢板和铆钉材料相同，许用应力 $[\sigma] = 160$MPa，$[\tau] = 140$MPa，$[\sigma_j] = 320$MPa，铆钉直径 $d = 16$mm，$P = 110$kN。试校核该铆接连件的强度。

【解】 详细分析，可得知铆接接头的破坏可能有下列两种形式：

(1) 铆钉直径不够大的时候铆钉将被剪断。

(2) 如果钢板的厚度不足或铆钉布置不当致使钢板截面削弱过大时，钢板会沿削弱的截面被拉断。

因此，为了保证一个铆接接头的正常工作，就必须避免上述两种可能破坏形式中的任何一种形式的发生，这样就要求对上述两种情况都作出相应的强度校核。

(1) 铆钉的剪切强度校核

以铆钉作为研究对象，画出铆钉的受力图，图 2-40（b）。当连接件上有几个铆钉时，可假定各铆钉剪切变形相同，所受的剪力也相同，拉力 P 将平均地分布在每个铆钉上，即可求得每个铆钉受到的作用力为：

$$P_1 = \frac{P}{n} = \frac{P}{4}$$

而每个铆钉受剪面积为：

$$A = \frac{\pi d^2}{4}$$

由剪切强度条件式

$$\tau = \frac{Q}{A} = \frac{P_1}{A} = \frac{P}{n \times \frac{\pi d^2}{4}}$$

$$= \frac{110 \times 10^3}{4 \times \frac{\pi \times (16 \times 10^{-3})^2}{4}}$$

$$= 136.8 \times 10^6 \, \text{N/m}^2$$

$$= 136.8 \, \text{MPa} < [\tau] = 140 \, \text{MPa}$$

所以铆钉的剪切强度条件满足。

(2) 校核钢板的拉伸强度

因两块钢板受力和开孔情况相同，只需校核其中一块即可如图 2-40 (c) 所示。现以下面一块钢板为例。钢板相当于一根受多个力作用的拉杆。

1—1 截面与 3—3 截面受铆钉孔削弱后的净面积相同，而 1—1 截面上的轴力大小为 $\frac{P}{4}$，比 3—3 截面上的轴力（大小为 P）小，所以，3—3 截面比 1—1 截面更危险，不再校核 1—1 截面。而 2—2 截面与 3—3 截面相比较，前者净面积小，轴力 N_2 也较小，大小为 $\frac{3}{4}P$；后者净面积大而轴力 N_3 也大，大小为 P。因此，两个截面都有可能发生破坏，到底谁最危险，难于一眼看出，都需计算并校核其强度。

截面 2—2：
$$\sigma_{2-2} = \frac{N_2}{(b-2d)t} = \frac{3 \cdot \frac{P}{4}}{(b-2d)t}$$

$$= \frac{\frac{3}{4} \times 110 \times 10^3}{(90 - 2 \times 16) \times 10 \times 10^{-6}}$$

$$= 142 \times 10^6 \, \text{N/m}^2$$

$$= 142 \, \text{MPa} < [\sigma] = 160 \, \text{MPa}$$

截面 3—3：
$$\sigma_{3-3} = \frac{N_3}{(b-d)t} = \frac{4 \cdot \frac{P}{4}}{(b-d)t}$$

$$= \frac{110 \times 10^3}{(90 - 16) \times 10 \times 10^{-6}}$$

$$= 149 \times 10^6 \, \text{N/m}^2$$

$$= 149 \, \text{MPa} < [\sigma] = 160 \, \text{MPa}$$

所以，钢板的拉伸强度条件也是满足的。因此，图 2-40 (a) 所示的整个连接件的强度都是满足的。

第四节 梁的弯曲

一、梁的弯曲内力

(一) 梁的概念

杆件或构件在垂直于其纵轴线的横向荷载作用下，其轴线由直线变成曲线，这就是弯曲变形的特征。

凡是发生弯曲变形或以弯曲变形为主的杆件和构件，通常叫梁。

梁是一种十分重要的构件，它的功能是通过弯曲变形将承受的荷载传向两端支承，从而形成较大的空间供人们活动。因此，梁在建筑工程中占有十分重要的地位，如在吊车轮的作用下，工业厂房中的吊车梁发生弯曲变形；在荷载作用下，阳台的两根挑梁也发生弯曲变形，见图 2-41。

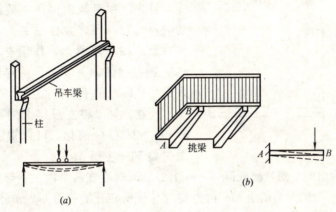

图 2-41

在工程中常见的梁的横截面多为矩形、圆形、工字形等，这些梁的横截面通常至少有一个对称轴，可以想到，梁的各横截面的对称轴将组成一个纵向对称面，显然纵向对称平面是与横截面垂直的，见图 2-42 所示。

图 2-42

如梁上荷载及支座反力均作用在这个对称面内，则弯曲后的梁轴线将仍在这个平面内而成为一条平面曲线，这种弯曲一般称为平面弯曲。平面弯曲是梁弯曲中最简单的一种，实际上，这也是最常见的梁。本节只研究梁的平面弯曲问题。

依靠静力学平衡条件，能求出在已知荷载下的支座反力的梁叫静定梁，否则叫超静定梁，本节只讨论静定梁。

静定梁的基本型式有以下三种：

（1）悬臂梁：一端固定、一端自由的梁。

（2）简支梁：一端是固定铰支座，另一端为滚动铰支座的梁。

（3）外伸梁：具有外伸部分的简支梁。

梁的支座间的距离叫做梁的跨度。

（二）梁弯曲时的内力——剪力和弯矩

1. 梁截面的内力分析

梁受外力作用后，在各个横截面上会引起与外力相当的内力。内力的确定是解决强度问题的基础和选择横截面尺寸的依据。

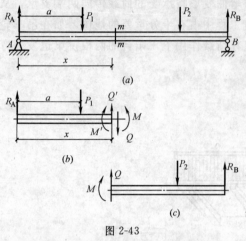

图 2-43

考虑一简支梁 AB，在外力作用下处于平衡状态。如图 2-43 所示。

现在研究梁上任一横截面 m—m 上的内力，截面 m—m 离左端支座的距离为 x。

首先，利用截面法，在截面 m—m 处将梁切成左、右两段，并任取一段（如左段）为研究对象。在左段梁上，作用有已知外力 R_A 和 P_1，则在截面 m—m 上，一定作用有某些内力来维持这段梁的平衡。

现在，如果将左段梁上的所有外力向截面 m—m 的形心 C 简化，可以得一垂直于梁轴的主矢 Q' 和一主矩 M'。

为了维持左段梁的平衡，横截面 m—m 上必然同时存在两个内力：与主矢 Q' 平衡的内力 Q；与主矩 M' 平衡的内力偶矩 M。内力 Q 应位于所切开横截面 m—m 上，是剪力；内力偶矩 M 称为弯矩。所以，当梁弯曲时，横截面上一般将同时存在剪力和弯矩两个内力。

如果以右端梁为研究对象，可以得出同样的结论，并且根据作用力和反作用力公理，右端梁 m—m 截面上的剪力和弯矩分别与左端梁 m—m 截面上的剪力和弯矩大小相等而方向相反。

剪力的常用单位为牛顿（N）或千牛顿（kN），弯矩的常用单位为牛顿米（N·m）或千牛顿米（kN·m）。

2. 剪力 Q 与弯矩 M 的符号

为了使由左段或右段梁作为研究对象求得的同一个截面上的弯矩和剪力，不但数值相同而且符号也一致，把剪力和弯矩的符号规则与梁的变形联系起来，规定：在横截面 m—m 处，从梁中取出一微段，若剪力 Q 使微段绕对面一端作顺时针转动，见图 2-44（a），则横截面上的剪力 Q 的符号为正；反之如图 2-44（b）所示剪力的符号为负。若弯矩 M 使微段产生向下凸的变形（上部受压，下部受拉）见图 2-44（c），则截面上的弯矩 M 的符号为正；反之如图 2-44（d）所示弯矩的符号为负。

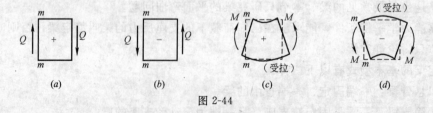

图 2-44

按上述规定，一个截面上的剪力和弯矩无论用这个截面左侧的外力或右侧的外力来计算，所得数值与符号都是一样的。此外，根据上述规则可知，对某一指定的截面来说，在它左侧的指向向上的外力，或在它右侧的指向向下外力将产生正值剪力；反之，则产生负值剪力。至于弯矩，则无论力在指定截面的左侧还是右侧，向上的外力总是产生正值弯矩，而向下的外力总是产生负值弯矩。

3. 梁的内力方程和内力图

在一般情况下，梁横截面上的剪力和弯矩都是随截面位置不同而变化的。若以横坐标 x 表示横截面沿梁轴线的位置，则梁内各横截面上的剪力和弯矩均可以写成坐标 x 的函数，即：

$$Q=Q(x)$$
$$M=M(x)$$

上面的函数表达式分别称为梁的剪力方程和弯矩方程。它表明剪力、弯矩沿梁轴线变化的情况。求内力函数需要一定的数学基础，在实用上，表示剪力、弯矩沿梁轴线变化情况的另一种方法是绘制剪力图和弯矩图，其绘制方法为：先用平行于梁轴线的横坐标 x 为基线表示该梁的横坐标位置，用垂直于梁的纵坐标的端点表示相应截面的剪力或弯矩。把各纵坐标的端点连结起来，得到的图形就称为内力图。如内力是剪力即剪力图，如内力是弯矩即弯矩图。习惯将正剪力画在 x 轴的上方，负剪力画在 x 轴的下方；而弯矩则规定画在梁受拉的一侧，即正弯矩画在 x 轴的下方，负弯矩画在 x 轴的上方，即弯矩图在哪侧，受力钢筋就应配在哪侧。

表 2-4 给出了简支梁、悬臂梁在单一荷载作用下的内力图。

简支梁、悬臂梁在单一荷载作用下的内力图　　　　表 2-4

	均布荷载	集中荷载	力偶荷载
q 图	简支梁，均布荷载 q，跨度 l	简支梁，集中荷载 P，距离 a、b，跨度 l	简支梁，力偶 m，距离 a、b，跨度 l
Q 图	$\frac{ql}{2}$，$\frac{ql}{2}$	$\frac{Pb}{l}$，$\frac{Pa}{l}$	$\frac{m}{l}$
M 图	$\frac{ql^2}{8}$	$\frac{Pab}{l}$	$\frac{mb}{l}$，$\frac{ma}{l}$
q 图	悬臂梁，均布荷载 q，长度 a	悬臂梁，集中荷载 P，距离 a	悬臂梁，力偶 m，距离 a
Q 图	qa	P	
M 图	$\frac{qa^2}{2}$	Pa	m

在工程中，梁的结构形式与荷载组合往往比以上情况要复杂得多，这时梁的内力方程和内力图可以用叠加法或通过有关结构计算手册查找到。

4. 叠加法绘制剪弯内力图

当梁上荷载比较复杂，即梁上同时作用着几种不同类型的荷载时，我们可以先分别画出各个荷载单独作用下的剪力图和弯矩图，然后将它们的纵坐标叠加起来，从而得到在所有荷载共同作用下的剪力图和弯矩图。这种绘制剪力图和弯矩图的方法，称为叠加法。

【例】 试用叠加法绘制图 2-45 (a) 所示的悬臂梁 AB 的剪力图和弯矩图。

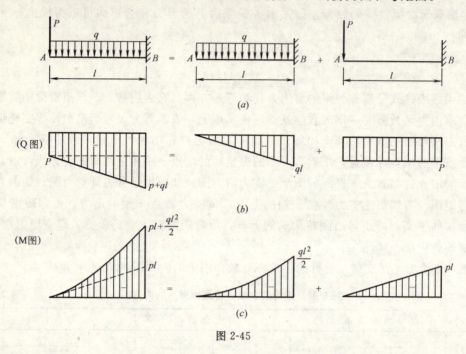

图 2-45

【解】 悬臂梁 AB 上原有荷载较复杂，可看成是均布荷载 q 和 A 端的集中荷载 P 的组合图。

由悬臂梁在单一荷载下的内力图表中，可得在简单荷载 q 和 P 的单独作用下的剪力图、弯矩图，然后将它们的纵坐标叠加起来，便可得到在 q 和 P 共同作用下悬臂梁的剪力图和弯矩图。

二、梁的弯曲应力和强度计算

作出梁的内力图，确定最大内力值及其所在截面——危险截面后，还必须研究梁横截面上应力分布规律和计算公式，进而建立强度条件，才能解决强度问题。

由直杆的拉伸、压缩、剪切可知，应力与内力是相联系的，应力为横截面上单位面积上的分布内力，而内力则是由应力合成的。梁弯曲时，横截面上一般产生两种内力，即剪力 Q 和弯矩 M。剪力是与横截面相切的内力，它只能是横截面上剪应力的合力。而弯矩是在纵向对称平面内作用着的力偶矩，显然，它只能是由横截面上沿法线方向作用的正应力组成的。由此说明，梁弯曲时，横截面上存在两种应力，即剪应力 τ 和正应力 σ，它们是互相垂直的，又是互相独立的，之间没有什么直接的关系。这样，在研究梁的强度时，可以把正应力与剪应力分别进行讨论。一般情况下，梁很少发生剪切破坏，下面我们主要讨论梁的正应力问题。

（一）纯弯曲时的正应力

纯弯曲是平面弯曲的特殊情况。所谓纯弯曲就是梁弯曲时横截面上的内力只有弯矩 M，

而没有剪力 Q。例如图 2-46 所示的简支梁在 CD 段内就是纯弯曲。在这段梁内，任一截面的剪力 $Q=0$，弯矩 $M=Pa$。纯弯曲时，梁的横截面上没有剪应力 τ，只有正应力 σ 存在。

纯弯曲时，梁横截面上的正应力 σ 是怎样分布的？它的计算公式如何？

为了回答这个问题，我们做一个橡皮模型梁的纯弯曲实验。取一块矩形截面的橡皮，并在它的侧面画许多方格，然后用双手使橡皮梁的两端各受到一集中力偶 M，使它发生纯弯曲，见图 2-47。

橡皮梁弯曲时我们可以看到：

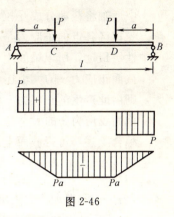

图 2-46

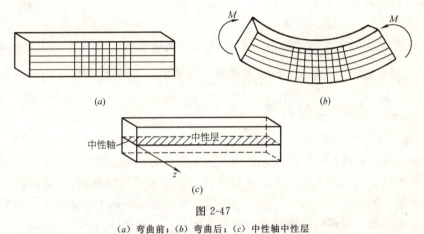

图 2-47
(a) 弯曲前；(b) 弯曲后；(c) 中性轴中性层

(1) 侧面上的纵线（和梁轴线平行的直线）都变成了曲线，而且在向外凸出的一面伸长了，凹进的一面缩短了。

(2) 侧面上的横线（和梁轴线垂直的线）仍旧是直线，但倾斜了一个角度。这说明梁受弯曲时，由这些横线所代表的横截面仍然保持平面状态，只不过转动了一个角度。

假想梁由许多纤维薄层组成（纤维与梁的轴线平行），又假定内部的弯曲情况与外部的完全相同。那么，在凸出方面的各层纤维都是被拉长的，在凹进方面的纤维都是缩短的。很显然，在两者之间一定有一层纤维既不伸长也不缩短。这个长度不变的纤维层叫做中性层。中性层与横截面的交线叫做中性轴 z。中性轴的位置是确定的，它必通过截面的形心。

离开中性层越远的纤维变形（伸长或缩短）越大，而且与中性层平行的任何纤维层上各根纤维都具有相同的变形。换句话说，纤维的变形是与距中性层的距离成正比的。

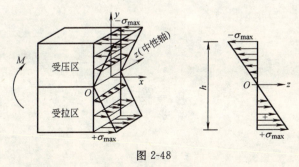

图 2-48

由此可知，梁弯曲时横截面上的正应力 σ 的大小与距中性轴的距离成正比。也就是说，正应力在梁截面上是依照高低位置按直线规律分布的，见图 2-48 所示。

中性轴将截面分成受拉区和受压区两部分，前者位于凸出的一侧，后者位于凹进的一侧。受拉区各点的正应力是拉应力，受压区各点的正应力为压应力。因为梁的上下边缘离开中性层最远，所以梁的上下边缘处的正应力最大。

截面正应力 σ 的大小还与作用在该截面上的弯矩 M 的大小有密切的关系。弯矩 M 越大，则由此产生的正应力 σ 也就越大。

截面正应力 σ 的大小还与梁截面的几何形状和尺寸大小有关。

综合上述，可得截面上某一点的正应力的计算公式为：

$$\sigma = \frac{M \cdot y}{J_z}$$

式中　σ——所求点处的正应力；

　　　M——作用在该截面上的弯矩；

　　　y——该点与中性轴的距离；

　　　J_z——横截面对中性轴的惯矩，由梁截面的几何形状和尺寸大小决定的截面参数，对于高为 h，宽为 b 的矩形截面，$J_z = \frac{bh^3}{12}$；对于直径为 d 的圆形截面，$J_z = \frac{\pi d^4}{64}$；各种型钢的 J_z 可以查表求得。

（二）梁的正应力强度条件

对于某一横截面来说，它的最大正应力发生在梁的上下边缘处；对于整个梁来说，如果梁是等截面的，那么最大正应力必在弯矩最大的截面（危险截面），梁的破坏正是从危险截面开始的。因此，梁内最大正应力应该发生在危险截面的上下边缘上。只要最危险截面的工作应力不超过材料的许用应力，梁就不会破坏，其条件为：

$$\sigma_{\max} = \frac{M_{\max}}{W_z} \leqslant [\sigma]$$

式中　$\sigma_{\max}$——危险截面的最大正应力；

　　　$M_{\max}$——危险截面的弯矩；

　　　W_z——危险截面的抗弯截面模量，$W_z = \frac{I_z}{y_{\max}}$，由梁横截面的几何形状和尺寸大小决定的截面参数；

　　　$[\sigma]$——材料弯曲时的许用正应力。对于塑性材料许用弯曲拉应力和许用弯曲压应力相同。对于脆性材料，其许用弯曲压应力要远大于许用弯曲拉应力。

以下为常见截面的抗弯截面模量公式：

1. 矩形截面

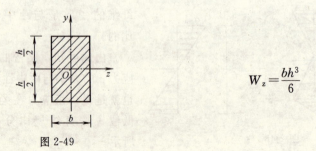

$$W_z = \frac{bh^3}{6}$$

图 2-49

2. 圆形截面

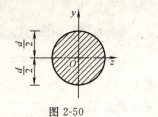

$$W_z = \frac{\pi d^3}{32} = \frac{\pi r^3}{4}$$

图 2-50

3. T 型截面和其他异型截面

可以通过查表求得。

运用梁的正应力强度条件，可以进行以下三方面的强度计算：

（1）强度校核：

当已知梁的材料（即已知许用应力 $[\sigma]$）、截面尺寸及形状（由此可求出抗弯截面模量 W_z）及其荷载情况（可求出最大弯矩 M_{max}）时，可校核梁是否满足强度条件。即：

$$\sigma_{max} = \frac{M_{max}}{W_z} \leqslant [\sigma]$$

（2）设计截面：

当已知梁的材料（即已知许用应力 $[\sigma]$）和荷载情况（可求出最大弯矩 M_{max}）时，可确定抗弯截面模量。即：

$$W_z \geqslant \frac{M_{max}}{[\sigma]}$$

在确定了 W_z 后，即可按所选择的截面形状，进一步确定截面尺寸。当选用型钢时，可按有关材料手册确定型钢型号等。

（3）确定许用荷载：

当已知梁的材料（即已知许用应力 $[\sigma]$）及截面尺寸（可计算出 W_z）时，可计算梁所能承受的最大弯矩 M_{max}。即：

$$M_{max} \leqslant [\sigma] W_z$$

然后根据最大弯矩与荷载的关系，计算出许用荷载值。

【例】 一外伸钢梁，荷载及尺寸如图 2-51 所示，若弯曲许用正应力 $[\sigma] = 160\text{MPa}$，试分别选择工字钢、矩形 $\left(\frac{h}{b} = 2\right)$、圆形三种截面，并比较截面积的大小。

【解】（1）绘制弯矩图，可采用叠加法，因此可不必求出支座反力。

由 M 图可以看出，最大弯矩为：

$$M_{max} = 47.5 \text{kN} \cdot \text{m}$$

（2）选择截面

$$W_{z1} \geqslant \frac{M_{max}}{[\sigma]} = \frac{47.5 \times 10^3}{160 \times 10^6} = 297 \text{cm}^3$$

采用工字钢：查型钢手册，选择工字钢型号，使 W_z 值接近且略大于 297cm^3，故选用 No. 22a，$W_{z1} = 30\text{cm}^3 \geqslant 297\text{cm}^3$，$A_1 = 42\text{cm}^2$。

采用矩形截面：取 $\frac{h}{b} = 2$ 则：

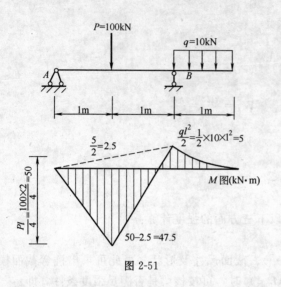

$$W_{z2} = \frac{bh^2}{6} = \frac{h^3}{12} \geqslant 297 \text{cm}^3$$

$$h \geqslant \sqrt[3]{12 \times 297} = 15.3 \text{cm}$$

取：$b = 7.7$cm，$h = 15.3$cm，$A_2 = bh = 117.8$cm^2。

采用圆形截面：

$$W_{z3} = \frac{\pi D^3}{32} \geqslant 297 \text{cm}^3$$

$$D \geqslant \sqrt[3]{\frac{32 \times 297}{3.14}} = 14.46 \text{cm}$$

取 $D = 14.5$cm，$A_3 = \dfrac{\pi D^2}{4} = 165$cm^2

三种截面面积之比为：

$$A_1 : A_2 : A_3 = 42 : 117.8 : 165 = 1 : 2.8 : 3.93$$

图 2-51

由上例可知：工字形截面最节约材料，其次为矩形截面，圆形截面用料最多。因此，工字形截面是梁的理想截面。

【例】 简支梁受荷载作用如图 2-52 所示，截面为 No. 40a 工字钢，已知 $[\sigma] = 140$MPa，试在考虑梁的自重时，求跨中的许用荷载 $[P]$。

【解】 由型钢手册查得：$W_z = 1090$cm^3，$q = 676$N/m。

由叠加法可知，最大弯矩为：

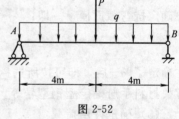

图 2-52

$$M_{\max} = \frac{Pl}{4} + \frac{ql^2}{8}$$
$$= \frac{P \times 8}{4} + \frac{0.676 \times 8^2}{8}$$
$$= 2P + 5408 \text{ (N·m)}$$

再由强度条件得：

$$M_{\max} \leqslant W_z [\sigma]$$
$$= 1090 \times 10^{-6} \times 140 \times 10^6$$
$$= 152.6 \times 10^3 \text{ (N·m)}$$

则
$$2P + 5408 \leqslant 152.6 \times 10^3$$
$$P \leqslant \frac{1}{2}(152.6 \times 10^3 - 5408)$$
$$= 73600 \text{N} = 73.6 \text{kN}$$

∴
$$[P] = 73.6 \text{kN}$$

（三）提高梁抗弯强度的途径

设计梁时，一方面要保证梁具有足够的强度，使梁在荷载作用下能安全地工作，也就是不至于弯曲折断；另一方面还要使梁能充分发挥材料的潜力，减少材料用量，以降低造价。

设计梁的主要依据是弯曲正应力强度条件，从正应力强度条件 $\sigma = M_{\max}/W_z \leqslant [\sigma]$ 来看，梁的弯曲强度与其所用材料，横截面的形状和尺寸，以及外力引起的弯矩有关。因此，为了提高梁的强度也应该围绕这三个因素从以下三个方面来考虑。

1. 选择合理的截面形状

(1) 从弯曲强度方面考虑，梁内最大工作应力与抗弯截面模量 W_z 成反比，W_z 值愈大，梁能够抵抗的弯矩也愈大。因此，经济合理的截面形状应该是在截面面积相同的情况下，取得最大抗弯截面模量的截面。如在截面面积相同时，正方形的抗弯截面模量比圆形截面要大；高为 h、宽为 b 的矩形截面，当面积不变时，高度 h 愈大则其抗弯截面模量愈大。

(2) 根据正应力在截面上的分布规律（沿截面高度呈直线规律分布），离中性轴愈远正应力就愈大。当离中性轴最远处的正应力到达许用应力时，中性轴附近各点处的正应力仍很小，而且，由于它们离中性轴近，力臂小，所承担的弯矩也很小。所以，如果设法将较多的材料放置在远离中性轴的部位，必然会提高材料的利用率。因此，人们把矩形截面中性轴附近的一部分材料移到应力较大的上下边缘，就形成工字形和槽形截面。在工程中常见的空心板，有孔薄腹梁等都是通过在中性轴附近挖去部分材料而收到良好的经济效果的例子。

(3) 在研究截面合理形状时，除应注意使材料远离中性轴外，还应考虑到材料的特性，最好使截面上最大的拉应力和最大压应力同时达到各自的许用值。因此，对于抗拉、抗压强度相同的塑性材料（如钢材）应优先使用对称于中性轴的截面形状。对于抗拉、抗压强度不相同的脆性材料（如铸铁），其截面形状最好使中性轴偏于强度较弱一侧，比如采用 T 形截面等等。

以上所讲的合理截面是从强度这一方面考虑的，这是通常用以确定合理截面形状的主要因素。此外，还应综合考虑梁的刚度、稳定性，以及制造、使用等诸方面的因素，才能真正保证所选截面的合理性。

2. 采用变截面梁和等强度梁

(1) 在一般情况下，梁内不同截面处的弯矩是不同的。因此，在按最大弯矩所设计的等截面梁中，除最大弯矩所在截面外，其余截面的材料强度均不能得到充分利用。根据上述情况，为了减轻构件重量和节省材料，在工程实际中，常根据弯矩沿梁轴的变化情况，使梁也相应地设计成变截面的。在弯矩较大处，宜采用大截面。在弯矩较小处，宜选用小截面。这种截面沿梁轴变化的梁称为变截面梁。

(2) 从弯曲强度来考虑，理想的变截面梁应该使所有横截面上的最大弯曲正应力均相同，并等于许用应力，即：

$$\sigma_{\max} = \frac{M(x)}{W(x)} = [\sigma]$$

这种梁称为等强度梁。由式中可看出，在等强度梁中 $W(x)$ 应当按照 $M(x)$ 成比例地变化。在设计变截面梁时，由于要综合考虑其他因素，通常只要求 $W(x)$ 的变化规律大体上与 $M(x)$ 的变化规律相接近。

建筑工程中阳台或雨篷等悬臂梁，对跨中弯矩大，两边弯矩小，从跨中到支座，截面逐渐减小的简支梁,是变截面梁的例子。屋盖上的薄腹大梁、工业厂房中的鱼腹式吊车梁是等强度梁的例子。见图 2-53。

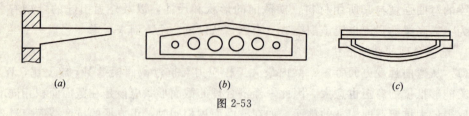

图 2-53

3. 改善梁的受力情况

合理安排梁的约束和加载方式,可达到提高梁的承载能力的目的。

例如图 2-54 所示简支梁,受均布荷载 q 作用,如果把梁的两端铰支座各向内移动 $0.2l$,则其梁中最大弯矩仅为简支梁的 $\frac{1}{5}$。

又如,其简支梁,跨度中点受集中荷载 P 作用,如将该荷载分解为两个大小相等、

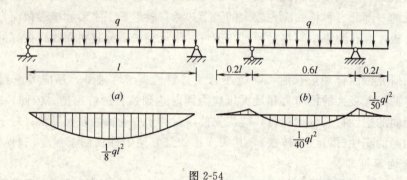

图 2-54

方向相同的力,分别作用在离梁端 $\frac{l}{4}$ 处,则其梁中最大弯矩仅为前者的一半。

三、梁的弯曲变形及刚度校核

(一) 梁的弯曲变形

梁发生弯曲时,由受力前的直线变成了曲线,这条弯曲后的曲线就称为弹性曲线或挠曲线。在平面弯曲的情况下,梁的挠曲线是一条位于外力作用面内的连续而光滑的平面曲线,如图 2-55 所示。由此可见,梁变形时,各横截面均发生了位移。因此,梁的变形可由受力前与受力后的相对位移来度量。梁的位移可分为两种,一种是线位移,一种是角位移,它们是表示梁变形大小的主要指标。

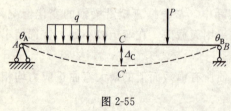

图 2-55

例如:图 2-55 所示的梁在荷载作用下,截面 C 的形心从 C 点移到了 C' 点,则 Δ_C 就是截面 C 的线位移,也称为梁在该截面的挠度。而截面 A 虽然没有线位移,但此截面绕中性轴转了一个角度 θ_A,这个转角 θ_A 就是截面 A 的角位移,同理,转角 θ_B 就是截面 B 的角位移,而其他各截面既有线位移又有角位移。

实际上线位移既有水平方向的,又有垂直方向的,但由于变形极其微小,水平方向的线位移与垂直方向的线位移相比也极其微小,因此,水平线位移在计算中忽略不计,而只考虑垂直线位移。

一般说来,作用在梁上的荷载越大,弯曲变形也就越大。所以挠度和转角与荷载大小之间存在着一定的比例关系。另外,挠度和转角与梁的跨度、截面材料和形状都有密切的关系。在此不作详细讨论。

(二) 梁的刚度校核

为了保证梁的正常工作,对梁的变形必须加以控制,这就是梁的刚度问题。校核梁的刚度,就是检查梁在荷载作用下所产生的变形,是否超过允许的数值。梁的变形如果超过了允许的数值,梁就不能正常地工作了。例如厂房的吊车梁如变形过大,会影响吊车的正常行驶;顶棚的龙骨如弯曲得太厉害,就会引起平顶开裂、抹灰脱落,不但影响美观,而且给人以不安全的感觉。

通常校核梁的刚度是计算梁在荷载作用下的最大相对线位移 $\frac{\Delta}{l}$,使其不得大于许用的相对线位移 $\left[\frac{\Delta}{l}\right]$,即:

$$\frac{\Delta}{l} \leqslant \left[\frac{\Delta}{l}\right]$$

在工程设计中,根据杆件的不同用途,对于弯曲变形的允许值,在有关规范中都做出了具体规定。表 2-5 中列出了土建工程中一般受弯构件的许用相对挠度值,可供参考。

在机械制造方面当设计传动轴时,除了对相对挠度值需要作必要的限制外,还要求转角的绝对值应限制在允许范围之内,即:

$$\theta \leqslant [\theta]$$

一般受弯构件的许用相对线位移值　　　　表 2-5

结构类别	构件类别		许用相对挠度值
木结构	檩条		1/200
	椽条		1/150
	抹灰吊顶的受弯构件		1/250
	楼板梁和搁栅		1/250
钢结构	吊车梁	手动吊车	1/500
		电动吊车	1/600～1/750
	屋盖檩条		1/150～1/200
	楼盖梁和工作平台	主梁	1/400
		其他梁	1/250
钢筋混凝土结构	吊车梁	手动吊车	1/500
		电动吊车	1/600
	屋盖、楼盖及楼梯构件	当 $L<7m$ 时	1/200
		当 $7\leqslant L\leqslant 9m$ 时	1/250
		当 $L>9m$ 时	1/300

应当指出：对于一般土建工程中的构件，强度要求如果能够满足，刚度条件一般也能满足。因此，在设计工作中，刚度要求比起强度要求来，常常处于从属地位。一般都是先按强度要求设计出杆件的截面尺寸，然后将这个尺寸按刚度条件进行校核，通常都会得到满足。只有当正常工作条件对构件的变形限制得很严的情况下，或按强度条件所选用的构件截面过于单薄时，刚度条件才有可能不满足，这时，就要设法提高受弯构件的刚度。

（三）提高弯曲刚度的措施

梁的弯曲变形与弯矩大小、支承情况、梁截面形状和尺寸、材料的力学性能及梁的跨度有关。所以提高梁的弯曲刚度，应从以下各因素入手：

（1）在截面面积不变的情况下，采用适当形状的截面使其面积尽可能分布在距中性轴较远的地方，如工字形、箱形截面。

（2）缩小梁的跨度或增加支承。

（3）调整加载方式以减小弯矩的数值。

第三章 建筑识图

第一节 建筑工程图的概念

一、什么是建筑工程图

（一）建筑工程图的概念

建筑工程图就是在建筑工程上所用的，一种能够十分准确地表达出建筑物的外形轮廓、大小尺寸、结构构造和材料做法的图样。

建筑工程图是房屋建筑施工时的依据，施工人员必须按图施工，不得任意变更图纸或无规则施工。看懂图纸，记住图纸内容和要求，是搞好施工必须具备的先决条件，同时学好图纸，审核图纸也是施工准备阶段的一项重要工作。

（二）建筑工程图的作用

建筑工程图是审批建筑工程项目的依据；在生产施工中，它是备料和施工的依据；当工程竣工时，要按照工程图的设计要求进行质量检查和验收，并以此评价工程质量优劣；建筑工程图还是编制工程概算、预算和决算及审核工程造价的依据；建筑工程图是具有法律效力的技术文件。

二、图纸的形成

建筑工程图是按照国家工程建设标准有关规定、用投影的方法来表达工程物体的建筑、结构和设备等设计的内容和技术要求的一套图纸。

（一）投影图

1. 投影的概念

在日常生活中我们常常看到影子这种自然现象，如在阳光照射下的人影、树影、房屋或景物的影子，见图3-1。

物体产生影子需要两个条件，一要有光线，二要有承受影子的平面，缺一不行。

影子一般只能大致反映出物体的形状和轮廓，而表达不出空间形体的真面目，如果要准确地反映出物体的形状和大小，就要使光线对物体的照射按一定的规律进行，并假设光线能够透过形体而将形体的各个顶点和

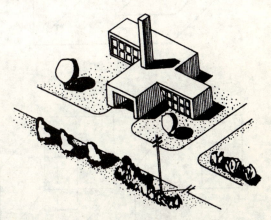

图3-1 房屋、树、电线杆在阳光下的影子

棱线都在承影面上投下影子，从而使点、线的影子组成能反映空间形体形状的图形，这样形成的影子称为投影，同时把光线称为投影线，把承受影子的平面称为投影面，把影子称为物体这一面的投影。

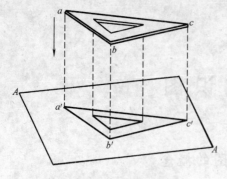

图 3-2 三角板的正投影

使光线互相平行，并且垂直照射物体和投影面的投影方法称为正投影，正投影是建筑工程图中常用的投影方法，本章主要介绍这种方法。通常我们用箭头表示投影方向，虚线表示投影线。见图3-2。

一个物体一般都可以在空间六个相垂直的投影面上投影，如一块砖可以向上、下、左、右、前、后的六个面上投影，反映出它的大小和形状，由于砖是一个平行六面体，它各有两个面是相同的，所以只要取它向下、后、右三个平面的投影图形，就可以知道这块砖的形状和大小了，我们称之为三面投影。三个投影面，一个是水平投影面（H 面），一个是正立投影面（V 面），再一个是侧立投影面（W 面），三个投影面相互垂直又都相交，交成为投影轴，分别用 OX、OY、OZ 标注，三投影轴的交点 O，称为原点，物体的三个投影分别叫水平投影（H 投影）、正面投影（V 投影）、侧面投影（W 投影）。见图3-3。

建筑工程图设计图纸的绘制，就是按照这种方法绘成的，我们只要学会看懂这种图形，就可以在头脑中想象出一个物体的立体形象。

2. 点、线、面的正三面投影

（1）一个点在空间各投影面上的投影，总是一个点，见图3-4。

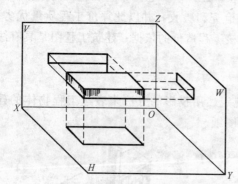

图 3-3 一块砖的三面投影

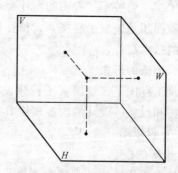

图 3-4 点的三面正投影示例

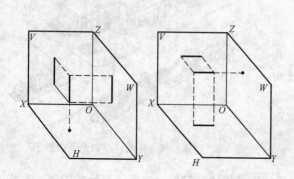

图 3-5 竖直向下和水平线的三面正投影

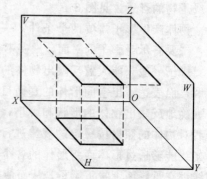

图 3-6 平行于水平投影面的
平行四边形的三面正投影

(2) 一条线在空间各投影面上的投影，由点和线来反映，如图 3-5。

(3) 一个几何形的面在空间各投影面上的投影，由线和面来反映，如图 3-6。

3. 物体的正三面投影

物体的投影比较复杂，它在空间各投影面上的投影，都是以面的形式反映出来，如图 3-7。

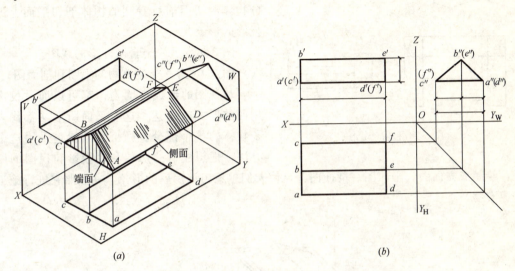

图 3-7 三棱柱的投影
(a) 直观图；(b) 投影图

(二) 剖面图

一个物体用三面投影画出的投影图，只能表明形体的外部形状，对于内部构造复杂的形体，仅用外形投影是无法表达清楚的，例如一幢楼房的内部构造。为了能清晰地表达出形体内部构造形状，比较理想的图示方法就是形体的剖面图。

假想用一个剖切面将形体剖开，移去剖切面与观察者之间的部分，作出剩下那部分形体的投影，所得投影图称为剖面图，简称剖面。图 3-8 就是一个关闭的木箱剖切后的内部投影图。

(三) 视图

视图就是人从不同的位置所看到的一个物体在投影面上投影后所绘成的图纸。一般分为：

(1) 上视图，也称平面图。即人在物体的上部往下看，物体在下面投影面上所投影出的形象。

(2) 前、后、侧视图，也称立面图。是人在物体的前、后、侧面看到的这个物

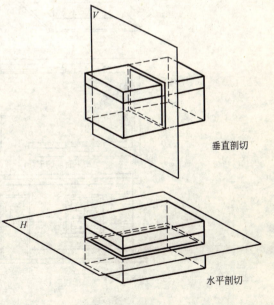

图 3-8 木箱的垂直、水平剖切

体的形象。

(3) 仰视图。这是人在物体下部向上观看所见到的形象。

(4) 剖视图。假想一个平面把物体某处剖切后,移走一部分,人站在未移走的那部分物体剖切面前所看到的物体剖切平面上的投影的形象。

图 3-9 就是一个台阶外形的视图。

图 3-10 为一个建筑物的视图和剖面图。

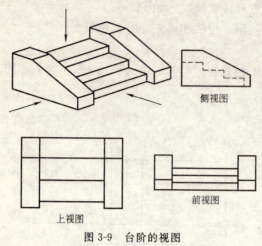

图 3-9 台阶的视图

从视图的形成说明物体都可以通过投影用面的形式来表达。这些平面图形又都代表了物体的某个部分。施工图纸就是采用这个办法,把想建造的房屋利用投影和视图的原理,绘制成立面图、平面图、剖面图等,使人们想象出该房屋的形象,并按照它进行施工变成实物。

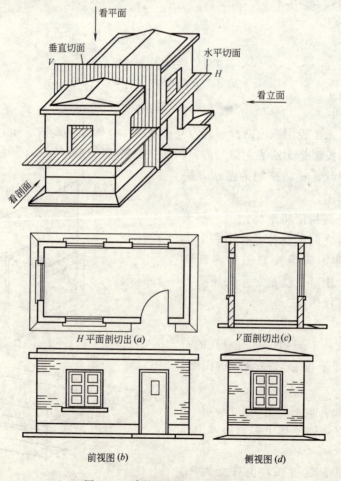

图 3-10 建筑物的视图和剖面图

三、建筑工程图的内容

（一）建筑工程图设计程序

建造房屋要先进行设计，房屋设计一般可概括为两个阶段，即初步设计阶段和施工图设计阶段。

1. 初步设计阶段

设计人员接受设计任务后，根据使用单位的设计要求，收集资料，调查研究，综合分析，合理构思，提出几种设计方案草图供选用。

在设计方案确定后，就着手用制图工具按比例绘出初步设计图，即房屋的总平面布置、房屋外形、基本构件选型、房屋的主要尺寸和经济指标等，供送有关部门审批用。

2. 施工图设计阶段

首先根据审批的初步设计图，进一步解决各种技术问题，取得各工种的协调与统一，进行具体的构造设计和结构计算。最后，从满足施工要求的角度绘制出一套能反映房屋整体和细部全部内容的图样，这套图样称施工图，它是房屋施工的主要依据。

（二）建筑工程图的种类

房屋施工图由于专业分工不同，一般分为建筑施工图、结构施工图和水暖电施工图。各专业图纸中又分为基本图和详图两部分。基本图表明全局性的内容，详图表明某些构件或某些局部详细尺寸和材料构成等。

1. 建筑施工图（简称建施）

主要表示建筑物的总体布局、外部造形、内部布置、细部构造、装修和施工要求等。基本图包括总平面图、建筑平面图、立面图和剖面图等；详图包括墙身、楼梯、门窗、厕所、屋檐及各种装修、构造的详细做法。

2. 结构施工图（简称结施）

主要表示承重结构的布置情况、构件类型及构造和做法等。基本图包括基础图、柱网平面布置图、楼层结构平面布置图、屋顶结构平面布置图等。构件图（即详图）包括柱、梁、楼板、楼梯、雨篷等。

3. 给水、排水、采暖、通风、电气等专业施工图（亦可统称它们为设备施工图）

简称分别是水施、暖施、电施等，它们主要表示管道（或电气线路）与设备的布置和走向、构件做法和设备的安装要求等。这几个专业的共同点是基本图都是由平面图、轴测系统图或系统图所组成；详图有构件配件制作或安装图。

上述施工图，都应在图纸标题栏注写上自身的简称与图号，如"建施1"、"结施1"等等。

（三）图纸的规格

所谓图纸的规格就是图纸幅面大小的尺寸，为了做到建筑工程制图基本统一，清晰简明、提高制图效率，满足设计、施工、存档的要求，国家制定了全国统一的标准，规定了图纸幅面的基本尺寸为五种，代号分别为 A0、A1、A2、A3、A4，如 A1 号图纸的基本幅尺寸为 594mm×841mm。

（四）图标与图签

图标与图签是设计图框的组成部分。

图标是说明设计单位、图名、编号的表格，一般在图纸的右下角。图签是供需要会签的图纸用的，一般位于图纸的左上角。见图 3-11。

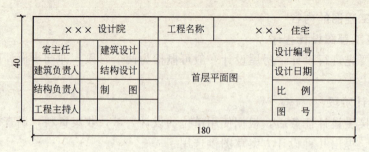

图 3-11 图纸中图标和图签的位置

（五）施工图的编排顺序

一套建筑施工图可有几张，甚至几百张之多，应按图纸内容的主次关系，系统地编排顺序。

一般一套建筑施工图的排列顺序是：图纸目录、设计总说明、建筑总平面图、建筑施工图、结构施工图、给水排水施工图、采暖通风施工图、电气工程施工图、煤气管道施工图等。

图纸目录便于查阅图纸，通常放在全套图纸的最前面。图纸目录上图号的编排顺序应与图纸一致。一般单张图纸在图标中图号用"建施 3/12"或"结施 4/10"的办法来表示，分子代表建施或结施的第几张图，分母代表建施或结施图纸的总张数。

四、建筑工程图的常用图形和符号

（一）图线

1. 线型和线宽

为了在工程图上表示出图中的不同内容，并且能分清主次，绘图时，必须选用不同的线型和不同线宽的图纸，详见表 3-1。

表 3-1

名 称		线 型	线 宽	一般用途
实线	粗	——————	b	主要可见轮廓线
	中	——————	$0.5b$	可见轮廓线
	细	——————	$0.35b$	可见轮廓线、图例线等
虚线	粗	-- -- -- --	b	见有关专业制图标准
	中	-- -- -- --	$0.5b$	不可见轮廓线
	细	-- -- -- --	$0.35b$	不可见轮廓线、图例线等

续表

名　称		线　型	线　宽	一　般　用　途
点划线	粗	———·———	b	见有关专业制图标准
	中	—·—·—·—	$0.5b$	见有关专业制图标准
	细	·······—·······—·······	$0.35b$	中心线、对称线等
双点划线	粗	——··——··——	b	见有关专业制图标准
	中	—··—··—··	$0.5b$	见有关专业制图标准
	细	··—··—··—	$0.35b$	假想轮廓线、成型前原始轮廓线
折断线		———／\———	$0.25b$	断开界线
波浪线		～～～～	$0.35b$	断开界线

线宽比	线　宽　组　（mm）					
b	2.0	1.4	1.0	0.7	0.5	0.35
$0.5b$	1.0	0.7	0.5	0.35	0.25	0.18
$0.35b$	0.7	0.5	0.35	0.25	0.18	

2. 线条种类和用途

（1）定位轴线，采用细点划线表示。它是表示建筑物的主要结构或墙体的位置，亦可作为标志尺寸的基线。定位轴线一般应编号。在水平方向的编号，采用阿拉伯数字，由左向右依次注写；在竖直方向的编号，采用大写汉语拼音字母，由下而上顺序注写。轴线编号一般标志在图面的下方及左侧，如图3-12所示。

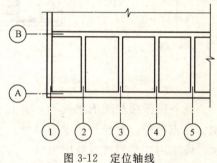

图3-12　定位轴线

两个轴线之间，如有附加轴线时，图线上的编号就采用分数表示，分母表示前一轴线的编号，分子表示附加的第几道轴线，分子用阿拉伯数字顺序注写。表示方法见图3-13。

（2）剖面的剖切线，一般采用粗实线。图线上的剖切线是表示剖面的剖切位置和剖视方向。编号是根据剖视方向注写于剖切线的一侧，如图3-14，其中"2—2"剖切线就是表示人站在图右面向左方向（即向标志2的方向）视图。

图3-13　附加轴线编号表示法

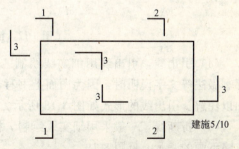

图3-14　剖面切线表示法

剖面编号采用阿拉伯数字，按顺序连续编排。此外转折的剖切线的转折次数一般以一次为限。当我们看图时，被剖切的图面与剖面图不在同一张图纸上时，在剖切线下会有注明剖面图所在图纸的图号。

再有，如构件的截面采用剖切线时，编号亦用阿拉伯数字，编号应根据剖视方向注写于剖切线的一侧，例如向左剖视的数字就写在左侧，向下剖视的，就写在剖切线下方，见图 3-15。

（3）尺寸线，尺寸线多数用细实线绘出。尺寸线在图上表示各部位的实际尺寸。它由尺寸界线、起止点的短斜线（或圆黑点）和尺寸线所组成。尺寸界线有时与房屋的轴线重合，它用短竖线表示，起止点的斜线一般与尺寸线成 45°角，尺寸线与界线相交，相交处应适当延长一些，便于绘短斜线后使人看时清晰，尺寸大小的数字应填写在尺寸线上方的中间位置（见图 3-16）。

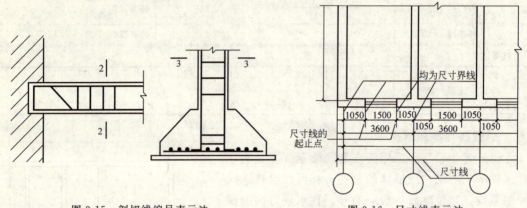

图 3-15 剖切线编号表示法　　　　　　　图 3-16 尺寸线表示法

此外桁架结构类的单线图，其尺寸在图上都标在构件的一侧，单线一般用粗实线绘制。标志半径、直径及坡度的尺寸，其标注方法见图 3-17。半径以 R 表示，直径以 ϕ 表示，坡度用三角形或百分比表示。

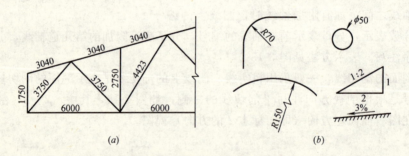

图 3-17 桁架等结构表示法

（4）引出线，引出线用细实线绘制。引出线是为了注释图纸上某一部分的标高、尺寸、做法等文字说明时，因为图面上书写部位尺寸有限，而用引出线将文字引到适当部位加以注解。引出线的形式如图 3-18 所示。

（5）折断线，一般采用细实线绘制。折断线是绘图时为了少占图纸而把不必要的部分省略不画的表示。见图 3-19。

（6）虚线，虚线是线段及间距应保持长短一致的断续短线。它在图上有中粗、细线两类。它表示：建筑物看不见的背面和内部的轮廓或界线；设备所在位置的轮廓。如图 3-20，表示一个基础杯口的位置和一个房屋内锅炉安放的位置。

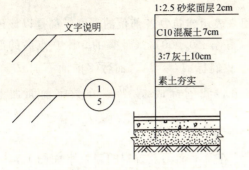 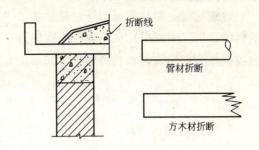

图 3-18 引出线表示法　　　　　图 3-19 折断线表示

（二）尺寸和比例

1. 图纸的尺寸

一栋建筑物，一个建筑构件，都有长度、宽度、高度，它们需要用尺寸来表明它们的大小。平面图上的尺寸线所示的数字即为图面某处的长、宽尺寸。按照国家标准规定，图纸上除标高的高度及总平面图上尺寸用米为单位标志外，其他尺寸一律用毫米为单位。为了统一起见所有以毫米为单位的尺寸在图纸上就只写数字不再注单位了。如果数字的单位不是毫米，那么必须注写清楚。

2. 图纸的比例

图纸上标出的尺寸，实际上并非在图上就真是那么长，如果真要按实足的尺寸绘图，几十米长的房子是不可能用桌面大小的图纸绘出

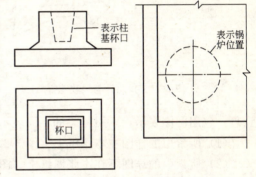

图 3-20 虚线表示法

来的。而是通过把所要绘的建筑物缩小几十倍、几百倍甚至上千倍才能绘成图纸。我们把这种缩小的倍数叫做"比例"。如在图纸上用图面尺寸为 1cm 的长度代表实物长度 1m（也就是代表实物长度 100cm）的话，那么我们就称用这种缩小的尺寸绘成的图的比例叫 1：100。反之一栋 60m 长的房屋用 1：100 的比例描绘下来，在图纸上就只有 60cm 长了，这样在图纸上也就可以画得下了。所以我们知道了图纸的比例之后，只要量得图上的实际长度再乘上比例倍数，就可以知道该建筑物的实际大小了。

（三）标高及其他

1. 标高

标高是表示建筑物的地面或某一部位的高度。在图纸上标高尺寸的注法都是以 m 为单位的，一般注写到小数点后三位，在总平面图上只要注写到小数点后二位就可以了。

在建筑施工图纸上用绝对标高和建筑标高两种方法表示不同的相对高度。

绝对标高，它是以海平面高度为 0 点（我国是以青岛黄海海平面为基准），图纸上某处所注的绝对标高高度，就是说明该图面上某处的高度比海平面高出多少。绝对标高一般只用在总平面图上，以标志新建筑处地的高度。有时在建筑施工图的首层平面上也有注写，它的标注方法是如 ±0.000＝▼50.00，表示该建筑的首层地面比黄海海面高出 50m，

绝对标高的图式是黑色三角形。

建筑标高，除总平面图外，其他施工图上用来表示建筑物各部位的高度，都是以该建筑物的首层（即底层）室内地面高度作为0点（写作±0.000）来计算的。比0点高的部位我们称为正标高，如比0点高出3m的地方，我们标成 $\underline{\triangledown}^{3.000}$ ，而数字前面不加（＋）号。反之比0点低的地方，如室外散水低45cm，我们标成 $\underline{\triangledown}^{-0.450}$ ，在数字前面加上（－）号。

2. 指北针与风玫瑰

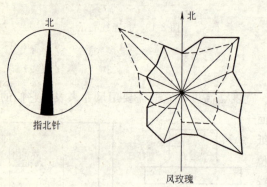

图 3-21 指北针与风玫瑰

在总平面图及首层的建筑平面图上，一般都绘有指北针，表示该建筑物的朝向。

风玫瑰是总平面图上用来表示该地区每年风向频率的标志。它是以十字坐标定出东、南、西、北、东南、东北、西南、西北……等十六个方向后，根据该地区多年平均统计的各个方向吹风次数的百分数值，绘成的折线图形，我们叫它风频率玫瑰图，简称风玫瑰图。见图 3-21。

3. 索引标志

索引标志是表示图上该部分另有详图的意思。它用圆圈表示，索引标志的不同表示方法有以下几种：

(1) 所索引的详图在本图纸上（图 3-22，a）。

(2) 所索引的详图不在本张图纸上（图 3-22，b）。

(3) 所索引的详图，采用标准详图（图 3-22，c）。

(4) 局部剖面详图的表示：详图标志在索引线边上有一根短粗直线，表示剖视方向（图 3-22，d）。

(5) 金属零件、钢筋、构件等编号也用圆圈表示（图 3-22，e）。

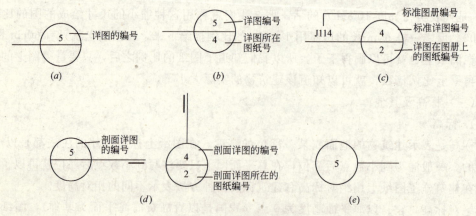

图 3-22 索引标志的表示法

4. 符号

(1) 对称符号。在前面提到中心线时已讲了对称符号。这个符号的含义是当绘制一个完全对称的图形时，为了节省图纸篇幅，在对称中心线上，绘上对称符号，则其对称中心的另一边可以省略不画。中心线用细点划线绘制，在中心线上下划两条平行线，这便是对称符号，另一边的图就不必画了（见图3-23）。

（2）连接符号。它是用在连接切断的结构构件图形上的符号。如当一个构件的这一部分和需要相接的另一部连接时就采用这个符号来表示。它有两种情形：第一，所绘制的构件图形与另一构件的图形仅部分不相同时，可只画另一构件不同的部分，并用连接符号表示相连，两个连接符号应对准在同一线上。第二，当同一个构件在绘制时图纸有限制，那时在图纸上就将它分为两部分绘制，在相连的地方再用连接符号表示。有了这个符号就便于我们在看图时找到两个相连部分，从而了解该构件的全貌。见图3-24。

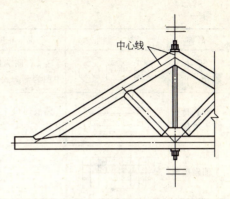

图 3-23　中心线和对称符号的表示法

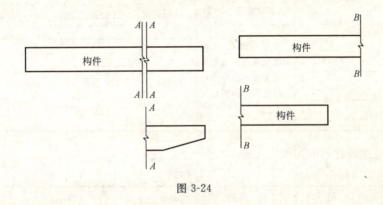

图 3-24

5. 图例

图例是建筑工程图纸上用图形来表示一定含义的一种符号，具有一定的形象性，使人看了能体会到它代表的东西。

（1）建筑总平面图上常用的图例

表 3-2

名称	图例	说明	名称	图例	说明
新建的建筑物	8	1. 用▲表示出入口图例 2. 需要时，可在图形内右上角以点数或数字（高层宜用数字）表示层数 3. 用粗实线表示	计划扩建的预留地或建筑物		用中粗虚线表示
			拆除的建筑物		用细实线表示
原有的建筑物		1. 应注明拟利用者 2. 用细实线表示	新建的地下建筑物或构筑物		用粗虚线表示

91

续表

名称	图例	说明	名称	图例	说明
漏斗式贮仓		左、右图为底卸式中图为侧卸式	坐标	X110.00 Y85.00 / A132.51 B271.42	上图表示测量坐标下图表示建筑坐标
散状材料露天堆场		需要时可注明材料名称	雨水口		
铺砌场地			消火栓井		
水塔、贮藏		左图为水塔或立式贮罐右图为卧式贮藏	室内标高	15.00	
			室外标高	▼80.00	
烟囱		实线为烟囱下部直径,虚线为基础必要时可注写烟囱高度和上、下口直径	原有道路		
			计划扩建道路		
围墙及大门		上图为砖石、混凝土或金属材料的围墙下图为通透性围墙如仅表示围墙时不画大门	桥梁		1. 上图为公路桥,下图为铁路桥 2. 用于旱桥时应说明

(2) 常用建筑材料的图例

表 3-3

名称	图例	说明	名称	图例	说明
自然土壤		包括各种自然土壤	多孔材料		包括水泥珍珠岩、沥青珍珠岩、泡沫混凝土、非承重加气混凝土、泡沫塑料、软木等
夯实土壤					
砂、灰土		靠近轮廓线点较密的点	石膏板		
天然石材		包括岩层、砌体、铺地、贴面等材料	金属		1. 包括各种金属 2. 图形小时,可涂黑
混凝土		1. 本图例仅适用于能承重的混凝土及钢筋混凝土 2. 包括各种强度等级、骨料、添加剂的混凝土 3. 在剖面图上画出钢筋时,不画图例线 4. 断面较窄,不易画出图例线时,可涂黑	玻璃		包括平板玻璃、磨砂玻璃、夹丝玻璃、钢化玻璃等
			防水材料		构造层次多或比例较大时,采用上面图例
			粉刷		本图例点以较稀的点
钢筋混凝土			毛石		

续表

名称	图例	说明	名称	图例	说明
普通砖		1. 包括砌体、砌块 2. 断面较窄,不易画出图例线时,可涂红	空心砖		包括各种多孔砖
耐火砖		包括耐酸砖等	饰面砖		包括铺地砖、陶瓷锦砖(马赛克)、人造大理石等

(3) 建筑构造及配件的图例

表 3-4

名称	图例	说明	名称	图例	说明
土墙		包括土筑墙、土坯墙、三合土墙等	楼梯		1. 上图为底层楼梯平面,中图为中间层楼梯平面,下图为顶层楼梯平面 2. 楼梯的形式及步数应按实际情况绘制
隔断		1. 包括板条抹灰、木制、石膏板、金属材料等隔断 2. 适用于到顶与不到顶隔断			
栏杆					
检查孔		左图为可见检查孔,右图为不可见检查孔			
孔洞					
墙预留洞	宽×高或ϕ		烟道		
墙预留槽	宽×高×深或ϕ		通风道		
空门洞		h 为门洞高度	单层固定窗		1. 窗的名称代号用 C 表示 2. 立面图中的斜线表示图的开关方向,实线为外开,虚线为内开;开启方向线交角的一侧为安装合页的一侧,一般设计图中可不表示 3. 剖面图上左为外、右为内,平面图上下为外、上为内 4. 平、剖面图上的虚线仅说明开关方式,在设计图中不需表示 5. 窗的立面形式应按实际情况绘制
单扇门(包括平开或单面弹簧)		1. 门的名称代号用 M 表示 2. 剖面图上左为外、右为内,平面图上下为外、上为内 3. 立面图上开启方向线交角的一侧为安装合页的一侧,实线为外开,虚线为内开 4. 平面图上的开启弧线及立面图上的开启方向线,在一般设计图上不需表示,仅在制作图上表示 5. 立面形式应按实际情况绘制	单层外开平开窗		
双扇门(包括平开或单面弹簧)					

其他还有表示卫生器具、水油、钢筋焊接接头、钢结构连接等图例，就不一一列举。

第二节　看图的方法和步骤

一、一般方法和步骤

（一）看图的方法

看图的方法一般是先要弄清是什么图纸，根据图纸的特点来看。从看图经验的顺口溜说，看图应："从上往下看、从左向右看、由外向里看、由大到小看、由粗到细看，图样与说明对照看，建施与结施结合看"。必要时还要把设备图拿来参照看，这样看图才能收到较好的效果。

但是由于图面上的各种线条纵横交错，各种图例、符号密密麻麻，对初学的看图者来说，开始时必须仔细认真，并要花费较长的时间，才能把图看懂。为了使读者能较快获得看懂图纸的效果，在举例的图上绘制成一种帮助读者看懂图意的工具符号，我们给这个工具符号起个名字，叫做"识图箭"，它由箭头和箭杆两部分组成，箭头是涂黑的带鱼尾状的等腰三角形，箭杆是由直线组成，箭头所指的图位，即是箭杆上文字说明所要解释的部位，起到说明图意内容的作用。

（二）看图的步骤

（1）图纸拿来之后，应先把目录看一遍。了解是什么类型的建筑，是工业厂房还是民用建筑，建筑面积多大，是单层、多层还是高层，是哪个建设单位，哪个设计单位，图纸共有多少张等。这样对这份图纸的建筑类型有了初步的了解。

（2）按照图纸目录检查各类图纸是否齐全，图纸编号与图名是否符合；如采用相配的标准图则要了解标准图是哪一类的，图集的编号和编制的单位，要把它们准备存放在手边以便到时可以查看。图纸齐全后就可以按图纸顺序看图了。

（3）看图程序是先看设计总说明，了解建筑概况，技术要求等等，然后看图。一般按目录的排列往下逐张看图，如先看建筑总平面图，了解建筑物的地理位置、高程、坐标、朝向，以及与建筑有关的一些情况。如果是一个施工技术人员，那么他看了建筑总平面之后，就得进一步考虑施工时如何进行平面布置等设想。

（4）看完建筑总平面图之后，则先看建筑施工图中的建筑平面图，了解房屋的长度、宽度、轴线尺寸、开间大小、一般布局等。再看立面图和剖面图，从而达到对这栋建筑物有一个总体的了解。最好是通过看这三种图之后，能在脑子中形成这栋房屋的立体形象，能想象出它的规模和轮廓。这就需要运用自己的生产实践经历和想象能力了。

（5）在对建筑图有了总体了解之后，我们可以从基础图一步步地深入看图了。从基础的类型、挖土的深度、基础尺寸、构造、轴线位置等开始仔细地阅读。按基础—结构—建筑（包括详图）这个施工顺序看图，遇到问题还要记下来，以便在继续看图中得到解决，或到设计交底时提出。在看基础图时，还可以结合看地质勘探图，了解土质情况以便施工时核对土质构造。

（6）在图纸全部看完之后，可按不同工种有关的施工部分，将图纸再细读，如砌砖工序要了解墙厚度、高度、门、窗口大小，清水墙还是混水墙，窗口有没有出檐，用什么过梁等等。木工工序就关心哪儿要支模板，如现浇钢筋混凝土梁、柱就要了解梁、柱断面尺寸、标高、长度、高度等等；除结构之外木工工序还要了解门窗的编号、数量、类型和建筑上有关的木装修图纸。钢筋工序则凡是有钢筋的地方，都要看细，经过翻样才能配料和绑扎。其他工序都可以从图纸中看到施工需要的部分。除了会看图之外，有经验的人还要考虑按图纸的技术要求，如何保证各工序的衔接以及工程质量和安全作业等。

（7）随着生产实践经验的增长和看图知识的积累，在看图中间还应该对照建筑图与结构图看看有无矛盾，构造上能否施工，支模时标高与砌砖高度能不能对口（俗称能不能交圈）等等。

二、建筑总平面图

（一）什么是建筑总平面图

在地形图上画上新建房屋和原有房屋的外轮廓的水平投影及场地、道路、绿化的布置的图形即为建筑总平面图。

建筑群的总平面图的绘制，建筑群位置的确定，是由城市规划部门先把用地范围规定下来后，设计部门才能在他们规定的区域内布置建筑总平面。当在城市中布置需建房屋的总平面图时，一般以城市道路中心线为基准，再由它向需建设房屋的一面定出一条该建筑物或建筑群的"红线"（所谓"红线"就是限制建筑物的界限线），从而确定建筑物的边界位置，然后设计人员再以它为基准，设计布置这群建筑的相对位置，绘制出建筑总平面布置图。

（二）建筑总平面图的内容及看图方法

我们以图 3-25 为例进行说明。

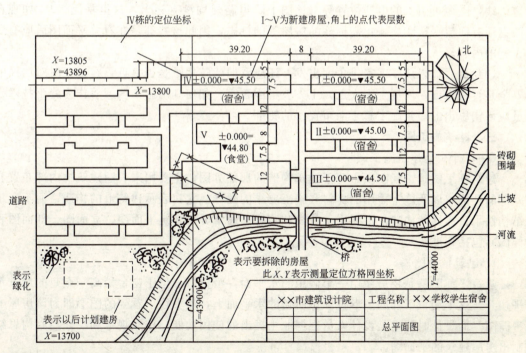

图 3-25 建筑总平面图

1. 总平面图的内容

从图中我们可以看到总平面图的基本组成有房屋的方位，河流、道路、桥梁、绿化、风玫瑰和指北针，原有建筑，围墙等等。

2. 怎样看图

(1) 先看新建的房屋的具体位置，外围尺寸，从图中可看到共有五栋房屋是用粗实线画的，表示这五栋房屋是新设计的建筑物，其中四栋宿舍，一栋食堂，房屋长度均为39.20m（国家标准规定总平面图上的尺寸单位为"m"），相隔间距 8m，前后相隔12.00m，住宅宽度 7.50m，食常是工字形，一宽 8m，一宽 12.00m。因此得出全部需占地范围为 86.40m 长，46.5m 宽，如果包括围墙道路及考虑施工等因素占地范围还要大，可以估计出约为 120.00m 长，80.00m 宽。

(2) 再看这些房屋首层室内地面的±0.000 标高是相当于多少绝对标高。从图上可看出北面高，南面低，北面两栋，±0.000＝▼45.50m，前面两栋住宅分别为：▼45.00m 和▼44.50m，食堂为▼44.80m 等。这就给我们测量水平标高，引进水准点时有了具体数值。

(3) 看房屋的坐向，从图上可以看出新建房屋均为坐北朝南的方位。并从风玫瑰图上看得知道该地区全年风量以西北风最多，这样可以给我们施工人员在安排施工时考虑到这一因素。

(4) 看房屋的具体定位，从图上可以看出，规划上已根据坐标方格网，将北边Ⅳ号房的西北角纵横轴线交点中心位置用 $x=13805$，$y=43896$ 定了下来。这样使我们施工放线定位有了依据。

(5) 看与房屋建筑有关的事项。如建成后房周围的道路，现有市内水源干线，下水管道干线，电源可引入的电杆位置等（该图上除道路外均没有标出，这里是泛指）。如现在图上还有河流、桥梁、绿化需拆除的房屋等的标志，因此这些都是在看总平面图后应有所了解的内容。

(6) 最后如果从施工安排角度出发，还应看旧建筑相距是否太近，在施工时对居民的安全是否有保证，河流是否太近，土方坡牢固否等。如何划出施工区域等作为施工技术人员应该构思出的一张施工总平面布置图的轮廓。

三、建筑施工图

(一) 什么是建筑施工图

建筑施工图是工程图纸中关于建筑构造的那部分图，主要用来表明建筑物内部布置和外部的装饰，以及施工需用的材料和施工要求的图样。它只表示建筑上的构造，而不表示结构性承重需要的构造，主要用于放线和装饰。通常分为建筑平面图、立面图、剖面图和详图（包括标准图）。

1. 建筑平面图

建筑平面图就是将房屋用一个假想的水平面，沿窗口（位于窗台稍高一点）的地方水平切开，这个切口下部的图形投影至所切的水平面上，从上往下看到的图形即为该房屋的平面图。而设计时，则是设计人员根据业主提出的使用功能，按照规范和设计经验构思绘制出房屋建筑的平面图。

建筑平面图包含的内容为：

(1) 由外围看可以知道它的外形、总长、总宽以及建筑的面积，像首层的平面图上还绘有散水、台阶、外门、窗的位置，外墙的厚度，轴线标法，有的还可能有变形缝，外用铁爬梯等图示。

(2) 往内看可以看到图上绘有内墙位置、房间名称，楼梯间、卫生间等布置。

(3) 从平面图上还可以了解到开间尺寸，内门窗位置，室内地面标高，门窗型号尺寸以及表明所用详图等符号。

平面图根据房屋的层数不同分为首层平面图，二层平面图，三层平面图等等。如果楼层仅与首层不同，那么二层以上的平面图又称为标准层平面图。最后还有屋顶平面图，屋顶平面图是说明屋顶上建筑构造的平面布置和雨水泛水坡度情况的图。

2. 建筑立面图

建筑立面图是建筑物的各个侧面，向它平行的竖直平面所作的正投影，这种投影得到的侧视图，我们称为立面图。它分为正立面，背立面和侧立面；有时又按朝向分为南立面，北立面，东立面，西立面等。立面图的内容为：

(1) 立面图反映了建筑物的外貌，如外墙上的檐口、门窗套、出檐、阳台、腰线、门窗外形、雨篷、花台、水落管、附墙柱、勒脚、台阶等等构造形状；同时还表明外墙的装修做法，是清水墙还是抹灰，抹灰是水泥还是干粘石，还是水刷石，还是贴面砖等等。

(2) 立面图还标明各层建筑标高、层数，房屋的总高度或突出部分最高点的标高尺寸。

有的立面图也在侧边采用竖向尺寸，标注出窗口的高度，层高尺寸等。

3. 建筑剖面图

为了了解房屋竖向的内部构造，我们假想一个垂直的平面把房屋切开，移去一部分，对余下部分向垂直平面作正投影，从而得到的剖视图即为该建筑在某一所切开处的剖面图。剖面图的内容为：

(1) 从剖面图可以了解各层楼面的标高，窗台、窗上口、顶棚的高度，以及室内净空尺寸。

(2) 剖面图还画出房屋从屋面至地面的内部构造特征。如屋盖是什么形式的，楼板是什么构造的，隔墙是什么构造的，内门的高度等等。

(3) 剖面图上还注明一些装修做法，楼、地面做法，对其所用材料等加以说明。

(4) 剖面图上有时也可以标明屋面做法及构造，屋面坡度以及屋顶上女儿墙、烟囱等构造物的情形等。

4. 建筑详图（亦称大样图）

我们从建筑的平、立、剖面图上虽然可以看到房屋的外形，平面布置和内部构造情况，及主要的造型尺寸，但是由于图幅有限，局部细节的构造在这些图上不能够明确表示出来的，为了清楚地表达这些构造，我们把它们放大比例绘制成（如 1：20，1：10，1：5 等）较详细的图纸，我们称这些放大的图为详图或大样图。

详图一般包括：房屋的屋檐及外墙身构造大样，楼梯间、厨房、厕所、阳台、门窗、建筑装饰、雨篷、台阶等等的具体尺寸、构造和材料做法。

详图是各建筑部位具体构造的施工依据，所有平、立、剖面图上的具体做法和尺寸均以详图为准，因此详图是建筑图纸中不可缺少的一部分。

(二) 民用建筑建筑施工图

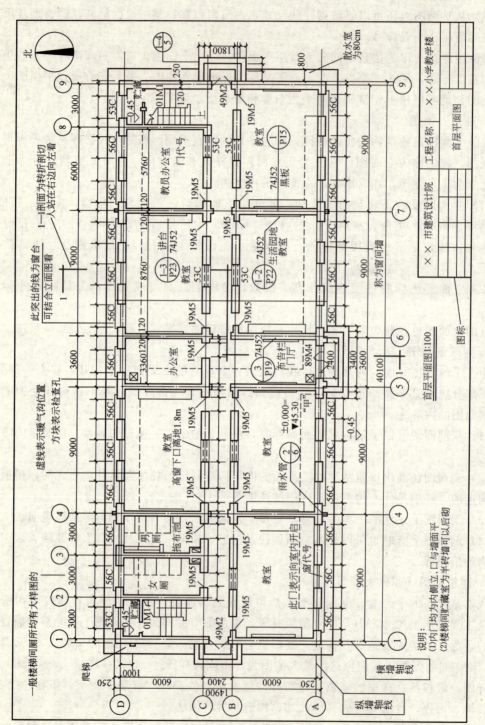

图 3-26 建筑平面图

1. 建筑平面图

(1) 看图的顺序：

1) 先看图纸的图标，了解图名、设计人员、图号、设计日期、比例等。

2) 看房屋的朝向、外围尺寸、轴线有几道，轴线间距离尺寸，外门、窗的尺寸和编号，窗间墙宽度，有无砖垛，外墙厚度，散水宽度，台阶大小，雨水管位置等等。

3) 看房屋内部，房间的用途，地坪标高，内墙位置、厚度，内门、窗的位置、尺寸和编号，有关详图的编号、内容等。

4) 看剖切线的位置，以便结合剖面图时看图用。

5) 看与安装工程有关的部位、内容，如暖气沟的位置等。

(2) 看图实例：

我们以图3-26这张小学教学楼的建筑平面图为例进行介绍。

1) 我们从图标中可以看到这张图是××市建筑设计院设计的，是一座小学教学楼，这张图是该楼的首层平面图，比例为1：100。

2) 我们看到该栋楼是朝南的房屋。纵向长度从外墙边到边为40100（即40m零10cm），由横向9道轴线组成，轴线间距离①～④轴是9000（即9m，注以后从略），⑤～⑥轴线是3600，而①～②，②～③，③～④各轴线间距离均为3000，其他从图上都可以读得各轴间尺寸。横向房屋的总宽度为14900，纵向轴线由ⒶⒷⒸⒹ四道组成，其中Ⓐ～Ⓑ及Ⓒ～Ⓓ轴间距离均为6000，Ⓑ～Ⓒ轴为2400。我们还可以从外墙看出墙厚均为370，而且①、⑨、Ⓐ、Ⓓ这些轴线均为墙的偏中位置，外侧为250，内侧为120。

我们还看到共有三个大门，正中正门一樘，两山墙处各有一樘侧门。所有外窗宽度均为1500，窗间墙尺寸也均有注写。

散水宽度为800，台阶有三个，大的正门的外围尺寸为1800×4800，侧门的为1400×3200，侧门台阶标注有详图图号是第5张图纸1～4节点。

3) 从图内看，进大门即是一个门厅，中间有一道走廊，共六个教室，两个办公室，两上楼梯间带底下贮藏室，还有男、女厕所各一间。楼梯间、厕所间图纸都另有详细的平面及剖面图。

内门、窗均有编号、尺寸、位置，从图上可看出门大多是向室内开启的，仅贮藏室向外开的。高窗下口距离地面为1.80m。

内墙厚度纵向两道为370，从经验上可以想得出它将是承重墙，横墙都为240厚。楼梯间贮藏室墙为120厚。

教室内有讲台、黑板，门厅内有布告栏，这些都用圆圈的标志方法标明它们所用的详图图册或图号。

所有室内标高均为±0.000相当于绝对标高45.30m，仅贮藏室地面为-0.450，有三步踏步走下去。

4) 从图上还可以看出虚线所示为暖气沟位置，沟上还有检查孔位置，这在土建施工时必须为水暖安装做好施工准备。同时可以看到平面图上正门处有一道剖切线，在间道外拐一弯到后墙切开，可以结合剖面图看图。

2. 建筑立面图

(1) 看图顺序：

1）看图标，先辨明是什么立面图（南或北立面、东或西立面）。图 3-27 是该楼的正立面图，相对平面图看是南立面图。

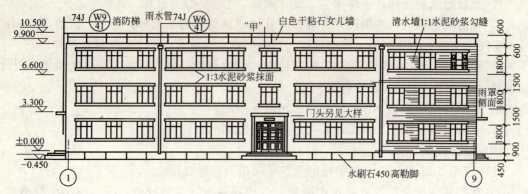

图 3-27　正立面图

2）看标高、层数、竖向尺寸。
3）看门、窗在立面图上的位置。
4）看外墙装修做法。如有无出檐，墙面是清水还是抹灰，勒脚高度和装修做法，台阶的立面形式及所示详图，门头雨篷的标高和做法，有无门头详图等等。
5）在立面图上还可以看到雨水管位置，外墙爬梯位置，如超过 60m 长的砖砌房屋还有伸缩缝位置等。

(2) 看图实例：

我们仍以上述小学教学楼的这张南立面图为例进行介绍。

1）该教学楼为三层楼房。每层标高分别为：3.30m、6.60m、9.90m。女儿墙顶为 10.50m，是最高点。竖向尺寸，从室外地坪计起，于图的一侧标出（图上可以看到，此处不一一注写了）。

2）外门为玻璃大门，外窗为三扇式大窗（两扇开，一扇固定），窗上部为气窗。首层窗台标高为 0.90m，每层窗身高度为 1.80m。

3）可以看到外墙大部分是清水墙，用 1:1 水泥砂浆勾缝。窗上下出砖檐并用 1:3 水泥砂浆抹面；女儿墙为混水墙，外装修为干粘石分格饰面，勒脚为 45cm 高，采用水刷石分格饰面。门头及台阶做法都有详图可以查看。

4）可以看到立面上有两条雨水管，位置可以结合平面图看出是在④轴和⑦轴线处，立面图上还有"甲"节点以示外墙构造大样详图。立面上没有伸缩缝，在山墙可以看到铁爬梯的侧面。

3. 建筑剖面图

(1) 看图顺序：

1）看平面图上的剖切位置和剖面编号，对照剖面图上的编号是否与平面图上的剖面编号相同。

2）看楼层标高及竖向尺寸，楼板构造形式，外墙及内墙门，窗的标高及竖向尺寸，最高处标高，屋顶的坡度等。

3）看在外墙突出构造部分的标高，如阳台、雨篷、檐子；墙内构造物如圈梁、过梁的标高或竖向尺寸。

4) 看地面、楼面、墙面、屋面的做法：剖切处可看出室内的构造物如教室的黑板、讲台等。

5) 在剖面图上用圆圈划出的，需用大样图表示的地方，以便可以查对大样图。

（2）看图实例：

我们仍以上述小学教学楼的一张剖面图（图 3-28）为例进行介绍。

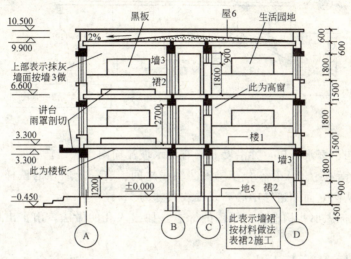

图 3-28　剖面图

1) 该教学楼的各层标高为 3.30m、6.60m、9.90m、檐头女儿墙标高为 10.50m。

2) 我们结合立面图可以看到门、窗的竖向尺寸为 1800，上层窗和下层窗之间的墙高为 1500，窗上口为钢筋混凝土过梁，内门的竖向尺寸为 2700，内高窗为离地 1800，窗口竖向尺寸为 900，内门内窗口上亦为钢筋混凝土过梁。

3) 看到屋顶的屋面做法，用引出线作了注明为屋 6；看到楼面的做法，写明楼面为楼 1，地面为地 5 等；这些均可以看材料做法表。从室内可见的墙面也注写了墙 3 做法，墙裙注了裙 2 的做法等。

4) 可看出屋面的坡度为 2%，还有雨篷下沿标高为 3.00m。

5) 还可以看出每层楼板下均有圈梁。

4. 屋顶平面图

（1）看图程序：

有的屋顶平面图比较简单，往往就绘在顶层平面图的图纸某一角处，单独占用一张图纸的比较少。所以要看屋顶平面图时，需先找一找目录，看它安排在哪张建施图上。

拿到屋顶平面图后，先看它的外围有无女儿墙或天沟，再看流水坡向，雨水出口及型号，再看出入孔位置，附墙的上屋顶铁梯的位置及型号。基本上屋顶平面就是这些内容，总之是比较简单的。

（2）看图实例：

我们以图 3-29 这张屋顶平面图为例进行介绍。

1) 我们看出这是有女儿墙的长方形的屋顶。正中是一条屋脊线，雨水向两檐墙流，

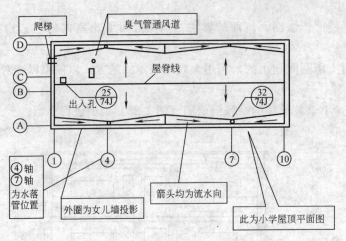

图 3-29

在女儿墙下有四个雨水入口,并沿女儿墙有泛水坡流向雨水入口。

2)看出屋面有一出入孔,位于①~②轴线之间。有一上屋顶的铁梯,位于西山墙靠近北面大角,从侧立面知道梯中心离①轴线尺寸为1m。

3)可看到标志那些构造物的详图的标志,如出入孔的做法,雨水出口型号,铁梯型号等。

(三)工业厂房建筑施工图

工业厂房建筑施工图的看图方法和步骤与民用建筑施工图的看图方法和步骤基本相似,但因建筑功能不同,引起构造上产生一些变化,以下仅就看图的顺序作简单介绍。

1. 建筑平面图看图顺序

(1)工业图开始也先看该图纸的图标,从而了解图名、图号、设计单位、设计日期、比例等。

(2)看车间朝向,外围尺寸,轴线的布置,跨度尺寸,围护墙的材质、厚度,外门、窗的尺寸、编号,散水宽度,门外斜坡、台阶的尺寸,有无相邻的露天跨的柱及吊车梁等等。

(3)看车间内部,有关土建的设施布置和位置,桥式吊车(俗称天车)的台数和吨位,有无室内电平车道,以及车间内的附属小间,如工具室、车间小仓库等等。

(4)看剖切线位置,和有关详图的编号标志等,以便结合看其他的图。

2. 建筑立面图看图顺序

看图顺序同民用建筑。

3. 建筑剖面图看图顺序

(1)看平面图的剖切线位置,与剖面图两者结合起来看就可以了解到剖面图的所在位置的构造情况。

(2)看横剖面图,包括看地坪标高,牛腿顶面及吊车梁轨顶标高,屋架下弦底标高,女儿墙檐口标高,天窗架上屋顶最高标高。看外墙处的竖向尺寸(包括窗口竖向尺寸,门口竖向尺寸,圈梁高度),这些项目还可以对照立面图一起看。

(3)看纵剖面图,看吊车梁的形式,柱间支撑的位置,以及有不同柱距时的构造等。

还可以从纵剖面图上看到室内窗台高度,上天车的钢梯构造等。

(4) 在剖面图上还可以看出围护墙的构造,采用什么墙体,多少厚度,大门有无雨篷,散水宽度,台阶坡度,屋架形式和屋顶坡度等有关内容。

4. 屋顶平面图看图顺序

在找到厂房屋顶平面图之后,其看图顺序基本同看学校屋顶平面图相似。首先看外围尺寸及有无女儿墙,流水走向,上人铁梯,水落口位置,天窗的平面位置等。

(四) 建筑施工详图

1. 民用建筑施工详图

(1) 详图的类型:

一般民用建筑除了平、立、剖面图之外,为了详细说明建筑物各部分的构造,常常把这些部位绘制成施工详图。建筑施工图中的详图有:外墙大样图,楼梯间大样图,门头、台阶大样图,厨房、浴室、厕所、卫生间大样图等。同时为了说明这些部位的具体构造,如门、窗的构造,楼梯扶手的构造,浴室的澡盆,厕所的蹲台,卫生间的水池等做法,而采用设计好的标准图册来说明这些详图的构造,从而按这些图进行施工。像门、窗的详图。北京市建筑设计院曾设计了一套《常用木门窗配件图集》作为木门窗构造的施工详图,北京钢窗厂也设计了一套《空腹钢门钢窗图集》。以及诸如此类的各种图集应用于施

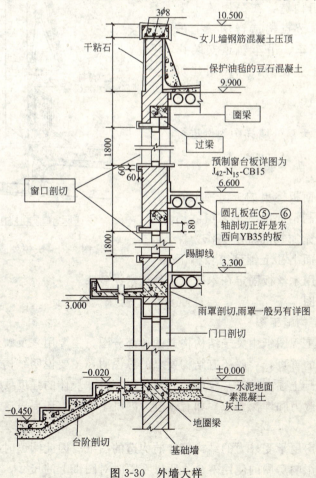

图3-30 外墙大样

工中间。

（2）看图实例：

我们以图 3-30 外墙大样图为例进行介绍。

我们可以看到：

到各层楼面的标高和女儿墙压顶的标高，窗上共需二根过梁，一根矩形，一根带檐子的，窗台挑出尺寸为 60，厚度为 60，内窗台板采用 74J42-N15-CB15 的型号，这就又得去查这标准图集，从图集中找到这类窗台板。还可以从大样图上看到圈梁的断面，女儿墙的压顶钢筋混凝土断面，还可以看到雨篷、台阶、地面、楼面等的剖切情形。

2. 工业厂房建筑施工详图

（1）详图的类型：

工业厂房在建筑构造的详图方面，和民用建筑没有多少差别。但也有些属于工业厂房的专门构造，在民用建筑上是没有的。如天窗节点构造详图，上吊车钢梯详图，电平车、吊车轨道安装详图等这些都属于工业性的，在民用建筑上很少遇到。

（2）看图实例：

我们以图 3-31 天窗外墙详图为例进行介绍。

我们可以看到：

出檐为大型屋面板挑出的。窗为上悬式钢窗，窗下为预制钢筋混凝土天窗侧挡板，侧板凹槽内填充加气混凝土块作为保温用。油毡从大屋面上往上铺到窗台檐下面。天窗上出檐下用木丝板固定在木砖上，外抹水泥砂浆。

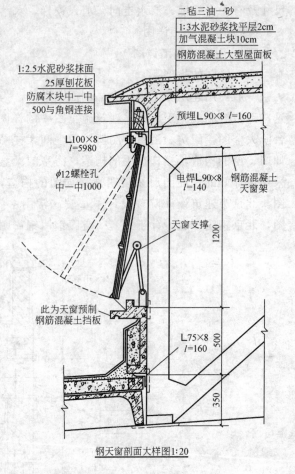

图 3-31 天窗外墙详图

四、结构施工图

（一）什么是结构施工图

结构施工图是工程图纸中关于结构构造的那部分图，主要用来反映建筑骨架构造。

在结构施工图的首页，一般还有结构要求的总说明，主要说明结构构造要求，所用材料要求，钢材和混凝土强度等级，砌体的砂浆强度等级和块体的强度要求，基础施工图还说明采用的地基承载力和埋深要求。如有预应力混凝土结构，还要对这方面的技术要求作出说明。

结构施工图是房屋承受外力的结构部分的构造的图纸。因此阅读时必须细心，因为骨架的质量好坏，将影响房屋的使用寿命，所以看图时对图纸上的尺寸，混凝土的强度等级等必须看清记牢。此外在看图中发现建筑图上与结构图上有矛盾时，一般以结构尺寸为准。这些都是在看图时应注意的。结构施工图一般分为以下几方面：

1. 基础施工图

基础施工图主要是将这栋房屋的基础部分的构造绘成图纸。基础的构造形式，和上部结构采取的结构形式有很大关系。一般基础施工图分为基础平面图和基础大样图。

（1）基础平面图主要表示基础（柱基、或墙基）的位置、所属轴线，以及基础内留洞、构件、管沟、地基变化的台阶、底际高等平面布置情况。

（2）基础大样图主要说明基础的具体构造。一般墙体的基础往往取中间某一平面处的剖面来说明它的构造；柱基则单独绘成一个柱基大样图。基础大样图上标有所在轴线位置，基底标高，基础防潮层面标高，垫层尺寸与厚度。墙基还有大放脚的收放尺寸，柱基有钢筋配筋和台阶尺寸构造。墙基上还有防潮层做法和它与管沟相连部分的尺寸构造等。

2. 主体结构施工图（亦称结构施工图）

结构施工图一般是指标高在±0.000以上的主体结构构造的图纸。由于结构构造形式不同，图纸也是千变万化的。现在这里简单的介绍一下常见民用结构与单层工业厂房结构图的内容。

（1）砖混结构施工图：

砖混结构施工图一般有墙身的平面位置，楼板的平面布置，梁或过梁的平面位置，楼梯的平面位置，如有阳台、雨篷的也应标出位置。这些平面位置的布置图统称为结构平面图。图上标出有关的结构位置、轴线、距离尺寸、梁号与板号，以及有的需看剖面及详图的剖切标志。这些与建筑平面图是密切相关的，所以看图时又要互相配合起来看。

除了结构平面图外，还有结构详图，如楼梯、阳台、雨篷的详细构造尺寸、配置的钢筋数量、规格、等级；梁的断面尺寸；钢筋构造；预制的多孔板采用的标准图集等，这些都是施工的依据。

（2）钢筋混凝土框架结构施工图：

该类施工图也分为结构平面施工图和结构构件的施工详图。结构平面图主要标志出框架的平面位置、柱距、跨度；梁的位置、间距、梁号；楼板的跨度、板厚，以及围护结构的尺寸、厚度和其他需在结构平面图上表示的东西。框架结构平面图有时还分划成模板图和配筋图两部分。模板图上除标志平面位置外，还标志出柱、梁的编号和断面尺寸，以及楼板的厚度和结构标高等。配筋图上主要是绘制出楼板钢筋的放置、规格、间距、尺寸等。

同样框架结构也有施工详图，主要是框架部分柱、梁的尺寸，断面配筋等构造要求；次梁、楼梯，以及其配套构件的结构构造详图。

（3）工业厂房结构施工图：

一般单层工业厂房，由于厂房的建筑装饰相对比较简单，因此建筑平面图基本上已将厂房构造反映出来了。而结构平面图绘制有时就很简单，只要用轴线和其他线条，标志柱子、吊车梁、支撑、屋架、天窗等的平面位置就可以了。

结构平面图主要内容为柱网的布置、柱子位置、柱轴线和柱子的编号；吊车梁及编号支撑及编号等，它是结构施工和建筑构件吊装的依据。在结构平面图上有时还注有详图的索引标志和剖切线的位置，这些在看图时亦应加以注意。

工业厂房的结构剖面图，往往与建筑剖面图相一致，所以可以互相套用。

工业厂房的结构详图，主要说明各构件的具体构造，及连接方法。如柱子的具体尺寸、配筋；梁的尺寸、配筋；吊车梁与柱子的连接，柱子与支撑的连接等。这些在看图时必须弄清，尤其是连接点的细小做法，像电焊焊缝长度和厚度，这些细小构造往往都直接关系到工程的质量，看图时不要大意。如发现这些构造图不齐全时应记下来，以便请设计人员补图。

（二）基础施工图

房屋的基础施工图归属于结构施工图纸之中。因为基础埋入地下，一般不需要做建筑装饰，主要是让它承担上面的全部荷重。一般说来在房屋标高±0.000以下的构造部分均属基础工程。根据基础工程施工需要绘制的图纸，均称为基础施工图。从建筑类型把房屋分为民用和工业两类，因此其基础情况也有所不同。但从基础施工图来说大体分为基础平面图，基础剖面图（有时就是基础详图）两类图纸，下面我们介绍怎样看这些图纸。

1. 一般民用砖混结构的条形基础图

（1）基础平面图：

我们以图3-32基础平面图为例进行介绍。

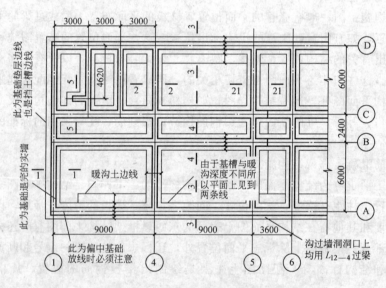

图3-32 基础平面图

它和建筑平面图一样可以看到轴线位置。看到基础挖土槽边线（也是基槽的宽度）。看到其中Ⓐ和Ⓓ轴线相同，Ⓑ和Ⓒ轴线相同。尺寸在图上均有注写，基槽的宽度是以轴线两边的分尺寸相加得出。如Ⓐ轴，轴线南边是560，北边是440，总计挖地槽宽为1000，轴线位置是偏中的。除主轴线外图上还有楼梯底跑的墙基该处画有5—5剖切断面的粗线。其他1—1到4—4均表示该道墙基础的剖切线，可以在剖面图上看到具体构造。还有在基墙上有预留洞口的表示，暖气沟的位置和转弯处用的过梁号。

（2）基础剖面图（详图）：

为了表明基础的具体构造,在平面图上将不同的构造部位用剖切线标出,如 1—1、2—2 等剖面,我们绘制成图 3-33,用来表示它们的构造。

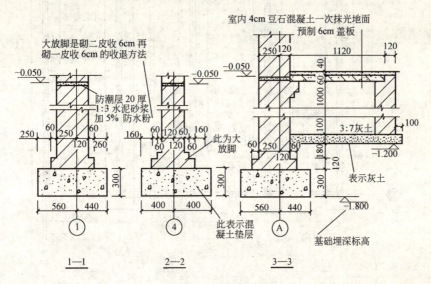

图 3-33 基础剖面图

我们看了 3—3 剖面后,知道基础埋深为 −1.80m 有 30cm 厚混凝土垫层,基础是偏中的,基础墙中心线与轴偏离 6cm,有一步大放脚,退进 60cm,退法是砌了二皮砖后退的。退完后就是 37cm 正墙了。在有暖气沟处 ±0.000 以下 25cm 处开始出砖檐,第一出 6cm,第二出 12cm,然后放 6cm 预制钢筋混凝土沟盖板。暖沟墙为 24cm,沟底有 10cm 厚 3:7 灰土垫层,在 −0.07m 处砖墙上抹 2cm 厚防潮层。

2—2 剖面是中间横隔墙的基础,墙中心线与轴线④重合,因此称为正中基础。从详图上看出,它的基底宽度是 80cm,二步大放脚,从槽边线进来 16cm 开始收退,收退二次退到 24cm 正墙。埋深也是 −1.80m。防潮层也在 −0.07m 处,其他均与 3—3 断面相同。1—1 剖面用同样的方法可以看懂。

2. 钢筋混凝土框架结构的基础图

(1) 基础平面图:

我们用图 3-34 一张框架基础平面图为例进行介绍。

在图上我们看出基础中心位置正好与轴线重合。基础的轴线距离都是 6.00m,基础中间的基础梁上有三个柱子,用黑色表示。地梁底部扩大的面为基础底板,即图上基础的宽度为 2.00m。从图上的编号可以看出两端轴线的基础相同,均为 JL_1;其他中间各轴线的相同,均为 JL_2。从看图中间可看出基础全长为 18.00m,地梁长度为 16.50m,基础两端还有为了上部砌墙而设置的基础墙梁,标为 JL_3,断面比 JL_1、JL_2 要小,尺寸为 300mm×500mm(宽×高)。这种基础梁的设置,使我们从看图中了解到该方向不要再挖土方另做砖墙基础了,从图中还可以看出柱子的间距为 6.00m,跨距为 8.00m。

(2) 基础剖面图:

我们用上述平面图中的 1—1、2—2 剖面图为例进行介绍。

从图 3-35 首先我们看出基础梁的两端有挑出的底板,底板端头厚度为 200mm,斜坡

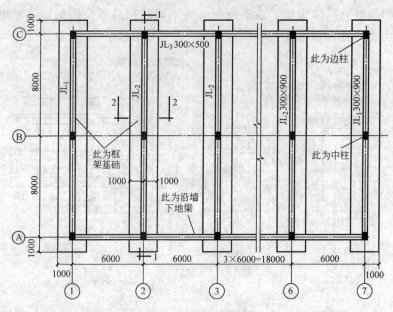

图 3-34 框架基础平面

向上高度也是 200mm，基础梁的高度是 $200+200+500=900$mm。基础梁的长度为 16500mm，即跨距 8000×2 加上柱中到梁边的 250mm，所以总长为 $8000\times2+250\times2=16500$mm。

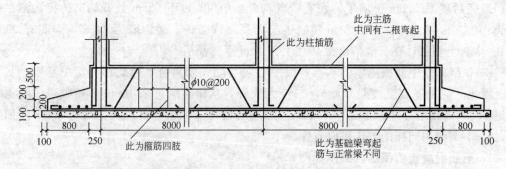

图 3-35 基础纵剖面图 (1—1) 剖面

弄清楚梁的几何尺寸之后，主要是要看懂梁内钢筋的配置。我们可以看到竖向有三个柱子的插筋，长向有梁的上部主筋和下部的配筋，这里有个力学知识，地基梁受的是地基的反力，因此上部钢筋的配筋多，而且最明显的是弯起钢筋在柱边支座处斜的方向和上部结构的梁的弯起钢筋斜向相反。这是在看图时和施工绑扎时必须弄清楚的，否则就要造成错误，如果检查忽略，而浇灌了混凝土那就会成为质量事故。此外，上下钢筋用钢箍绑扎成梁。图上注明了箍筋是 ϕ10，并且是四肢箍，什么是四肢箍，就要结合横剖面图看图了（图 3-36）。

图上我们可以看出基础宽度为 2.00m，基底有 10cm 厚的素混凝土垫层，梁边的底板边厚为 20cm，斜坡高亦为 20cm，梁高同纵剖面图一样也用 90mm（即 900mm）。从横剖面上还可以看出地基梁的宽度为 30cm。看懂这些几何尺寸，对计算模板用量和算出混凝土的体积，都是有用的。

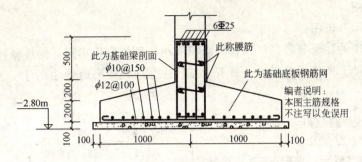

图 3-36 基础横剖面图（2—2）剖面

其次是从横剖面图上看梁及底板的钢筋配置。可以看出底板宽度方向为主筋，钢筋放在底下，断面上一点一点的黑点是表示长向钢筋，一般是副筋，形成板的钢筋网。板钢筋上面是梁的配筋，可以看出上部主筋有六根，下部配筋在剖切处为四根。其中所述的四肢箍就是由两只长方形的钢箍组合成的，上下钢筋由四肢钢筋联结一起，所以称四肢箍筋。由于梁高度较高，在梁的两侧一般放置钢筋加强，俗称腰筋，并用S形拉结钢筋勾住形成整体。

3. 一般单层厂房的柱子基础图

（1）基础平面图：

我们以图 3-37 柱子基础图为例进行介绍。

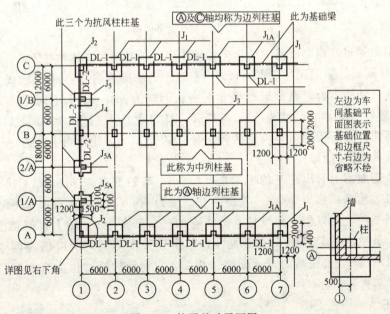

图 3-37 柱子基础平面图

我们可以看到基础轴线的布置，它应与建筑平面图的柱网布置一致。再有基础的编号，基础上地梁的布置和编号。还可看到在门口处是没有地梁的，而是在相邻基础上多出一块，这一块是作为门框柱的基础的（门框架在结构施工图中叙述）。厂房的基础平面图比较简单，一般管道等孔洞是没有的，管道大多由地梁下部通过，所以没有砖砌基础那种留孔要求。看图时主要应记住平面尺寸、轴线位置、基础编号、地梁编号等，从而查看相应的施工详图。

（2）柱子基础图：

单层厂房的柱子基础，根据它的面积大小，所处位置不同，编成各种编号，编号前用汉语拼音字母 J 来代表基础。下面图 3-38 中我们是将平面图中的 J_1，J_{1A}，选出来绘成详图。

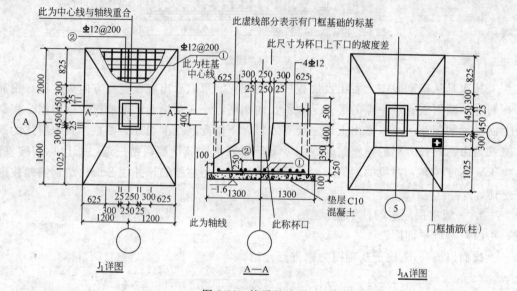

图 3-38　柱子基础图

我们可以通过这两个柱基图纸学会看懂厂房柱子基础的具体构造。

如 J_1 柱基础的平面尺寸为长 3400，宽 2400。基础左右中心线和轴线Ⓐ偏离 40cm，上下中心线与轴线重合。基础退台尺寸左右相同均为 625，上下不同，一为 1025，一为 825。退台杯口顶部外围尺寸为 1150×1550，杯口上口为 550×950，下口为 500×900。从波浪线剖切出配筋构造可以看出为Φ12 中—中 200mm。此外图上还有 A—A 剖切线让我们去查看其剖面图形。

我们从剖面图上看出柱基的埋深是 $-1.6m$，基础下部有 10cm 厚 C10 混凝土垫层，垫层面积每边比基础宽出 10cm。基础的总高度为 1000，其中底部厚 250，斜台高 350，由于中心凹下一块所以俗称杯型柱基础，它的杯口颈高 400。图上将剖切出的钢筋编成①②两号，虽然均为Ⅱ级钢 12mm 直径，但由于长度不同，所以编成两个编号。图上虚线部分表示用于 J_{1A} 柱基的，上面有 4 根Φ12 的钢筋插铁，作为有大门门框柱的基础部分。

（三）主体结构施工图

主体结构施工图包括结构平面图和详图，它们是说明房屋结构和构件的布置情形。由于采用的结构形式不同，结构施工图的内容也是不相同的。民用建筑中一般采用砖砌的混合结构，也有用砖木混合结构，还有用钢筋混凝土框架结构，这样它们的结构图内容就不相同了。工业建筑中单层工业厂房和多层工业厂房的结构施工图也是不相同的，我们在这里不可能一一都作介绍。所以采取一般常见的民用和工业结构形式的结构施工图来作为看图的实例。

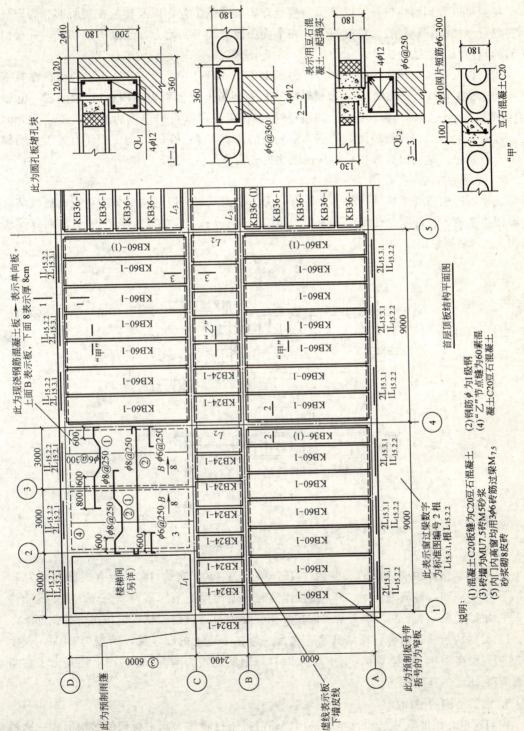

图 3-39 砖混结构平面图

1. 民用建筑砖混结构的平面图

我们以图3-39砖混结构平面图为例进行介绍。

我们可以看到墙体位置，以及预制楼板布置、梁的位置，以及楼板在厕所部分为现浇钢筋混凝土楼板。预制板上编有板号。在平面图上对细节的地方，还画有剖切线，并绘出局部的断面尺寸和结构构造。如图上1—1、2—2等剖面。

我们再细看可以看出预制空心楼板为KB60-1、KB60-(1)及KB24-1三种板。在教室的大间上放KB60-1、KB60-(1)和横轴线平行；间道上放楼板为KB24-1；中间⑤~⑥轴的楼板为KB36-1。厕所间上的现浇钢筋混凝土楼板，可以看出厚度为8cm，跨度为3m，图上还有配筋情况。此处平面上还有几根现浇的梁L_1、L_2和L_3。图下面还有施工说明提出的几点要求。这些内容都在结构平面图中标志出来了。

2. 砖混结构的一些详图

在平面图中主要了解结构的平面情形，为了全面了解房屋结构部分的构造，还要结合平面图绘制成各种详图。如结构平面中的圈梁、L_1、L_2、L_3梁，1—1，2—2剖面等。现选出L_1、L_2梁绘出详图，见图3-40。

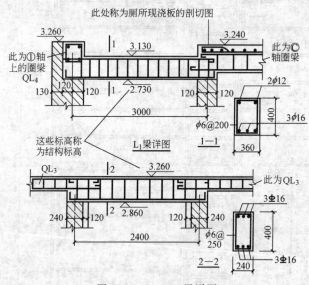

图3-40 L_1、L_2梁详图

L_1梁的详图，说明该梁的长度为3240，梁高为400，宽为360，配有钢筋上面为2ϕ12，下面为3Φ16，箍筋为ϕ6@200。由图上还可以看出梁的下标高为2.73m。有了这个详图，平面上有了具体位置，木工就可以按详图支撑模板，钢筋工就可以按图绑扎钢筋。

L_2梁的构造从平面和详图结合看，它是一道在走道上的联系梁，跨度为2400，长度为2460。梁高400，梁宽240，上下均为3Φ16，钢筋钢箍为ϕ6@250。图上还画出了它与两端圈梁QL$_3$的连结构造。

3. 框架结构的平面图

我们这里介绍的框架结构，是指采用钢筋混凝土材料作为承重骨架的结构形式。这种结构形式在目前多层及较高层建筑中采用比较普遍。

框架结构平面图主要表明柱网距离，一般也就是轴线尺寸；框架编号，框架梁（一般是框架楼面的主梁）的尺寸；次梁的编号和尺寸；楼板的厚度和配筋等。

我们以图 3-41 框架结构平面图为例进行介绍。

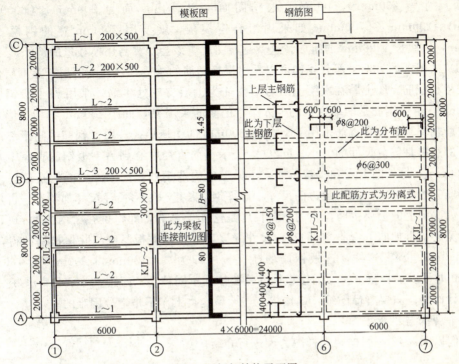

图 3-41 框架结构平面图

由于框架楼面结构都相同的特点，在本施工图上为节省图纸篇幅，绘制施工图时采取了将楼面结构施工图分成两半，左边半面主要给出平面上模板支撑中框架和梁的位置图，这部分图虽然只绘了①至②轴多一点的部位，但实际上是代表了①至⑦轴的全部模板平面布置图。右半面主要绘的是楼板部分钢筋配置情形，梁的钢筋配置一般要看另外的大样图。同样它虽只绘了⑦至⑥轴多一点，实际上也代表了全楼面。

模板图部分主要表明轴线尺寸、框架梁编号、次梁编号、梁的断面尺寸、楼板厚度等内容。

钢筋配置图部分主要是表明楼板上钢筋的规格、间距以及钢筋的上下层次和伸出长度的尺寸。

下面我们介绍如何看图，除了图上有识图箭注解外，我们可以按以下顺序来看图。

（1）这是一张对称性的结构平面图，为节省图纸，中间用折断线分开。一半表示模板尺寸的图；一半表示楼面板的钢筋配置。从图面可以看出轴线①～⑦间的柱距为 6.00m；Ⓐ～Ⓒ轴的柱距是 8.00m 跨度。从图上可以算出有七榀框架，7 根框架主梁，9 根连续梁式次梁，21 棵柱子。这是看图的粗框。

（2）从模板图部分看出①轴和⑦轴上的框架梁编号 KJL_1；②轴至⑥轴的框架梁编号为 KJL_2。框架梁的断面尺寸标出为 300mm×700mm（宽×高）。次梁分为 L_1、L_2 和 L_3 三种。断面为 200mm×500mm，总长 3630m，每段长度为 6.00m。

从图上还可以看出楼面剖切示意图，标出其结构标高为 4.45m，楼板厚度为 80mm。

113

次梁的中心线距离为 2.00m。这样我们基本上掌握了这层模板平面图的内容了。

通过看模板图，可以算出模板与混凝土的接触面积，计算模板用量。如图上已知次梁的断面尺寸为 200mm×500mm，根据图面可以算出底面为 200mm×（6000mm－300mm）＝200mm×5700mm。如果用组合钢模板，就要用 200mm 宽的钢模三块长 1500mm，一块长 1200mm 的组成。这就是看图后应该会计算需用模板量的例子。

（3）从图纸的另外半部分我们可以看出楼板钢筋的构造。该种配筋属于上下层分开的分离式楼板配筋。图上跨在次梁上的弓形钢筋为上层支座处主筋，采用 $\phi 8$ Ⅰ级钢，间距为 150mm，下层钢筋是两端弯钩的伸入梁中的主筋采用 $\phi 8$，间距 200mm 的构造形式。其次与主筋相垂直的分布钢筋采用 $\phi 6$，间距 300mm 的构造形式。图上钢筋的间距都用@表示，@的意思是等分尺寸的大小。@200，表示钢筋直径中心到另一根钢筋直径中心的距离为 200mm。另外图上还有横跨在框架主梁上的构造钢筋，用 $\phi 8$@200 构造放置。这些上部钢筋一般都标志出挑出梁边的尺寸，计算钢筋长度只要将所注尺寸加梁宽，再加直钩即可。如次梁上的上层主筋，它的下料长度是这样计算的，即将挑在梁两边的 400mm 加上梁的宽度，再加向下弯曲 90°的直钩尺寸（该尺寸根据楼板厚度扣除保护层即得，本图一般为 60mm 长）。这样，这根钢筋的断料长度即为 2×400mm＋200m＋2×60mm＝1120mm 即可了。整个楼层的楼板钢筋就要依据不同种类、间距大小、尺寸长短、数量多少总计而得。只要看懂图纸，知道构造，计算这类工作不是十分困难的。

4．框架梁柱的配筋图

我们以图 3-42 一张框架大样图为例进行介绍。

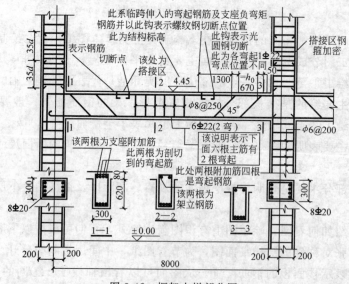

图 3-42 框架大样部分图

首先我们可以看出它仅是两根柱子和一根横梁的框架局部。其中一根柱子可以看出是边柱，另一根柱子是中间柱。梁是在楼面结构标高为 4.45m 处的梁。

从图上可以看出柱子断面为 300mm×400mm，若考虑支模板，柱子的净高仅为 4450mm－（梁高）700mm＝3750mm，这是以楼面标高 4.45m 为准计算出来的。从图上还可以看到柱子内由 8 根Φ20（一边 4 根）作为纵向主钢筋，箍筋为 $\phi 6$ 间距 200mm。柱子钢筋在楼面以上错开断面搭接,搭接区钢箍加密,搭接长度为35d。只要看懂这些内容,那么对框架柱的构造也就基本掌握了。

其次,我们再看框架梁,从图上可以看出梁的跨度为8.00mm,即Ⓐ～Ⓑ轴间的轴线长度。梁的断面尺寸为宽300mm,梁高700mm可以从1—1至3—3断面上看出。梁的配筋分为上部及下部两层钢筋,下部主筋为6根ϕ22,其中2根为弯起钢筋,弯起点在不同的两个位置向上弯起。从构造上规定,当梁高小于80cm时,弯起角度为45°;当梁高大于80cm时,弯起角度为60°。弯起到梁上部后可伸向相临跨内,或弯入柱子之中只要具有足够锚固长度即可。梁的上部钢筋分为中间部分为架立钢筋,一般由ϕ12以上钢筋配置。两端有支座附加的负弯矩钢筋,及相临跨弯起钢筋伸入跨内的部分。构造上还规定离支座的第一下弯点的位置离支座边应有50mm;第二下弯点离第一下弯点距离应为梁高减下面保护层厚度,本图为700-25=675mm,图上标为近似值670mm。梁的中间由钢箍连接,本图箍筋为ϕ8间距250mm。

5. 单层工业厂房的结构平面图

单层工业厂房结构平面图主要表示各种构件的布置情形。分为厂房平面结构布置图,层面系统结构平面布置图和天窗系统平面布置图等。

我们以图3-43一车间的梁、柱结构平面图和屋面系统结构平面布置图为例进行介绍。

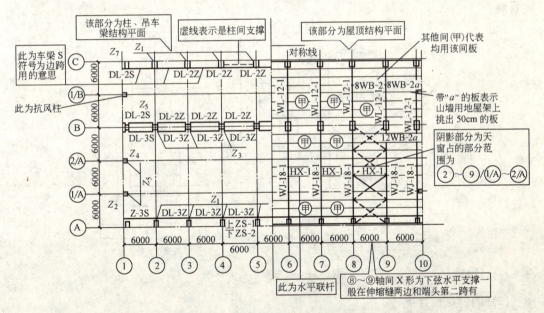

图3-43 车间梁、柱结构平面图和屋面系统结构平面布置图

我们先以柱、吊车梁、柱间支撑这半面平面布置图为例,来进行看图。

我们看到有两排边列柱(根据对称线可以算出)共20根,一排中间柱共10根,两山墙各有3根挡风柱。柱子均编了柱号,根据编号可以从别的图上查到详图。还看到共有四排吊车梁,梁亦编了号。这中间应注意到两端的梁号和中间的不一样,因为端头柱子中心距离和中间的不同,再可看出在④～⑤轴间有柱间支撑,吊车梁标高平面上一个,吊车梁平面下一个。共有三处六个支撑。支撑也编了号便于查对详图。结构平面布置图只用一些粗线条表示了各种构件的位置,因此易于看清楚,这也是厂房结构平面布置图的特色。

其次我们可以看图的右面部分,这是屋面结构的平面布置图,图上标志出屋架屋面梁位置,型号分别为 WJ-18-1 和 WL-12-1,屋架上为大型屋面板,板号为 WB-2。图上⊕的意思是表示该开间的大型板均为相同型号 WB-2 板。此外图上阴影部分没有屋面板的地方,是表示该上部是天窗部分,应另有大窗结构平面布置图。图上×形的粗线表示屋架间的支撑。看了这部分图就可以想象屋面部分的构造是屋架上放大型屋面板;屋架之间有×形的支撑;在 18m 跨中间有一排天窗;这样就达到了看平面图的目的。至于这些东西的详细构造则要看结构详图了。

6. 厂房结构的施工详图

厂房的结构施工详图包括单独的构件图纸和厂房结构构造的部分详细图纸。这里主要介绍厂房结构上有关连的一些细部如门框,吊车梁与柱子联结的构造等等。

(1) 吊车梁与柱子连接详图:

在图 3-44 上我们结合透视图可以看到正视图、上视图、侧视图几个图形。从图面上可以看出吊车梁上部与柱子连结的板有二处电焊,一处焊在吊车梁上是水平缝,一处焊在柱上是竖直缝。图中标明焊高度为 10mm,连接钢板梁上一头割去 90mm 和 40mm 的三角。此外,垫在吊车梁支座下的垫铁与吊车梁和柱子预埋件焊牢。吊车梁和柱中间是用 C20 细石混凝土填实。看了这张图,我们就可以知道吊车梁安装时应如何施工,和准备哪些材料。

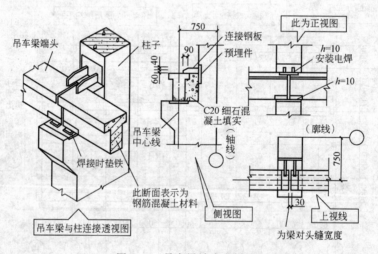

图 3-44 吊车梁端头大样图

(2) 门框结构详图:

因为工业厂房门都较重、较大,在普通的砖墙上嵌固是不够牢固的,因此要做一个结实的门框作为装门的骨架。

从这张门框图中(图 3-45),我们看出它是由钢筋混凝土构造成的。图上标出了门框的高度及宽度的尺寸,图纸采用一半为外形部分,一半为内部配筋的方式反映这个门框的整个构造。

在外形这一半我们可以看到整个门框根据对称原理共有 15 块预埋件,作为焊大门用的;在外形的另一半我们可以看到它的 1—1 及 2—2 剖面,说明其中梁的配筋为带雨篷的形式,上下共 6 根 $\Phi 14$ 钢筋,雨篷挑出 1m,配筋为 $\phi 6@150mm$,断面为 240mm×

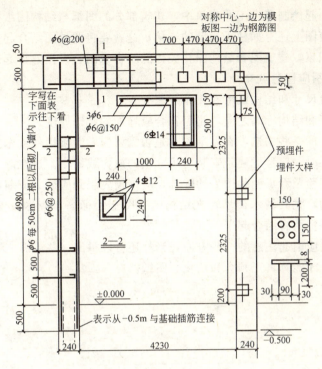

图 3-45 门框结构大样图

550mm，雨篷厚50mm。柱子的配筋为 4⌀12 主筋和 ⌀6@250mm 的箍筋，断面是240mm×240mm，柱子上还有每50cm一道2⌀6 的插筋，以后与砖墙连接上。柱子根部与基础插筋连接形成整体。图上用虚线表示柱基上留出的钢筋，搭接长度为50cm。

五、建筑施工图和结构施工图综合看图方法

我们讲了怎样看建筑施工图和结构施工图。但在实际施工中，我们是要经常同时看建筑图和结构图的。只有把两者结合起来综合的看，把它们融洽在一起，一栋建筑物才能进行施工。

（一）建筑施工图和结构施工图的关系

建筑图和结构图有相同的地方和不同的地方，以及相关联的地方。

（1）相同的地方，像轴线位置、编号都相同；墙体厚度应相同；过梁位置与门窗洞口位置应相符号……。因此凡是应相符合的地方都应相同，如果有不符合时这就叫有了矛盾有了问题，在看图时应记下来，留在会审图纸时提出，或随时与设计人员联系以便得到解决，使图纸对口才能施工。

（2）不相同的地方，像建筑标高有时与结构标高是不一样的；结构尺寸和建筑（做好装饰后的）尺寸是不相同的；承重的结构墙在结构平面图上有，非承重的隔断墙则在建筑图上才有等等。这些要从看图积累经验后，了解到哪些东西应在那种图纸上看到，才能了解建筑物的全貌。

（3）相关联的地方，结构图和建筑图相关联的地方，必须同时看两种图。民用建筑中如雨篷、阳台的结构图和建筑的装饰图必须结合起来看；如圈梁的结构布置图中圈梁通过门、窗口处对门窗高度有无影响，这时也要把两种图结合起来看；还有楼梯的结构图往往与建筑图结合在一起绘制等。工业建筑中，建筑部分的图纸与结构图纸很接近，如外墙围护结构就绘在建筑图上还有如柱子与墙的连接，这就要将两种图结合起来看。随着施工经验和看图经验的积累，建筑图和结构图相关处的结合看图会慢慢熟练起来的。

（二）综合看图应注意点

(1) 查看建筑尺寸和结构尺寸有无矛盾之处。

(2) 建筑标高和结构标高之差，是否符合应增加的装饰厚度。

(3) 建筑图上的一些构造，在做结构时是否需要先做上预埋件或木砖之类。

(4) 结构施工时，应考虑建筑安装时尺寸上的放大或缩小。这在图上是没有具体标志的，但在从施工经验及看了两种图后的配合，应该预先想到应放大或缩小的尺寸。

(5) 砖砌结构，尤其清水砖墙，在结构施工图上的标高，应尽量能结合砖的皮数尺寸，做到在施工中把两者结合起来。

以上几点只是应引起注意的一些方面，当然还可以举出一些，总之要我们在看图时能全面考虑到施工，才能算真正领会和消化了图纸。

第四章 房屋构造和结构体系

第一节 房屋建筑的类型和构成

一、房屋建筑的类型

随着社会物质生产的发展，生活水平的提高，人们要求建造不同使用要求的房屋建筑。

（一）按建筑使用功能分类

1. 工业建筑

它是供人们从事各种生产要求的房屋，包括生产厂房、辅助用房屋及构筑物。

2. 民用建筑

它是供人们生活、文化娱乐、医疗、商业、旅游、交通、办公、居住等活动的房屋。民用建筑一般分为公共建筑和居住建筑两类。

3. 农业建筑

它是供人们进行农牧业需要的建筑，具有种植、养殖、畜牧、贮存等功能。

4. 科学实验建筑

它是根据科学实验特殊使用要求建造的天文台、原子反应堆、计算机站等类建筑。

（二）按建筑规模大小分类

1. 大量性建筑

是指量大面广、与人民生活密切相关的那些建筑，如住宅、学校、商店、医院等。

2. 大型性建筑

是指规模宏大的建筑，如大型宾馆、大型体育场、大型剧场、大型火车站和航空港、大型博览馆等。这些建筑在一个国家或一个地区具有代表性，对城市的面貌影响也较大。

（三）按建筑层数分类

1. 低层建筑

一般指 1~3 层的房屋，大多为住宅、别墅、小型办公楼、托儿所等。

2. 多层建筑

一般指 4~7 层的房屋，大多为住宅、办公用房等。

3. 高层建筑

主要指 8 层及 8 层以上的建筑。

8~16 层，高度在 25~50m 时，称为第一类高层建筑。

19~25 层，最高达 75m 时，称为第二类高层建筑。

26~40 层，最高达 100m 时，称为第三类高层建筑。

40 层以上，最高超过 100m 时，称为第四类高层建筑，也称为超高层建筑。目前世界上已建成 500m 以上的高层建筑。

（四）按结构类型和材料分类

1. 砖木结构房屋

它主要是用砖石和木材来建造房屋的。其构造可以是木骨架承重、砖石砌成围护墙，如老的民居、古建筑；也可以用砖墙、砖柱承重的木屋架结构，如 20 世纪 50 年代初期的民用房屋。

2. 砖混结构房屋

主要由砖（砌块）、石和钢筋混凝土组成。其构造是砖（砌块）墙、砖（砌块）柱为竖向构件，受竖向荷重；钢筋混凝土做楼板、大梁、过梁、屋架等横向构件，搁在墙、柱上。这是我国目前建造量最大的房屋建筑。

3. 钢筋混凝土结构房屋

该类房屋的构件如梁、柱、板、屋架等都用钢筋和混凝土两大材料构成的。它具有坚固耐久、防水和可塑性强等优点，目前多层的工业厂房、商场、办公楼大多用它建造。过去的单层工业厂房基本上都用它建成。

4. 钢结构的房屋

主要结构构件都是用钢材——型钢构造建成的，如大型的工业厂房及目前一些轻型工业的厂房都是钢结构的，又如上海宝钢的大多数厂房的柱、梁、板、墙都是钢材；近年建筑的高层大厦如深圳的地王大厦、上海的金茂大厦都是钢结构为骨架的超高层大楼。

（五）按承重受力方式分类

1. 墙承重的结构形式的房屋

用墙体来承受由屋顶、楼板传来的荷载的房屋，我们称为墙承重受力建筑，如目前大多的砖混结构的住宅、办公楼、宿舍；高层建筑中剪力墙式房屋，墙所用材料为钢筋和混凝土，而承重受力的是钢筋混凝土的墙体。

2. 构架式承重结构的房屋

构架，实际上是由柱、梁等构件做成房屋的骨架，由整个构架的各个构件来承受荷重。这类房屋有古式的砖木结构，由木柱、木梁等组成木构架承受屋面等传来的荷重；有现代建筑的钢筋混凝土框架或单层工业厂房的排架组成房屋的骨架来承受外来的各种荷重；有用型钢材料构成的钢结构骨架建成房屋来承受外来的各种荷重。

3. 筒体结构或框架筒体结构骨架的房屋

该类房屋大多为高层建筑和超高层建筑。它是房屋的中心由一个刚性的筒体（一般由钢筋混凝土做成）和外围由框架或更大的筒体构成房屋受力的骨架。这种骨架体系是在高层建筑出现后，逐步发展形成的。

二、房屋建筑的构成和影响因素

（一）房屋建筑的构成

不论工业建筑还是民用建筑，房屋一般都由以下这些部分组成。

(1) 基础（或地下室）。

(2) 主体结构（墙、柱、梁、板或屋架等）。

(3) 门窗。

(4) 屋面（包括保温、隔热、防水层或瓦屋面）。

(5) 楼面和地面（包括楼梯）及其各层构造。
(6) 各种装饰。
(7) 给水、排水系统，动力、照明系统，采暖、空调系统，煤气系统，通信等弱电系统。
(8) 电梯等。

图 4-1、图 4-2 为一栋单层工业厂房和住宅的大致构成图：

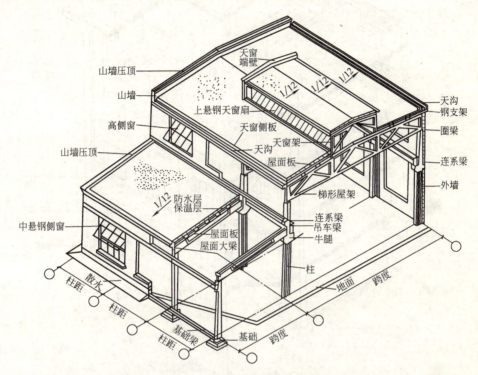

图 4-1　工业厂房的建筑构成

(二) 影响建筑构造的因素

1. 外界环境的影响

主要指自然界和人为的影响，总起来讲有以下三个方面：

(1) 外界作用力的影响：

房屋受力的作用是指房屋整个主体结构在受到外力后，能够保持稳定，无不正常变形，无结构性裂缝，能承受该类房屋所应受的各种力。在结构上把这些力称为荷载。荷载又分为永久荷载（亦称恒载）和可变荷载（亦称活荷载），有的还要考虑偶然荷载。

永久荷载是指房屋本身的自重，及地基给房屋的土反力或土压力。

可变荷载是指在房屋使用中人群的活动、家具、设备、物资、风压力、雪荷载等等一些经常变化的荷载。

偶然荷载如地震、爆炸、撞击等非经常发生的，而且时间较短的荷载。

(2) 自然条件的影响：

房屋是建造在大自然的环境中，它必然受到日晒、雨淋、冰冻、地下水、热胀、冷缩等影响。因此在设计和建造时要考虑温度伸缩、地基压缩下沉、材料收缩、徐变。采取结

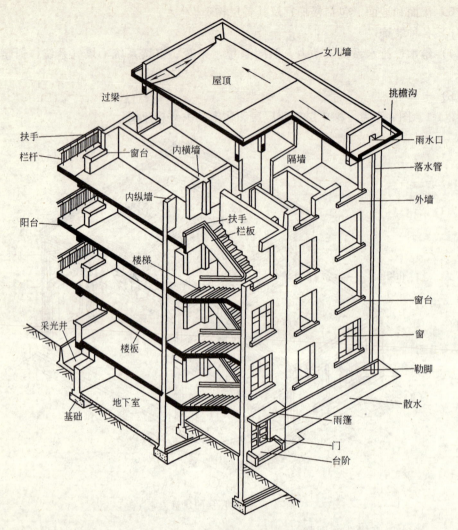

图 4-2 住宅的建筑构成

构、构造措施,以及保温、隔热、防水、防温度变形的措施,从而避免由于这些影响而引起房屋的破坏,保证房屋的正常使用。

(3) 人为因素的影响:

在人们从事生产、生活、工作、学习时,也会产生对房屋的影响。如机械振动、化学腐蚀、装修时拆改、火灾及可能发生的爆炸和冲击。为了防止这些有害影响,房屋设计和建造时要在相应部位采取防振、防腐、防火、防爆的构造措施,并对不合理的装修拆改提出警告。

2. 建筑技术条件的影响

建筑技术条件指建筑材料技术、结构技术和施工技术等。随着这些技术的不断发展和变化,建筑构造技术也在改变着。例如砖混结构建筑构造体系不可能与木结构建筑构造体系相同。同样,钢筋混凝土建筑构造体系也不能和其他结构的构造体系一样。所以建筑构造做法不能脱离一定的建筑技术条件而存在。

3. 建筑标准的影响

建筑标准所包含的内容较多,与建筑构造关系密切的主要有建筑的造价标准、建筑装修标准和建筑设备标准。标准高的建筑,其装修质量好,设备齐全且档次高,自然建筑的造价也较高;反之,则较低。标准高的建筑,构造做法考究,反之,构造只能采取一般的做法。因此,建筑构造的选材、选型和细部做法无不根据标准的高低来确定。一般来讲,大量性建筑多属一般标准的建筑,构造方法往往也是常规的做法,而大型性的公共建筑,标准则要求高些,构造做法上对美观的考虑也更多一些。

(三) 建筑构造的设计原则

影响建筑构造的因素有这么多,构造设计要同时考虑这许多问题,有时错综复杂的矛盾交织在一起,设计者只有根据以下原则,分清主次和轻重,综合权衡利弊而求得妥善处理。

(1) 坚固实用。即在构造方案上首先应考虑坚固实用,保证房屋的整体刚度,安全可靠,经久耐用。

(2) 技术先进。建筑构造设计应该从材料、结构、施工三方面引入先进技术,但是必须注意因地制宜,不能脱离实际。

(3) 经济合理。建筑构造设计处处都应考虑经济合理,在选用材料上要注意就地取材,注意节约钢材、水泥、木材三大材料,并在保证质量的前提下降低造价。

(4) 美观大方。建筑构造设计是初步设计的继续和深入,建筑要做到美观大方,构造设计是非常重要的一环。

(四) 房屋建筑的等级

房屋建筑在使用中受到各种因素的影响,有必要根据其类别、重要性、使用年限、防火性划分为不同等级。

1. 建筑物重要性等级

按重要性和使用要求划分成五等。见表 4-1。

表 4-1

等级	适用范围	建筑类别举例
特等	具有重大纪念性、历史性、国际性和国家级的各类建筑	国家级建筑:如国宾馆、国家大剧院、大会堂、纪念堂;国家美术、博物、图书馆、国家级科研中心、体育、医疗建筑等 国际性建筑:如重点国际教科文建筑、重点国际性旅游贸易建筑、重点国际福利卫生建筑、大型国际航空港等
甲等	高级居住建筑和公共建筑	高等住宅;高级科研人员单身宿舍;高级旅馆;部、委、省、军级办公楼;国家重点科教建筑、省、市、自治区级重点文娱集会建筑、博览建筑、体育建筑、外事托幼建筑、医疗建筑、交通邮电类建筑、商业类建筑等
乙等	中级居住建筑和公共建筑	中级住宅;中级单身宿舍;高等院校与科研单位的科教建筑;省、市、自治区级旅馆;地、师级办公楼;省、市、自治区级一般文娱集会建筑、博览建筑、体育建筑、福利卫生类建筑、交通邮电类建筑、商业类建筑及其他公共类建筑等
丙等	一般居住建筑和公共建筑	一般住宅、单身宿舍、学生宿舍、一般旅馆、行政企事业单位办公楼、中、小学教学建筑、文娱集会建筑、一般博览、体育建筑、县级福利卫生建筑、交通邮电建筑、一般商业及其他公共建筑等
丁等	低标准的居住建筑和公共建筑	防火等级为四级的各类建筑,包括:住宅建筑、宿舍建筑、旅馆建筑、办公楼建筑、科教建筑、福利卫生建筑、商业建筑及其他公共类建筑等

2. 建筑物的耐久性（年限）等级

按主体结构的使用要求划分为五等，见表 4-2。

表 4-2

建筑物的等级	建筑物的性质	耐久年限
1	具有历史性、纪念性、代表性的重要建筑物（如纪念馆、博物馆、国家会堂等）	100 年以上
2	重要的公共建筑（如一级行政机关办公楼、大城市火车站、国际宾馆、大体育馆、大剧院等）	50 年以上
3	比较重要的公共建筑和居住建筑（如医院、高等院校以及主要工业厂房等）	40～50 年
4	普通的建筑物（如文教、交通、居住建筑以及工业厂房等）	15～40 年
5	简易建筑和使用年限在 5 年以下的临时建筑	15 年以下

3. 建筑物的耐火等级

按组成房屋构件的耐火极限和燃烧性能两个因素划分为四组。见表 4-3。

表 4-3

燃烧性能和耐火极限（h）构件名称	一级	二级	三级	四级
承重墙和楼梯间的墙	不燃烧体 3.00	不燃烧体 2.50	不燃烧体 2.50	难燃烧体 0.50
支承多层的柱	不燃烧体 3.00	不燃烧体 2.50	不燃烧体 2.50	难燃烧体 0.50
支承单层的柱	不燃烧体 2.50	不燃烧体 2.00	不燃烧体 2.00	燃烧体
梁	不燃烧体 2.00	不燃烧体 1.50	不燃烧体 1.50	难燃烧体 0.50
楼板	不燃烧体 1.50	不燃烧体 1.00	不燃烧体 0.50	难燃烧体 0.25
吊顶（包括吊顶搁栅）	不燃烧体 0.25	不燃烧体 0.25	难燃烧体 0.15	燃烧体
屋顶的承重构件	不燃烧体 1.50	不燃烧体 0.50	燃烧体	燃烧体
疏散楼梯	不燃烧体 1.50	不燃烧体 1.00	不燃烧体 1.00	燃烧体
框架填充墙	不燃烧体 1.00	不燃烧体 0.50	不燃烧体 0.50	难燃烧体 0.25
隔墙	不燃烧体 1.00	不燃烧体 0.50	难燃烧体 0.50	难燃烧体 0.25
防火墙	不燃烧体 4.00	不燃烧体 4.00	不燃烧体 4.00	不燃烧体 4.00

注：不燃烧体——砖石材料、混凝土、毛石混凝土、加气混凝土、钢筋混凝土、砖柱、钢筋混凝土柱或有保护层的金属柱、钢筋混凝土板等。

难燃烧体——木吊顶搁栅下吊钢丝网抹灰、板条抹灰、木吊顶搁栅下吊石棉水泥板、石膏板、石棉板、钢丝网抹灰、板条抹灰、苇箔抹灰、水泥石棉板。

燃烧体——无保护层的木梁、木楼梯、木吊顶搁栅下吊板条、苇箔、纸板、纤维板、胶合板等可燃物。

性质重要或规模宏大的或具有代表性的建筑，通常按一、二级耐火等级进行设计；大量性或一般的建筑按二、三级耐火等级设计；很次要或临时建筑按四级耐火等级设计。

第二节 房屋建筑基本构成

一、房屋建筑基础

基础是房屋中传递建筑上部荷载到地基去的中间构件。房屋所受的荷载和结构形式不同，加上地基土的不同，所采用的基础也不相同，按照构造形式不同一般分为条形基础、独立基础、整体式筏式基础、箱形基础、桩基础五种。

（一）条形基础

该类基础适用于砖混结构房屋，如住宅、教学楼、办公楼等多层建筑。做基础的材料可以是砖砌体、石砌体、混凝土材料，以至钢筋混凝土材料，基础的形状为长条形，见图4-3。

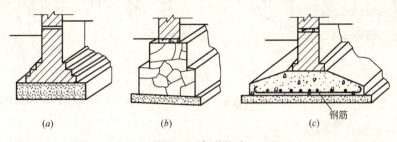

图4-3 条形基础
(a) 砖基础；(b) 毛石基础；(c) 混凝土基础

（二）独立基础

该种基础一般用于柱子下面，一根柱子一个基础，往往单独存在，所以称为独立基础。它可以用砖、石材料砌筑而成，上面为砖柱形式；而大多用钢筋混凝土材料做成，上面为钢筋混凝土柱或钢柱。基础形状为方形或矩形，可见图4-4。

（三）整体式筏式基础

这种基础面积较大，多用于大型公共建筑下面，它由基板、反梁组成，在梁的交点上竖立柱子，以支承房屋的骨架，其外形可看图4-5。

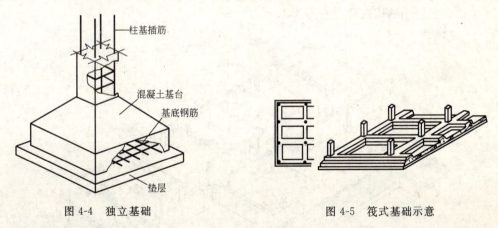

图4-4 独立基础　　　　　　图4-5 筏式基础示意

（四）箱形基础

箱形基础也是整块的大型基础，它是把整个基础做成上有顶板，下有底板，中间有隔墙，形成一个空间如同箱子一样，所以称为箱形基础。为了充分利用空间，人们又把该部分做成地下室，可以给房屋增添使用场所。箱形基础的大致形状可看图4-6。

（五）桩基础

桩基础是在地基条件较差时，或上部荷载相对大时采用的房屋基础。桩基础由一根根桩打入土层；或钻孔后放钢筋再浇混凝土做成。打入的桩可用钢筋混凝土材料做成，也可用型钢或钢管做成。桩的部分完成后，在其上做承台，在承台上再立柱子或砌墙，支承上

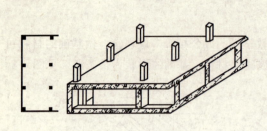

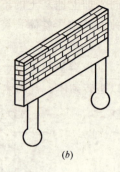

图 4-6　箱形基础示意　　　　图 4-7　桩基础示意
　　　　　　　　　　　　　　（a）独立柱下桩基；（b）地梁下桩基

部结构。桩基形状可参看图 4-7。

二、房屋骨架墙、柱、梁、板

（一）墙体的构造

墙体是在房屋中起受力作用、围护作用、分隔作用的构件。

墙在房屋上位置的不同可分为外墙和内墙。外墙是指房屋四周与室外空间接触的墙；内墙是位于房屋外墙包围内的墙体。

按照墙的受力情况又分为承重墙和非承重墙。凡直接承受上部传来荷载的墙，称为承重墙；凡不承受上部荷载只承受自身重量的墙，称为非承重墙。

按照所用墙体材料的不同可分为：砖墙、石墙、砌块墙、轻质材料隔断墙、玻璃幕墙等。

墙体在房屋中的构造可参看图 4-8。

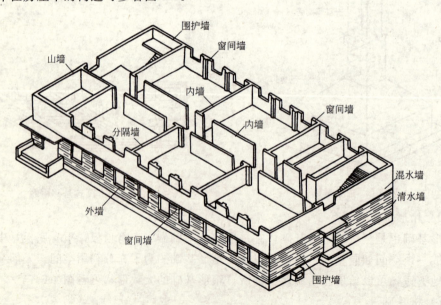

图 4-8　墙体的种类

（二）柱、梁、板的构造

柱子是独立支撑结构的竖向构件。它在房屋中顶住梁和板这两种构件传来的荷载。

梁是跨过空间的横向构件。它在房屋中承担其上的板传来的荷载，再传到支承它的柱上。

板是直接承担其上面的平面荷载的平面构件。它支承在梁上或直接支承在柱上，把所受的荷载再传给梁或柱子。

柱、梁和板，可以是预制的，也可以在工地现制。装配式的工业厂房，一般都采用预制好的构件进行安装成骨架；而民用建筑中砖混结构的房屋，其楼板往往用预制的多孔板；框架结构或板柱结构则往往是柱、梁、板现场浇制而成。它们的构造形式可见图4-9～图4-11。

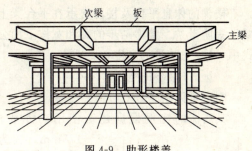

图4-9 肋形楼盖

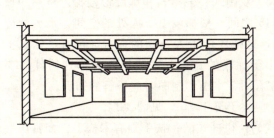

图4-10 井式楼盖

图4-11 无梁楼盖

三、其他构件的构造

房屋中在构造上除了上述的那些主要构件外，还有其他相配套的构件如楼梯、阳台、雨篷、屋架、台阶等。

（一）楼梯的构造

楼梯是供人们在房屋中楼层间竖向交通的构件。它是由楼段、休息平台、栏杆和扶手组成，见图4-12。

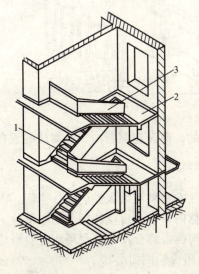

图4-12 楼梯的组成

1—楼梯段；2—休息平台；3—栏杆或栏板

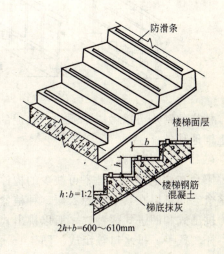

图4-13 楼梯踏步构造

楼梯的休息平台及楼段支承在平台梁上。楼梯踏步又有高度和宽度的要求，踏步上还要设置防滑条。楼梯踏步的高和宽按下面公式计算：$2h+b=600\sim610mm$

式中　h——踏步的高度；

　　　b——踏步的宽度。

图形可见图4-13。

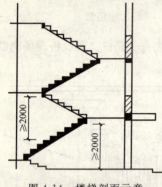

图4-14　楼梯剖面示意

其高宽的比例根据建筑使用功能要求不同而不同。一般住宅的踏步高为156～175mm，宽为250～300mm；办公楼的踏步高为140～160mm，宽为280～300mm；而幼儿园的踏步则高为120～150mm，宽为250～280mm。

楼梯在结构构造上分为板式楼梯和梁式楼梯两种。在外形上分为单跑式、双跑式、三跑式和螺旋形楼梯。楼梯的坡度一般在20°～45°之间。楼梯段上下人处的空间，最少处应大于或等于2m，这样才便于人及物的通行。再有，休息平台的宽度不应小于梯段的宽度。这些都是楼梯这构件的要求，也是我们在看图、审图和制图时应了解的知识。

梯段通行处应大于等于2m，见图4-14。

楼梯的栏杆和扶手：在构造上栏杆有板式的，栏杆式的；扶手则有木扶手、金属扶手等。栏杆和扶手的高度除幼儿园可低些外，其他都应高出梯步90cm以上。见图4-15。

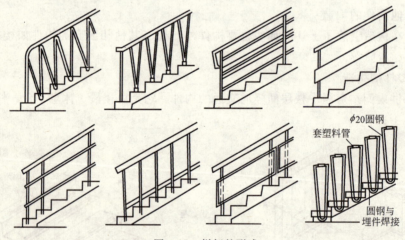

图4-15　栏杆的形式

楼梯的踏步可以做成木质的、水泥的、水磨石的、磨光花岗石的、地面砖的或在水泥面上铺地毯的。

（二）阳台的构造

阳台在住宅建筑中是不可缺少的构件。它是居住在楼层上的人们的室外空间。人们有了这个空间可以在其上晒晾衣服、种植盆景、乘凉休闲，也是房屋使用上的一部分。阳台分为挑出式和凹进式两种，一般以挑出式为好。目前挑出部分用钢筋混凝土材料做成，它由栏杆、扶手、排水口等组成。图4-16是一个挑出阳台的侧面形状。

（三）雨篷的构造

雨篷是房屋建筑入口处遮挡雨雪、保护外门免受雨淋的构件。雨篷大多是悬挑在墙外的，一般不上人。它由雨篷梁、雨篷板、挡水台、排水口等组成，根据建筑需要再做上装饰。

图 4-17 是一个雨篷的断面外形。

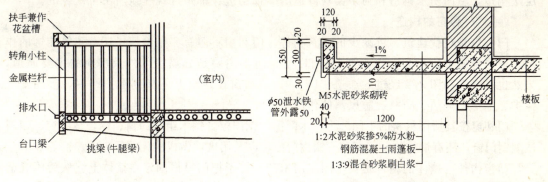

图 4-16　阳台（剖面）　　　　图 4-17　雨篷（剖面）

（四）屋架和屋盖构造

民用建筑中的坡形屋面和单层工业厂房中的屋盖，都有屋架构件。屋架是跨过大的空间（一般在 12～30m）的构件，承受屋面上所有的荷载，如风压、雪重、维修人的活动、屋面板（或檩条、椽子）、屋面瓦或防水、保温层的重量。屋架一般两端支承在柱子上或墙体和附墙柱上。工业厂房的屋架可参看工业厂房的建筑构成图 4-1，民用建筑坡屋面的屋架及构造可看图 4-18。

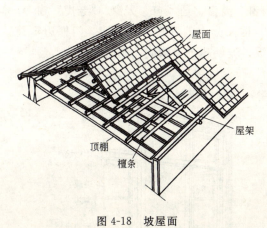

图 4-18　坡屋面

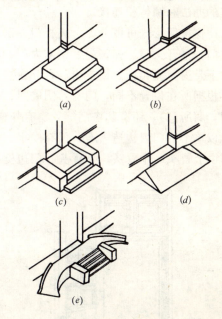

图 4-19　台阶的形式

(a) 单面踏步式；(b) 三面踏步式；
(c) 单面踏步带方形石；(d) 坡道；
(e) 坡道与踏步结合

（五）台阶的构造

台阶是房屋的室内和室外地面联系的过渡构件。它便于人们从大门口出入。台阶是根据室内外地面的高差做成若干级踏步和一块小的平台。它的形式有图 4-19 所示的几种。

台阶可以用砖砌成后做面层，可以用混凝土浇制成，也可以用花岗石铺砌成。面层可以做成最普通的水泥砂浆，可做成水磨石、磨光花岗石、防滑地面砖和斩细的天然石材。

四、房屋的门窗、地面和装饰

房屋除了上面介绍的结构件外,还有很多使用上必备的构造,像门、窗,地面面层和层次构造,屋面防水构造和为了美观舒适的装饰构造,都是近代建筑所不可缺少的。

(一)门和窗的构造

门和窗是现代建筑不可缺少的建筑构件。门和窗不但有实用价值,还有建筑装饰的作用。窗是房屋上阳光和空气流通的"口子";门则主要是分隔室内外及房间的主要通道,当然也是空气和阳光要经过的通道"口子"。门和窗在建筑上还起到围护作用,起到安全保护、隔声、隔热、防寒、防风雨的作用。

门和窗按其所用材料的不同分为:木门窗、钢门窗、钢木组合门窗、铝合金门窗、塑料或塑钢门窗,还有贵重的铜门窗和不锈钢门窗,以及用玻璃做成的无框厚玻璃门窗等等。

门窗构件与墙体的结合是:木门窗用木砖和钉子把门窗框固定在墙体上,然后用五金件把门窗扇安装上去;钢门窗是用铁脚(燕尾扁铁连接件)铸入墙上预留的小孔中,固定住钢门窗框,钢门窗扇是钢铰链用铆钉固定在框上;铝合金门窗的框是把框上设置的安装金属条,用射钉固定在墙体上,门扇则用铝合金铆钉固定在框上,窗扇目前采用平移式为多,安装在框中预留的滑框内;塑料门窗基本上与铝合金门窗相似。其他门窗也都有它们特定的办法和墙体相连接。

门窗按照形式可以分为:夹板门、镶板门、半截玻璃门、拼板门、双扇门、联窗门、推拉门、平开大门、弹簧门、钢木大门、旋转门等;窗有平门窗、推拉窗、中悬窗、上悬窗、下悬窗、立转窗、提拉窗、百叶窗、纱窗等等。

根据所在位置不同,门有:围墙门、栅栏门、院门、大门(外门)、内门(房门、厨房门、厕所门)、还有防盗门等;窗有外窗、内窗、高窗、通风窗、天窗、"老虎"窗等。

以单个的门窗构造来看,门有门框、门扇。框又分为上冒头、中贯档、门框边梃等。门扇由上冒头、中冒头、下冒头、门边梃、门板、玻璃芯子等构成,见图 4-20。

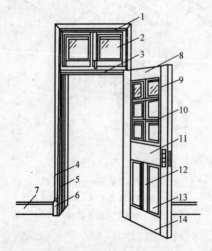

图 4-20 木门的各部分名称
1—门樘冒头;2—亮子;3—中贯档;4—贴脸板;
5—门樘边梃;6—墩子线;7—踢脚板;8—上
冒头;9—门梃;10—玻璃芯子;11—中冒头;
12—中梃;13—门肚板;14—下冒头

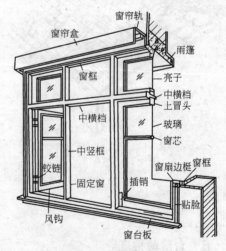

图 4-21 窗的组成

窗由窗框、窗梃、窗框上冒头、中贯档、下冒头及窗扇的窗扇梃、窗扇的上、下冒头和安装玻璃的窗棂构成，见图 4-21。

(二) 楼面和地面层次的构造

楼面和地面是人们生活中经常接触行走的平面，楼地面的表层必须清洁、光滑。在人类开始时，地面就是压实稍平的土地；在烧制砖瓦后，开始用砖或石板铺地；近代建筑开始用水泥地面，而到目前地面的种类真是不胜枚举。

地面的构造必须适合人们生产、生活的需要。楼面和地面的构造层次一般有：

基层：在地面，它的基层是基土，在楼层，它的基层是结构楼板（现浇板或多孔预制板）。

垫层：在基层之上的构造层。地面的垫层可以是灰土或素混凝土，或两者的叠加；在楼面可以是细石混凝土。

填充层：在有隔声、保湿等要求的楼面则设置轻质材料的填充层，如水泥蛭石、水泥炉渣、水泥珍珠岩等。

找平层：当面层为陶瓷地砖、水磨石及其他，要求面层很平整的，则先要做好找平层。

面层和结合层：面层是地面的表层，是人们直接接触的一层。面层是根据所用材料不同而定名的。

水泥类的面层有：水泥混凝土面层、水泥砂浆面层、水磨石面层、水泥石子无砂面层、水泥钢屑面层等。

块材面层有：条石面层、缸砖面砖、陶瓷地砖面层、陶瓷锦砖（马赛克）面层、大理石面层、磨光花岗石面层、预制水磨石块面层、水泥花砖和预制混凝土板面层等等。

其他面层如有：木板面层（即木地板）、塑料面层（即塑料地板）、沥青砂浆及沥青混凝土面层、菱苦土面层、不发火（防爆）面层等等。

面层必须在其下面的构造层次做完后，才能去做好。图 4-22 为楼面和地面构造层次的示意图，供参考。

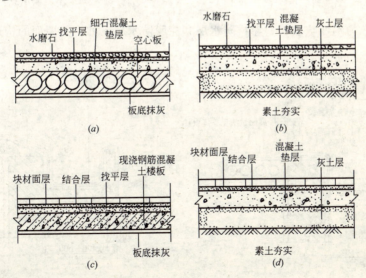

图 4-22 楼板上楼面和基土上地面构造形式

(三) 屋盖及屋面防水的构造

目前的房屋建筑屋盖系统，一般分为两大类。一种是坡屋顶，一种是平屋顶。坡屋顶通常为屋架、檩条、屋面板和瓦屋面组成；平屋顶则是在屋面平板上做保温层、找平层、防水层，无保温层的也可做架空隔热层。

屋盖在房屋中是顶部围护构造，它起到防风雨、日晒、冰雪，并起到保温、隔热作用；在结构上它也起到支撑稳定墙身的作用。

1. 坡屋顶的构造

坡屋顶即屋面的坡度一般大于15°，它便于倾泻雨水，对防雨排水作用较好。屋面形成坡度可以是硬山搁檩或屋架的坡度等造成。它的构造层次为：屋架、檩条、望板（或称屋面板）、油毡、顺水条、挂瓦条、瓦等。可见图4-23所示剖面。

2. 平屋顶的构造

所谓平屋顶即屋面坡度小于5％的屋顶。当前主要由钢筋混凝土屋顶板为构造的基层，其上可做保温层（如用水泥珍珠岩或沥青珍珠岩），再做找平层（用水泥砂浆），最后做防水层（图4-24）。

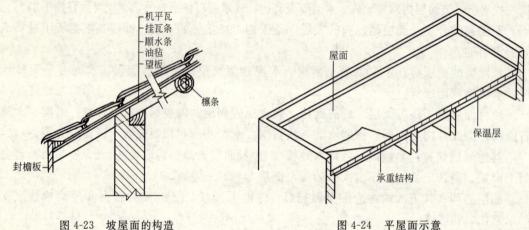

图4-23 坡屋面的构造　　　　　图4-24 平屋面示意

防水层又分为刚性防水层、卷材防水层和涂膜防水层三种，其屋面的构造和细部防水层做法可参看图4-25。

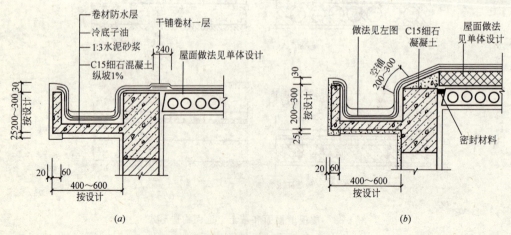

图4-25 平屋面防水节点构造

(a) 无保温屋顶；(b) 有保温屋顶

（四）房屋内外的装饰和构造

装饰是增加房屋建筑的美感，也是体现建筑艺术的一种手段。犹如人们得体的美容和服饰一样，在现代建筑中装饰将不可缺少。

装饰分为外装饰和室内装饰。外装饰是对建筑的外部，如墙面、屋顶、柱子、门、窗、勒脚、台阶等表面进行美化；内装饰是在房屋内对墙面、顶棚、地面、门、窗、卫生间、内庭院等进行建筑美化。

1. 墙面的装饰

当前外墙面的装饰有涂料，在做好的各种水泥线条的墙上涂以相应的色彩，增加美观；现在大多是用饰面材料进行装饰，如用墙面砖、锦砖、大理石、花岗石等；还有风行一时的玻璃幕墙利用借景来装饰墙面。

内墙面一般装饰以清洁、明快为主，最普通的是抹灰加涂料，或抹灰后贴墙纸；较高级一些的是做石膏墙面或木板、胶合板装饰。

墙面的装饰构造层次可看图 4-26。

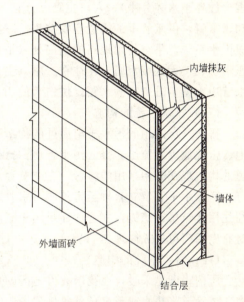

图 4-26 墙面构造示意

2. 屋顶的装饰

屋顶的装饰，最好说明的是我国的古建筑，它飞檐、戗角，高屋建瓴的脊势给建筑带来庄重和气派。现代建筑中的女儿墙、大檐子、空架式的屋顶装饰构造，也给建筑增添不少情趣。

3. 柱子的装饰构造

如果柱的外观是毛坯的混凝土，不会给人带来美感，当它在外面包上一层镜面不锈钢的面层，就会使人感到新颖。当然柱子的外层可以用各种方法装饰得美观，但在构造上主要靠与结构的有效连接，才能保证长期良好的使用。

4. 勒脚和台阶

勒脚和台阶相当多的采用石材，并在外面进行装饰，达到稳重、庄严的效果。

5. 顶棚的装饰构造

人们在对平板的顶棚不感兴趣后，开始对它设想成立体的、多变的并增加线条，用石膏粘贴花饰和做成重叠的顶棚，达到装饰效果。

6. 门、窗的装饰

在门窗的外圈加以修饰，使门窗的立体感更强，再在门窗的选形上，本身在花饰上增加线条或图案，也起到装饰效果。这些都是房屋建筑装饰的一个部分。

7. 其他的装饰构造

为了室内适用和美观，往往要做些木质的墙裙、木质花式隔断，为采光较好，一些隔断做成铝合金骨架装透光不见形的玻璃，有些公共建筑走廊为了增添些花饰在廊柱之间做些中国古建中的挂落等。总之室内、外为了增添建筑外观美和实用性出现了各种装饰造型，这在今后建筑中将会不断增加。在这里说明一下，以便读者了解。

五、水、电等安装

完整的房屋建筑必须具备给、排水，电气，暖卫，乃至空调、电梯等。

（一）电气的构造

在房屋中，入户必须有配电箱，通过配电箱出来的线路（线路分为明线和暗线，暗线是埋置于墙、柱内的）输送到各个配电件上。配电件有灯座、插销、开关、接线盒等，还有直接送到一些设备、动力上的闸刀开关上。这些构造在房屋中是不可缺少的。

（二）给水系统的构造

给水即俗称的"自来水"，从城市管道分支进入房屋。它的构造是进屋前有水表（水表要放置于水表井中）；入户主管、分管，根据用量的大小管子直径不同，供水管分立管和水平管，供水管上的构造有管接头、三通、弯头、丝堵、阀门、分水表、止回阀等，形成供水系统，供至使用地点的阀门处（俗称水龙头处），或冲厕用的水箱中。有的地方水压不够、又无区域水塔，往往在房屋（主要是多层）顶上设置大水箱，待夜间用水少时，水管中水位上升来充满水箱，供白天使用。

（三）排水系统的构造

排水是房屋中的污水排出屋外的构造系统。排水先由排水源（如洗手池、厕所、洗菜池、盥洗池等）流出，排入污水管道，再排往室外窨井、化粪池至城市污水管道。污水管道的构成现在开始采用塑料管。它亦有存水弯头、弯头、管子接头、三通、清污口、地漏等，通过水平管及立管排至室外。污水管道由于比较粗大，在高级一些的建筑中，水平管往往用建筑吊顶遮掩，立管往往封闭于竖向管道通过的俗称"管井"的建筑构造中。维修时有专用门可进入修理。

（四）暖卫系统的构造

所谓暖即是采暖，在我国北方地区的现代建筑中都要设置，俗称"暖气"。它由锅炉房通过管道将热水或蒸汽送到每栋房屋中。供蒸汽的管道要求能承受较大的压力，供热水的可以与给水系统的管道一样。其构造与给水系统一样有管接头、弯头⋯，所不同的是送至室内后要接在根据需要设置的散热器上。散热器一头为进入管，一头为排出管（排出散热后的冷却水）。

所说的卫，是指卫生设备，即置于排水系统源头的一些装置，比如浴缸、洗脸盆、洗手池等等。目前这些卫生设备的档次、外观、质量不断提高，变成了室内装饰的一部分，这是与过去建筑初始情况所不同的地方。

（五）空调及电梯的构造

空调与电梯是不相关的，在这里主要说明这两者在我国目前较高级建筑中已配置了。

1. 空调

空调是为保证房屋内空气温湿度保持一定值的装置。它由空调机房将一定温度（夏季低于25℃，冬季高于15℃）及湿度的空气，通过管道送至房屋内。它有进风口、排风口、通风管道组成一个系统。由于管道要保温，又粗大，往往是隐蔽于吊顶内、管井内不被人观察到。在进入室内的进风口下，一般设有调节开关，由人们根据需要调节进风量。

2. 电梯

电梯分为层间的"自动扶梯"和竖向各层间的升降电梯。前者在目前商场、宾馆用得较多；后者在高级的多层建筑中及所有高层建筑中都要设置。

竖向电梯有专门的电梯井,这是土建施工中必须建造的一个竖向通道。然后让电梯安装单位来进行安装。施工时,要求按图纸尺寸,保证井筒的内部尺寸准确。

"自动扶梯",一般在建筑时留出它的空间位置,施工时一定要对它两端支座点间的尺寸,按图施工准确,否则"扶梯"放不下或够不着就麻烦了。"自动扶梯"示意见图4-27。

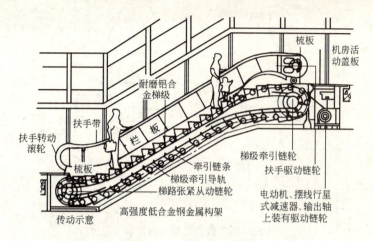

图 4-27 自动扶梯示意图

第三节 常见建筑结构体系简介

一、多层及高层房屋

（一）多层及高层房屋的特点及平面、竖向布置

1. 结构特点

多层及高层房屋的结构特点是:房屋总高度大、房屋高宽比大、受力大、变形也大,温度、收缩等因素对高层房屋亦有较大影响。

结构布置的合理与否在很大程度上会影响到结构的经济性及施工的合理性。特别在地震区,会影响结构的抗震性能,若布置不好,常常造成薄弱环节,引起震害。

2. 荷载特点

多层及高层房屋上的荷载可分为竖向荷载和水平荷载两大类。

（1）竖向荷载：

竖向荷载包括恒载（构件自重）和楼（屋）面使用活荷载两部分,其数值均可按《建筑结构荷载规范》确定。

（2）水平荷载：

水平荷载包括风荷载及地震区的地震作用。

3. 平面布置

结构的平面布置必须有利于抵抗水平荷载和竖向荷载,传力途径要清楚,要力争均匀、规则、对称,减少扭转的影响。特别在地震作用下,平面形状更应从严要求,尽量避免过大的外伸、内收。

一般建筑结构平面如图4-28,其中（f）、（g）、（h）、（i）等平面形成比较不规则,选用后要从多方面予以加强。

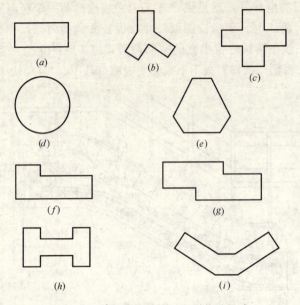

图 4-28 高层建筑结构平面形状及尺寸

4. 竖向布置

为保证建筑物在水平力作用下不发生倾覆,并保证建筑物的整体稳定性,高层建筑物的高宽比不宜过大,具体可考虑风力作用和设防烈度确定,如设防烈度 8 度时框架结构的高宽比应不大于 4。

沿竖向,结构的承载能力与刚度宜均匀、连续、不产生突变,尤其在地震区,竖向刚度变化容易产生严重的震害。

5. 变形缝

为提高建筑物的抗震性能,方便建筑和结构布置,应尽可能调整平面形状和尺寸,尽量少设或不设缝。

温度缝也称伸缩缝。在建筑中,为防止结构因温度变化和混凝土收缩而产生裂缝,常隔一定距离用伸缩缝分开。

沉降缝用来划分层次相差较多、荷载相差很大的高层建筑各部分,避免由于沉降差异而使结构产生损坏,沉降缝不但应贯通上部结构,而且应贯通基础本身。

在有抗震设防的要求时,各结构单元之间必须留有足够的宽度,按规范规定沿地面以上设置防震缝。

高层建筑各部分之间凡是设缝的,就要分得彻底;凡是不设缝的,就要连接牢固。

图 4-29 所列举的几个建筑实例,其平面、竖向布置都较为合理。

(二)砖混结构体系

砖混结构系指主要承重构件分别由砖、砌块、石材等块材和钢筋混凝土两种不同材料所组成的结构体系。其中墙体用砌体做成,楼(屋)盖用钢筋混凝土结构。

1. 砌体种类

砌体系用砖、砌块以及石材等块材通过砂浆砌筑而成。砌体用作承重墙主要应用于六、七层以下的住宅楼、办公楼、教学楼等民用房屋;影剧院、食堂等公共建筑;无起重

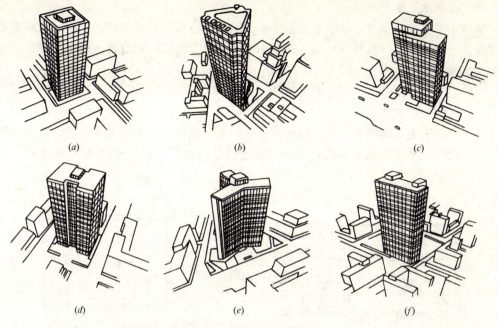

图 4-29 高层建筑举例

设备或起重设备很小的中小型工业厂房及烟囱、水塔等特种结构。通常有以下三种：

(1) 砖砌体。多用标准尺寸的普通砖和空心砖砌成，分无筋砖砌体和配筋砖砌体两大类。

(2) 砌块砌体。目前我国采用较多的有：混凝土小型空心砌块、混凝土中型空心砌块、实心硅酸盐砌块、空心硅酸盐砌块、粉煤灰中型空心砌块等砌块砌体。

(3) 石砌体。有料石、毛石、毛石混凝土等类型砌体。

2. 承重体系

不同使用要求的混合结构，由于房间布局和大小的不同，它们在建筑平面和剖面上可能是多种多样的，根据结构的承重体系不同可分为四种：纵墙承重体系、横墙承重体系、纵横墙承重体系和内框架承重体系。

(1) 纵墙承重体系：

纵墙是主要的承重墙，荷载的主要传递路线是：板→（梁）→纵墙→基础→地基。纵墙承重体系适用于使用上要求有较大空间的房屋，或隔断墙位置有可能变化的房屋，如教学楼、实验楼、办公楼、图书馆、食堂、仓库和中小型工业厂房等。见图 4-30。

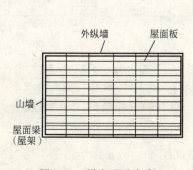

图 4-30 纵向承重方案

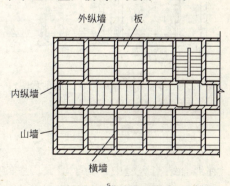

图 4-31 横墙承重方案

(2) 横墙承重体系：

横墙是主要的承重墙，纵墙主要起围护、隔断和将横墙连成整体的作用。荷载主要传递路线是：板→横墙→基础→地基。横墙承重体系由于横墙间距较密，适用于宿舍、住宅等居住建筑。见图4-31。

有些房屋也采用纵横墙混合承重体系，见图4-32。

(3) 内框架承重体系：

墙和柱都是主要的承重构件。内框架承重体系一般多用于多层工业车间、商店、旅馆等建筑。此外，某些建筑的底层，为取得较大的使用空间，往往也采用这种体系。见图4-33。

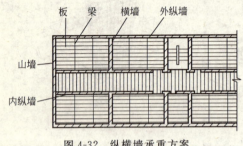

图4-32 纵横墙承重方案

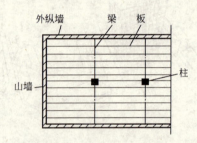

图4-33 内框架承重方案

图4-34给出了多层砖混建筑荷载传递示意图。

3. 墙体构造措施

(1) 过梁：

过梁是墙体门窗洞口上常用的构件，主要有砖砌过梁和钢筋混凝土过梁两大类，见图4-35。

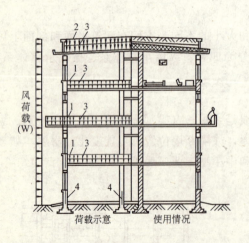

图4-34 多层砖混建筑荷载传递示意图
1—楼面活荷载；2—雪荷载或施工（检修）荷载；
3—楼盖（屋盖）自重；4—墙身自重

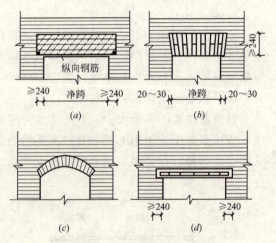

图4-35 过梁的种类
(a) 钢筋砖过梁；(b) 砖砌平拱过梁；
(c) 砖砌弧拱过梁；(d) 钢筋混凝土过梁

(2) 圈梁：

在混合结构房屋中，为了增大房屋的整体性和空间刚度，防止由于地基不均匀沉降或较大振动荷载等对房屋引起的不利影响，应在墙中设置钢筋混凝土圈梁或钢筋砖圈梁。

圈梁宜连续地设在同一水平面上,并形成封闭状。当圈梁被门窗洞口截断时,应在洞口上部设相同截面和配筋的附加圈梁。见图 4-36。

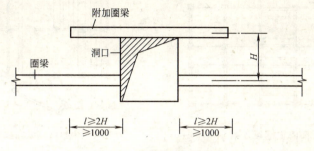

图 4-36 圈梁搭接示意图

(3) 构造柱:

构造柱系指夹在墙体中沿高度设置的钢筋混凝土小柱。构造柱截面尺寸不小于 240mm×180mm,纵向钢筋宜采用 4ϕ12,箍筋间距不宜大于 250mm,构造柱一般用 I 级钢筋,混凝土等级不宜低于 C15。构造柱与墙体连接处宜砌成马牙槎,并应沿墙高每隔 500mm 设 2ϕ6 拉结钢筋,每边伸入墙内不宜小于 1m。构造柱应与圈梁连接。构造柱可不单独设置基础,一般从室外地坪以下 500mm 或基础圈梁处开始设置。为了便于检查构造柱施工质量,构造柱宜有一面外露,施工时应先砌墙后浇柱。

砌体结构中设置构造柱后,可增强房屋的整体工作性能,对抗震有利。

(三) 框架结构体系

1. 框架结构的特点

框架结构用以承受竖向荷载是合理的。当房屋层数不多时风荷载的影响一般较小,竖向荷载对结构设计起控制作用,因而在非地震区框架结构一般不超过 15~20 层。如果用于层数更多的情况,则会由于水平荷载的作用使得梁柱截面尺寸过大,在技术经济上不合理。在地震区,由于水平地震作用,建造的框架结构层数要比非地震区低得多,这主要与地震烈度及场地土的情况有关。框架结构在水平荷载作用下表现出强底低、刚度小、水平变位大的特点,故一般称为柔性结构体系。

2. 框架结构布置

在房屋结构中,通常在短轴方向称为横向,长轴方向称为纵向,把主要承受楼板重量的框架称为主框架。根据楼板的布置方式不同,可分为以下三种布置方案:

(1) 横向主框架方案:

楼板平行于长轴布置,支承在横向主梁上,各榀主框架用连系梁连接。一般房屋横向受风面积比纵向大得多,而横向框架柱子较少,因此,采用较大截面的横梁来增加框架的横向刚度,以利于抵抗风荷载的作用。由于纵向框架柱子较多,刚度易于保证,因此采用较小截面的连系梁,在实际工程中多数采用这种方案。此外,该方案纵向梁截面高度较小,在建筑上有利于采光,但开间受楼板长度的限制。见图 4-37。

(2) 纵向主框架方案:

楼板平行于短轴方向,支承在纵向主梁上,横向设连系梁。该方案的优点是横梁截面高度较小、楼面净高大;缺点是横向刚度小。故适用于层数不多,且进深受预制板长度的限制的房屋,此方案在实际工程中应用较少。见图 4-38。

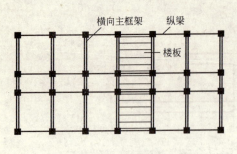

图 4-37 横向主框架方案

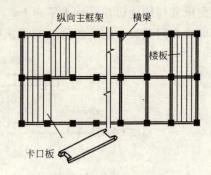

图 4-38 纵向主框架方案

(3) 双向承重框架：

纵、横梁均承受楼板传来的荷载，双向承重（见图 4-39）。这种结构方案的整体刚度较好，往往在以下情况下采用：

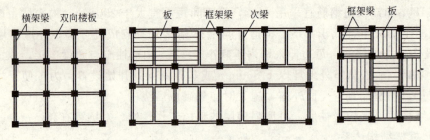

图 4-39 双向承重框架方案

1) 当房屋的平面接近于正方形，纵横向框架柱子数量接近时。
2) 当采用大柱网时。
3) 楼面荷载较大，为减小梁的高度。
4) 工艺复杂、设备较重、开洞较多等。

3. 框架结构形式

根据施工方法不同，框架结构可分为全现浇、半现浇、装配式和装配整体式四种。

(1) 全现浇框架：

框架的全部构件均在施工现场浇筑。其主要优点是：结构整体性和抗震性能好、省钢材、造价低、建筑布置灵活性大。缺点是施工周期长、模板消耗量大、现场工作量大。

(2) 半现浇框架：

梁、柱现浇而板预制 [见图 4-40（a）、（b）] 或柱现浇而梁板预制 [见图 4-40（c）] 的框架称为半现浇框架。半现浇框架施工方便、构造简单、整体性好。

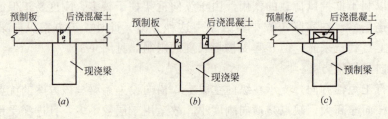

图 4-40 半现浇框架

(3)装配式框架：

梁、板、柱均为预制，然后将这些构件连接成整体的框架称为装配式框架。其优点是构件生产可以标准化、定型化、机械化、工厂化；与现浇框架相比可以节约模板、缩短工期。缺点是节点连接复杂、用钢量大、框架整体性差，一般用于非地震区的多层房屋。

(4)装配整体式框架：

部分构件预制、部分构件现浇的框架称为装配整体式框架。它能保证节点的刚结、结构整体性较装配式框架好。

(四)剪力墙结构体系

1. 剪力墙结构的特点

剪力墙结构一般适用于16～35层的住宅、公寓、旅馆等建筑。采用剪力墙结构体系的高层建筑由于平面被墙体限制得太死，平面布置不灵活，难以满足需要较大空间的建筑。对于旅馆中心必不可少的门厅、休息厅、餐厅、会议室等大空间结构部分，一般是通过附建低层部分来实现的；也可将餐厅、会议室等布置于整个建筑物的顶层，剪力墙不全部到顶，而在顶层部分改为框架的方法来实现。

对于底层为商店或要求底层必须有大空间的多层与高层居住建筑，可以将房屋底层（或底部二层）若干剪力墙改为框架，构成所谓"框支剪力墙"结构体系。见图4-41。

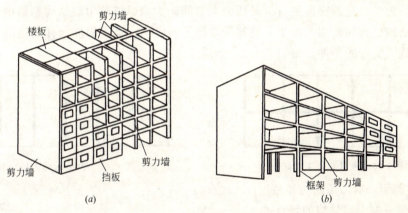

图4-41 剪力墙结构体系
(a)剪力墙结构；(b)框支剪力墙结构

剪力墙结构可以现浇也可以预制装配。装配式大型墙板结构与盒子结构其实质也都是剪力墙结构。由于墙体是预制装配的，各部分的连续不如整体浇筑的好，较多地削弱了房屋的总体刚度和强度，故一般只宜建筑多层房屋。装配式大型墙板建筑已在我国许多大中城市得到推广，效果很好。盒子结构可以使装配化程度提高到85%～95%，可以最大限度地实现工厂化生产。

2. 剪力墙结构布置

剪力墙结构中竖向荷载、水平地震作用和风荷载都由钢筋混凝土剪力墙承受，所以剪力墙应沿结构的主要轴线布置。一般当平面形状为矩形、T形、L形时，剪力墙沿纵横两个方向布置；三角形、Y形平面，剪力墙可沿三个方向布置；多边形、圆形和弧形平面，则可沿环向和径向布置。

剪力墙应尽量布置得比较规则，拉通、对直。剪力墙应沿竖向贯通建筑物的全高，不宜突然取消或中断。

剪力墙结构按剪力墙的间距可分为小开间剪力墙结构和大开间剪力墙结构两种类型。小开间剪力墙结构横墙间距为2.7～4m，由于剪力墙间距小，故结构刚度大，同时结构自重也大。大开间剪力墙的间距较大，可达6～8m，墙的数量少，使用比较灵活，结构自重较小。见图4-42。

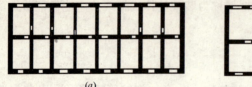 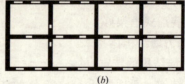

图4-42 普通剪力墙结构
(a) 小开间；(b) 大开间

在纵墙处理方面，除大量使用有内外纵墙的普通型剪力墙结构外，近年来，只保留一道内纵墙，取消承重外纵墙的鱼骨式剪力墙结构应用的也较多。由于外纵墙作为非结构构件，所以建筑上可灵活采用多种轻质材料如：加气混凝土、装饰板材、玻璃幕墙，甚至砌砖，见图4-43。

此外，为了给建筑提供更自由灵活的大空间，少内纵墙剪力墙结构和集中布置内纵墙的剪力墙结构已开始使用。由于中央部分取消了内纵墙，加上横墙大开间达7～8m，为建筑布置创造了更好的条件。见图4-44。

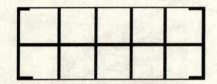 

图4-43 鱼骨式剪力墙结构　　　　图4-44 少纵墙剪力墙结构

（五）框架—剪力墙结构体系

1. 框架—剪力墙结构的特点

随着房屋高度的增加和水平荷载的迅速增长，框架—剪力墙结构比框架结构有明显的优越性。框架—剪力墙结构多用于15～25层的办公楼、旅馆、住宅等房屋。由于有剪力

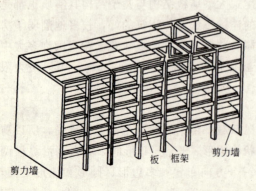 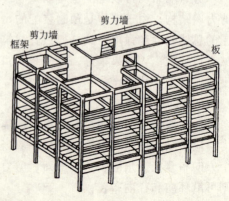

图4-45 框架—剪力墙结构

墙的加强，结构体系的抗侧刚度大大提高，房屋在水平荷载作用下的侧向位移大大减小。在整个体系中，剪力墙承担绝大部分水平荷载，而框架则以承担竖向荷载为主，合理分工、物尽其用。见图4-45。

剪力墙是框架—剪力墙结构体系中一个极为重要的结构构件，一般都采用钢筋混凝土结构，但对于无抗震设防要求、层数较少的房屋也可采用砌体填充墙做剪力墙。

在框架—剪力墙结构体系中，框架与剪力墙是协同工作的。在水平力作用下，剪力墙好比固定于基础的悬臂梁，其变形主要为弯曲型变形，框架为剪切型变形。框架与剪力墙通过楼盖联系在一起，并依靠楼盖结构的水平刚度使两者具有共同的变形。

2. 框架—剪力墙结构布置

(1) 剪力墙布置的一般原则：

在框架—剪力墙结构中，框架应在各主轴方向均作刚接，剪力墙应沿各主轴布置。在矩形、L形、槽形平面中，剪力墙沿两个正交主轴布置；在三角形和Y形平面中，沿三个斜交主轴布置；在弧形平面中，沿径向和环向布置。

在非抗震设计且层数不多的长矩形平面中，允许只在横向设剪力墙，纵向不设剪力墙。

剪力墙的布置应遵循"均匀、分散、对称、周边"的原则。"均匀、分散"指剪力墙宜片数较多，均匀、分散布置在建筑平面上，每片剪力墙刚度都不太大。"对称"是指剪力墙在结构单元的平面上尽可能对称布置，使水平力作用线尽量靠近刚度中心，避免产生过大扭转。"周边"是指剪力墙尽量靠近建筑平面外周，以提高其抵抗扭转的能力。

(2) 剪力墙布置的部位：

一般情况下，剪力墙宜布置在平面的下列部位：

1) 竖向荷载较大处。
2) 平面变化较大处。
3) 楼梯间和电梯间。
4) 端部附近。

在防震缝、伸缩缝两侧，一般不同时布置剪力墙，以免施工时支、拆模困难。纵向剪力墙一般靠中部布置，尽量不放在端跨。

典型的剪力墙布置见图4-46。

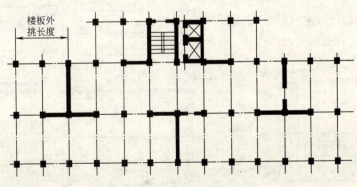

图4-46 剪力墙的布置

二、单层工业厂房

厂房建筑是为工业生产服务的，工业企业的类型很多（如钢铁、煤炭、有色冶金、机械制造、电力、石油、化工、建材、纺织、食品等），各类企业具有不同的生产特点，因而就构成不同类型的厂房。一般分为单层工业厂房和多层工业厂房，此外还有特殊生产要求的生产车间，如热电站、化工厂等，部分需要单层、部分则需要多层，组成层数混合的厂房建筑。

单层工业厂房是工业建筑中最普遍的一种型式，多用于重型设备、产品较重、外形轮廓尺寸较大的生产车间。

（一）单层工业厂房的特点及平、剖面基本形式

1. 单层工业厂房的特点

单层工业厂房不仅受生产工艺条件的制约，而且还要适应起重运输产品及劳动保护的需要。所以单层厂房结构一般承受的荷载大、跨度大、高度高；其构件的内力大、截面大、用料多。厂房还常受动力荷载（如吊车荷载、动力机械设备的荷载）的作用。

2. 单层工业厂房平面、剖面基本形式

（1）平面基本形式：

单层单跨平面是单层工业厂房的最基本的平面形式，它的面积大小是由跨度和长度决定的。单跨厂房的跨度尺寸一般有12、15、18、24、30m等。

当生产车间面积较大或因生产路线、自然通风需要的情况下，可组成双跨、三跨以及多跨、纵横垂直跨、⊓形、山形厂房平面形成。见图4-47。

（2）剖面形式：

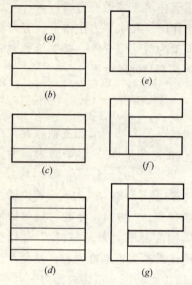

图 4-47 单层厂房平面基本形式

(a) 单跨；(b) 双跨；(c) 三跨；(d) 多跨；(e) 纵横跨；(f) ⊓形；(g) 山形

单层厂房的剖面形式，根据跨数的多少、跨度尺寸以及采用的屋顶结构方案，可有不同的形式，主要表现在屋面形式的不同，基本上可分为双坡式及多坡式横剖面形式。为改善采光通风条件，可加设天窗或做成高低跨。见图4-48、图4-49。

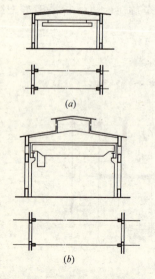

图 4-48 单跨双坡横剖面形式

(a) 单跨；(b) 单跨（带天窗）

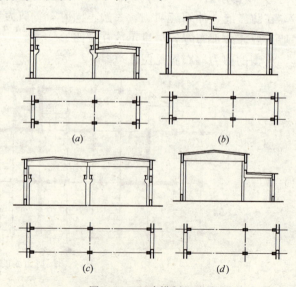

图 4-49 双跨横剖面形式

(a)、(c) 多坡；(b) 双坡；(d) 三坡

（二）单层工业厂房结构类型

单层工业厂房承重结构，主要有排架和刚架两种常用的结构形式，按其承重结构的材料不同，分成混合结构、钢筋混凝土结构和钢结构。由于钢筋混凝土结构在实际工程中应用较广，所以下面主要讨论钢筋混凝土结构单层工业厂房。

1. 排架结构

排架结构由屋架（或屋面梁）、柱和基础组成，柱与屋架铰接，与基础刚接。

排架结构的刚度较大、耐久性和防火性较好，施工也较方便，适用范围很广，是目前大多数厂房所采用的结构型式。

（1）装配式钢筋混凝土排架结构构成：

屋盖结构部分：通常包括屋面板、天沟板、天窗架、屋架（屋面大梁）、托架、屋盖支撑、檩条等。

吊车梁部分。

柱围护结构部分：通常包括排架柱、抗风柱、柱间支撑、外纵墙、山墙、连系梁（墙梁）、基础梁、过梁、圈梁等。

基础部分。

（2）横向排架：

取一排横向柱列、连同基础和屋架（屋面梁），就组成一种骨架体系，常称横向排架，是厂房的主要承重体系，其荷载示意如图 4-50。

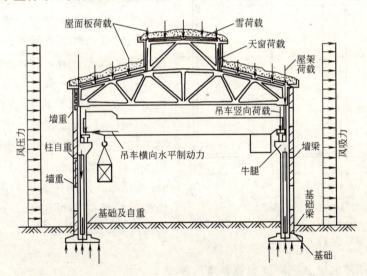

图 4-50 单层厂房的横向排架及其荷载示意图

横向排架的主要荷载传递途径为：

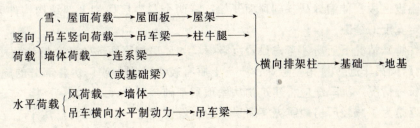

（3）纵向排架：

厂房中的纵向柱列，连同基础、吊车梁、连系梁、柱间支撑等，就组成另一种骨架体系，常称为纵向排架，如图4-51。

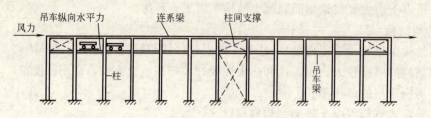

图4-51 纵向排架示意图

纵向排架的主要荷载传递途径为：

风荷载→山墙→抗风柱→屋盖横向水平支撑→连系梁（或受压系杆）→纵向排架柱（柱间支撑）→基础→地基

吊车纵向水平制动力→吊车梁→

（4）柱网布置：

厂房承重柱（或承重墙）的纵向和横向定位轴线，在平面上排列所形成的网格，称为柱网。柱网布置就是确定纵向定位轴线之间（跨度）和横向定位轴线之间（柱距）的尺寸。确定柱网尺寸，既是确定柱的位置，同时也是确定其他各构件的跨度及构件布置方案。见图4-52。

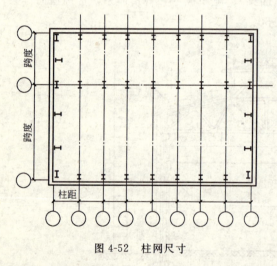

图4-52 柱网尺寸

柱网布置的一般原则为：符合生产和使用要求；建筑平面和结构方案经济合理；符合《厂房建筑统一化基本规则》的有关规定。厂房跨度在18m以下时，应采用3m的倍数；在18m以上时，应采用6m的倍数。厂房柱距应采用6m或6m的倍数。必要时亦可采用21m、27m、33m的跨度和9m或其他柱距。

（5）变形缝：

变形缝包括伸缩缝、沉降缝和防震缝三种。

如果厂房长度和宽度过大，当气温变化时，将使结构内部产生很大的温度应力，严重的可将墙面、屋面等拉裂。为了减小厂房结构中的温度应力，可设置伸缩缝，将厂房结构分成几个温度区段。伸缩缝从基础顶面开始，将两个温度区段的上部结构构件完全分开，并留出一定宽度的缝隙。

只有在特殊情况下厂房才考虑设置沉降缝，如厂房相邻两部分高度相差很大（如10m以上）；两跨间吊车起重量相差悬殊；地基土质有较大差别；或厂房各部分的施工时间先后相差很长等情况。沉降缝应将建筑物从屋顶到基础全部分开。

防震缝是为了减轻厂房地震灾害而采取的有效措施之一。当相邻厂房平、立面布置复杂或结构高度、刚度相差很大时，应设防震缝将相邻部分分开。地震区的厂房，其伸缩缝和沉降缝均应符合防震缝的要求。

（6）支撑：

在装配式钢筋混凝土单层厂房结构中，支撑虽非主要构件，但却是连系主要结构构件以构成整体的重要组成部分。支撑有屋盖支撑及柱间支撑两大类。

1）屋盖支撑：

包括设置在屋架（屋面梁）间的垂直支撑、水平系杆以及设置在上、下弦平面内的横向水平支撑和通常设置在下弦平面内的纵向水平支撑。

2）柱间支撑：

包括上柱柱间支撑和下柱柱间支撑。柱间支撑应设在伸缩缝区段的中央或临近中央的柱间。柱间支撑宜用十字交叉形式［图4-53（a）］，也可采用图4-53（b）、（c）所示的门架式支撑。

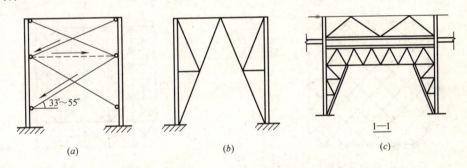

图 4-53 柱间支撑
（a）十字交叉支撑；（b）、（c）门架式支撑

2. 刚架结构

刚架结构是梁柱合为一体，柱与基础铰接的结构。其形式有三铰刚架、两铰刚架（示意图4-54）。

刚架也可用于多跨厂房，如图4-55所示。

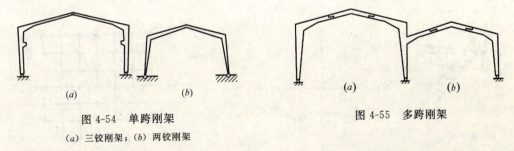

图 4-54 单跨刚架　　　　　　图 4-55 多跨刚架
（a）三铰刚架；（b）两铰刚架

刚架常用于跨度不超过18m，檐口高度不超过10m、无吊车或吊车吨位在10t以下的仓库或车间建筑中。有些公共建筑，如食堂、礼堂、体育馆等，也可采用刚架结构。

三、大空间、大跨度建筑

在公共建筑、工业建筑中，有时有大空间、大跨度要求。对此类建筑的结构体系简单介绍如下。

（一）网架体系

网架结构是空间钢结构的一种，网架是平面网架的简称，外形上为某一厚度的空间格构体，其平面外形一般多呈正方形、长方形、多边形或圆形等，其顶面和底面一般呈水平状，上下两网片之间用杆件（称为腹杆）连接，腹杆的排列呈规则的空间体（如锥形体）。

平面网架的平面形式灵活、跨度大、自重轻、空间整体性好，既可用于公共建筑，又可用于工业厂房。近年来，在体育馆、大会堂、剧院、商店、火车站等公共建筑中得到广泛的应用。

1. 网架的分类

(1) 按网架的支承情况，可分为周边支承网架、三边支承网架、两边支承网架、四点支承网架、四点支承无限连续网架和多点支承网架等类型。

周边支承网架和四点支承网架的示意图如图 4-56 和图 4-57。

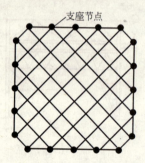

图 4-56 周边支承网架

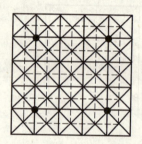

图 4-57 四点支承网架

(2) 按网架的组成，可分为由平面桁架组成的网架、由四角锥体组成的网架（空间桁架）、由三角锥体组成的网架等类型。

平面桁架组成的网架由若干片平面桁架相互交叉而成，每片桁架的上下弦及腹杆位于同一垂直平面内。根据建筑物的平面形状和跨度大小，整个网架可由两个方向或三个方向的平面桁架交叉而成，交叉桁架可以相互垂直也可成任意角度。两向正交正放网架、三面网架的结构示意如图 4-58～图 4-60。

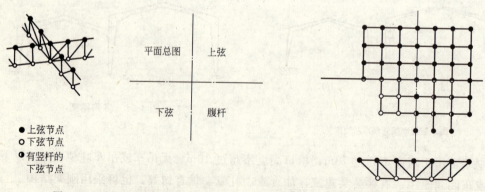

图 4-58 网架示意图表示方法　　　　图 4-59 两向正交正放网架

由四角锥体组成的网架的基本单元为四角锥体，四角锥体由四根上弦组成正方形锥底，锥顶位于正方形的形心下方，由正方形锥底的四角节点向锥顶连接四根腹杆而成。

将各个四角锥体按一定规律连接起来便成为网架。正放四角锥网架结构示意如图 4-61。

由三角锥体组成的网架的基本单元是三角锥体。三角锥体由三根上弦组成正三角形锥底，锥顶在下，位于锥底底面的形心之下，由正三角形锥底的三角节点向锥顶连接四根腹杆而成。将各个三角锥体按一定规律连接起来便成为网架。三角锥网架的刚度较好。

2. 杆件截面和节点

早期的网架结构有采用角钢截面的（如首都体育馆），角钢和节点板的连接，构造复杂，耗钢量大，施工也较困难。最合理的网架结构，杆件采用钢管截面，节点采用球节点。普通球节点是用两块钢板模压成两个半球形，然后焊成整体，安装时只要把钢管垂直于杆轴截断，就自然对正球心，（见图 4-62）。国内近年来采用一种新的节点形式，在实心球上钻带丝扣的孔，用螺栓把每根杆件和球节点拧联，这种节点加快了施工安装的速度。

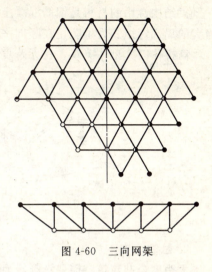

图 4-60 三向网架

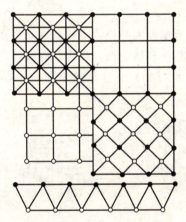
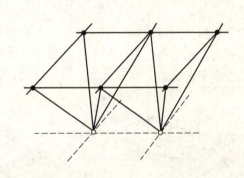

图 4-61 正放四角锥网架

（二）拱、悬索和壳体结构体系

1. 拱结构体系

有史以来，人类就试图用拱结构跨越一定的距离，这主要是因为拱只需要抗压材料。拱的类型有：三铰拱、两铰拱和无铰拱，如图 4-63 所示。

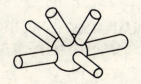

图 4-62 球节点

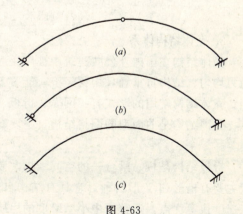

图 4-63
(a) 三铰拱；(b) 两铰拱；(c) 无铰拱

拱结构常用的材料是钢筋混凝土和钢材，这些材料不仅能抗拉和抗压，而且能承受相当大的局部弯矩。为了防止在竖向平面和水平面内整体失稳，常常需要对拱肋进行加筋。

筒拱体因其型体美观，在大跨度结构中也有采用。

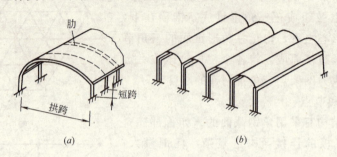

图 4-64 筒拱

2. 悬索结构体系

大距度公共建筑，需要选择没有繁琐支撑体系的屋盖结构形式，悬索结构是能较好满足这一要求的结构形式。悬索结构有两个重要的特点：一是悬索结构的钢索不承受弯矩，可以使钢材抗拉性能得到充分发挥，从而降低材料消耗，获得较轻的结构自重。从理论上讲，悬索施工方便、构造合理、可以做成很大的跨度；二是在施工上不需要大型的起重设备和大量的模板。

悬索结构的受力特性是：在荷载作用下，悬索承受巨大的拉力，因此要求能承受较大压力的构件与之相平衡。为了使整体结构有良好的刚性和稳定性，需要选择良好的组合形成，常见的有单曲悬索、双曲悬索、鞍形悬索、索-梁（桁）组合悬索等体系，见图4-65。

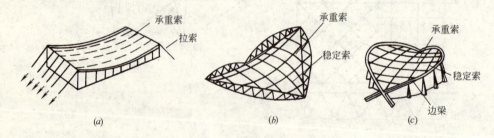

图 4-65 悬索结构的一般形式
(a) 单曲悬索；(b) 双曲悬索；(c) 鞍形悬索

3. 壳体结构体系

壳体结构在国内外公共建筑中被广泛应用。这主要是因为壳体结构适用跨度大、结构受力均匀、结构自重轻且用材经济，能覆盖大体积空间，并可提供多种优美活泼的建筑造型。壳体结构常用的形式有：网壳、折板、筒壳、双曲壳等。

壳网结构是曲面型的网格结构，主要有木网壳、钢网壳、钢筋混凝土网壳以及组合网壳等。

折板结构是板、梁合一的空间结构。装配整体式折板结构目前在我国应用较广，其形状主要有槽形和V形两种。它具有结构自重轻、受力性能好、节省材料、制作方便、施工速度快等优点。适宜于中小型跨度的房屋使用。

筒壳（圆柱壳）比折板能跨越较大的横向距离，允许少用竖向支承，有较大的结构高度。

双曲壳为有一双向曲率的壳面。常用于体育馆、工业建筑。

图 4-66 为各类壳体结构的实例。

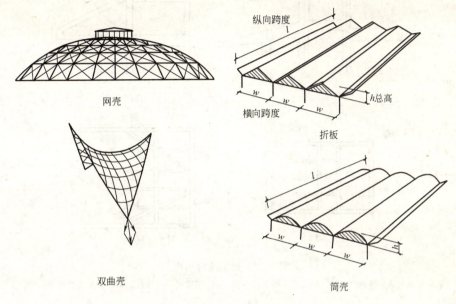

图 4-66 壳体结构实例

（三）悬挑挑台结构

悬挑挑台结构多用于影剧院观众厅的挑台及体育馆的悬挑看台。挑台可设一层、二层甚至三层，挑台的结构特点主要是采用悬挑构件。其结构形式有以下四种：

1. 框架式悬挑挑台结构

框架式悬挑挑台结构使用比较广泛，它是在建筑平面布置允许的情况下，利用门厅或放映室，设置框架梁、柱来支承悬挑结构中的悬挑构件。这种悬挑挑台结构形式比较简单，受力明确，结构计算简便，既可以设计成一边悬挑也可以设计成两边悬挑。见图 4-67（a）。

2. 桁架式悬挑挑台结构

桁架式悬挑挑台结构是用悬臂桁架承托悬挑挑台。悬臂桁架根部尺寸较大，所以上、下弦杆可分别与不同层的框架梁连接。这种结构形式杆件截面小、节省材料、节省建筑使用空间。见图 4-67（b）。

3. 横梁式悬挑挑台结构

某些剧院和剧场，由于建筑使用条件不允许，不可能利用门厅或放映室形成框架，这种情况只能采用横梁式悬挑挑台结构。此种结构形式就是在悬挑挑台适当位置沿观众厅横向设置承重横梁，在横梁和观众厅后山墙上再分别挑出悬挑梁支承挑台荷载。见图 4-67（c）。

4. 交叉梁式悬挑结构

所谓交叉梁式悬挑结构是指除了设置横向大梁外，还增设斜梁，以共同承担悬挑梁传来的挑台荷载。悬挑梁直接支承在横梁和斜梁之上，斜梁宜与横梁截面同高（也可比横梁截面稍高）。斜梁一般设置两根，尽量对称。见图 4-67（d）。

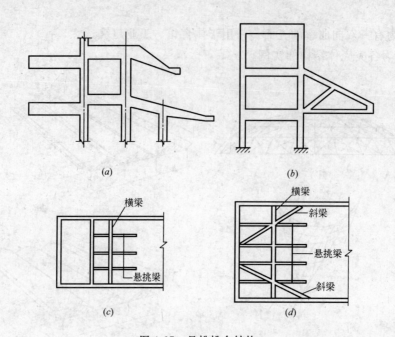

图 4-67 悬挑挑台结构
(a) 框架式悬挑挑台；(b) 桁架式悬挑挑台结构；(c) 横梁式悬挑挑台；(d) 交叉梁式悬挑结构

第五章　工程质量管理基础

第一节　概　　述

一、工程质量
（一）工程质量的概念

工程质量是国家现行的有关法律、法规、技术标准和设计文件及工程合同中对工程的安全、使用、经济、美观等特性的综合要求。工程项目一般都是按照合同条件承包建设的，因此，工程质量是在"合同环境"下形成的。合同条件中对工程项目的功能、使用价值及设计、施工质量等的明确规定都是业主的"需要"，因而都是质量的内容，它通常体现在适用性、可靠性、经济性、外观质量与环境协调等方面。

1. 工程建设各阶段质量的主要内容

工程质量是按照工程建设程序，经过工程建设各个阶段而逐步形成的，而不仅仅决定于施工阶段，工程建设各阶段质量的主要内容包括：

（1）项目可行性研究，论证项目在技术、经济上的可行性与合理性，决策立项与否，确定质量目标与水平的依据。

（2）项目决策，决定项目是否投资建设，确定项目质量目标与水平。

（3）工程设计，将工程项目质量目标与水平具体化，直接关系到项目建成后的功能和使用价值。

（4）工程施工，使合同要求和设计方案得以实现，最终形成工程实体质量。

（5）工程验收，最终确认工程质量是否达到要求及达到的程度。

2. 工程质量包含的内容

任何工程项目都是由分项工程、分部工程和单位工程所组成，而工程项目的建设，则是通过一道道工序来完成，是在工序中创造的。所以，工程质量包含工序质量、分项工程质量、分部工程质量和单位工程质量。

3. 提高工作质量保证工程实物质量

工程质量不仅包括工程实物质量，而且也包含工作质量。工作质量是指工程建设参与各方，为了保证工程质量所从事技术、组织工作的水平和完善程度，工程质量的好坏是建设、勘察、设计、施工、监理等单位各方面、各环节工作质量的综合反映。要保证工程质量，就要求有关部门和人员精心工作，对决定和影响工程质量的所有因素严加控制，即通过提高工作质量来保证和提高工程的实物质量。

（二）工程质量的特点

建设工程的特点决定了工程质量的特点，即：

1. 影响因素多

如决策、设计、材料、机械、环境、施工工艺、施工方案、操作方法、技术措施、管理制度、施工人员素质等均直接或间接地影响工程的质量。

2. 质量波动大

工程建设因其具有复杂性、单一性，不像一般工业产品的生产那样，有固定的生产流水线，有规范化的生产工艺和完善的检测技术，有成套的生产设备和稳定的生产环境，有相同系列规格和相同功能的产品，所以其质量波动性大。

3. 质量变异大

由于影响工程质量的因素较多，任一因素出现质量问题，均会引起工程建设中的系统性质量变异，造成工程质量事故。

4. 质量隐蔽性

工程项目在施工过程中，由于工序交接多，中间产品多，隐蔽工程多，若不及时检查并发现其存在的质量问题，事后看表面质量可能很好，容易将不合格的产品认为是合格的产品。

5. 最终检验局限大

工程项目建成后，不可能像某些工业产品那样，可以拆卸或解体来检查内在的质量，工程项目最终检验验收时难以发现工程内在的、隐蔽的质量缺陷。

所以，对工程质量更应重视事前控制、事中严格监督，防患于未然，将质量事故消灭于萌芽之中。

（三）影响工程质量的因素

在工程建设中，无论决策、计划、勘察、设计、施工、安装、监理，影响工程质量的因素主要有人、材料、机械、方法和环境等五大方面。

1. 人的因素

人是指直接参与工程建设的决策者、组织者、指挥者和操作者，人的政治素质、业务素质和身体素质是影响质量的首要因素。为了避免人的失误、调动人的主观能动性，增强人的责任感和质量意识，以工作质量保证工序质量、保证工程质量的目的，除加强政策法规教育、政治思想教育、劳动纪律教育、职业道德教育、专业技术知识培训，健全岗位责任制，改善劳动条件，公平合理的激励外；还需根据工程项目的特点，从确保工程质量出发，本着适才适用，扬长避短的原则来控制人的使用。

2. 材料的因素

材料（包括原材料、成品、半成品、构配件等）是工程施工的物质条件，没有材料就无法施工；材料质量是工程质量的基础，材料质量不符合要求，工程质量也就不可能符合标准。

3. 方法的因素

这里所指的方法，包含工程项目整个建设周期内所采取的技术方案、工艺流程、组织措施、检测手段、施工组织设计等。方法是否正确得当，是直接影响工程项目进度、质量、投资控制三大目标能否顺利实现的关键。

4. 施工机械设备的因素

施工机械设备是实现施工机械化的重要物质基础，是现代化工程建设中必不可少的设施，机械设备的选型、主要性能参数和使用操作要求对工程项目的施工进度和质量均有直接影响。

5. 环境的因素

影响工程项目质量的环境因素较多,有工程技术环境,如工程地质、水文、气象等;工程管理环境,如质量保证体系、质量管理制度等;劳动环境,如劳动组合、劳动工具、工作面等。环境因素对工程质量的影响,具有复杂而多变的特点,如气象条件就变化万千,温度、大风、暴雨、酷暑、严寒都直接影响工程质量。

二、工程质量管理的指导思想

工程质量管理是指为保证提高工程质量而进行的一系列管理工作,是企业管理的重要部分,它的目的是以尽可能低的成本,按既定的工期完成一定数量的达到质量标准的工程。它的任务就在于建立和健全质量管理体系,用企业的工作质量来保证工程实物质量。从20世纪70年代末起,我国工程建设领域,在学习国外先进经验的基础上,开始引进并推行全面质量管理。

全面质量管理是指一个组织以质量为中心,以全员参与为基础,目的在于通过让顾客满意和本组织所有成员及社会受益而达到长期成功的管理途径。

根据全面质量管理的概念和要求,工程质量管理是对工程质量形成进行全面、全员、全过程的管理,应遵循以下指导思想:

(一)"质量第一"是根本出发点

在质量与进度、质量与成本的关系中,要认真贯彻保证质量的方针,做到好中求快,好中求省,而不能以牺牲工程质量为代价,盲目追求速度与效益。

(二)贯彻以预防为主的思想

从消极防守的事后检验变为积极预防的事先管理。好的工程产品是由好的决策、好的规划、好的设计、好的施工所产生的,不是检查出来的,必须在工程质量形成的过程中,事先采取各种措施,消灭种种不合质量要求的因素,使之处于相对稳定的状态之中。

(三)为用户服务的思想

真正好的质量是用户完全满意的质量,要把一切为了用户的思想,作为一切工作的出发点,贯穿到工程质量形成的各项工作中,在内部树立"下道工序就是用户"的思想,要求每道工序和每个岗位都要立足于本职工作的质量管理,不给下道工序留麻烦,以保证工程质量和最终质量能使用户满意。

(四)一切用数据说话

依靠确切的数据和资料,应用数理统计方法,对工作对象和工程实体进行科学的分析和整理,研究工程质量的波动情况,寻求影响工程质量的主次原因,采取有效的改进措施,掌握保证和提高工程质量的客观规律。

三、工程质量管理的基础工作

(一)质量教育

为了保证和提高工程质量,必须加强全体职工的质量教育,其主要内容如下:

1. 质量意识教育

要使全体职工认识到保证和提高质量对国家、企业和个人的重要意义,树立"质量第一"和"为用户服务"的思想。

2. 质量管理知识的普及宣传教育

要使企业全体职工，了解全面质量管理知识的基本思想、基本内容；掌握其常用的数理统计方法和质量标准；懂得质量管理小组的性质、任务和工作方法等。

3. 技术培训

让工人熟练掌握本人的"应知应会"技术和操作规程等；技术和管理人员要熟悉施工验收规范、质量评定标准，原材料、构配件和设备的技术要求及质量标准，以及质量管理的方法等；专职质量检验人员能正确掌握检验、测量和试验方法，熟练使用其仪器、仪表和设备。使全体职工具有保证工程质量的技术业务知识和能力。

（二）质量管理的标准化

质量管理中的标准化，包括技术工作和管理工作的标准化。技术标准有产品质量标准、操作标准、各种技术定额等，管理工作标准有各种管理业务标准、工作标准等，即管理工作的内容、方法、程序和职责权限。质量管理标准化工作的要求是：

（1）不断提高标准化程度。各种标准要齐全、配套和完整，并在贯彻执行中及时总结、修订和改进。

（2）加强标准化的严肃性。要认真严格执行，使各种标准真正起到法规作用。

（三）质量管理的计量工作

质量管理的计量工作，包括生产时的投料计量，生产过程中的监测计量和对原材料、成品、半成品的试验、检测、分析计量等。搞好质量管理计量工作的要求是：

（1）合理配备计量器具和仪表设备，且妥善保管。

（2）制定有关测试规程和制度，合理使用和定期检定计量器具。

（3）改革计量器具和测试方法，实现检测手段现代化。

（四）质量情报

质量情报是反映产品质量、工作质量的有关信息。其来源一是通过对工程使用情况的回访调查或收集用户的意见得到的质量信息；二是从企业内部收集到的基本数据、原始记录等有关工程质量的信息；三是从国内外同行业搜集的反映质量发展的新水平、新技术的有关情报等。

做好质量情报工作是有效实现"预防为主"方针的重要手段。其基本要求是准确、及时、全面、系统。

（五）建立健全质量责任制

建立和健全质量责任制，使企业每一个部门、每一个岗位都有明确的责任，形成一个严密的质量管理工作体系。它包括各级行政领导和技术负责人的责任制、管理部门和管理人员的责任制和工人岗位责任制。其主要内容有：

（1）建立质量管理体系，开展全面质量管理工作。

（2）建立健全保证质量的管理制度，做好各项基础工作。

（3）组织各种形式的质量检查，经常开展质量动态分析，针对质量通病和薄弱环节，采取技术、组织措施。

（4）认真执行奖惩制度，奖励表彰先进，积极发动和组织各种竞赛活动。

（5）组织对重大质量事故的调查、分析和处理。

（六）开展质量管理小组活动

质量管理小组简称 QC 小组，是质量管理的群众基础，也是职工参加管理和"三结合"攻关解决质量问题，提高企业素质的一种形式。

QC小组的组织形式主要有两种：一是由施工班组的工人或职能科室的管理人员组成；二是由工人、技术（管理）人员、领导干部组成"三结合"小组。其成员应自愿参加，人数不宜太多。开展QC小组活动要做到以下各点：

（1）根据企业方针目标，从分析本岗位、本班组、本科室、部门的现状着手，围绕提高工作质量和产品质量、改善管理和提高小组素质而选择课题。

（2）要坚持日常检查、测量和图表记录，并有一定的会议制度，如质量分析会、定期的例会等，对找出影响质量的因素采取对策措施。

（3）按照"计划（Plan）、实施（Do）、检查（Check）、处理（Action）"，即PDCA循环，进行质量管理活动。做到目标明确、现状清楚、对策具体、措施落实、及时检查和总结。

（4）为推动QC小组活动，要组织各种形式的经验交流会和成果发表会。

第二节　政府对工程质量的监督管理

一、政府对工程质量的监督管理形式

（一）监督管理部门

（1）国务院建设行政主管部门对全国的建设工程质量实施统一监督管理。国务院铁路、交通、水利等有关部门按照国务院规定的职责分工，负责对全国的有关专业建设工程质量的监督管理。

（2）县级以上地方人民政府建设行政主管部门对本行政区域内的建设工程质量实施监督管理。县级以上地方人民政府交通、水利等有关部门在各自的职责范围内，负责对本行政区域内的专业建设工程质量的监督管理。

（二）监督检查内容

（1）国务院建设行政主管部门和国务院铁路、交通、水利等有关部门应当加强对有关建设工程质量的法律、法规和强制性标准执行情况的监督管理。

（2）国务院发展计划部门按照国务院规定的职责，组织稽察特派员，对国家出资的重大建设项目实施监督检查。

国务院经济贸易主管部门按照国务院规定的职责，对国家重大技术改造项目实施监督检查。

（3）县级以上地方人民政府建设行政主管部门和其他有关部门应当加强对有关建设工程质量的法律、法规和强制性标准执行情况的监督检查。

（三）监督管理机构

（1）建设工程质量监督管理，可以由建设行政主管部门或者其他有关部门委托的建设工程质量监督机构具体实施。

（2）从事房屋建筑工程和市政基础设施工程质量监督的机构，必须按照国家有关规定经国务院建设行政主管部门或者省、自治区、直辖市人民政府建设行政主管部门考核；从事专业建设工程质量监督的机构，必须按照国家有关规定经国务院有关部门或者省、自治区、直辖市人民政府有关部门考核。经考核合格后，方可实施质量监督。

(四) 监督管理措施

县级以上人民政府建设行政主管部门和其他有关部门履行监督检查职责时，有权采取下列措施：

(1) 要求被检查的单位提供有关工程质量的文件和资料。

(2) 进入被检查单位的施工现场进行检查。

(3) 发现有影响工程质量的问题时，责令改正。

有关单位和个人对县级以上人民政府建设行政主管部门和其他有关部门进行的监督检查应当支持与配合，不得拒绝或者阻碍建设工程质量监督检查人员依法执行职务。

(五) 建设工程竣工验收备案要求

建设单位应当自建设工程竣工验收合格之日起15日内，将建设工程竣工验收报告和规划、公安消防、环保等部门出具的认可文件或者准许使用文件报建设行政主管部门或者其他有关部门备案。

建设行政主管部门或者其他有关部门发现建设单位在竣工验收过程中有违反国家有关建设工程质量管理规定行为的，责令停止使用，重新组织竣工验收。

(六) 供水、供电、供气、公安消防等部门或者单位不得明示或者暗示建设单位、施工单位购买其指定的生产供应单位的建筑材料、建筑构配件和设备。

(七) 建设工程发生质量事故，有关单位应当在24小时内向当地建设行政主管部门和其他有关部门报告。对重大质量事故，事故发生地的建设行政主管部门和其他有关部门应当按照事故类别和等级向当地人民政府和上级建设行政主管部门和其他有关部门报告。

特别重大质量事故的调查程序按照国务院有关规定办理。

(八) 任何单位和个人对建设工程的质量事故、质量缺陷都有权检举、控告、投诉。

二、工程建设质量检测制度

工程建设质量检测是工程质量监督工作的重要手段。工程质量检测机构是对工程和建筑构件、制品以及建筑现场所用的有关材料、设备质量进行检测的法定单位，所出具的检测报告具有法定效力。当发生工程质量责任纠纷时，国家级检测机构出具的检测报告，在国内是最终裁定，在国外具有代表国家的性质。

工程质量检测机构的检测依据是国家、部门和地区颁发的有关建设工程的法规和技术标准。

(一) 工程质量检测体系的构成

我国的工程质量检测体系是由国家级、省级、市（地区）级、县级检测机构所组成。国家建设工程质量检测中心是国家级的建设工程质量检测机构。

省级的建设工程质量检测中心，由省级建设行政主管部门和技术监督管理部门共同审查认可。

(二) 各级检测机构的工作权限

国家检测中心受国务院建设行政主管部门的委托，有权对指定的国家重点工程进行检测复核，向国务院建设行政主管部门提出检测复核报告和建议。

各地检测机构有权对本地区正在施工的建设工程所用的建筑材料、混凝土、砂浆和建筑构件等进行随机抽样检测，向本地建设行政主管部门和工程质量监督部门提出抽检和建议。

国家检测中心受国务院建设行政主管部门和国家技术监督管理部门的委托，有权对建筑构件、制品以及有关的材料、设备等产品进行抽样检测。省级、市（地区）级、县级检测机构，受同级的建设行政主管部门和技术监督管理部门委托，有权对本省、市、县的建筑构件、制品进行抽样检测。

对违反技术标准失去质量控制的产品，检测单位有权提请主管部门停止其生产，不合格的不得出厂，已出厂的不得使用。

三、工程质量保修制度

工程自办理交工验收手续后，在规定的期限内，因勘察设计、施工、材料等原因造成的工程质量缺陷，要由施工单位负责维修、更换。

工程质量缺陷是指工程不符合国家现行的有关技术标准、设计文件以及合同中对质量的要求。

四、质量认证制度

（一）质量认证的概念

所谓质量认证，是由具有一定权威，并为社会所公认的，独立于第一方（供方）和第二方（需方）的第三方机构（认证机构），通过科学、客观的鉴定，用合格证书或合格标志的形式，来表明某一产品或服务，某一组织的质量保证的能力符合特定的标准或技术规范。

按照质量认证的对象不同，可分为产品认证和质量体系认证两种。在建筑业，如果把建设工程项目作为一个整体产品来看待的话，因它具有单体性和通过合同定制的特点，因此不能像一般市场产品那样对它进行认证，而只能对其形成过程的主体单位，即对从事建设工程项目勘察、设计、施工、监理、检测等单位的质量体系进行认证，以确认这些单位是否具有按标准规范要求保证工程质量的能力。

质量认证不实行终身制，质量认证证书的有效期一般为三年，期间认证机构对获证的单位还需进行定期和不定期的监督检查，在监督检查中如发现获证单位在质量管理中有较大、较严重的问题时，认证机构有权采取暂停认证、撤销认证及注销认证等处理方法，以保证质量认证的严肃性、连续性和有效性。

（二）建筑业质量体系认证

改革开放以来，国外先进的质量管理理论和方法传入我国，自进入 80 年代始，我国工程建设领域认真学习国外的经验，逐步运用数理统计方法和全面质量管理，开始了从管质量结果向管质量因素，从事后检查向过程控制的重大转变；在质量管理的发展上，迈出重要的一步，许多工程项目的质量面貌为之一新。

随着建设工程项目实施进入市场化运作，以及影响工程质量因素的控制难度大大增加，加上现代多类工程项目的技术要求日趋复杂，用户对建筑工程的质量要求也越来越高。客观上要求参与工程建设各方建立起能适应市场要求、抵御各种风险的质量保证体系，把质量管理发展到新的阶段。1994 年开始，由建设部选择部分施工企业进行贯彻推行国际通行的质量管理和质量保证 ISO 9000 族标准的试点，引导企业建立质量保证体系并通过质量体系认证，至 2004 年 6 月底，我国建筑业通过质量体系认证的企业已达到 14187 家，占全国获证企业总数的 10.91%，名列全国各行业第三位，虽然全国现有近十万家建筑企业，所占的比例很小，但这是良好的起步，代表着工程质量管理的发展趋势。

同时，建设工程勘察、设计和监理单位也有部分企业通过质量体系认证。

实践证明，建筑企业通过贯彻 ISO 9000 族标准，建立企业的质量体系并使其正常运行，在此基础上再取得质量体系的认证，不仅可以提高企业的整体素质，以增强企业在承担建设工程项目过程中抵御各种风险的能力，并能在社会上取得良好的信誉，通过贯标和认证，取得进入市场的"通行证"，提高自身在市场上的竞争力。

《中华人民共和国建筑法》规定："国家对从事建筑活动的单位推行质量认证制度"。这一规定表明，建设领域各勘察、设计、施工、监理等单位，按国际通用的 ISO 9000 族标准的要求，建立和健全质量体系，并取得质量体系认证将是工程质量管理从传统方法向现代化管理方法发展的主要方向和必然趋势。

（三）工程建设物资的产品质量认证

目前，我国对重要的建筑材料、建筑构配件和设备，推行产品质量认证制度。建筑材料、构配件和设备的生产，企业根据自愿原则，可以向国务院建设行政主管部门或其授权的认证机构申请产品质量认证。经认证合格的，由认证机构颁发质量认证证书，准许企业在产品或其包装上使用质量认证标志。

第三节 施工单位的工程质量管理

一、施工单位的质量责任和义务

（1）应当依法取得相应等级的资质证书，并在其资质等级许可的范围内承揽工程。禁止超越本单位资质等级许可的业务范围或者以其他施工单位的名义承揽工程。禁止允许其他单位或者个人以本单位的名义承揽工程。不得转包或者违法分包工程。

（2）对建设工程的施工质量负责。应当建立质量责任制，确定工程项目的项目经理、技术负责人和施工管理负责人。

建设工程实行总承包的，总承包单位应当对全部建设工程质量负责；建设工程勘察、设计、施工、设备采购的一项或者多项实行总承包的，总承包单位应当对其承包的建设工程或者采购的设备的质量负责。

（3）总承包单位依法将建设工程分包给其他单位的，分包单位应当按照分包合同的约定对其分包工程的质量向总承包单位负责，总承包单位应当对其承包的建设工程的质量承担连带责任。

（4）必须按照工程设计图纸和施工技术标准施工，不得擅自修改工程设计，不得偷工减料。在施工过程中发现设计文件和图纸有差错的，应当及时提出意见和建议。

（5）必须按照工程设计要求、施工技术标准和合同约定，对建筑材料、建筑构配件、设备和商品混凝土进行检验，检验应当有书面记录和专人签字；未经检验或者检验不合格的，不得使用。

（6）必须建立、健全施工质量的检验制度，严格工序管理，作好隐蔽工程的质量检查和记录。隐蔽工程在隐蔽前，应当通知建设单位和建设工程质量监督机构。

（7）施工人员对涉及结构安全的试块、试件以及有关材料，应当在建设单位或者工程监理单位监督下现场取样，并送具有相应资质等级的质量检测单位进行检测。

（8）对施工中出现质量问题的建设工程或者竣工验收不合格的建设工程，应当负责返修。

(9) 应当建立、健全教育培训制度，加强对职工的教育培训；未经教育培训或者考核不合格的人员，不得上岗作业。

二、工程施工质量管理的内容和措施

工程施工是一个从对投入原材料的质量控制开始，直到完成工程质量检验验收和交工后服务的系统过程，下面分施工准备、施工、竣工验收和回访保修四个阶段，分别介绍工程施工质量控制的内容和措施。

(一) 施工准备阶段工作质量控制

从技术质量的角度来讲，施工准备工作主要是做好图纸学习与会审、编制施工组织设计和进行技术交底，为确保施工生产和工程质量创造必要的条件。

1. 图纸学习与会审

设计文件和图纸的学习是进行质量控制和规划的一项重要而有效的方法。一方面使施工人员熟悉、了解工程特点、设计意图和掌握关键部位的工程质量要求，更好地做到按图施工。另一方面通过图纸审查，及时发现存在的问题和矛盾，提出修改与洽商意见，帮助设计单位减少差错，提高设计质量，避免产生技术事故或产生工程质量问题。

图纸会审由建设单位或监理单位主持，设计单位、施工单位参加。设计单位介绍设计意图、图纸、设计特点和对施工的要求，施工单位提出图纸中存在的问题和对设计单位的要求，通过三方讨论和协商，解决存在问题，写出会审纪要，设计人员在会后通过书面形式进行解释，或提出设计变更文件及图纸。图纸审查必须抓住关键，特别注意构造和结构的审查，必须形成图纸审查与修改文件，并作为档案保存。

2. 编制施工组织设计

高质量的工程和有效的质量体系需经过精心策划和周密计划。施工组织设计就是对施工的各项活动作出全面的构思和安排，指导施工准备和施工全过程的技术经济文件，它的基本任务是使工程施工建立在科学合理的基础上，保证项目取得良好的经济效益和社会效益。项目的单件性决定了对每个项目都必须根据其特有的设计特点和施工特点进行施工规划，并编制满足需要的施工组织设计。

施工组织设计根据设计阶段和编制对象的不同，大致可分为施工组织总设计、单位工程施工组织设计和难度较大、技术复杂或新技术项目的分部分项工程施工设计三大类。施工组织设计的内容因工程的性质、规模、复杂程度等情况不同而异，通常应包括工程概况、施工部署和施工方案、施工准备工作计划、施工进度计划、技术质量措施、安全文明施工措施、各项资源需要量计划及施工平面图、技术经济指标等基本内容。施工组织设计编制和修改要按照施工单位隶属关系及工程性质实行分级审批，实施监理的工程，还要监理单位审核后才能定案。

施工组织设计中，对质量控制起主要作用的是施工方案，主要包括施工程序的安排、流水段的划分、主要项目的施工方法、施工机械的选择，以及保证质量、安全施工、冬期和雨期施工、污染防止等方面的预控方法和针对性的技术组织措施。选择施工方案时，应以国家和地方的规程、标准、技术政策为基础，以质量第一、确保安全为前提，按技术上先进、经济上合理的原则，对主要项目可拟定几个可行的方案，突出主要矛盾，摆出主要优缺点，采用建设、设计和施工单位三结合等形式讨论和比较，不断优化，选出最佳方案。对主要项目、关键部位和难度较大的项目,如新结构、新材料、新工艺、大跨度、大悬挑、重型构件、深基础和高度大的结构部位,制定方案时要反复讨论,充分估计到可能发生的问题和处理方法,并制定确保质量、安全的技术措施。

3. 组织技术交底

技术交底是指单位工程、分部、分项工程正式施工前,对参与施工的有关管理人员、技术人员和工人进行不同重点和技术深度的技术性交待和说明。其目的是使参与项目施工的人员对施工对象的设计情况、建筑结构特点、技术要求、施工工艺、质量标准和技术安全措施等方面有一个较详细的了解,做到心中有数,以便科学地组织施工和合理地安排工序,避免发生技术错误或操作错误。

技术交底是一项经常性的技术工作,可分级分阶段进行。企业或项目负责人根据施工进度,分阶段向工长及职能人员交底;工长在每项任务施工前,向操作班组交底。技术交底应以设计图纸、施工组织设计、质量检验评定标准、施工验收规范、操作规程和工艺卡为依据,编制交底文件,必要时可用图表、实样、小样、现场示范操作等形式进行,并做好书面交底记录。特别对重点、关键、特殊工程、部位和工序,以及四新项目的交底,内容要全面、重点明确、具体而详细,注重可操作性。

4. 控制物资采购

施工中所需的物资,包括建筑材料、建筑构配件和设备等,除由建设单位提供外,其余均需施工企业自行采购、订货。如果生产、供应单位提供的物资不符合质量要求,施工企业在采购前和施工中又没有有效的质量控制手段往往会埋下工程隐患,甚至酿成质量事故。因此,采购前应着重控制生产、供应单位的质量保证能力,选择合适的供应厂商和外加工单位等分供方。按先评价、后选择的原则,由熟悉物资技术标准和管理要求的人员,对拟选择的分供方通过对技术、管理、质量检测、工序质量控制和售后服务等质量保证能力的调查,信誉以及产品质量的实际检验评价,各分供方之间的综合比较,最后作出综合评价,再选择合格的分供方建立供求关系。对已建立供求关系的分供方还要根据情况的变化和需要,定期地进行连续评价和更新,以使采购的物资持续保持在符合要求的水平上。

5. 严格选择分包

工程总承包商或主承包商将总包的工程项目,按专业性质或工程范围(区域)分包给若干个分包商来完成是一种普遍采用的经营方式,为了确保分包工程的质量、工期和现场管理能满足总合同的要求,总包商应由主管部门和人员对拟选择的分包商,包括建设单位指定的分包商,是否具有相应分包工程的承包能力进行资格审查和评价。通过审查资格文件、考察已完工程和在施工程质量等方法,对分包商的技术及管理实力、特殊及主体工种人员资格、机械设备能力及施工经验认真进行综合评价,决定是否可作为合作伙伴。分包单位不得将其承包的工程再分包。

(二)施工阶段施工质量控制

施工阶段是形成工程项目实体的过程,也是形成最终产品质量的重要阶段。应按照施工组织设计的规定,通过把好建筑材料、建筑构配件和设备质量验收关,做好施工中的巡回检查,对主要分部分项工程和关键部位进行质量监控,严格隐蔽工程验收和工程预检,加强设计变更管理、落实产品保护,及时记录、收集和整理工程施工技术资料等工作措施,以保持施工过程的工程的总体质量处于稳定受控状态。

1. 严格进行材料、构配件试验和施工试验

为了避免将不合格的建筑材料、建筑构配件、设备、半成品使用到工程上，对进入现场的物料，包括甲方供应的物料，以及施工过程中的半成品，如钢材、水泥、钢筋连接接头、混凝土、砂浆、预制构件等，必须按规范、标准和设计的要求，根据对质量的影响程度和使用部位的重要程度，在使用前采用抽样检查或全数检查等形式，对涉及结构安全的应由建设单位或现场监理单位见证取样，送有法定资格的单位检测，通过一系列的检验和试验手段，判断其质量的可靠性，并保留有专人签字的书面记录。

检验和试验的方法有书面资料检验、外观检验、理化检验和无损检验等四种。书面检验，是对提供的质量保证资料、试验报告等进行审核，予以认可。外观检验，是对品种、规格、标志、外形尺寸等进行直观检查，看其有无质量问题，如构件的几何尺寸和混凝土的目测质量。理化试验，是借助试验设备和仪器对样品的化学成分、机械性能等进行测试和鉴定，如钢材的抗拉强度、混凝土的抗压强度、水泥的安定性、管道的强度和严密性等。无损检验，是在不破坏样品的前提下，利用超声波、X射线、表面探伤仪等进行检测，如钢结构焊缝的缺陷。

严禁将未经检验和试验或检验和试验不合格的材料、构配件、设备、半成品等投入使用和安装。

2. 实施工序质量监控

工程的施工过程，是由一系列相互关联、相互制约的工序所构成的，例如，混凝土工程由搅拌、运输、浇灌、振捣、养护等工序组成。工序质量直接影响项目的整体质量，工序质量包含两个相互关联的内容，一是工序活动条件的质量，即每道工序投入的人、材料、机械设备、方法和环境是否符合要求，二是工序活动效果的质量，即每道工序施工完成的工程产品是否达到有关质量标准。为了把工程质量从事后检查把关，转向事前、事中控制，达到预防为主的目的，必须加强施工工序的质量监控。

工序质量监控的对象是影响工序质量的因素，特别是对主导因素的监控，其核心是管因素、管过程，而不单纯是管结果，其重点内容包括以下四个方面：

（1）设置工序质量控制点。即对影响工序质量的重点或关键部位、薄弱环节，在一定时期内和一定条件下进行强化管理，使之处于良好的控制状态。可作为质量控制点的对象涉及面较广，它可能是技术要求高、施工难度大的结构部位，也可能是对质量影响大的关键和特殊工序、操作或某一环节，例如预应力结构的张拉工序、地下防水层施工、模板的支撑与固定、大体积混凝土的浇捣等。对特殊工序都应事先对其工序能力进行必要的鉴定。

（2）严格遵守工艺规程。施工工艺和操作规程，施工操作的依据和法规，是确保工序质量的前提，任何人都必须严格执行，不得违反。

（3）控制工序活动条件的质量。主要将影响质量的五大因素，即施工操作者、材料、施工机械设备、施工方法和施工环境等，切实有效地控制起来，以保证每道工序的正常、稳定。

（4）及时检查工序活动效果的质量。通过质量检查，及时掌握质量动态，一旦发现质量问题，随即研究处理。

3. 组织过程质量检验

主要指工序施工中或上道工序完工即将转入下道工序时所进行的质量检验，目的是通过判断工序施工内容是否合乎设计或标准要求，决定该工序是否继续进行（转交）或停止。具体形式有质量自检、互检和专业检查、工程预检、工序交接检查、工程隐蔽验收检查、基础和主体工程检查验收等工作。

（1）质量自检和互检。自检是指由工作的完成者依据规定的要求对该工作进行的检查。互检是指工作的完成者之间对相应的施工工程或完成的工作任务的质量所进行的一种制约性检查。互检的形式比较多，如同一班组内操作者的互相检查，班组的质量员对班组内的某几个成员或全体操作效果的复查，下道工序对上道工序的检查。互检往往是对自检的一种复核和确认。操作者应依据质量检验计划，按时、按确定项目、内容进行检查，并认真填写检查记录。

（2）专业质量监督。施工企业必须建立专业齐全、具有一定技术水平和能力的专职质量监督检查队伍和机构，弥补自检、互检的不足。企业质量监督检查人员应按规定的检验程序，对工序施工质量及施工班组自检记录进行核查、验证，包括对专业工程的泼水、盛水、气密性、通球、强度和接地电阻的测试等，评定相应的质量等级，并对符合要求的予以确认；当工序质量出现异常时，除可作出暂停施工的决定外，并向主管部门和上级领导报告。专业质量检查人员应做好专业检查记录，清晰表明工序是否正常及其处理情况。

（3）工序交接检查。工序交接检查是指上道工序施工完毕即将转入下道工序施工之前，以承接方为主，对交出方完成的施工内容的质量所进行的一种全面检查，因他需要有专门人员组织有关技术人员及质量检查人员参加，所以是一种不同于互检和专检的特殊检查形式，按承交双方的性质不同，可分为施工班组之间、专业施工队之间、专业工程处（分公司）之间和承包工程的企业之间四种交接检查类型。交出方和承接方通过资料检查及实体核查，对发现的问题进行整改，达到设计、技术标准要求后，办理工序交接手续，填写工序交接记录，并由参与各方签字确认。

（4）隐蔽工程验收。隐蔽工程验收是指将被其他分项工程所隐蔽的分项工程或分部工程，在隐蔽前进行的检查和验收，是一项防止质量隐患，保证工程质量的重要措施。各类专业工程都有规定的隐蔽验收项目，就土建工程而言，隐蔽验收的项目主要有：地基、基础与主体结构各部位钢筋、现场结构焊接、高强螺栓连接、防水工程等。对重要的隐蔽工程项目，如基础工程等，应由工程项目的技术负责人主持，邀请建设单位、监理单位、设计单位、质量监督部门进行验收，并签署意见。隐蔽工程验收后，办理验收手续，列入工程档案。对于验收中提出的不符合质量标准的问题，要认真处理，经复核合格并写明处理情况。未经隐蔽工程验收或验收不合格的，不得进行下道工序施工。

（5）工程预检。工程预检也称技术复核，是指该分项工程在未施工前所进行的预先检查，是一项防止可能发生差错造成重大质量事故的重要措施。预检的项目就土建工程而言，主要有：测量放线、建筑物位置线、基础尺寸线、模板轴线、墙体轴线、预制构件吊装、门窗洞口位置线、设备基础、混凝土施工缝位置、方法及接槎处理、地面基层处理等。一般预检项目由工长主持，请质量检验员、有关班组长参加。重要的预检项目应由项目经理或技术负责人主持，请设计单位、建设单位、监理单位、质量监督站的代表参加，并签署意见。预检后要办理预检手续，列入工程档案。对于预检中提出的不符合质量标准的问题，要认真处理，经复检合格并写明处理情况。未经预检或预检不合格的，不得进行下一道工序施工。

(6) 基础、主体工程检查验收。单位工程的基础完成后必须进行验收，方可进行主体工程施工，主体工程完成后必须经过验收，方可进行装饰施工。有人防地下室的工程，可分两次进行结构验收（地下室一次，主体一次）。如需提前装饰的工程，主体结构可分层进行验收。结构验收应由勘察、设计、监理、施工单位签署的合格文件。

4. 重视设计变更管理

施工过程中往往会发生没有预料的新情况，如设计与施工的可行性发生矛盾；建设单位因工程使用目的、功能或质量要求发生变化，而导致设计变更。设计变更须经建设、设计、施工单位（有监理单位的，还应有监理单位）各方同意，共同签署设计变更洽商记录，由设计单位负责修改，并向施工单位签发设计变更通知书。对建设规模、投资方案有较大影响的变更，须经原批准初步设计单位同意，方可进行修改。设计变更必须真实地反映工程的实际变更情况，变更内容要条理清楚、明确具体，除文字说明外，必要时附施工图纸，以利施工。设计变更注明日期，及时送交施工各方有关部门和人员。接到设计变更，应立即按要求改动，避免发生重大差错，影响工程质量和使用。所有设计变更资料，均需有文字记录，并按要求归档。

5. 加强成品保护

在施工过程中，有些分项、分部工程已经完成，其他部位或工程尚在施工，对已完成的成品，如不采取妥善的措施加以保护，就会造成损伤，影响质量，严重的是有些损伤难以恢复到原样，成为永久性缺陷。产品保护工作主要抓合理安排施工顺序和采取有效的防护措施两个主要环节。按正确的施工流程组织施工，不颠倒工序，可防止后道工序损坏或污染前道工序，如地下管道与基础工程配合进行施工，可避免基础完工后再打洞挖槽安装管道，影响质量和进度。通过采取提前防护、包裹、覆盖和局部封闭等产品防护措施，防止可能发生的损伤、污染、堵塞。此外，还必须加强对成品保护工作的检查。

6. 积累工程施工技术资料

工程施工技术资料是施工中的技术、质量和管理活动的记录，是实行质量追溯的主要依据，是评定单位工程质量等级的三大条件之一，也是工程档案的主要组成部分。施工技术资料管理是确保工程质量和完善施工管理的一项重要工作，它反映了施工活动的科学性和严肃性，是工程施工质量水平和管理水平的实际体现，施工企业必须按各专业质量检验评定标准的规定和各地的实施细则，全面、科学、准确、及时地记录施工及试（检）验资料，按规定积累、计算、整理、归档，手续必须完备，并不得有伪造、涂改、后补等现象。

(三) 竣工验收交付阶段的工程质量控制

工程项目按照批准的设计图纸和文件的内容全部建成，达到使用条件或住人标准，叫做工程竣工。竣工是指单项工程而言，一个建设项目如果是由几个单项工程组成，应按单项工程组织竣工，一个工程项目如果已经全部完成，但由于外部原因，如缺少或暂时缺少电力、煤气、燃料等，不能投产或不能全部投产使用，也应视为竣工。工程竣工后，达到质量标准，即可逐个由建设单位组织勘察、设计、施工、监理等有关单位对竣工工程进行验收，办理移交手续。

1. 坚持竣工标准

由于建设工程项目门类很多，性能、条件和要求各异，因此土建工程、安装工程、人防工程、管道工程、桥梁工程、电气工程及铁路建筑安装工程等都有相应的竣工标准。凡达不到竣工标准的工程，一般不能算竣工，也不能报请竣工质量核定和竣工验收。例如土建工程的竣工标准规定，凡生产性工程、辅助公用设施及生活设施按照设计图纸、技术说明书、验收规范进行验收，工程质量符合各项要求，在工程内容上按规定全部施工完毕，不留尾巴。即对生产性工程要求室内全部做完，室外明沟勒脚、踏步斜道全部做完，内外粉刷完毕；建筑物、构筑物周围 2m 以内场地平整、障碍物清除、道路及下水道畅通。对生活设施和职工住宅除上述要求外，还要求水通、电通、道路通。

2. 做好竣工预检

竣工预检是承包单位内部的自我检验，目的是为正式验收作好准备。竣工预检可根据工程重要程度和性质。按竣工验收标准，分层次进行。通常先由项目部组织自检，对缺漏或不符合要求的部位和项目，确定整改措施，指定专人负责整改。在项目部整改复查完毕后，报请企业上级单位进行复检，通过复检，解决全部遗留问题，由勘察、设计、施工、监理等单位分别签署的质量合格文件，经确认全部符合竣工验收标准，具备交付使用条件后，建设承包单位于正式验收之日的前 10 天，向建设单位发送竣工验收报告，出具工程保修书。

3. 整理工程竣工验收资料

工程竣工验收资料是使用、维修、扩建和改建的指导文件和重要依据，工程项目交接时，承包单位应将成套的工程技术资料进行分类整理、编目建档后移交给建设单位。工程项目竣工验收的资料主要有：

（1）工程项目开工报告和竣工报告。
（2）图纸会审和设计交底记录。
（3）设计变更通知单和技术变更核定单。
（4）工程质量事故调查和处理资料。
（5）水准点位置、定位测量记录、沉降及位移观测记录。
（6）建筑材料、建筑构配件和设备的质量合格证明资料。
（7）试验、检验报告。
（8）隐蔽验收记录及施工日记。
（9）竣工图。
（10）质量检验评定资料。
（11）工程竣工验收资料。
（12）其他需移交的文件、实物照片等材料。

（四）回访保修服务阶段的工作质量控制

工程项目在竣工验收交付使用后，按照有关规定，在保修期限和保修范围内，施工单位应主动对工程进行回访，听取建设单位或用户对工程质量的意见，对属于施工单位施工过程中的质量问题，负责维修，不留隐患，如属设计等原因造成的质量问题，在征得建设单位和设计单位认可后，协助修补。

施工单位在接到用户来访、来信的质量投诉后，应立即组织力量维修，发现影响安全的质量问题应紧急处理。

1. 回访的方式

一般有季节性回访、技术性回访和保修期满前回访三种形式。季节性回访大多为雨季回访屋面、墙面防水情况，冬季回访采暖系统情况，发现问题，采取有效措施，及时加以解决。技术回访主要了解在工程施工过程中所采用的新材料、新技术、新工艺、新设备等的技术性能和使用的效果，发现问题，及时加以补救和解决，同时也便于总结经验，获取科学依据，为改进、完善和推广创造条件。保修期满前的回访一般在保修期即将结束之前进行。

2. 保修的期限

（1）基础设施工程、房屋建筑的地基基础工程和主体结构工程，为设计文件规定的该工程的合理使用年限。

（2）屋面防水工程、有防水要求的卫生间、房间和外墙面的防渗漏，为5年。

（3）供热与供冷系统，为2个采暖期、供冷期。

（4）电气管线、给排水管道、设备安装和装修工程，为2年。

其他项目的保修期限由发包方与承包方约定。

建设工程的保修期，自竣工验收合格之日起计算。

一般讲，以上规定是在正常使用条件下的最低保修期限，如果需要，这些项目和其他项目的保修期限，也可由建设单位与施工单位在竣工验收时进行协商，并可在相应的工程保修证书上注明。

3. 保修的实施

（1）保修范围。各类建筑工程及建筑工程的各个部位，都应实行保修，主要是指那些由于施工的责任，特别是由于施工质量不良而造成的问题。由于用户在使用中损坏或使用不当而造成建筑物功能不良；由于设计原因造成建筑物功能不良；以及工业产品项目发生问题等情况不属于施工单位保修范围，应由建设单位自行组织修理乃至重新变更设计进行返工。如需原施工单位施工，亦应重新签订协议或合同。

（2）发送质量保修证书。在工程竣工验收的同时，由施工单位向建设单位出具质量保修书，明确使用管理要求、保修范围与内容、保修期限、保修责任、保修说明、联系办法等主要内容。

（3）检查和修理。在保修期内根据回访结果，以及建设单位或用户关于施工质量而影响使用功能不良的口头、书面通知，对涉及的问题，施工单位应尽快派人前往检查，并会同建设单位或用户共同做出鉴定，提出修理方案，组织人力物力进行修理，修理自检合格后，应经建设单位或用户验收签认。在经济责任处理上必须根据修理项目的性质、内容以及结合检查修理诸种原因的实际情况，在分清责任的前提下，由建设单位或用户与施工单位共同协商处理和承担办法。在保修范围和保修期限内发生质量问题的，施工单位应当履行保修义务，并对造成的损失承担赔偿责任。

三、质量员的职责和工作范围

（一）质量员的素质要求

对于一个建设工程来说，项目质量员应对现场质量管理全权负责。因此，质量员的人选很重要。其必须具备如下素质：

1. 足够的专业知识和岗位工作能力

质量员的工作具有很强的专业性和技术性,必须由专业技术人员采承担,一般要求应连续从事本专业工作三年以上,并由建设行政主管部门授权的培训机构,按照建设部规定的建筑企业专业管理人员岗位必备知识和能力要求,对其进行系统的培训考核,取得相应的上岗证书。

(1) 岗位必备知识:

1) 具有建筑识图、建筑力学和建筑结构的基本知识。

2) 熟悉施工程序,各工种操作规程和质量检验评定标准。

3) 了解设计规范,熟悉施工验收规范和规程。

4) 熟悉常用建筑材料、构配件和制品的品种、规格、技术性能和用途。

5) 掌握质量管理的基本概念、内容、方法以及国家的有关法律、法规。

6) 熟悉一般的施工技术、施工工艺及工程质量通病的产生和防治办法。

7) 懂得全面质量管理的原理、方法。

(2) 应达到的岗位工作能力:

1) 能掌握分部分项工程的检验方法和验收评定标准,较正确地进行官感检查和实测实量操作,能熟悉填报各种检查表格。

2) 能较正确地判定各分部分项工程检验结果,了解原材料主要的物理(化学)性能。

3) 能提出工程质量通病的防治措施,制订新工艺、新技术的质量保证措施。

4) 了解和掌握发生质量事故的一般规律,具备对一般事故的分析、判断和处理能力。

5) 参加组织指导全面质量管理活动的开展,并提供有关数据。

2. 较强的管理能力和一定的管理经验

质量员是现场质量监控体系的组织者和负责人,具有一定的组织协调能力也是非常必要的,一般有两年以上的管理经验,才能胜任质量员的工作。质量员除派专人负责外,还可以由技术员、项目经理助理、内业技术员等其他工程技术人员担任。

3. 很强的工作责任心

(二) 质量员的管理职责

质量员负责工程的全部质量控制工作,明确质量控制系统中的岗位,并规定相应的职责和责任。负责现场各组织部门的各类专业质量控制工作的执行。质量员负责向工程项目班子所有人员介绍该工程项目的质量控制制度,负责指导和保证制度的实施,通过质量控制来保证工程建设满足技术规范和合同规定的质量要求。具体职责有:

(1) 负责适用标准的识别和解释。

(2) 负责质量控制手段的实施,指导质量保证活动。如负责对机械、电气、管道、钢结构以及混凝土工程的施工质量进行检查、监督;对到达现场的设备、材料和半成品进行质量检查,对焊接、铆接、螺栓、设备定位以及技术要求严格的工序进行检查;检查和验收隐蔽工程并做好记载等。

(3) 组织现场试验室和质监部门实施质量控制。

(4) 建立文件和报告制度,包括建立一套日常报表体系。报表汇录和反映以下信息:将要开始的工作;各负责人员的监督活动;业主提出的检查工作的要求;在施工中的检验或现场试验;其他质量工作内容。此外,现场试验简报是极为重要的记录,每月底须以表格或图表形式送达项目经理及业主,每季度或每半年也要进行同样汇报,报告每项工作的结果。

(5) 组织工程质量检查，主持质量分析会，严格执行质量奖罚制度。

(6) 接受工程建设各方关于质量控制的申请和要求，包括向各有关部门传达必要的质量措施，如质量员有权停止分包商不符合验收标准的工作，有权决定需要进行实验室分析的项目并亲自准备样品、监督实验工作等。

(7) 指导现场质量监督员的质量监督工作。

质监员的主要职责有：

1) 巡查工程，发现并纠正错误操作。

2) 记录有关工程质量的详细情况，随时向质量员报告质量信息并执行有关任务。

3) 协助工长搞好工程质量自检、互检和交接检，随时掌握各分项工程的质量情况。

4) 整理分项、分部和单位工程检查评定的原始记录，及时填报各种质量报表，建立质量档案。

(三) 质量员的重点工作范围

1. 施工准备阶段

在正式施工活动开始前进行的质量控制称为事前控制。事前控制对保证工程质量具有很重要的意义。

(1) 建立质量控制系统：

建立质量控制系统，制订本项目的现场质量管理制度，包括现场会议制度、现场质量检验制度、质量统计报表制度、质量事故报告处理制度，完善计量及质量检测技术和手段。协助分包单位完善其现场质量管理制度，并组织整个工程项目的质量保证活动。

(2) 进行质量检查与控制：

对工程项目施工所需的原材料、半成品、构配件进行质量检查与控制。通过一系列检验手段，将所取得的数据与厂商所提供的技术证明文件相对照，验证原材料、半成品、构配件质量是否满足工程项目的质量要求，及时处置不合格品。

(3) 组织或参与组织图纸会审：

熟悉图纸内容、要求和特点，并由设计单位进行设计交底，以达到明确要求，彻底弄清设计意图，发现问题，消灭差错的目的。以保证建筑物的质量为出发点，对图纸中有关影响建筑物性能、寿命、安全、可靠、经济等问题提出修改意见。

2. 施工过程中

施工过程中进行质量控制称为事中控制。事中控制是施工单位控制工程质量的重点，任务是很繁重的。

(1) 完善工序质量控制，建立质量控制点：

在于把影响工序质量的因素都纳入管理范围。以科学方法来提高人的工作质量，以保证工序质量，并通过工序质量来保证工程项目实体的质量。对需要重点控制的质量特性、工程关键部位或质量薄弱环节，在一定的时期内，一定条件下强化管理，使工序处于良好的控制状态。

(2) 组织参与技术交底和技术复核：

技术交底与复核制度是施工阶段技术管理制度的一部分，也是工程质量控制的经常性任务。

技术交底是参与施工的人员在施工前了解设计与施工的技术要求，以便科学地组织施工，按合理的工序、工艺进行作业的重要制度。在单位工程、分部工程、分项工程正式施工前，都必须认真做好技术交底工作。

技术复核一方面是在分项工程施工前指导、帮助施工人员正确掌握技术要求；另一方面是在施工过程中再次督促检查施工人员是否已按施工图纸、技术交底及技术操作规程施工，避免发生重大差错。

(3) 严格工序间交接检查：

主要作业工序，包括隐蔽作业，应按有关验收规定的要求由质量员检查，签字验收。

如出现下述情况，质量员有权向项目经理建议下达停工令。

1) 施工中出现异常情况。

2) 隐蔽工程未经检查擅自封闭、掩盖。

3) 使用了无质量合格证的工程材料，或擅自变更、替换工程材料等。

3. 施工完毕后

对施工完的产品进行质量控制称为事后控制。事后控制的目的是对工程产品进行验收把关，以避免不合格产品投入使用。

(1) 按照建筑安装工程质量检验评定标准评定分项工程、分部工程和单位工程的质量等级。

(2) 办理工程竣工验收手续，填写验收记录。

(3) 整理有关的工程项目质量的技术文件，并编目建档。

第二篇

专业知识

第六章 土方与基坑支护工程

第一节 土方开挖

一、场地和基坑开挖施工

（一）土方开挖施工技术要求

1. 场地挖方的一般要求

（1）当土方工程挖方较深时，施工单位应采取措施，防止基坑底部土的隆起并避免危害周边环境。

（2）平整场地的表面坡度应符合设计要求，如设计无要求时，排水沟方向的坡度不应小于2‰。土方不应堆在基坑边缘。

（3）土方开挖应具有一定的边坡坡度，施工时应经常测量和校核其平面位置、水平标高和边坡坡度，防止塌方和发生施工安全事故。对于场地挖方，边坡坡度应符合设计规定，若无设计规定，按不同土质可按表6-1、表6-2、表6-3、表6-4选用。

永久性土工构筑物挖方的边坡坡度 表6-1

项次	挖土性质	边坡坡度
1	在天然湿度、层理均匀、不易膨胀的黏土，粉质黏土和砂土（不包括细砂、粉砂）内挖方深度不超过3m	1:1.00～1:1.25
2	土质同上，深度为3～12m	1:1.25～1:1.50
3	干燥地区内土质结构未经破坏的干燥黄土及类黄土。深度不超过12m	1:0.10～1:1.25
4	在碎石土和泥灰岩石的地方，深度不超过12m，根据土的性质、层理特性和挖方深度确定	1:0.50～1:1.50
5	在风化岩内挖方，根据岩石性质、风化程度、层理特性和挖方深度确定	1:0.20～1:1.50
6	在微风化岩石内的挖方，岩石无裂缝且无倾向挖方坡脚的岩层	1:0.1
7	在未风化的完整岩石内的挖方	直立

临时性挖方边坡坡度值 表6-2

土的类别		边坡值（高宽比）
砂土（不包括细砂、粉砂）		1:1.25～1:1.50
一般性黏土	硬	1:0.75～1:1.00
	硬、塑	1:1.00～1:1.25
	软	1:1.50 或更缓
碎石类土	充填坚硬、硬塑黏性土	1:0.50～1:1.00
	充填砂土	1:1.00～1:1.50

注：1. 如采用降水或其他加固措施，可不受本表限制，但应计算复核。
2. 应考虑地区性水文气象等条件，结合具体情况使用。
3. 开挖深度，对软土不应超过4m，对硬土不应超过8m。
4. 表中碎石土的充填物为坚硬或硬塑状态的黏性土、粉土；对于砂土或充填物为砂土的碎石土，其边坡坡度容许值按自然休止角确定。
5. 混合土可参照表中相近的土执行。

黄土挖方边坡坡度值　　　　　　　　　　　　　　　　　　　　　　　表 6-3

地质年代	容许边坡值（高宽比）		
	坡高 5m 以内	坡高在 5～10m	坡高在 10～15m
次生黄土 Q_4	1：0.50～1：0.75	1：0.75～1：1.00	1：1.00～1：1.25
马兰黄土 Q_3	1：0.30～1：0.50	1：0.50～1：0.75	1：0.75～1：1.00
离石黄土 Q_2	1：0.20～1：1.30	1：0.30～1：0.50	1：0.50～1：0.75
午城黄土 Q_1	1：0.10～1：0.20	1：0.20～1：0.30	1：0.30～1：0.50

注：1. 时间较长的临时性挖方是指使用时间超过一年的临时工程、临时道路等的挖方。
　　2. 考虑地区性水文气象等条件，结合具体情况使用。
　　3. 不适用于新近堆积黄土。

岩石边坡容许坡度值　　　　　　　　　　　　　　　　　　　　　　　表 6-4

岩石类别	风化程度	容许边坡值（高宽比）		
		坡高在 8m 以内	坡高 8～10m	坡高 15～30m
硬质岩石	微风化	1：0.10～1：0.20	1：0.20～1：0.35	1：0.30～1：0.50
	中等风化	1：0.20～1：0.35	1：0.35～1：0.50	1：0.50～1：0.75
	强风化	1：0.35～1：0.50	1：0.50～1：0.75	1：0.75～1：1.00
软质岩石	微风化	1：0.35～1：0.50	1：0.50～1：0.75	1：0.75～1：1.00
	中等风化	1：0.50～1：0.75	1：0.75～1：1.00	1：1.00～1：1.50
	强风化	1：0.75～1：1.00	1：1.00～1：1.25	

（4）挖方上边缘至土堆坡脚的距离，应根据挖方深度、边坡高度和土的类别确定。当土质干燥密实时，不得小于 3m；当土质松软时，不得小于 5m。

2. 基坑（槽）开挖的一般要求

（1）土方开挖的顺序、方法必须与设计工况相一致，并遵循"开槽支撑，先撑后挖，分层开挖，严禁超挖"的原则。

（2）基坑（槽）和管沟开挖上部应有排水措施，防止地面水流入坑内，以防冲刷边坡造成塌方和破坏基土。

（3）基坑（槽）开挖不加支撑时的容许深度应执行表 6-5 的规定，挖深在 5m 之内不加支撑的最陡坡度应执行表 6-6 的规定。

基坑（槽）和管沟不加支撑时的容许深度　　　　　　　　　　　　　表 6-5

项次	土 的 种 类	容许深度（m）
1	中密的砂土和碎石类土（充填物为砂土）	1.00
2	硬塑、可塑的粉质黏土及粉土	1.25
3	硬塑、可塑的黏土和碎石类土（充填物为黏性土）	1.50
4	坚硬的黏土	2.00

深度在 5m 内的基坑（槽）、管沟边坡的最陡坡度（不加支撑）　　　表 6-6

岩石类别	边坡坡度（高宽比）		
	坡顶无荷载	坡顶有静载	坡顶有动载
中密的砂土	1：1.00	1：1.25	1：1.50
中密的碎石类土（充填物为砂土）	1：0.75	1：1.00	1：1.25
硬塑的粉土	1：0.67	1：0.75	1：1.00

续表

岩石类别	边坡坡度（高宽比）		
	坡顶无荷载	坡顶有静载	坡顶有动载
中密的碎石类土（充填物为黏性土）	1∶0.50	1∶0.67	1∶0.75
硬塑的粉质黏土、黏土	1∶0.33	1∶0.50	1∶0.67
老黄土	1∶0.10	1∶0.25	1∶0.33
软土（经井点降水后）	1∶1.00		

注：1. 静载指堆土或材料等，动载指机械挖土或汽车运输作业等。静载或动载应距挖方边缘 0.8m 以外，堆土或材料高度不宜超过 1.5m。
2. 当有成熟经验时，可不受本表限制。

（4）在已有建筑物侧挖基坑（槽）应间隔分段进行，每段不超过 2m，相邻的槽段应待已挖好槽段基础回填夯实后进行。

（5）开挖基坑深于邻近建筑物基础时，开挖应保持一定的距离和坡度。要满足 $h/l \leqslant 0.5 \sim 1$，h 为相邻两基础高差，l 为相邻两基础外边缘水平距离。

（6）根据土的性质、层理特性、挖方深度和施工期等确定基坑边坡护面措施，见表6-7。

基坑边坡护面措施 表 6-7

名　　称	应用范围	护面措施
薄膜覆盖或砂浆覆盖法	基础施工工期较短的临时性基坑边坡	在边坡上铺塑料薄膜，在坡顶及坡脚用草袋或编织袋装土或砖压住，或在边坡上抹水泥砂浆 2～2.5cm 保护，为防止脱落，在上部及底部均应搭盖不少于 80cm，同时在土中插适当锚筋连接，在坡脚设排水沟
挂网或挂网抹面法	基础施工期短，土质较整的临时性基坑边坡	在垂直坡面楔入直径 10～12mm、长 40～60cm 插筋，纵横间距 1cm，上铺 20 号钢丝网，上下用草袋或聚丙烯麻丝编织袋（装土或砂）压住，或再在钢丝网上抹 2.5～3.5cm 厚的 M5 水泥砂浆
喷射混凝土或混凝土护面法	邻近有建筑物的深基坑边坡	在坡面垂直楔入直径 10～12mm、长 40～50cm 插筋，纵横间距 1m，上铺 20 号钢丝网，在表面喷射 40～60mm 厚的 C15 细石混凝土直到坡顶和坡脚，也可不铺钢丝网而坡面铺 ϕ4～6mm、纵横间距 200mm 的钢丝或钢筋网片，浇筑 50～60mm 厚的细石混凝土，表面抹光
土袋或砌石压坡法	深度在 5m 以内的临时基坑边坡	在边坡下部用草袋或聚丙烯扁丝编织袋装土堆砌或砌石压住坡脚，边坡高 3m 以内可采用单排顶砌法，5m 以内，水位较高用二排顶砌或一排一顶构筑法，以保持坡脚稳定。在坡顶设挡水土堤或排水沟，防止冲刷坡面，在底部作排水沟，防止冲坏坡脚

3. 深基坑开挖的一般要求

（1）适用范围：地下水位较高的软土地区、挖土深度较深（>6m）的基坑挖土。

（2）根据工程具体情况，对基坑围护进行设计，编制基坑降水和挖土施工方案。

（3）基坑围护设计方案须按相关要求进行评审。

（4）挖土前，围护结构达到设计要求；基坑降水必须降至坑底以下 500mm。

（5）挖土过程中，对周围邻近建筑物、地下管线进行监测。

（6）挖土机械不得碰撞支撑、工程桩和立柱；挖机、运输车辆下的路基箱等不得直接压在围护支撑上。

（7）施工现场配备必要的抢险物资。

（8）每挖一层土，围护上部坑壁及支撑上的零星杂物必须及时清除。

（二）土方开挖施工质量控制

1. 施工质量控制要点

（1）在挖土过程中及时排除坑底表面积水。

（2）在挖土过程中，若发生边坡滑移、坑涌时，则须立即暂停挖土，根据具体情况采取必要的措施。

（3）基坑严禁超挖，在开挖全过程中，用水准仪跟踪控制挖土标高；机械挖土时坑底留200～300mm厚余土，进行人工修土。

2. 质保资料检查要求

（1）测量定位记录。

（2）挖土令。

（3）施工日记。

（4）自检记录。

二、填方与压实

（一）填方施工技术要求

1. 填方的一般要求

（1）填方土料：

含水量符合压实要求的黏性土可用作各层填料；一般碎石类土、砂土和爆破石渣，可用作表层以下的填料，其最大土块粒径不得超过每层铺填厚度的2/3，当用振动碾压时，不超过3/4；碎块草皮和有机质含量大于8%的土，仅可用于无压实要求的填方；淤泥和淤泥质土，一般不能用作填料。含盐量符合规定的盐渍土，一般可以用作填料，但土中不得含有盐晶、盐块或含盐植物根基。

（2）填方基底处理：

土方回填前应先清除基底的垃圾、树根等杂物，抽除坑穴中积水、淤泥，验收基底标高。如在耕植土或松土上填方，应在基底压实后再进行。

（3）填方含水量：

土料含水量的大小，直接影响到夯实（碾压）遍数和夯实（碾压）质量，在夯实（碾压）前应预试验。以得到符合密实度要求条件下的最优含水量和最少夯实（或碾压）遍数。含水量过小，夯实（碾压）不实；含水量过大，则易成橡皮土。各种土的最优含水量和最大密实度参考数值见表6-8。

土的最优含水量和最大干密度参考表　　　　表6-8

项次	土的种类	变动范围	
		最优含水量%（重量比）	最大干密度（t/m³）
1	砂土	8～12	1.80～1.88
2	黏土	19～23	1.58～1.70
3	粉质黏土	12～15	1.85～1.95
4	粉土	16～22	1.61～1.80

2. 填土方法

填方施工中应检查排水措施，采取措施防止地表滞水流入填方区，浸泡地基，造成基土下陷；当填方位于水田、沟、渠、池塘或含水量很大的松软土地段，应根据具体情况采取排水疏干，或全部挖出换土、抛填片石、填砂砾石、翻松、掺石灰等措施进行处理。当填方场地地面陡于1/5时，应先将斜坡挖成阶梯形。阶高0.2～0.3m，阶宽大于1m，然后分层填土，以利接合和防止滑动。填筑厚度及压实遍数应根据土质、压实系数及所用机具确定。如无试验依据，应符合表6-9的规定。

填土施工时的分层厚度及压实遍数　　　　　　　　　　表6-9

压实机具	分层厚度(mm)	每层压实遍数
平碾	250～300	6～8
振动压实机	250～350	3～4
柴油打夯机	200～250	3～4
人工打夯	<200	3～4

（二）填方施工质量控制

1．施工质量控制要点

（1）对有密实度要求的填方，在夯实或压实之后，要对每层回填土的质量进行检验。一般采用环刀取样测定土的干密度和密实度；或用小轻便触探仪直接通过捶击数来检验干密度和密实度，符合设计要求后，才能填筑上层。

（2）基坑和室内填土，由场地最低部位开始，由一端向另一端自下而上分层铺填，每层虚铺厚度，砂质土不大于30cm，黏性土20cm，用人工木夯夯实；用打夯机械夯实时不大于30mm。每层按30～50m²取样一组；场地平整填方，每层按400～900m²取样一组；基坑和管沟回填每20～50m²取样一组，但每层均不少于一组，取样部位在每层压实后的下半部。

（3）填方密实后的干密度，应有90%以上符合设计要求；其余10%的最低值与设计值之差不得大于0.08t/m³，且不宜集中。

2．质保资料检查要求

（1）验槽隐蔽验收记录。

（2）土工试验记录。

（3）回填土干密度试验记录。

（4）施工日记。

（5）自检记录。

（6）土方分项工程质量检验评定表。

三、施工排、降水方法

（一）场地排水方法

场地排水方法有直接排水和间接排水两种。

1．基坑内挖明沟排水法

设若干集水井与明沟相连，用水泵直接排水。

2．分层明沟排水法

当基坑开挖土层由多种土壤组成，中部夹有透水性强的砂类土壤，为避免上层地下水冲刷基坑下部边坡，造成塌方，可在基坑边坡上设置2～3层明沟及相应的集水井分层阻截,排除上部土层中的地下水。

3. 深沟排水法

当地下设备基础成群,基坑相连,土层渗水量和排水量面积大,为减少大量设置排水沟的复杂性,可在基坑外、距坑边6～30m或基坑内深基础部位开挖一条纵长、深的明排水沟,使附近基坑地下水均通过深沟自流入水沟或设集水井用水泵打到施工场地以外沟道。在建筑物四周或内部设支沟与主沟连通,将水流引至主沟打走。

4. 暗沟或渗排水层排水法

在场地狭窄地下水很大的情况下,设置明沟困难,可结合工程设计,在基础底板四周设暗沟(又称盲沟)或渗排水层,暗沟或渗排水层的排水管(沟)坡向集水坑(井)。在挖土时先挖排水沟,随挖随加深,形成连通基坑内外的暗沟排水系统,以控制地下水位,至基础底板标高后作成暗沟,或渗排水层,使基础周围地下水流向永久性下水道或集中到设计永久性排水坑,用水泵将地下水排走,使水位降低到基础底板以下。

5. 工程设施排水法

选择基坑附近深基础先施工,作为施工排水的集水井或排水设施,使基础内及附近地下水汇流至较低处集中,再用水泵排走;或先施工建筑物周围或内部的正式防水、排水设计的渗排水工程或下水道工程,利用其排水作为排水设施,在基础一侧或两侧设排水明沟或暗沟,将水流引入渗排水系统或下水道排走。本法利用永久性工程设施降排水,省去大量挖沟工程和排水设施,因此最为经济。适用于工程附近有较大型地下设施(如设备基础群、地下室、油库等)工程的排水。

6. 综合排水法

在深沟截水的基础上,如中部有透水性强的土层,再辅以分层明沟排水或在上部再辅以轻型井点截水等方法同时使用,以达到综合排除大量地下水的目的。本法排水效果好,可防止流砂现象,但多一道设施,费用稍高。适用于土质不均,基坑较深,涌水量较大的大面积基坑排水。

7. 排水沟截面选择

排水沟截面选择与土质、基坑面积有关,参见表6-10。

(二)人工降低地下水方法

基坑(槽)排水沟常用截面表　　表6-10

图示	基坑面积(m²)	截面符号	粉 质 黏 土			黏 土		
			地下水位以下的深度(m)					
			4	4～8	8～12	4	4～8	8～12
	5000以下	a	0.5	0.7	0.9	0.4	0.5	0.6
		b	0.5	0.7	0.9	0.4	0.5	0.6
		c	0.3	0.3	0.3	0.2	0.3	0.3
	5000～10000	a	0.8	1.0	1.2	0.5	0.7	0.9
		b	0.8	1.0	1.2	0.5	0.7	0.9
		c	0.3	0.4	0.4	0.3	0.3	0.3
	10000以上	a	1.0	1.2	1.5	0.6	0.8	1.0
		b	1.0	1.5	1.5	0.6	0.8	1.0
		c	0.4	0.4	0.5	0.3	0.8	0.4

对不同的土质应用不同的降水形式，常用的降水形式有：轻型井点及多级轻型井点、喷射井点、电渗井点、深井井点等，各种井点的适用范围参见表 6-11；各种井点的方法原理参见表 6-12。

各种井点的适用范围　　　　表 6-11

项次	井点类别	土层渗透系数(m/d)	最低水位深度(m)	项次	井点类别	土层渗透系数(m/d)	最低水位深度(m)
1	单层轻型井点	0.5～50	3～5	4	电渗井点	<0.1	根据选用的井点确定
2	多层轻型井点	0.5～50	6～12	5	管井井点	20～200	3～5
3	喷射井点	0.1～2	8～20	6	深井井点	5～250	>15

注：小沉井井点、无砂混凝土管井点适于土层渗透系数为 10～250m/d，降水深度为 5～10m。

各种井点的适用范围及方法原理　　　　表 6-12

名　称	适　用　范　围	方　法　原　理
单层轻型井点	适用于渗透系数为 0.5～50m/d 的砂土、黏性土；降水深度为 3～6m	在工程外围竖向埋设一系列井点管深入含水层内，井点管的上端通过连接弯管与集水总管连接，集水总管再与真空泵和离心水泵相连，启动真空泵，使井点系统形成真空，井点周围形成一个真空区，真空区通过砂井向上向外扩展一定范围，地下水便在真空泵吸力作用下，使井点附近的地下水通过砂井、滤水管被强制吸入井点管和集水总管，排除空气后，由离心水泵的排水管排出，使井点附近的地下水位得以降低
多层轻型井点	当一级轻型井点不能满足降水深度时，可用二级或多级轻型井点；降水深度为 6～12m	在工程外围竖向埋设一系列井点管深入含水层内，井点管的上端通过连接弯管与集水总管连接，集水总管再与真空泵和离心水泵相连，启动真空泵，使井点系统形成真空，井点周围形成一个真空区，真空区通过砂井向上向外扩展一定范围，地下水便在真空泵吸力作用下，使井点附近的地下水通过砂井、滤水管被强制吸入井点管和集水总管，排除空气后，由离心水泵的排水管排出，使井点附近的地下水位得以降低
喷射井点	适用于渗透系数为 3～50m/d 的砂土或渗透系数为 0.1～3m/d 的粉砂、淤泥质土、粉质黏土	在井点管内部装设特制的喷射器，用高压水泵或空气压缩机通过井点管中的内管向喷射器输入高压水（喷水井点）或压缩空气（喷气井点），形成水气射流，将地下水经井点外管与内管之间的间隙抽出排走
电渗井点	适用于渗透系数为 0.1～0.002m/d 的黏土和淤泥	利用黏性土中的电渗现象和电泳特性，使黏性土空隙中的水流动加快，起到一定疏干作用，从而使软土地基排水效率得到提高
管井井点	适用于渗透系数为 20～200m/d、地下水丰富的土层、砂层；降水深度为 3～5m	由滤水井管、吸水管和抽水机械等组成
深井井点	适用于渗透系数为 10～250m/d 的砂类土；地下水丰富，降水深，面积大，时间长的降水工程	在深基坑的周围埋设深于基底的井管，使地下水通过设置在井管内的潜水泵将地下水抽出，使地下水位低于坑底
小沉井井点	适用于渗透系数为 50～250m/d、涌水量大的粉质黏土、粉土、砂土、砂卵石层	在基坑的周围或基坑部位下沉深于基坑底的小型沉井，使地下水通过设在沉井底的滤砂笼和潜水泵，将地下水降低至基坑底以下 500mm
无砂混凝土管井点	适用于渗透系数为 0.1～250m/d 的各种土层，特别适于砂层、砂质黏土层	在基坑的周围或基坑部位埋设多个无砂混凝土滤水管井点，在管内设潜水泵，将地下水位降至要求深度

第二节 基坑（槽）支护方法

一、基坑支护方法

（一）浅基坑（槽）、管沟的支撑方法

浅基坑（槽）、管沟的支撑方法见表 6-13。

浅基坑（槽）、管沟的支撑方法 表 6-13

支 撑 方 式	通 用 条 件
间断式水平支撑：两侧挡土板水平放置，用工具式或木横撑借木楔顶紧，挖一层土，支顶一层	适于能保持立壁的干土或天然湿度的黏土类土，地下水很少，深度在 2m 以内
连续式水平支撑：挡土板水平放置，中间留出间隔，并在两侧同时对称立竖楞木，再用工具或木横撑上、下顶紧	适于能保持立壁的干土或天然湿度的黏土类土，地下水很少，深度在 3m 以内
连续式水平支撑：挡土板水平连续放置，不留间隙，然后两侧同时对称立竖楞木，上、下各顶一根撑木，端头再用木楔顶紧	适于土质较松散的干土或天然湿度的黏土类土，地下水很少，深度为 3～5m 以内
连续或间断式垂直支撑：挡土板垂直放置，连续或留适当间隙，然后每侧上、下各水平顶一根枋木，并用横撑顶紧	适于土质较松散或湿度很高的土，地下水较少，深度不限
水平垂直支撑：沟、槽上部连续式水平支撑，下部设连续垂直支撑	适于沟槽深度较大，下部有含水土层情况
多层水平垂直混合式支撑：沟槽上、下部设多层连续式水平支撑和垂直支撑	适于沟槽深度较大，下部有含水土层情况

（二）浅基坑的支撑方法

浅基坑的支撑方法见表 6-14。

浅基坑的支撑方法 表 6-14

支 撑 方 式	适 用 条 件
斜撑支撑：水平挡土板钉在柱桩内侧，柱桩外侧用斜撑支顶，斜撑底端支在木桩上，在挡土板内侧回填土	适于开挖较大型、深度不大的基坑或使用机械挖土
锚拉支撑：水平挡土板支在柱桩的内侧，柱桩一端打入土中，另一端用拉杆与锚桩拉紧，在挡土板内侧回填土	适于开挖较大型、深度不大的基坑或使用机械挖土，而不能安设横撑时使用
型钢柱横挡板支撑：沿挡土位置预先打入钢轨、工字钢或 H 型钢桩，间距 1.0～1.5m，然后边挖方，边将 3～6cm 厚的挡土板塞进钢桩之间挡土，并在横向挡板与型钢桩之间打上楔子，使横板与土体紧密接触	适于地下水位较低、深度不大的、一般黏性砂土层中应用
短柱横隔：打入小短木桩，部分打入土中，部分露出地面，钉上水平挡土板，在背面填土	适于开挖宽度大的基坑，当部分地段下部放坡不够时使用
临时挡土墙支撑：沿坡脚用砖、石叠砌或用草袋装土、砂堆砌，使坡脚保持稳定	适于开挖宽度大的基坑

（三）深基坑支护方法

深基坑支护方法见表 6-15。

（四）圆形深基坑支护方法

圆形深基坑支护方法见表 6-16。

深基坑支护（撑）方法

表 6-15

支 护 （ 撑 ） 方 式	适 用 条 件
钢板桩支护：在开挖基坑的周围打钢板桩或钢筋混凝土板桩，板桩入土深度及悬臂长度应按计算确定，如基坑宽度很大，可加水平支撑	适用于一般地下水、深度和宽度不很大的黏性砂土层中应用
钢板桩与钢构架结合支护：在开挖基坑的周围打钢板桩，在柱位置上打入暂时的钢柱，在基坑中挖土，每下挖 3～4m，安装一层构架支撑体系，挖土在钢构架网格中进行，亦可不预先打入钢柱，随挖随接长支柱	适用于在饱和软弱土层中开挖较大、较深基坑，钢板桩刚度不够时采用
挡土灌注桩支护：在开挖基坑的周围，用钻机钻孔，现场灌注钢筋混凝土桩，达到强度后，在基坑中间用人工或机械挖土，下挖 1m 左右装上横撑，在桩背面装上拉杆，与已设锚桩拉紧，然后继续挖土至要求深度，在桩间土方挖成外拱形，使起土拱作用，若基坑深度小于 6m 或邻近有建筑物，亦可不设锚拉杆，采取加密桩距或加大桩径处理	适用于开挖较大、较深（>6m）基坑，邻近有建筑物，不允许支护，背面地基有下沉、位移时采用
挡土灌注桩与土层锚杆结合支护：同挡土灌注桩支护，但在桩顶不设锚桩拉杆，而是挖至一定深度，每隔一定距离向桩背面斜下方用锚杆钻孔机打孔，安放钢筋锚杆，用水泥压力灌浆，达到强度后，安上横撑，拉紧固定，在桩中间进行挖土直至设计深度。如设 2～3 层锚杆，可挖一层土，装设一次锚杆	适用于大型较深基坑，施工期较长，邻近有高层建筑，不允许支护邻近地基有任何下沉、位移时使用
挡土灌注桩与旋喷桩组合支护：在深基坑内侧设置直径 0.6～1.0m 混凝土灌注桩，间距 1.2～1.5m；在紧靠混凝土灌注桩的外侧设置直径 0.8～1.5m 的旋喷桩，以旋喷水泥浆方式使形成水泥土桩与混凝土灌注桩紧密结合，组成一道防渗帷幕，既可起抵抗土压力、水压力作用，又起挡水抗渗透作用；挡土灌注桩与旋喷桩采取分段间隔施工。当基坑为淤泥质土层，有可能在基坑底部产生管涌、涌泥现象时亦可在基坑底部以下用旋喷桩封闭。在混凝土灌注桩外侧设旋喷桩，有利于支护结构的稳定，加固后能有效减少作用于支护结构上的主动土压力，防止边坡坍塌、渗水和管涌现象发生	适用于土质条件差、地下水位较高，要求既挡土又挡水防渗的支护工程
双层挡土灌注桩支护：将挡土灌注桩在平面布置上由单排桩改为双排桩，呈对应或梅花式排列，桩数保持不变，双排桩的桩径 d 一般为 400～600mm，排距 L 为 (1.5～3.0)d，在双排桩顶部设圈梁使成为整体刚架结构。亦可在基坑每侧中段设双排桩，而在四角仍采用单排桩。采用双排桩可有效地使支护整体刚度增大，桩的内力和水平位移减少，提高护坡效果	适用于基坑较深，采用单排悬臂混凝土灌注桩挡土，强度和刚度均不能胜任时
地下连续墙支护：在开挖的基坑周围，先施工钢筋混凝土地下连续墙，达到强度后，在墙中间用机械或人工挖土直至要求深度。对跨度、深度很大时可在内部加设水平支撑及支柱。用于逆作法施工，每下挖一层，把下一层梁、板、柱浇筑完成，以此作为地下连续墙的水平框架支撑，如此循环作业，直到地下室的底层全部挖完土	适用于开挖较大、较深（>10m）、有地下水、周围有建筑物、公路的基坑，作为地下结构外墙的一部分，或用于高层建筑的逆作法施工，作为地下室结构的部分外墙
地下连续墙与土层锚杆结合支护：在开挖的基坑周围，先施工地下连续墙支护，在墙中用机械配合人工挖土至锚杆部位，用锚杆钻机在要求位置钻孔，放入锚杆，进行灌浆，待达到强度，装上锚杆横梁或锚头垫座，然后继续下挖至要求深度，如设 2～3 层锚杆，每挖一层装一层。采用快凝砂浆灌浆	适用于开挖较大、较深（>10m）、有地下水的大型基坑，周围有高层建筑，不允许支护有变形。采用机械挖方，要求有较大空间，不允许内部设支撑时采用
土层锚杆支护：沿开挖基坑边每 2～4m 设置一层水平土层锚杆，直至挖土至要求深度。土层锚杆，每挖一层装一层。采用快凝砂浆灌浆	适用于较硬土层或破碎岩石中开挖较大、较深基坑，邻近有建筑物必须保证边坡稳定时采用

续表

支 撑 方 式	适 用 条 件
板桩(灌注桩)中央横顶支护：在基坑周围打板桩或设挡土灌注桩，在内侧放坡，挖中间部分土方到坑底，先施工中间部分结构至地面，然后再利用此结构作支承向板桩(灌注桩)支水平横顶撑，挖除放坡部分土方，每挖一层支一层水平横顶撑，直至设计深度，最后建该部分结构	适用于开挖较大、较深基坑。支护桩刚度不够，又不允许设置过多支撑时采用
板桩(灌注桩)中央斜顶支护：在基坑周围打板桩或设挡土灌注桩，内侧放坡，挖中间部分土方到坑底，并先施工好中间部分基础，再从基础向桩上方支斜顶撑，然后再把放坡的土方挖除，每挖一层，支一层斜顶撑，直至坑底，最后建该部分结构	适用于开挖较大、较深基坑。支护桩刚度不够，坑内又不允许设置过多支撑时采用
分层板桩支护：在开挖厂房群基础，周围先支护板桩，然后在内侧挖土方至群基础底标高，再在中部主体深基础四周打二级支护板桩，挖深基础土方，施工主体结构至地面，最后施工外围群基础	适用于开挖较大、较深基坑。当中部主体与周围群基础标高不等，而又无重型板桩时采用

圆形深基坑支护方法　　　　　　　　　　表6-16

支 护 方 式	适 用 条 件
钢筋笼支护：应用短钢筋笼悬挂在孔口作圆形基坑的支护，笼与土壁间插木板支垫	适用于天然湿度的较松软黏土类土。作直径不大的圆形结构挖孔桩支护，深度为3～6m
钢筋或钢筋骨架支护：每挖0.6～1.0m，用2根直径25～32mm钢筋或钢筋骨架顶箍，接头用螺栓连接，顶箍之间用吊筋连接，靠土一面插木护板作支撑	适用于天然湿度的黏土类土，地下水很少，作圆形结构支护，深度为6～8m
混凝土或钢筋混凝土支护：每挖1.0m，支模板、绑钢筋、浇一节混凝土护壁，再挖深1.0m，拆上节横模，支下节，浇下节混凝土，循环作业直至要求深度。主筋用搭接或焊接，浇灌斜口用砂浆堵塞	适用于天然湿度的黏土类土，地下水很少，地面荷载较大，深度为6～30m的圆形结构护壁或直径1.5m以上人工挖孔桩护壁
砖砌或拌砂浆支护：每挖1.0～1.5m，用M10水泥砂浆砌半砖或1/4砖厚护壁，用3cm厚的M10水泥砂浆填实于砖与土壁之间空隙，每挖好一段，即砌筑一段，要求灰缝饱满，挖(砌)第二段时，比每一段的孔径缩小60mm，以下逐段进行，直到要求深度	适用于土质较好，直径不大，停留时间较短的圆形基坑，直径1.5～2.0m深30m以内人工挖孔桩护壁
局部砖砌支护：上部1.0m高，用M10砂浆砌半砖或1/4砖护口，下部如土质较好，不砌护壁，如局部遇软弱层或粉细砂层，则仅在该层用M10砂浆砌半砖或1/4砖厚护壁，并高出土层交界各250～300mm	适用于无地下水、土质较好、直径1.0～1.5m、深15m以内人工挖孔桩护壁

二、支护结构的监测

在设计深基坑支护结构时，虽已事先对地质和周围环境作了调查，并经过详细计算，但设计往往与实际情况不一致。所以，在基坑开挖过程中及开挖后，对支护结构、重点杆件进行监测，能随时掌握土层与支护结构的变化情况。对每一阶段的实际受力情况与设计值对比，如实际值超过设计值过大，就需要采取必要的加固措施，以保证下一阶段施工的顺利进行。在挖土过程中，对于周围可能受到影响的建筑物、管线、道路等设施也要进行监测。若达到警戒值，则根据具体情况采取必要的措施。保证邻近建筑物和地下管线的安全和正常使用功能，并在出现险情时能把所造成的危害降低到最低程度。

第七章 地基与基础工程

地基与基础工程是建筑工程中重要的分部工程,任何一个建筑物或构筑物都是由上部结构、基础和地基三个部分组成。基础担负着承受建筑物的全部荷载并将其传递给地基的任务。

第一节 地 基 处 理

一、换填垫层法

(一) 换填法施工材料要求

1. 素土

一般用黏土或粉质黏土,土料中有机物含量不得超过5%,土料中不得含有冻土或膨胀土,土料中含有碎石时,其粒径不宜大于50mm。

2. 灰土

土料宜用黏性土及塑性指数大于4的粉土,不得含有松软杂质,土料应过筛,颗粒不得大于15mm,石灰应用Ⅲ级以上新鲜块灰,含氧化钙、氧化镁越高越好,石灰消解后使用,颗粒不得大于5mm,消石灰中不得夹有未熟化的生石灰块粒及其他杂质,也不得含有过多的水分。灰土采用体积配合比,一般宜为2∶8或3∶7。

3. 砂

宜用颗粒级配良好,质地坚硬的中砂或粗砂;当用细砂、粉砂应掺加粒径25%~30%的卵石(或碎石),最大粒径不大于5mm,但要分布均匀。砂中不得含有杂草,树根等有机物,含泥量应小于5%。

4. 砂石

采用自然级配的砂砾石(或卵石、碎石)混合物,最大粒径不大于50mm,不得含有植物残体,有机物垃圾等杂物。

5. 粉煤灰垫层

粉煤灰是电厂的工业废料,选用的粉煤灰含SiO_2、Al_2O_3、Fe_2O_3,总量越高越好,颗粒宜粗,烧失量宜低,含SO_3宜小于0.4%,以免对地下金属管道等具有腐蚀性。粉煤灰中严禁混入植物,生活垃圾及其他有机杂质。

6. 工业废渣俗称干渣

可选用分级干渣、混合干渣或原状干渣。小面积垫层用8~40mm与40~60mm的分级干渣或0~60mm的混合干渣;大面积铺填时,用混合或原状干渣,混合干渣最大粒径不大于200mm或不大于碾压分层需铺厚度的2/3。干渣必须具备质地坚硬、性能稳定、松散重度(kN/m^3)不小于11,泥土与有机杂质含量不大于5%的条件。

(二) 换填法施工质量控制

1. 施工质量控制要点

（1）当对湿陷性黄土地基进行换填加固时，不得选用砂石。土料中不得夹有砖、瓦和石块等可导致渗水的材料。

（2）当用灰土作换填垫层加固材料时，应加强对活性氧化钙含量的控制，如以灰土中活性氧化钙含量81.74%的灰土强度为100%计，当氧化钙含量降为74.59%时，相对强度就降到74%，当氧化钙含量降为69.49%时，相对强度就降到60%，所以在监督检查时要重点看灰土中石灰的氧化钙含量大小。

（3）当换垫层底部存在古井、石墓、洞穴、旧基础、暗塘等软硬不均的部位时，应根据《建筑地基处理技术规范》JGJ 79—2002第4.3.4条予以处理。

（4）垫层施工的最优含水量，垫层材料的含水量，在当地无可靠经验值取用时，应通过击实试验来确定最优含水量。分层铺垫厚度，每层压实遍数和机械碾压速度应根据选用不同材料及使用的施工机械通过压实试验确定。

（5）垫层分段施工或垫层在不同标高层上施工时应遵守JGJ 79—2002第4.3.7条规定。

2. 施工质量检验要求

（1）对素土、灰土、砂垫层用贯入仪检验垫层质量；对砂垫层也可用钢筋贯入度检验。

（2）检验的数量分层检验的深度按JGJ 79—2002第4.4.3条规定执行。

（3）当用贯入仪和钢筋检验垫层质量时，均应通过现场控制压实系数所对应的贯入度为合格标准。压实系数检验可用环刀法或其他方法。

（4）粉煤灰垫层的压实系数≥0.9施工试验确定的压实系数为合格。

（5）干渣垫层表面应达到坚实、平整、无明显软陷，每层压陷差<2mm为合格。

3. 质量保证资料检查要求

（1）检查地质资料与验槽是否吻合，当不吻合时，对进一步搞清地质情况的记录和设计采取进一步加固的图纸和说明。

（2）确定施工四大参数的试验报告和记录：

a. 最优含水量的试验报告。

b. 分层需铺厚度，每层压实遍数，机械碾压运行速度的记录。

c. 每层垫层施工时的检验记录和检验点的图示。

二、预压法

预压法分为加载预压法和真空预压法两种，适用于处理淤泥质土、淤泥和冲填土等饱和黏性土地基。

（一）加载预压法

1. 加载预压法施工技术要求

（1）用以灌入砂井的砂应用干砂。

（2）用以造孔成井的钢管内径应比砂井需要的直径略大，以减少施工过程中对地基土的扰动。

（3）用以排水固结用的塑料排水板，应有良好的透水性、足够的湿润抗拉强度和抗弯曲能力。

2. 加载预压法施工质量控制

(1) 检查砂袋放入孔内高出孔口的高度不宜小于 200mm，以利排水砂井和砂垫层形成垂直水平排水通道。

(2) 检查砂井的实际灌砂量应不小于砂井计算灌砂量的 95%，砂井计算灌砂的原则是按井孔的体积和砂在中密时的干密度计算。

(3) 袋装砂井或塑料排水带施工时，平面井距偏差应不大于井径，垂直度偏差小于 1.5%，拔管时被管子带上砂袋或塑料排水板的长度不宜超过 500mm。塑料排水带需要接长时，应采用滤膜内芯板平搭接的连接方式，搭接长度宜大于 200mm。

(4) 严格控制加载速率，竖向变形每天不应超过 10mm，边桩水平位移每天不应超过 4mm。

（二）真空预压法

1. 真空预压法施工技术要求

(1) 抽真空用密封膜应为抗老化性能好、韧性好、抗穿刺能力强的不透气材料。

(2) 真空预压用的抽气设备宜采用射流真空泵，空抽时必须达到 95kPa 以上的真空吸力。

(3) 滤水管的材料应用塑料管和钢管，管的连接采用柔性接头，以适应预压过程地基的变形。

2. 真空预压法施工质量控制

(1) 垂直排水系统要求同预压法。

(2) 水平向排水的滤水管布置应形成回路，并把滤水管设在排水砂垫层中，其上覆盖 100～200mm 厚砂。

(3) 滤水管外宜围绕钢丝或尼龙纱或土工织物等滤水材料，保证滤水能力。

(4) 密封膜热合粘接时用两条膜的热合粘接缝平搭接，搭接宽度大于 15mm。

(5) 密封膜宜铺三层，覆盖膜周边要严密封堵，封堵的方法参见 JGJ 79—2002 第 5.3.8 条。

(6) 为避免密封膜内的真空度在停泵后很快降低，在真空管路中设置止回阀和闸阀。

(7) 为防止密封膜被锐物刺破，在铺密封膜前，要认真清理平整砂垫层，拣除贝壳和带尖角石子，填平打没袋装砂井或塑料排水板留下的空洞。

(8) 真空度可一次抽气至最大，当连接五天实测沉降速率≤2mm/d 时，可停止抽气。

三、振冲法

振冲法分为振冲置换法和振冲密实法两类。

（一）振冲置换法

1. 振冲置换法施工技术要求

(1) 材料要求：置换桩体材料可选用含泥量不大于 5% 的碎石、卵石、角砾、圆砾等硬质材料，粒径为 20～50mm，最大粒径不宜超过 80mm。

(2) 施工设备要求：振冲器的功率为 30kW，用 55～75kW 更好。

2. 振冲置换法施工质量控制

(1) 振冲置换施工质量三参数：密实电流、填料量、留振时间应通过现场成桩试验确定。施工过程中要严格按施工三参数执行，并做好详细记录。

(2) 施工质量监督要严格检查每米填料的数量，达到密实电流值，振冲达到密实电流时，要保证留振数 10s 后，才能提升振冲器继续施工上段桩体，留振是防止瞬间电流桩体尚不密实假象的措施（见图 7-1、图 7-2）。

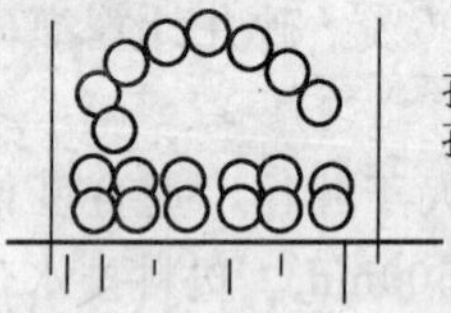

图 7-1
注：达到瞬间密实电流时桩体密实的假象

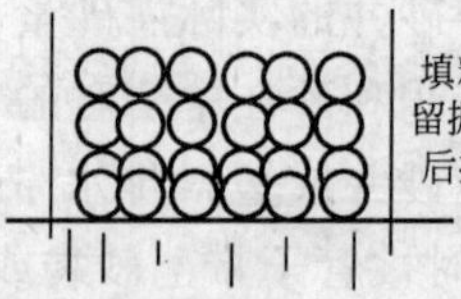

图 7-2
注：留振 30s 后桩体密实假象消失，达到真正的桩体密实

（3）开挖施工时，应将桩顶的松散桩体挖除，或用碾压等方法使桩顶松散填料密实，防止因桩顶松散而发生附加沉降。

（二）振冲密实法

振冲密实法的材料和设备要求同振冲置换法，振冲密实法又分填料和不填料两种。

振冲密实法施工质量控制：

1. 填料法是把填料放在孔口，振冲点上要放钢护筒护好孔口，振冲器对准护筒中心，使桩中心不偏斜。

2. 振冲器下沉速率控制在 $1\sim2$ mm/min 范围内。

3. 每段填料密实后，振冲器向上提 $0.3\sim0.5$ m，不要多提，以免造成多提高度内达不到密实效果。

4. 不加填料的振冲密实法用于砂层中，每次上提振冲器高度不能大于 $0.3\sim0.5$ m。

5. 详细记录各深度的最终电流值、填料量；不加填料的记录各深度留振时间和稳定密实电流值。

6. 加料或不加料振冲密实加固均应通过现场成桩试验确定施工参数。

四、砂石桩法

（一）砂石桩法施工技术要求

1. 砂石桩孔内的填料宜用砾砂、粗砂、中砂、圆砾、角砾、卵石、碎石等含泥量不大于 5%，粒径不大于 50mm。

2. 振冲器施工时，采用功率 30kW 振冲器。沉管法施工时设计成桩直径与套管直径之比不宜大于 1.5，一般采用 $300\sim700$ mm。

（二）砂石桩法施工质量控制

1. 砂、石桩孔内填料量可按砂石桩理论计算桩孔体积乘以充盈系数来确定，设计桩的间距在施工前进行成桩挤密试验，试验桩数宜选 $7\sim9$ 根，试桩后检验加固效果符合设计要求为合格，如达不到设计要求时，应调整桩的间距改变设计重做试验，直到符合设计要求，记录填石量等施工参数作为施工过程控制桩身质量的依据。

2. 桩孔内实际填砂石量（不包括水重），不应少于设计值（通过挤密试验确认的填石量）的 95%。

3. 施工结束后，将基础底标高以下的桩间松土夯压密实。

五、深层搅拌法

有湿法和干法二种施工方法。

（一）深层搅拌法施工技术要求

1. 软土的固化剂：一般选用32.5级普通硅酸盐水泥，水泥的掺入量一般为被加固湿土重的10%～15%。

2. 外掺剂：湿法施工用早强剂：可选用三乙醇胺、氯化钙、碳酸钠或水玻璃等，掺入量宜分别取水泥重量的0.05%、2%、0.5%、2%。

减水剂：选用木质素磺酸钙，其掺入量宜取水泥重量的0.2%。

缓凝早强剂：石膏兼有缓凝和早强作用，其掺入量宜取水泥重量的2%。

3. 施工设备要求：为使搅入土中水泥浆和喷入土中水泥粉体计量准确，湿法施工的深层搅拌机必须安装输入浆液计量装置；干法施工的粉喷桩机必须安装粉体喷出流量计，无计量装置的机械不能投入施工生产用。

（二）深层搅拌法施工质量控制

1. 湿、干法施工都必需做工艺试桩，把灰浆泵（喷粉泵）的输浆（粉）量和搅拌机提升速度等施工参数通过成桩试验使之符合设计要求，以确定搅拌桩的水泥浆配合比，每分钟输浆（粉）量，每分钟搅拌头提升速度等施工参数。以决定选用一喷二搅或二喷三搅施工工艺。

2. 为了保证桩端的质量，当水泥浆液或粉体到达桩端设计标高后，搅拌头停止提升，喷浆或喷粉30s，使浆液或粉体与已搅拌的松土充分搅拌固结。

3. 水泥土搅拌桩作为工程桩使用时，施工时设计停灰面一般应高出基础底面标高300～500mm，（基础埋深大用300mm，基础埋深小用500mm），在基础开挖时把它挖除。

4. 为了保证桩顶质量，当喷浆（粉）口到达桩顶标高时，搅拌头停止提升，搅拌数秒，保证桩头均匀密实。当选用干法施工且地下水位标高在桩顶以下时，粉喷制桩结束后，应在地面浇水，使水泥干粉与土搅拌后水解水化反应充分。

六、高压喷射注浆法

（一）高压喷射注浆法施工技术要求

旋喷使用的水泥应采用新鲜无结块32.5级普通水泥，一般浆液灰水比为1～1.5，稠度过大，流动缓慢，喷嘴常要堵塞，稠度过小，对强度有影响。为防止浆液沉淀和离析，一般可加入水泥用量3%的陶土、0.9‰的碱。浆液应在旋喷前1h以内配制，使用时滤去硬块、砂石等，以免堵塞管路和喷嘴。

（二）高压喷射注浆法施工质量控制

1. 为防止浆液凝固收缩影响桩顶高程，应在原孔位采用冒浆回灌或二次注浆。

2. 注浆管分段提升搭接长度不得小于100mm。

3. 当处理和加固既有建筑物时，要加强对原有建筑物的沉降观测；高压旋喷注浆过程中要大间距隔孔旋喷和及时用冒浆回灌，防止地基与基础之间有脱空现象而产生附加沉降。

第二节　桩　基　工　程

一、桩的分类

按《建筑桩基技术规范》JGJ 94—94（以下简称"规范"）的统一分类如下：

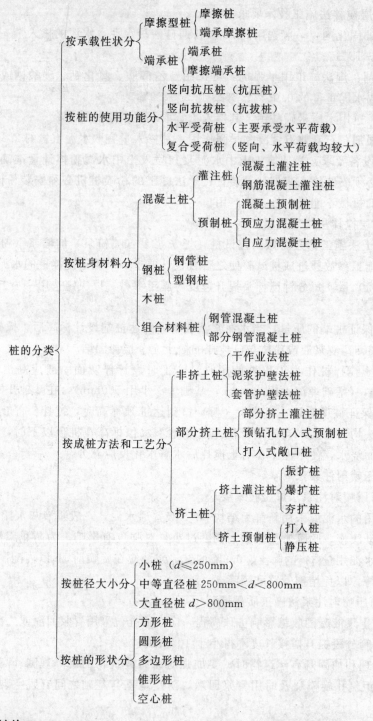

二、灌注桩施工

（一）灌注桩施工材料要求

1. 粗骨料：选用卵石或碎石，含泥量控制按设计混凝土强度等级从《普通混凝土用碎石或卵石质量标准及检验方法》JGJ 52—92 中选取。粗骨料粒径用沉管成孔时不宜大于 50mm；用泥浆护壁成孔时粗骨料粒径不宜大于 40mm；并不得大于钢筋向量小净距的

1/3；对于素混凝土灌注桩，不得大于桩径的 1/4，并不宜大于 70mm。

2. 细骨料：选用中、粗砂，含泥量控制按设计混凝土强度等级从《普通混凝土用砂质量标准及检验方法》JGJ 52—92 中选取。

3. 水泥：宜选用普通硅酸盐水泥、矿渣硅酸盐水泥、粉煤灰硅酸盐水泥，当灌注桩浇注方式为水下混凝土时，严禁选用快硬水泥作胶凝材料。

4. 钢筋：钢筋的质量应符合国家标准《钢筋混凝土用热轧带肋钢筋》（GB 1499—98）的有关规定。进口热轧变形钢筋应符合《进口热轧变形钢筋应用若干规定》的有关规定。

以上四种材料进场时均应有出厂质量证明书，材料到达施工现场后，取样复试合格后才能使用于工程。对于钢筋进场时应保护标牌不缺损，按标牌批号进行外观检验，外观检验合格后再取样复试，复试报告上应填明批号标识，施工现场核对批号标识进行加工。

（二）灌注桩施工质量控制

1. 灌注桩钢筋笼制作质量控制

（1）钢筋笼制作允许偏差按"规范"执行。

（2）主筋净距必需大于混凝土粗骨料粒径 3 倍以上，当因设计含钢量大而不能满足时，应通过设计调整钢筋直径加大主筋之间净距，以确保混凝土灌注时达到密实的要求。

（3）加劲箍宜设在主筋外侧，主筋不设弯钩，必需设弯钩时，弯钩不得向内圆伸露，以免钩住灌注导管，妨碍导管正常工作。

（4）钢筋笼的内径应比导管接头处的外径大 100mm 以上。

（5）分节制作的钢筋笼，主筋接头宜用焊接，由于在灌注桩孔口进行焊接只能做单面焊，搭接长度按 10d 留足。

（6）沉放钢筋笼前，在预制笼上套上或焊上主筋保护层垫块或耳环，使主筋保护层偏差符合以下规定。

水下灌注混凝土桩　　±20mm

非水下灌注混凝土桩　　±10mm

2. 泥浆护壁成孔灌注桩施工质量控制

（1）泥浆制备和处理的施工质量控制：

a. 制备泥浆的性能指标按"规范"执行。

b. 一般地区施工期间护筒内的泥浆面应高出地下水位 1.0m 以上。

在受潮水涨落影响地区施工时，泥浆面应高出最高水位 1.5m 以上。

以上数据应记入开孔通知单或钻进班报表中。

c. 在清孔过程中，要不断置换泥浆，直至灌注水下混凝土时才能停止置换，以保证已清好符合沉渣厚度要求的孔底沉渣不应由于泥浆静止渣土下沉而导致孔底实际沉渣厚度超差的弊病。

d. 灌注混凝土前，孔底 500mm 以内的泥浆相对密度应小于 1.25；含砂率≤8%；黏度≤28s。

（2）正反循环钻孔灌注桩施工质量控制：

a. 孔深大于 30mm 的端承型桩，钻孔机具工艺选择时宜用反循环工艺成孔或清孔。

b. 为了保证钻孔的垂直度，钻机应设置导向装置。

潜水钻的钻头上应有不小于3倍钻头直径长度的导向装置；

利用钻杆加压的正循环回转钻机，在钻具中应加设扶正器。

c. 钻孔达到设计深度后，清孔应符合下列规定：

端承桩≤50mm；

摩擦端承，端承摩擦桩≤100mm；

摩擦桩300mm。

d. 正反循环钻孔灌注桩成孔施工的允许偏差应满足"规范"表6.2.5序号1的规定要求。

（3）冲击成孔灌注桩施工质量控制：

a. 冲孔桩孔口护筒的内径应大于钻头直径200mm，护筒设置要求按"规范"6.3.5条规定执行。

b. 泥浆护壁要求见"规范"第6.3.2条执行。

（4）水下混凝土灌注施工质量控制：

a. 水下混凝土配制的强度等级应有一定的余量，能保证水下灌注混凝土强度等级符合设计强度的要求（并非在标准条件下养护的试块达到设计强度等级即判定符合设计要求）。

b. 水下混凝土必须具备良好的和易性，坍落度宜为180～220mm，水泥用量不得少于360kg/m³。

c. 水下混凝土的含砂率宜控制在40%～45%，粗骨料粒径应<40mm。

d. 导管使用前应试拼装、试压、试水压力取0.6～1.0MPa。防止导管渗漏发生堵管现象。

e. 隔水栓应有良好的隔水性能，并能使隔水栓顺利从导管中排出，保证水下混凝土灌注成功。

f. 用以储存混凝土的初灌斗的容量，必需满足第一斗混凝土灌下后能使导管一次埋入混凝土面以下0.8m以上。

g. 灌注水下混凝土时应有专人测量导管内外混凝土面标高，保证混凝土在埋管2～6m深时，才允许提升导管。当选用吊车提拔导管时，必须严格控制导管提拔时导管离开混凝土面的可能，从而发生断桩事故。

h. 严格控制浮桩标高，凿除泛浆高度后必须保证暴露的桩顶混凝土达到设计强度值。

i. 详细填写水下混凝土灌注记录。

三、混凝土预制桩施工

（一）预制桩钢筋骨架质量控制

1. 预制桩在锤击时，桩主筋可采用对焊或电弧焊，在对焊和电弧焊时同一截面的主筋接头不得超过50%，相邻主筋接头截面的距离应大于35d且不小于500mm。

2. 为了防止桩顶击碎，桩顶钢筋网片位置要严格控制按图施工，并采取措施使网片位置固定正确、牢固，保证混凝土浇捣时不移位；浇筑预制桩的混凝土时，从桩顶开始浇筑，要保证桩顶和桩尖不积聚过多的砂浆。

3. 为防止锤击时桩身出现纵向裂缝，导致桩身击碎，被迫停锤，预制桩钢筋骨架中，主筋距桩顶的距离必需严格控制，绝不允许出现主筋距桩顶面过近甚至触及桩顶的质量问题。

4. 预制桩分节长度的确定，应在掌握地层土质的情况下，决定分节桩长度时要避开桩尖接近硬持力层或桩尖处于硬持力层中接桩，防止桩尖停在硬层内接桩，电焊接桩耗时长，桩周摩阻得到恢复，使继续沉桩发生困难。

5. 根据许多工程的实践经验：凡龄期和强度都达到的预制桩，大都能顺利打入土中，很少打裂。沉桩应做到强度和龄期双控。

（二）混凝土预制桩的起吊、运输和堆存质量控制

1. 预制桩达到设计强度70%方可起吊，达到100%才能运输。

2. 桩水平运输，应用运输车辆，严禁在场地上直接拖拉桩身。

3. 垫木和吊点应保持在同一横断面上，且各层垫木上下对齐，防止垫木参差，桩被剪切断裂。

（三）混凝土预制桩接桩施工质量控制

1. 硫磺胶泥锚接法仅适用于软土层，管理和操作要求较严；一级建筑桩基或承受拔力的桩应慎用。

2. 焊接接桩材料：钢板宜用低碳钢，焊条宜用E43；焊条使用前必须经过烘焙，降低烧焊时含氢量，防止焊缝产生气孔而降低其强度和韧性；焊条烘焙应有记录。

3. 焊接接桩时，应先将四角点焊固定，焊接必需对称进行以保证设计尺寸正确，使上下节桩对中好。

（四）混凝土预制桩沉桩质量控制

1. 沉桩顺序是打桩施工方案的一项十分重要内容，必须督促施工企业认真对待，预防桩位偏移、上拔、地面隆起过多，邻近建筑物破坏等事故发生。

2. "规范"7.4.5条停止锤击的控制原则适用于一般情况。如软土中的密集桩群，按设计标高控制，但由于大量桩沉入土中产生挤土效应，后续沉桩发生困难，如坚持按设计标高控制很难实现。按贯入度控制的桩，有时也会产生贯入度过大而满足不了设计要求的情况。又有些重要建筑，设计要求标高和贯入度实行双控，而发生贯入度已达到，桩身不等长度的冒在地面而采取大量截桩的现象，因此确定停锤标准是较复杂的，发生不能按"规范"7.4.5条停锤控制沉桩时，应由建设单位邀请设计单位、施工单位在借鉴当地沉桩经验与通过静（动）载试验综合研究来确定停锤标准，作为沉桩检验的依据。

3. 为避免或减少沉桩挤土效应和对邻近建筑物、地下管线的影响，在施打大面积密集桩群时，有采取预钻孔，设置袋装砂井或塑料排水板，消除部分超孔隙水压力以减少挤土现象，设置隔离板桩或地下连续墙、开挖地面防振沟以消除部分地面振动，限制打桩速率等等辅助措施。不论采取一种或多种措施，在沉桩前应对周围建筑、管线进行原始状态观测数据记录，在沉桩过程应加强观测和监护，每天在监测数据的指导下进行沉桩做到有备无患。

4. 锤击法沉桩和静压法沉桩同样有挤土效应，导致孔隙水压力增加，而发生土体隆起，相邻建筑物破坏等，为此在选用静压法沉桩时仍然应采用辅助措施消除超孔隙水压力和挤土等破坏现象，并加强监测采取预防。

5. 插桩是保证桩位正确和桩身垂直度的重要开端，插桩应用二台经纬仪两个方向来控制插桩的垂直度，并应逐桩记录，以备核对查验。

四、钢桩施工

（一）钢桩（钢管桩、H 型钢桩及其他异型钢桩）制作施工质量控制

1. 材料要求

（1）国产低碳钢（Q235 钢），加工前必须具备钢材合格证和试验报告。

（2）进口钢管：在钢桩到港后，由商检局作抽样检验，检查钢材化学成分和机械性能是否满足合同文本要求，加工制作单位在收到商检报告后才能加工。

2. 加工要求

（1）钢桩制作偏差应满足"规范"表 7.5.3 的规定。

（2）钢桩制作分两部分完成：

1）加工厂制作均为定尺钢桩，定尺钢桩进场后应逐根检查在运输和堆放过程中桩身有否局部变形，变形的应予纠正或割除，检查应留下记录。

2）现场整根桩的焊接组合，设计桩的尺寸不一定是定尺桩的组合，多数情况下，最后一节是非定尺桩，这就要进行切割，要对切割后的节段和拼装后的桩进行外形尺寸检验合格后才能沉桩。检验应留有记录。

3. 防腐要求

地下水有侵蚀性的地区或腐蚀性土层中用的钢桩，沉桩前必须按设计要求作好防腐处理。

（二）钢桩焊接施工质量控制

1. 焊丝或焊条应有出厂合格证，焊接前必须在 200～300℃温度下烘干 2h，避免焊丝不烘干，引起烧焊时含氢量高，使焊缝容易产生气孔而降低强度和韧性，烘干应留有记录。

2. 焊接质量受气候影响很大，雨云天气，在烧焊时，由于水分蒸发，会有大量氢气混入焊缝内形成气孔。大于 10m/s 的风速会使保护气体和电弧火焰不稳定。无防风避雨措施，在雨云或刮风天气不能施工。

3. 焊接质量检验：

（1）按"规范"7.6.1 表的规定进行接桩焊缝外观允许偏差检查。

（2）按"规范"7.6.1.8 进行超声或拍片检查。

4. 异型钢桩连接加强处理

H 型钢桩或其他异型薄壁钢桩，应按设计要求在接头处加连接板，如设计无规定形式，可按等强度设置，防止沉桩时在刚度小的一侧失稳。

（三）钢桩沉桩施工质量控制

1. 混凝土预制桩沉桩质量控制要点均适用于钢桩施工。

2. H 型钢桩沉桩时为防止横向失稳，锤重不宜大于 4.5t 大级（柴油锤），且在锤击过程中桩架前应有横向约束装置。

第三节 基础工程

一、刚性基础施工

刚性基础是指用砖、石、混凝土、灰土、三合土等材料建造的基础，这种基础的特点

是抗压性能好，而整体性、抗拉、抗弯、抗剪性能差。它适用于地基坚实、均匀、上部荷载较小，六层和六层以下（三合土基础不宜超过四层）的一般民用建筑和墙承重的轻型厂房。

（一）混凝土基础施工质量控制

1. 施工质量控制要点

（1）基槽（坑）应进行验槽，局部软弱土层应挖去，用灰土或砂砾石分层回填夯实至基底相平。如有地下水或地面滞水，应挖沟排除；对粉土或细砂地基，应用轻型井点方法降低地下水位至基坑（槽）底以下50mm处；基槽（坑）内浮土、积水、淤泥、垃圾、杂物应清除干净。

（2）如地基土质良好，且无地下水，基槽（坑）第一阶可利用原槽（坑）浇筑，但应保证尺寸正确，砂浆不流失。上部台阶应支模浇筑，模板要支撑牢固，缝隙孔洞应堵严，木模应浇水湿润。

（3）基础混凝土浇筑高度在2m以内，混凝土可直接卸入基槽（坑）内，应注意使混凝土能充满边角；浇筑高度在2m以上时，应通过漏斗、串筒或溜槽下料。

（4）浇筑台阶式基础应按台阶分层一次浇筑完成，每层先浇边角，后浇中间，施工时应注意防止上下台阶交接处混凝土出现蜂窝和脱空（即吊脚、烂脖子）现象，措施是待第一台阶捣实后，继续浇筑第二台阶前，先沿第二台阶模板底圈做成内外坡度，待第二台阶混凝土浇筑完成后，再将第一台阶混凝土铲平、拍实、拍平；或第一台阶混凝土浇完成后稍停0.5~1h，待下部沉实，再浇上一台阶。

（5）锥形基础如斜坡较陡，斜面部分应支模浇筑，或随浇随安装模板，应注意防止模板上浮。斜坡较平时，可不支模，但应注意斜坡部位及边角部位混凝土的捣固密实，振捣完后，再用人工将斜坡表面修正、拍平、拍实。

（6）当基槽（坑）因土质不一挖成阶梯形式时，应先从最低处开始浇筑，按每阶高度，其各边搭接长度应不小于500mm。

（7）混凝土浇筑完后，外露部分应适当覆盖，洒水养护；拆模后及时分层回填土方并夯实。

2. 质保资料检查要求

（1）混凝土配合比。

（2）掺合料、外加剂的合格证明书、复试报告。

（3）试块强度报告。

（4）施工日记。

（5）混凝土质量自检记录。

（6）隐蔽工程验收记录。

（7）混凝土分项工程质量验收记录表。

（二）砖基础施工质量控制

1. 施工质量控制要点：

（1）砖基础应用强度等级不低于MU7.5、无裂缝的砖和不低于M10的砂浆砌筑。在严寒地区，应采用高强度等级的砖和水泥砂浆砌筑。

（2）砖基础一般做成阶梯形，俗称大放脚。大放脚做法有等高式（两皮一收）和间隔式（两皮一收和一皮一收相间）两种，每一种收退台宽度均为1/4砖，后者节省材料，采用较多。

(3) 砌基础施工前应清理基槽（坑）底，除去松散软弱土层，用灰土填补夯实，并铺设垫层；按基础大样图，吊线分中，弹出中心线和大放脚边线；检查垫层标高、轴线尺寸，并清理好垫层；先用干砖试摆，以确定排砖方法和错缝位置，使砌体平面尺寸符合要求；砖应浇水湿透，垫层适量洒水湿润。

(4) 砌筑时，应先铺底灰，再分皮挂线砌筑；铺砖按"一丁一顺"砌法，做到里外咬槎上下层错缝。竖缝至少错开1/4砖长；转角处要放七分头砖，并在山墙和檐墙两处分层交替设置，不能同缝，基础最下与最上一皮砖宜采用丁砌法。先在转角处及交接处砌几皮砖，然后拉通线砌筑。

(5) 内外墙基础应同时砌筑或做成踏步式。如基础深浅不一时，应从低处砌起，接槎高度不宜超过1m，高低相接处要砌成阶梯，台阶长度应不小于1m，其高度不大于0.5m砌到上面后再和上面的砖一起退台。

(6) 如砖基础下半部为灰土时，则灰土部分不做台阶，其宽高比应按要求控制，同时应核算灰土顶面的压应力，以不超过250～300kPa为宜。

(7) 砌筑时，灰缝砂浆要饱满，严禁用冲浆法灌缝。

(8) 基础中预留洞口及预埋管道，其位置、标高应准确，管道上部应预留沉降空隙。基础上铺放地沟盖板的出檐砖，应同时砌筑。

(9) 基础砌至防潮层时，须用水平仪找平，并按规定铺设20mm厚、1:2.5～3.0防水水泥砂浆（掺加水泥重量3%的防水剂）防潮层，要求压实抹平。用一油一毡防潮层，待找平层干硬后，刷冷底子油一度，浇沥青玛琋脂，摊铺卷材并压紧，卷材搭接宽度不少于100mm，如无卷材，亦可用塑料薄膜代替。

(10) 砌完基础应及时清理基槽（坑）内杂物和积水，在两侧同时回填土，并分层夯实。

2. 质保资料检查要求：
(1) 材料合格证及试验报告，水泥复试报告。
(2) 砂浆试块强度报告。
(3) 砂浆配合比。
(4) 施工日记。
(5) 自检记录。
(6) 砌筑分项工程质量验收记录表。

二、扩展基础施工

扩展基础是指柱下钢筋混凝土独立基础和墙下混凝土条形基础，它由于钢筋混凝土的抗弯性能好，可充分放大基础底面尺寸，达到减小地基应力的效果，同时可有效的减小埋深，节省材料和土方开挖量，加快工程进度。适用于六层和六层以下一般民用建筑和整体式结构厂房承重的柱基和墙基。柱下独立基础，当柱荷载的偏心距不大时，常用方形，偏心距大时，则用矩形。

(一) 扩展基础施工技术要求

1. 锥形基础（条形基础）边缘高度 h 一般不小于200mm；阶梯形基础的每阶高度

h_1，一般为 300～500mm。基础高度 $h \leqslant 350$mm，用一阶；350mm$< h \leqslant 900$mm，用二阶；$h > 900$mm，用三阶。为使扩展基础有一定刚度，要求基础台阶的宽高比不大于 2.5。

2. 垫层厚度一般为 100mm，混凝土强度等级为 C10，基础混凝土强度等级不宜低于 C15。

3. 底部受力钢筋的最小直径不宜小于 8mm，当有垫层时，钢筋保护层的厚度不宜小于 35mm；无垫层时，不宜小于 70mm。插筋的数目和直径应与柱内纵向受力钢筋相同。

4. 钢筋混凝土条形基础，在 T 字形与十字形交接处的钢筋沿一个主要受力方向通长放置。

5. 柱基础纵向钢筋除应满足冲切要求外，尚应满足锚固长度的要求，当基础高度在 900mm 以内时，插筋应伸至基础底部的钢筋网，并在端部做成直弯钩；当基础高度较大时，位于柱子四角的插筋应伸到基础底部，其余的钢筋只需伸至锚固长度即可。插筋伸出基础部分长度应按柱的受力情况及钢筋规格确定。

（二）扩展基础施工质量控制

1. 施工质量控制要点

（1）基坑验槽清理同刚性基础。垫层混凝土在基坑验槽后应立即浇筑，以免地基土被扰动。

（2）垫层达到一定强度后，在其上划线、支模、铺放钢筋网片。上下部垂直钢筋应绑扎牢，并注意将钢筋弯钩朝上，连接柱的插筋，下端要用 90°弯钩与基础钢筋绑扎牢固，按轴线位置校核后用方木架成井字形，将插筋固定在基础外模板上；底部钢筋网片应用混凝土保护层同厚度的水泥砂浆垫塞，以保证位置正确。

（3）在浇筑混凝土前，模板和钢筋上的垃圾、泥土和钢筋上的油污杂物，应清除干净。模板应浇水加以润湿。

（4）浇筑现浇柱下基础时，应特别注意柱子插筋位置的正确，防止造成位移和倾斜，在浇筑开始时，先满铺一层 5～10cm 厚的混凝土，并捣实使柱子插筋下段和钢筋网片的位置基本固定，然后再对称浇筑。

（5）基础混凝土宜分层连续浇筑完成，对于阶梯形基础，每一台阶高度内应整分浇捣层，每浇筑完一台阶应稍停 0.5～1h，待其初步获得沉实后，再浇筑上层，以防止下台阶混凝土溢出，在上台阶根部出现烂脖子。每一台阶浇完，表面应随即原浆抹平。

（6）对于锥形基础，应注意保持锥体斜面坡度的正确，斜面部分的模板应随混凝土浇捣分段支设，以防模板上浮变形，边角处的混凝土必须注意捣实。严禁斜面部分不支模，用铁锹拍实。基础上部柱子后施工时，可在上部水平面留设施工缝。施工缝的处理应按有关规定执行。

（7）条形基础应根据高度分段分层连续浇筑，一般不留施工缝，各段各层间应相互衔接，每段长 2～3m 左右，做到逐段逐层呈阶梯形推进。浇筑时应先使混凝土充满模板内边角，然后浇筑中间部分，以保证混凝土密实。

（8）基础上插筋时，要加以固定保证插筋位置的正确，防止浇捣混凝土时发生移位。

（9）混凝土浇筑完毕，外露表面应覆盖浇水养护。

2. 质保资料检查要求

（1）混凝土配合比。

(2) 掺合料、外加剂的合格证明书、复试报告。
(3) 试块强度报告。
(4) 施工日记。
(5) 混凝土质量自检记录。
(6) 隐蔽工程验收记录。
(7) 混凝土分项工程质量验收记录表。

三、杯形基础施工

杯形基础形式有杯口、双杯口、高杯口钢筋混凝土基础等，接头采用细石混凝土灌浆。杯形基础主要用作工业厂房装配式钢筋混凝土柱的高度不大于5m的一般工业厂房柱基础。

(一) 杯形基础施工技术要求

(1) 柱的插入深度 h_1 可按表7-1选用，此外，h_1 应满足锚固长度的要求（一般为20倍纵向受力钢筋直径）和吊装时柱的稳定性（不小于吊装时柱长的0.05倍）。

柱的插入深度 h_1 (mm)　　　　　表7-1

矩形或工字形柱				单肢管柱	双肢柱
$h<500$	$500 \leqslant h<800$	$800 \leqslant h<1000$	$h>1000$		
$(1\sim1.2)h$	h	$0.9h \geqslant 800$	$0.8h \geqslant 1000$	$1.5d \geqslant 500$	$(1/3\sim2/3)h_a$ 或 $(1.5\sim1.8)h_b$

注：1. h 为柱截面长边尺寸；d 为管柱的外直径；h_a 为双肢柱整个截面长边尺寸；h_b 为双肢柱整个截面短边尺寸。
　　2. 柱轴心受压或小偏心受压时，h_1 可以适当减小，偏心距 $e_0 > 2h$（或 $e_0 > 2d$）时，h_1 适当加大。

(2) 基础的杯底厚度和杯壁厚度，可按表7-2采用。

基础的杯底厚度和杯壁厚度 (mm)　　　　　表7-2

柱截面长边尺寸 h	杯底厚度 a_1	杯壁厚度	柱截面长边尺寸 h	杯底厚度 a_1	杯壁厚度
$h<500$	$\geqslant 150$	$150\sim200$	$1000 \leqslant h<1500$	$\geqslant 250$	$\geqslant 350$
$500 \leqslant h<800$	$\geqslant 200$	$\geqslant 200$	$1500 \leqslant h<2000$	$\geqslant 300$	$\geqslant 400$
$800 \leqslant h<1000$	$\geqslant 200$	$\geqslant 300$			

注：1. 双肢柱的 a_1 值可适当加大。
　　2. 当有基础梁时，基础梁下的杯壁厚度应满足其支撑宽度的要求。
　　3. 柱子插入杯口部分的表面，应尽量凿毛，柱子与杯口之间的空隙，应用细石混凝土（比基础混凝土强度等级高一级）密实充填，其强度达到基础设计强度等级的70%以上（或采取其他相应措施）时，方能进行上部吊装。

(3) 大型工业厂房柱双杯口和高杯口基础与一般杯口基础构造要求基本相同。

(二) 杯形基础施工质量控制

1. 施工质量控制要点

(1) 杯口模板可用木或钢定型模板，可做成整体，也可做成两半形式，中间各加楔形板一块，拆模时，先取出楔形板然后分别将两半杯口模取出。为便于周转宜做成工具式，支模时杯口模板要固定牢固。

(2) 混凝土应按台阶分层浇筑。对杯口基础的高台阶部分按整体分层浇筑，不留施工缝。

(3) 浇捣杯口混凝土时，应注意杯口的位置，由于模板仅上端固定，浇捣混凝土时，四侧应对称均匀下灰，避免将杯口模板挤向一侧。

(4) 杯形基础一般在杯底均留有 50cm 厚的细石混凝土找平层,在浇筑基础混凝土时,要仔细控制标高,如用无底式杯口模板施工,应先将杯底混凝土振实,然后浇筑杯口四周的混凝土,此时宜采用低流动性混凝土;或杯底混凝土浇完后停 0.5～1h,待混凝土沉实,再浇杯口四周混凝土等办法,避免混凝土从杯底挤出,造成蜂窝麻面。基础浇筑完毕后,将杯口底冒出的少量混凝土掏出,使其与杯口模下口齐平,如用封底式杯口模板施工,应注意将杯口模板压紧,杯底混凝土振捣密实,并加强检查,以防止杯口模板上浮。基础浇捣完毕,混凝土终凝后用倒链将杯口模板取出,并将杯口内侧表面混凝土划(凿)毛。

(5) 施工高杯口基础时,由于最上一台阶较高,可采用后安装杯口模板的方法施工,即当混凝土浇捣接近杯口底时,再安装固定杯口模板,继续浇筑杯口四侧混凝土,但应注意位置标高正确。

(6) 其他施工监督要点同扩展基础。

2. 质保资料检查要求

(1) 混凝土配合比。

(2) 掺合料、外加剂的合格证明书、复试报告。

(3) 试块强度报告。

(4) 施工日记。

(5) 混凝土质量自检记录。

(6) 隐蔽工程验收记录。

(7) 混凝土分项工程质量验收记录表。

四、筏形基础施工

筏形基础由整块式钢筋混凝土平板或板与梁等组成,它在外形和构造上像倒置的钢筋混凝土平面无梁楼盖或肋形楼盖,分为平板式和梁板式两类,前者一般在荷载不很大,柱网较均匀,且间距较小的情况下采用;后者用于荷载较大的情况。由于筏形基础扩大了基底面积,增强了基础的整体性,抗弯刚度大,可调整建筑物局部发生显著的不均匀沉降。适用于地基土质软弱又不均匀(或筑有人工垫层的软弱地基)、有地下水或当柱子或承重墙传来的荷载很大的情况,或建造六层或六层以下横墙较密的民用建筑。

(一) 筏形基础施工技术要求

1. 垫层厚度宜为 100mm,混凝土强度等级采用 C10,每边伸出基础底板不小于 100mm;筏形基础混凝土强度等级不宜低于 C15;当有防水要求时,混凝土强度等级不宜低于 C20,抗渗等级不宜低于 P6。

2. 筏板厚度应根据抗冲切、抗剪切要求确定,但不得小于 200mm;梁截面按计算确定,高出底板的顶面,一般不小于 300mm,梁宽不小于 250mm。筏板悬挑墙外的长度,从轴线起算,横向不宜大于 1500mm,纵向不宜大于 1000mm,边端厚度不小于 200mm。

3. 当采用墙下不埋式筏板,四周必须设置向下边梁,其埋入室外地面下不得小于 500mm,梁宽不宜小于 200mm,上下钢筋可取最小配筋率,并不少于 2φ10mm,箍筋及腰筋一般采用 φ8@150～250mm,与边梁连接的筏板上部要配置受力钢筋,底板四角应布置放射状附加钢筋。

(二) 筏形基础施工质量控制

1. 施工质量监督要点

(1) 地基开挖,如有地下水,应采用人工降低地下水位至基坑底50cm以下部位,保持在无水的情况下进行土方开挖和基础结构施工。

(2) 基坑土方开挖应注意保持基坑底土的原状结构,如采用机械开挖时,基坑底面以上20~30cm厚的土层,应采用人工清除,避免超挖或破坏基土。如局部有软弱土层或超挖,应进行换填,采用与地基土压缩性相近的材料进行分层回填,并夯实。基坑开挖应连续进行,如基坑挖好后不能立即进行下一道工序,应在基底以上留置150~200mm厚土层不挖,待下道工序施工时再挖至设计基坑底标高,以免基土被扰动。

(3) 筏形基础施工,可根据结构情况和施工具体条件及要求采用以下两种方法之一:

1) 先在垫层上绑扎底板梁的钢筋和上部柱插筋,先浇筑底板混凝土,待达到25%以上强度后,再在底板上支梁侧模板,浇筑完梁部分混凝土。

2) 采取底板和梁钢筋、模板一次同时支好,梁侧模板用混凝土支墩或钢支脚支承,并固定牢固,混凝土一次连续浇筑完成。

(4) 当筏形基础长度很长(40m以上)时,应考虑在中部适当部位留设贯通后浇带,以避免出现温度收缩裂缝和便于进行施工分段流水作业;对超厚的筏形基础应考虑采取降低水泥水化热和浇筑入模温度措施,以避免出现大温度收缩应力,导致基础底板裂缝,做法参见箱形基础施工相关部分。

(5) 基础浇筑完毕。表面应覆盖和洒水养护,并不少于7d,必要时应采取保温养护措施,并防止浸泡地基。

(6) 在基础底板上埋设好沉降观测点,定期进行观测、分析、作好记录。

2. 质保资料检查要求

(1) 混凝土配合比。

(2) 掺合料、外加剂的合格证明书、复试报告。

(3) 试块强度报告。

(4) 施工日记。

(5) 混凝土质量自检记录。

(6) 隐蔽工程验收记录。

(7) 混凝土分项工程质量验收记录表。

五、箱形基础施工

箱形基础是由钢筋混凝土底板、顶板、外墙和一定数量的内隔墙构成一封闭空间的整体箱体,基础中空部分可在内隔墙开门洞作地下室。它具有整体性好、刚度大、抗不均匀沉降能力及抗震能力强,可消除因地基变形使建筑物开裂的可能性、减少基底处原有地基自重应力,降低总沉降量等特点。适于作软弱地基上的面积较大、平面形状简单、荷载较大或上部结构分布不均的高层建筑物的基础及对建筑物沉降有严格要求的设备基础或特种构筑物基础,特别在城市高层建筑物基础中得到较广泛的采用。

(一) 箱形基础施工技术要求

1. 箱形基础的埋置深度除满足一般基础埋置深度有关规定外,还应满足抗倾覆和抗滑稳定性要求,同时考虑使用功能要求,一般最小埋置深度在3.0~5.0m。在地震区,埋深不宜小于建筑物总高度的1/10。

2. 箱形基础高度应满足结构刚度和使用要求，一般可取建筑物高度的 1/8～1/12，且不宜小于箱形基础长度的 1/16～1/18，且不小于 3m。

3. 基础混凝土强度等级不应低于 C20，如采用密实混凝土防水时，宜采用 C30，其外围结构的混凝土抗渗等级不宜低于 P6。

（二）箱形基础施工质量控制

1. 施工质量监督要点

（1）施工前应查明建筑物荷载影响范围内地基土组成、分布、均匀性及性质和水文情况，判明深基坑的稳定性及对相邻建筑物的影响；编制施工组织设计，包括土方开挖、地基处理、深基坑降水和支护以及对邻近建筑物的保护等方面的具体施工方案。

（2）基坑开挖，如地下水位较高，应采取措施降低地下水位至基坑底以下 50cm 处，当地下水位较高，土质为粉土、粉砂或细砂时，不得采用明沟排水，宜采用轻型井点或深井井点方法降水措施，并应设置水位降低观测孔，井点设置应有专门设计。

（3）基础开挖应验算边坡稳定性，当地基为软弱土或基坑邻近有建（构）筑物时，应有临时支护措施，如设钢筋混凝土钻孔灌注桩，桩顶浇混凝土连续梁连成整体，支护离箱形基础应不小于 1.2m，上部应避免堆载、卸土。

（4）开挖基坑应注意保持基坑底土的原状结构，当采用机械开挖基坑时，在基坑底面设计标高以上 20～30cm 厚的土层，应用人工挖除并清理，如不能立即进行下一道工序施工，应留置 15～20cm 厚土层，待下道工序施工前挖除，以防止地基土被扰动。

（5）箱形基础开挖深度大，挖土卸载后，土中压力减小，土的弹性效应有时会使基坑坑面土体回弹变形（回弹变形量有时占建筑物地基变形量的 50% 以上），基坑开挖到设计基底标高经验收后，应随即浇筑垫层和箱形基础底板，防止地基土被破坏，冬期施工时，应采取有效措施，防止基坑底土的冻胀。

（6）箱形基础底板，内外墙和顶板的支模、钢筋绑扎和混凝土浇筑，可采取分块进行，其施工缝的留设，外墙水平施工缝应在底板面上部 300～500mm 范围内和无梁顶板下部 20～30cm 处，并应做成企口形式，有严格防水要求时，应在企口中部设镀锌钢板（或塑料）止水带，外墙的垂直施工缝宜用凹缝，内墙的水平和垂直施工缝多采用平缝，内墙与外墙之间可留垂直缝，在继续浇混凝土前必须清除杂物，将表面冲洗洁净，注意接浆质量，然后浇筑混凝土。

（7）当箱形基础长度超过 40m 时，为避免表面出现温度收缩裂缝或减轻浇筑强度，宜在中部设置贯通后浇带，后浇带宽度不宜小于 800mm，并从两侧混凝土内伸出贯通主筋，主筋按原设计连续安装而不切断，经 2～4 周，后浇带用高一级强度等级的半干硬性混凝土或微膨胀混凝土灌筑密实，使连成整体并加强养护，但后浇带必须是在底板，墙壁和顶板的同一位置上部留设，使形成环形，以释放早、中期温度应力。若只在底板和墙壁上留后浇带，而在顶板上不留设，将会在顶板上产生应力集中，出现裂缝，且会传递到墙壁后浇带，也会引起裂缝。底板后浇带处的垫层应加厚，局部加厚范围可采用 800mm+C（C—钢筋最小锚固长度），垫层顶面设防水层，外墙外侧在上述范围也应设防水层，并用强度等级为 M5 的砂浆砌半砖墙保护；后浇带适用于变形稳定较快，沉降量较小的地基，对变形量大，变形延续时间长的地基不宜采用。当有管道穿过箱形基础外墙时，应加焊止水片防漏。

(8) 钢筋绑扎应注意形状和位置准确,接头部位采用闪光接触对焊和套管压接,严格控制接头位置及数量,混凝土浇筑前须经验收。外部模板宜采用大块模板组装,内壁用定型模板;墙间距采用直径 12mm 穿墙对接螺栓控制墙体截面尺寸,埋设件位置应准确固定。箱顶板应适当预留施工洞口,以便内墙模板拆除后取出。

(9) 混凝土浇筑要合理选择浇筑方案,根据每次浇筑量,确定搅拌、运输、振捣能力、配备机械人员,确保混凝土浇筑均匀、连续,避免出现过多施工缝和薄弱层面。底板混凝土浇筑,一般应在底板钢筋和墙壁钢筋全部绑扎完毕,柱子插筋就位后进行,可沿长方向分 2~3 个区,由一端向另一端分层推进,分层均匀下料。当底面积大或底板呈正方形,宜分段分组浇筑,当底板厚度小于 50cm,可不分层,采用斜面赶浆法浇筑,表面及时平整;当底板厚度大于或等于 50cm,宜水平分层或斜面分层浇筑,每层厚 25~30cm,分层用插入式或平板式振动器捣固密实,同时应注意各区、组搭接处的振捣,防止漏振,每层应在水泥初凝时间内浇筑完成,以保证混凝土的整体性和强度,提高抗裂性。

(10) 墙体浇筑应在墙全部钢筋绑扎完,包括顶板插筋、预埋件、各种穿墙管道敷设完毕、模板尺寸正确、支撑牢固安全、经检查无误后进行。一般先浇外墙,后浇内墙,或内外墙同时浇筑,分支流向轴线前进,各组兼顾横墙左右宽度各半范围。外墙浇筑可采取分层分段循环浇筑法,即将外墙沿周边分成若干段,分段的长度应由混凝土的搅拌运输能力、浇筑强度、分层厚度和水泥初凝时间而定。一般分 3~4 个小组,绕周长循环转圈进行,周而复始,直至外墙体浇筑完成。本法能减少混凝土浇筑时产生的对模板的侧压力,各小组循环递进,以利于提高工效,但要求混凝土输送和浇筑过程均匀连续,劳动组织严密。当周边较长,工程量较大,亦可采取分层分段一次浇筑法,即由 2~6 个浇筑小组从一点开始,混凝土分层浇筑,每两组相对应向后延伸浇筑,直至同边闭合。本法每组有固定的施工段,以利于提高质量,对水泥初凝时间控制没有什么要求,但混凝土一次浇到墙体全高,模板侧压力大,要求模板牢固。

箱形基础顶板(带梁)混凝土浇筑方法与基础底板浇筑基本相同(略)。

(11) 箱形基础混凝土浇筑完后,要加强覆盖,并浇水养护;冬期要保温,防止温差过大出现裂缝,以保证结构使用和防水性能。

(12) 箱形基础施工完毕后,应防止长期暴露,要抓紧基坑回填土。回填时要在相对的两侧或四周同时均匀进行,分层夯实;停止降水时,应验算箱形基础的抗浮稳定性;地下水基础的浮力,一般不考虑折减,抗浮稳定系数宜小于 1.20,如不能满足时,必须采取有效措施,防止基础上浮或倾斜,地下室施工完成后,始可停止降水。

2. 质保资料检查要求

(1) 混凝土配合比。
(2) 掺合料、外加剂的合格证明书、复试报告。
(3) 试块强度报告。
(4) 施工日记。
(5) 温控记录。
(6) 混凝土质量自检记录。
(7) 隐蔽工程验收记录。
(8) 混凝土分项工程质量验收记录表。

第八章 地下防水工程

第一节 概 述

地下防水工程是指对工业与民用建筑地下工程、防护工程、隧道及地下铁道等建(构)筑物，进行防水设计、防水施工和维护管理等各项技术工作的工程实体。地下建筑防水工程按防水材料的不同可分为刚性防水层与柔性防水层。刚性防水层是指采用较高强度和无延伸能力的防水材料，如防水砂浆、防水混凝土所构成的防水层。而柔性防水层是指采用具有一定柔韧性和较大延伸率的防水材料，如防水卷材、有机防水涂料构成的防水层。地下防水工程还应包括细部构造的防水处理。

第二节 地下防水工程施工技术要求

一、地下防水工程的一般施工技术要求

1. 地下防水工程的防水设防要求

根据地下工程的重要性和使用中对防水的要求，地下工程的防水等级分为4级，各级标准应符合表8-1的规定。

不同防水等级的地下工程防水设防要求，应按表8-2和表8-3选用。

地下工程防水等级标准　　　　　表8-1

防水等级	标　　准
1级	不允许渗水，结构表面无湿渍
2级	不允许漏水，结构表面可有少量湿渍 工业与民用建筑：湿渍总面积不大于总防水面积的1‰，单个湿渍面积不大于0.1m^2，任意100m^2防水面积不超过一处 其他地下工程：湿渍总面积不大于防水面积的6‰，单个湿渍面积不大于0.2m^2，任意100m^2防水面积不超过4处
3级	有少量漏水点，不得有线流和漏泥砂 单个湿渍面积不大于0.3m^2，单个漏水点的漏水量不大于2.5L/d，任意100m^2防水面积不超过7处
4级	有漏水点，不得有线流和漏泥砂 整个工程平均漏水量不大于2L/m^2·d，任意100m^2防水面积的平均漏水量不大于4L/m^2·d

明挖法地下工程防水设防 表8-2

工程部位		主体					施工缝				后浇带			变形缝、诱导缝					
防水措施		防水混凝土	防水砂浆	防水卷材	防水涂料	塑料防水板	金属板	遇水膨胀止水条	中埋式止水带	外贴式止水带	外抹式防水砂浆	外涂式防水涂料	膨胀混凝土	遇水膨胀止水条	外贴式止水带	防水嵌缝材料	中埋式止水带	外贴式止水带	可卸式止水带	防水贴嵌缝卷材料	外贴式防水卷材	外涂防水涂料	遇水膨胀止水条

（由于列数限制，按原表分两部分展示）

防水等级		主体	施工缝	后浇带	变形缝、诱导缝
防水等级	1级	应选防水混凝土；应选一到二种其他	应选二种	应选（膨胀混凝土）；应选二种其他	应选二种
	2级	应选防水混凝土；应选一种其他	应选一到二种	应选；应选一到二种	应选一到二种
	3级	应选防水混凝土；应选一种其他	宜选一到二种	应选；宜选一到二种	宜选一到二种
	4级	宜选防水混凝土；—	宜选一种	应选；宜选一种	宜选一种

暗挖法地下工程防水设防 表8-3

工程		主体				内衬砌施工缝				内衬砌变形缝、诱导缝				
防水措施		复合式衬砌	离壁式衬砌、衬套	贴壁装配式衬砌	喷射混凝土	外贴式止水带	遇水膨胀止水条	防水嵌缝材料	中埋式止水带	外涂防水涂料	中埋式止水带	外贴式止水带	可卸式止水带	防水嵌缝材料	遇水膨胀止水条
防水等级	1级	应选一种	—			应选二种				应选	应选二种				
	2级	应选一种	—			应选一到二种				应选	应选一到二种				
	3级	—	应选一种			宜选一到二种				应选	宜选一到二种				
	4级	—	应选一种			宜选一种				应选	宜选一种				

2. 地下防水工程质量控制的基本要求

地下防水工程必须由相应资质的专业防水队伍进行施工。主要施工人员应持有建设行政主管部门或其指定单位颁发的执业资格证书。地下防水工程施工前，施工单位应进行图纸会审，掌握工程主体及细部构造的防水技术要求，并编制防水工程的施工方案。施工时，应建立各道工序的自检、交接检和专职人员检查的"三检"制度，并有完整的检查记录。未经建设（监理）单位对上道工序的检查确认，不得进行下道工序的施工。地下防水工程所使用的防水材料，应有产品的合格证书和性能检测报告，材料的品种、规格、性能等应符合现行国家产品标准和设计要求。对进场的防水材料应按规定抽样复验，不合格的材料不得在工程中使用。进行防水结构或防水层施工，现场应做到无水、无泥浆，这是保证地下防水工程施工质量的一个重要条件。因此，在地下防水工程施工期间必须做好周围环境的排水和降低地下水位的工作。地下防水工程施工期间，明挖法的基坑以及暗挖法的竖井、洞口，必须保持地下水位稳定在基底0.5m以下，必要时应采取降水措施。地下防水工程的防水层，严禁在雨天、雪天和五级风及其以上时施工，其施工环境气温条件宜符合表8-4的规定。

防水层环境气温条件　　　　　　　　　表8-4

防水层材料	施工环境气温	防水层材料	施工环境气温
高聚物改性沥青防水卷材	冷粘法不低于5℃,热熔法不低于-10℃	无机防水涂料	5～35℃
合成高分子防水卷材	冷粘法不低于5℃,热焊接法不低于-10℃	防水混凝土、水泥砂浆	5～35℃
有机防水涂料	溶剂型-5～35℃,水溶性5～35℃		

地下防水工程是一个子分部工程,其分项工程的划分应符合表8-5的要求。

地下防水工程的分项工程　　　　　　　　　表8-5

子分部工程	分项工程
地下防水工程	地下建筑防水工程:防水混凝土,水泥砂浆防水层,卷材防水层,涂料防水层,塑料板防水层,金属板防水层,细部构造
	特殊施工法防水工程:锚喷支护,地下连续墙,复合式衬砌,盾构法隧道
	排水工程:渗排水、盲沟排水,隧道、坑道排水
	注浆工程:预注浆、后注浆,衬砌裂缝注浆

二、几种主要地下防水工程的施工技术要求

地下建筑防水工程目前常用的几种防水方法,主要由防水混凝土结构自防水、水泥砂浆防水层、卷材防水层、涂料防水层和细部构造防水处理几种类型组成。

（一）防水混凝土

防水混凝土适用于防水等级为1～4级的地下整体式混凝土结构。不适用环境温度高于80℃或处于耐侵蚀系数小于0.8的侵蚀性介质中使用的地下工程。

1. 防水混凝土的施工技术要求

（1）防水混凝土的材料选用

1）水泥品种应按设计要求选用,其强度等级不应低于32.5级,不得使用过期或受潮结块水泥;

2）碎石或卵石的粒径宜为5～40mm,含泥量不得大于1.0%,泥块含量不得大于0.5%;

3）砂宜用中砂,含泥量不得大于3.0%,泥块含量不得大于1.0%;

4）拌制混凝土所用的水,应采用不含有害物质的洁净水;

5）外加剂的技术性能,应符合国家或行业标准一等品及以上的质量要求;

6）粉煤灰的级别不应低于二级,掺量不宜大于20%;硅粉掺量不应大于3%;其他掺合料的掺量应通过试验确定。

（2）防水混凝土的施工要求

1）防水混凝土的配合比要求

防水混凝土水泥用量不得少于300kg/m^3;掺有活性掺合料时,水泥用量不得少于280kg/m^3;砂率宜为35%～45%,灰砂比宜为1:2～1:2.5;水灰比不得大于0.55;试配要求的抗渗水压值应比设计值提高0.2MPa;普通防水混凝土坍落度不宜大于50mm,泵送时入泵坍落度宜为100～140mm。

2）混凝土拌制和浇筑过程控制要求

拌制混凝土所用材料的品种、规格和用量，每工作班检查不应少于两次。每盘混凝土各组成材料计量结果的偏差应符合表8-6的规定。

混凝土组成材料计量结果的允许偏差（%）　　　　　　表8-6

混凝土组成材料	每盘计量	累计计量	混凝土组成材料	每盘计量	累计计量
水泥、掺合料	±2	±1	水、外加剂	±2	±1
粗、细骨料	±3	±2			

混凝土在浇筑地点的坍落度，每工作班至少检查两次。混凝土的坍落度试验应符合现行《普通混凝土拌合物性能试验方法》GBJ 80 的有关规定。混凝土实测的坍落度与要求坍落度之间的偏差应符合表8-7的规定。

混凝土坍落度允许偏差　　　　　　表8-7

要求坍落度(mm)	允许偏差(mm)	要求坍落度(mm)	允许偏差(mm)
≤40	±10	≥100	±20
50～90	±15		

防水混凝土抗渗性能，应采用标准条件下养护混凝土抗渗试件的试验结果评定。试件应在浇筑地点制作。

连续浇筑混凝土每 500m^3 应留置一组抗渗试件（一组为6个抗渗试件），且每项工程不得少于两组。采用预拌混凝土的抗渗试件，留置组数应视结构的规模和要求而定。

2. 防水混凝土质量控制要点

（1）防水混凝土的原材料、配合比及坍落度必须符合设计要求。

（2）防水混凝土的抗压强度和抗渗压力必须符合设计要求。

（3）防水混凝土的变形缝、施工缝、后浇带、穿墙管道、埋设件等设置和构造，均须符合设计要求，严禁有渗漏。

（4）防水混凝土结构表面应坚实、平整，不得有露筋、蜂窝等缺陷；埋设件位置应正确。

（5）防水混凝土结构表面的裂缝宽度不应大于 0.2mm，并不得贯通。

（6）防水混凝土结构厚度不应小于 250mm，迎水面钢筋保护层厚度不应小于 50mm。

（二）水泥砂浆防水层

水泥砂浆防水层适用于混凝土或砌体结构的基层上采用多层抹面的防水层。不适用环境有侵蚀性、持续振动或温度高于 80℃的地下工程。

1. 水泥砂浆防水层的施工技术要求

（1）水泥砂浆防水层的材料选用

1）水泥品种应按设计要求选用，其强度等级不应低于 32.5 级，不得使用过期或受潮结块水泥；

2）砂宜采用中砂，粒径 3mm 以下，含泥量不得大于 1%，硫化物和硫酸盐含量不得大于 1%；

3) 水应采用不含有害物质的洁净水;
4) 聚合物乳液的外观质量,无颗粒、异物和凝固物;
5) 外加剂的技术性能应符合国家或行业标准一等品及以上的质量要求。

（2）水泥砂浆防水层的施工要求

1) 普通水泥砂浆防水层的配合比应按表8-8选用;掺外加剂、掺合料、聚合物水泥砂浆的配合比应符合所掺材料的规定。

普通水泥砂浆防水层的配合比 表8-8

名　　称	配合比（质量比）		水灰比	适 用 范 围
	水泥	砂		
水泥浆（1）	1	—	0.55～0.60	水泥浆防水层的第一层
水泥浆（2）	1	—	0.37～0.40	水泥浆防水层的第三、五层
水泥砂浆	1	1.5～2.0	0.40～0.50	水泥浆防水层的第二、四层

2) 水泥浆防水层对基层的质量要求

水泥砂浆防水层的基层质量至关重要。基层表面状态不好,不平整、不坚实,有孔洞和缝隙,则会影响水泥砂浆防水层的均匀性及与基层的粘结性。水泥砂浆铺抹前,基层的混凝土和砌筑砂浆强度应不低于设计值的80％;基层表面应坚实、平整、粗糙、洁净,并充分湿润,无积水;基层表面的孔洞、缝隙应用与防水层相同的砂浆填塞抹平。

3) 水泥砂浆防水层的施工操作要求

施工缝是水泥砂浆防水层的薄弱部位,由于施工缝接槎不严密及位置留设不当等原因,导致防水层渗漏水。因此水泥砂浆防水层分层铺抹或喷涂时应压实、抹平和表面压光;水泥砂浆防水层各层紧密结合,每层宜连续施工;如必须留槎时,系用阶梯坡形槎,但离开阴阳角处不得小于200mm;接槎要依层次顺序操作,层层搭接紧密。防水层的阴阳角处应做成圆弧形;为了防止水泥砂浆防水层早期脱水而产生裂缝导致渗水,水泥砂浆终凝后应及时进行养护,养护温度不宜低于5℃并保持湿润,养护时间不得少于14d。

2. 水泥砂浆防水层的质量控制要点

（1）水泥砂浆防水层的原材料及配合比必须符合设计要求。

（2）水泥砂浆防水层各层之间必须结合牢固,无空鼓现象。

（3）水泥砂浆防水层表面应密实、平整,不得有裂纹、起砂、麻面等缺陷;阴阳角处应做成圆弧形。

（4）水泥砂浆防水层施工缝留槎位置应正确,接槎应按层次顺序操作,层层搭接紧密。

（5）水泥砂浆防水层的平均厚度应符合设计要求,最小厚度不得小于设计值的85％。

（三）卷材防水层

地下工程卷材防水层适用于受侵蚀性介质或受振动作用的地下工程主体迎水面的铺贴。

1. 卷材防水层的施工技术要求

（1）卷材防水层的材料选用

用卷材作地下工程的防水层,因长年处在地下水的浸泡中,所以不得采用极易腐烂变质的低胎类沥青防水油毡，宜采用合成高分子防水卷材和高聚物改性沥青防水卷材作防水层。该类材料具有延伸率较大、对基层伸缩或开裂变形适应性较强的特点，适用于地下防水施工。我国化学建材行业发展很快，卷材及胶粘剂种类繁多、性能各异，胶粘剂有溶剂型、水乳型、单组分、多组分等，各类不同的卷材都应有与之配套（相容）的胶粘剂及其他辅助材料。不同种类卷材的配套材料不能相互混用，否则有可能发生腐蚀侵害或达不到粘结质量标准。为确保地下工程在防水层合理使用年限内不发生渗漏，除卷材的材性材质因素外，卷材的厚度应是最重要的因素。卷材的厚度在防水层的施工和使用过程中，对保证地下工程防水质量起到关键作用；同时还应考虑到人们的踩踏、机具的压扎、穿刺、自然老化等，因此要求卷材应有足够的厚度。防水卷材厚度选用应符合表8-9的规定。

防水卷材厚度　　　　　　　　　　　表8-9

防水等级	设防道数	合成分子防水卷材	高聚物改性沥青防水卷材
1级	三道或三道以上设防	单层：不应小于1.5mm；双层：每层不应小于1.2mm	单层：不应小于4mm；双层：每层不应小于3mm
2级	二道设防		
3级	一道设防	不应小于1.5mm	不应小于4mm
	复合设防	不应小于1.2mm	不应小于3mm

(2) 卷材防水层的施工要求

1) 卷材防水层的找平层施工要求

地下防水工程找平层的平整度与屋面工程相同，表面应清洁、牢固，不得有疏松，尖锐棱角等凸起物。找平层的阴阳角部位，均应做成圆弧形，圆弧半径参照屋面工程的规定，合成高分子防水卷材的圆弧半径应不小于20mm；高聚物改性沥青防水卷材的圆弧半径应不小于50mm；非低胎沥青类防水卷材的圆弧半径为100～150mm。铺贴卷材时，找平层应基本干燥。将要下雨或雨后找平层尚未干燥时，不得铺贴卷材。铺贴防水卷材前，应将找平层清扫干净，在基面上涂刷基层处理剂，基层处理剂应与卷材及胶粘剂的材性相容，可采用喷涂或涂刷法施工，喷涂应均匀一致、不露底，待表面干燥后方可铺贴卷材。当基面较潮湿时，应涂刷湿固化型胶粘剂或潮湿界面隔离剂。

2) 卷材防水层的铺贴要求

地下工程卷材防水层适用于在混凝土结构或砌体结构迎水面铺贴，一般采用外防外贴和外防内贴两种施工方法。由于外防外贴法的防水效果优于外防内贴法，所以在施工场地和条件不受限制时一般均采用外防外贴法。

建筑工程地下防水的卷材铺贴方法，主要采用冷粘法和热熔法。底板垫层混凝土平面部位的卷材宜采用空铺法、点粘法或条粘法，其他与混凝土结构相接触的部位应采用满铺法。为了保证卷材防水层的搭接缝粘结牢固和封闭严密，两幅卷材短边和长边的搭接缝宽度均不应小于100mm。采用多层卷材时，上下两层和相邻两幅卷材的搭接缝应错开1/3～1/2幅宽，且两层卷材不得相互垂直铺贴。这是为防止在同一处形成透水通路，导致防水层渗漏水。

当采用冷粘法铺贴卷材时须注意胶粘剂涂刷应均匀，不露底，不堆积。铺贴卷材时应控制胶粘剂涂刷与卷材铺贴的间隔时间，排除卷材下面的空气，并辊压粘结牢固，不得有空鼓。铺贴卷材应平整、顺直，搭接尺寸正确，不得有扭曲、皱折。接缝口应用密封材料封严，其宽度不应小于10mm。

对采用热熔法铺贴卷材的施工，加热时卷材幅宽内必须均匀一致，要求火焰加热器的喷嘴与卷材距离应适当，加热至卷材表面有光亮黑色时方可进行粘合。若熔化不够会影响卷材接缝的粘结强度和密封性能，但也不得过分加热或烧穿卷材。卷材表面层所涂覆的改性沥青热熔胶，采用热熔法施工时容易把胎体增强材料烧坏，严重影响防水卷材的质量。因此对厚度小于3mm的高聚物改性沥青防水卷材，严禁采用热熔法施工。卷材表面热熔后应立即滚铺卷材，排除卷材下面的空气，并辊压粘结牢固，不得有空鼓。滚铺卷材时接缝部位必须溢出沥青热熔胶，并应随即刮封使接缝粘结严密。铺贴后的卷材应平整、顺直，搭接尺寸正确，不得有扭曲、皱折。

3）卷材防水层的保护层施工要求

底板垫层、侧墙和顶板部位卷材防水层，铺贴完成后应作保护层，防止后续施工将其损坏。顶板保护层考虑顶板上部使用机械回填碾压时，细石混凝土保护层厚度应大于70mm，且为了防止保护层伸缩而破坏防水层，顶板的细石混凝土保护层与防水层之间宜设置隔离层；底板的细石混凝土保护层厚度应大于50mm；侧墙宜采用聚苯乙烯泡沫塑料保护层，或砌砖保护墙，砌筑保护墙过程中，保护墙与侧墙之间会出现一定的空隙，为防止回填侧压力将保护墙折断而损坏防水层，所以要求保护墙应边砌边将空隙填实。墙外铺抹30mm厚水泥砂浆。

2. 卷材防水层的施工质量控制要点

（1）卷材防水层所用卷材及主要配套材料必须符合设计要求。

（2）卷材防水层及其转角处、变形缝、穿墙管道等细部做法均须符合设计要求。

（3）卷材防水层的基层应牢固，基面应洁净、平整，不得有空鼓、松动、起砂和脱皮现象；基层阴阳角处应做成圆弧形。

（4）卷材防水层的搭接缝应粘（焊）结牢固，密封严密，不得有皱折、翘边和鼓泡等缺陷。

（5）侧墙卷材防水层的保护层与防水层应粘结牢固，结合紧密、厚度均匀一致。

（四）涂料防水层

涂料防水层适用于受侵蚀性介质或受振动作用的地下工程主体迎水面或背水面涂刷的防水层。一般采用外防外涂和外防内涂两种施工方法。

1. 涂料防水层的施工技术要求

（1）涂料防水层的材料选用

地下结构属长期浸水部位，涂料防水层应选用具有良好的耐水性、耐久性、耐腐蚀性和耐菌性的涂料。一般应采用反应型、水乳型、聚合物水泥防水涂料或水泥基、水泥基渗透结晶型防水涂料。在材料选用时，为了充分发挥防水涂料的防水作用，对防水涂料主要提出四个方面的要求：一是要有可操作时间，操作时间越短的涂料将不利于大面积防水涂料施工；二是要有一定的粘结强度，特别是在潮湿基面（即基面饱和但无渗漏水）上有一定的粘结强度；三是防水涂料必须具有一定厚度，才能保证防水功能；四是涂膜应具有一定的抗渗性。耐水性是用于地下工程涂料的一项重要指标，但目前国内尚无适用于地下工程防水涂料耐水性试验方法和标准。由于地下工程处于地下水的包围之中，如涂料遇水产生溶胀现象，其物理性能就会降低。因此，借鉴屋面防水材料耐水性试验方法和材料，对有机防水涂料的耐水性提出指标规定。反应型防水涂料的耐水性应不小于80％，水乳型和聚合物水泥防水涂料的耐水性也应不小于80％。耐水性指标是在浸水168h后，材料的粘结强度及砂浆抗渗性的保持率。涂料防水层按材料特性可分为有机防水涂料和无机防水涂料。

1) 有机防水涂料

有机防水涂料主要包括合成橡胶类、合成树脂类和橡胶沥青类。氯丁橡胶防水涂料、SBS改性沥青防水涂料等聚合物乳液防水涂料，属挥发固化型；聚氨酯防水涂料属反应固化型。聚合物水泥涂料是以高分子聚合物为主要基料，加入少量无机活性粉料（如水泥及石英砂等），具有比一般有机涂料干燥快、弹性模量低、体积收缩小、抗渗性好等优点，国外称之为弹性水泥防水涂料。有机防水涂料固化成膜后最终是形成柔性防水层，与防水混凝土主体组合为刚性、柔性两道防水。

2) 无机防水涂料

无机防水涂料主要包括聚合物改性水泥基防水涂料和水泥基渗透结晶型防水涂料。无机防水涂料是在水泥中掺有一定的聚合物，不同程度地改变水泥固化后的物理力学性能，但是与防水混凝土主体组合仍应认为是刚性两道防水设防，不适用于变形较大或受振动部位。

3) 防水涂料厚度选用应符合表8-10的规定：

防水涂料厚度（mm）　　　　表8-10

防水等级	设防道数	有机涂料			无机涂料	
		反应型	水乳型	聚合物型	水泥基	水泥基渗透结晶型
1级	三道或三道以上设防	1.2～2.0	1.2～1.5	1.5～2.0	1.5～2.0	≥0.8
2级	二道设防	1.2～2.0	1.2～1.5	1.5～2.0	1.5～2.0	≥0.8
3级	一道设防	—	—	≥2.0	≥2.0	—
	复合设防	—	—	≥1.5	≥1.5	—

（2）涂料防水层的施工要求

1) 涂料涂刷前应先在基面上涂一层与涂料相容的基层处理剂。

2) 涂膜应多遍完成，每遍涂刷应均匀，不得有露底、漏涂和堆积现象。多遍涂刷时，应待涂层干燥成膜后方可涂刷后一遍涂料。两涂层施工间隔时间不宜过长，否则会形成分层。

3) 每遍涂刷时应交替改变涂刷方向，同层涂膜的先后搭压宽度宜为30～50mm。

4) 涂料防水层的施工缝（甩槎）应注意保护，搭接缝宽度应大于100mm，接涂前应将其甩槎表面处理干净。

5) 涂刷程序应先做转角处、穿墙管道、变形缝等部位的涂料加强层，后进行大面积涂刷。

6) 涂料防水层中铺贴的胎体增强材料，同层相邻的搭接宽度应大于100mm，上下层接缝应错开1/3幅宽。

7) 防水涂料完工并经验收合格后应及时做保护层，保护层做法同卷材防水层保护层要求一致。

2. 涂料防水层的施工质量控制要点

(1) 涂料防水层所用材料及配合比必须符合设计要求。

(2) 涂料防水层及其转角处、变形缝、穿墙管道等细部做法均须符合设计要求。

(3) 涂料防水层的基层应牢固,基面应洁净、平整,不得有空鼓、松动、起砂和脱皮现象;基层阴阳角处应做成圆弧形。

(4) 涂料防水层应与基层粘结牢固。涂料防水层与基层是否粘结牢固,主要决定基层的干燥程度。要想使基面达到比较干燥的程度较难,因此涂刷涂料前应先在基层上涂一层与涂料相容的基层处理剂,这是解决粘结牢固的好方法。

(5) 涂料防水层应做到表面平整、涂刷均匀,不得有流淌、皱折、鼓泡、露胎体和翘边等降低防水工程质量和影响使用寿命的缺陷。

(6) 涂料防水层的平均厚度应符合设计要求,最小厚度不得小于设计厚度的80%。地下工程涂料防水层涂膜厚度一般都不小于2mm,如一次涂成,会使涂膜内外收缩和干燥时间不一致而造成开裂;如前层未干涂后层,则高部位涂料就会下淌并且越淌越薄,低处又会堆积起皱,防水工程质量难以保证。

(7) 侧墙涂料防水层的保护层与防水层粘结牢固,结合紧密,厚度均匀一致。

(五) 地下防水工程细部构造防水处理

细部构造防水处理适用于防水混凝土结构的变形缝、施工缝、后浇带、穿墙管道、埋设件等细部构造。

1. 地下防水工程细部构造防水处理的施工技术要求

(1) 地下防水工程细部构造防水处理材料的选用

防水混凝土结构的变形缝、施工缝、后浇带等细部构造,应采用止水带、遇水膨胀橡胶腻子止水条等高分子防水材料和接缝密封材料。选用变形缝的构造形式和材料时,应根据工程特点、地基或结构变形情况以及水压、水质影响等因素,以适应防水混凝土结构的伸缩和沉降的需要,并保证防水结构不受破坏。对水压大于0.3MPa、变形量为20~30mm、结构厚度大于和等于300mm的变形缝,应采用中埋式橡胶止水带、对环境温度高于50℃、结构厚度大于和等于300mm的变形缝,可采用2mm厚的紫铜片或3mm厚的不锈钢等金属止水带,其中间呈圆弧形。变形缝的复合防水构造,是将中埋式止水带与遇水膨胀橡胶腻子止水条、嵌缝材料复合使用,形成了多道防线。

(2) 地下防水工程细部构造防水处理的施工要求

1) 变形缝的防水施工要求

止水带宽度和材质的物理性能均应符合设计要求,且无裂缝和气泡。接头应采用热接,不得叠接,接缝平整、牢固,不得有裂口和脱胶现象。中埋式止水带中心线应和变形缝中心线重合,止水带不得穿孔或用铁钉固定。变形缝设置中埋式止水带时,混凝土浇筑前应校正止水带位置,表面清理干净,止水带损坏处应修补。顶、底板止水带的下侧混凝土应振捣密实,边墙止水带内外侧混凝土应均匀,保持止水带位置正确、平直、无卷曲现象。变形缝处增设的卷材或涂料防水层,应按设计要求施工。

2) 施工缝的防水施工要求

水平施工缝浇筑混凝土前,应将其表面浮浆和杂物清除,铺水泥砂浆或涂刷混凝土界面处理剂并及时浇筑混凝土。墙体留置施工缝时,一般应留在受剪力或弯矩较小处,水平施工缝应高出底板300mm处。拱（板）墙结合的水平施工缝，宜留在拱（板）墙接缝线以下150～300mm处。并采用留平缝加设遇水膨胀橡胶腻子止水条或是中埋止水带的方法。

垂直施工缝浇筑混凝土前，应将其表面清理干净，涂刷混凝土界面处理剂并及时浇筑混凝土。施工缝采用遇水膨胀橡胶腻子止水条时，一是应采取表面涂缓膨胀剂措施，防止由于降雨或施工用水等使止水条过早膨胀；二是应将止水条牢固地安装在缝表面预留槽内。施工缝采用中埋止水带时，应确保止水带位置准确、固定牢靠。

3）后浇带的防水施工要求

为防止混凝土由于收缩和温度差效应而产生裂缝，一般在防水混凝土结构较长或体积较大时设置后浇带。后浇带的位置应设在受力和变形较小而收缩应力最大的部位，其宽度一般为0.7～1.0m，并可采用垂直平缝或阶梯缝。

后浇带两侧先浇筑的混凝土，应在其两侧混凝土龄期达到42d，混凝土得到充分收缩和变形后，采用微膨胀混凝土进行后浇带施工，可以保证后浇筑混凝土具有一定的补偿收缩性能。后浇带的接缝处理应同施工缝的防水施工要求。

后浇带应采用补偿收缩混凝土，其强度等级不得低于两侧混凝土。后浇带混凝土养护时间不得少于28d。

4）穿墙管道的防水施工要求

穿墙管止水环与主管或翼环与套管应连续满焊，并做好防腐处理。穿墙管处防水层施工前，应将套管内表面清理干净。套管内的管道安装完毕后，应在两管间嵌入内衬填料，端部用密封材料填缝。柔性穿墙管内侧应用法兰压紧。

穿墙管外侧防水层应铺设严密，不留接槎；增铺附加层时，应按设计要求施工。

5）埋设件的防水施工要求

埋设件的端部或预留孔（槽）底部的混凝土厚度不得小于250mm。当厚度小于250mm时，必须局部加厚或采取其他防水措施。

预留地坑、孔洞、沟槽的防水层，应与孔（槽）外的结构防水层保持连续。

固定模板用的螺栓必须穿过混凝土结构时，螺栓或套管应满焊止水环或翼环。采用工具式螺栓或螺栓加堵头做法，拆模后应采取加强防水措施将留下的凹槽封堵密实。

6）密封材料的防水施工要求

检查粘结基层的干燥程度以及接缝的尺寸，接缝内部的杂物应清除干净。

热灌法施工应自下向上进行并尽量减少接头，接头应采用斜槎。密封材料熬制及浇灌温度，应按有关材料要求严格控制。

冷嵌法施工应分次将密封材料嵌填在缝内，压嵌密实并与缝壁粘结牢固，防止裹入空气。接头应采用斜槎。

接缝处的密封材料底部应嵌填背衬材料，背衬材料填塞在接缝处密封材料底部，其作用是控制密封材料嵌填深度，预防密封材料与缝的底部粘结而形成三面粘，不致于造成应力集中和破坏密封防水。因此，背衬材料应尽量选择与密封材料不粘结或粘结力弱的材料。背衬材料的形状有圆形、方形或片状，应根据实际需要决定。密封材料嵌填时，对构造尺寸和形状有一定的要求，未固化的材料不具备一定的弹性，施工中容易碰损而产生塑性变形，故外露密封材料上应设置保护层，其宽度不得小于100mm。

2. 地下防水工程细部构造防水处理质量控制要点

（1）防水混凝土结构的细部构造是地下工程防水的薄弱环节，施工质量检验时应按全数检查。

（2）细部构造所用止水带、遇水膨胀橡胶腻子止水条和接缝密封材料必须符合设计要求。

（3）变形缝、施工缝、后浇带、穿墙管道、埋设件等细部构造作法，均须符合设计要求，不渗漏。

（4）中埋式止水带中心线应与变形缝中心线重合，止水带应固定牢靠、平直，不得有扭曲现象。

（5）穿墙管止水环与主管或翼环与套管应连续满焊，并做防腐处理。

（6）接缝处混凝土表面应密实、洁净、干燥；密封材料应嵌填严密、粘结牢固，不得有开裂、鼓泡和下坠现象。

第九章 砌体工程

第一节 砌筑砂浆

一、水泥砂浆与水泥混合砂浆

一般砌筑砂浆的强度分为：M2.5、M5、M7.5、M10 和 M15 等五个等级；

1. 材料要求

（1）水泥

1）水泥进场使用前，应分批对其强度、安定性进行复验。检验批应以同一生产厂家、同一编号为一批。

当在使用中对水泥质量有怀疑或水泥出厂超过 3 个月（快硬硅酸盐水泥超过 1 个月）时，应复查试验，并按其结果使用。

不同品种的水泥，不得混合使用。

2）水泥的强度等级应根据设计要求进行选择。水泥砂浆采用的水泥，其强度等级不宜大于 32.5 级。

（2）砂

砌筑砂浆用砂宜选用中砂，其中毛石砌体宜选用粗砂。砂浆用砂不得含有有害杂物。砂浆用砂的含泥量应满足下列要求：

1）对水泥砂浆和强度等级不小于 M5 的水泥混合砂浆，含泥量不应超过 5%；

2）对强度等级小于 M5 的水泥混合砂浆，不应超过 10%；

3）人工砂、山砂及特细砂，经试配能满足砌筑砂浆技术条件时，含泥量可适当放宽。

（3）掺加料

1）配制水泥石灰砂浆时，不得使用脱水硬化的石灰膏。

2）生石灰熟化成石灰膏时，应用孔径不大于 3mm×3mm 的网过滤，熟化时间不得少于 7d；磨细生石灰粉的熟化时间不得少于 2d。沉淀池中贮存的石灰膏，应采取防止干燥、冻结和污染的措施。

3）采用黏土或粉质黏土制备黏土膏时，宜用搅拌机加水搅拌，通过孔径不大于 3mm×3mm 的网过筛。用比色法鉴定黏土中的有机物含量时应浅于标准色。

4）制作电石膏的电石渣，应用孔径不大于 3mm×3mm 的网过滤，检验时应加热至 70℃并保持 20min，没有乙炔气味后，方可使用。

5）石灰膏、黏土膏和电石膏试配时的稠度，应为 120±5mm。

6）消石灰粉不得直接用于砌筑砂浆中。

7）粉煤灰的品质指标和磨细生石灰的品质指标应符合国家标准《用于水泥和混凝土中的粉煤灰》（GB 1596）及行业标准《建筑生石灰粉》JC/T 480 的要求。

(4) 水

拌制砂浆用水，其水质应符合行业标准《混凝土拌合用水标准》(JGJ 63)的规定。

(5) 外加剂

凡在砂浆中掺入有机塑化剂、早强剂、缓凝剂、防冻剂等，应经检验和试配符合要求后，方可使用。有机塑化剂尚应做砌体强度的型式检验。例如用微沫剂替代石灰膏制作混合砂浆时，砌体抗压强度较同强度等级的混合砂浆砌筑的砌体的抗压强度降低10％左右。

2. 施工要求

(1) 砂浆的配制

1) 砂浆的品种、强度等级应满足设计要求。

2) 砌筑应通过试配确定配合比。当砌筑砂浆的组成材料有变化时，其配合比应重新试验确定。

3) 施工中当采用水泥砂浆代替水泥混合砂浆时，应重新确定砂浆强度等级。

4) 凡在砂浆中掺有有机塑化剂、早强剂、缓凝剂、防冻剂等，应经检验和试配符和要求后，方可使用。有机塑化剂应有砌体强度的型式检验报告。

5) 砂浆现场拌制时，各组分材料应采用重量计量。

6) 砌筑砂浆应采用机械搅拌，自投料完算起，搅拌时间应符合下列规定：

a. 水泥砂浆和水泥混合砂浆不得少于 2min；

b. 水泥粉煤灰砂浆和掺用外加剂的砂浆不得少于 3min；

c. 掺用有机塑化剂的砂浆，应为 3～5min。

7) 砂浆的稠度应符合表 9-1 的规定：

砌筑砂浆的稠度　　　　　　　表 9-1

砌 体 种 类	砂浆稠度(mm)	砌 体 种 类	砂浆稠度(mm)
烧结普通砖砌体	70～90	烧结普通砖平拱式过梁空斗墙,筒拱 普通混凝土小型空心砌块砌体 加气混凝土砌块砌体	50～70
轻骨料混凝土小型空心砌块砌体	60～90	石砌体	30～50
烧结多孔砖,空心砖砌体	60～80		

注：雨天施工时可取下限，炎热、干燥环境可取上限。

8) 砂浆的分层度不得大于 30mm。

9) 水泥砂浆中水泥用量不应小于 $200kg/m^3$；水泥混合砂浆中水泥和掺加料总量宜为 $300～350kg/m^3$。

10) 有冻融循环次数要求的砌筑砂浆，经冻融试验后，质量损失率不得大于 5％，抗压强度损失率不得大于 25％。

(2) 砂浆的拌制和使用

1) 砂浆拌制后及使用时，应盛入贮灰器中。当出现泌水现象，应在砌筑前，再次拌合。

2) 砂浆应随拌随用，水泥砂浆和水泥混合砂浆应分别在 3h 和 4h 内使用完毕；当施工期间最高气温超过 30℃时，应分别在拌成后 2h 和 3h 内使用完毕。

注：对掺用缓凝剂的砂浆，其使用时间可根据具体情况延长。

3）预拌砌筑砂浆，根据掺入的保水增稠材料及缓凝剂的情况，凝结时间分为：8、12和24h三档，故必须在其规定的时间内用毕，严禁使用超过凝结时间的砂浆。

4）预拌砌筑砂浆运至现场后，必须储存在不吸水的密闭容器内，严禁在储存过程中加水。夏季应采取遮阳措施，冬季应采取保温措施，其储存环境温度宜控制在0～37℃之间。

5）水泥混合砂浆不得用于基础、地下及潮湿环境中的砌体工程。

3. 砂浆试块的抽样及强度评定

（1）砂浆试块应在砂浆拌合后随机抽取制作，同盘砂浆只应制作一组试块。每一检验批且不超过250m^3砌体的各种类型及强度等级的砌筑砂浆，每台搅拌机应至少制作一组试块（每组6块）即抽验一次。

（2）砂浆强度应以标准养护、龄期为28d的试块抗压试验结果为准。

（3）砌筑砂浆试块强度必须符合以下规定：

同一验收批砂浆试块抗压强度平均值必须大于或等于设计强度等级所对应的立方体抗压强度；同一验收批砂浆试块抗压强度的最小一组平均值必须大于或等于设计强度等级所对应的立方体抗压强度的75%。

注：砌筑砂浆的验收批，同一类型、强度等级的砂浆试块应不少于3组。当同一验收批只有一组试块时，该组试块抗压强度的平均值必须大于或等于设计强度所对应的立方体抗压强度。

（4）当施工中或验收时出现下列情况，可采用现场检验方法对砂浆和砌体强度进行原位检测或取样检测，并判定其强度：

1）砂浆试块缺乏代表性或试块数量不足；

2）对砂浆试块的试验结果有怀疑或有争议；

3）砂浆试块的试验结果，不能满足设计要求。

二、预拌砂浆

预拌砌筑砂浆的强度分为：M5、M7.5、M10、M15、M20、M25、M30等七个等级。

1. 材料要求

（1）水泥

1）水泥宜选用硅酸盐水泥、普通硅酸盐水泥和矿渣硅酸盐水泥，并应符合相应标准的规定。

2）水泥进货时必须有质量证明书，对进场水泥应按批量检验其强度和安定性，合格后方可使用。

3）对同一水泥厂生产的同品种、同强度等级的散装水泥，以一次进站的同一出厂编号的水泥为一批。但一批的总量不得超过500t。当采用同一旋窑厂生产的质量长期稳定的生产间隔时间不超过10d的散装水泥，可以500t作为一检验批，随机地从不少于3个车罐中各采取等量水泥，经混拌均匀后，再从中称取不少于12kg作为检验样。

对已进站的每批水泥，储存不当引起质量疑问的，应重新采集试样复验其强度和安定性，存放期超过3个月的水泥，使用前应复查试验，并按其结果使用。

(2) 砂

1) 预拌砂浆宜选用中砂,并应符合《普通混凝土用砂质量标准及检验方法》(JGJ 52)的规定,且砂的最大粒径应通过5mm筛孔。

2) 砂进场时应具有质量证明书,并应按不同品种、规格分别堆放,不得混杂,严禁混入影响砂浆性能的有害物质。

3) 检验批要求:对集中生产的,以400m^3或600t为一批;对分散生产的,以200m^3或300t为一批;不足上述规定数量者也以一批论。

(3) 保水增稠材料

1) 保水增稠材料进厂时应有质量证明书,存储在专用的仓罐内,并做好明显标记,防止受潮和环境污染。其质量应符合表9-2的规定。

保水增稠材料质量要求　　　　　　　　　　　　　　表9-2

项　目	分层度(mm)	强度(MPa)	抗冻性	
			质量损失(%)	强度损失(%)
质量要求	≤20	≥10	≤5	≤25

2) 检验批量应按其产品标准的规定进行,连续15d不足规定数量也以一批轮。

3) 所使用的保水增稠材料必须经过省(市)级以上的产品鉴定。应符合国家标准《用于水泥和混凝土中的粉煤灰》(GB 1596)及行业标准《建筑生石灰粉》JC/T 480的要求。

(4) 粉煤灰及其他矿物掺合料

1) 粉煤灰质量应符合表9-3的规定。当采用新开发、新品种掺合料时,必须经过省(市)级以上的产品鉴定。

粉煤灰质量要求　　　　　　　　　　　　　　表9-3

项　目	细度(45μm筛)(%)	含水率(%)	烧失量(%)	需水量比(%)
质量要求	≤20	≥10	≤5	≤95

2) 粉煤灰或其他掺合料进厂时,必须有质量证明书,应按不同品种、等级分别存储在专用的仓罐内,并做好明显标记,防止受潮和环境污染。

3) 检验批量,连续供应相同等级的粉煤灰以100t为一批,不足100t者以100t论。其他矿物掺合料应按其产品标准规定批量检验。

(5) 水

拌制砂浆用水,其水质应符合行业标准《混凝土拌合用水标准》(JGJ 63)的规定。

(6) 外加剂

凡在砂浆中掺入有机塑化剂、早强剂、缓凝剂、防冻剂等,应经检验和试配符合要求后,方可使用。有机塑化剂尚应做砌体强度的型式检验。例如用微沫剂替代石灰膏制作混合砂浆时,砌体抗压强度较同强度等级的混合砂浆砌筑的砌体的抗压强度降低10%左右。

第二节 砖砌体工程

本节适用于烧结普通砖、烧结多孔砖、蒸压灰砂砖、粉煤灰砖等砌体工程。

一、一般规定

1. 砖的品种、强度等级必须符合设计要求，并应有产品合格证书和性能检测报告，进场后应进行复验，复验抽样数量为同一生产厂家同一品种同一强度等级的普通砖15万块、多孔砖5万块、灰砂砖或粉煤灰砖10万块各抽查1组。

2. 砌筑时蒸压灰砂砖、粉煤灰砖的产品龄期不得少于28d。

3. 用于清水墙、柱表面的砖，应边角整齐，色泽均匀。品质为优等品的砖适用于清水墙和墙体装修；一等品、合格品砖可用于混水墙。中等泛霜的砖不得用于潮湿部位。冻胀地区的地面或防潮层以下的砌体不宜采用多孔砖；水池、化粪池、窨井等不得采用多孔砖。粉煤灰砖用于基础或受冻融和干湿交替作用的建筑部位时，必须使用一等品或优等品砖。

4. 多雨地区砌筑外墙时，不宜将有裂缝的砖面砌在室外表面。

5. 用于砌体工程的钢筋品种、强度等级必须符合设计要求，并应有产品合格证书和性能检测报告，进场后应进行复验。

6. 设置在潮湿环境或有化学侵蚀性介质的环境中的砌体灰缝内的钢筋应采取防腐措施。如涂刷环氧树脂、镀锌、不锈钢筋等。

7. 砌体的日砌筑高度一般不宜超过一步脚手架高度（1.6～1.8m）；当遇到大风时，砌体的自由高度不得超过表9-4的规定。如超过表中限值时，必须采取临时支撑等技术措施。

8. 砌体的施工质量控制等级应符合设计要求，并不得低于表9-5的规定。

墙和柱的允许自由高度（m） 表9-4

墙(柱)厚 (mm)	砌体密度≥1600(kg/m³)			砌体密度1300～1600(kg/m³)		
	风载(kN/m²)			风载(kN/m²)		
	0.3(约7级风)	0.4(约8级风)	0.5(约9级风)	0.3(约7级风)	0.4(约8级风)	0.5(约9级风)
190	—	—	—	1.4	1.1	0.7
240	2.8	2.1	1.4	2.2	1.7	1.1
370	5.2	3.9	2.6	4.2	3.2	2.1
490	8.6	6.5	4.3	7.0	5.2	3.5
620	14.0	10.5	7.0	11.4	8.6	5.7

注：1. 本表适用于施工处相对标高（H）在10m范围内的情况。如10m<H≤15m，15m<H≤20m时，表中的允许自由高度应分别乘以0.9、0.8的系数；如H>20m时，应通过抗倾覆验算确定其允许自由高度。

2. 当所砌筑的墙有横墙或其他结构与其连接，而且间距小于表列限值的2倍时，砌筑高度可不受本表的限制。

砌体施工质量控制等级　　　　　　　表 9-5

项　目	施工质量控制等级		
	A	B	C
现场质量管理	制度健全，并严格执行；非施工方质量监督人员经常到现场，或现场设有常驻代表；施工方有在岗专业技术管理人员，人员齐全，并持证上岗	制度基本健全，并能执行；非施工方质量监督人员间断地到现场进行质量控制；施工方有在岗专业技术管理人员，并持证上岗	有制度；非施工方质量监督人员很少作现场质量控制；施工方有在岗专业技术管理人员
砂浆、混凝土强度	试块按规定制作，强度满足验收规定，离散性小	试块按规定制作，强度满足验收规定，离散性较小	试块强度满足验收规定，离散性大
砂浆拌合方式	机械拌合；配合比计量控制严格	机械拌合；配合比计量控制一般	机械或人工拌合；配合比计量控制较差
砌筑工人	中级工以上，其中高级工不少于 20%	高、中级工不少于 70%	初级工以上

二、质量控制

1. 标志板、皮数杆

建筑物的标高，应引自标准水准点或设计指定的水准点。基础施工前，应在建筑物的主要轴线部位设置标志板。标志板上应标明基础、墙身和轴线的位置及标高。外形或构造简单的建筑物，可用控制轴线的引桩代替标志板。

（1）砌筑前，弹好墙基大放脚外边沿线、墙身线、轴线、门窗洞口位置线，并必须用钢尺校核放线尺寸。

（2）按设计要求，在基础及墙身的转角及某些交接处立好皮数杆，其间距每隔 10～15m 立一根，皮数杆上划有每皮砖和灰缝厚度及门窗洞口、过梁、楼板等竖向构造的变化位置，控制楼层及各部位构件的标高。砌筑完每一楼层（或基础）后，应校正砌体的轴线和标高。

2. 砌体工作段划分

（1）相邻工作段的分段位置，宜设在伸缩缝、沉降缝、防震缝、构造柱或门窗洞口处。

（2）相邻工作段的高度差，不得超过一个楼层的高度，且不得大于 4m。

（3）砌体临时间断处的高度差，不得超过一步脚手架的高度。

（4）砌体施工时，楼面堆载不得超过楼板允许荷载值。

（5）雨天施工，每日砌筑高度不宜超过 1.4m，收工时应遮盖砌体表面。

（6）设有钢筋混凝土抗风柱的房屋，应在柱顶与屋架以及屋架间的支撑均已连接固定后，方可砌筑山墙。

3. 砌筑时砖的含水率

砌筑砖砌体时，砖应提前 1～2 天浇水湿润。普通砖、多孔砖的含水率宜为 10%～15%；灰砂砖、粉煤灰砖含水率宜为 8%～12%（含水率以水重占干砖重量的百分数计），施工现场抽查砖的含水率的简化方法可采用现场断砖，砖截面四周融水深度为 15～20mm 视为符合要求。

4. 组砌方法

（1）砖柱不得采用先砌四周后填心的包心砌法。柱面上下皮的竖缝应相互错开 1/2 砖长或1/4砖长,使柱心无通天缝。

(2) 砖砌体应上下错缝,内外搭砌,实心砖砌体宜采用一顺一丁、梅花丁或三顺一丁的砌筑形式;多孔砖砌体宜采用一顺一丁、梅花丁的砌筑形式。

(3) 基底标高不同时应从低处砌起,并由高处向低处搭接。当设计无要求时,搭接长度不应小于基础扩大部分的高度。

(4) 每层承重墙(240mm厚)的最上一皮砖、砖砌体的阶台水平面上以及挑出层(挑檐、腰线等)应用整砖丁砌。

(5) 砖柱和宽度小于1m的墙体,宜选用整砖砌筑。

(6) 半砖和断砖应分散使用在受力较小的部位。

(7) 搁置预制梁、板的砌体顶面应找平,安装时并应坐浆。当设计无具体要求时,应采用1:2.5的水泥砂浆。

(8) 厕浴间和有防水要求的楼面,墙底部应浇筑高度不小于120mm的混凝土坎。

5. 留槎、拉结筋

(1) 砖砌体的转角处和交接处应同时砌筑,严禁无可靠措施的内外墙分砌施工。对不能同时砌筑而又必须留置的临时间断处应砌成斜槎,斜槎水平投影长度不应小于高度的2/3。

接槎时必须将接槎处的表面清理干净,浇水湿润,填实砂浆并保持灰缝平直。

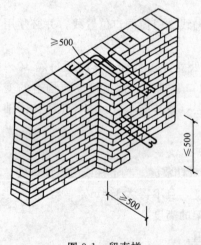

图9-1 留直槎

(2) 非抗震设防及抗震设防烈度为6度、7度地区的临时间断处,当不能留斜槎时,除转角处外,可留直槎,但直槎必须做成凸槎。留直槎处应加设拉结钢筋,拉结钢筋的数量为每120mm墙厚放置1φ6拉结钢筋(240mm厚墙放置2φ6),间距沿墙高不应超过500mm;埋入长度从留槎处算起每边均不应小于500mm,对抗震设防烈度6度、7度的地区,不应小于1000mm;末端应有90°弯钩(图9-1)。

(3) 多层砌体结构中,后砌的非承重砌体隔墙,应沿墙高每隔500mm配置2根φ6的钢筋与承重墙或柱拉结,每边伸入墙内不应小于500mm。抗震设防烈度为8度和9度区,长度大于5m的后砌隔墙的墙顶,尚应与楼板或梁拉结。隔墙砌至梁板底时,应留有一定空隙,间隔一周后再补砌挤紧。

6. 灰缝

(1) 砖砌体的灰缝应横平竖直,厚薄均匀。水平灰缝厚度和竖向灰缝宽度宜为10mm,但不应小于8mm,也不应大于12mm。砌筑方法宜采用"三一"砌砖法,即"一铲灰、一块砖、一揉挤"的操作方法。竖向灰缝宜采用挤浆法或加浆法,使其砂浆饱满,严禁用水冲浆灌缝。如采用铺浆法砌筑,铺浆长度不得超过750mm。施工期间气温超过30℃时,铺浆长度不得超过500mm。

水平灰缝的砂浆饱满度不得低于80%;竖向灰缝不得出现透明缝、瞎缝和假缝。

(2) 清水墙面不应有上下二皮砖搭接长度小于25mm的通缝,不得有三分头砖,不得在上部随意变活乱缝。

(3) 空斗墙的水平灰缝厚度和竖向灰缝宽度一般为 10mm，但不应小于 7mm，也不应大于 13mm。

(4) 筒拱拱体灰缝应全部用砂浆填满，拱底灰缝宽度宜为 5~8mm，筒拱的纵向缝应与拱的横断面垂直。筒拱的纵向两端，不宜砌入墙内。

(5) 为保持清水墙面立缝垂直一致，当砌至一步架子高时，水平间距每隔 2m，在丁砖竖缝位置弹两道垂直立线，控制线丁走缝。

(6) 清水墙勾缝应采用加浆勾缝，勾缝砂浆宜采用细砂拌制的 1：1.5 水泥砂浆。勾凹缝时深度为 4~5mm，多雨地区或多孔砖可采用稍浅的凹缝或平缝。

(7) 砖砌平拱过梁的灰缝应砌成楔形缝。灰缝宽度，在过梁底面不应小于 5mm；在过梁的顶面不应大于 15mm。

拱脚下面应伸入墙内不小于 20mm，拱底应有 1% 起拱。

(8) 砌体的伸缩缝、沉降缝、防震缝中，不得夹有砂浆、碎砖和杂物等。

7. 预留孔洞、预埋件

(1) 设计要求的洞口、管道、沟槽，应在砌筑时按要求预留或预埋未经设计同意，不得打凿墙体和在墙体上开凿水平沟槽。超过 300mm 的洞口上部应设过梁。

(2) 砌体中的预埋件应作防腐处理，预埋木砖的木纹应与钉子垂直。

(3) 在墙上留置临时施工洞口，其侧边离高楼处墙面不应小于 500mm，洞口净宽度不应超过 1m，洞顶部应设置过梁。

抗震设防烈度为 9 度的地区建筑物的临时施工洞口位置，应会同设计单位确定。

临时施工洞口应做好补砌。

(4) 不得在下列墙体或部位设置脚手眼：

1) 120mm 厚墙、料石清水墙和独立柱石；

2) 过梁上与过梁成 60°角的三角形范围及过梁净跨度 1/2 的高度范围内；

3) 宽度小于 1m 的窗间墙；

4) 砌体门窗洞口两侧 200mm（石砌体为 300mm）和转角处 450mm（石砌体为 600mm）范围内；

5) 梁或梁垫下及其左右 500mm 范围内；

6) 设计不允许设置脚手眼的部位。

(5) 预留外窗洞口位置应上下挂线，保持上下楼层洞口位置垂直；洞口尺寸应准确。

8. 构造柱

(1) 构造柱纵筋应穿过圈梁，保证纵筋上下贯通；构造柱箍筋在楼层上下各 500mm 范围内进行加密，间距宜为 100mm。

(2) 墙体与构造柱连接处应砌成马牙槎，从每层柱脚起，先退后进，马牙槎的高度不应大于 300mm；并应先砌墙后浇混凝土构造柱。

(3) 浇筑构造柱混凝土前，必须将砌体留槎部位和模板浇水湿润，将模板内的落地灰、砖渣和其他杂物清理干净，并在结合面处注入适量与构造柱混凝土相同的去石水泥砂浆。振捣时，应避免触墙墙体，严禁通过墙体传震。

三、质量验收

1. 砌体工程（本章第二节～第四节）检验批合格均应符合下列规定：
(1) 主控项目的质量经抽样检验全部符合要求。
(2) 一般项目的质量经抽样检验应有80%及以上符合要求。
(3) 具有完整的施工操作依据、质量检查记录。

2. 主控项目
(1) 砖和砂浆的强度等级必须符合设计要求。

抽检数量：每一生产厂家的砖到现场后，按烧结砖15万块、多孔砖5万块、灰砂砖及粉煤灰砖10万块各为一验收批，抽检数量为1组。砂浆试块的抽检数量应符合本章第一节的有关规定。

检验方法：检查砖和砂浆试块试验报告。

(2) 砌体水平灰缝的砂浆饱满度不得小于80%。

抽检数量：每检验批抽查不应少于5处。

检验方法：用百格网检查砖底面与砂浆的粘结痕迹面积。每处检测3块砖，取其平均值。

(3) 砖砌体的转角处和交接处应同时砌筑，严禁无可靠措施的内外墙分砌施工。对不能同时砌筑而又必须留置的临时间断处应砌成斜槎，斜槎水平投影长度不应小于高度的2/3。

抽检数量：每检验批抽20%接槎，且不应少于5处。

检验方法：观察检查。

(4) 非抗震设防及抗震设防烈度为6度、7度地区的临时间断处，当不能留斜槎时，除转角处外，可留直槎，但直槎必须做成凸槎。留直槎处应加设拉结钢筋，拉结钢筋的数量为每120mm墙厚放置1φ6拉结钢筋（120mm厚墙放置2φ6拉结钢筋），间距沿墙高不应超过500mm；埋入长度从留槎处算起每边均不应小于500mm，对抗震设防强度6度、7度的地区，不应小于1000mm；末端应有90°弯钩。

抽检数量：每检验批抽20%接槎，且不应少于5处。

检验方法：观察和尺量检查。

合格标准：留槎正确，拉结钢筋设置数量、直径正确，竖向间距偏差不超过100mm，留置长度基本符合规定。

(5) 砖砌体的位置及垂直度允许偏差应符合表9-6的规定。

砖砌体的位置及垂直度允许偏差　　　　　　　表9-6

项次	项 目		允许偏差(mm)	检 验 方 法
1	轴线位置偏移		10	用经纬仪和尺检查或用其他测量仪器检查
2	垂直度	每层	5	用2m托线板检查
		全高 ≤10m	10	用经纬仪、吊线和尺检查，或用其他测量仪器检查
		全高 >10m	20	

抽检数量：轴线查全部承重墙柱；外墙垂直度全高查阳角，不应少于4处，每层每20m查一处；内墙按有代表性的自然间抽10%，但不应少于3间，每间不应少于2处，

柱不少于5根。

(6) 钢筋的品种、规格和数量应符合设计要求。

检验方法：检查钢筋的合格证书、钢筋性能试验报告、隐蔽工程记录。

(7) 构造柱。混凝土的强度等级应符合设计要求。

抽检数量：每一检验批砌体至少应做一组试块。

检验方法：检查混凝土试块试验报告。

(8) 构造柱与墙体的连接处应砌成马牙槎，马牙槎应先退后进、预留的拉结钢筋应位置正确，施工中不得任意弯折。

抽检数量：每检验批抽20%构造柱，且不少于3处。

检验方法：观察检查。

合格标准：钢筋竖向移位不应超过100mm，每一马牙槎沿高度方向尺寸不应超过300mm。钢筋竖向位移和马牙槎尺寸偏差每一构造柱不应超过2处。

(9) 构造柱位置及垂直度的允许偏差应符合表9-7规定。

构造柱尺寸允许偏差　　　　　　　　表9-7

项次	项　目		允许偏差(mm)	检　验　方　法
1	柱中心线位置		10	用经纬仪和尺检查或用其他测量仪器检查
2	柱层间错位		8	用经纬仪和尺检查或用其他测量仪器检查
3	柱垂直度	每层	5	用2m托线板检查
		全高 ≤10m	10	用经纬仪、吊线和尺检查，或用其他测量仪器检查
		全高 >10m	20	

抽检数量：每检验批抽10%，且不应少于5处。

3. 一般项目

(1) 砖砌体组砌方法应正确，上、下错位，内外搭砌、砖柱不得采用包心砌法。

抽检数量：外墙每20m抽查一处，每处3～5m，且不应少于3处；内墙按有代表性的自然间抽10%，且不应少于3间。

检验方法：观察检查。

合格标准：除符合本条要求外，清水墙、窗间墙无通缝；混水墙中长度大于或等于300mm的通缝每间不超过3处，且不得位于同一面墙体上。

(2) 砖砌体的灰缝应横平竖直，厚薄均匀。水平灰缝厚度宜为10mm，但不应小于8mm，也不应大于12mm。

抽检数量：每步脚手架施工的砌体。每20m抽查1处。

检验方法：用尺量10皮砖砌体高度折算。

(3) 砖砌体的一般尺寸允许偏差应符合表9-8的规定。

砖砌体一般尺寸允许偏差　　　　　　　　表9-8

项次	项　目	允许偏差(mm)	检验方法	抽检数量
1	基础顶面和楼面标高	±15	用水平仪和尺检查	不应少于5处

续表

项次	项目		允许偏差（mm）	检验方法	抽检数量
2	表面平整度	清水墙、柱	5	用 2m 靠尺和楔形塞尺检查	有代表性自然间 10%，但不应少于 3 间，每间不应少于 2 处
		混水墙、柱	8		
3	门窗洞口高、宽（后塞口）		±5	用尺检查	检验批洞口的 10%，且不应少于 5 处
4	外墙上下窗口偏移		20	以底层窗口为准，用经纬仪或吊线检查	检验批的 10%，且不应少于 5 处
5	水平灰缝平直度	清水墙	7	拉 10m 线和尺检查	有代表性自然间 10%，但不应少于 3 间，每间不应少于 2 处
		混水墙	10		
6	清水墙游丁走缝		20	吊线和尺检查，以每层第一皮砖为准	有代表性自然间 10%，但不应少于 3 间，每间不应少于 2 处

4. 质量控制资料

砌体工程验收前，应提供下列文件和记录：

(1) 施工执行的技术标准。

(2) 原材料的合格证书、产品性能检测报告及复验报告。

(3) 混凝土及砂浆配合比通知单。

(4) 混凝土及砂浆试块抗压强度试验报告单及评定结果。

(5) 施工记录。

(6) 各检验批的主控项目、一般项目验收记录。

(7) 施工质量控制资料。

(8) 重大技术问题的处理或修改设计的技术文件。

(9) 其他必须提供的资料。

第三节 混凝土小型空心砌块砌体工程

本节所指混凝土小型空心砌块（简称小砌块），包括普通混凝土小型空心砌块（简称普通小砌块）和轻骨料混凝土小型空心砌块（简称轻骨料小砌块）。

一、一般规定

1. 小砌块的品种、强度等级必须符合设计要求，并应有产品合格证书和性能检测报告，进场后应进行复验。复验抽样为同一生产厂家同一品种同一强度等级的小砌块每 1 万块为一个验收批，每一验收批应抽查 1 组。

（其中 4 层以上建筑的基础和底层的小砌块每一万块抽查 2 组）。

2. 小砌块吸水率不应大于 20%。

干缩率和相对含水率应符合表 9-9 的要求。

干缩率和相对含水率　　　　　　　　　　　　　表 9-9

干缩率(%)	相对含水率(%)		
	潮湿	中等	干燥
<0.03	45	40	35
0.03～0.045	40	35	30
>0.045～0.065	35	30	25

注：
1. 相对含水率即砌块出厂含水率与吸水率之比。

$$W = \frac{W_1}{W_2} \times 100$$

　　式中　W——砌块的相对含水率（%）；
　　　　　W_1——砌块出厂时间的含水率（%）；
　　　　　W_2——砌块的吸水率（%）。

2. 使用地区的湿度条件：
　　潮湿——系指年平均相对湿度大于75%的地区；
　　中等——系指年平均相对湿度50%～75%的地区；
　　干燥——系指年平均相对湿度小于50%的地区。

3. 掺工业废渣的小砌块其放射性应符合《建筑材料放射性核素限量》（GB 6566—2000）的有关规定。
4. 砌筑时小砌块的产品龄期不得少于28d。
5. 承重墙体严禁使用断裂小砌块。
6. 底层室内地面以下或防潮层以下的砌体，应采用强度等级不低于C20的混凝土灌实小砌块的孔洞。
7. 用于清水墙的砌块，其抗渗性指标应满足产品标准规定，并宜选用优等品小砌块。
8. 小砌块堆放、运输时应有防雨、防潮和排水措施；装卸时应轻码轻放，严禁抛掷、倾倒。
9. 钢筋的质量控制要求同砖砌体工程。
10. 小砌块砌筑宜选用专用的《混凝土小型空心砌块砌筑砂浆》（JC 860—2000）。当采用非专用砂浆时，除应按本章第一节的要求控制外，宜采取改善砂浆粘结性能的措施。

二、质量控制

1. 设计模数的校核

小砌块砌体房屋在施工前应加强对施工图纸的会审，尤其对房屋的细部尺寸和标高，是否适合主规格小砌块的模数应进行校核。发现不合适的细部尺寸和标高应及时与设计单位沟通，必要时进行调整。这一点对于单排孔小砌块显得尤为重要。当尺寸调整后仍不符合主规格块体的模数时，应使其符合辅助规格块材的模数。否则会影响砌筑的速度与质量。这是由于小砌块块材不可切割的特性所决定的，应引起高度的重视。

2. 小砌块排列图

砌体工程施工前，应根据会审后的设计图纸绘制小砌块砌体的施工排列图。排列图应包括平面与立面两面三个方面。它不仅对估算主规格及辅助规格块材的用量是不可缺少的，对正确设定皮数杆及指导砌体操作工人进行合理摆转，准确留置预留洞口、构造柱、梁位置等，确保砌筑质量也是十分重要的。对采用混凝土芯柱的部位，既要保证上下畅通不梗阻，又要避免由于组砌不当造成混凝土灌注时横向流窜，芯柱呈正三角形状（或宝塔状)。不仅浪费材料,而且增加了房屋的永久荷载。

3. 砌筑时小砌块的含水率

普通小砌块砌筑时,一般可不浇水。天气干燥炎热时,可提前洒水湿润;轻骨料小砌块,宜提前一天浇水湿润。小砌块表面有浮水时,为避免游砖不得砌筑。

4. 组砌与灰缝

(1) 单排孔小砌块砌筑时应对孔错缝搭砌;当不能对孔砌筑,搭接长度不得小于90mm(含其他小砌块);当不能满足时,在水平灰缝中设置拉结钢筋网,网位两端距竖缝宽度不宜小于300mm。

(2) 小砌块砌筑应将底面(壁、肋稍厚一面)朝上反砌于墙上。

(3) 小砌块砌体的水平灰缝应平直,按净面积计算水平灰缝砂浆饱满度不得小于90%。

(4) 小砌块砌体的水平灰缝厚度和竖向灰缝宽度宜为10mm,但不应小于8mm,也不应大于12mm。铺灰长度不宜超过两块主规格块体的长度。

(5) 需要移动砌体中的小砌块或砌体被撞动后,应重新铺砌。

(6) 厕浴间和有防水要求的楼面,墙底部应浇筑高度不小于120mm的混凝土坎;轻骨料小砌块墙底部混凝土高度不宜小于200mm。

(7) 小砌块清水墙的勾缝应采用加浆勾缝,当设计无具体要求时宜采用平缝形式。

(8) 为保证砌筑质量,日砌高度为1.4m,或不得超过一步脚手架高度内。

(9) 雨天砌筑应有防雨措施,砌筑完毕应对砌体进行遮盖。

5. 留槎、拉结筋

(1) 墙体转角处和纵横墙交接处应同时砌筑。临时间断处应砌成斜槎,斜槎水平投影长度不应小于高度的2/3。

(2) 砌块墙与后砌隔墙交接处,应沿墙高每400mm在水平灰缝内设置不少于2φ4、横筋间距不大于200mm的焊接钢筋网片(图9-2)。

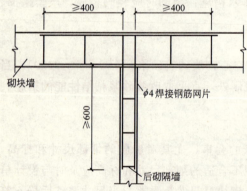

图9-2 砌块墙与后砌隔墙交接处钢筋网片

6. 预留洞、预埋件

(1) 除按砖砌体工程控制外,当墙上设置脚手眼时,可用辅助规格砌块侧砌,利用其孔洞作脚手眼(注意脚手眼下部砌块的承载能力);补眼时可用不低于小砌块强度的混凝土填实。

(2) 门窗固定处的砌筑,可镶砌混凝土预制块(其内可放木砖),也可在门窗两侧小砌块孔内灌筑混凝土。

7. 混凝土芯柱

(1) 砌筑芯柱(构造柱)部位的墙体,应采用不封底的通孔小砌块,砌筑时要保证上下孔通畅且不错孔,确保混凝土浇筑时不侧向流窜。

(2) 在芯柱部位,每层楼的第一皮块体,应采用开口小砌块或U形小砌块砌出操作孔,操作孔侧面宜预留连通孔;砌筑开口小砌块或U形小砌块时,应随时刮去灰缝内凸出的砂浆，直至一个楼层高度。

(3) 浇灌芯柱的混凝土，宜选用专用的《混凝土小型空心砌块灌孔混凝土》(JC 861—2000)（塌落度为180mm以上）；当采用普通混凝土时，其坍落度不应小于90mm。

(4) 浇灌芯柱混凝土，应遵守下列规定：

1) 清除孔洞内的砂浆等杂物，并用水冲洗；

2) 砌筑砂浆强度大于1MPa时，方能浇灌芯柱混凝土；

3) 在浇灌芯柱混凝土前应先注入适量与芯柱混凝土相同的去石水泥砂浆，再浇灌混凝土。

8. 小砌块墙中设置构造柱时，与构造柱相邻的砌块孔洞，当设计未具体要求时，6度（抗震设防烈度，下同）时宜灌实，7度时应灌实，8度时应灌实并插筋。其他可参照砖砌体工程。

三、质量验收

1. 主控项目

(1) 小砌块：砂浆和混凝土的强度等级必须符合设计要求。

抽检数量：每一生产厂家，每1万块小砌块至少应抽检一组。用于多层以上建筑基础和底层的小砌块抽检数量不应少于2组。砂浆试块的抽检数量：每一检验批且不超过250m³砌体的各种类型及强度等级的建筑砂浆，每台搅拌机应至少抽检一次。芯柱混凝土每一检验批至少做一组试块。

检验方法：查小砌块、砂浆混凝土试块试验报告。

(2) 砌体水平灰缝的砂浆饱满度，应按净面积计算不得低于90%；竖向灰缝饱满度不得小于80%，竖缝凹槽部位应用砌筑砂浆填实；不得出现瞎缝、透明缝。

抽检数量：每检验批不应少于3处。

检验方法：用专用百格网检测小砌块与砂浆粘结痕迹，每处检测3块小砌块，取其平均值。

(3) 墙体转角处和纵横墙交接处应同时砌筑。临时间断处应砌成斜槎，斜槎水平投影长度不应小于高度的2/3。

抽检数量：每检验批抽20%接槎，且不应少于5处。

检验方法：观察检查。

(4) 砌体的轴线位置偏移和垂直度偏差应符合表9-6的规定。

2. 一般项目

(1) 墙体的水平灰缝厚度和竖向灰缝宽度宜为10mm，但不应大于12mm，也不应小于8mm。

抽检数量：每层楼的检测点不应少于3处。

抽检方法：用尺量5皮小砌块的高度和2m砌体长度折算。

(2) 小砌块墙体的一般尺寸允许偏差应按表9-8中1～5项的规定执行。

3. 质量控制资料

同砖砌体工程。

第四节 填充墙砌体工程

本节适用于轻骨料混凝土小型空心砌块，蒸压加气混凝土砌块（以下简称"加气砌块"），空心砖等砌筑填充墙砌体工程。

一、一般规定

1. 砌块、砖的品种、强度等级应符合设计要求，品质符合合同要求的等级品；并应具有出厂合格证和产品性能检测报告。

2. 小砌块、加气砌块出釜后应在干燥环境中放置28d后方可使用。填充墙不属承重墙，一般选用密度较小的块材，如轻骨料小砌块、加气砌块（含砂加气砌块）等。这些块材均为非烧结制品，故干燥收缩率较大。如普通混凝土小砌块为0.03%～0.04%，轻骨料混凝土小砌块为0.03%～0.065%，加气砌块可达到0.08%。为减少砌体的干缩率，使其在砌筑前完成大部分的收缩量，干置28d后使用将是十分有利的。当对这些块材尚不放心（如有些生产厂更多掺加了易收缩变形的粗骨料或粉煤灰），可将进场块材（订采购合同时约定验货方式）送检测机构做干缩试验，确保砌体质量。

3. 小砌块、加气砌块装卸时严禁抛掷和倾倒，这是因为送到现场时强度往往较低，有的甚至生产龄期才几天（为了加快厂里堆放场所的周转），这是与烧结黏土砖的一个很大的区别（烧结砖冷却出窑时强度已达100%）。对减少块材的掉棱缺角和损坏有利。

4. 上述块材在堆放运输过程中应采取防雨防潮和排水措施，故不可露天着地堆放。国外这类块材按用户需求分为有含水率要求与无含水率要求两种。若有含水率要求，出厂前须经烘焙处理，再用防潮材料包装，即不怕雨淋。而我国目前一般未达到这样水准，只能靠运输和现场堆放时的简易措施来弥补，降低块材含水率，减少物体干缩裂缝，从而提高砌体质量。这也是有关产品标准中专门规定的。

5. 轻骨料小砌块、加气砌块和薄壁空心砖（如三孔砖）砌筑时，墙底部应砌筑烧结多孔砖、普通混凝土小砌块（采用混凝土灌孔更好）或浇筑混凝土，其高度不宜小于200mm。厕浴间和有防水要求的房间，所有墙底部200mm高度内均应浇筑混凝土导墙。

二、质量控制

1. 填充墙 砌体施工质量控制等级，应选用B级以上，不得选用C级（见《砌体工程施工质量验收规范》）其砌筑人员均应取得技术等级证书，其中高、中级技术工人的比例不少于70%。为落实操作质量责任制，应采用挂牌或墙面明示等形式，注明操作人员、质量实测数据，并记入施工日志。

2. 对进入施工现场的建筑材料，尤其是砌体材料，应按产品标准进行质量验收，并作好验收记录。对质量不合格或产品等级不符合要求的，不得用于砌体工程。为消除外墙面渗漏水隐患，不得将有裂缝的砖面、小砌块面砌于外墙的外表面。

3. 砌体施工前，应由专人设置皮数杆，并应根据设计要求、块材规格和灰缝厚度在皮数杆上标明皮数及竖向构造的变化部位；灰缝厚度应用双线标明。

未设置皮数杆，砌筑人员不得进行施工。

4. 用混凝土小型空心砌块，加气混凝土砌块等块材砌筑墙体时，必须根据预先绘制的砌块排列图进行施工。

严禁无排列图或不按排列图施工。

5. 轻骨料小砌块、空心砖应提前一天浇水湿润；加气砌块砌筑时，应向砌筑面适量洒水；当采用粘结剂砌筑时不得浇水湿润。用砂浆砌筑时的含水率：轻骨料小砌块宜为5%～8%，空心砖宜为10%～15%，加气砌块宜小于15%。

6. 填充墙砌筑时应错缝搭砌。单排孔小砌块应对孔错缝砌筑，当不能对孔时，搭接长度不应小于90mm，加气砌块搭接长度不小于砌块长度的1/3；当不能满足时，应在水平灰缝中设置钢筋加强。

7. 小砌块、空心砖砌体的水平、竖向灰缝厚度应为8～12mm；加气砌块的水平灰缝厚度宜为12～15mm，竖向灰缝宽度宜为20mm。

8. 轻骨料小砌块和加气砌块砌体，由于干缩率和膨胀值较大，不应与其他块材混砌。但对于因构造需要的墙底部、顶部、门窗固定部位等，可局部适量镶嵌其他块材，门窗两侧小砌块可采用填灌混凝土办法，不同砌体交接处可采用构造柱连接。

9. 填充墙的水平灰缝砂浆饱满度均应不小于80%；小砌块、加气砌块砌体的竖向灰缝也不应小于80%，其他砖砌体的竖向灰缝应填满砂浆，并不得有透明缝、瞎缝、假缝。

10. 填充墙砌至梁、板底部时，应留一定空隙，至少间隔7d后再进行镶嵌；或用坍落度较小的混凝土或砂浆填嵌密实（高度宜为50与30mm）。在封砌施工洞口及外墙井架洞口时，尤其应严格控制，千万不能一次到顶。

11. 小砌块、加气砌块砌筑时应防止雨淋。

12. 封堵外墙支模洞、脚手眼等，应在抹灰前派专人实施，在清洗干净后应从墙体两侧封堵密实，确保不开裂，不渗漏，并应加强检查，做好记录。

13. 砌筑伸缩缝、沉降缝、抗震缝等变形缝外砌体时应确保缝的净宽，并应采取遮盖措施或填嵌聚苯乙烯等发泡材料等，防止缝内夹有块材、碎渣、砂浆等杂物。

14. 构造柱与墙体的连接处应砌成马牙槎，从每层柱脚开始，先退后进，每一马牙槎沿高度方向的尺寸不宜超过300mm。沿墙高每500mm设2ϕ6拉结钢筋，每边伸入墙内不宜小于1m。预留伸出的拉结钢筋不得在施工中任意反复弯折，如有歪斜、弯曲，在浇灌混凝土之前，应校正到准确位置并绑扎牢固。

15. 利用砌体支撑模板时，为防止砌体松动，严禁采用"骑马钉"直接敲入砌体的做法。利用砌体入模浇筑混凝土构造柱等，当砌体强度、刚度不能克服混凝土振捣产生的侧向力时，应采取可靠措施，防止砌体变形、开裂、杜绝渗漏隐患。

16. 填充墙与混凝土结合部的处理，应按设计要求进行；若设计无要求时，宜在该处内外两侧，敷设宽度不小于200mm的钢丝网片，网片应绷紧后分别固定于混凝土与砌体上的粉刷层内，要保证网片粘结牢固。

17. 为防止外墙面渗漏水，伸出墙面的雨篷、敞开式阳台、空调机搁板、遮阳板、窗套、外楼梯根部及凹凸装饰线脚处，应采取切实有效的止水措施。

18. 钢筋混凝土结构中砌筑填充墙时，应沿框架柱（剪力墙）全高每隔500mm（砌块模数不能满足时可为600mm）设2ϕ6拉结筋，拉结筋伸入墙内的长度应符合设计要求；当设计未具体要求时：非抗震设防及抗震设防烈度为6度、7度时，不应小于墙长的1/5且不小于700mm；8度、9度时宜沿墙全长贯通。

19. 抗震设防地区还应采取如下抗震拉结措施：（1）墙长大于5m时，墙顶与梁宜有拉结;(2)墙长超过层高2倍时,宜设置钢筋混凝土构造柱;(3)墙高超过4m时,墙体半高处宜设置与柱连接且沿墙全长贯通的钢筋混凝土水平连系梁。

20. 单层钢筋混凝土柱厂房等其他砌体围护墙应按设计要求。

三、质量验收

1. 主控项目

砖、砌块和砌筑砂浆的强度等级应符合设计要求。

检验方法:检查砖或砌块的产品合格证书、产品性能检测报告和砂浆试块试验报告。

2. 一般项目

(1) 填充墙砌体一般尺寸的允许偏差应符合表9-10的规定。

填充墙砌体一般尺寸允许偏差　　　　表9-10

项次	项目		允许偏差(mm)	检验方法
1	轴线位移		10	用尺检查
	垂直度	小于或等于3m	5	用2m托线板或吊线、尺检查
		大于3m	10	
2	表面平整度		8	用2m靠尺和楔形塞尺检查
3	门窗洞口高、宽(后塞口)		±5	用尺检查
4	外墙上、下窗口偏移		20	用经纬仪或吊线检查

抽检数量:

1) 对表中1、2项,在检验批的标准间中随机抽查10%,但不应少于3间;大面积房间和楼道按两个轴线或每10延长米按一标准间计数。每间检验不应少于3处。

2) 对表中3、4项,在检验批中抽检10%,且不应少于5处。

(2) 蒸压加气混凝土砌块砌体和轻骨料混凝土小型空心砌块砌体不应与其他块材混砌。

抽检数量:在检验批中抽检20%,且不应少于5处。

检验方法:外观检查。

(3) 填充墙砌体的砂浆饱满度及检验方法应符合表9-11的规定。

填充墙砌体的砂浆饱满度及检验方法　　　　表9-11

砌体分类	灰缝	饱满度及要求	检验方法
空心砖砌体	水平	≥80%	采用百格网检查块材底面砂浆的粘结痕迹面积
	垂直	填满砂浆,不得有透明缝、瞎缝、假缝	
加气混凝土砌块和轻骨料混凝土小砌块砌体	水平	≥80%	
	垂直	≥80%	

抽检数量:每步架子不少于3处,且每处不应少于3块。

(4) 填充墙砌体留置的拉结筋或网片的位置应与块体皮数相符合。拉结钢筋或网片应置于灰缝中,埋置长度应符合设计要求,竖向位置偏差不应超过一皮高度。

抽检数量:在检验批中抽检20%,且不应少于5处。

检验方法:观察和用尺量检查。

(5) 填充墙砌筑时应错缝搭砌，蒸压加气混凝土砌块搭砌长度不应小于砌块长度的1/3；轻骨料混凝土小型空心砌块搭砌长度不应小于90mm；竖向通缝不应大于2皮。

抽检数量：在检验批的标准间中抽查10%，且不应小于3间。

检查方法：观察和用尺检查。

(6) 填充墙砌体的灰缝厚度和宽度应正确。空心砖、轻骨料混凝土小型空心砌块的砌体灰缝应为8～12mm。蒸压加气混凝土砌块砌体的水平灰缝厚度及竖向灰缝宽度分别宜为15mm和20mm。

抽检数量：在检验批的标准间中抽查10%，且不应少于3间。

检查方法：用尺量5皮空心砖或小砌块的高度和2m砌体长度折算。

(7) 填充墙砌至接近梁、板底时，应留有一定空隙，待填充墙砌筑完并应至少间隔7d后，再将其补砌挤紧。

抽检数量：每验收批抽10%填充墙片（每两柱间的填充墙为一墙片），且不应少于3片墙。

检验方法：观察检查。

第十章 混凝土结构工程

第一节 模 板 工 程

一、一般要求

（一）材料要求

模板宜选用钢材、胶合板、塑料等材料，模板的支架材料宜选用钢材等。当采用木材时，木材应符合《木结构设计规范》中的承重结构选材标准，其材质不宜低于Ⅲ等材；当采用钢模板时，钢材应符合《碳素结构钢》中的Q235（3号）钢标准；胶合板应符合《混凝土模板用胶合板》中的有关规定。

（二）模板及其支架

模板及其支架必须符合下列规定：

1. 保证工程结构和构件各部分形状尺寸和相互位置的正确。这就要求模板工程的几何尺寸、相互位置及标高满足设计图纸要求以及混凝土浇捣完毕后，在其允许偏差范围内。

2. 要求模板工程具有足够的承载力、刚度和稳定，能使它在静荷载和动荷载的作用下不出现塑性变形倾覆和失稳。

3. 构造简单，拆装方便，便于钢筋的绑扎和安装以及混凝土的浇捣和养护工艺要求，做到加工容易，集中制造，提高工效，紧密配合，综合考虑。

4. 模板的拚缝不应漏浆。对于反复使用的钢模板要不断进行整修，保证其楞角顺直、平整。

（三）模板的设计、制作和施工

组合钢模板、大模板、滑升模板等的设计、制作和施工尚应符合国家现行标准的有关规定。

（四）模板用隔离剂

模板与混凝土的接触应涂隔离剂。不宜采用油质类隔离剂。严禁隔离剂沾污钢筋与混凝土接槎处，以免影响钢筋与混凝土的握裹力以及混凝土接槎处不能有机相结合。故不得在模板安装后刷隔离剂。

（五）模板的维修保养

对模板及其支架应定期维修。钢模板及支架应防止锈蚀，从而延长模板及其支架的使用寿命。

二、现浇混凝土结构模板工程设计

（一）模板结构的三要素

虽然模板结构的种类很多，所用材料不同和功能各异，但其模板结构均由三部分组成。

1. 模板面板

是所浇筑混凝土直接接触的承力板。

2. 支撑结构

是支撑新浇混凝土产生的各种荷载和模板面板以及施工荷载的结构。

3. 连接件

是将模板面板和支撑结构连接成整体的部件，使模板结构组合成整体。

(二) 模板结构设计的原则

1. 实用性

即要保证混凝土结构工程的质量，便于钢筋绑扎和安装以及混凝土浇筑和养护工艺要求。

2. 安全性

模板结构必须具有足够的承载能力和刚度，确保操作工人的安全。

3. 经济性

要结合工程结构的具体情况和施工单位的具体条件，进行技术经济比较，因地制宜，就地取材，择优选用模板方案。

(三) 荷载分项系数与调整系数

根据《建筑结构荷载规范》和《混凝土结构工程施工质量验收规范》GB 50204—2002 有关规定，在进行一般模板结构构件计算时，各类荷载应乘以相应的分项系数与调整系数，其要求如下：

1. 分项系数

(1) 恒荷载分项系数

1) 当其效应对结构不利时，乘以分项系数 1.2；

2) 当其效应对结构有利时，取分项系数为 1，但对抗倾覆有利的恒荷载其分项系数取 0.9。

(2) 活荷载分项系数

1) 一般情况下分项系数取 1.4；

2) 模板的操作平台结构，当活荷载标准值不小于 $4kN/m^2$ 时，分项系数取 1.3。

2. 调整系数

(1) 对于一般钢模板结构，其荷载设计值可乘以 0.85 的调整系数；但对于冷弯薄壁型钢模板结构，其设计荷载值的调整系数为 1.0；

(2) 对于木模板结构，当木材含水率小于 25% 时，其设计荷载值可乘以 0.9 的调整系数。

(四) 荷载与荷载组合

1. 荷载

(1) 模板结构的自重 (组合项①)

包括模板面板、支撑结构和连接件的自重，有的模板还应包括安全防护结构，例如护身栏等的自重荷载。

(2) 新浇混凝土自重 (组合项②)

普通混凝土采用24kN/m³，其他混凝土根据实际重力密度确定。

(3) 钢筋自重（组合项③）

根据钢筋混凝土结构工程设计图纸计算确定。

(4) 新浇混凝土对模板侧面的压力（组合项⑥）

采用内部振捣器时，新浇筑的混凝土作用于模板的最大侧压力，可按照以下两式计算，并取其中较小值：

$$F=0.22\gamma_c t_0 \beta_1 \beta_2 V^{\frac{1}{2}}$$
$$F=\gamma_c H$$

式中　F——新浇混凝土对模板的最大侧压力（kN/m²）；

　　　γ_c——混凝土的重力密度（kN/m³）；

　　　t_0——新浇混凝土的初凝时间（h），可按实测确定；

　　　V——混凝土的浇筑速度（m/h）；

　　　H——混凝土侧压力计算位置处至新浇混凝土顶面的总高度（m）；

　　　β_1——外加剂影响修正系数，不掺外加剂时取1.0，掺具有缓凝作用的外加剂时取1.2；

　　　β_2——混凝土坍落度影响修正系数，当坍落度小于30mm时取0.85；50～90mm时取1.0；110～150mm时取1.15。

(5) 施工人员及施工设备荷载（组合项④）

计算模板板面均布荷载取2.5kN/m²；另应以集中荷载2.5kN进行验算。

计算支撑结构立柱及其支撑结构构件时，均布活荷载取1.0kN/m²。

大型浇筑设备按实际情况计算。

(6) 振捣混凝土时产生的荷载（组合项⑤）

1) 对水平面模板产生的垂直荷载为2kN/m²；

2) 对垂直面模板，在新浇混凝土侧压力有效压头高度以内，取4kN/m²；有效压头高度以外可不予考虑。

(7) 倾倒混凝土时产生的荷载（组合项⑦）

倾倒混凝土时，对垂直面模板产生的水平荷载按表10-1采用。

倾倒混凝土时产生的水平荷载标准值（kN/m²）　　　表10-1

项次	向模板内供料方法	水平荷载	项次	向模板内供料方法	水平荷载
1	溜槽、串筒或导管	2	3	容量为0.2～0.8m³的运输器具	4
2	容量小于0.2m³的运输器具	2	4	容量为大于0.8m³的运输器具	6

注：本荷载作用范围在有效压头高度以内。

2. 荷载组合

计算一般模板结构，其荷载组合应根据表10-2选用。

三、模板安装的质量控制

1. 竖向模板和支架的支承部分必须坐落在坚实的基土上，并应加设垫板，使其有足够的支承面积。

计算一般模板结构的荷载组合　　　　　表10-2

项次	模板结构项目	荷载组合 计算承载能力	荷载组合 验算刚度
1	平板及薄壳的模板及支架	①+②+③+④	①+②+③
2	梁和拱模板的底板及支架	①+②+③+⑤	①+②+③
3	梁、拱、柱(边长≤300mm)、墙(厚≤100mm)的侧面模板	⑤+⑥	⑥
4	大体积结构、柱(边长>300mm)、墙(厚>100mm)的侧面模板	⑥+⑦	⑥

注：计算承载能力时，荷载组合中各项荷载均采用荷载设计值，即荷载标准值乘以相应的分项系数和调整系数。刚度验算时，荷载组合中各项荷载均采用荷载标准值。

2. 一般情况下，模板自下而上地安装。在安装过程中要注意模板的稳定，可设临时支撑稳住模板，待安装完毕且校正无误后方可固定牢固。

3. 模板安装要考虑拆除方便，宜在不拆梁的底模和支撑的情况下，先拆除梁的侧模，以利周转使用。

4. 模板在安装过程中应多检查，注意垂直度、中心线、标高及各部位的尺寸；保证结构部分的几何尺寸和相邻位置的正确。

5. 现浇钢筋混凝土梁、板，当跨度大于或等于4m时，模板应起拱；当设计无要求时，起拱高度宜为全跨长的1/1000～3/1000。不准许起拱过小而造成梁、板底下垂。

6. 现浇多层房屋和构筑物支模时，采用分段分层方法。下层混凝土须达到足够的强度以承受上层荷载传来的力，且上、下立柱应对齐，并铺设垫板。

7. 固定在模板上的预埋件和预留洞不得遗漏，安装必须牢固，位置准确，其允许偏差应符合《混凝土结构工程施工质量验收规范》GB 50204—2002中表4.2.6的规定。

8. 现浇结构模板安装的允许偏差，应符合《混凝土结构工程施工质量验收规范》GB 50204—2002中表4.2.7的规定。

四、模板拆除的质量控制

（一）模板拆除时的混凝土强度

模板及其支架拆除时的混凝土强度，应符合设计要求，当设计无具体要求时，应符合下列规定：

1. 现浇结构侧模在混凝土强度能保证其表面及棱角不因拆除模板而受损坏后，方可拆除。

2. 现浇结构底模在混凝土强度符合表10-3的规定后，方可拆除。

现浇结构底模拆除时所需混凝土强度　　　　　表10-3

结构类型	结构跨度(m)	按设计的混凝土强度标准值的百分率计(%)	结构类型	结构跨度(m)	按设计的混凝土强度标准值的百分率计(%)
板	≤2	≥50	梁、拱、壳	≤8	≥75
板	>2,≤8	≥75	梁、拱、壳	>8	≥100
板	>8	≥100	悬臂构件	—	≥100

注："设计的混凝土强度标准值"系指与设计混凝土强度等级相应的混凝土立方体抗压强度标准值。

（二）模板拆除后承受荷载的规定

混凝土结构在模板和支架拆除后，需待混凝土强度达到设计混凝土强度等级后，方可承受全部使用荷载；当施工荷载所产生的效应比使用荷载的效应更为不利时，必须经过核算，加设临时支撑。

（三）拆模注意事项

拆模时，除了符合以上要求外，还必须注意下列几点：

1. 拆模时不要用力过猛过急，拆下来的模板和支撑用料要及时运走、整理。

2. 拆模顺序一般应是后支的先拆，先支的后拆，先拆非承重部分，后拆承重部分。重大复杂模板的拆除，事先要制定拆模方案。

3. 多层楼板模板支柱的拆除，应按下列要求进行：上层楼板正在浇灌混凝土时，下一层楼板的模板支柱不得拆除，再下层楼板的支柱，仅可拆除一部分；跨度4m及4m以上的梁下均应保留支柱，其间距不得大于3m。

4. 快速施工的高层建筑梁、板模板，例如：3～5d完成一层结构，其底模及支柱的拆除时间，应对所用混凝土的强度发展情况分层进行核算，确保下层楼板及梁能完全承载。

5. 定型模板、特别是组合式钢模板，要加强保护，拆除后逐块传递下来，不得抛掷，拆下后清理干净，板面涂刷脱模剂，分类堆放整齐，以利再用。

第二节 钢 筋 工 程

一、一般要求

（一）钢筋采购与进场验收

1. 钢筋采购时，混凝土结构所采用的热轧钢筋、热处理钢筋、碳素钢丝、刻痕钢丝和钢绞线的质量，应分别符合现行国家标准的规定：

(1)《钢筋混凝土用热轧带肋钢筋》（GB 1499）；

(2)《钢筋混凝土用热轧光圆钢筋》（GB 13013）；

(3)《钢筋混凝土用余热处理钢筋》（GB 13014）。

2. 钢筋从钢厂发出时，应具有出厂质量证明书或试验报告单，每捆（盘）钢筋均应有标牌。

3. 钢筋进入施工单位的仓库或放置场地时，应按炉罐（批）号及直径分批验收。验收内容包括查对标牌，外观检查之后，才可以按有关技术标准的规定抽取试样作机械性能试验，检验合格后方可使用。

4. 钢筋在运输和储存时，必须保留标牌，严格防止混料，并按批分别堆放整齐，无论在检验前或检验后，都要避免锈蚀和污染。

（二）其他要求

1. 当钢筋在加工过程中发生脆断、焊接性能不良或力学性能显著不正常等现象时，应按现行国家标准对该批钢筋进行化学成分检验或金相、冲击韧性等专项检验。

2. 对有抗震要求的框架结构纵向受力钢筋的强度应满足设计要求；当设计无具体要求时，对一、二级抗震等级，检验所得的强度实测值应符合下列规定：

(1) 钢筋的抗拉强度实测值与屈服强度实测值的比值不应小于1.25；

(2) 钢筋的屈服强度实测值与钢筋的强度标准值的比值不应大于1.3。

3. 钢筋的级别、种类和直径应符合设计要求，当需要代换时，必须征得设计单位同意，并应符合下列要求：

（1）不同种类钢筋的代换，应按钢筋受拉承载力设计值相等的原则进行；

（2）当构件受抗裂、裂缝宽度或挠度控制时，钢筋代换后应重新进行验算；

（3）钢筋代换后，应满足混凝土结构设计规范中有关间距，锚固长度，最小钢筋直径，根数等要求；

（4）对重要受力结构，不宜用 HPB 235 钢筋代换带肋钢筋；

（5）梁的纵向受力钢筋与弯起钢筋应分别进行代换；

（6）对有抗震要求的框架，不宜以强度等级较高的钢筋代替原设计中的钢筋；当必须代换时，尚应符合上述第 3 条的规定；

（7）预制构件的吊环，必须采用未经冷拉的 HPB 235 热轧钢筋制作。

（三）钢筋取样与试验

钢筋进场时应按国家现行有关标准的规定抽取试件作力学性能检验。

由于工程量、运输条件和各种钢筋的用量等的差异，很难对各种钢筋的进场检查数量做出统一规定。实际检查时，若有关标准中对进场检验数量作了具体规定，应遵照执行；若有关标准中只有对产品出厂检验数量的规定，则在进场检验时，检查数量可按下列情况确定：

1. 当一次进场的数量大于该产品的出厂检验批量时，应划分为若干个出厂检验批量，然后按出厂检验的抽样方案执行；

2. 当一次进场的数量小于或等于该产品的出厂检验批量时，应作为一个检验批量，然后按出厂检验的抽样方案执行；

3. 对连续进场的同批钢筋，当有可靠依据时，可按一次进场的钢筋处理。

当用户有特殊要求时，还应列出某些专门检验数据。

二、钢筋冷处理的质量控制

（一）钢筋冷拉

1. 检查内容

冷拉应力、冷拉率、拉力及冷弯。

2. 质量控制

（1）冷拉力

冷拉力 $\qquad N = \sigma_{yk} \cdot A_S$

式中 σ_{yk}——控制应力（MPa）；

A_S——冷拉前截面积（mm²）。

冷拉应力与冷拉率应控制在表 10-4 的范围内。

冷拉控制应力及最大冷拉率　　　　表 10-4

钢筋级别	钢筋直径(mm)	冷拉控制应力(N/mm²)	最大冷拉率(%)
HPB 235（Ⅰ级）	≤12	280	10.0
HRB 335（Ⅱ级）	≤25	450	5.5
	28～40	430	
HRB 400（Ⅲ级）	8～40	500	5.0
RRB 500（Ⅳ级）	10～28	700	4.0

冷拉钢筋至控制应力后,应剔除个别超过最大冷拉率的钢筋,若较多钢筋超过最大冷拉率,则应进行抗拉强度试验,符合规定者仍可使用。

(2) 控制冷拉率法

冷拉钢筋时,其冷拉率由试验确定,测定同炉批钢筋冷拉率的冷拉应力应符合表10-5的规定,其试样不少于4个,取其平均值为冷拉率。

测定冷拉率时钢筋的冷拉应力 (N/mm²)　　　　表10-5

钢筋级别	钢筋直径(mm)	冷拉应力	钢筋级别	钢筋直径(mm)	冷拉应力
HPB 235(Ⅰ级)	≤12	310	HRB 400(Ⅲ级)	8~40	530
HRB 335(Ⅱ级)	≤25	480	RRB 500(Ⅳ级)	10~28	730
	28~40	460			

注:当钢筋平均冷拉率低于1%时,仍应按1%进行冷拉。

冷拉伸长值 $\Delta L = r \cdot L$

式中　r——钢筋冷拉率;
　　　L——钢筋冷拉前长度。

(3) 冷拉要点

1) 冷拉前测力器和各项数据需进行校验和复核。

2) 冷拉速度不宜过快。

3) 预应力钢筋应先对焊后冷拉。

4) 自然时效的冷拉钢筋,需放置7~15d方能使用。

(4) 冷拉钢筋的力学性能应符合表10-6的规定。冷拉后不得有裂纹、起层现象。

冷拉钢筋的力学性能　　　　表10-6

钢筋级别	钢筋直径(mm)	屈服强度(N/mm²)	抗拉强度(N/mm²)	伸长率 δ_{10}(%)	冷弯	
		不	小	于	弯曲角度	弯曲直径
HPB 235(Ⅰ级)	≤12	280	370	11	180°	3d
HRB 335(Ⅱ级)	≤25	450	510	10	90°	3d
	28~40	430	490	10	90°	4d
HRB 400(Ⅲ级)	8~40	500	570	8	90°	5d
RRB 500(Ⅳ级)	10~28	700	835	6	90°	5d

注:d 为钢筋直径 (mm)。

(二) 钢筋冷拔

1. 检查内容

冷拔总压缩力,拉力与反复弯曲。

2. 质量控制

(1) 冷拉总压缩率　　　$\beta = (d_0^2 - d^2)/d_0^2 \times 100\%$

式中　β——冷拔总压缩率(盘条拔成钢丝的横截面总压缩率);
　　　d_0——盘条钢筋直径 (mm);
　　　d——成品钢筋直径 (mm)。

(2) 冷拔要点

1) 原材料必须符合 HPB 235 钢筋标准的 Q235 号钢盘圆。

2) 必须控制总压缩率,否则塑性越差。

3) 控制冷拔的次数过多,钢筋易发脆,过小易断丝,后道钢筋的直径以 0.85~0.9

前道钢筋直径为宜。

4) 合理选择润滑剂。

5) 拉力和反复弯曲试验必须符合有关标准规定。

(三) 钢筋的冷轧

冷轧带肋钢筋是近几年开发的新钢种,它是用普通低碳钢或低合金钢热轧圆盘条为母材,经冷轧或冷拔减径后在其表面冷轧成具有三面或二面月牙形横肋的钢筋。冷轧带肋钢筋有三个强度级别,即:LL550、LL650 和 LL800。直径为 4~12mm 多种。

LL550 级冷轧带肋钢筋,直径 4~12mm 适用于非预应力结构构件配筋,可代替普通 HPB 235 级钢筋。LL650 级适用于预应力构件配筋,目前生产的直径一般为 4~6mm。LL800 级适用于预应力构件配筋,目前只生产一种规格,直径为 5mm,由热轧低合金钢(24MnTi) 盘条轧制而成,与光面冷拔低合金钢丝强度相同,用于预应力空心板中具有较好的经济性。

冷轧带肋钢筋的使用规定详见《冷轧带肋钢筋混凝土结构技术规程》(JGJ 95—95)。冷轧带肋钢筋是建设部"九五"期间重点推广应用十项新技术之一。冷轧带肋钢筋的力学及工艺性能见表 10-7。

冷轧带肋钢筋的力学及工艺性能 表 10-7

级别代号	条件屈服强度 $\sigma_{0.2}$ (N/mm²)	抗拉强度 σ_b (N/mm²)	伸长率		冷弯180度弯心直径 D	预应力松弛 $\sigma_{con}=0.7\sigma_b$	
			σ_{10}(%)	σ_{100}(%)		10h(%)	1000h(%)
LL550	≥500	≥550	≥8	—	$D=3d$	—	—
LL650	≥520	≥650	—	≥4	$D=4d$	≤5	≤8
LL800	≥640	≥800	—	≤4	$D=5d$	≤5	≤8

注:σ_{10} 的测量标距为 $10d$;σ_{100} 的测量标距为 100mm。

(四) 钢筋冷轧扭

钢筋的冷轧扭是把 Q235 钢 $\phi 6.5\sim \phi 10$ 普通低碳钢热轧盘圆条通过钢筋冷轧扭机,在常温下经调直除锈后,经轧机将圆钢筋轧扁;在轧辊推动下,强迫扁钢筋通过扭转装置,从而形成表面为连续螺旋曲面的麻花状钢筋,常用规格有 $\phi^Z 6.5$、$\phi^Z 8$、$\phi^Z 10$ 三种,设计强度为 460MPa。由于冷轧扭钢筋与普通盘圆的钢筋相比,强度提高 1.95 倍,与混凝土之间的握裹力大大提高,具有明显的技术经济效果,适用于制作现浇大楼板、双向叠合板、加气混凝土复合大楼板、多孔板以及圈梁等。冷轧扭钢筋的几何尺寸及重量详见表 10-8。

冷轧扭钢筋几何尺寸及重量 表 10-8

规格	公称尺寸(mm)	公称截面积(mm²)	埋设重量(kg/m)	螺距值及偏差(mm)
$\phi^Z 6.5$	3.5×8	28	0.2156	60±3
$\phi^Z 8$	4.0×10	40	0.3079	70±3
$\phi^Z 10$	4.8×12.5	60	0.4619	80±3

三、钢筋加工的质量控制

(一) 钢筋的弯钩和弯折

钢筋的弯钩和弯折应符合下列规定:

1. HPB 235 级钢筋末端应作 180°弯钩,其弯弧内直径不应小于钢筋直径的 2.5 倍,弯钩的弯后平直部分长度不应小于钢筋直径的 3 倍。

2. 当设计要求钢筋末端需作135°弯钩时，HRB 335级 HRB 400级钢筋的弯弧内直径不应小于钢筋直径的4倍，弯钩的弯后平直部分长度应符合设计要求。

3. 钢筋作不大于90°的弯折时，弯折处的弯弧内直径不应小于钢筋直径的5倍。

（二）焊接封闭环式箍筋外箍筋末端的弯钩形式

焊接封闭环式箍筋外箍筋的末端应作弯钩，弯钩形式应符合设计要求，当设计无具体要求时应符合下列规定：

1. 箍筋弯钩的弯弧内直径除应满足规范第5.3.1条的规定外尚应不小于受力钢筋直径。

2. 箍筋弯钩的弯折角度：对一般结构不应小于90°，对有抗震等要求的结构应为135°。

3. 箍筋弯后平直部分长度：对一般结构不宜小于箍筋直径的5倍，对有抗震等要求的结构不应小于箍筋直径的10倍。

（三）钢筋加工的形状尺寸

钢筋加工的形状、尺寸应符合设计要求，其偏差应符合表10-9的规定。

钢筋加工的允许偏差　　　　　　　　表10-9

项　目	允许偏差（mm）	项　目	允许偏差（mm）
受力钢筋顺长度方向全长的净尺寸	±10	箍筋内净尺寸	±5
弯起钢筋的弯折位置	±20		

四、钢筋连接的质量控制

（一）钢筋焊接

1. 钢筋焊接方法、接头形式及适用范围

（1）焊接方法

1）电阻点焊；

2）闪光对焊；

3）电弧焊；

4）电渣压力焊；

5）预埋件埋弧压力焊；

6）气压焊。

（2）接头形式

1）对接焊接；

2）交叉焊接；

3）T型连接。

（3）焊接方法适用范围

见表10-10。

钢筋焊接方法的适用范围　　　　　　　　表10-10

焊　接　方　法	接　头　型　式	适　用　范　围	
		钢筋牌号	钢筋直径（mm）
电阻点焊		HPB 235	8～16
		HRB 335	6～16
		HRB 400	6～16
		CRB 550	4～12

续表

焊接方法		接头型式	适用范围	
			钢筋牌号	钢筋直径 (mm)
闪光对焊			HPB 235	8～20
			HRB 335	6～40
			HRB 400	6～40
			RRB 400	10～32
			HRB 500	10～40
			Q235	6～14
电弧焊	帮条焊	双面焊	HPB 235	10～20
			HRB 335	10～40
			HRB 400	10～40
			RRB 400	10～25
		单面焊	HPB 235	10～20
			HRB 335	10～40
			HRB 400	10～40
			RRB 400	10～25
	搭接焊	双面焊	HPB 235	10～20
			HRB 335	10～40
			HRB 400	10～40
			RRB 400	10～25
		单面焊	HPB 235	10～20
			HRB 335	10～40
			HRB 400	10～40
			RRB 400	10～25
	熔槽帮条焊		HPB 235	20
			HRB 335	20～40
			HRB 400	20～40
			RRB 400	20～25
	坡口焊	平焊	HPB 235	18～20
			HRB 335	18～40
			HRB 400	18～40
			RRB 400	18～25
		立焊	HPB 235	18～20
			HRB 335	18～40
			HRB 400	18～40
			RRB 400	18～25
	钢筋与钢板搭接焊		HPB 235	8～20
			HRB 335	8～40
			HRB 400	8～25
	窄间隙焊		HPB 235	16～20
			HRB 335	16～40
			HRB 400	16～40
	预埋件电弧焊	角焊	HPB 235	8～20
			HRB 335	6～25
			HRB 400	6～25
		穿孔塞焊	HPB 235	20
			HRB 335	20～25
			HRB 400	20～25

239

续表

焊接方法	接头型式	适用范围	
		钢筋牌号	钢筋直径(mm)
电渣压力焊		HPB 235 HRB 335 HRB 400	14～20 14～32 14～32
气压焊		HPB 235 HRB 335 HRB 400	14～20 14～40 14～40
预埋件钢筋埋弧压力焊		HPB 235 HRB 335 HRB 400	8～20 6～25 6～25

注：1. 电阻点焊时，适用范围的钢筋直径系指2根不同直径钢筋交叉叠接中较小钢筋的直径。
2. 当设计图纸规定对冷拔低碳钢丝焊接网进行电阻点焊，或对原RL540钢筋（Ⅳ级）进行闪光对焊时，可按本规程相关条款的规定实施。
3. 钢筋闪光对焊含封闭环式箍筋闪光对焊。

2. 钢筋焊接连接的操作要点及质量要求

(1) 电阻点焊

1) 操作要点

a. 钢筋必须除锈，保持钢筋与电极之间表面清洁平整，使其接触良好。

b. 焊接不同直径钢筋时，其较小钢筋直径小于10mm时，大小钢筋直径之比不宜大于3；若较小钢筋直径为12～16mm时，大小钢筋直径之比不宜大于2。焊接网较小钢筋直径不得小于较大钢筋直径的0.6倍。

c. 焊点的压入深度应为较小钢筋直径的18%～25%。

d. 焊接骨架的所有钢筋相交点必须焊接；焊接网片时，单向受力其受力主筋与两端两根横向钢筋相交点全部焊接；双向受力其四边用两根钢筋相交点全部焊接；其余的相交点可间隔焊接。

2) 外观检查应符合下列要求

a. 焊点处熔化金属均匀。

b. 压入深度应符合操作要点中第c条规定。

c. 焊点无脱落、漏焊、裂纹、多孔性缺陷及明显的烧伤现象。

3) 强度检验

a. 取样从成品中切取，热轧钢筋焊点作抗剪试验，试件为3件；冷拔低碳钢丝焊点除作抗剪试验外，还应对较小钢丝作拉伸试验，试件各为3件；30t或200件为一批。

b. 对试验结果要求：

(a) 抗剪试验结果应符合表10-11要求。

焊点抗剪力指标（kN）　　　　　　　　表 10-11

钢筋种类	较小钢筋直径(mm)								
	3	4	5	6	6.5	8	10	12	14
HPB 235（Ⅰ级）				6.7	7.8	11.9	18.4	26.6	36.2
HRB 335（Ⅱ级）						16.8	26.2	37.8	51.3
冷拔低碳钢丝	2.5	4.4	6.9						

(b) 拉伸试验结果应符合下列要求：

乙级冷拔低碳钢丝的抗拉强度不低于 540MPa；伸长率不低于 2%。

以上试验结果中如有一个试件达不到上述要求时，应加倍取样复试，复试结果仍有一个试件不符合上述要求，则该批制品为不合格。

(2) 闪光对焊

1) 操作要点

a. 夹紧钢筋时，应使两钢筋端面的凸出部分相接触。

b. 合理选择焊接参数：调伸长度、闪光留量、闪光速度、顶锻留量、顶锻速度、顶锻压力、变压器级次、一、二次烧化留量和预热时间参数等，应根据不同工艺合理选择。

c. 烧化过程应该稳定、强烈，防止焊缝金属氧化。

d. 冷拉钢筋的闪光对焊应在冷拉前进行。

e. 顶锻应在足够大压力下快速完成，保证焊口闭合良好。

2) 外观检查应符合下列要求

a. 接头处不得有横向裂纹。

b. 与电极接触处的钢筋表面不得有明显的烧伤。

c. 接头处的弯折不得大于 3°。

d. 接头处的钢筋轴线偏移不得大于 $0.1d$，且不得大于 2mm。

3) 机械性能试验

a. 取样

（a）在同一台班内，由同一焊工完成的 300 个同牌号、同直径钢筋焊接接头应作为一批。当同一台班内焊接的接头数量较少，可在一周之内累计计算；累计仍不足 300 个接头时，应按一批计算。

（b）力学性能检验时，应从每批接头中随机切取 6 个接头，其中 3 个做拉伸试验，3 个做弯曲试验。

（c）焊接等长的预应力钢筋（包括螺丝端杆与钢筋）时，可按生产时同等条件制作模拟试件。

（d）螺丝端杆接头可只做拉伸试验。

（e）封闭环式箍筋闪光对焊接头，以 600 个同牌号。同规格的接头作为一批，只做拉伸试验。

b. 拉伸试验

（a）3 个热轧钢筋接头试件的抗拉强度均不得小于该牌号钢筋规定的抗拉强度；RRB 400 钢筋接头试件的抗拉强度均不得小于 570N/mm²。

（b）至少应有 2 个试件断于焊缝之外，并应呈延性断裂。当达到上述 2 项要求时，应评定该批接头为抗拉强度合格。当试验结果有2个试件抗拉强度小于钢筋规定的抗拉强度；或3个试件均在焊缝或热影响区发生脆性断裂时，则一次判定该批接头为不合格品。当试验结果有1个试件的抗拉强度小于规定值，或2个试件在焊缝或热影响区发生脆性断裂，其抗拉强度均小于钢筋规定抗拉强度的1.10倍时，应进行复验。复验时，应再切取6个试作。复验结果，当仍有1个试件的抗拉强度小于规定值，或有3个试件断于焊缝或热影响区呈脆性断裂，其抗拉强度小于钢筋规定抗拉强度的1.10倍时，应判定该批接头为不合格品。

注：当接头试件虽断于焊缝或热影响区，呈脆性断裂，但其抗拉强度大于或等于钢筋规定抗拉强度的1.10倍时，可按断于焊缝或热影响区之外，与延性断裂同等对待。

c. 弯曲试验

进行弯曲试验时，应将受压面的全部毛刺和镦粗凸起部分消除，且应与钢筋的外表齐平且焊缝应处于弯曲中心，弯心直径见表10-12。弯曲到90°时，接头外侧不得出现宽度大于0.5mm的横向裂缝。

接头弯曲试验指标　　　　　　　　　　表10-12

钢筋牌号	弯心直径	弯曲角(°)	钢筋牌号	弯心直径	弯曲角(°)
HPB 235（Ⅰ级）	2d	90	HRB 400、RRB 400（Ⅲ级）	5d	90
HRB 335（Ⅱ级）	4d	90	HRB 500（Ⅳ级）	7d	90

注：1. d 为钢筋直径（mm）
　　2. 直径大于25mm的钢筋焊接接头，弯心直径应增加1倍钢筋直径。

当试验结果，弯至90°，有2个或3个试件外侧（含焊缝和热影响区）未发生破裂，应评定该批接头弯曲试验合格。当3个试件均发生破裂，则一次判定该批接头为不合格品。当有2个试件试样发生破裂，应进行复验。复验时，应再切取6个试件。复验结果，当有3个试件发生破裂时，应判定该接头为不合格品。

(3) 电弧焊

1) 操作要点

a. 进行帮条焊时，两钢筋端头之间应留2～5mm的间隙。

b. 进行搭接焊时，钢筋宜预弯，以保证两钢筋的轴线在一直线上。

c. 焊接时，引弧应在帮条或搭接钢筋一端开始，收弧应在帮条或搭接钢筋端头上，弧坑应填满。

d. 熔槽帮条焊钢筋端头应加工成平面，两钢筋端面间隙为10～16mm；焊接时电流宜稍大，从焊缝根部引弧后连续施焊，形成熔池，保证钢筋端部熔合良好。焊接过程中应停焊敲渣一次。焊平后，进行加强缝的焊接。

e. 坡口焊钢筋坡面应平顺，切口边缘不得有裂纹和较大的钝边、缺棱；钢筋根部最大间隙不宜超过10mm；为了防止接头过热，应采用几个接头轮流施焊；加强焊缝的宽度应超过V形坡口的边缘2～3mm。

2) 外观检查应符合下列要求

a. 面应平整，不得有凹陷或焊瘤。

b. 焊接接头区域不得有肉眼可见的裂纹。

c. 咬边深度、气孔、夹渣等缺陷允许值及接头尺寸的允许偏差，应符合表10-13的规定。

钢筋电弧焊接头尺寸偏差及缺陷允许值 　　　表 10-13

名　称		单位	接　头　型　式		
			帮条焊	搭接焊钢筋与钢板搭接焊	坡口焊窄间隙焊熔槽帮条焊
帮条沿接头中心线的纵向偏移		mm	$0.3d$	—	—
接头处弯折角		°	3	3	3
接头处钢筋轴线的偏移		mm	$0.1d$	$0.1d$	$0.1d$
焊缝厚度		mm	$+0.05d$ 0	$+0.05d$ 0	—
焊缝宽度		mm	$+0.1d$ 0	$+0.1d$ 0	—
焊缝长度		mm	$-0.3d$	$-0.3d$	—
横向咬边深度		mm	0.5	0.5	0.5
在长 $2d$ 焊缝表面上的气孔及夹渣	数量	个	2	2	—
	面积	mm²	6	6	—
在全部焊缝表面上的气孔及夹渣	数量	个	—	—	2
	面积	mm²	—	—	6

注：d 为钢筋直径（mm）。

d. 坡口焊、熔槽帮条焊和窄间隙焊接头的焊缝余高不得大于 3mm。焊缝表面平整，不得有较大的凹陷、焊瘤。

在现浇钢筋混凝土结构中，应以 300 个同牌号钢筋接头作为一批；在房屋结构中，应在不超过二楼层中 300 个同牌号钢筋接头作为一批；当不足 300 个接头时，仍应作为一批。每批随机切取 3 个接头做拉伸试验。

3) 拉伸试验

a. 取样

（a）在现浇混凝土结构中，应以 300 个同牌号钢筋、同型式接头作为一批；在房屋结构中，应在不超过二楼层中 300 个同牌号钢筋、同型式接头作为一批。每批随机切取 3 个接头，做拉伸试验。

（b）在装配式结构中，可按生产条件制作模拟试件，每批 3 个，做拉伸试验。

（c）钢筋与钢板电弧搭接焊接头可只进行外观检查。

注：在同一批中若有几种不同直径的钢筋焊接头，应在最大直径钢筋接头中切取 3 个试件。

b. 对试验结果要求

同闪光对焊拉伸试验。

(4) 电渣压力焊

1) 操作要点

a. 焊接夹具的上下钳口应夹紧于上、下钢筋上；钢筋一经夹紧，不得晃动。

b. 引弧可采用直接引弧法，或钢丝团（焊条芯）引弧法。

c. 引燃电弧后，应先进行电弧过程，然后，加快上钢筋下送速度，使钢筋端面与液态渣池接触，转变为电渣过程，最后在断电的同时，迅速下压上钢筋，挤出熔化金属和熔渣。

d. 接头焊毕，应稍作停歇，方可收焊剂和卸下焊接夹具；敲去渣壳后，四周焊包凸出钢筋表面的高度不得小于 4mm。

2) 外观检查应符合下列要求

a. 四周焊包凸出钢筋表面的高度不得小于4mm。

b. 钢筋与电极接触处，应无烧伤缺陷。

c. 接头处的弯折角不得大于3°。

d. 接头处的轴线偏移不得大于钢筋直径的0.1倍，且不得大于2mm。

3）强度检验

a. 取样

(a) 在现浇混凝土结构中，应以300个同牌号钢筋、同型式接头作为一批；在房屋结构中，应在不超过二楼层中300个同牌号钢筋、同型式接头作为一批。每批随机切取3个接头，做拉伸试验。

(b) 在装配式结构中，可按生产条件制作模拟试件，每批3个，做拉伸试验。

(c) 钢筋与钢板电弧搭接焊接头可只进行外观检查。

注：在同一批中若有几种不同直径的钢筋焊接接头，应在最大直径钢筋接头中切取3个试件。

b. 对试验结果的要求

同闪光对焊拉伸试验。

(5) 埋弧压力焊

1）操作要点

a. 钢板应放平，并与铜板电极接触紧密。

b. 将锚固钢筋夹于夹钳内，应夹牢；并应放好挡圈，注满焊剂。

c. 接通高频引弧装置和焊接电源后，应立即将钢筋上提，引燃电弧，使电弧稳定燃烧，再渐渐下送。

d. 迅速顶压不得用力过猛。

e. 敲去渣壳，四周焊包凸出钢筋表面的高度不得小于4mm。

2）外观检查应符合下列要求

a. 四周焊包凸出钢筋表面的高度不得小于4mm。

b. 钢筋咬边深度不得超过0.5mm。

c. 钢板应无焊穿，根部应无凹陷现象。

d. 钢筋相对钢板的直角偏差不得大于3°。

3）强度检验

a. 取样：

应以300件同类型预埋件作为一批。一周内连续焊接时，可累计计算。当不足300件时，亦应按一批计算。应从每批预埋件中随机切取3个接头做拉伸试验，试件的钢筋长度应大于或等于200mm，钢板的长度和宽度均应大于或等于60mm。

b. 预埋件钢筋T型接头拉伸试验结果，3个试件的抗拉强度均应符合下列要求：

(a) HPB 235钢筋接头不得小于$350N/mm^2$。

(b) HRB 335钢筋接头不得小于$470N/mm^2$。

(c) HRB 400钢筋接头不得小于$550N/mm^2$。

当试验结果，3个试件中有小于规定值时，应进行复验。复验时，应再取6个试件。复验结果，其抗拉强度均达到上述要求时，应评定该批接头为合格品。

(6) 气压焊

1) 操作要点

a. 焊前钢筋端面应切平、打磨，使其露出金属光泽，钢筋安装夹牢，顶压顶紧后，两钢筋端面局部间隙不得大于 3mm。

b. 气压焊加热开始至钢筋端面密合前，应采用碳化焰集中加热；钢筋端面密合后可采用中性焰宽幅加热；焊接全过程不得使用氧化焰。

c. 气压焊顶压时，对钢筋施加的顶压力应为 $30\sim40\text{N/mm}^2$。

2) 外观检查应符合下列要求

a. 接头处的轴线偏移 e 不得大于钢筋直径的 0.15 倍，且不得大于 4mm（图 10-1a）；当不同直径钢筋焊接时，应按较小钢筋直径计算；当大于上述规定值，但在钢筋直径的 0.30 倍以下时，可加热矫正；当大于 0.30 倍时，应切除重焊。

b. 接头处的弯折角不得大于 3°；当大于规定值时，应重新加热矫正。

c. 镦粗直径 d 不得小于钢筋直径的 1.4 倍（图 10-1b）；当小于上述规定值时，应重新加热镦粗。

d. 镦粗长度 l 不得小于钢筋直径的 1.0 倍，且凸起部分平缓圆滑（图 10-1c）；当小于上述规定值时，应重新加热镦长。

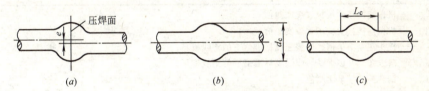

图 10-1 钢筋气压焊接头外观质量图解
(a) 轴线偏移；(b) 镦粗直径；(c) 镦粗长度

3) 机械性能

a. 取样：

在现浇钢筋混凝土结构中，应以 300 个同牌号钢筋接头作为一批；在房屋结构中，应在不超过二楼层中 300 个同牌号钢筋接头作为一批；当不足 300 个接头时，仍应作为一批。在柱、墙的竖向钢筋连接中，应从每批接头中随机切取 3 个接头做拉伸试验；在梁、板的水平钢筋连接中，应另切取 3 个接头做弯曲试验。

b. 拉伸试验

同闪光对焊拉伸试验。

c. 弯曲试验

同闪光对焊弯曲试验。

（二）钢筋机械连接

1. 接头性能等级，性能指标与适用范围

（1）接头性能等级

接头应根据静力单向拉伸性能以及高应力和大变形条件下反复拉压性能的差异，分下列三个性能等级：

1) A 级接头抗拉强度达到或超过母材抗拉强度标准值，并具有高延性及反复、拉压性能。

2）B级接头抗拉强度达到或超过母材抗拉强度标准值的1.35倍，具有一定的延性及反复拉压性能。

3）C级接头仅能承受压力。

（2）接头性能检验指标

A级、B级、C级的接头性能应符合表10-14的规定。

接头性能检验指标　　　　表10-14

等级		A级	B级	C级
单向拉伸	强度	$f_{mst}^0 \geq f_{tk}$	$f_{mst}^{0'} \geq 1.35 f_{yk}$	单向受压 $f_{mst}^{0'} \geq f_{yk}$
	割线模量	$E_{0.7} \geq E_s^0$ 且 $E_{0.9} \geq 0.9 E_s^0$	$E_{0.7} \geq 0.9 E_s^0$ 且 $E_{0.7} \geq 0.7 E_s^0$	—
	极限应变	$\varepsilon_u \geq 0.04$	$\varepsilon_u \geq 0.02$	
	残余变形	$u \leq 0.3mm$	$u \leq 0.3mm$	
高应力反复拉压	强度	$f_{mst}^0 \geq f_{tk}$	$f_{mst}^0 \geq 1.35 f_{yk}$	
	割线模量	$E_{20} \geq 0.85 E_1$	$E_{20} \geq 0.5 E_1$	
	残余变形	$u_{20} \leq 0.3mm$	$u_{20} \leq 0.3mm$	
大变形反复拉压	强度	$f_{mst}^0 \geq f_{ck}$	$f_{mst}^{0'} \geq 1.35 f_{yk}$	
	残余变形	$u_4 \leq 0.3mm$ 且 $u_8 \leq 0.6mm$	$u_4 \leq 0.6mm$	

注：f_{mst}^0——机械连接接头抗拉强度实测值；

$f_{mst}^{0'}$——机械连接接头抗压强度实测值；

$E_{0.7}$——接头在0.7倍钢筋屈服强度标准值下的割线模具；

$E_{0.9}$——接头在0.9倍钢筋屈服强度标准值下的割线模量；

E_s^0——钢筋弹性模量实测值；

ε_u——受拉接头试件极限应变；

u——接头单向拉伸的残余变形；

u_4——接头反复拉压4次后的残余变形；

u_8——接头反复拉压8次后的残余变形；

u_{20}——接头反复拉压20次后的残余变形；

E_1——接头在第1次加载至0.9倍钢筋屈服强度标准值时割线模量；

E_{20}——接头在第20次加载至0.9倍钢筋屈服强度标准值时的割线模量；

f_{tk}——钢筋抗拉强度标准值；

f_{ck}——钢筋屈服强度标准值；

f_{yk}——钢筋抗压屈服强度标准值。

（3）接头适用范围

1）混凝土结构中要求充分发挥钢筋强度或对接头延性要求较高的部位，应采用A级接头；

2）混凝土结构中钢筋受力小或对接头延性要求不高的部位，可采用B级接头；

3）非抗震设防和不承受动力荷载的混凝土结构中钢筋只承受压力的部位，可采用C级接头。

2．钢筋锥螺纹接头

（1）一般规定

1）同一构件内同一截面受力钢筋的接头位置应相互错开。在任一接头中心至长度为钢筋直径的35倍的区域范围内，有接头的受力钢筋截面积占受力钢筋总截面面积的百分率应符合下列规定：

a．受拉区的受力钢筋接头百分率不宜超过50%；

b. 在受拉区的钢筋受力较小时，A级接头百分率不受限制；

c. 接头宜避开有抗震设防要求的框架梁端和柱端的箍筋加密区；当无法避开时，接头应采用A级接头，且接头百分率不应超过50%；

d. 受力区和装配式构件中钢筋受力较小部位，A级和B级接头百分率可不受限制。

2) 接头端头距钢筋弯曲点不得小于钢筋直径的10倍。

3) 不同直径钢筋连接时，一次连接钢筋直径规格不宜超过二级。

4) 钢筋连接套的混凝土保护层厚度除了要满足现行国家标准外，还必须满足其保护层厚度不得小于15mm，且连接套之间的横向净距不宜小于25mm。

(2) 操作要点

1) 操作工人必须持证上岗。

2) 钢筋应先调直再下料。切口端面应与钢筋轴线垂直，不得有马蹄形或挠曲。不得用气割下料。

3) 加工的钢筋锥螺纹丝头的锥度、牙形、螺距等必须与连接套的锥度、牙形、螺距相一致，且经配套的量规检测合格。

4) 加工钢筋锥螺纹时，应采用水溶液切削润滑液；当气温低于0℃时，应掺入15%～20%亚硝酸钠，不得用机油作润滑液或不加润滑液套丝。

5) 已检验合格的丝头应加以保护。

6) 连接钢筋时，钢筋规格和连接套的规格应一致，并确保钢筋和连接套的丝扣干净完好无损。

7) 采用预埋接头时，连接套的位置、规格和数量应符合设计要求。带连接套的钢筋应固定牢固，连接套的外露端应有密封盖。

8) 必须用精度±5%的力矩扳手拧紧接头，且要求每半年用扭力仪检定力矩扳手一次。

9) 连接钢筋时，应对正轴线将钢筋拧入连接套，然后用力矩扳手拧紧。

10) 接头拧紧值应满足表10-15规定的力矩值，不得超拧。拧紧后的接头应做上标志。

接头拧紧力矩值　　　　　　　　　表10-15

钢筋直径(mm)	16	18	20	22	25～28	32	36～40
拧紧力矩(N·m)	118	145	177	216	275	314	343

(3) 钢筋锥螺纹接头拉伸试验

1) 取样

同一施工条件下的同一批材料的同等级、同规格接头，以500个为一个验收批，不足500个也作为一个验收批。每一验收批应在工程结构中随机截取3个试件作单向拉伸试验。

2) 拉伸试验结果

拉伸试验结果必须符合下列规定：

a. $f_{mst}^0 \leqslant f_{ck}$ 且 $f_{mst}^0 \geqslant 0.9 f_{st}^0$ 为A级接头；

b. $f_{mst}^{0'} \geqslant 1.35 f_{ck}$ 为B级接头。

注：f_{st}^0——钢筋母材抗拉强度实测值。

当有1个试件的强度不符合要求时，应再取6个试件进行复检。复检中如仍有1个试件结果不符合要求，则该验收批评为不合格。

(4) 接头外观检查

1) 抽样随机抽取同规格接头的10%进行外观检查。

2) 要求：

a. 钢筋与连接套的规格一致；

b. 无完整接头丝扣外露。

3. 带肋钢筋套筒挤压连接

(1) 一般规定

1) 同一构件内同一截面的挤压接头位置与要求同钢筋锥螺纹接头的要求相一致。

2) 不同带肋直径的钢筋可采用挤压接头连接，当套筒两端外径和壁厚相同时，被连接钢筋的直径相差不应大于5mm。

3) 对直接承受动力荷载的结构，其接头应满足设计要求的抗疲劳性能。

当无专门要求时，对连接Ⅱ级钢筋的接头，其疲劳性能应能经受应力幅为$100N/mm^2$，上限应力为$180N/mm^2$的200万次循环加载。对连接Ⅲ级钢筋的接头，其疲劳性能应能经受应力幅为$100N/mm^2$，上限应力为$190N/mm^2$的200万次循环加载。

4) 挤压接头的混凝土保护层除了满足现行国家标准外，还要满足不得小于15mm的规定，且连接套筒之间的横向净距不宜小于25mm。

5) 当混凝土结构中挤压接头部位的温度低于-20℃时，宜进行专门的试验。

6) 对于Ⅱ、Ⅲ级带肋钢筋挤压接头所用套筒材料应选用适于压延加工的钢材，其实测力学性能应符合表10-16的要求。

套筒材料的力学性能   表10-16

项 目	力学性能指标	项 目	力学性能指标
屈服强度(N/mm^2)	225～350	硬度(HRB)	60～80
抗拉强度(N/mm^2)	375～500	或(HB)	102～133
延伸率σ_s(%)	≥20		

(2) 操作要点

1) 操作工人必须持证上岗。

2) 挤压操作时采用的挤压力，压模宽度，压痕直径或挤压后套筒长度的波动范围以及挤压道数，均应符合经型式检验确定的技术参数要求。

3) 挤压前应做以下准备工作：

a. 钢筋端头的锈皮、泥沙、油污等杂物应清理干净；

b. 应对套筒作外观尺寸检查；

c. 应对钢筋与套筒进行试套，如钢筋有马蹄，弯折或纵肋尺寸过大者，应预先矫正或用砂轮打磨；对不同直径钢筋的套筒不得相互串用；

d. 钢筋连接端应划出明显定位标记，确保在挤压时和挤压后可按定位标记检查钢筋伸入套筒内的长度；

e. 检查挤压设备情况，并进行试压，符合要求后方可作业。

4) 挤压操作应符合下列要求：

a. 应按标记检查钢筋插入套筒内深度，钢筋端头离套筒长度中点不宜超过10mm；

b. 挤压时挤压机与钢筋轴线应保持垂直；

c. 挤压宜从套筒中央开始,并依次向两端挤压;

d. 宜先挤压一端套筒,在施工作业区插入待接钢筋后再挤压另一端套筒。

(3) 带肋钢筋套筒挤压连接拉伸试验

1) 取样

同一施工条件下的同一批材料的同等级、同型式、同规格接头,以 500 个为一个验收批进行检验与验收,不足 500 个也作为一个验收批。每一验收批应在工程结构中随机截取 3 个试件做单向拉伸试验。

2) 拉伸试验结果

a. $f^0_{mst} \geqslant f_{tk}$ 且 $f^0_{mst} \geqslant 0.9 f_{st}$ 为 A 级接头;

b. $f^0_{mst} \geqslant 1.35 f_{yk}$ 为 B 级接头。

如有一个试件的抗拉强度不符合要求,应再取 6 个试件进行复检。复检中如仍有一个试件检验结果不符合要求,则该验收批单向拉伸检验为不合格。

(4) 接头外观检查

1) 抽样:随机抽取同规格接头数的 10% 进行外观检查。

2) 要求:

a. 外形尺寸挤压后套筒长度应为原套筒长度的 1.10~1.15 倍;或压痕处套筒的外径波动范围为原套筒外径的 80%~90%;

b. 挤压接头的压痕道数应符合型式检验确定的道数;

c. 接头处弯折不得大于 4°;

d. 挤压后的套筒不得有肉眼可见裂缝。

(三) 钢筋绑扎

1. 准备工作

(1) 熟悉施工图;

(2) 确定分部分项工程的绑扎进度和顺序;

(3) 了解运料路线、现场堆料情况、模板清扫和润滑状况以及坚固程度、管道的配合条件等;

(4) 检查钢筋的外观质量,着重检查钢筋的锈蚀状况,确定有无必要进行除锈;

(5) 在运料前要核对钢筋的直径、形状、尺寸以及钢筋级别是否符合设计要求;

(6) 准备必要数量的工具和水泥垫块与绑扎所需的钢丝等。

2. 操作要点

(1) 钢筋的交叉点都应扎牢。

(2) 板和墙的钢筋网,除靠近外围两行钢筋的相交点全部扎牢外,中间部分的相交点可相隔交错扎牢,但必须保证受力钢筋不位移;如采用一面顺扣绑扎,交错绑扎扣应变换方向绑扎;对于面积较大的网片,可适当地用钢筋作斜向拉结加固(如图 10-2)双向受力的钢筋须将所有相交点全部扎牢。

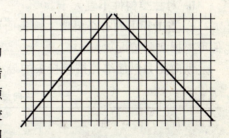

图 10-2 钢筋的斜向拉结加固

(3) 梁和柱的箍筋,除设计有特殊要求外,应与受力钢筋保持垂直;箍筋弯钩叠合处,应沿受力钢筋方向错开放置。此外,梁的箍筋弯钩应尽量放在受压处。

(4)绑扎柱竖向钢筋时,角部钢筋的弯钩应与模板成45°(多边形柱为模板内角的半分角;圆形柱应与模板切线垂直);中间钢筋的弯钩应与模板成90°;当采用插入式振捣器浇筑小型截面柱时,弯钩平面与模板面的夹角不得小于15°。

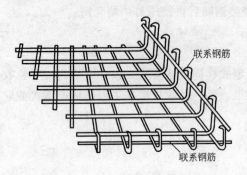

图10-3 基础底板的绑扎

(5)绑扎基础底板面钢筋时,要防止弯钩平放,应预先使弯钩朝上;如钢筋有带弯起直段的,绑扎前应将直段立起来,宜用细钢筋联系上,防止直段倒斜,见图10-3。

(6)钢筋的绑扎接头应符合下列要求:

1)同一构件中相邻纵向受力钢筋的绑扎搭接接头宜相互错开绑扎搭接接头中钢筋的横向净距不应小于钢筋直径且不应小于25mm;

2)钢筋绑扎搭接接头连接区段的长度为$1.3l_1$(l_1为搭接长度)凡搭接接头中点位于该连接区段长度内的搭接接头均属于同一连接区段,同一连接区段内纵向钢筋搭接接头面积百分率为该区段内有搭接接头的纵向受力钢筋截面面积与全部纵向受力钢筋截面面积的比值(图10-4);

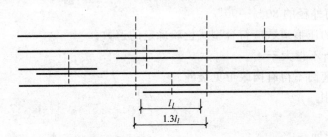

图10-4 钢筋绑扎搭接接头连接区段及接头面积百分率

注:图中所示搭接接头同一连接区段内的搭接钢筋为两根,当各钢筋直径相同时,接头面积百分率为50%

3)同一连接区段内纵向受拉钢筋搭接接头面积百分率应符合设计要求当设计无具体要求时应符合下列规定:

a. 对梁类板类及墙类构件不宜大于25%;

b. 对柱类构件不宜大于50%;

c. 当工程中确有必要增大接头面积百分率时,对梁类构件不应大于50%,对其他构件可根据实际情况放宽。

纵向受力钢筋绑扎搭接接头的最小搭接长度应符合表10-17的规定。

纵向受拉钢筋的最小搭接长度　　　　表10-17

钢筋类型		混凝土强度等级			
		C15	C20~C25	C30~C35	≥C40
光圆钢筋	HPB 235级	45d	35d	30d	25d
带肋钢筋	HRB 335级	55d	45d	35d	30d
	HRB 400级、RRB 400级	—	55d	40d	35d

注:两根直径不同钢筋的搭接长度,以较细钢筋的直径计算。

(7) 在梁柱类构件的纵向受力钢筋搭接长度范围内应按设计要求配置箍筋。当设计无具体要求时应符合下列规定：

1）箍筋直径不应小于搭接钢筋较大直径的 0.25 倍；

2）受拉搭接区段的箍筋间距不应大于搭接钢筋较小直径的 5 倍且不应大于 100mm；

3）受压搭接区段的箍筋间距不应大于搭接钢筋较小直径的 10 倍且不应大于 200mm；

4）当柱中纵向受力钢筋直径大于 25mm 时应在搭接接头两个端面外 100mm 范围内各设置两个箍筋其间距宜为 50mm。

五、钢筋安装的质量控制

1. 安装钢筋时，配置的钢筋级别、直径、根数和间距应符合设计图纸的要求。

2. 混凝土保护层砂浆垫块应根据钢筋粗细和间距垫得适量可靠。竖向钢筋可采用带钢丝的垫块，绑在钢筋骨架外侧。

3. 当构件中配置双层钢筋网，需利用各种撑脚支托钢筋网片。撑脚可用相应的钢筋制成。

4. 当梁中配有两排钢筋时，为了使上排钢筋保持正确位置，要用短钢筋作为垫筋垫在它上面，如图 10-5 所示。

5. 墙体中配置双层钢筋时，为了使两层钢筋网保持正确位置，可采用各种用细钢筋制作的撑件加以固定，如图 10-6 所示。

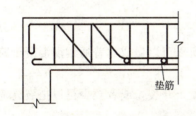

图 10-5 梁中配置双层钢筋

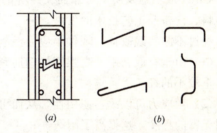

图 10-6 墙体中配制双层钢筋

6. 对于柱的钢筋、现浇柱与基础连接而设在基础内的插筋，其箍筋应比柱的箍筋缩小一个箍筋直径，以便连接；插筋必须固定准确牢靠。下层柱的钢筋露出楼面部分，宜用工具式箍筋将其收进一个柱筋直径，以利上层柱的钢筋搭接；当柱截面改变时，其下层柱钢筋的露出部分，必须在绑扎上部其他部位钢筋前，先行收缩准确。

7. 绑扎和焊接的钢筋网和钢筋骨架，不得有变形、松脱和开焊。钢筋位置的允许偏差应符合表 10-18 的规定。

钢筋安装位置的允许偏差和检验方法　　　　表 10-18

项　目		允许偏差(mm)	检　验　方　法
绑扎钢筋网	长、宽	±10	钢尺检查
	网眼尺寸	±20	钢尺量连续三档，取最大值
绑扎钢筋骨架	长	±10	钢尺检查
	宽、高	±5	钢尺检查
受力钢筋	间距	±10	钢尺量两端、中间各一点，取最大值
	排距	±5	
	保护层厚度 基础	±10	钢尺检查
	保护层厚度 柱、梁	±5	钢尺检查
	保护层厚度 板、墙、壳	±3	钢尺检查

续表

项　　目		允许偏差(mm)	检　验　方　法
绑扎箍筋、横向钢筋间距		±20	钢尺量连续三档,取最大值
钢筋弯起点位移		20	钢尺检查
预埋件	中心线位置	5	钢尺检查
	水平高差	+3,0	钢尺和塞尺检查

注：1. 检查预埋件中心线位置时，应沿纵、横两个方向量测，并取其中的较大值；
　　2. 表中梁类、板类构件上部纵向受力钢筋保护层厚度的合格点率应达到90%及以上，且不得有超过表中数值1.5倍的尺寸偏差。

第三节　预应力混凝土工程

由于混凝土的抗拉强度有限，所以人们早就想通过预加应力使混凝土承重结构的受拉区处于受压状态，这样在混凝土产生拉应力时可以抵消这种压应力。预应力技术的基本原理在几个世纪之前就已出现，而其现代应用应归功于现代预应力技术的创始人-法国的E. Freyssinet成功地发明了可靠而又经济的张拉锚固工艺技术（1928年），从而推动了预应力材料、设备及工艺技术的发展。

经过不断实践改良，现代预应力混凝土的优点包含了：

（1）由于有效利用了高强度的钢筋和混凝土，所以可以做成比普通钢筋混凝土跨度大而自重较小的细长承重结构；

（2）预应力可以改善使用性，从而可以防止混凝土开裂，或者至少可以把裂缝宽度限制到无害的程度，这提高了耐久性；

（3）变形可保持很小，因为在使用荷载作用下即使是部分预加应力，实际上承重结构也保持在较为理想的状态中；

（4）预应力混凝土承重结构有很高的疲劳强度，因为即使是部分预应力，钢筋应力的变化幅度也小，所以远远低于疲劳强度；

（5）预应力混凝土可以承受相当大的过载而不引起永久的损坏。只要钢筋应力保持在应变极限的0.01%以下，超载引起的裂缝就会重新完全闭合。

一、先张法

先张法，即在混凝土硬化之前张拉钢筋，预应力钢筋在两个固定的锚固台座之间进行张拉，并在张拉状态下浇灌混凝土。这样在钢筋和混凝土之间直接产生粘结力，待混凝土足够硬化后，放松预应力钢筋。于是预应力通过粘结力或锚固体传递到混凝土上。

先张法主要应用于预制构件施工，一般适用于生产中小型的预应力混凝土构件。由于建筑施工工业化发展迅速，相对工厂化生产而言现场预制预应力构件不仅费时费力而且设备维护、质量标准都不易控制，所以现场通常不进行先张预应力施工。这里对先张法仅作简要介绍。

需要引起重视的是，现行《混凝土结构工程施工质量验收规范》GB 50204规定，（混凝土构件厂提供的，用作建筑物结构组成部分的）预制构件应进行结构性能检验。结构性能检验不合格的预制构件不得用于混凝土结构。该规定为现行工程建设标准强制性条文，必须严格执行。

（一）先张法施工设备

1. 台座

以混凝土为承力结构的台座称为墩式台座，一般生产中小型构件。生产中型或大型构件时，采用台面局部加厚的台座，以承受部分张拉应力。生产吊车梁、屋架等预应力混凝土构件时，由于张拉力和倾覆力矩都较大，多用槽式台座。

2. 张拉机具和夹具

根据预应力筋选材的不同，分为钢丝和钢筋两种。对应的张拉机具和夹具基本大同小异。

钢丝的夹具分为锚固夹具和张拉夹具，都可以重复使用。根据现行规范要求，预应力筋张拉机具设备及仪表应定期维护和校验，张拉设备应配套标定并配套使用。张拉设备的标定期限不应超过半年。当在使用过程中出现反常现象、千斤顶检修后，应重新标定。张拉机具要求简易可靠，使用方便。

常用的锚固夹具有圆锥齿板式夹具、圆锥三槽式夹具和镦头夹具。前两种属于锥销式体系，锚固时将齿板或锥销打入套筒，借助摩阻力将钢丝锚固。锥销的硬度大于预应力筋硬度，预应力筋硬度大于套筒硬度。

常用的张拉夹具有钳式和偏心式夹具。张拉机具分为单根张拉和多根张拉。台座生产时常采用小型卷扬机单根张拉。多根张拉多用于钢模以机组流水法或传送带生产，要求钢丝长度相等，事先调整初应力。

钢筋锚固多用螺丝端杆锚具、镦头锚具和销片夹具等。张拉时用连接器与螺丝端杆锚具连接。直径22mm以下的钢筋用对焊机热镦或冷镦，大直径钢筋用压模加热锻打成型。镦头钢筋需冷拉检验镦头强度。除锚夹具不同外，其余方面基本与钢丝张拉一致。

（二）先张法施工工艺

1. 预应力筋张拉

预应力筋的张拉力、张拉顺序及张拉工艺应符合设计及施工技术方案的要求并应符合规定，还要求现场施工予以详细记录备查。当施工需要超张拉时，最大张拉应力不应大于国家现行标准《混凝土结构设计规范》GB 50010 的规定。现场采用的张拉工艺应能保证同一束中各根预应力筋的应力均匀一致。

采用应力控制方法张拉时，应校核预应力筋的伸长值。实际伸长值与设计计算理论伸长值的相对允许偏差为 6%。张拉过程中应避免预应力筋断裂或滑脱。预应力筋断裂或滑脱对结构构件的受力性能影响极大，故施加预应力过程中应采取措施加以避免。先张法预应力构件中的预应力筋不允许出现断裂或滑脱，若在浇筑混凝土前出现断裂或滑脱，相应的预应力筋应予以更换重新实施张拉。该规定被列入 2002 年版的工程建设标准强制性条文，必须严格执行。

预应力筋张拉应根据设计要求进行。多根成组张拉应先调整各预应力筋的初应力，使长度、松紧一致，以保证张拉后预应力筋应力一致。张拉程序按照下列之一进行：

$$0 \rightarrow 1.05\sigma_{con} \xrightarrow{\text{持荷 2min}} 0 \text{ 或 } 0 \rightarrow 1.03\sigma_{con}$$

σ_{con} 为预应力钢筋张拉控制应力（N/mm²）。

此程序主要目的在于减少钢材在常温、高应力状态下不断产生塑性变形而发生的松弛损失。规范规定，施工现场应用钢尺检查先张法预应力筋张拉后与设计位置的偏差，要求偏差不得大于5mm，且不得大于构件截面短边边长的4%。

上述工作过程及结果的相当部分内容都通过张拉记录来体现。

2. 混凝土浇筑与养护

确定预应力混凝土的配合比，通过尽量减少混凝土的收缩和徐变，来减少预应力的损失。对水泥品种、用量、水灰比、骨料孔隙率、振动成型等因素的控制可以达到减少混凝土收缩和徐变的目的。

混凝土应振捣密实，振动器不得碰触预应力筋。混凝土没有达到一定强度前，对预应力筋不得有碰撞或移动。

一个需要注意的问题就是采用湿热养护时预应力筋的应力损失问题。由于环境温度升高预应力筋膨胀而台座长度不变会引起预应力损失，所以混凝土没有达到一定强度以前，应该对环境温度进行控制。

3. 预应力筋放松

预应力筋放张时混凝土强度应符合设计要求，当设计无具体要求时，不应低于设计的混凝土立方体抗压强度标准值的75%后，方可放松预应力筋。过早地对混凝土施加预应力，会引起较大的收缩和徐变，预应力损失的同时可能因局部承压过大而引起混凝土损伤。施工现场需要了解预应力混凝土实际强度数值，可以通过试压同条件养护试件得到。

先张法预应力筋放张时宜缓慢放松锚固装置，使各根预应力筋同时缓慢放松。无论预应力筋为钢丝还是钢筋，都应尽量做到同时放松，以防止最后几根由于承受过大拉力而突然断裂使构件端部开裂。

（三）先张法质量检验要点

1. 材料、设备及制作

（1）预应力筋、锚具、水泥、外加剂等主要材料的分批出厂合格证、进场检测报告、预应力筋、锚具的见证取样检测报告等；预应力筋用锚具夹具和连接器使用前应进行全数外观检查，其表面应无污物锈蚀机械损伤和裂纹；预应力筋用锚具夹具和连接器要按设计要求采用，其性能应符合现行国家标准《预应力筋用锚具夹具和连接器》GB/T 14370等的规定；预应力筋进场时应按现行国家标准《预应力混凝土用钢绞线》GB/T 5224等的规定抽取试件作力学性能检验，其质量必须符合有关标准的规定。GB 50204将预应力筋的检查列为主控项目，并且在现行的《工程建设标准强制性条文-房屋建筑部分》中也明文规定，要求按进场批次和产品的抽样检验方案确定检测数量，检查产品合格证出厂检验报告和进场复验报告。

（2）张拉设备、固定端制作设备等主要设备的进场验收、标定。

（3）预应力筋制作交底文件及制作记录文件。

2. 预应力筋布置

（1）模板、预应力筋、锚具之间是否有破损、是否封闭；

（2）预应力筋固定是否牢固，连接配件是否到位；

（3）张拉端、固定端安装是否正确，固定是否可靠；

（4）自检、隐检记录是否完整。

3. 预应力筋张拉

(1) 张拉设备是否良好；

(2) 张拉力值是否准确；预应力筋张拉锚固后实际建立的预应力值与量测时间有关，相隔时间越长预应力损失值越大。故检验值应由设计通过计算确定。预应力筋张拉后实际建立的预应力值对结构受力性能影响很大，必须予以保证。先张法施工中通常用应力测定仪器直接测定张拉锚固后预应力筋的应力值；

(3) 伸长值是否在规定范围内；

(4) 张拉记录是否完整、清楚。

4. 混凝土浇筑

(1) 是否派专人监督混凝土浇筑过程；

(2) 张拉端、固定端处混凝土是否密实。

二、后张法

后张法即将钢筋松弛地放在滑动孔道或张拉孔道内，一般放在预埋的套管内，待混凝土硬化后在两端张拉和锚固。后张法分有粘结预应力和无粘结预应力两类。有粘结预应力工艺是在预加应力以后，用灌浆方法填满张拉孔道，防止钢筋锈蚀，并产生粘结力来保证预应力作用的发挥；而后张法无粘结预应力工艺是使用套管中填充保护剂来保证预应力筋材质稳定，通过预应力筋两端的锚固件作用来发挥预加在混凝土构件上的应力。后张法是在构件或块体上直接张拉预应力钢筋，不需要专门的台座，现场生产时还可避免构件的长途搬运。适宜于生产大型构件，尤其是大跨度构件。随着预应力技术的发展，已逐渐从单个预应力构件发展到预应力结构，如大跨度大柱网的房屋结构、大跨度的桥梁、大型特种结构等等。

后张法预应力工程的施工应由具有相应资质等级的预应力专业施工单位承担。这是因为后张法预应力施工是一项专业性强、技术含量高、操作要求严的作业。预应力混凝土结构施工前，专业施工单位应根据设计图纸编制预应力施工方案。当设计图纸深度不具备施工条件时，预应力施工单位应予以完善，并经设计单位审核后实施。

这里从总承包单位质量员角度出发，对后张法预应力混凝土施工作简要介绍，适用范围仅限于一般工业与民用建筑现场混凝土后张预应力液压张拉施工（不包括构件和块体制作）。

后张预应力筋所用防护材料、防护工艺及张拉工艺有多种多样，目前较常用的防护材料及工艺有以下二种。

(1) 混凝土＋波纹管＋预应力钢材粘结剂（有粘结预应力工艺）；

(2) 混凝土＋套管＋预应力钢材保护剂（无粘结预应力工艺）。

就目前国际、国内发展趋势而言，在一般介质环境下工作的结构，如房屋结构的室内环境等采用常规的防护材料及工艺即可满足耐久性要求；对侵蚀性介质环境下工作的结构，如桥梁、水工、海洋结构等应采用多层防护工艺，而目前国外工程中出现的可更换的体外索预应力技术更具有发展前景。

（一）预应力筋、锚具和张拉机具

在预应力筋材质选用方面，先张法后张法施工，基本没有重大区别，有钢丝、钢绞线或者钢筋等。张拉机具和锚夹具等随施工工艺方法不同而变化。

1. 预应力筋

预应力粗钢筋（单根筋）的制作一般包括下料、对焊、冷拉等工序。热处理钢筋及冷拉Ⅳ筋宜采用切割机切断，不得采用电弧切割。预应力筋的下料长度应由计算确定，计算时应考虑锚夹具厚度、对焊接头压缩量、钢筋冷拉率、弹性回缩率、张拉伸长值和构件长度等的影响。

预应力钢筋束、钢丝束和钢绞线束的制作，一般包括开盘（冷拉）、下料和编束等工序；当采用镦头锚具时，还应增加镦头工序；钢丝和钢绞线的下料，一段采用砂轮锯或切割机切断，切口应平齐，无毛刺，无热影响区，以免造成不必要的损伤。下料长度需经计算确定，一般为孔道净长加上两端的预留长度，这与选用何种张拉体系有关。为了保证穿筋在张拉时不发生扭结，对钢筋、钢丝和钢绞线束需进行编束，通常可用 18～20 号钢丝每隔 1m 左右将理顺后的筋束绑扎，形成束状，亦可用穿束网套进行穿束。对于钢绞线束目前可用专门的穿索机进行穿束。

预应力筋进场时应按现行国家标准《预应力混凝土用钢绞线》GB/T 5224 等的规定，抽取试件作力学性能检验。其质量必须符合有关标准的规定。检查数量按进场的批次和产品的抽样检验方案确定。此要求作为现行强制性条文内容之一，现场施工时总承包质量员必须督促严格执行。

2. 无粘结预应力筋

用于制作无粘结筋的钢材为由 7 根 5mm 或 4mm 的钢丝绞合而成的钢绞线或 7 根直径 5mm 的碳素钢丝束，其质量应符合现行国家标准。无粘结预应力筋的制作，采用挤压涂塑工艺，外包聚乙烯或聚丙烯套管，内涂防腐建筑油脂，经过挤出成型机后，塑料包裹层一次成型在钢绞线或钢丝束上。

无粘结预应力筋的涂料层应具有良好的化学稳定性，对周围材料无侵蚀作用；不透水，不吸湿，抗腐蚀性能强；润滑性能好，摩擦阻力小；在规定温度范围内高温不流淌，低温不变脆，并有一定韧性。

无粘结预应力筋在成品堆放期间，应按不同规格分类成捆、成盘，挂牌整齐，堆放在通风良好的仓库中；露天堆放时，严禁放置在受热影响的场所，应搁置在支架上，不得直接与地面接触，并覆盖雨布。在成品堆放期间严禁碰撞、踩压。

钢绞线无粘结预应力筋应成盘运输，碳素钢丝束无粘结预应力筋可成盘或直条运输。在运输、装卸过程中，吊索应外包橡胶、尼龙带等材料，并应轻装轻卸，严禁摔掷，或在地上拖拉，严禁锋利物品损坏无粘结预应力筋。

无粘结预应力筋质量要求应符合现行《钢绞线钢丝束无粘结预应力筋》JG 3006 及《无粘结预应力筋专用防腐润滑脂标准》JG 3007 等的规定，其涂包质量应符合无粘结预应力钢绞线标准的规定。无粘结预应力筋的涂包质量对保证预应力筋防腐及准确地建立预应力非常重要。涂包质量的检验内容主要有涂包层油脂用量、护套厚度及外观。当有工程经验并经观察确认质量有保证时，可仅作外观检查。通常无粘结预应力筋都是工厂制作或者成品购买。

3. 后张预应力设备

预应力混凝土构件进行混凝土浇筑以后，一般强度达到设计要求的 75% 左右（特别是锚固区域）就要进行预应力张拉作业。要想完成后张预应力工作，需使用多种机械设备，其中主要设备有：预应力张拉设备、固定端制作设备、螺旋管制作机、穿束设备、灌浆机械及辅助设备等。

4. 后张法预应力筋锚具夹具

基本与先张法相同。

(二) 后张有粘结预应力施工

后张有粘结预应力技术是通过在结构或构件中预留孔道，允许孔道内预应力筋在张拉时可自由滑动，张拉完成后在孔道内灌注水泥浆或其他类似材料，而使预应力筋与混凝土永久粘结不产生滑动的施工技术。

后张有粘结预应力技术在房屋建筑中，主要用于框架、刚架结构，各种梁系结构、平板楼盖结构也可采用预留扁形孔道施工的后张有粘结预应力工艺。

1. 预留孔道

预应力筋的孔道形状有直线、曲线和折线三种。孔道的直径与布置，主要根据预应力混凝土构件或结构的受力性能，并参考预应力筋张拉锚固体系特点与尺寸确定。

(1) 孔道直径

对粗钢筋，孔道的直径应比预应力筋直径、钢筋对焊接头处外径或需穿过孔道的锚具或连接器外径大 10~15mm。对钢丝或钢绞线，孔道的直径应比预应力束外径或锚具外径大 5~10mm，且孔道面积应大于预应力筋面积的两倍。

(2) 孔道布置

预应力筋孔道之间的净距不应小于 50mm，孔道至构件边缘的净距不应小于 40mm，凡需要起拱的构件，预留孔道宜随构件同时起拱。

(3) 孔道端头排列

预应力筋孔道端头连接承压钢垫板或铸铁喇叭管，由于锚具局部承压要求及张拉设备操作空间的要求，预留孔道端部排列间距往往与构件内部排列间距不同。此外由于成束预应力筋的锚固工艺要求，构件孔道端常常需要扩大孔径、形成喇叭口形孔道。构件端部排列间距及扩孔直径各不相同，详细尺寸可参见相关的张拉锚固体系的技术资料。

(4) 孔道成形方法

预应力筋的孔道可采用抽芯法（钢管抽芯和胶管抽芯）和预埋（金属波纹）管等方法成形。对孔道成形的基本要求是：孔道的尺寸与位置应正确，孔道应平顺，接头不漏浆，端部预埋钢板应垂直于孔道中心线等。孔道成形的质量，对孔道摩阻损失的影响较大，应严格把关。

2. 其他（非预应力）钢筋工程及混凝土工程

预应力筋预留孔道的施工过程与钢筋工程同步进行，施工时应对节点钢筋进行放样，调整钢筋间距及位置，保证预留孔道顺畅通过节点。在钢筋绑扎过程中应小心操作，确实保护好预留孔道位置、形状及外观。在电焊操作时，更应小心，禁止电焊火花触及波纹管及胶管，焊渣也不得堆落在孔道表面，应切实保护好预留孔道。

混凝土浇筑是一道关键工序，禁止将振捣棒直接振动波纹管，混凝土入模时，严禁将下料斗出口对准孔道下灰。此外混凝土材料中不应含带氯离子的外加剂或其他侵蚀性离子。

混凝土浇筑完成后，对抽拔管成孔应按时组织人员抽拔钢管或胶管，检查孔道及灌浆孔等是否通畅。对预埋金属螺旋管成孔，应在混凝土终凝能上人后，派人用通孔器清理孔道，或抽动孔道内的预应力筋，以确保孔道及灌浆孔通畅。

用于后张预应力结构中的混凝土比常规的普通混凝土结构要求有更高的强度，因为预应力筋比普通钢筋强度高出许多，为充分发挥预应力筋的强度，混凝土必须相应有较高的抗压强度与之匹配。特别是现代高效预应力混凝土技术的发展，要求混凝土不光有较高的抗压强度指标，还要求混凝土具有多种优良结构性能和工艺性能。预应力混凝土结构用混凝土的发展方向是高性能混凝土。

3. 预应力筋张拉

(1) 混凝土强度检验

预应力筋张拉前，应提供结构构件（含后浇带）混凝土的强度试压报告。当混凝土的立方体强度满足设计要求后，方可施加预应力。施加预应力时构件的混凝土强度应在设计图纸上标明；如设计无要求时，不应低于强度等级的75%，这是各个版本的国家规范都明文规定的要求。立缝处混凝土或砂浆强度如设计无要求时，不应低于块体混凝土强度等级的40%，且不得低于$15N/mm^2$。

(2) 预应力筋张拉力值

预应力筋的张拉力大小，直接影响预应力效果。张拉力越高，建立的预应力值越大，构件的抗裂性也越好；但预应力筋在使用过程中经常处于过高应力状态下，构件出现裂缝的荷载与破坏荷载接近，往往在破坏前没有明显的警告，这是危险的。另外，如张拉力过大，造成构件反拱过大或预拉区出现裂缝，也是不利的。反之，张拉阶段预应力损失越大，建立的预应力值越低，则构件可能过早出现裂缝，也是不安全的。因此，设计人员不仅在图纸上要标明张拉力大小，而且还要注明所考虑的预应力损失项目与取值。这样，施工人员如遇到实际施工情况所产生的预应力损失与设计取值不一致，则有可能调整张拉力，以准确建立预应力值。

(3) 减少孔道摩擦损失的措施

包括改善预留孔道与预应力筋制作质量，采用润滑剂和采取超张拉方法。

(4) 预应力筋张拉

选择合理的张拉顺序是保证质量的重要一环。当构件或结构有多根预应力筋（束）时，应采用分批张拉，此时应按设计规定进行；如设计无规定或受设备限制必须改变时，则应经核算确定。张拉时宜对称进行，避免引起偏心。预应力筋的张拉顺序，应使结构及构件受力均匀、同步，不产生扭转、侧弯，不应使混凝土产生超应力，不应使其他构件产生过大的附加内力及变形等。因此，无论对结构整体，还是对单个构件而言，都应遵循同步、对称张拉的原则。现行 GB 50204 规定，后张法施工中，当预应力筋是逐根或逐束张拉时，应保证各阶段不出现对结构不利的应力状态。同时宜考虑后批张拉预应力筋所产生的结构构件的弹性压缩对先批张拉预应力筋的影响确定张拉力。

在选用一定张锚体系后，在进行预应力筋张拉时，可采用一端张拉法，亦可采用两端同时张拉法。当采用一端张拉时，为了克服孔道摩擦力的影响，使预应力筋的应力得以均匀传递，采用反复张拉2~3次，可以达到较好的效果。

采用分批张拉时，应计算分批张拉的预应力损失值，分别加到先张拉预应力筋的张拉控制应力值内，或采用同一张拉值逐根复拉补足。对于平卧叠浇制作的构件，张拉时应考虑内于上下层间的摩阻力对先张拉的构件产生预应力损失的影响，但最大不宜超过105%

σ_{con}。如果隔离层效果较好，亦可采用同一张拉值。此外，安排张拉顺序还应考虑到尽量减少张拉设备的移动次数。一般张拉程序与先张法施工相同。

4. 孔道灌浆

预应力筋张拉后，利用灌浆泵将水泥浆压灌到预应力筋孔道中去，其作用有二：一是保护预应力筋，以免锈蚀；二是使预应力筋与构件混凝土有效的粘结，以控制超载时裂缝的间距与宽度，并减轻梁端锚具的负荷状况。因此，对孔道灌浆的质量，必须重视。

（1）材料

孔道灌浆应采用强度等级不低于 32.5 级的普通硅酸盐水泥，在寒冷地区和低温季节，应优先采用早强型普通硅酸盐水泥。水泥浆应有足够的流动性。水泥浆 3h 泌水率宜控制在 2%，最大不得超过 3%。灌浆用水应是可饮用的清洁水，不含对水泥或预应力筋有害的物质。为提高水泥浆的流动性，减少泌水和体积收缩，在水泥浆中可掺入适量的 JP 型外加剂。根据试验结果，在 32.5 级普通硅酸盐水泥或 42.5 级早强型普通硅酸盐水泥中掺入 10%～12%JP 型外加剂，当水灰比为 0.35～0.4 时，其流动度达到 240mm 以上，泌水性 3h 小于 2%，体积微膨胀，强度指标极好。任何其他类型的外加剂用于孔道灌浆时，应不含有对预应力筋有侵蚀性的氯化物、硫化物及硝酸盐等。

灌浆用的水泥浆，除应满足强度和粘结力的要求外，应具有较大的流动性和较小的干缩性、泌水性。水泥浆强度不应低于 M30（水泥浆强度等级 M30 系指立方体抗压标准强度为 $30N/mm^2$）。水泥浆试块用边长为 70.7mm 立方体制作。对空隙较大的孔道，水泥浆中可掺入适量的细砂，强度也不应小于 M20。

（2）灌浆

灌浆前孔道应湿润、洁净。对于水平孔道，灌浆顺序应先灌下层孔道，后灌上层孔道。对于竖直孔道，应自下而上分段灌注，每段高度视施工条件而定，下段顶部及上段底部应分别设置排气孔和灌浆孔。灌浆应缓慢均匀地进行，不得中断，并应排气通畅。不掺外加剂的水泥浆，可采用二次灌浆法，以提高密实度。对抽拔管成孔，灌浆前应用压力水冲洗孔道，一方面润湿管壁，保证水泥浆流动正常，另一方面检查灌浆孔、排气孔是否正常；对金属波纹管或钢管成孔，孔道可不用冲洗，但应先用空气泵检查通气情况。

将灌浆机出浆口与孔道相连，保证密封，开动灌浆泵注入压力水泥浆，从近至远逐个检查出浆口，待出浓浆后逐一封闭，待最后一个出浆孔出浓浆后，封闭出浆孔，继续加压至 0.5～0.6MPa，封闭进浆孔，待水泥浆凝固后，再拆卸连接接头，即时清理。

低温状态下灌浆首先用气泵检查孔道是否被结冰堵孔。水泥应选用早强型普通硅酸盐水泥，掺入一定量防冻剂。水泥浆也可用温水拌合，灌浆后将梁体保温，梁体应选用木模做底模、侧模，待水泥浆强度上升后，再拆除模板。

孔道灌浆一般采用素水泥浆，材料、搅拌、灌装等方面要求与普通混凝土工程并无多大不同。由于普通硅酸盐水泥浆的泌水率较小，故规定应采用普通硅酸盐水泥配制水泥浆。水泥浆中掺入外加剂，可改善其稠度、泌水率、膨胀率、初凝时间和强度等特性，但预应力筋对应力腐蚀较为敏感，故水泥和外加剂中均不能含有对预应力筋有害的化学成分。孔道灌浆所采用水泥和外加剂数量较少的一般工程，如果由使用单位提供近期采用的相同品牌和型号的水泥及外加剂的检验报告，也可不作水泥和外加剂性能的进场复验。

(三) 后张无粘结预应力施工

无粘结后张预应力混凝土是在浇灌混凝土之前，把预先加工好的无粘结筋与普通钢筋一样直接放置在模板内，然后浇筑混凝土，待混凝土达到设计强度时，即进行张拉。它与有粘结预应力混凝土所不同之处就在于：不需在放置预应力筋的部位预先留设孔道和沿孔道穿筋；预应力筋张拉完后，不需进行孔道灌浆。现场的施工作业，无粘结比有粘结简单，可大量减少现场施工工序。由于无粘结预应力筋表面的润滑防腐油脂涂料，使其与混凝土之间不起粘结作用，可自由滑动，故可直接张拉锚固。但由于无粘结筋对锚夹具质量及防腐保护要求高，一般用于预应力筋分散配置，且外露的锚具易用混凝土封口的结构，如大跨度单向和双向平板与密肋板等结构，以及集中配筋较少的梁结构。

1. 无粘结筋的铺放

(1) 检查和修补　对运送到现场的无粘结筋应及时检查规格尺寸及其端部配件，如镦头锚具、塑料保护套筒、承压板以及工具式连杆等。逐根检查外包层的完好程度，对有轻微破损者，可用塑料胶带修补，破损严重者应予以报废，不得使用。

(2) 铺设　无粘结筋的铺设工序通常在绑扎完成底筋后进行。无粘结筋铺放的曲率。可用垫铁马凳或其他构造措施控制。铁马凳一般用不小于 $4\phi12$ 钢筋焊接而成。按设计要求制作成不同高度，其放置间距不宜大于 2m，用钢丝与无粘结筋扎紧。铺设双向配置的无粘结筋时，应先铺放下层，再铺放上层筋，应尽量避免两个方向的钢筋相互穿插编结。绑扎无粘结筋时，应先在两端拉紧，同时从中往两端绑扎定位。

(3) 验收　浇筑混凝土前应对无粘结筋进行检查验收，如各控制点的矢高、端头连杆外露尺寸是否合格；塑料保护套有无脱落和歪斜；固定端墩头与锚板是否贴紧；无粘结筋涂层有无破损等，合格后方可浇筑。

2. 无粘结筋的张拉与防护

无粘结筋的张拉设备通常包括油泵、千斤顶、张拉杆、顶压器、工具锚等。

钢绞线无粘结筋的张拉端可采用夹片式锚具，埋入端宜采用压花式埋入锚具。钢丝束无粘结筋的张拉端和埋入端均可采用夹片式或墩头锚具。成束无粘结筋正式张拉前，宜先用千斤顶往复抽动 1~2 次，以降低张拉摩擦损失。在张拉过程中，当有个别钢丝发生滑脱或断裂时，可相应降低张拉力，但滑脱或断裂的根数，不应超过结构同一截面钢丝总根数的 2%。

无粘结筋张拉完成后，应立即用防腐油或水泥浆通过锚具或其附件上的灌注孔；将锚固部位张拉形成的空腔全部灌注密实，以防预应力筋发生局部锈蚀。无粘结筋的端部锚固区，必须进行密封防护措施，严防水汽进入，锈蚀预应力筋，并要求防火。一般做法为：切去多余的无粘结筋，或将端头无粘结筋分散弯折后，浇注混凝土封闭或外包钢筋混凝土，或用环氧砂浆堵封等。用混凝土做堵头封闭时，要防止产生收缩裂缝。当不能采用混凝土或灰浆作封闭保护时，预应力筋锚具要全部涂刷防锈漆或油脂，并加其他保护措施，总之，必须有严格的措施，绝不可掉以轻心。

(四) 质量检验要点

1. 材料、设备及制作

(1) 预应力筋、锚具、波纹管、水泥、加外剂等主要材料的分批出厂合格证、进场检测报告、预应力筋、锚具的见证取样检测报告等；

(2) 张拉设备、固定端制作设备等主要设备的进场验收、标定；

(3) 预应力筋制作交底文件及制作记录文件。

2. 预应力筋及孔道布置

(1) 孔道定位点标高是否符合设计要求；
(2) 孔道是否顺直、过渡平滑、连接部位是否封闭，能否防止漏浆；
(3) 孔道是否有破损、是否封闭；
(4) 孔道固定是否牢固，连接配件是否到位；
(5) 张拉端、固定端安装是否正确，固定可靠；
(6) 自检、隐检记录是否完整。

3. 混凝土浇筑

(1) 是否派专人监督混凝土浇筑过程；
(2) 张拉端、固定端处混凝土是否密实；
(3) 是否能保证管道线形不变，保证管道不受损伤；
(4) 混凝土浇筑完成后是否派专人用清孔器检查孔道或抽动孔道内预应力筋。

4. 预应力筋张拉

(1) 张拉设备是否良好；
(2) 张拉力值是否准确；
(3) 伸长值是否在规定范围内；
(4) 张拉记录是否完整、清楚。

5. 孔道灌浆

(1) 设备是否正常运转；
(2) 水泥浆配合比是否准确，计量是否精确；
(3) 记录是否完整；
(4) 试块是否按班组制作。

三、施工质量控制注意事项

预应力混凝土施工需要要用到强度很高的钢筋，这种钢筋对锈蚀和缺口等非常敏感。此外，这种钢筋所加的预应力与其强度比较起来也是很高的。混凝土，特别是预应力筋锚固区的混凝土，还有预压受拉区的混凝土受力都很大，所以在制作预应力混凝土承重结构时必须严格遵守设计及规范要求的各项规定，特别是强制性标准条文中所作的规定。这些规定不仅涉及到建筑材料的质量的监督，而且也涉及到模板和脚手架的尺寸精度，以及预应力筋和非预应力筋的尺寸、间距、混凝土保护层、高度、方向等方面的严格监督。

因为预应力筋在梁截面内的高度位置对预应力弯矩影响很大，所以设计高度位置必须保证误差很小。诚然，这样小的误差在截面高度很小（例如板）时是难于保证的。安装千斤顶的锚固板必须尽可能精确地垂直于预应力筋轴线，并且牢固定位，不得移动。

另外，要特别注意气候、空气温度、混凝土在水化作用过程中引起的温度变化，以及在混凝土硬化过程中由于绝热覆盖物可能引起的冷却延长等等对新浇混凝土的影响。如果在混凝土浇筑后第二到第四天由于夜间温差引起较高的约束应力，则即使有配筋也可产生较大的裂缝，因为龄期这样短的混凝土尚未建立足够的粘结强度来有效地使钢筋限制裂缝宽度。如果新浇混凝土没有保护，则强烈的日照和干燥的风也可能引起较大的裂缝。

关于气温对硬化过程的影响应特别在考虑预加应力日期时予以注意。气温会引起预应力筋的长度变化。钢筋在炎热的无风天气暴晒可使温度超过 70℃，夜间又冷却下来。这种情况对于长的预应力筋，其端部用螺母固定在锚固件上，而锚固件又固定到刚性的模板上时，应予注意。螺母必须留出足够间隙，否则在热条件下穿入的曲线预应力筋到夜间会从支垫上抬起，或者在冷条件下穿入的曲线预应力筋在炎热白天会向四边弯折。

此外，专业工程师必须严格监督预加应力和灌浆过程，并分别作详细记录。

在模架或施工支架上制作时必须考虑到，支架本身不得阻碍由温度下降及由预加应力产生的压应力所引起的混凝土缩短，木模板几乎不阻碍缩短。施工支架在新浇混凝土自重作用下产生变形，必须相应加高或在浇灌混凝土时进行调整。至于是否需要进一步升高或降低施工支架来抵消由预应力和永久荷载引起的已硬化的预应力混凝土梁之变形（特别是考虑到以后由收缩和徐变引起的与时间有关的变形），则视使用条件而定。

如果梁的压应力在预压受拉缘大于受压缘，则在预加应力时，梁就会从它的支架上拱起（如果支架是刚性的）。首先是在梁的全长上均匀分布的自重从支架上升起，使梁中部悬空，两端支承在立座上，于是支座受力。所以支座在预加应力时应有完好的功能。

如果支座是模架或支架梁，它在新浇混凝土重量作用下产生弹性变形，则支架梁在预加应力时回弹、往回弯曲，并将其弹力从下至上压到预应力混凝土梁上。这就是说，梁的自重没有完全起作用，从而可导致受拉缘产生过高的压应力及受压缘甚至产生拉应力。因此在支架梁或模架下沉没有达到足够量，使回弹不再对预应力混凝土梁起作用之前，不允许施加全部预应力。

这里还要指出，在使用千斤顶、高压泵、高压管和大的预应力时有可能发生事故。这方面的详细规定可参见有关建筑业规程。

第四节 混凝土工程

一、原材料要求

1. 水泥

（1）水泥的品种及组成

土建工程常用五种水泥的组成　　　　表 10-19

名　称	简　称	主　要　组　成
硅酸盐水泥	纯熟料水泥	以硅酸盐熟料为主，加 0～5% 石膏磨细而成，不掺任何混合材料
普通硅酸盐水泥	普通水泥	以硅酸盐熟料为主，加适量混合材料及石膏磨细而成。所掺材料不能大于下列数值（按水泥重量计）： 石膏 5%； 活性混合材 15%； 或惰性混合材 10%；或两者同掺 15%（其中惰性材料 10%）
矿渣硅酸盐水泥	矿渣水泥	以硅酸盐熟料为主，加入不大于水泥重量的 20%～70% 的粒化高炉矿渣及适量石膏磨细而成
火山灰质硅酸盐水泥	火山灰质水泥	以硅酸盐熟料为主，加入不大于水泥重量的 20%～50% 的粉煤灰及适量石膏磨细而成
粉煤灰硅酸盐水泥	粉煤灰水泥	以硅酸盐熟料为主，加入不大于水泥重量的 20%～40% 的粉煤灰及适量石膏磨细而成

在工业与民用建筑中，配制普通混凝土所用的水泥，一般采用硅酸盐水泥，普通硅酸盐水泥、矿渣硅酸盐水泥、火山灰质硅酸盐水泥和粉煤灰硅酸盐水泥。以上常用五种水泥的组成成分见表 10-19。

（2）水泥的强度

水泥的强度等级按规定龄期的抗压强度和抗折强度来划分，各强度等级水泥的各龄期强度不得低于表 10-20 中的规定值。

各强度等级水泥各龄期的强度　　　　　　　　　　　　表 10-20

品　种	强度等级	抗 压 强 度		抗 折 强 度	
		3d	28d	3d	28d
硅酸盐水泥	42.5	17.0	42.5	3.5	6.5
	42.5R	22.0	42.5	4.0	6.5
	52.5	23.0	52.5	4.0	7.0
	52.5R	27.0	52.5	5.0	7.0
	62.5	28.0	62.5	5.0	8.0
	62.5R	32.0	62.5	5.5	8.0
普通硅酸盐水泥	32.5	11.0	32.5	2.5	5.5
	32.5R	16.0	32.5	3.5	5.5
	42.5	16.0	42.5	3.5	6.5
	42.5R	21.0	42.5	4.0	6.5
	52.5	22.0	52.5	4.0	7.0
	52.5R	26.0	52.5	5.0	7.0
矿渣、火山灰及粉煤灰水泥	32.5	10.0	32.5	2.5	5.5
	32.5R	15.0	32.5	3.5	5.5
	42.5	15.0	42.5	3.5	6.5
	42.5R	19.0	42.5	4.0	6.5
	52.5	21.0	52.5	4.0	7.0
	52.5R	23.0	52.5	4.5	7.0

注：表中 R 为早强型水泥。

（3）水泥的技术要求

1）水泥的技术要求除了以上所述的强度要求以外，其他技术要求还须符合表 10-21 的规定。

土建工程常用五种水泥的品质指标　　　　　　　　　　表 10-21

序号	项目	品 质 指 标
1	氧化镁	熟料中氧化镁的含量不宜超过 5%。如水泥经蒸压安定性试验合格,则允许放宽到 6%
2	三氧化硫	水泥中三氧化硫的含量不得超过 3.5%,但矿渣水泥不得超过 4%
3	烧失量	Ⅰ型硅酸盐水泥中不溶物不得大于 3.0%； Ⅱ型硅酸盐水泥中不溶物不得大于 3.5%； 普通水泥中烧失量不得大于 5.0%
4	细度	硅酸盐水泥比表面积大于 300m²/kg,普通水泥 0.08mm 方孔筛筛余不得超过 10%

续表

序号	项目	品质指标
5	凝结时间	初凝不得早于45min,终凝不得迟于10h,但硅酸盐水泥终凝不得迟于6.5h
6	安定性	用沸煮法检验,必须合格
7	不溶物	Ⅰ型硅酸盐水泥中不溶物不得超过0.75%； Ⅱ型硅酸盐水泥中不溶物不得超过1.5%

注：1. 凡氧化镁、三氧化硫、初凝时间、安定性中的任一项不符合表中规定时,均为废品。
  2. 凡细度、终凝时间、不溶物和烧失量中的任一项不符合表中规定时,称为不合格品。

2) 水泥袋上应清楚标明：工厂名称、生产许可证编号、品牌名称、代号、包装年、月、日和编号。水泥包装标志中水泥品种、强度等级、工厂名称和出厂编号不全的也属于不合格品。散装时应提交与袋装相同的内容卡片。

3) 水泥在运输和贮存时不得受潮和混入杂物,不同品种和强度等级的水泥应分别贮存,不得混杂。

(4) 水泥的复试

按照《混凝土结构工程施工质量验收规范》(GB 50204—2002)规定及工程质量管理的有关规定,用于承重结构、用于使用部位有强度等级要求混凝土用水泥,或水泥出厂超过三个月(或快硬硅酸盐水泥为一个月)和进口水泥,在使用前必须进行复试,并提供试验报告。

水泥复试项目,水泥标准中规定,水泥的技术要求包括不溶物、氧化镁、三氧化硫、细度、安定性和强度等8个项目。水泥生产厂在水泥出厂时已经提供了标准规定的有关技术要求的试验结果。通常复试只做安定性,凝结时间和胶砂强度三项必试项目。

2. 砂

(1) 砂的品种

1) 砂按产源可分为：海砂、河砂、湖砂、山砂。

2) 砂按颗粒半径或细度模数 (μ_f) 可分为四级：

粗砂：平均粒径为0.5mm以上,细度模数 μ_f 为3.7~3.1；

中砂：平均粒径为0.35~0.5mm,细度模数 μ_f 为3.0~2.3；

细砂：平均粒径为0.25~0.35mm,细度模数 μ_f 为2.2~1.6；

特细砂：平均粒径为0.25mm以下,细度模数 μ_f 为1.5~0.7。

(2) 砂的颗粒级配

砂的颗粒级配应符合表10-22的规定。

砂颗粒级配 表10-22

筛孔尺寸(mm)	级配区		
	1区	2区	3区
	累计筛余(%)		
10.00	0	0	0
5.00	10~0	10~0	10~0
2.50	35~5	25~0	15~0
1.25	65~35	50~10	25~0
0.63	85~71	70~41	40~16
0.315	95~80	92~70	85~55
0.16	100~90	100~90	100~90

(3) 砂的含泥量

砂的含泥量应符合表 10-23 的规定。

砂 的 含 泥 量　　　　　　表 10-23

混凝土强度等级	高于或等于 C30	低于 C30
含泥量,按重量计不大于(%)	3	5

(4) 砂的密度、体积密度、空隙率

砂的密度、体积密度、空隙率应符合下列规定:

1) 砂的密度应大于 $2.5g/cm^3$;
2) 砂的堆积密度应大于 $1400kg/m^3$;
3) 砂的空隙率小于 45%。

(5) 砂的坚固性

采用硫酸钠溶液法进行试验,砂在其饱和溶液中以 5 次循环浸渍后,其质量损失应小于 10%。

3. 碎(卵)石

(1) 碎(卵)石的种类

碎(卵)石按颗粒粒径大小,可分为四级。

粗碎(卵)石:颗粒粒径在 40~150mm 之间;

中碎(卵)石:颗粒粒径在 20~40mm 之间;

细碎(卵)石:颗粒粒径在 5~20mm 之间;

特细碎(卵)石:颗粒粒径在 5~10mm 之间。

(2) 碎(卵)石的颗粒级配

碎(卵)石的颗粒级配应符合表 10-24 的规定。

碎(卵)石颗粒级配　　　　　　表 10-24

| 情况级配 | 公称粒级 (mm) | 累计筛余、按重量计(%) |||||||||||
| | | 筛孔尺寸(圆筛孔)(mm) |||||||||||
		2.5	5	10	15	20	25	30	40	50	60	80	100
连续粒级	5~10	95~100	80~100	0~15	0								
	5~15	95~100	90~100	30~60	0~10	0							
	5~20	95~100	90~100	40~70		0~10	0						
	5~25	95~100	90~100	70~90		15~45		0~5	0				
	5~30		95~100	75~90		30~65			0~5	0			
单粒级	10~20		95~100	85~100		0~15			0				
	10~30		95~100		85~100			0~10	0				
	10~40			95~100		80~100			0~10				
	10~60			95~100				75~100	45~75		0~10	0	
	10~80					95~100			70~100		30~60	0~10	0

(3) 碎(卵)石含泥量

碎(卵)石含泥量:低于 C30 混凝土不大于 2%;高于或等于 C30 混凝土不大于 1%。

(4) 碎（卵）石的密度、堆积密度、空隙率

1) 碎（卵）石的密度应大于 2.5g/cm³；

2) 碎（卵）石的堆积密度应大于 1500kg/m³；

3) 碎（卵）石的空隙率应小于 45%。

(5) 碎（卵）石坚固性

采用硫酸钠溶液法进行试验，其质量损失应小于 12%。

(6) 碎（卵）石的强度

碎石的强度可用岩石的抗压强度和压碎指标值表示。卵石的强度用压碎指标值表示。具体要求详见《普通混凝土用碎石或卵石质量标准及检验方法》JGJ 53 规定。混凝土强度等级为 C60 及以上时应进行岩石抗压强度检验，其他情况下如有怀疑或认为有必要时也可进行岩石的抗压强度检验。岩石的抗压强度与混凝土强度等级之比不应小于 1.5，且火成岩强度不宜低于 80MPa，变质岩不宜低于 60MPa，水成岩不宜低于 30MPa。

(7) 碎石或卵石中针片状颗粒含量应符合《普通混凝土用碎石或卵石质量标准及检验方法》JGJ 53 规定。

(8) 其他要求

1) 混凝土所用的粗骨料，其最大粒径不得超过结构截面最小尺寸的 1/4；且不得超过钢筋间距最小净距的 3/4。

2) 对混凝土实心板，骨料的最大粒径不宜超过板厚的 1/2；且不得超过 50mm。

3) 骨料应按品种、规格分别堆放，不得混杂，骨料中严禁混入煅烧过的白云石和石灰块。

4. 水

(1) 水的种类

混凝土拌合用水按水源可分为：饮用水、地表水、地下水和海水等。

(2) 水的技术要求

1) 拌合用水所含物质对混凝土、钢筋混凝土和预应力混凝土不应产生以下有害作用：

a. 影响混凝土的和易性及凝结；

b. 有损于混凝土强度发展；

c. 降低混凝土的耐久性，加快钢筋腐蚀及导致预应力钢筋脆断；

d. 污染混凝土表面。

2) 水的物质含量：

水的pH值、不溶物，可溶物、氯化物、硫酸盐、硫化物的含量应符合表 10-25 的规定。

物质含量限值　　　　　　　　　　　　　　　　表 10-25

项　　目	预应力混凝土	钢筋混凝土	素混凝土
pH 值	>4	>4	>4
不溶物(mg/L)	<2000	<2000	<5000
可溶物(mg/L)	<2000	<5000	<10000
氯化物(以 Cl⁻ 计)(mg/L)	<500①	<1200	<3500
硫酸盐(以 SO_4^{2-} 计)(mg/L)	<600	<2700	<2700
硫化物(以 S^{2-} 计)(mg/L)	<100	—	—

注：使用钢丝或经热处理钢筋的预应力混凝土氯化物含量不得超过 350mg/L。

(3) 水的使用要求

1) 生活饮用水,可拌制各种混凝土。

2) 地表水和地下水首次使用前,应按《混凝土拌合用水标准》(JGJ 63) 规定进行检验。

3) 海水可用于拌制素混凝土,但不得用于拌制钢筋混凝土和预应力混凝土。

4) 有饰面要求的混凝土不应用海水拌制。

5. 外加剂

(1) 混凝土工程中外加剂的种类

1) 普通减水剂及高效减水剂。

普通减水剂(木质素磺酸盐类):木质素磺酸钙、木质素磺酸钠、木质素磺酸镁及丹宁等;

高效减水剂:a. 多环芳香族磺酸盐类:萘和萘的同系磺化物与甲醛缩合的盐类、胺基磺酸盐等;b. 水溶性树脂磺酸盐类:磺化三聚氰胺树脂、磺化古码隆树脂等;c. 脂肪族类:聚羧酸盐类、聚丙烯酸盐类、脂肪族羟甲基磺酸盐高缩聚物等;d. 其他:改性木质素磺酸钙、改性丹宁等。

2) 引气剂及引气减水剂。

a. 松香树脂类:松香热聚物,松香皂类等;b. 烷基和烷基芳烃磺酸盐类:十二烷基磺酸盐、烷基苯磺酸盐、烷基苯酚聚氧乙烯醚等;c. 脂肪醇磺酸盐类:脂肪醇聚氧乙烯醚、脂肪醇聚氧乙烯磺酸钠、脂肪醇硫酸钠等;d. 皂甙类:三萜皂甙等;e. 其他:蛋白质盐、石油磺酸盐等。

3) 缓凝剂、缓凝减水剂及缓凝高效减水剂。

a. 糖类:糖钙、葡萄糖酸盐等;b. 木质素磺酸盐类:木质素磺酸钙、木质素磺酸钠等;c. 羟基羧酸及其盐类:柠檬酸、酒石酸钾钠等;d. 无机盐类:锌盐、磷酸盐等;e. 其他:胺盐及其衍生物、纤维素醚等。

4) 早强剂及早强减水剂。

a. 强电解质无机盐类早强剂:硫酸盐、硫酸复盐、硝酸盐、亚硝酸盐、氯盐等;b. 水溶性有机化合物:三乙醇胺,甲酸盐、乙酸盐、丙酸盐等;c. 其他:有机化合物,无机盐复合物。

5) 防冻剂。

强电解质无机盐类:a. 氯盐类:以氯盐为防冻组分的外加剂;b. 氯盐阻锈类:以氯盐与阻锈组分为防冻组分的外加剂;c. 无氯盐类:以亚硝酸盐、硝酸盐等无机盐为防冻组分的外加剂。

水溶性有机化合物类:以某些醇类等有机化合物为防冻组分的外加剂。

有机化合物与无机盐复合类及复合型防冻剂:以防冻组分复合早强、引气、减水等组分的外加剂。

6) 膨胀剂。

a. 硫铝酸钙类;b. 硫铝酸钙—氧化钙类;c. 氧化钙类。

7) 泵送剂。

8) 防水剂。

a. 无机化合物类:氯化铁、硅灰粉末,锆化合物等;b. 有机化合物类:脂肪酸及其盐类、有机硅表面活性剂（甲基硅醇钠、乙基硅醇钠、聚乙基羟基硅氧烷）、石蜡、地沥青、橡胶及水溶性树脂乳液等；c. 混合物类：无机类混合物、有机类混合物、无机类与有机类混合物；d. 复合类：上述各类与引气剂、减水剂、调凝剂等外加剂复合的复合型防水剂。

9）速凝剂。

a. 在喷射混凝土工程中可采用的粉状速凝剂：以铝酸盐、碳酸盐等为主要成分的无机盐混合物等；b. 在喷射混凝土工程中可采用的液体速凝剂：以铝酸盐、水玻璃等为主要成分，与其他无机盐复合而成的复合物。

（2）一般规定及施工要求

1）普通减水剂及高效减水剂。

a. 普通减水剂及高效减水剂可用于素混凝土、钢筋混凝土、预应力混凝土，并可制备高强高性能混凝土。

b. 普通减水剂宜用于日最低气温5℃以上施工的混凝土，不宜单独用于蒸养混凝土；高效减水剂宜用于日最低气温0℃以上施工的混凝土。

c. 当掺用含有木质素磺酸盐类物质的外加剂时应先做水泥适应性试验，合格后方可使用。

d. 普通减水剂、高效减水剂进入工地（或混凝土搅拌站）的检验项目应包括pH值、密度（或细度）、混凝土减水率，符合要求方可入库、使用。

e. 减水剂掺量应根据供货单位的推荐掺量、气温高低、施工要求，通过试验确定。

f. 减水剂以溶液掺加时，溶液中的水量应从拌合水中扣除。

g. 液体减水剂宜与拌合水同时加入搅拌机内，粉剂减水剂宜与胶凝材料同时加入搅拌机内，需二次添加外加剂时，应通过试验确定，混凝土搅拌均匀方可出料。

h. 根据工程需要，减水剂可与其他外加剂复合使用。其掺量应根据试验确定。配制溶液时，如产生絮凝或沉淀等现象，应分别配制溶液并分别加入搅拌机内。

i. 掺普通减水剂，高效减水剂的混凝土采用自然养护时，应加强初期养护；采用蒸养时，混凝土应具有必要的结构强度才能升温，蒸养制度应通过试验确定。

2）引气剂及引气减水剂。

a. 混凝土工程中可采用由引气剂与减水剂复合而成的引气减水剂。

b. 引气剂及引气减水剂，可用于抗冻混凝土、抗渗混凝土、抗硫酸盐混凝土、泌水严重的混凝土、贫混凝土、轻骨料混凝土、人工骨料配制的普通混凝土、高性能混凝土以及有饰面要求的混凝土。

c. 引气剂及引气减水剂不宜用于蒸养混凝土及预应力混凝土，必要时，应经试验确定。

d. 引气剂及引气减水剂进入工地（或混凝土搅拌站）的检验项目应包括pH值、密度（或细度）、含气量、引气减水剂应增测减水率，符合要求方可入库、使用。

e. 抗冻性要求高的混凝土，必须掺引气剂或引气减水剂，其掺量应根据混凝土的含气量要求，通过试验确定。掺引气剂及引气减水剂混凝土的含气量，不宜超过表10-26规定的含气量；对抗冻性要求高的混凝土，宜采用表10-26规定的含气量数值。

f. 引气剂及引气减水剂，宜以溶液掺加，使用时加入拌合水中，溶液中的水量应从拌合水中扣除。

掺引气剂及引气减水剂混凝土的含气量　　　　　表 10-26

粗骨料最大粒径(mm)	20(19)	25(22.4)	40(37.5)	50(45)	80(75)
混凝土含气量(%)	5.5	5.0	4.5	4.0	3.5

注：括号内数值为《建筑用卵石、碎石》GB/T 14685 中标准筛的尺寸。

　　g. 引气剂及引气减水剂配制溶液时，必须充分溶解后方可使用。

　　h. 引气剂可与减水剂、早强剂、缓凝剂、防冻剂复合使用。配制溶液时，如产生絮凝或沉淀等现象，应分别配制溶液并分别加入搅拌机内。

　　i. 施工时，应严格控制混凝土的含气量。当材料、配合比，或施工条件变化时，应相应增减引气剂或引气减水剂的掺量。

　　j. 检验掺引气剂及引气减水剂混凝土的含气量，应在搅拌机出料口进行取样，并应考虑混凝土在运输和振捣过程中含气量的损失。对含气量有设计要求的混凝土，施工中应每间隔一定时间进行现场检验。掺引气剂及引气减水剂混凝土，必须采用机械搅拌，搅拌时间及搅拌量应通过试验确定。出料到浇筑的停放时间也不宜过长，采用插入式振捣时，振捣时间不宜超过 20s。

　　3) 缓凝剂、缓凝减水剂及缓凝高效减水剂。

　　a. 混凝土工程中可采用由缓凝剂与高效减水剂复合而成的缓凝高效减水剂。

　　b. 缓凝剂、缓凝减水剂及缓凝高效减水剂可用于大体积混凝土、碾压混凝土、炎热气候条件下施工的混凝土，大面积浇筑的混凝土、避免冷缝产生的混凝土。需较长时间停放或长距离运输的混凝土、自流平免振混凝土、滑模施工或拉模施工的混凝土及其他需要延缓凝结时间的混凝土。缓凝高效减水剂可制备高强高性能混凝土。

　　c. 缓凝剂，缓凝减水剂及缓凝高效减水剂宜用于日最低气温 5℃以上施工的混凝土，不宜单独用于有早强要求的混凝土及蒸养混凝土。

　　d. 柠檬酸及酒石酸钾钠等缓凝剂不宜单独用于水泥用量较低、水灰比较大的贫混凝土。

　　e. 当掺用含有糖类及木质素磺酸盐类物质的外加剂时应先做水泥适应性试验，合格后方可使用。

　　f. 使用缓凝剂、缓凝减水剂及缓凝高效减水剂施工时，宜根据温度选择品种并调整掺量，满足工程要求方可使用。

　　g. 缓凝剂、缓凝减水剂及缓凝高效减水剂进入工地（或混凝土搅拌站）的检验项目应包括 pH 值，密度（或细度）、混凝土凝结时间，缓凝减水剂及缓凝高效减水剂应增测减水率，合格后方可入库、使用。

　　h. 缓凝剂、缓凝减水剂及缓凝高效减水剂的品种及掺量应根据环境温度、施工要求的混凝土凝结时间、运输距离、停放时间、强度等来确定。

　　i. 缓凝剂、缓凝减水剂及缓凝高效减水剂以溶液掺加时计量必须准确，使用时加入拌合水中，溶液中的水量应从拌合水中扣除。难溶和不溶物较多的应采用干掺法并延长混凝土搅拌时间 30s。

　　j. 掺缓凝剂、缓凝减水剂及缓凝高效减水剂的混凝土浇筑、振捣后，应及时抹压并始终保持混凝土表面潮湿，终凝以后应浇水养护，当气温较低时，应加强保温保湿养护。

　　4) 早强剂及早强减水剂。

a. 混凝土工程中可采用由早强剂与减水剂复合而成的早强减水剂。

b. 早强剂及早强减水剂适用于蒸养混凝土及常温、低温和最低温度不低于－5℃环境中施工的有早强要求的混凝土工程。炎热环境条件下不宜使用早强剂、早强减水剂。

c. 掺入混凝土后对人体产生危害或对环境产生污染的化学物质严禁用作早强剂。含有六价铬盐、亚硝酸盐等有害成分的早强剂严禁用于饮水工程及与食品相接触的工程。硝铵类严禁用于办公、居住等建筑工程。

d. 下列结构中严禁采用含有氯盐配制的早强剂及早强减水剂：预应力混凝土结构；相对湿度大于80%环境中使用的结构、处于水位变化部位的结构、露天结构及经常受水淋、受水流冲刷的结构；大体积混凝土；直接接触酸、碱或其他侵蚀性介质的结构；经常处于温度为60℃以上的结构，需经蒸养的钢筋混凝土预制构件；有装饰要求的混凝土，特别是要求色彩一致的或是表面有金属装饰的混凝土；薄壁混凝土结构，中级和重级工作制吊车的梁、屋架、落锤及锻锤混凝土基础等结构；使用冷拉钢筋或冷拔低碳钢丝的结构；骨料具有碱活性的混凝土结构。

e. 在下列混凝土结构中严禁采用含有强电解质无机盐类的早强剂及早强减水剂：与镀锌钢材或铝铁相接触部位的结构，以及有外露钢筋预埋铁件而无防护措施的结构；使用直流电源的结构以及距高压直流电源100m以内的结构。

f. 早强剂、早强减水剂进入工地（或混凝土搅拌站）的检验项目应包括密度（或细度），1d、3d抗压强度及对钢筋的锈蚀作用。早强减水剂应增测减水率。混凝土有饰面要求的还应观测硬化后混凝土表面是否析盐。符合要求，方可入库、使用。

g. 常用早强剂掺量应符合表10-27中的规定。

常用早强剂掺量限值　　　　　　　　　　表10-27

混凝土种类	使用环境	早强剂名称	掺量限值（水泥重量%）不大于
预应力混凝土	干燥环境	三乙醇胺 硫酸钠	0.05 1.0
钢筋混凝土	干燥环境	氯离子[Cl⁻] 硫酸钠	0.6 2.0
钢筋混凝土	干燥环境	与缓凝减水剂复合的硫酸钠 三乙醇胺	3.0 0.05
	潮湿环境	硫酸钠 三乙醇胺	1.5 0.05
有饰面要求的混凝土		硫酸钠	0.8
素混凝土		氯离子[Cl⁻]	1.2

注：预应力混凝土及潮湿环境中使用的钢筋混凝土中不得掺氯盐早强剂。

h. 粉剂早强剂和早强减水剂直接掺入混凝土干料中应延长搅拌时间30s。常温及低温下使用早强剂或早强减水剂的混凝土采用自然养护时宜使用塑料薄膜覆盖或喷洒养护液。终凝后应立即浇水潮湿养护。最低气温低于0℃时除塑料薄膜外还应加盖保温材料。最低气温低于－5℃时应使用防冻剂。

i. 掺早强剂或早强减水剂的混凝土采用蒸汽养护时，其蒸养制度应通过试验确定。

5）防冻剂。

a. 防冻剂的选用应符合下列规定：在日最低气温为0～-5℃，混凝土采用塑料薄膜和保温材料覆盖养护时，可采用早强剂或早强减水剂；在日最低气温为-5～-10℃、-10～-15℃、-15～-20℃，采用上款保温措施时，宜分别采用规定温度为-5℃、-10℃、-15℃的防冻剂；防冻剂的规定温度为按《混凝土防冻剂》（JC 475）规定的试验条件成型的试件，在恒负温条件下养护的温度。施工使用的最低气温可比规定温度低5℃。

b. 防冻剂运到工地（或混凝土搅拌站）首先应检查是否有沉淀、结晶或结块。检验项目应包括密度（或细度）、抗压强度比和钢筋锈蚀试验。合格后方可入库、使用。

c. 掺防冻剂混凝土所用原材料，应符合下列要求：宜选用硅酸盐水泥、普通硅酸盐水泥。水泥存放期超过3个月时，使用前必须进行强度检验，合格后方可使用；粗、细骨料必须清洁，不得含有冰、雪等冻结物及易冻裂的物质；当骨料具有碱活性时，由防冻剂带入的碱含量，混凝土的总碱含量，应符合相关规范的规定；储存液体防冻剂的设备应有保温措施。

d. 掺防冻剂的混凝土配合比，宜符合下列规定：含引气组分的防冻剂混凝土的砂率，比不掺外加剂混凝土的砂率可降低2%～3%；混凝土水灰比不宜超过0.6，水泥用量不宜低于300kg/m³，重要承重结构、薄壁结构的混凝土水泥用量可增加10%，大体积混凝土的最少水泥用量应根据实际情况而定。强度等级不大于C15的混凝土，其水灰比和最少水泥用量可不受此限制。

e. 掺防冻剂混凝土采用的原材料，应根据不同的气温，按下列方法进行加热：气温低于-5℃时，可用热水拌合混凝土；水温高于65℃时，热水应先与骨料拌合，再加入水泥；气温低于-10℃时，骨料可移入暖棚或采取加热措施。骨料冻结成块时须加热，加热温度不得高于65℃，并应避免火烧，用蒸汽直接加热骨料带入的水分，应从拌合水中扣除。

f. 掺防冻剂混凝土搅拌时，应符合下列规定：严格控制防冻剂的掺量；严格控制水灰比，由骨料带入的水及防冻剂溶液中的水，应从拌合水中扣除；搅拌前，应用热水或蒸汽冲洗搅拌机，搅拌时间应比常温延长50%，掺防冻剂混凝土拌合物的出机温度，严寒地区不得低于15℃；寒冷地区不得低于10℃。入模温度，严寒地区不得低于10℃，寒冷地区不得低于5℃。

g. 防冻剂与其他品种外加剂共同使用时，应先进行试验，满足要求方可使用。

h. 掺防冻剂混凝土的运输及浇筑除应满足不掺外加剂混凝土的要求外，还应符合下列规定：混凝土浇筑前，应清除模板和钢筋上的冰雪和污垢，不得用蒸汽直接融化冰雪，避免再度结冰；混凝土浇筑完毕应及时对其表面用塑料薄膜及保温材料覆盖。掺防冻剂的商品混凝土，应对混凝土搅拌运输车罐体包裹保温外套。

i. 掺防冻剂混凝土的养护，应符合下列规定：在负温条件下养护时，不得浇水，混凝土浇筑后，应立即用塑料薄膜及保温材料覆盖，严寒地区应加强保温措施；初期养护温度不得低于规定温度；当混凝土温度降到规定温度时，混凝土强度必须达到受冻临界强度；当最低气温不低于-10℃时，混凝土抗压强度不得小于3.5MPa；当最低温度不低于-15℃时，混凝土抗压强度不得小于4.0MPa；当最低温度不低于-20℃时，混凝土抗压强度不得小于 5.0MPa；拆模后混凝土的表面温度与环境温度之差大于 20℃时，应采用保温材料覆盖养护。

j. 混凝土浇筑后，在结构最薄弱和易冻的部位，应加强保温防冻措施，并应在有代表性的部位或易冷却的部位布置测温点。测温测头埋入深度应为 100～150mm，也可为板厚的 1/2 或墙厚的 1/2。在达到受冻临界强度前应每隔 2h 测温一次，以后应每隔 6h 测温一次，并应同时测定环境温度。掺防冻剂混凝土的质量应满足设计要求，并应符合下列规定：应在浇筑地点制作一定数量的混凝土试件进行强度试验。其中一组试件应在标准条件下养护，其余放置在工程条件下养护。在达到受冻临界强度时，拆模前，拆除支撑前及与工程同条件养护 28d，再标准养护 28d 均应进行试压。试件不得在冻结状态下试压，边长为 100mm 立方体试件，应在 15～20℃室内解冻 3～4h 或应浸入 10～15℃的水中解冻 3h；边长为 150mm 立方体试件应在 15～20℃室内解冻 5～6h 或浸入 10～15℃的水中解冻 6h，试件擦干后试压；检验抗冻、抗渗所用试件，应与工程同条件养护 28d，再标准养护 28d 后进行抗冻或抗渗试验。

6）膨胀剂。

掺膨胀剂混凝土所采用的原材料应符合下列规定：

a. 膨胀剂：应符合《混凝土膨胀剂》JC 476 标准的规定；膨胀剂运到工地（或混凝土搅拌站）应进行限制膨胀率检测，合格后方可入库、使用。

b. 水泥：应符合现行通用水泥国家标准，不得使用硫铝酸盐水泥、铁铝酸盐水泥和高铝水泥。

c. 用于有抗渗要求的补偿收缩混凝土的水泥用量应不小于 320kg/m³，当掺入掺合料时，其水泥用量不应小于 280kg/m³。

d. 补偿收缩混凝土的膨胀剂掺量不宜大于 12%，不宜小于 6%；填充用膨胀混凝土的膨胀剂掺量不宜大于 15%，不宜小于 10%；以水泥和膨胀剂为胶凝材料的混凝土。其他外加剂用量的确定方法：膨胀剂可与其他混凝土外加剂复合使用，应有较好的适应性，膨胀剂不宜与氯盐类外加剂复合使用，与防冻剂复合使用时应慎重，外加剂品种和掺量应通过试验确定。

e. 粉状膨胀剂应与混凝土其他原材料一起投入搅拌机，搅拌时间应延长 30s。

f. 混凝土浇筑应符合下列规定：在计划浇筑区段内连续浇筑混凝土，不得中断；混凝土浇筑以阶梯式推进，浇筑间隔时间不得超过混凝土的初凝时间；混凝土不得漏振、欠振和过振；混凝土终凝前，应采用抹面机械或人工多次抹压。

g. 混凝土养护应符合下列规定：对于大体积混凝土和大面积板面混凝土，表面抹压后用塑料薄膜覆盖，混凝土硬化后，宜采用蓄水养护或用湿麻袋覆盖，保持混凝土表面潮湿，养护时间不应少于 14d；对于墙体等不易保水的结构，宜从顶部设水管喷淋，拆模时间不宜少于 3d，拆模后宜用湿麻袋紧贴墙体覆盖，并浇水养护，保持混凝土表面潮湿，养护时间不宜少于 14d；冬期施工时，混凝土浇筑后，应立即用塑料薄膜和保温材料覆盖，养护期不应少于 14d。对于墙体，带模板养护不应少于 7d。

h. 灌浆用膨胀砂浆施工应符合下列规定：灌浆用膨胀砂浆的水料（胶凝材料＋砂）比应为 0.14～0.16，搅拌时间不宜少于 3min；膨胀砂浆不得使用机械振捣，宜用人工插捣排除气泡，每个部位应从一个方向浇筑；浇筑完成后，应立即湿麻袋等覆盖暴露部分，砂浆硬化后应立即浇水养护，养护期不宜少于 7d；灌浆用膨胀砂浆浇筑和养护期间，最低气温低于 5℃时，应采取保温保湿养护措施。

7) 泵送剂。

a. 泵送剂运到工地（或混凝土搅拌站）的检验项目应包括 pH 值、密度（或细度）、坍落度增加值及坍落度损失。符合要求方可入库、使用。

b. 含有水不溶物的粉状泵送剂应与胶凝材料一起加入搅拌机中；水溶性粉状泵送剂宜用水溶解后或直接加入搅拌机中，应延长混凝土搅拌时间 30s。

c. 液体泵送剂应与拌合水一起加入搅拌机中，溶液中的水应从拌合水中扣除。

d. 泵送剂的品种、掺量应按供货单位提供的推荐掺量和环境温度、泵送高度、泵送距离、运输距离等要求经混凝土试配后确定。

e. 配制泵送混凝土的砂、石应符合下列要求：粗骨料最大粒径不宜超过 40mm；泵送高度超过 50m 时，碎石最大粒径不宜超过 25mm；卵石最大粒径不宜超过 30mm；骨料最大粒径与输送管内径之比，碎石不宜大于混凝土输送管内径的 1/3；卵石不宜大于混凝土输送管内径的 2/5；粗骨料应采用连续级配，针片状颗粒含量不宜大于 10%；细骨料宜采用中砂，通过 0.315mm 筛孔的颗粒含量不宜小于 15%，且不大于 30%，通过 0.160mm 筛孔的颗粒含量不宜小于 5%。

f. 掺泵送剂的泵送混凝土配合比设计应符合下列规定：应符合《普通混凝土配合比设计规程》JGJ 55、《混凝土结构工程施工质量验收规范》GB 50204 及《粉煤灰混凝土应用技术规范》GBJ 146 等；泵送混凝土的胶凝材料总量不宜小于 300kg/m³；泵送混凝土的砂率宜为 35%～45%；泵送混凝土的水胶比不宜大于 0.6；泵送混凝土含气量不宜超过 5%；泵送混凝土坍落度不宜小于 100mm。

g. 在不可预测情况下造成预拌混凝土坍落度损失过大时，可采用后添加泵送剂的方法掺入混凝土搅拌运输车中，必须快速运转，搅拌均匀后，测定坍落度符合要求后方可使用。后添加的量应预先试验确定。

8) 防水剂。

a. 防水剂进入工地（或混凝土搅拌站）的检验项目应包括 pH 值、密度（或细度）、钢筋锈蚀，符合要求方可入库、使用。

b. 防水混凝土施工应选择与防水剂适应性好的水泥。一般应优先选用普通硅酸盐水泥，有抗硫酸盐要求时，可选用火山灰质硅酸盐水泥，并经过试验确定。

c. 防水剂应按供货单位推荐掺量掺入，超量掺加时应经试验确定，符合要求方可使用。

d. 防水剂混凝土宜采用 5～25mm 连续级配石子。

e. 防水剂混凝土搅拌时间应较普通混凝土延长 30s。防水剂混凝土应加强早期养护，潮湿养护不得少于 7d。

f. 处于侵蚀介质中的防水剂混凝土，当耐腐蚀系数小于 0.8 时，应采取防腐蚀措施。防水剂混凝土结构表面温度不应超过 100℃，否则必须采取隔断热源的保护措施。

9) 速凝剂。

a. 速凝剂进入工地（或混凝土搅拌站）的检验项目应包括密度（或细度）、凝结时间、1d 抗压强度，符合要求方可入库、使用。

b. 喷射混凝土施工应选用与水泥适应性好、凝结硬化快、回弹小、28d强度损失少、低掺量的速凝剂品种。

c. 速凝剂掺量一般为2%～8%，掺量可随速凝剂品种、施工温度和工程要求适当增减。

d. 喷射混凝土施工时，应采用新鲜的硅酸盐水泥、普通硅酸盐水泥、矿渣硅酸盐水泥，不得使用过期或受潮结块的水泥。

e. 喷射混凝土宜采用最大粒径不大于20mm的卵石或碎石，细度模数为2.8～3.5的中砂或粗砂。

f. 喷射混凝土的经验配合比为：水泥用量约400kg/m³，砂率45%～60%，水灰比约为0.4。

g. 喷射混凝土施工人员应注意劳动防护和人身安全。

6. 掺合料

在采用硅酸盐水泥或普通硅酸盐水泥拌制的混凝土中，可掺用混合材料。当混合材料为粉煤灰时，必须符合如下规定：

粉煤灰品质指标和分类　　　　　　表10-28

序号	指　　标	粉煤灰级别		
		Ⅰ	Ⅱ	Ⅲ
1	细度(0.080mm方孔筛的筛余%)不大于	5	8	25
2	烧失量(%)不大于	5	8	15
3	需水量比(%)不大于	95	105	115
4	三氧化硫(%)不大于	3	3	3
5	含水率(%)不大于	1	1	不规定

注：代替细骨料或用以改善和易性的粉煤灰不受此规定的限制。

(1) 品质指标

粉煤灰按其品质分为三个等级其品质指标应满足表10-28的规定：

(2) 应用范围

Ⅰ级粉煤灰允许用于后张预应力钢筋混凝土构件及跨度小的先张预应力钢筋混凝土构件，Ⅱ级粉煤灰主要用于普通钢筋混凝土和轻骨料钢筋混凝土，Ⅲ级粉煤灰主要用于无筋混凝土和砂浆。

(3) 施工要求

1) 用于地上工程的粉煤灰混凝土其强度等级龄期定为28d；用于地下大体积混凝土工程的粉煤灰混凝土其强度等级龄期可定为60d。

2) 粉煤灰投入搅拌机可采用以下方法：干排灰经计量后与水泥同时直接投入搅拌机内；湿排灰经计量制成料浆后使用；粉煤灰计量的允许偏差为±2%。

3) 坍落度大于20mm的混凝土拌合物宜在自落式搅拌机中制备，坍落度小于20mm或干硬性混凝土拌合物宜在强制式搅拌机中制备，粉煤灰混凝土拌合物一定要搅拌均匀，其搅拌时间宜比基准混凝土拌合物延长约30s。

4) 泵送粉煤灰混凝土拌合物运到现场时的坍落度不得小于80mm，并严禁在装入泵车时加水。

5）粉煤灰混凝土的浇灌和成型与普通混凝土相同。

6）用插入式振动器振捣泵送粉煤灰混凝土时不得漏振，其振动时间为：坍落度为80～120mm时，其振动时间为15～20s；坍落度为120～180mm时，其振动时间为10～15s。粉煤灰混凝土抹面时必须进行二次压光。

二、混凝土配合比设计

（一）混凝土配合比的选择条件

1. 应保证结构设计所规定的强度等级。
2. 充分考虑现场实际施工条件的差异和变化，满足施工和易性的要求。
3. 合理使用材料，节省水泥。
4. 符合设计提出的特殊要求，如抗冻性、抗掺性等。

（二）混凝土配合比的确定

混凝土配合比可根据工程特点、组成材料的质量、施工方法等因素，通过理论计算和试配来合理确定。试配时，应按设计强度提高 1.645σ。[σ 为施工单位的混凝土强度标准差（N/mm²）]。

由试验室经试配确定的配合比，在施工中还应经常测定骨料含水率并及时加以调整。如砂的含水率为5%，则应在砂的总重量上增加5%的砂重量，石子的含水率为2%，则应在石子的总重量上增加2%的石子重量，而水的用量则为总用水量减去砂和石子增加的重量。

（三）混凝土的最大水灰比和最小水泥用量

为了保证混凝土的质量（耐久性和密实度），在检验中，应控制混凝土的最大水灰比和最小水泥用量（见表10-29）。同时混凝土的最大水泥用量也不宜大于 $550kg/m^3$。

混凝土的最大水灰比和最小水泥用量　　　表10-29

环境条件		结构物类别	最大水灰比			最小水泥用量(kg)		
			素混凝土	钢筋混凝土	预应力混凝土	素混凝土	钢筋混凝土	预应力混凝土
1. 干燥环境		・正常的居住和办公用房屋内部件	不作规定	0.65	0.60	200	260	300
2. 潮湿环境	无冻害	・高湿度的室内部件 ・室外部件 ・在非侵蚀性土和(或)水中的部件	0.70	0.60	0.60	225	280	300
	有冻害	・经受冻害的室外部件 ・在非侵蚀性土和(或)水中且经受冻害的部件 ・高湿度且经受冻害的室内部件	0.55	0.55	0.55	250	280	300
3. 有冻害和除冰剂的潮湿环境		・经受冻害和除冰剂作用的室内和室外部件	0.50	0.50	0.50	300	300	300

注：1. 当采用活性掺合料取代部分水泥时，表中最大水灰比和最小水泥用量即为替代前的水灰比和水泥用量。
　　2. 配制C15级及其以下等级的混凝土，可不受本表限制。

（四）混凝土坍落度

在浇筑混凝土时，应进行坍落度测试（每工作台班至少2次），坍落度应符合表10-30的规定。

混凝土浇筑时的坍落度（mm） 表10-30

结构种类	坍落度
基础或地面等的垫层、无配筋的大体积结构（挡土墙、基础等）或配筋稀疏的结构	10～30
板、梁和大型及中型截面的柱子等	30～50
配筋密列的结构（薄壁、斗仓、筒仓、细柱等）	50～70
配筋特密的结构	70～90

注：1. 本表系采用机械振捣混凝土时的坍落度，当采用人工捣实混凝土时其值可适当增大。
2. 当需要配制大坍落度混凝土时，应掺用外加剂。
3. 曲面或斜面结构混凝土的坍落度应根据实际需要另行选定。
4. 轻骨料混凝土的坍落度，宜比表中数值减少10～20mm。

（五）泵送混凝土配合比

泵送混凝土配合比，应符合下列规定：

1. 骨料最大粒径与输送管内径之比，当泵送高度小于50m时，碎石不宜大于1:3，卵石不宜大于1:2.5；泵送高度增加时，骨料粒径应减小。

2. 通过0.315mm筛孔的砂不应少于15%；砂率宜控制在40%～50%。

3. 最小水泥用量宜为300kg/m³。

4. 混凝土的坍落度宜为80～180mm。

5. 混凝土内宜掺加适量的外加剂。

泵送轻骨料混凝土的原材料选用及配合比，应通过试验确定。

三、混凝土施工的质量控制

（一）搅拌机的选用

混凝土搅拌机按搅拌原理可分为自落式和强制式两种。其搅拌原理、机型及适用范围见表10-31。

搅拌机的搅拌原理及适用范围 表10-31

类别	搅拌原理	机型	适用范围
自落式	筒身旋转，带动叶片将物料提高，在重力作用下物料自由坠下，重复进行，互相穿插、翻拌、混合	鼓形	流动性及低流动性混凝土
		锥形	流动性、低流动性及干硬性混凝土
强制式	筒身固定，叶片旋转，对物料施加剪切、挤压、翻滚、滑动、混合	立轴	低流动性或干硬性混凝土
		卧轴	

（二）混凝土搅拌前材料质量检查

在混凝土拌制前，应对原材料质量进行检查，其检验项目见表10-32。

（三）混凝土工程的施工配料计量

在混凝土工程的施工中，混凝土质量与配料计量控制关系密切。但施工现场有关人员为图方便，往往是骨料按体积比，加水量由人工凭经验控制，这样造成拌制的混凝土离散性很大，难以保证混凝土的质量，故混凝土的施工配料计量须符合下列规定：

材料质量的检查　　　　　　　　　　　表 10-32

材料名称		检 查 项 目
水泥	散装	向仓管员按仓库号查验水泥品种、强度等级、出厂或进仓时间
	袋装	1. 检查袋上标注的水泥品种、强度等级、出厂日期 2. 抽查重量,允许误差 2% 3. 仓库内水泥品种、强度等级有无混放
砂、石子		目测,(有怀疑时再通知试验部门检验): 1. 有无杂质 2. 砂的细度模数 3. 粗骨料的最大粒径、针片状及风化骨料含量
外加剂		溶液是否搅拌均匀,粉剂是否已按量分装好

1. 水泥、砂、石子、混合料等干料的配合比,应采用重量法计量。严禁采用容积法。
2. 水的计量必须在搅拌机上配置水箱或定量水表。
3. 外加剂中的粉剂可按比例先与水泥拌匀,按水泥计量或将粉剂每拌比例用量称好,在搅拌时加入;溶液掺入先按比例稀释为溶液,按用水量加入。

混凝土原材料每盘称量的偏差,不得超过表 10-33 的规定。

混凝土原材料称量的允许偏差　　　　　　表 10-33

材 料 名 称	允 许 偏 差
水泥、混合材料	±2%
粗、细骨料	±3%
水、外加剂	±2%

注:1. 各种衡器应定期校验,保持准确;
　　2. 骨料含水率应经常测定,雨天施工应增加测定次数。

(四) 首拌混凝土的操作要求

上班第一拌的混凝土是整个操作混凝土的基础,其操作要求如下:

1. 空车运转的检查

(1) 旋转方向是否与机身箭头一致。

(2) 空车转速约比重车快 2~3r/min。

(3) 检查时间 2~3min。

2. 上料前应先启动,待正常运转后方可进料。

3. 为补偿粘附在机内的砂浆,第一拌减少石子约 30%;或多加水泥、砂各 15%。

(五) 混凝土搅拌时间

搅拌混凝土的目的是使所有骨料表面都涂满水泥浆,从而使混凝土各种材料混合成匀质体。因此,必须的搅拌时间与搅拌机类型、容量和配合比有关。混凝土搅拌的最短时间可按表 10-34 采用。

(六) 混凝土浇捣的质量控制

1. 混凝土浇捣前的准备

(1) 对模板、支架、钢筋、预埋螺栓、预埋铁的质量、数量、位置逐一检查,并作好记录。

混凝土搅拌的最短时间（s）　　　　　　　　　表 10-34

混凝土坍落度(mm)	搅拌机机型	搅拌机出料量(L)		
		<250	250～500	>500
≤30	强制式	60	90	120
	自落式	90	120	150
>30	强制式	60	60	90
	自落式	90	90	120

注：1. 混凝土搅拌的最短时间系指自全部材料装入搅拌筒中起，到开始卸料止的时间。
　　2. 当掺有外加剂时，搅拌时间应适当延长。
　　3. 全轻混凝土宜采用强制式搅拌机搅拌，砂轻混凝土可采用自落式搅拌机搅拌，但搅拌时间应延长 60～90s。
　　4. 采用强制式搅拌机搅拌轻骨料混凝土的加料顺序是：当轻骨料在搅拌前预湿时，先加粗、细骨料和水泥搅拌 30s，再加水继续搅拌；当轻骨料在搅拌前未预湿时，先加 1/2 的总用水量和粗、细骨料搅拌 60s，再加水泥和剩余用水量继续搅拌。
　　5. 当采用其他形式的搅拌设备时，搅拌的最短时间应按设备说明书的规定或经试验确定。

（2）与混凝土直接接触的模板，地基基土、未风化的岩石，应清除淤泥和杂物，用水湿润。地基基土应有排水和防水措施。模板中的缝隙和孔应堵严。

（3）混凝土自由倾落高度不宜超过 2m。

（4）根据工程需要和气候特点，应准备好抽水设备、防雨、防暑、防寒等物品。

2. 混凝土浇捣过程中的质量要求

（1）分层浇捣与浇捣时间间隔

1）分层浇捣

为了保证混凝土的整体性，浇捣工作原则上要求一次完成。但由于振捣机具性能、配筋等原因，混凝土需要分层浇捣时，其浇筑层的厚度，应符合表 10-35 的规定。

混凝土浇筑层厚度（mm）　　　　　　　　　表 10-35

捣实混凝土的方法		浇筑层的厚度
插入式振捣		振捣器作用部分长度的 1.25 倍
表面振动		200
人工捣固	在基础、无筋混凝土或配筋稀疏的结构中	250
	在梁、墙板、柱结构中	200
	在配筋密列的结构中	150
轻骨料混凝土	插入式振捣	300
	表面振动（振动时需加荷）	200

2）浇捣的时间间隔

浇捣混凝土应连续进行。当必须间歇时，其间歇时间应尽量缩短，并应在前层混凝土凝结之前，将次层混凝土浇筑完毕。前层混凝土凝结时间的标准，不得超过表 10-36 的规定。否则应留施工缝。

混凝土凝结时间（min，从出搅拌机起计） 表10-36

混凝土强度等级	气温(℃)	
	不高于25	高于25
≤C30	210	180
>C30	180	150

（2）采用振捣器振实混凝土时，每一振点的振捣时间，应将混凝土捣实至表面呈现浮浆和不再沉落为止。

1）采用插入式振捣器振捣时，普通混凝土的移动间距，不宜大于作用半径的1.5倍，振捣器距离模板不应大于振捣器作用半径的1/2，并应尽量避免碰撞钢筋、模板、芯管、吊环、预埋件等。

为使上、下层混凝土结合成整体，振捣器应插入下层混凝土5cm。

2）表面振动器，其移动间距应能保证振动器的平板覆盖已振实部分的混凝土边缘。对于表面积较大平面构件，当厚度小于20cm时，采用一般表面振动器振捣即可，但厚度大于20cm，最好先用插入式振捣器振捣后，再用表面振动器振实。

3）采用振动台振实干硬性混凝土时，宜采用加压振实的方法，加压重量为：1～3kN/m²。

（3）在浇筑与柱和墙连成整体的梁与板时，应在柱和墙浇捣完毕后停歇1～1.5h，再继续浇筑。

梁和板宜同时浇筑混凝土；拱和高度大于1m的梁等结构，可单独浇筑混凝土。

（4）大体积混凝土的浇筑应按施工方案合理分段，分层进行，浇筑应在室外气温较高时进行，但混凝土浇筑温度不宜超过28℃。

3. 施工缝与后浇带

（1）施工缝的位置设置

混凝土施工缝的位置应在混凝土浇捣前按设计要求和施工技术方案确定。施工缝的处理应按施工技术方案执行。

（2）后浇带

1）后浇带定义

后浇带是指在现浇整体钢筋混凝土结构中，只在施工期间保留的临时性沉降收缩变形缝，并根据工程条件，保留一定的时间后，再用混凝土浇筑密实成为连续整体、无沉降、收缩缝的结构。

2）后浇带特点

a. 后浇带在施工期间存在，是一种特殊的、临时性沉降缝和收缩缝。

b. 后浇带的钢筋一次成型，混凝土后浇。

c. 后浇带既可以解决超大体积混凝土浇筑中的施工问题，又可以解决高低结构的沉降变形协调问题。

3）后浇带操作工艺

a. 后浇带的设置

结构设计中由于考虑沉降原因而设计的后浇带，施工中应严格按设计图纸留置。

由于施工原因而需要设置后浇带时，应视工程具体情况而定，留设的位置应经设计院认可。

b. 后浇带的保留时间

后浇带的保留时间，在设计无要求时，应不少于40d，在不影响施工进度的情况下，保留60d。

在一些工程中，设计单位对后浇带的保留时间有特殊要求，应按设计要求进行保留。

c. 后浇带的保护

基础承台的后浇带留设后，应采取保护措施，防止垃圾杂物掉入后浇带内。保护措施可采用木盖板覆盖在承台的上皮钢筋上，盖板两边应比后浇带各宽出500mm以上。

地下室外墙竖向后浇带的保护措施可采用砌砖保护。

d. 后浇带的封闭

后浇带的模板，采用钢板网，浇筑结构混凝土时，水泥浆从钢板网中渗出，后浇带施工时，钢板网不必拆除。

后浇带无论采用何种形式设置，都必须在封闭前仔细地将整个混凝土表面浮浆凿清，并形成毛面，彻底清除后浇带中的垃圾杂物，并隔夜浇水湿润。

底板及地下室外墙的后浇带的止水处理，按设计要求及相应的施工验收规范进行。

后浇带的封闭材料应采用比设计强度等级提高一级的无收缩混凝土（可在普通混凝土中掺入膨胀剂）浇筑振捣密实，并保持不少于30天的保温、保湿养护。

4) 后浇带施工要求

a. 使用膨胀剂和外加剂的品种，应根据工程性质和现场施工条件选择，并事先通过试验确定配合比。

b. 所有膨胀剂和外加剂必须具有出厂合格证及产品技术资料，并符合相应标准的要求。

c. 由于膨胀剂的掺量直接影响混凝土的质量，如超过适宜掺量，会使混凝土产生膨胀破坏，低于要求掺量，会使混凝土的膨胀率达不到要求。因此，要求膨胀剂的称量由专人负责。

d. 混凝土应搅拌均匀，如搅拌不均匀会产生局部过大的膨胀，造成工程事故，所以应将掺膨胀剂的混凝土搅拌时间适当延长。

e. 混凝土浇筑8~12h后，应采取保温保湿条件下的养护，待模板拆除后，仍应进行保湿养护，养护不得少于30d。

f. 浇筑后浇带的混凝土如有抗渗要求，应按有关规定制作抗渗试块。

5) 后浇带质量标准

后浇带施工时模板应支撑安装牢固，钢筋应进行清理整形，施工的质量应满足钢筋混凝土设计和施工验收规范的要求，以保证混凝土密实不渗水和不产生有害裂缝。

（七）混凝土养护

混凝土浇筑完毕后应按施工技术方案及时采取有效的养护措施并应符合下列规定：

1. 应在浇筑完毕后的12h以内对混凝土加以覆盖并保湿养护。

2. 混凝土浇水养护的时间：对采用硅酸盐水泥、普通硅酸盐水泥或矿渣硅酸盐水泥拌制的混凝土不得少于7d，对掺用缓凝型外加剂或有抗渗要求的混凝土不得少于14d。

3. 浇水次数应能保持混凝土处于湿润状态，混凝土养护用水应与拌制用水相同。

4. 采用塑料布覆盖养护的混凝土其敞露的全部表面应覆盖严密并应保持塑料布内有凝结水。

5. 混凝土强度达到 1.2N/mm² 前不得在其上踩踏或安装模板及支架。

注：1. 当日平均气温低于 5℃ 时不得浇水。
　　2. 当采用其他品种水泥时混凝土的养护时间应根据所采用水泥的技术性能确定。
　　3. 混凝土表面不便浇水或使用塑料布时宜涂刷养护剂。
　　4. 对大体积混凝土的养护应根据气候条件按施工技术方案采取控温措施。

四、混凝土强度评定

1. 试件的留设

试件应在混凝土浇筑地点取样制作。试件的留置应符合下列规定：

（1）每拌制 100 盘且不超过 100m³ 的同配合比混凝土，其取样不得少于 1 次；

（2）每工作班拌制的同配合比的混凝土不足 100 盘时，其取样不得少于 1 次；

（3）每一现浇楼层同配合比的混凝土，其取样不得少于 1 次；

（4）每次取样应至少留置一组标准养护试件，同条件养护试件的留置组数，可根据实际需要确定；

（5）当一次连续浇捣超过 1000m³，同一配合比的混凝土每 200m³ 取样不得少于 1 次。

2. 混凝土强度代表值

每组 3 个试件应在同盘混凝土中取样制作，其试件的混凝土强度代表值应符合下列规定：

（1）取 3 个试件强度的平均值。

（2）当 3 个试件强度中的最大值或最小值与中间值之差超过中间值的 15% 时，取中间值。

（3）当 3 个试件强度中的最大值和最小值与中间值之差均超过中间值的 15% 时，该组试件不应作为强度评定依据。

3. 标准试件混凝土强度

评定结构构件的混凝土强度应采用标准试件的混凝土强度。即按标准方法制作的边长为 150mm 的标准尺寸的立方体试件，在温度为 (20±3)℃、相对湿度为 90% 以上的环境或水中的标准条件下，养护至 28d 龄期时按标准试验方法测得的混凝土立方体抗压强度。

4. 混凝土强度的评定

混凝土强度的评定必须符合下列规定：

（1）混凝土强度应分批进行验收。同一验收批的混凝土应由强度等级相同、生产工艺和配合比基本相同的混凝土组成，对现浇混凝土结构构件，应按单位工程的验收项目划分验收批。对同一验收批的混凝土强度，应以同批内标准试件的全部强度代表值来评定。

（2）当混凝土的生产条件在较长时间内能保持一致，且同一品种混凝土强度变异性能保持稳定时，应由连续的 3 组试件代表一个验收批，其强度应同时符合下列要求：

$$m_{f_{cu}} \geq f_{cu \cdot k} + 0.7\sigma_0$$

$$f_{cu \cdot min} \geq f_{cu \cdot k} - 0.7\sigma_0$$

当混凝土强度等级不高于 C20 时，尚应符合下式要求：

$$f_{cu \cdot min} \geqslant 0.85 f_{cu \cdot k}$$

当混凝土强度等级高于 C20 时，尚应符合下式要求：

$$f_{cu \cdot min} \geqslant 0.90 f_{cu \cdot k}$$

式中　$m_{f_{cu}}$——同一验收批混凝土强度的平均值（N/mm²）；
　　　$f_{cu \cdot k}$——设计的强度标准值（N/mm²）；
　　　σ_0——验收批强度的标准差（N/mm²）；
　　　$f_{cu \cdot min}$——同一验收批强度的最小值（N/mm²）。

验收批混凝土强度的标准差，应根据前一检验期内同一品种试件的强度数据，按下列公式确定：

$$\sigma_0 = 0.59/m \sum_{i=1}^{m} \Delta f_{cu \cdot i}$$

式中　$\Delta f_{cu \cdot i}$——前一检验期内第 i 验收批混凝土试件中强度的最大值与最小值之差；
　　　m——前一检验期内验收批总批数。

每个检验期内不应超过 3 个月，且在该期间内验收批总批数不得少于 15 组。

(3) 当混凝土的生产条件不能满足上列 (2) 款的规定时，或在前一检验期内的同一品种混凝土没有足够的强度数据用以确定验收批混凝土强度标准差时，应由不少于 10 组的试件代表一个验收批，其强度应同时符合下列要求：

$$m_{f_u} - \lambda_1 s_{f_{cu}} \geqslant 0.9 f_{cu \cdot k}$$

$$f_{cu \cdot min} \geqslant \lambda_2 f_{cu \cdot k}$$

式中　$s_{f_{cu}}$——验收批混凝土强度的标准差（N/mm²），当 $s_{f_{cu}}$ 的计算值小于 $0.06 f_{cu \cdot k}$ 时，取 $s_{f_{cu}} = 0.06 f_{cu \cdot k}$；
　　　λ_1、λ_2——合格判定系数。

验收批混凝土强度的标准差 $s_{f_{cu}}$ 应按下式计算：

$$s_{f_{cu}} = \sqrt{\frac{\sum_{i=1}^{n} f_{cu \cdot i}^2 - n m_{f_{cu}}^2}{n-1}}$$

式中　$f_{cu \cdot i}$——验收批内第 i 组混凝土试件的强度值（N/mm²）；
　　　n——验收批内混凝土试件的总组数。

合格判定系数，按表 10-37 取用。

合格判定系数　　　　表 10-37

试件组数	10~14	15~24	≥25
λ_1	1.70	1.65	1.60
λ_2	0.90	0.85	

(4) 对零星生产的预制构件混凝土或现场搅拌批量不大的混凝土，可采用非统计法评定。此时，验收批混凝土的强度必须同时符合下列要求：

$$m_{f_{cu}} \geqslant 1.15 f_{cu \cdot k}$$

$$f_{cu \cdot min} \geqslant 0.95 f_{cu \cdot k}$$

五、碱骨料反应对混凝土的影响

(一) 碱骨料反应原理

碱骨料反应是指混凝土中水泥、外加剂、掺合料和水中的可溶性碱（K^+、Na^+）溶于混凝土孔隙液中，与骨料中能与碱反应的活性成分（如SiO_2）在混凝土凝结硬化后逐渐发生反应，生成含碱的胶凝体，吸水膨胀，使混凝土产生内应力而导致开裂。

由于碱骨料反应引起的混凝土结构破坏的发展速度和破坏程度，比其他耐久性破坏更快、更严重。碱骨料反应一旦发生，就比较难以控制，还会加速结构的其他破坏过程。所以也称碱骨料破坏是混凝土的"癌症"。

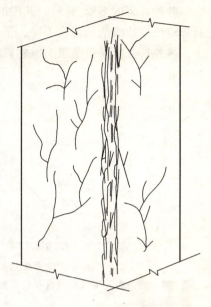

图 10-7 露天堆场钢筋混凝土柱破坏情况

(二) 碱骨料反应引起混凝土开裂的特征

碱骨料反应引起的混凝土开裂，在混凝土表面产生网状和地图状裂缝，并在裂缝处形成白色凝胶物质，外观上接近六边形，裂缝从网状结点处三分岔开，夹角约为120°，此时混凝土所受的约束力不是很大，一般在无筋或少筋混凝土部位产生；当混凝土受到的约束力较大时（钢筋附近或其他外力约束），膨胀裂缝往往平行于约束力方向，如主筋外保护层的顺筋裂缝，见图 10-7。

(三) 影响混凝土碱骨料反应的因素

影响混凝土碱骨料反应有以下几方面的因素。

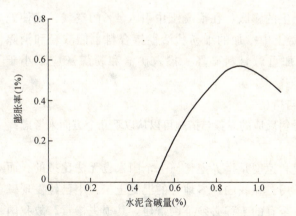

图 10-8 水泥含碱量与碱骨料反应膨胀的关系

1. 混凝土含碱量

水泥的含碱量一般以当量 NaO 表示。NaO 当量等于 $N_2O + 0.658K_2O$，当 NaO 的含量大于 0.6％时，混凝土中的活性骨料与混凝土中的碱骨料就发生反应，从而产生裂缝，这个结论与国外的研究结论"当混凝土中碱含量大于 $3.0 kg/m^3$ 时，碱将与活性骨料反应，产生破坏性膨胀"是一致的。水泥含碱量与碱骨料反应膨胀的关系见图 10-8。

2. 混凝土水泥用量

近年来随着混凝土强度设计等级的不断提高，每立方米混凝土的水泥用量也相应提高，这些倾向，对于碱骨料反应来说，也十分令人担忧。水泥用量与碱骨料反应膨胀的关系见图 10-9。

3. 环境因素

碱骨料反应引起的裂缝一般发生在物体受雨水和温湿度变化大的部位。环境湿度低于 80％～85％时，一般不发生碱骨料破坏。

4. 活性骨料

各种有害的 SiO_2 骨料，其中的二氧化硅由于结晶程度等物理特征不同，其活性不同，碱骨料反应造成的危害也不同。蛋白石是无形的、多孔的二氧化硅活性骨料，因此危害最大。另外活性材料也是影响碱骨料反应的重要因素，见图10-10。

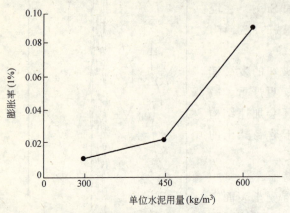
图10-9 水泥用量与碱骨料反应膨胀的关系

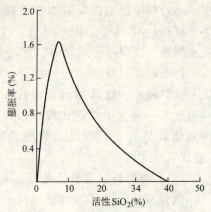
图10-10 骨料中活性二氧化硅与碱骨料反应膨胀的关系

5. 水灰比

水灰比对碱骨料反应的影响比较复杂。一般来说，在水灰比较低的情况下，随水灰比增高，碱骨料反应引起的膨胀会增大，而在水灰比较高的情况下，随水灰比增高，碱骨料反应引起的膨胀反而有下降的趋势，当水灰比为0.4时，碱骨料反应产生的膨胀值为最大。

6. 外加气和掺合料

使用引气外加剂能减轻碱骨料反应产生的膨胀。在混凝土中引入4%的空气；能使碱骨料反应产生的膨胀量减少40%。在混凝土中掺加的细粉状活性掺合料也能减轻和消除碱骨料反应的膨胀，但掺量不足时则会加重碱骨料破坏。掺入矿渣和粉煤灰应不小于30%，硅粉不小于70%。

(四) 防治混凝土碱骨料反应的对策与措施

根据世界各国的经验，防治混凝土碱骨料反应的对策与措施可以从以下几个方面来考虑：

1. 尽快制定强制性国家规范

改革开放以来，我国的基本建筑规模和速度是世界上任何一个国家也无法比拟的。而混凝土工程又在我国基本建设中被大量采用。在我国许多地方的混凝土工程中已经发现碱骨料反应现象，给修复工作带来困难，甚至有的工程必须推倒重建，其损失惨重。故我国必须尽快制定和完善混凝土碱骨料反应的有关规范。

2. 大幅度增加低碱水泥的产量

采用低碱水泥是预防碱骨料反应的最重要措施之一。根据世界各国的经验教训，我国一定要下决心大幅度增加低碱水泥的产量。否则混凝土结构的耐久性就不能得到保证。

3. 建立现代化的采石场

建立现代化的采石场，保证所供骨料无碱活性，这是解决当前骨料供应混乱状况的最佳途径。

4. 建立权威性的检测鉴定中心

在我国水泥碱含量居高不下的情况下，建立权威性的检测鉴定中心，对骨料进行碱活性测定才能从根本上解决我国的碱骨料反应问题。同时也能判定混凝土破坏是否为碱骨料反应所引起，从而避免将混凝土的破坏统统推断为碱骨料反应。

5. 参与各方职责落实完善

（1）设计单位在进行工程设计时，必须在设计图纸和设计说明中注明需要预防混凝土碱骨料反应的工程部位和必须采取的措施；

（2）施工单位依据工程设计要求，在编制施工组织设计时，要有具体的预防混凝土碱骨料反应的技术措施：做好混凝土配合比设计，配置混凝土时，严格选用水泥，砂、石、外加剂、矿粉掺合料等混凝土用建筑材料；做好混凝土用材料的现场复试检测工作；

（3）工程质量监督部门应将设计、施工、材料、监理各单位所签订的技术责任合同、预防混凝土碱骨料反应的技术措施，混凝土所用各种材料的检测报告和混凝土配合比、强度报告及碱含量评估等一并作为验收工程时的必备档案，否则不得进行工程质量核验。

第五节 现浇结构混凝土工程

一、一般规定

1. 现浇结构的外观质量缺陷应由监理（建设）单位、施工单位等各方根据其对结构性能和使用功能影响的严重程度按表10-38确定。

现浇结构外观质量缺陷　　　　　表10-38

名　称	现　　象	严　重　缺　陷	一　般　缺　陷
露筋	构件内钢筋未被混凝土包裹而外露	纵向受力钢筋有露筋	其他钢筋有少量露筋
蜂窝	混凝土表面缺少水泥砂浆而形成石子外露	构件主要受力部位有蜂窝	其他部位有少量蜂窝
孔洞	混凝土中孔穴深度和长度均超过保护层厚度	构件主要受力部位有孔洞	其他部位有少量孔洞
夹渣	混凝土中夹有杂物且深度超过保护层厚度	构件主要受力部位有夹渣	其他部位有少量夹渣
疏松	混凝土中局部不密实	构件主要受力部位有疏松	其他部位有少量疏松
裂缝	缝隙从混凝土表面延伸至混凝土内部	构件主要受力部位有影响结构性能或使用功能的裂缝	其他部位有少量不影响结构性能或使用功能的裂缝
连接部位缺陷	构件连接处混凝土缺陷及连接钢筋、连接件松动	连接部位有影响结构传力性能的缺陷	连接部位有基本不影响结构传力性能的缺陷
外形缺陷	缺棱掉角、棱角不直、翘曲不平、飞边凸肋等	清水混凝土构件有影响使用功能或装饰效果的外形缺陷	其他混凝土构件有不影响使用功能的外形缺陷
外表缺陷	构件表面麻面、掉皮、起砂、沾污等	具有重要装饰效果的清水混凝土表面有外表缺陷	其他混凝土构件有不影响使用功能的外表缺陷

2. 现浇结构拆模后应由监理（建设）单位施工单位对外观质量和尺寸偏差进行检查作出记录并应及时按施工技术方案对缺陷进行处理。

二、外观质量与尺寸偏差

（一）外观质量

1. 现浇结构的外观质量不应有严重缺陷

对已经出现的严重缺陷应由施工单位提出技术处理方案并经监理（建设）单位认可后进行处理，对经处理的部位应重新检查验收。

2. 现浇结构的外观质量不宜有一般缺陷

对已经出现的一般缺陷应由施工单位按技术处理方案进行处理并重新检查验收。

（二）尺寸偏差

1. 现浇结构不应有影响结构性能和使用功能的尺寸偏差。混凝土设备基础不应有影响结构性能和设备安装的尺寸偏差。对超过尺寸允许偏差且影响结构性能和安装、使用功能的部位，应由施工单位提出技术处理方案，并经监理（建设）单位认可后进行处理。对经处理的部位，应重新检查验收。

2. 现浇结构和混凝土设备基础拆模后的尺寸偏差应符合表 10-39、表 10-40 的规定。

现浇结构尺寸允许偏差和检验方法　　　　表 10-39

项　　目			允许偏差(mm)	检　验　方　法
轴线位置	基础		15	钢尺检查
	独立基础		10	
	墙、柱、梁		8	
	剪力墙		5	
垂直度	层高	≤5m	8	经纬仪或吊线、钢尺检查
		>5m	10	经纬仪或吊线、钢尺检查
	全高(H)		$H/1000$ 且 ≤30	经纬仪、钢尺检查
标高	层高		±10	水准仪或拉线、钢尺检查
	全高		±30	
截面尺寸			+8，-5	钢尺检查
电梯井	井筒长、宽对定位中心线		+25，0	钢尺检查
	井筒全高(H)垂直度		$H/1000$ 且 ≤30	经纬仪、钢尺检查
表面平整度			8	2m 靠尺和塞尺检查
预埋设施中心线位置	预埋件		10	钢尺检查
	预埋螺栓		5	
	预埋管		5	
预留洞中心线位置			15	钢尺检查

注：检查轴线、中心线位置时，应沿纵、横两个方向量测，并取其中的较大值。

混凝土设备基础尺寸允许偏差和检验方法　　　　表 10-40

项　　目		允许偏差(mm)	检　验　方　法
坐标位置		20	钢尺检查
不同平面的标高		0,-20	水准仪或拉线、钢尺检查
平面外形尺寸		±20	钢尺检查
凸台上平面外形尺寸		0,-20	钢尺检查
凹穴尺寸		+20,0	钢尺检查
平面水平度	每米	5	水平尺、塞尺检查
	全长	10	水准仪或拉线、钢尺检查
垂直度	每米	5	经纬仪或吊线、钢尺检查
	全高	10	
预埋地脚螺栓	标高(顶部)	+20,0	水准仪或拉线、钢尺检查
	中心距	±2	钢尺检查
预埋地脚螺栓孔	中心线位置	10	钢尺检查
	深度	+20,0	钢尺检查
	孔垂直度	10	吊线、钢尺检查
预埋活动地脚螺栓锚板	标高	+20,0	水准仪或拉线、钢尺检查
	中心线位置	5	钢尺检查
	带槽锚板平整度	5	钢尺、塞尺检查
	带螺纹孔锚板平整度	2	钢尺、塞尺检查

注：检查坐标、中心线位置时，应沿纵、横两个方向量测，并取其中的较大值。

第六节　装配式结构混凝土工程

一、一般要求

我国正经历由计划经济向市场调控的过渡，由物资匮乏到供应充裕。片面强调节约的思想已有改变，建筑的安全度和舒适性适当提高。结构安全已由单纯满足强度到考虑综合性能。震害和事故表明：构件的韧性和结构的整体性是不亚于承载力（强度）的重要性能。断裂、倒塌类型的脆性破坏应尽量避免。

装配式结构分项工程以模板、钢筋、预应力、混凝土四个分项工程为依托，是预制构件产品质量检验、结构性能检验、预制构件的安装等一系列技术工作和完成结构实体的总称。本节所指预制构件包括在预制构件厂和施工现场制作的构件。装配式结构分项工程可按楼层结构缝或施工段划分检验批。混凝土装配式结构工程主要就是混凝土预制构件的制作和安装工程。我国混凝土预制构件行业在 20 世纪 80 年代中达到鼎盛时期。

二、预制构件的质量控制

预制构件的质量控制同样分为两个方面，大批量生产的工厂预制构件通常生产企业自有其质量管理、质量控制的方法措施，应该来说还是颇有成效的，现场施工运用工厂批量生产的预制构件时，或者由施工现场向管理有效的预制品生产厂家订购的特殊规格构件时，仅需要遵循现行 GB 50204 相关规定，注意成品进场检验即可。

现场制作的预制构件除了与工厂生产构件类似需要注意成品外观尺寸、结构性能检验外，为保证质量，相对而言涉及到较多一些的注意事项。

现场制作预制构件除与普通混凝土现浇结构一样需要注意模板、钢筋、骨料、浇捣、养护等问题外，针对预制构件制作特殊性，需要在下列方面采取有效措施来控制质量：

1. 制作预制构件，特别是屋架、吊车梁等大型构件时，要注意底模稳定性。通常采用素土夯实铺砖砂浆找平，或者在混凝土地坪上直接做胎模施工。底模布置时应注意避开地面变形缝，现场素土砖胎膜应考虑排水设施，预防雨季地基变形。底模制作完成，临使用前应涂刷隔离剂两道，并且每次构件制作完成脱模后均应清洁表面，涂刷隔离剂。

2. 浇筑混凝土时，要从构件的一端开始往另一端逐渐浇筑。

预制桩混凝土浇筑时应由桩顶向桩尖方向连续浇筑。屋架等分肢构件应分组同时向另一端推进浇筑，腹杆在浇筑上下弦杆时同时浇筑。

无论预制构件几何尺寸如何变化，都应一次浇筑完成，不能留设施工缝。

屋架杆件等部位截面较小，钢筋、埋件分布较密，容易出现蜂窝孔洞，应注意保证节点振捣质量，同时振捣中不应触碰钢筋。

3. 现场预制构件通常自然养护，浇水时应注意少量多次，防止多余水分浸软地基引起底模变形。

拆模工作在现场预制构件中应特别注意养护龄期及构件混凝土强度，保证构件不受内伤。吊车梁芯模应在混凝土强度能保证梁心孔洞表面不发生裂缝、塌陷时方可拆除，并且芯模应在混凝土初凝前后略作移动，以免混凝土凝结后难于脱模。

预制构件吊装工作应在混凝土强度达到设计及规范要求后方可进行。现场制作预制构件考虑到场地节约问题，通常采用重叠法生产，但重叠层数一般不宜超过四层。

三、预制构件结构性能检验

装配式结构的结构性能主要取决于预制构件的结构性能和连接质量。关于预制构件的结构性能，现行的《混凝土结构工程施工质量验收规范》GB 50204—2002 在结构性能检验方面作了比较详细的规定，构件只有在性能检验合格后方能用于工程。并且规范将该要求作为强制性条文列出，要求严格执行，可见其重要程度。

四、装配式结构施工的质量控制

预制构件经装配施工后形成的装配式结构与现浇结构在外观质量、尺寸偏差等方面的质量要求基本一致。现浇混凝土结构外观质量、尺寸偏差要求前文已经列出，这里不再重复。

第七节 混凝土结构子分部工程

一、结构实体检验

1. 组织形式

（1）监理工程师（建设单位项目专业技术负责人）见证。

（2）施工项目技术负责人组织实施。

（3）具有相应的资质试验室承担结构实体检验。

2. 检验内容

(1) 混凝土强度。

(2) 钢筋保护层厚度。

(3) 工程合同约定的其他项目。

3. 同条件养护试件强度检验

(1) 同条件养护试件的留置方式和取样数量应符合下列要求：

1) 同条件养护试件所对应的结构构件或结构部位应由监理（建设）施工等各方共同选定。

2) 对混凝土结构工程中的各混凝土强度等级均应留置同条件养护试件。

3) 同一强度等级的同条件养护试件其留置的数量应根据混凝土工程量和重要性确定不宜少于10组且不应少于3组。

4) 同条件养护试件拆模后应放置在靠近相应结构构件或结构部位的适当位置并应采取相同的养护方法。

(2) 同条件养护试件应在达到等效养护龄期时进行强度试验。

等效养护龄期应根据同条件养护试件强度与在标准养护条件下28d龄期试件强度相等的原则确定。

(3) 同条件自然养护试件的等效养护龄期及相应的试件强度代表值宜根据当地的气温和养护条件按下列规定确定：

1) 等效养护龄期可取按日平均温度逐日累计达到60d时所对应的龄期，等效养护龄期不应小于14d也不宜大于60d；

2) 同条件养护试件的强度代表值应根据强度试验结果，按现行国家标准《混凝土强度检验评定标准》(GBJ 107)的规定确定后乘折算系数，取用折算系数宜取为1.1，也可根据当地的试验统计结果作适当调整。

(4) 冬期施工人工加热养护的结构构件，其同条件养护试件的等效养护龄期可按结构构件的实际养护条件由监理（建设）施工等各方根据本节一3.（2）的规定共同确定。

(5) 对混凝土强度的检验也可根据合同的约定采用非破损或局部破损的检测方法按国家现行有关标准的规定进行。

(6) 当同条件养护试件强度的检验结果符合现行国家标准《混凝土强度检验评定标准》(GBJ 107)的有关规定时混凝土强度应判为合格。

(7) 试件制作应在混凝土浇筑地点取样。

4. 钢筋保护层厚度检验

(1) 钢筋保护层厚度检验的结构部位和构件数量应符合下列要求：

1) 钢筋保护层厚度检验的结构部位应由监理（建设）施工等各方根据结构构件的重要性共同选定。

2) 对梁类板类构件应各抽取构件数量的2%且不少于5个构件进行检验当有悬挑构件时抽取的构件中悬挑梁类板类构件所占比例均不宜小于50%。

(2) 对选定的梁类构件应对全部纵向受力钢筋的保护层厚度进行检验，对选定的板类构件应抽取不少于6根纵向受力钢筋的保护层厚度进行检验，对每根钢筋应在有代表性的部位测量1点。

（3）钢筋保护层厚度的检验可采用非破损或局部破损的方法，也可采用非破损方法并用局部破损方法进行校准，当采用非破损方法检验时所使用的检测仪器应经过计量检验，检测操作应符合相应规程的规定。

钢筋保护层厚度检验的检测误差不应大于1mm。

（4）钢筋保护层厚度检验时纵向受力钢筋保护层厚度的允许偏差：对梁类构件为＋10mm、－7mm，对板类构件为＋8mm、－5mm。

（5）对梁类板类构件纵向受力钢筋的保护层厚度应分别进行验收。

结构实体钢筋保护层厚度验收合格应符合下列规定：

1）当全部钢筋保护层厚度检验的合格点率为90％及以上时钢筋保护层厚度的检验结果应判为合格。

2）当全部钢筋保护层厚度检验的合格点率小于90％但不小于80％可再抽取相同数量的构件进行检验当按两次抽样总和计算的合格点率为90％及以上时钢筋保护层厚度的检验结果仍应判为合格。

3）每次抽样检验结果中不合格点的最大偏差均不应大于本节一、4.（4）的规定允许偏差的1.5倍。

5. 当未能取得同条件养护试件强度被判为不合格或钢筋保护层厚度不满足要求时应委托具有相应资质等级的检测机构按国家有关标准的规定进行检测。

二、混凝土结构子分部工程验收

1. 混凝土结构子分部工程施工质量验收时应提供下列文件和记录：

（1）设计变更文件；

（2）原材料出厂合格证和进场复验报告；

（3）钢筋接头的试验报告；

（4）混凝土工程施工记录；

（5）混凝土试件的性能试验报告；

（6）装配式结构预制构件的合格证和安装验收记录；

（7）预应力筋用锚具连接器的合格证和进场复验报告；

（8）预应力筋安装张拉及灌浆记录；

（9）隐蔽工程验收记录；

（10）分项工程验收记录；

（11）混凝土结构实体检验记录；

（12）同条件养护试件的留置组数、取样部位、放置位置、等效养护龄期、实际养护龄期和相应的温度测量等记录；

（13）钢筋保护层厚度检验的结构部位、构件数量、检测钢筋数量和位置等记录；

（14）工程的重大质量问题的处理方案和验收记录；

（15）其他必要的文件和记录。

2. 混凝土结构子分部工程施工质量验收合格应符合下列规定：

（1）有关分项工程施工质量验收合格；

（2）应有完整的质量控制资料；

（3）观感质量验收合格；

(4) 结构实体检验结果满足《混凝土结构工程施工质量验收规范》（GB 50204—2002）的要求。

3. 当混凝土结构施工质量不符合要求时应按下列规定进行处理：

（1）经返工返修或更换构件部件的检验批应重新进行验收；

（2）经有资质的检测单位检测鉴定达到设计要求的检验批应予以验收；

（3）经有资质的检测单位检测鉴定达不到设计要求但经原设计单位核算并确认仍可满足结构安全和使用功能的检验批可予以验收；

（4）经返修或加固处理能够满足结构安全使用要求的分项工程可根据技术处理方案和协商文件进行验收。

4. 混凝土结构工程子分部工程施工质量验收合格后应将所有的验收文件存档备案。

第十一章 钢结构工程

20世纪以来，由于钢铁冶炼、铸造、轧钢技术的不断进展，使高强度、高性能的钢材得到发展，为钢结构建筑的发展和应用开创了新的局面。20年来，随着我国的钢产量已跃居世界首位，城市面貌也出现了新的变化，高层和超高层钢结构建筑拔地而起，各种大型和超大型钢结构公用设施也在成批的涌现。钢结构建筑工程在我国已形成了一种新的建筑体系，施工技术已经积累了比较丰富的经验，各种技术标准和施工规范正在逐步完善和配套。本章结合我国钢结构工程的各种有关标准和技术要求，尤其是新颁布的《钢结构工程施工质量验收规范》的要求，简要介绍钢结构工程的原材料要求以及钢结构工程的制作、连接和安装等方面的质量控制。

第一节 钢结构原材料

钢结构工程用材量大，品种、规格、形式繁多，标准要求高。因此各种材料必须符合国家有关标准，这是控制钢结构工程质量的关键之一。

一、钢材

（一）材料技术要求

1. 建筑结构钢的种类

建筑结构钢的含义是指用于建筑工程金属结构的钢材。我国建筑钢结构所用的钢材大致可归纳为碳素结构钢、低合金结构钢和热处理低合金钢等三大类。

（1）碳素结构钢

含碳量在0.02%～2.0%之间的钢碳合金称为钢。由于碳是使碳素钢获得必要强度的主要元素，故以钢的含碳量不同来划分钢号。一般把含碳量<0.25%的称为低碳钢，含碳量在0.25%～0.6%之间的称为中碳钢，含碳量>0.6%（一般在0.6%～1.3%范围）的称为高碳钢。

我国生产的碳素结构钢分为碳素结构钢、优质碳素结构钢、桥梁用碳素钢等。普通碳素结构钢有Q195、Q215、Q235、Q255、Q275等五个牌号的钢种。Q195不分等级，Q215分A、B两个等级，这两个牌号钢材的强度不高，不宜作为承重结构钢材。Q255、Q275两个牌号的钢材虽然强度高，但塑性、韧性比较差，亦不宜作承重结构钢材。Q235牌号的钢种有四个等级，特别是B、C、D级均有较高的冲击韧性。其成本较低、易于加工和焊接是工业于民用房屋建筑和一般构筑物中最常用的钢材。类似我国Q235钢的国外碳素钢有日本的SS400、SM400，美国的A36，德国的St37，俄国的CT3等。

（2）低合金结构钢

钢中除含碳外，还有其他元素，特意加入的称为合金元素，含有一定量的合金元素（例如Mn、Si、Cr、Ni、Mo等）的钢称为合金钢。按加入的合金元素总量的多少分为低合金钢［＜5％，中合金钢（5％～10％）和高合金钢（＞10％）］。

低合金结构钢是在碳素结构钢的基础上加入少量的合金元素，达到提高强度、提高抗腐蚀性和提高在低温下的冲击韧性。属于常用的低合金高强度结构钢的有Q345（16Mn、16Mnq），Q390（15MnV、15MnVq）等牌号钢种。结构中采用低合金结构钢，可减轻结构自重（例在采用Q345钢时比采用Q235钢节省15％～20％的材料）。

(3) 热处理低合金钢

低合金钢可用适当的热处理方法（如调质处理）来进一步提高其强度且不显著降低其塑性和韧性。目前，国外使用这种钢的屈服点已超过700N/mm^2。我国尚未在建筑承重结构中推荐使用此类钢。碳素钢也可用热处理的方法来提高强度。例如用于制造高强度螺栓的45号优质碳素钢，也是通过调质处理来提高强度的。

2. 钢材的质量标准

钢结构工程所使用的钢材材质应符合表11-1所示的现行国家标准的规定。

钢号与材料标准　　　　　　　　　表11-1

序号	钢　号	材　料　标　准	
		标准名称	标准号
1	Q215A、Q235A、Q235B、Q235C	碳素结构钢	GB 700—88
2	Q345、Q390	低合金高强度结构钢	GB/T 1591—94
3	10、15、20、25、35、45	优质碳素结构钢	GB 699—88

3. 建筑结构钢的品种

建筑结构钢使用的型钢主要是热轧钢板和型钢，以及冷弯成形的薄壁型钢。热轧型钢是指经加热用机械轧制出来具有一定形状和横截面的钢材。在钢结构工程中所使用的热轧型钢主要有钢板（厚钢板、薄钢板、钢带）、工字钢（普通工字钢、轻型工字钢、宽翼缘工字钢）、槽钢（普通槽钢、轻型槽钢）、角钢（等边角钢、不等边角钢）、方钢、T形钢、钢管（无缝钢管、焊接钢管）等。冷弯薄壁型钢主要是由钢板或钢带经机械冷轧成形，少量亦有在压力机上模压成形或在弯板机上弯曲成形。在钢结构工程中所使用的冷轧型钢主要有等边角钢、Z形钢、槽钢、方钢管、圆钢管等。

(二) 钢材的质量控制

1. 钢材在进场后，应对其出厂质量保证书、批号、炉号、化学成分和机械性能逐项验收。检验方法有书面检验、外观检验、理化检验、无损检测四种。

2. 钢结构工程所采用的钢材，应附有质量证明书，其品种、规格、性能应符合现行国家产品标准和设计文件的要求。承重结构选用的钢材应有抗拉强度、屈服强度、延伸率和硫、磷含量的合格保证，对焊接结构用钢，尚应具有含碳量的合格保证。对重要承重结构的钢材，还应有冷弯试验的合格保证。对于重级工作制和起重量大于或等于50t的中级工作制焊接吊车梁、吊车桁架或类似结构的钢材，除应有以上性能合格保证外，还应有常温冲击韧性的合格保证。当设计有要求时，尚需−20℃和−40℃冲击韧性的合格保证。

3. 凡进口的钢材应根据订货合同进行商检，商检不合格不得使用。对属于下列情况之一时，应按规定进行抽样复验，复验结果应符合现行国家产品标准和设计的要求。

(1) 国外进口钢材；

(2) 钢材混批；

(3) 板厚等于或大于 40mm，且设计有 Z 向性能要求的厚板；

(4) 建筑结构安全等级为一级，大跨度钢结构中主要受力构件所采用的钢材；

(5) 设计有复验要求的钢材；

(6) 对质量有疑义的钢材（指对证明文件有怀疑，证明文件不全，技术指标不全这三种情况）。

4. 用于钢结构工程的钢板、型钢和管材的外形、尺寸、重量及允许偏差应符合以下国家现行标准要求：

热轧钢板和钢带 GB 709

碳素结构钢和低合金结构钢热轧薄钢板及钢带 GB 912

碳素结构钢和低合金结构钢热轧厚钢板及钢带 GB 3274

热轧工字钢 GB 706

热轧槽钢 GB 707

热轧等边角钢 GB 9787

热轧不等边角钢 GB 9788

热轧圆钢和方钢 GB 702

结构用无缝钢管 GB 8162

热轧扁钢 GB 704

冷轧钢板和钢带 GB 708

通用冷弯开口型钢 GB 6723

花纹钢板 GB 3277

5. 钢材的表面外观质量必须均匀，不得有夹层、裂纹、非金属加杂和明显的偏析等缺陷。钢材表面不得有肉眼可见的气孔、结疤、折叠、压入的氧化铁皮以及其他的缺陷。当钢材表面有锈蚀麻点或划痕等缺陷时，其深度不得大于该钢材厚度的负偏差值 1/2。钢材表面锈蚀等级应符合现行国家标准《涂装前钢材表面锈蚀等级和除锈等级》规定的 A、B、C 级。

二、焊接材料

焊接是现代钢结构的主要连接方法。优点是省工省料，构造简单，构件刚度大，施工方便。有手工电弧焊、埋弧焊、气体保护焊、栓焊等不同的焊接方法。由于焊接方法的不同，造成了焊接材料的多样性。为了保证每一个焊接接头的质量，必须对所用的各种焊接材料进行管理和验收，避免不合格的焊接材料在钢结构工程中的使用。

（一）焊接材料技术要求

1. 焊接材料分类

焊接材料分为手工焊接材料和自动焊接材料，其中自动焊接材料主要分为自动焊电渣焊用焊丝、二氧化碳气体保护焊用焊丝、焊剂等，而手工电焊条则分为以下九类：

第一类　结构钢焊条；

第二类　钼和铬钼耐热钢焊条；

第三类　不锈钢焊条；

第四类　堆钢焊条；

第五类　低温钢焊条；
第六类　铸铁焊条；
第七类　镍及镍合金焊条；
第八类　铜及铜合金焊条；
第九类　铝及铝合金焊条。

第一类结构钢焊条主要用于各种结构钢工程的焊接。它分为碳钢结构焊条和低合金结构钢焊条。

钢结构工程所使用的焊接材料应符合表 11-2 所示的国家现行标准要求。

焊接材料国家标准　　　　表 11-2

序号	标 准 名 称	标准号	序号	标 准 名 称	标准号
1	碳钢焊条	GB/T 5117	5	气体保护电弧焊用碳钢、低合金钢焊丝	GB/T 8110
2	低合金钢焊条	GB/T 5118	6	碳素钢埋弧焊用焊剂	GB 5293
3	熔化焊用钢丝	GB/T 14957	7	低合金钢埋弧焊用焊剂	GB 12470
4	碳钢药芯焊丝	GB 10045	8	圆柱头焊钉	GB 10433

2. 焊接材料的管理

(1) 焊接材料进厂必须按规定的技术条件进行检验，合格后方可入库和使用。

(2) 焊接材料必须分类、分牌号堆放，并有明显标识，不得混放。焊材库必须干燥通风，严格控制库内温度和湿度，防止和减少焊条的吸潮。焊条吸潮后不仅影响焊接质量，甚至造成焊条变质（如焊芯生锈及药皮酥松脱落），所以焊条在使用前必须进行烘焙。《焊条质量管理规定》（JB 3223）对此作了专门的使用管理规定。

（二）焊接材料的质量控制

1. 焊接材料应附有质量合格证明文件，其品种、规格、性能等应符合现行国家产品标准和设计要求。重要钢结构焊缝采用的焊接材料应按照 GB 5118 的规定进行抽样复验，复验结果应符合现行国家产品标准和设计要求，"重要钢结构焊缝"是指：

建筑结构安全等级为一级的一、二级焊缝；
建筑结构安全等级为二级的一级焊缝；
大跨度结构中的一级焊缝；
重级工作制吊车梁结构中一级焊缝；
设计要求。

2. 焊钉及焊接磁环的规格、尺寸及偏差应符合现行国家标准《圆柱头焊钉》（GB 10433）中的规定。

3. 钢结构工程所使用的焊条外观不应有药皮脱落、焊芯生锈等缺陷，焊剂不应受潮结块。

三、连接用紧固件

钢结构零部件的连接方式很多，一般有铆接、焊接、栓接三种，其中栓接分为普通螺栓连接和高强度螺栓连接。而自攻钉、拉铆钉、射钉、锚栓（机械型和化学试剂型）、地脚锚栓等紧固件也在钢结构中得以运用。

（一）技术要求

1. 铆钉和普通螺栓

(1) 铆钉的规格和材质

铆接连接是将一端带有预制钉头的金属圆杆，插入被连接的零部件的孔中，利用铆钉机或压铆机铆合而成。

热铆钉有半圆头、平锥头、埋头（沉头）、半沉头铆钉等多种规格。铆钉的材料应有良好的塑性，通常采用专用钢材 ML2 和 ML3 等普通碳素钢制成。

(2) 普通螺栓的种类和材质

常用的普通螺栓有六角螺栓、双头螺栓和地脚螺栓等。其分类、用途如下：

1) 六角螺栓，按其头部支承面大小及安装位置尺寸分大六角头与六角头两种；按制造质量和产品等级则分为 A、B、C 三种，应符合现行国家标准《六角头螺栓—A 级和 B 级》(GB 5782) 和《六角头螺栓—C 级》(GB 5780) 的规定。其中 A 级螺栓为精制螺栓，B 级螺栓为半精制螺栓。它们适用于拆装式结构，或连接部位需传递较大剪力的重要结构。C 级螺栓是粗制螺栓，适用于钢结构安装中作临时固定使用。对于重要结构，采用 C 级螺栓时，应另加支柱件来承受剪力。

2) 双头螺栓一般称作螺柱，多用于连接厚板和不便使用六角螺栓连接的地方，如混凝土屋架、屋面梁、悬挂单轨梁吊挂件等。

地脚螺栓分为一般地脚螺栓、直角地脚螺栓、锤头螺栓、锚固地脚螺栓等四种。

3) 钢结构用螺栓、螺柱一般用低碳钢、中碳钢、低合金钢制造。国家标准《紧固件机械性能》(GB 3098.1) 规定了各类螺栓、螺柱性能等级的适用钢材。

2. 高强度螺栓

(1) 高强度螺栓连接形式

高强度螺栓是继铆接、焊接连接后发展起来的一种新型钢结构连接形式，它已发展成为当今钢结构连接的主要手段之一。高强度螺栓是用优质碳素钢或低合金钢材料制成的一种特殊螺栓，由于螺栓的强度高，故称高强度螺栓。高强度螺栓适用于大跨度工业与民用钢结构、桥梁结构、重型起重机械及其他重要结构。按其受力状态分为以下三种：摩擦型高强度螺栓、承压型高强度螺栓、抗拉型高强度螺栓。

(2) 高强度螺栓技术条件

1) 钢结构用高强度大六角头螺栓一个连接副由一个螺栓、一个螺母、二个垫圈组成，分为 8.8S 和 10.9S 两个等级。其螺栓规格应符合国家标准 GB 1228 的规定，螺母规格应符合 GB 1229 的规定，垫圈规格应符合 GB 1230 的规定，其材料性能等级和使用组合应符合国家标准《钢结构大六角头高强度螺栓、螺母及垫圈技术条件》(GB/T 1228~1231) 的规定。

2) 钢结构用扭剪型高强度螺栓一个连接副由一个螺栓、一个螺母、一个垫圈组成，我国现在常用的扭剪型高强度螺栓等级为 10.9S。其螺栓、螺母与垫圈形式与尺寸规格应符合国家标准 GB 3632 的规定。其材料性能等级应符合国家标准《钢结构用扭剪型高强度螺栓连接副技术条件》(GB 3632~3633) 的规定。

3) 六角法兰面扭剪型高强度螺栓一个连接副包括一个螺栓、一个螺母和一个垫圈组成，螺栓头部与大六角头螺栓一样为六角形，尾部有一梅花卡头，与扭剪螺栓一样。其技术条件除连接副机械性能外，主要是紧固预拉力 P 值，扭距系数（平均值）和标准偏差

（≤0.010），紧固方法可以采用扭剪型高强螺栓紧固法，也可用大六角头高强螺栓紧固法进行紧固。

（二）连接用紧固件的质量控制

1. 钢结构连接用紧固件进场后，应检查产品的质量合格证明文件、中文标识和检验报告。高强度大六角头螺栓连接副、扭剪型高强度螺栓连接副、普通螺栓、铆钉、自攻钉、拉铆钉、射钉、锚栓（机械型和化学试剂型）、地脚锚栓等紧固标准件及螺母、垫圈等标准配件，其品种、规格、性能等应符合现行国家产品标准和设计要求。高强度大六角头螺栓连接副和扭剪型高强度螺栓连接副出厂时应分别随箱带有扭距系数和紧固轴力（预拉力）的检验报告。

2. 高强度大六角头螺栓和扭剪型高强度螺栓连接副在使用前应按每批号随机抽 8 套分别复验扭距系数和预拉力，检验结果应符合 GB 50205 的规定。复验应在产品保质期内及时进行。

3. 高强度螺栓连接副应按包装箱配套供货，进场后应检查包装箱上的批号、规格、数量及生产日期。螺栓、螺母、垫圈外观表面应涂油保护，不应出现生锈和沾染赃物，螺纹不应损伤。

4. 高强度螺栓在储存、运输、施工过程中，应严格按批号存放、使用。不同批号的螺栓、螺母、垫圈不得混杂使用。在使用前应尽可能地保持其出厂状态，以免扭距系数或紧固轴力（预拉力）发生变化。

四、钢网架材料

当前我国空间结构中，以钢网架结构发展、应用速度较快。钢网架结构以其工厂预制、现场安装、施工方便、节约劳动力等优点在不少场合取代了钢筋混凝土结构。钢网架材料主要有焊接球、螺栓球、杆件、支托、节点板、钢网架用高强度螺栓、封板、锥头和套筒等。

（一）钢网架材料技术要求

1. 网架结构杆件、支托、节点板、封板、锥头及套筒所用的钢管、型钢、钢板的材料宜采用国家标准《碳素结构钢》(GB 700) 规定的 Q235B 钢、《优质碳素结构钢技术条件》(GB 699) 规定的 20 号钢或 25 号钢、《低合金结构钢》(GB 1591) 规定的 16Mn 钢或 15MnV 钢。

2. 螺栓球节点球的钢材宜采用国家标准《优质碳素结构钢技术条件》(GB 699) 规定的 45 号钢。

3. 焊接空心球节点球的钢材宜采用国家标准《碳素结构钢》(GB 700) 规定的 Q235B 钢或《低合金结构钢》(GB 1591) 规定的 16Mn 钢。

4. 网架用高强度螺栓应根据国家标准《钢结构用高强度大六角头螺栓》(GB 1228) 规定的性能等级 8.8S 或 10.9S，符合国家标准《钢螺栓球节点用高强度螺栓》的规定。

（二）钢网架材料的质量控制

1. 钢网架材料进场后，应检查产品的质量合格证明文件、中文标志及检验报告。焊接球、螺栓球、杆件、封板、锥头和套筒及组成这些产品所采用的原材料，其品种、规格、性能等应符合现行国家产品标准和设计要求。钢网架用高强度螺栓及螺母、垫圈的品种、规格、性能等应符合现行国家产品标准和设计要求。

2. 按规格抽查 8 只，对建筑结构安全等级为一级，距度 40m 及以上的螺栓球节点钢网架结构，其连接高强度螺栓应进行表面硬度试验，对 8.8 级的高强度螺栓其硬度应为 HRC21～29；10.9 级高强度螺栓其硬度应为 HRC32～36，且不得有裂纹或损伤。

3. 焊接球进场后，每一规格按数量抽查 5%，且不应少于 3 个。焊缝应进行无损检验，检验应按照国家现行标准《焊接球节点钢网架焊缝超声波探伤方法及质量分级法》(JBJ/T 3034.1) 执行。其质量应符合设计要求，当设计无要求时应符合规范中规定的二级质量标准。

4. 杆件进场后，按 1/200 比例抽样做焊缝强度试验。

5. 各种产品外观质量应符合以下要求：

1) 螺栓球不得有过烧、裂纹及褶皱；

2) 封板、锥头、套筒不得有裂纹、过烧及氧化皮；

3) 焊接球表面应无明显波纹及局部凹凸不平不大于 1.5mm。

6. 焊接球直径、圆度、壁厚减薄量等尺寸及允许偏差应符合现行规范的规定。每一规格按数量抽查 5%，且不应少于 3 个。

7. 螺栓球螺纹尺寸应符合现行国家标准《普通螺纹基本尺寸》(GB 196) 中粗牙螺纹的规定，螺纹公差必须符合现行国家标准《普通螺纹公差与配合》(GB 197) 中 6H 级精度的规定。每种规格抽查 5%，且不应少于 5 只。

8. 螺栓球直径、圆度、相邻两螺栓孔中心线夹角等尺寸及允许偏差应符合现行规范的规定。每一规格按数量抽查 5%，且不应少于 3 个。

五、涂装材料

（一）材料技术要求

1. 防腐涂料

(1) 防腐涂料的分类

我国涂料产品按《涂料产品分类、命名和型号》(GB 2705) 的规定，分为 17 类，它们的代号见表 11-3。

涂料类别代号　　　　　　　　　　　　　　表 11-3

代号	涂料类别	代号	涂料类别
Y	油脂漆类	X	烯树脂漆类
T	天然树脂漆类	B	丙烯酸漆类
F	酚醛树脂漆类	Z	聚酯漆类
L	沥青漆类	S	聚氨酯漆类
C	醇酸树脂漆类	H	环氧树脂漆类
A	氨基树脂漆类	W	元素有机漆类
Q	硝基漆类	J	橡胶漆类
M	纤维素漆类	E	其他漆类
G	过氯乙烯漆类		

建筑钢结构工程常用的一般涂料是油改性系列、酚醛系列、醇酸系列、环氧系列、氯化橡胶系列、沥青系列、聚氨酯系列等。

(2) 涂层的结构形式

涂层的结构形式有以下几种：

1）底漆—中间漆—面漆

如：红丹醇酸防锈漆—云铁醇酸中间漆—醇酸瓷漆。

特点：底漆附着力强、防锈性能好；中间漆兼有底漆和面漆的性能，是理想的过渡漆，特别是厚浆型的中间漆，可增加涂层厚度；面漆防腐、耐候性好。底、中、面结构形式，既发挥了各层的作用，又增强了综合作用。这种形式为目前国内、外采用较多的涂层结构形式。

2）底漆—面漆

如：铁红酚醛底漆—酚醛瓷漆。

特点：只发挥了底漆和面漆的作用，明显不如上一种形式。这是我国以前常采用的形式

3）底漆和面漆是一种漆

如：有机硅漆。

特点：有机硅漆多用于高温环境，因没有有机硅底漆，只好把面漆也作为底漆用。

2. 防火涂料

(1) 防火涂料分类

钢结构防火涂料施涂于建筑物及构筑物的钢结构表面，能形成耐火隔保护层以提高钢结构耐火极限的涂料。钢结构防火涂料按其涂层厚度及性能特点分为以两类：

1）B 类—薄涂型钢结构防火涂料，涂层厚度一般为 2～7mm，有一定装饰效果，高温时膨胀增厚耐火隔热，耐火极限可达 0.5～1.5h。又称为钢结构膨胀防火涂料。

2）H 类—厚涂型钢结构防火涂料，涂层厚度一般为 8～50mm，粒状表面，密度较小，导热率低，耐火极限可达 0.5～3.0h。又称为钢结构防火隔热涂料。

(2) 防火涂料技术条件

1）涂层性能可按照规定的试验方法进行检测。

2）用于制造防火涂料的原料应预先检验。不得使用石棉材料和苯类溶剂。

3）防火涂料可用喷涂、抹涂、辊涂、刮涂或刷涂等方法中的任何一种或多种方法方便的施工，并能在通常自然环境条件下干燥固化。

4）防火涂料应呈碱性或偏碱性。复层涂料应相互配套。底层涂料应与普通防锈漆相容。

5）涂层实干后不应有刺激性气味，燃烧时一般不产生浓烟和有害人体健康的气体。

（二）涂装材料的质量控制

1. 涂装材料进场后，应检查产品的质量合格证明文件、中文标识及检验报告，需按桶数 5％且不少于 3 桶开桶检查。

2. 钢结构防腐涂料、稀释剂和固化剂等材料的品种、规格、性能等应符合现行国家产品标准和设计要求。

3. 钢结构防火涂料的品种和技术性能应符合设计要求，并应经过具有资质的检测机构检测符合国家现行有关标准的规定。

4. 防腐涂料和防火涂料的型号、名称、颜色及有效期应与其质量证明文件相符。开启后，不应存在结皮、结块、凝胶等现象。

六、其他材料

钢结构工程中用到的其他材料有金属压型板、防水密封材料、橡胶垫及各种零配件等。

1. 金属压型板及制造金属压型板所采用的原材料,其品种、规格、性能等应符合现行国家产品标准和设计要求。

2. 压型金属泛水板、包角板和零配件的品种、规格及防水密封材料的性能应符合现行国家产品标准和设计要求。

3. 压型金属板的规格尺寸及允许偏差、表面质量、涂层质量等应符合设计要求和产品标准规定。

4. 钢结构用橡胶垫的品种、规格、性能等应符合现行国家产品标准和设计要求。

5. 钢结构工程所涉及到的其他特殊材料,其品种、规格、性能等应符合现行国家产品标准和设计要求。

第二节 钢结构连接

在钢结构工程中,常将两个或两个以上的零件,按一定形式和位置连接在一起。这些连接可分为两大类:一类是可拆卸的连接(紧固件连接),另一类是永久性不可拆卸的连接(焊接连接)。

一、钢结构焊接

由于焊接技术的迅速发展,使它具有节省金属材料,减轻结构重量,简化加工和装配工序,接头密封性能好,能承受高压,容易实现机械化和自动化生产,缩短建设工期,提高生产效率等一系列优点,焊接连接在钢结构和高层钢结构建筑工程中,所占的比例越来越高,因此,提高焊接质量成了至关重要的任务。

(一) 施工技术要求

1. 焊接准备的一般规定

(1) 从事钢结构各种焊接工作的焊工,应按现行国家标准《建筑钢结构焊接规程》(JGJ 81)的规定经考试并取得合格证后,方可进行操作。

(2) 钢结构中首次采用的钢种、焊接材料、接头形式、坡口形式及工艺方法,应按照《建筑钢结构焊接规程》和《钢制压力容器焊接工艺评定》的规定进行焊接工艺评定,其评定结果应符合设计要求。

(3) 焊接材料的选择应与母材的机械性能相匹配。对低碳钢一般按焊接金属与母材等强度的原则选择焊接材料;对低合金高强度结构钢一般应使焊缝金属与母材等强或略高于母材,但不应高出 50MPa,同时焊缝金属必须具有优良的塑性、韧性和抗裂性;当不同强度等级的钢材焊接时,宜采用与低强度钢材相适应的焊接材料。

(4) 焊条、焊剂、电渣焊的熔化嘴和栓钉焊保护瓷圈,使用前应按技术说明书规定的烘焙时间进行烘焙,然后转入保温。低氢型焊条经烘焙后放入保温筒内随用随取。

(5) 母材的焊接坡口及两侧 30~50mm 范围内,在焊前必须彻底清除氧化皮、熔渣、锈、油、涂料、灰尘、水分等影响焊接质量的杂质。

(6) 构件的定位焊的长度和间距,应视母材的厚度、结构型式和拘束度来确定。

(7) 钢结构的焊接,应视(钢种、板厚、接头的拘束度和焊接缝金属中的含氢量等因素)钢材的强度及所用的焊接方法来确定合适的预热温度和方法。

碳素结构钢厚度大于50mm低合金高强度结构钢厚度大于36mm，其焊接前预热温度宜控制在100~150℃。预热区在焊道两侧，其宽度各为焊件厚度的2倍以上，且不应小于100mm。

合同、图纸或技术条件有要求时，焊接应作焊后处理。

（8）因降雨、雪等使母材表面潮湿（相对湿度>80%）或大风天气，不得进行露天焊接；但焊工及被焊接部分如果被充分保护且对母材采取适当处置（如加热、去潮）时，可进行焊接。

当采用CO_2半自动气体保护焊时，环境风速大于2m/s时原则上应停止焊接，但若采用适当的挡风措施或采用抗风式焊机时，仍允许焊接（药芯焊丝电弧焊可不受此限制）。

2. 焊接施工的一般规定

（1）引弧应在焊道处进行，严禁在焊道区以外的母材上打火引弧。焊缝终端的弧坑必须填满。

（2）对接焊接

1）不同厚度的工件对接，其厚板一侧应加工成平缓过渡形状，当板厚差超过4mm时，厚板一侧应加工成1：2.5~1：5的斜度，对接处与薄板等厚。

2）T形接头、十字接头、角接接头等要求熔透的对接和角接组合焊缝，焊接时应增加对母材厚度1/4以上的加强角焊缝尺寸。

（3）填角焊接

1）等角填角焊缝的两侧焊角，不得有明显差别；对不等角填角焊缝，要注意确保焊角尺寸，并使焊趾处平滑过渡。

2）焊成凹形的角焊缝，焊缝金属与母材间应平缓过渡；加工成凹形的角焊缝不得在其表面留下切痕。

3）当角焊缝的端部在构件上时，转角处宜连续包角焊，起落弧点不宜在端部或棱角处，应距焊缝部10mm以上。

（4）部分熔透焊接，焊前必须检查坡口深度，以确保要求的焊缝深度。当采用手工电弧焊时，打底焊宜采用ϕ3.2mm或以下的小直径焊条，以确保足够的熔透深度。

（5）多层焊接宜连续施焊，每一层焊完后应及时清理检查，如发现有影响质量的缺陷，必须清除后再焊。

（6）焊接完毕，焊工应清理焊缝表面的熔渣及两侧的飞溅物，检查焊缝外观质量，合格后在工艺规定的部位打上焊工钢印。

（7）不良焊接的修补

1）焊缝同一部位的返修次数，不宜超过两次，超过两次时，必须经过焊接责任工程师核准后，方可按返修工艺进行。

2）焊缝出现裂缝时，焊工不得擅自处理，应及时报告焊接技术负责人查清原因，订出修补措施，方可处理。

3）对焊缝金属中的裂纹，在修补前应用无损检测方法确定裂纹的界限范围，在去除时，应自裂纹的端头算起，两端至少各加50mm的焊缝一同去除后再进行修补。

4）对焊接母材中的裂纹，原则上应更换母材，但是在得到技术负责人认可后，可以采用局部修补措施进行处理。主要受力构件必须得到原设计单位确认。

(8) 栓钉焊

1) 采用栓钉焊机进行焊接时，一般应使工件处于水平位置。

2) 每天施工作业前，应在与构件相同的材料上先试焊2只栓钉，然后进行30°的弯曲试验，如果挤出焊角达到360°，且无热影响区裂纹时，方可进行正式焊接。

(二) 焊接施工质量控制

1. 焊接质量检验包括资料检查和实物检查，其中实物检查又包括外观检查和内部缺陷检查。

2. 焊接材料与母材的匹配应符合设计要求及国家现行行业标准《建筑钢结构焊接技术规程》(JGJ 81)的规定。焊接材料在使用前应按其产品说明书及焊接工艺文件的规定进行烘焙和存放。

3. 焊工必须经考试合格并取得合格证书。持证焊工必须在其考试合格项目及其认可范围内施焊。

4. 焊接工艺评定符合要求。

5. 焊缝内部缺陷检查

(1) 钢结构焊缝内部缺陷检查一般采用无损检验的方法，主要方法有超声波探伤(UT)、射线探伤(RT)、磁粉探伤(MT)、渗透探伤(PT)等。碳素结构钢应在焊缝冷却到环境温度、低合金结构钢应在完成焊接24h以后，进行焊缝探伤检验。

(2) 设计要求全焊透的一、二级焊缝应采用超声波探伤进行内部缺陷的检验，超声波探伤不能对缺陷作出判断时，应采用射线探伤，其内部缺陷分级及探伤方法应符合现行国家标准《钢焊缝手工超声波探伤方法和探伤结果分级法》(GB 11345)或《钢熔化焊对接接头射线照相和质量分级》(GB 3323)的规定。

(3) 焊接球节点网架焊缝、螺栓球节点网架焊缝及圆管T、K、Y形节点相关线焊缝，其内部缺陷分级及探伤方法应分别符合国家现行标准《焊接球节点钢网架焊缝超声波探伤方法及质量分级法》(JBJ/T 3034.1)、《螺栓球节点钢网架焊缝超声波探伤方法及质量分级法》(JBJ/T 3034.2)、《建筑钢结构焊接技术规程》(JGJ 81)的规定。

(4) 一、二级焊缝的质量等级及缺陷分级应符合表11-4的规定。

一、二级焊缝的质量等级及缺陷分级 表11-4

焊缝质量等级		一 级	二 级
内部缺陷超声波探伤	评定等级	Ⅱ	Ⅲ
	检验等级	B级	B级
	探伤比例	100%	20%
内部缺陷射线探伤	评定等级	Ⅱ	Ⅲ
	检验等级	AB级	AB级
	探伤比例	100%	20%

注：探伤比例的计数方法应按以下原则确定：(1) 对工厂制作焊缝，应按每条焊缝计算百分比，且探伤长度应不小于200mm，当焊缝长度不足200mm时，应对整条焊缝进行探伤；(2) 对现场安装焊缝，应按同一类型、同一施焊条件的焊缝条数计算百分比，探伤长度应不小于200mm，并应不少于1条焊缝。

(5) 凡属局部探伤的焊缝，若发现有不允许的缺陷时，应在该缺陷两端的延伸部位增加探伤长度，增加的长度为该焊缝长度的10%，且不应小于200mm，若仍有不允许的缺陷时，则对该焊缝百分之百检查。

6. 焊缝外观检查

（1）焊缝外观检查方法主要是目视观察，用焊缝检验尺检查，即采用肉眼或低倍放大镜、标准样板和量规等检测工具检查焊缝的外观。

（2）焊缝表面不得有裂纹、焊瘤等缺陷。一级、二级焊缝不得有表面气孔、夹渣、弧坑裂纹、电弧擦伤等缺陷。且一级焊缝不得有咬边、未焊满、根部收缩等缺陷。

（3）二级、三级焊缝外观质量标准应符合表11-5的规定。三级对接焊缝应按二级焊缝标准进行外观质量检验。

二级、三级焊缝外观质量标准（mm）　　表11-5

项　目	允　许　偏　差	
缺陷类型	二级	三级
未焊满（指不足设计要求）	≤0.2+0.02t，且≤1.0	≤0.2+0.04t，且2.0
	每100.0焊缝内缺陷总长25.0	
根部收缩	≤0.2+0.02t，且≤1.0	≤0.2+0.04t，且2.0
	长度不限	
咬边	≤0.05t，且≤0.5；连续长度≤100.0，且焊缝两侧咬边总长≤10%焊缝全长	≤0.1t，且≤1.0，长度不限
弧坑裂纹	—	允许存在个别长度≤5.0的弧坑裂纹
电弧擦伤	—	允许存在个别电弧擦伤
接头不良	≤缺口深度0.05t，且≤0.5	≤缺口深度0.1t，且≤1.0
	每1000.0焊缝不应超过1处	
表面夹渣	—	深≤0.2t，长≤0.5t，且≤20.0
表面气孔	—	每50.0焊缝长度内允许直径≤0.4t，且≤3.0的气孔2个，孔距≥6倍孔径

注：表内 t 为连接处较薄的板厚。

（4）焊缝尺寸允许偏差应符合表11-6的规定。

对接焊缝及完全熔透组合焊缝尺寸允许偏差（mm）　　表11-6

序号	项目	图例	允许偏差	
			一、二级	三级
1	对接焊缝余高 c		B<20：0～3.0 B≥20：0～4.0	B<20：0～4.0 B≥20：0～5.0
2	对接焊缝错边 d		d<0.15t，且≤2.0	d<0.15t，且≤3.0

（5）焊缝观感应达到以下要求：外形均匀、成型较好、焊道与焊道、焊道与基本金属间过渡较平滑，焊渣和飞溅物基本清除干净。

7. 栓钉焊检验

（1）栓钉焊后，应按每批同类构件10%不少于10件进行随机弯曲试验抽查，抽查率为1%，试验时用锤击栓钉头部，使栓钉弯曲30°，观察挤出焊脚和热影响区无肉眼可见的裂纹，认为合格。

（2）焊钉根部焊脚应均匀，焊脚立面的局部未熔合或不足360°的焊脚应进行修补。

二、钢结构紧固件连接

紧固件连接是用铆钉、普通螺栓、高强度螺栓将两个以上的零件或构件连接成整体的一种钢结构联结方法。它具有结构简单，紧固可靠，装拆迅速方便等优点，所以运用极为广泛。

（一）施工技术要求

1. 铆接施工的一般规定

（1）冷铆　铆钉在常温状态下的铆接称为冷铆。冷铆前，为清除硬化，提高材料的塑性，铆钉必须进行退火处理。用铆钉枪冷铆时，铆钉直径不应超过13mm。用铆接机冷铆时，铆钉最大直径不得超过25mm。铆钉直径小于8mm时常用手工冷铆。

手工冷铆时，先将铆钉穿过钉孔，用顶模顶住，将板料压紧后用手锤锤击镦粗钉杆，再用手锤的球形头部锤击，使其成为半球状，最后用罩模罩在钉头上沿各方向倾斜转动，并用手锤均匀锤击，这样能获得半球形铆钉头。如果锤击次数过多，材质将由于冷作用而硬化，致使钉头产生裂纹。

冷铆的操作工艺简单而且迅速，铆钉孔比热铆填充得紧密。

（2）拉铆　拉铆是冷铆的另一种铆接方法。它利用手工或压缩空气作为动力，通过专用工具，使铆钉和被铆件铆合。拉铆的主要材料和工具是抽芯铆钉和风动（或手动）拉铆枪。拉铆过程就是利用风动拉铆枪，将抽芯铆钉的芯棒夹住，同时，枪端顶住铆钉头部，依靠压缩空气产生的向后拉力，芯棒的凸肩部分对铆钉产生压缩变形，形成铆钉头。同时，芯棒的缩颈处受拉断裂而被拉出。

（3）热铆　铆钉加热后的铆接称为热铆。当铆钉直径较大时应采用热铆，铆钉加热的温度，取决于铆钉的材料和施铆的方式。用铆钉枪铆接时，铆钉需加热到1000~1100℃；用铆接机铆接时，铆钉需加热到650~670℃。

当热铆时，除形成封闭钉头外，同时铆钉杆应镦粗而充满钉孔。冷却时，铆钉长度收缩，使被铆接的板件间产生压力，而造成很大的摩擦力，从而产生足够的连接强度。

2. 普通螺栓施工的一般规定

（1）螺母和螺钉的装配应符合以下要求：

1）螺母或螺钉与零件贴合的表面要光洁、平整、贴合处的表面应当经过加工，否则容易使连接件松动或使螺钉弯曲。

2）螺母或螺钉和接触面之间应保持清洁，螺孔内的脏物应当清理干净。

3）拧紧成组的螺母时，必须按照一定的顺序进行，并做到分次序逐步拧紧，否则会使零件或螺杆产生松紧不一致，甚至变形。在拧紧长方形布置的成组螺母时，必须从中间开始，逐渐向两边对称地扩展；在拧紧方形或圆形布置的成组螺母时，必须对称地进行。

4）装配时，必须按照一定的拧紧力矩来拧紧，因为拧紧力矩太大时，会出现螺栓或螺钉拉长，甚至断裂和被连接件变形等现象；拧紧力矩太小时，就不可能保证被连接件在工作时的可靠性和正确性。

（2）一般的螺纹连接都具有自锁性，在受静荷载和工作温度变化不大时，不会自行松脱。但在冲击、振动或变荷载作用下，以及在工作温度变化很大时，这种连接有可能自松，影响工作，甚至发生事故。为了保证连接安全可靠，对螺纹连接必须采取有效的防松措施。

一般常用的防松措施有增大摩擦力、机械防松和不可拆三大类。

1）增大摩擦力的防松措施　这类防松措施是使拧紧的螺纹之间不因外载荷变化而失去压力，因而始终有摩擦阻力防止连接松脱。但这种方法不十分可靠，所以多用于冲击和振动不剧烈的场合。常用的措施有弹簧垫圈和双螺母。

2) 机械防松措施 这类防松措施是利用各种止动零件，阻止螺纹零件的相对转动来实现防松。机械防松可靠，所以应用很广。常用的措施有开口销与槽形螺母、止退垫圈与圆螺母、止动垫圈与螺母或螺钉、串联钢丝等。

3) 不可拆的防松措施 利用点焊、点铆等方法把螺母固定在螺栓或被连接件上，或者把螺钉固定在被连接零件上，达到防松目的。

3. 高强度螺栓施工的一般规定

(1) 高强度螺栓的连接形式

高强度螺栓的连接形式有：摩擦连接、张拉连接和承压连接。

1) 摩擦连接是高强度螺栓拧紧后，产生强大加紧力来夹紧板束，依靠接触面间产生的抗剪摩擦力传递与螺杆垂直方向应力的连接方法。

2) 张拉连接是螺杆只承受轴向拉力，在螺栓拧紧后，连接的板层间压力减少，外力完全由螺栓承担。

3) 承压连接是在螺栓拧紧后所产生的抗滑移力及螺栓孔内和连接钢板间产生的承压力来传递应力的一种方法。

(2) 摩擦面的处理是指采用高强度摩擦连接时对构件接触面的钢材进行表面加工。经过加工，使其接触表面的抗滑系数达到设计要求的额定值，一般为0.45～0.55。

摩擦面的处理方法有：喷砂（或抛丸）后生赤锈；喷砂后涂无机富锌漆；砂轮打磨；钢丝刷消除浮锈；火焰加热清理氧化皮；酸洗等。

(3) 摩擦型高强度螺栓施工前，钢结构制作和施工单位应按规定分别进行高强度螺栓连接摩擦面的抗滑移系数实验和复验，现场处理的构件摩擦面应单独进行摩擦面抗滑移系数试验。试验基本要求如下：

1) 制造厂和安装单位应分别以钢结构制造批为单位进行抗滑移系数试验。制造批可按照分部（子分部）工程划分规定的工程量每2000t为一批，不足2000t的可视为一批。选用两种或两种以上表面处理工艺时，每种处理工艺应单独检验。每批三组试件。

2) 抗滑移系数试验用的试件应由制造厂加工，试件与所代表的钢结构构件应为同一材质、同批制作、采用同一摩擦面处理工艺和具有相同的表面状态，并应用同批同一性能等级的高强度螺栓连接副，在同一环境条件下存放。

(4) 高强度螺栓连接安装时，在每个节点上应穿入的临时螺栓与冲钉数量由安装时可能承担的载荷计算确定，并应符合下列规定：

1) 不得少于安装孔数的1/3；

2) 不得少于两个临时螺栓；

3) 冲钉穿入数量不宜多于临时螺栓的30%，不得将连接用的高强度螺栓兼作临时螺栓。

(5) 高强度螺栓的安装应顺畅穿入孔内，严禁强行敲打。如不能自由穿入时，应用绞刀铰孔修整，修整后的最大孔径应小于1.2倍螺栓直径。铰孔前应将四周的螺栓全部拧紧，使钢板密贴后再进行，不得用气割扩孔。

(6) 高强度螺栓的穿入方向应以施工方便为准，并力求一致。连接副组装时，螺母带垫圈面的一侧应朝向垫圈倒角面的一侧。大六角头高强度螺栓六角头下放置的垫圈有倒角面的一侧必须朝向螺栓六角头。

(7) 安装高强度螺栓时，构件的摩擦面应保持干燥，不得在雨中作业。

(8) 高强度螺栓连接副的拧紧应分为初拧、终拧。对于大型节点应分初拧、复拧、终拧。复拧扭矩等于初拧扭矩。初拧、复拧、终拧应在 24h 内完成。

(9) 高强度螺栓连接副初拧、复拧、终拧时，一般应按由螺栓群节点中心位置顺序向外缘拧紧的方法施拧。

(10) 高强度螺栓连接副的施工扭矩确定

1) 终拧扭矩值按下式计算：

$$T_c = K \times P_c \times d$$

式中　T_c——终拧扭矩值（N·m）；

　　　P_c——施工预拉力标准值（kN），见表 11-7；

　　　d——螺栓公称直径（mm）；

　　　K——扭矩系数，按 GB 50205 的规定试验确定。

高强度螺栓连接副施工预拉力标准值（kN） 表 11-7

螺栓的性能等级	螺栓公称直径(mm)					
	M16	M20	M22	M24	M27	M30
8.8s	75	120	150	170	225	275
10.9s	110	170	210	250	320	390

2) 高强度大六角头螺栓连接副初拧扭矩值 T_o 可按 $0.5T_c$ 取值。

3) 扭剪型高强度螺栓连接副初拧扭矩值 T_o 可按下式计算：

$$T_o = 0.065 P_c \times d$$

式中　T_o——初拧扭矩值（N·m）；

　　　P_c——施工预拉力标准值（kN），见表 11-7；

　　　d——螺栓公称直径（mm）。

(11) 施工所用的扭矩扳手，班前必须矫正，班后必须校验，其扭矩误差不得大于 ±5%，合格的方可使用。检查用的扭矩扳手其扭矩误差不得大于 ±3%。

(12) 初拧或复拧后的高强度螺栓应用颜色在螺母上涂上标记，终拧后的螺栓应用另一种颜色在螺栓上涂上标记，以分别表示初拧、复拧、终拧完毕。扭剪型高强螺栓应用专用扳手进行终拧，直至螺栓尾部梅花头拧掉。对于操作空间有限，不能用扭剪型螺栓专用扳手进行终拧的扭剪型螺栓，可按大六角头高强度螺栓的拧紧方法进行终拧。

（二）钢结构紧固件连接质量控制

1. 普通紧固件连接质量控制

(1) 普通螺栓作为永久性连接螺栓时，当设计有要求或对其质量有疑义时，应按照 GB 50205 的规定进行螺栓实物最小拉力载荷复验。复验报告结果应符合现行国家标准《紧固件机械性能螺栓、螺钉和螺柱》GB 3098 的规定。

(2) 连接薄钢板采用的自攻钉、拉铆钉、射钉等其规格尺寸应与被连接钢板相匹配，其间距、边矩等应符合设计要求。

(3) 永久性普通螺栓紧固应牢固、可靠，外露丝扣不应少于 2 扣。自攻钉、拉铆钉、射钉等与连接钢板应紧固密贴，外观排列整齐。

2. 高强度螺栓连接质量控制

(1) 摩擦面抗滑移系数试验和复验结果应符合设计要求。

（2）高强度大六角头螺栓连接副终拧完成1h后、48h内应按以下要求进行终拧扭矩检查：

1）检查数量：按节点数抽查10%，且不应少于10个；每个被抽查节点按螺栓数抽查10%，且不应少于2个。

2）检验方法：分扭矩法检验和转角法检验两种，原则上检验法与施工法应相同。扭矩法检验：在螺尾端头和螺母相对位置划线，将螺母退回60°左右，用扭矩扳手测定拧回至原来位置时的扭矩值。该扭矩值与施工扭矩值的偏差在10%以内为合格。转角法检验：检查初拧后在螺母与相对位置所划的终拧起始线和终止线所夹的角度是否达到规定值。在螺尾端头和螺母相对位置划线，然后全部卸松螺母，在按规定的初拧扭矩和终拧角度重新拧紧螺栓，观察与原划线是否重合。终拧转角偏差在10°以内为合格。

3）检验用的扭矩扳手其扭矩精度误差应不大于3%。

（3）扭剪型高强度螺栓连接副终拧后，除因构造原因无法使用专用扳手终拧掉梅花头者外，未在终拧中拧掉梅花头的螺栓数不应大于该节点螺栓数的5%。对所有梅花头未拧掉的扭剪型高强度螺栓连接副应采用扭矩法或转角法进行终拧扭矩检查。

（4）螺栓施拧顺序和初拧、复拧扭矩应符合设计要求和国家现行行业标准《钢结构高强度螺栓连接的设计、施工及验收规范》（JGJ 82）的规定。

（5）观察检查高强度螺栓施工质量。

1）高强度螺栓连接副终拧后，螺栓丝扣外露应为2～3扣，其中允许有10%的螺栓丝扣外露1扣或4扣。

2）高强度螺栓连接摩擦面应保持干燥、整洁，不应有飞边、毛刺、焊接飞溅物、焊疤、氧化铁皮、污垢等，除设计要求外摩擦面不应涂漆。

3）高强度螺栓应自由穿入螺栓孔。高强度螺栓孔不应采用气割扩孔。机械扩孔数量应征得设计同意，扩孔后的孔径不应超过1.2倍螺栓直径。

（6）螺栓球节点网架总拼装完成后，高强度螺栓与球节点应紧固连接，高强度螺栓拧入螺栓球内的螺纹长度不应小于螺栓直径，连接处不应出现间隙、松动等未拧紧情况。

第三节 钢结构加工制作

制作过程是钢结构产品质量形成的过程，为了确保钢结构工程的制作质量，操作和质控人员应严格遵守制作工艺，执行"三检"制。质监人员对制作过程要有所了解，必要时对其进行抽查。

一、钢零件及钢部件加工

（一）施工技术要求

1. 放样和号料的一般规定

（1）放样

1）放样即是根据已审核过的施工样图，按构件（或部件）的实际尺寸或一定比例画出该构件的轮廓，或将曲面展开成平面，求出实际尺寸，作为制造样板、加工和装配工作的依据。放样是整个钢结构制作工艺中第一道工序，是非常重要的一道工序。因为所有的构件、部件、零件尺寸和形状都必须先进行放样，然后根据其结果数据、图样进行加工，然后才把各个零件装配成一个整体，所以，放样的准确程度将直接影响产品的质量。

2) 放样前,放样人员必须熟悉施工图和工艺要求,核对构件及构件相互连接的几何尺寸和连接有否不当之外。如发现施工图有遗漏或错误,以及其他原因需要更改施工图时,必须取得原设计单位签具设计变更文件,不得擅自修改。

3) 放样使用的钢尺,必须经计量单位检验合格,并与土建、安装等有关方面使用的钢尺相核对。丈量尺寸,应分段叠加,不得分段测量后相加累计全长。

4) 放样应在平整的放样台上进行。凡放大样的构件,应以 1：1 的比例放出实样;当构件零件较大难以制作样杆、样板时,可以绘制下料图。

5) 样杆、样板制作时,应按施工图和构件加工要求,做出各种加工符号、基准线、眼孔中心等标记,并按工艺要求预放各种加工余量,然后号上冲印等印记,用磁漆(或其他材料)在样杆、样板上写出工程、构件及零件编号、零件规格孔径、数量及标注有关符号。

6) 放样工作完成,对所放大样和样杆样板(或下料图)进行自检,无误后报专职检验人员检验。

7) 样杆、样板应按零件号及规格分类存放,妥为保存。

(2) 号料

1) 号料前,号料人员应熟悉样杆、样板(或下料图)所注的各种符号及标记等要求,核对材料牌号及规格、炉批号。

2) 凡型材端部存有倾斜或板材边缘弯曲等缺陷,号料时应去除缺陷部分或先行矫正。

3) 根据割、锯等不同切割要求和对刨、铣加工的零件,预放不同的切割及加工余量和焊接收缩量。

4) 按照样杆、样板的要求,对下料件应号出加工基准线和其他有关标记,并号上冲印等印记。

5) 下料完成,检查所下零件规格、数量等是否有误,并做出下料记录。

2. 切割的一般规定

钢材的切割下料应根据钢材截面形状、厚度以及切割边缘质量要求的不同而分别采用剪切、冲切、锯切、气割。

(1) 剪切

1) 剪切或剪断的边缘必要时,应加工整光,相关接触部分不得产生歪曲。

2) 剪切材料对主要受静载荷的构件,允许材料在剪断机上剪切,毋需再加工。

3) 剪切的材料对受动载荷的构件,必须将截面中存在有害的剪切边清除。

4) 剪切前必须检查核对材料规格、牌号是否符合图纸要求。

5) 剪切前,应将钢板表面的油污、铁锈等清除干净,并检查剪断机是否符合剪切材料强度要求。

6) 剪切时,必须看清断线符号,确定剪切程序。

(2) 气割

1) 气割原则上采用自动切割机,也可使用半自动切割机和手工切割,使用气体可为氧乙炔、丙烷、碳-3气及混合气等。气割工在操作时,必须检查工作场地和设备,严格遵守安全操作规程。

2) 零件自由端火焰切割面无特殊要求的情况加工精度如下:

粗糙度　200s 以下

缺口度　1.0mm 以下

3）采用气割时应控制切割工艺参数，自动、半自动气割工艺参数见表 11-8。

自动、半自动气割工艺参数　　表 11-8

割嘴号码	板厚(mm)	氧气压力(MPa)	乙炔压力(MPa)	气割速度(mm/min)
1	6～10	0.20～0.25	≥0.030	650～450
2	10～20	0.25～0.30	≥0.035	500～350
3	20～30	0.30～0.40	≥0.040	450～300
4	40～60	0.50～0.60	≥0.045	400～300
5	60～80	0.60～0.70	≥0.050	350～250
6	80～100	0.70～0.80	≥0.060	300～200

4）气割工割完重要的构件时，在割缝两端 100～200mm 处，加盖本人钢印。割缝出现超过质量要求所规定的缺陷，应上报有关部门，进行质量分析，订出措施后方可返修。

5）当重要构件厚板切割时应作适当预热处理，或遵照工艺技术要求进行。

3. 矫正和成型的一般规定

钢结构（或钢材）表面上如有不平、弯曲、扭曲、尺寸精度超过允许偏差的规定时，必须对有缺陷的构件（或钢材）进行矫正，以保证钢结构构件的质量。矫正的方法很多，根据矫正时钢材的温度分冷矫正和热矫正两种。冷矫正是在常温下进行的矫正，冷矫时会产生冷硬现象，适用于矫正塑性较好的钢材。对变形十分严重或脆性很大的钢材，如合金钢及长时间放在露天生锈钢材等，因塑性较差不能用冷矫正；热矫正是将钢材加热至 700～1000℃的高温内进行，当钢材弯曲变形大，钢材塑性差，或在缺少足够动力设备的情况下才应用热矫正。另外，根据矫正时作用外力的来源与性质来分，矫正分手工矫正、机械矫正、火焰矫正等。矫正和成型应符合以下要求：

（1）钢材的初步矫正，只对影响号料质量的钢材进行矫正，其余在各工序加工完毕后再矫正或成型。

（2）钢材的机械矫正，一般应在常温下用机械设备进行，矫正后的钢材，在表面上不应有凹陷、凹痕及其他损伤。

（3）碳素结构钢和低合金高强度结构钢，允许加热矫正，其加热温度严禁超过正火温度（900℃）。用火焰矫正时，对钢材的牌号为 Q345、Q390、35、45 的焊件，不准浇水冷却，一定要在自然状态下冷却。

（4）弯曲加工分常温和高温，热弯时所有需要加热的型钢，宜加热到 880～1050℃，并采取必要措施使构件不致"过热"，当温度降低到普通碳素结构钢 700℃，低合金高强度结构钢 800℃，构件不能再进行热弯，不得在蓝脆区段（200～400℃）进行弯曲。

（5）热弯的构件应在炉内加热或电加热，成型后有特殊要求者再退火。冷弯的半径应为材料厚度的 2 倍以上。

4. 边缘加工的一般规定

通常采用刨和铣加工对切割的零件边缘加工，以便提高零件尺寸精度，消除切割边缘的有害影响，加工焊接坡口，提高截面光洁度，保证截面能良好传递较大压力。边缘加工应符合以下要求：

(1) 气割的零件，当需要消除影响区进行边缘加工时，最少加工余量为2.0mm。

(2) 机械加工边缘的深度，应能保证把表面的缺陷清除掉，但不能小于2.0mm，加工后表面不应有损伤和裂缝，在进行砂轮加工时，磨削的痕迹应当顺着边缘。

(3) 碳素结构钢的零件边缘，在手工切割后，其表面应作清理，不能有超过1.0mm的不平度。

(4) 构件的端部支承边要求刨平顶紧和构件端部截面精度要求较高的，无论是什么方法切割和用何种钢材制成的，都要刨边或铣边。

(5) 施工图有特殊要求或规定为焊接的边缘需进行刨边，一般板材或型钢的剪切边不需刨光。

(6) 刨削时直接在工作台上用螺栓和压板装夹工件时，通用工艺规则如下：

1) 多件划线毛坯同时加工时，装夹中心必须按工件的加工线找正到同一平面上，以保证各工件加工尺寸的一致。

2) 在龙门刨床上加工重而窄的工件，需偏于一侧加工时，应尽量两件同时加工或在另一侧加配重，以使机床的两边导轨负荷平衡。

3) 在刨床工作台上装夹较高的工件时，应加辅助支承，以使装夹牢靠和防止加工中工件变形。

4) 必须合理装夹工件，以工件迎着走刀方向和进给方向的两个侧边紧靠定位装置，而另两个侧边应留有适当间隙。

(7) 关于铣刀和铣削量的选择，应根据工件材料和加工要求决定，合理的选择是加工质量的保证。

5. 制孔的一般规定

构件使用的高强度螺栓、半圆头铆钉自攻螺钉等用孔的制作方法可有：钻孔、铣孔、冲孔、铰孔等。制孔加工过程应注意以下事项：

(1) 构件制孔优先采用钻孔，当证明某些材料质量、厚度和孔径，冲孔后不会引起脆性时允许采用冲孔。

厚度在5mm以下的所有普通结构钢允许冲孔，次要结构厚度小于12mm允许采用冲孔。在冲切孔上，不得随后施焊（槽型），除非证明材料在冲切后，仍保留有相当韧性，则可焊接施工。一般情况下，在需要所冲的孔上再钻大时，则冲孔必须比指定的直径小3mm。

(2) 钻孔前，一是要磨好钻头，二是要合理地选择切削余量。

(3) 制成的螺栓孔，应为正圆柱形，并垂直于所在位置的钢材表面，倾斜度应小于1/20，其孔周边应无毛刺、破裂、喇叭口或凹凸的痕迹，切屑应清除干净。

(二) 零部件加工的质量控制

1. 切割质量控制

(1) 钢材切割面或剪切面应无裂纹、夹渣、分层和大于1mm的缺棱。

(2) 气割的允许偏差应符合表11-9的规定；机械切割的允许偏差应符合表11-10的规定。

气割的允许偏差（mm） 表 11-9

项 目	允许偏差	项 目	允许偏差
零件宽度、长度	±0.3	割纹深度	0.3
切割面平面度	0.05t，且不应大于 2.0	局部缺口深度	1.0

注：t 为切割面厚度。

机械剪切的允许偏差（mm） 表 11-10

项 目	允许偏差	项 目	允许偏差
零件宽度、长度	±0.3	型钢端部垂直度	2.0
边缘缺棱	1.0		

2. 矫正和成型的质量控制

（1）碳素结构钢在环境温度低于 −16℃、低合金结构钢在环境温度低于 −12℃时，不应进行冷矫正和冷弯曲。碳素结构钢和低合金结构钢在加热矫正时，加热温度不应超过 900℃。低合金结构钢在加热矫正后应自然冷却。

（2）当零件采用热加工成型时，加热温度应控制在 900～100℃；碳素结构钢和低合金结构钢在温度分别下降到 700℃和 800℃之前，应结束加工；低合金结构钢应自然冷却。

（3）矫正后的钢材表面，不应有明显的凹面或损伤，划痕深度不得大于 0.5mm，且不应大于该钢材厚度负允许偏差的 1/2。

（4）冷矫正和冷弯曲的最小曲率半径和最大弯曲矢高应符合表 11-11 的规定。

（5）钢材矫正后的允许偏差，应符合表 11-12 的规定。

冷矫正和冷弯曲的最小曲率半径和最大弯曲矢高（mm） 表 11-11

钢材类别	图 例	对 应 轴	矫正 r	矫正 f	弯曲 r	弯曲 f
钢板扁钢		x-x	$50t$	$l^2/400t$	$25t$	$l^2/200t$
		y-y（仅对扁钢轴线）	$100b$	$l^2/800b$	$50b$	$l^2/400b$
角钢		x-x	$90b$	$l^2/720b$	$45b$	$l^2/360b$
槽钢		x-x	$50h$	$l^2/400h$	$2h$	$l^2/200h$
		y-y	$90b$	$l^2/720b$	$45b$	$l^2/360b$
工字钢		x-x	$50h$	$l^2/400h$	$25h$	$l^2/200h$
		y-y	$50b$	$l^2/400b$	$25b$	$l^2/200b$

注：r 为曲率半径；f 为弯曲矢高；l 为弯曲弦长；t 为钢板厚度。

钢材矫正后的允许偏差（mm）　　　　　　　　　表 11-12

项　目		允　许　偏　差	图例
钢板的局部平面度	$t \leqslant 14$	1.5	
	$t > 14$	1.0	
型钢弯曲矢高		$t/1000$ 且不应大于 5.0	
角钢肢的垂直度		$b/100$ 双肢栓接角钢的角度不得大于 90°	
槽钢翼缘对腹板的垂直度		$b/80$	
工字钢、H 型钢翼缘板的垂直度		$b/100$ 且不大于 2.0	

3. 边缘加工质量控制

（1）气割或机械剪切的零件，需要进行边缘加工时，其刨削量不应小于 2.0mm。

（2）边缘加工允许偏差应符合表 11-13 的规定。

边缘加工的允许偏差（mm）　　　　　　　　　表 11-13

项　目	允　许　偏　差	项　目	允　许　偏　差
零件宽度、长度	±1.0	加工面垂直度	$0.025t$，且不应大于 0.5
加工边直线度	$l/3000$，且不应大于 2.0	加工面表面粗糙度	不应大于 $\sqrt[50]{\ }$
相邻两边夹角	±6′		

4. 制孔质量控制

（1）A、B 级螺栓孔（Ⅰ 类孔）应具有 H12 的精度，孔壁表面粗糙度 R_a 不应大于 12.5μm。其孔径的允许偏差应符合表 11-14 的规定。C 级螺栓孔（Ⅱ 类孔），孔壁表面粗糙度 R_a 不应大于 25μm，其允许偏差应符合表 11-15 的规定。

A、B 级螺栓孔径的允许偏差（mm）　　　　　　表 11-14

序　号	螺栓公称直径、螺栓孔直径	螺栓公称直径允许偏差	螺栓孔直径允许偏差
1	10～18	0.00 -0.18	+0.18 0.00
2	18～30	0.00 -0.21	+0.21 0.00
3	30～50	0.00 -0.25	+0.25 0.00

C 级螺栓孔的允许偏差（mm）　　　　　　　　表 11-15

项　目	允　许　偏　差	项　目	允　许　偏　差
直　径	+1.0 0.0	圆　度	2.0
		垂直度	$0.03t$，且不大于 2.0

(2) 螺栓孔孔距的允许偏差应符合表 11-16 的规定。超过允许偏差时，应采用与母材材质相匹配的焊条补焊后重新制孔。

螺栓孔孔距的允许偏差（mm） 表 11-16

螺栓孔孔距范围	≤500	501～1200	1201～3000	>3000
同一组内任意两孔间距离	±1.0	±1.5	—	—
相邻两组的端孔间距离	±1.5	±2.0	±2.5	±3.0

注：1. 在节点中连接板与一根杆件相连的所有螺栓孔为一组；
　　2. 对接接头在拼接板一侧的螺栓孔为一组；
　　3. 在两相邻节点或接头间的螺栓孔为一组，但不包括上述两款所规定的螺栓孔；
　　4. 受弯构件翼缘上的连接螺栓孔，每米长度范围内的螺栓孔为一组。

二、钢构件组装和预拼装

（一）施工技术要求

1. 组装

钢结构构件的组装是遵照施工图的要求，把已加工完成的各零件或半成品构件，用组装的手段组合成为独立的成品，这种方法通常称为组装。组装根据组装构件的特性以及组装程度，可分为部件组装、组装和预总装。

部件组装是组装的最小单元的组合，它由两个或两个以上零件按施工图的要求组装成为半成品的结构构件。

组装是把零件或半成品按施工图的要求组装成为独立的成品构件。预总装是根据施工图把相关的两个以上成品构件，在工厂制作场地上，按其各构件空间位置总装起来。其目的是客观地反映出各构件组装接点，保证构件安装质量。钢结构构件组装通常使用的方法有：地样组装、仿形复制组装、立装、卧装、胎膜组装等。

组装的一般规定：

1) 在组装前，组装人员必须熟悉施工图、组装工艺及有关技术文件的要求，并检查组装零部件的外观、材质、规格、数量，当合格无误后方可施工。

2) 组装焊接处的连接接触面及沿边缘 30～50mm 范围内的铁锈、毛刺、污垢、冰雪等必须在组装前清除干净。

3) 板材、型材需要焊接时，应在部件或构件整体组装前进行；构件整体组装应在部件组装、焊接、矫正后进行。

4) 构件的隐蔽部位应先行涂装、焊接，经检查合格后方可组合；完全封闭的内表面可不涂装。

5) 构件组装应在适当的工作平台及装配胎膜上进行。

6) 组装焊接构件时，对构件的几何尺寸应依据焊缝等收缩变形情况，预放收缩余量；对有起拱要求的构件，必须在组装前按规定的起拱量做好起拱。

7) 胎膜或组装大样定型后须经自检，合格后质检人员复检，经认可后方可组装。

8) 构件组装时的连接及紧固，宜使用活络夹具及活络紧固器具；对吊车梁等承受动载荷构件的受拉翼缘或设计文件规定者，不得在构件上焊接组装卡夹具或其他物件。

9) 拆取组装卡夹具时，不得损伤母材，可用气割方法割除，切割后并磨光残留焊疤。

2. 预拼装

钢结构构件工厂内预拼装，目的是在出厂前将已制作完成的各构件进行相关组合，对设计、加工，以及适用标准的规模性验证。

预拼装的一般规定：

1）预拼装组合部位的选择原则：尽可能选用主要受力框架、节点连接结构复杂，构件允差接近极限且有代表性的组合构件。

2）预拼装应在坚实、稳固的平台式胎架上进行。

3）预拼装中所有构件应按施工图控制尺寸，各杆件的重心线应汇交于节点中心，并完全处于自由状态，不允许有外力强制固定。单构件支承点不论柱、梁、支撑，应不少于两个支承点。

4）预拼装构件控制基准中心线应明确标示，并与平台基线和地面基线相对一致。控制基准应按设计要求基准一致。

5）所有需进行预拼装的构件，必须制作完毕经专检员验收并符合质量标准。相同的单构件宜可互换，而不影响整体集合尺寸。

6）在胎架上预拼全过程中，不得对构件动用火焰或机械等方式进行修正、切割，或使用重物压载、冲撞、锤击。

7）大型框架露天预拼装的检测应定时。所使用测量工具的精度，应与安装单位一致。

8）高强度螺栓连接件预拼装时，可使用冲钉定位和临时螺栓紧固。试装螺栓在一组孔内不得少于螺栓孔的30%，且不少于2只。冲钉数不得多于临时螺栓的1/3。

（二）施工质量控制

1. 组装的质量控制

（1）焊接H型钢

1）焊接H型钢的翼缘板拼接缝和腹板拼接缝的间距不应小于200mm。翼缘板拼接长度不应小于2倍板宽；腹板拼接宽度不应小于300mm，长度不应小于600mm。

2）焊接H型钢的允许偏差应符合GB 50205—2001附录C中表C.0.1的规定。

（2）组装

1）吊车梁和吊车桁架不应下挠。

2）焊接连接组装的允许偏差应符合GB 50205—2001附录C中表C.0.2的规定。

3）顶紧接触面应有75%以上的面积紧贴。

4）桁架结构杆件轴线交点错位的允许偏差不得大于3.0mm。

（3）端部铣平及安装焊缝坡口

1）端部铣平的允许偏差应符合表11-17的规定。

端部铣平的允许偏差（mm） 表11-17

项 目	允许偏差	项 目	允许偏差
两端铣平时构件长度	±2.0	铣平面的平面度	0.3
两端铣平时零件长度	±0.5	铣平面对轴线的垂直度	$l/1500$

2）安装焊缝坡口的允许偏差应符合表11-18的规定。

安装焊缝坡口的允许偏差（mm） 表 11-18

项 目	允许偏差	项 目	允许偏差
坡口角度	±5°	钝边	±1.0

3）外露铣平面应防锈保护。

（4）钢构件外形尺寸

1）钢构件外形尺寸主控项目的允许偏差应符合表 11-19 的规定。

钢构件外形尺寸主控项目的允许偏差（mm） 表 11-19

项 目	允许偏差
单层柱、梁、桁架受力支托（支承面）表面至第一个安装孔距离	±1.0
多节柱铣平面至第一个安装孔距离	±1.0
实腹梁两端最外侧安装孔距离	±3.0
构件连接处的截面几何尺寸	±3.0
柱、梁连接处的腹板中心线偏移	2.0
受压构件（杆件）弯曲矢高	$l/1000$,且不应大于 10.0

2）钢构件外形尺寸一般项目的允许偏差应符合 GB 50205—2001 附录 C 中表 C.0.3～表 C.0.9 的规定。

2. 预拼装的质量控制

（1）高强度螺栓和普通螺栓连接的多层板叠，应采用试孔器进行检查，并应符合下列规定：

1）当采用比孔公称直径小 1.0mm 的试孔器检查时，每组孔的通过率不应小于 85%；

2）当采用比螺栓公称直径大 0.3mm 的试孔器检查时，每组孔的通过率不应小于 100%。

（2）预拼装的允许偏差应符合 GB 50205—2001 附录 D 表 D 的规定。

三、钢网架制作

（一）施工技术要求

1. 焊接球节点加工的一般规定

（1）焊接空心球节点由空心球、钢管杆件、连接套管等零件组成。空心球制作工艺流程应为：下料→加热→冲压→切边坡口→拼装→焊接→检验。

（2）半球圆形坯料钢板应用乙炔氧气或等离子切割下料。坯料锻压的加热温度应控制在 900～1100℃。半球成型，其坯料须在固定锻模具上热挤压成半个球形，半球表面光滑平整，不应有局部凸起或褶皱。

（3）毛坯半圆球可在普通车床切边坡口。不加肋空心球两个半球对装时，中间应预留 2.0mm 缝隙，以保证焊透。

（4）加肋空心球的肋板位置，应在两个半球的拼接环形缝平面处。加肋钢板应用乙炔氧气切割下料，并外径（D）留放加工余量，其内孔以 $D/3～D/2$ 割孔。

（5）空心球与钢管杆件连接时，钢管两端开坡口 30°，并在钢管两端头内加套管与空心球焊接，球面上相邻钢管杆件之间的缝隙不宜小于 10mm。钢管杆件与空心球之间应留有 2.0～6.0mm 的缝隙予以焊透。

2. 螺栓球节点加工的一般规定

(1) 螺栓球节点主要由钢球、高强螺栓、锥头或封板、套筒等零件组成。钢球、锥头、封板、套筒等原材料是元钢采用锯床下料，元钢经加热温度控制在 900～1100℃ 之间，分别在固定的锻模具上压制成型。

(2) 螺栓球加工应在车床上进行，其加工程序第一是加工定位工艺孔，第二是加工各弦杆孔。相邻螺孔角度必须以专用的夹具架保证。每个球必须检验合格，打上操作者标记和安装球号，最后在螺纹处涂上黄油防锈。

3. 钢管杆件加工的一般规定

(1) 钢管杆件应用切割机或管子车床下料，下料后长度应放余量，钢管两端应坡口 30°，钢管下料长度应预加焊接收缩量，如钢管壁厚≤6.0mm，每条焊缝放 1.0～1.5mm；壁厚≥8.0mm，每条焊缝放 1.5～2.0mm。钢管杆件下料后必须认真清除钢材表面的氧化皮和锈蚀等污物，并采取防腐措施。

(2) 钢管杆件焊接两端加锥头或封板，长度是用专门的定位夹具控制，以保证杆件的精度和互换性。采用手工焊，焊接成品应分三步到位：一是定长度点焊；二是底层焊；三是面层焊。当采用 CO_2 气体保护自动焊接机床焊接钢管杆件，它只需要钢管杆件配锥头或封板后焊接自动完成一次到位，焊缝高度必须大于钢管壁厚。对接焊缝部位应在清除焊渣后涂刷放锈漆，检验合格后打上焊工钢印和安装编号。

(二) 钢网架制作的质量控制

1. 螺栓球成型后，不应有裂纹、褶皱、过烧。
2. 钢板压成半圆球后，表面不应有裂纹、褶皱；焊接球其对接坡口应采用机械加工，对接焊缝表面应打磨平整。
3. 螺栓球加工的允许偏差应符合表 11-20 的规定。
4. 焊接球加工的允许偏差应符合表 11-21 的规定。

螺栓球加工的允许偏差 (mm)　　　　表 11-20

项　目		允许偏差	检验方法
圆度	$d \leqslant 120$	1.5	用卡尺和游标卡尺检查
	$d > 120$	2.5	
同一轴线上两铣平面平行度	$d \leqslant 120$	0.2	用百分表 V 形块检查
	$d > 120$	0.3	
铣平面距球中心距离		±0.2	用游标卡尺检查
相邻两螺栓孔中心线夹角		±30′	用分度头检查
两铣平面与螺栓孔轴线垂直度		0.005r	用百分表检查
球毛坯直径	$d \leqslant 120$	+2.0 / −1.0	用卡尺和游标卡尺检查
	$d > 120$	+3.0 / −1.5	

焊接球加工的允许偏差（mm） 表 11-21

项　目	允许偏差	检验方法	项　目	允许偏差	检验方法
直径	±0.005d ±2.5	用卡尺和游标卡尺检查	壁厚减薄量	0.13t,且不应大于1.5	用卡尺和测厚仪检查
圆度	2.5	用卡尺和游标卡尺检查	两半球对口错边	1.0	用套模和游标卡尺检查

5. 钢网架（桁架）用钢管杆件加工的允许偏差应符合表 11-22 的规定。

钢网架（桁架）用钢管杆件加工的允许偏差（mm） 表 11-22

项　目	允许偏差	检验方法	项　目	允许偏差	检验方法
长度	±1.0	用钢尺和百分表检查	管口曲线	1.0	用套模和游标卡尺检查
端面对管轴的垂直度	0.005r	用百分表V形块检查			

第四节　钢结构安装

钢结构安装是将各个单体（或组合体）构件组成成一个整体，其所提供的整体建筑物将直接投入生产使用，安装上出现的质量问题有可能成为永久性缺陷，同时钢结构安装工程具有作业面广、工序作业点多、材料、构件等供应渠道来自各方、手工操作比重大、交叉立体作业复杂、工程规模大小不一以及结构形式变化不同等特点，因此，更显示质量控制的重要性。

一、钢结构安装

（一）施工技术要求

1. 施工准备的一般规定

（1）建筑钢结构的安装，应符合施工图设计的要求，并应编制安装工程施工组织设计。

（2）安装用的专用机具和工具，应满足施工要求，并应定期进行检验，保证合格。

（3）安装的主要工艺，如测量校正、高强度螺栓安装、负温度下施工及焊接工艺等，应在安装前进行工艺试验或评定，并应在此基础上制定相应的施工工艺和施工方案。

（4）安装前，应对构件的变形尺寸、螺栓孔直径及位置、连接件位置及角度、焊缝、栓钉焊、高强度螺栓接头摩擦面加工质量、栓件表面的油漆等进行全面检查，在符合设计文件或有关标准的要求后，方能进行安装工作。

（5）安装使用的测量工具应按同一标准鉴定，并应具有相同的精度等级。

2. 基础和支承面的一般规定

（1）建筑钢结构安装前，应对建筑物的定位轴线、平面封闭角、柱的位置线、钢筋混凝土基础的标高和混凝土强度等级等进行复查，合格后方能开始安装工作。

（2）框架柱定位轴线的控制，可采用在建筑物外部或内部设辅助线的方法。每节柱的定位轴线应从地面控制轴线引上来，不得从下层柱的轴线引出。

（3）柱的地脚螺栓位置应符合设计文件或有关标准的要求，并应有保护螺纹的措施。

（4）底层柱地脚螺栓的紧固轴力，应符合设计文件的规定。螺母止退可采用双螺母，或用电焊将其焊牢。

（5）结构的楼层标高可按相对标高或设计标高进行控制。

3．构件安装顺序的一般规定

（1）建筑钢结构的安装应符合下列要求：

1）划分安装流水区段；

2）确定构件安装顺序；

3）编制构件安装顺序表；

4）进行构件安装，或先将构件组拼成扩大安装单元，再行安装。

（2）安装流水区段可按建筑物的平面形状、结构形状、安装机械的数量、现场施工条件等因素划分。

（3）构件安装的顺序，平面上应从中间向四周扩展，竖向应由下向上逐渐安装。

（4）构件的安装顺序表，应包括各构件所用的节点板、安装螺栓的规格数量等。

4．钢构件安装的一般规定

（1）柱的安装应先调整标高，再调整位移，最后调整垂直偏差，并应重复上述步骤，直到柱的标高、位移、垂直偏差符合要求。调整柱垂直度的缆风绳或支撑夹板，应在柱起吊前在地面绑扎好。

（2）当由多个构件在地面组拼为扩大安装单元进行安装时，其吊点应经过计算确定。

（3）构件的零件及附件应随构件一起起吊。尺寸较大、重量较重的节点板，可以用铰链固定在构件上。

（4）柱、主梁、支撑等大构件安装时，应随即进行校正。

（5）当天安装的钢构件应形成空间稳定体系。形成空间刚度单元后，应及时对柱底板和基础顶面的空隙进行细石混凝土、灌浆料等两次浇灌。

（6）进行钢结构安装时，必须控制屋面、楼面、平台等的施工荷载，施工荷载和冰雪荷载等严禁超过梁、桁架、楼面板、屋面板、平台铺板等的承载能力。

（7）一节柱的各层梁安装完毕后，宜立即安装本节柱范围内的各层楼梯，并铺设各层楼面的压型钢板。

（8）安装外墙板时，应根据建筑物的平面形状对称安装。

（9）吊车梁或直接承受动力荷载的梁其受拉翼缘、吊车桁架或直接承受动力荷载的桁架其受拉弦杆上不得焊接悬挂物和卡具。

（10）一个流水段一节柱的全部钢构件安装完毕并验收合格后，方可进行下一流水段的安装工作。

5．安装测量校正的一般规定

（1）柱在安装校正时，水平偏差应校正到允许偏差以内。在安装柱与柱之间的主梁时，再根据焊缝收缩量预留焊缝变形值。

（2）结构安装时，应注意日照、焊接等温度变化引起的热影响对构件的伸缩和弯曲引起的变化，应采取相应措施。

（3）用缆风绳或支撑校正柱时，应在缆风绳或支撑松开状态下使柱保持垂直，才算校正完毕。

（4）在安装柱与柱之间的主梁构件时，应对柱的垂直度进行监测。除监测一根梁两端柱子的垂直度变化外，还应监测相邻各柱因梁连接而产生的垂直度变化。

（5）安装压型钢板前，应在梁上标出压型钢板铺放的位置线。铺放压型钢板时，相邻两排压型钢板端头的波形槽口应对准。

（6）栓钉施工前应标出栓钉焊接的位置。若钢梁或压型钢板在栓钉位置有锈污或镀锌层，应采用角向砂轮打磨干净。栓钉焊接时应按位置线排列整齐。

（二）钢结构安装的质量控制

1. 基础和支承面质量控制

（1）建筑物的定位轴线、基础上柱的定位轴线和标高、地脚螺栓（锚栓）的规格和位置、地脚螺栓（锚栓）紧固应符合设计要求。当设计无要求时，应符合表 11-23 的规定。

建筑物的定位轴线、基础上柱的定位轴线和标高、
地脚螺栓（锚栓）的允许偏差（mm）   表 11-23

项 目	允 许 偏 差	图 例
建筑物定位轴线	$l/20000$，且不应大于 3.0	
基础上柱的定位轴线	1.0	
基础上柱底标高	±2.0	
地脚螺栓（锚栓）位移	2.0	

（2）基础顶面直接作为柱的支承面和基础顶面预埋钢板或支座作为柱的支承面时，其支承面、地脚螺栓（锚栓）位置的允许偏差应符合表 11-24 的规定。

支承面、地脚螺栓（锚栓）位置的允许偏差（mm）   表 11-24

项 目		允 许 偏 差
支承面	标高	±3.0
	水平度	$l/1000$
地脚螺栓（锚栓）	螺栓中心偏移	5.0
	预留孔中心偏移	10.0

（3）采用座浆垫板时，座浆垫板的允许偏差应符合表 11-25 的规定。

座浆垫板的允许偏差 (mm)　　　　　　　　　　　　　　表 11-25

项　目	允许偏差	项　目	允许偏差
顶面标高	0.0 −3.0	水平度 位置	$l/1000$ 20.0

(4) 采用杯口基础时，杯口尺寸的允许偏差应符合表 11-26 的规定。

杯口尺寸的允许偏差 (mm)　　　　　　　　　　　　　　表 11-26

项　目	允许偏差	项　目	允许偏差
底面标高	0.0 −5.0	杯口垂直度	$H/100$，且不应大于 10.0
杯口深度 H	±5.0	位置	10.0

(5) 地脚螺栓（锚栓）尺寸的偏差应符合表 11-27 的规定。地脚螺栓（锚栓）的螺纹应受到保护。

地脚螺栓（锚栓）尺寸的偏差 (mm)　　　　　　　　　　　表 11-27

项　目	允许偏差	项　目	允许偏差
螺栓(锚栓)露出长度	+30.0 0.0	螺纹长度	+30.0 0.0

2. 安装与校正的质量控制

(1) 钢构件应符合设计要求和验收规范的规定。运输、堆放和吊装等造成的钢构件变形及涂层脱落，应进行矫正和修补。

(2) 设计要求顶紧的节点，接触面不应少于 70% 紧贴，且边缘最大间隙不应大于 0.8mm。

(3) 钢屋（托）架、桁架、梁及受压杆件的垂直度和侧向弯曲矢高的允许偏差应符合表 11-28 的规定。

钢屋（托）架、桁架、梁及受压杆件的垂直度
和侧向弯曲矢高的允许偏差 (mm)　　　　　　　　　　表 11-28

项目	允许偏差		图例
跨中的垂直度	$h/250$，且不应大于 15.0		
侧向弯曲矢高 f	$l \leq 30\text{m}$	$l/1000$，且不应大于 10.0	
	$30\text{m} < l \leq 60\text{m}$	$l/1000$，且不应大于 30.0	
	$l > 60\text{m}$	$l/1000$，且不应大于 50.0	

（4）柱子安装的允许偏差应符合表11-29的规定。

柱子安装的允许偏差（mm）　　　　　表11-29

项　目	允许偏差	图　例
底层柱柱底轴线对定位轴线偏移	3.0	
柱子定位轴线	1.0	
单节柱的垂直度	$h/1000$，且不应大于10.0	

（5）单层钢结构主体结构的整体垂直度和整体平面弯曲的允许偏差应符合表11-30的规定。

单层钢结构主体结构的整体垂直度和整体平面弯曲的允许偏差（mm）　　表11-30

项　目	允许偏差	图　例
主体结构的整体垂直度	$H/1000$，且不应大于25.0	
主体结构的整体平面弯曲	$l/1500$，且不应大于50.0	

（6）多层和高层钢结构主体结构的整体垂直度和整体平面弯曲的允许偏差应符合表11-31的规定。

多层和高层钢结构主体结构的整体垂直度和整体平面弯曲的允许偏差（mm）　　表11-31

项　目	允许偏差	图　例
主体结构的整体垂直度	$(H/2500+10.0)$，且不应大于50.0	

续表

项　目	允许偏差	图　例
主体结构的整体平面弯曲	$l/1500$，且不应大于 25.0	

(7) 钢结构表面应干净，结构主要表面不应有疤痕、泥砂等污垢。

(8) 钢柱等主要构件的中心线及标高基准点等标记应齐全。

(9) 当钢构件安装在混凝土柱上时，其支座中心对定位轴线的偏差不应大于 10mm；当采用大型混凝土屋面板时，钢梁（或桁架）间距的偏差不应大于 10mm。

(10) 单层钢结构钢柱安装的允许偏差应符合 GB 50205—2001 附录 E 中的表 E.0.1 的规定。

(11) 多层及高层钢结构钢构件安装的允许偏差应符合 GB 50205—2001 附录 E 中的表 E.0.5 的规定。

(12) 多层及高层钢结构主体结构总高度的允许偏差应符合 GB 50205—2001 附录 E 中的表 E.0.6 的规定。

(13) 钢吊车梁或直接承受动力荷载的类似构件，其安装的允许偏差应符合 GB 50205—2001 附录 E 中的表 E.0.2 的规定。

(14) 檩条、墙架等次要构件安装的允许偏差应符合 GB 50205—2001 附录 E 中的表 E.0.3 的规定。

(15) 钢平台、钢梯、栏杆安装应符合现行国家标准《固定式钢直梯》（GB 4053.1）、《固定式钢斜梯》（GB 4053.2）、《固定式防护栏杆》（GB 4053.3）、《固定式钢平台》（GB 4053.4）的规定。钢平台、钢梯和防护栏杆安装的允许偏差应符合 GB 50205—2001 附录 E 中的表 E.0.4 的规定。

(16) 现场焊缝组对间隙的允许偏差应符合表 11-32 的规定。

现场焊缝组对间隙的允许偏差（mm）　　　　表 11-32

项　目	允许偏差	项　目	允许偏差
无垫板间隙	+3.0 0.0	有垫板间隙	+3.0 −2.0

3. 压型金属板安装质量控制

(1) 压型金属板、泛水板和包角板等应固定可靠、牢固，防腐涂料涂刷和密封材料敷设应完好，连接件数量、间距应符合设计要求和国家现行有关标准规定。

(2) 压型金属板应在支承构件上可靠搭接，搭接长度应符合设计要求，且不应小于表 11-33 所规定的数值。

(3) 组合楼板中压型钢板与主体结构（梁）的锚固支承长度应符合设计要求，且不应小于 50mm，端部锚固件连接应可靠，设置位置应符合设计要求。

压型金属板在支承构件上的搭接长度（mm） 表11-33

项　　目		搭接长度
截面高度＞70		375
截面高度≤70	屋面坡度＜$l/10$	250
	屋面坡度≥$l/10$	200
墙面		120

（4）压型金属板安装应平整、顺直，板面不应有施工残留物和污物。檐口和墙面下端应呈直线，不应有未经处理的错钻孔洞。

（5）压型金属板安装的允许偏差应符合表11-34的规定。

压型金属板安装的允许偏差（mm） 表11-34

项　　目		允许偏差
屋面	檐口与屋脊的平行度	12.0
	压型金属板波纹线对屋脊的垂直度	$l/800$，且不应大于25.0
	檐口相邻两块压型金属板端部错位	6.0
	压型金属板卷边板件最大波浪高	4.0
墙面	墙板波纹线的垂直度	$H/800$，且不应大于25.0
	墙板包角板的垂直度	$H/800$，且不应大于25.0
	相邻两块压型金属板的下端错位	6.0

注：1. l为屋面半坡或单坡长度；
　　2. H为墙面高度。

二、钢网架安装

（一）施工技术要求

（1）网架安装前，应对照构件明细表核对进场的各种节点、杆件及连接件规格、品种和数量；查验各节点、杆件、连接件和焊接材料的原材料质量保证书和试验报告；复验工厂预装的小拼单元的质量验收合格证明书。

（2）网架安装前，根据定位轴线和标高基准点复核和验收土建施工单位设置的网架支座预埋件或预埋螺栓的平面位置和标高。

（3）网架安装必须按照设计文件和施工图要求，制定施工组织设计和施工方案，并认真加以实施。

（4）网架安装的施工图应严格按照原设计单位提供的设计文件或设计图进行绘制，若要修改，必须取得原设计单位同意，并签署设计更改文件。

（5）网架安装所使用的测量器具，必须按国家有关的计量法规的规定定期送检。测量器（钢卷尺）使用时按精度进行尺长改正，温度改正，使之满足网架安装工程质量验收的测量精度。

（6）网架安装方法应根据网架受力的构造特点、施工技术条件，在满足质量的前提下综合确定。常用的安装方法有：高空散装法；分条或分块安装法；高空滑移法；整体吊装法；整体提升法；整体顶升法。

（7）采用吊装、提升或顶升的安装方法时其吊点或支点的位置和数量的选择，应考虑下列因数：

1）宜与网架结构使用时的受力状况相接近。

2）吊点或支点的最大反力不应大于起重设备的负荷能力。

3）各起重设备的负荷宜接近。

（8）安装方法确定后，施工单位应会同设计单位按安装方法分别对网架的吊点（支点）反力、挠度、杆件内力、风荷载作用下提升或顶升时支承柱的稳定性和风载作用的网架水平推力等项进行验算，必要时应采取加固措施。

（9）网架正式施工前均应进行试拼及试安装，在确保质量安全和符合设计要求的前提下方可进行正式施工。

（10）当网架采用螺栓球节点连接时，须注意下列几点：

1）拼装过程中，必须使网架杆件始终处于非受力状态，严禁强迫就位或不按设计规定的受力状态加载。

2）拼装过程中，不宜将螺栓一次拧紧，而是须待沿建筑物纵向（横向）安装好一排或两排网架单元后，经测量复验并校正无误后方可将螺栓球节点全部拧紧到位。

3）在网架安装过程中，要确保螺栓球节点拧到位，若出现销钉高出六角套筒面外时，应及时查明原因，调整或调换零件使之达到设计要求。

（11）屋面板安装必须待网架结构安装完毕后再进行，铺设屋面板时应按对称要求进行，否则，须经验算后方可实施。

（12）网架单元宜减少中间运输。如须运输时，应采取措施防止网架变形。

（13）当组合网架结构分割成条（块）状单元时，必须单独进行承载力和刚度的验算，单元体的挠度不应大于形成整体结构后该处挠度值。

（14）曲面网架施工前应在专用胎架上进行预拼装，以确保网架各节点空间位置偏差在允许范围内。

（15）柱面网架安装顺序：先安装两个下弦球及系杆，拼装成一个简单的曲面结构体系，并及时调整球节点的空间位置，再进行上弦球和腹杆的安装，宜从两边支座向中间进行。

（16）柱面网架安装时，应严格控制网架下弦的挠度，平面位移和各节点缝隙。

（17）大跨度球面网架，其球节点空间定位应采用极坐标法。

（18）球面网架安装，其顺序宜先安装一个基准圈，校正固定后再安装与其相邻的圈。原则上从外圈到内圈逐步向内安装，以减少封闭尺寸误差。

（19）球面网架焊接时，应控制变形和焊接应力，严禁在同一杆件两端同时施焊。

（二）施工质量控制

1. 支承面顶板和支承垫板质量控制

（1）钢网架结构支座定位轴线的位置、支座锚栓的规格应符合设计要求。

（2）支承面顶板的位置、标高、水平度以及支座锚栓位置的允许偏差应符合表 11-35 的规定。

支承面顶板、支座锚栓位置的允许偏差（mm） 表 11-35

项 目		允 许 偏 差
支承面顶板	位置	15.0
	顶面标高	0 −3.0
	顶面水平度	$l/1000$
支座锚栓	中心偏移	±5.0

（3）支承垫块的种类、规格、摆放位置和朝向，必须符合设计要求和国家现行有关标准的规定。橡胶垫块和刚性垫块之间或不同类型刚性垫块之间不得互换使用。

（4）网架支座锚栓的紧固应符合设计要求。

2. 总拼与安装质量控制

（1）小拼单元的允许偏差应符合表 11-36 的规定。

小拼单元的允许偏差（mm） 表 11-36

项 目			允 许 偏 差
节点中心偏移			2.0
焊接球节点与钢管中心的偏移			1.0
杆件轴线的弯曲矢高			$L_1/1000$，且不应大于 5.0
锥体型小拼单元	弦杆长度		±2.0
	锥体高度		±2.0
	上弦杆对角线长度		±3.0
平面桁架型小拼单元	跨长	≤24m	+3.0 −7.0
		>24m	+5.0 −10.0
	跨中高度		±3.0
	跨中拱度	设计要求起拱	±L/5000
		设计未要求起拱	+10.0

注：1. L_1 为杆件长度；
  2. L 为跨长。

（2）中拼单元的允许偏差应符合表 11-37 的规定。

中拼单元的允许偏差（mm） 表 11-37

项 目		允 许 偏 差
单元长度≤20m，拼接长度	单跨	±10.0
	多跨连续	±5.0
单元长度>20m，拼接长度	单跨	±20.0
	多跨连续	±10.0

（3）对建筑结构安全等级为一级，跨度 40m 及以上的公共建筑钢网架结构，且设计有要求时，应按下列项目进行节点承载力试验，其结果应符合以下规定：

1) 焊接球节点应按设计指定规格的球及其匹配的钢管焊接成试件,进行轴心拉、压承载力试验,其试验破坏荷载值大于或等于1.6倍设计承载力为合格。

2) 螺栓球节点应按设计指定规格的球最大螺栓孔螺纹进行抗拉强度保证荷载试验,当达到螺栓的设计承载力时,螺孔、螺纹及封板仍完好无损为合格。

(4) 钢网架结构总拼完成后及屋面工程完成后应分别测量其挠度值,且所测的挠度值不应超过相应设计值的1.15倍。

(5) 钢网架结构安装完成后,其节点及杆件表面应干净,不应有明显的疤痕、泥砂和污垢。螺栓球节点应将所有接缝用油腻子填嵌严密,并应将多余螺孔封口。

(6) 钢网架结构安装完成后,其安装的允许偏差应符合表11-38的规定。

钢网架结构安装的允许偏差(mm) 表11-38

项 目	允许偏差	检验方法
纵向、横向长度	$L/2000$,且不应大于30.0　$-L/2000$,且不应大于-30.0	用钢尺实测
支座中心偏移	$L/3000$,且不应大于30.0	用钢尺和经纬仪实测
周边支承网架相邻支座高差	$L/400$,且不应大于15.0	用钢尺和水准仪实测
支座最大高差	30.0	用钢尺和水准仪实测
多点支承网架相邻支座高差	$L_1/800$,且不应大于30.0	用钢尺和水准仪实测

注:1. L 为纵向、横向长度;
　2. L_1 为相邻支座间距。

第五节　钢结构涂装

一、钢结构防腐涂装

钢结构构件在使用中,经常与环境中的介质接触,由于环境介质的作用,钢材中的铁与介质产生化学反应,导致钢材被腐蚀,亦称为锈蚀。钢材受腐蚀的原因很多,可根据其与环境介质的作用分为化学腐蚀和电化学腐蚀两大类。

为了防止钢构件的腐蚀以及由此而造成的经济损失,采用涂料保护是目前我国防止钢结构构件腐蚀的最主要的手段之一。涂装防护是利用涂料的涂层使被涂物与环境隔离,从而达到防腐蚀的目的,延长被涂物件的使用寿命。

(一) 施工技术要求

1. 涂装施工准备工作一般规定

(1) 涂装之前应除去钢材表面的污垢、油脂、铁锈、氧化皮、焊渣或已失效的旧漆膜,还包括除锈后钢材表面所形成的合适的"粗糙度"。钢结构表面处理的除锈方法主要有喷射或抛射除锈、动力工具除锈、手工工具除锈、酸洗(化学)除锈和火焰除锈。

(2) 在使用前,必须将桶内油漆和沉淀物全部搅拌均匀后才可使用。

(3) 双组分的涂料,在使用前必须严格按照说明书所规定的比例来混合。一旦配比混合后,就必须在规定的时间内用完。

(4) 施工时应对选用的稀释剂牌号及使用稀释剂的最大用量进行控制,否则会造成涂料报废或性能下降影响质量。

2. 施工环境条件的一般规定

(1) 涂装工作尽可能在车间内进行,并应保持环境清洁和干燥,以防止已处理的涂料表面和已涂装好的任何表面被灰尘、水滴、油脂、焊接飞溅或其他脏物黏附在其上面而影响质量。

(2) 涂装时的环境温度和相对湿度应符合涂料产品说明书的要求,当说明书无要求时,环境温度宜在5~38℃之间,相对湿度不应大于85%。

(3) 涂后4h内严防雨淋。当使用无气喷涂时,风力超过5级时,不宜喷涂。

3. 涂装施工的一般规定

(1) 涂装方法一般有浸涂、手刷、滚刷和喷漆等。在涂刷过程中的顺序应自上而下,从左到右,先里后外,先难后易,纵横交错地进行涂刷。

(2) 对于边、角、焊缝、切痕等部位,在喷涂之前应先涂刷一道,然后再进行大面积涂装,以保证凸出部位的漆膜厚度。

(3) 喷(抛)射磨料进行表面处理后,一般应在4~6h内涂第一道底漆。涂装前钢材表面不允许再有锈蚀,否则应重新除锈后方可涂装。

(4) 构件需焊接部位应留出规定宽度暂不涂装。

(5) 涂装前构件表面处理情况和涂装工作每一个工序完成后,都需检查,并作出工作记录。内容包括:涂件周围工作环境、相对湿度、表面清洁度、各层涂刷(喷)遍数、涂料种类、配料、湿、干膜厚度等。

(6) 损伤涂膜应根据损伤的情况砂、磨、铲后重新按层涂刷,仍按原工艺要求修补。

(7) 包浇、埋入混凝土部位均可不做涂刷油漆。

(二) 防腐涂装质量控制

1. 涂装前钢材表面除锈应符合设计要求和国家现行有关标准的规定。处理后的钢材表面不应有焊渣、焊疤、灰尘、油污、水和毛刺等。当设计无要求时,钢材表面除锈等级应符合表11-39的规定。

各种底漆或防锈漆要求最低的除锈等级　　　　表11-39

涂 料 品 种	除 锈 等 级
油性酚醛、醇酸等底漆或防锈漆	St2
高氯化聚乙烯、氯化橡胶、氯磺化聚乙烯、环氧树脂、聚氨酯等底漆或防锈漆	Sa2
无机富锌、有机硅、过氯乙烯等底漆	$Sa2\frac{1}{2}$

2. 涂料、涂装遍数、涂层厚度均应符合设计要求。当设计对涂层厚度无要求时,涂层干漆膜总厚度:室外应为150μm,室内应为125μm,其允许偏差为-25μm。每遍涂层干漆膜厚度的允许偏差为-5μm。

3. 构件表面不应误涂、漏涂,涂层不应脱皮和返锈等。涂层应均匀、无明显皱皮、流坠、针眼和气泡等。

4. 当钢结构处在有腐蚀介质环境或外露且设计有要求时,应进行涂层附着力测试,在检测处范围内,当涂层完整程度达到70%以上时,涂层附着力达到合格质量标准的要求。

5. 涂装完成后，构件的标志、标记和编号应清晰完整。

二、钢结构防火涂装

钢材在高温下，会改变自己的性能而使结构降低强度，当温度达 600℃时，其承载能力几乎完全丧失，可见钢结构是不耐火的。因此钢结构的防火涂装是防止建筑钢结构在火灾中倒塌，避免经济损失和环境破坏，保障人民生命与财产安全的有效办法。

（一）施工技术要求

（1）为了保证防火涂层和钢结构表面有足够的粘结力，在喷涂前，应清除构件表面的铁锈，必要时，除锈后应涂一层防锈底漆，且注意防锈底漆不得与防火涂料产生化学反应。

（2）在喷涂前，应将构件间的缝隙用防火涂料或其他防火材料填平，以避免产生防火薄弱环节。

（3）当风速在 5m/s 以上时，不宜施工。喷完后宜在环境温度 5～38℃，相对湿度不应大于 85%，通风条件良好的情况下干燥固化。

（4）防火涂料的喷涂施工应由专业施工单位负责施工，并由设计单位、施工单位和材料生产厂共同商讨确定实施方案。

（5）喷涂场地要求、构件表面处理、接缝填补、涂料配制、喷涂遍数等，均应符合现行国家标准《钢结构防火涂料应用技术条件》（CECS24）的规定。

（二）质量控制

（1）防火涂料涂装前钢材表面除锈及防锈底漆涂装应符合设计要求和国家现行有关标准的规定。

（2）钢结构防火涂料的粘结强度、抗压强度应符合国家现行标准《钢结构防火涂料应用技术条件》（CECS24）的规定。检验方法应符合现行国家标准《建筑构件防火喷涂材料性能试验方法》（GB 9978）的规定。

（3）薄涂型防火涂料的涂层厚度应符合有关耐火极限的设计要求。厚涂型防火涂料涂层的厚度，80%及以上面积应符合有关耐火极限的设计要求，且最薄处厚度不应低于设计要求的 85%。

（4）薄涂型防火涂料涂层表面裂纹宽度不应大于 0.5mm，厚涂型防火涂料涂层表面裂纹宽度不应大于 1mm。

（5）防火涂料涂装基层不应有油污、灰尘和泥砂等污垢。

（6）防火涂料不应有误涂、漏涂，涂层应闭合无脱层、空鼓、明显凹陷、粉化松散和浮浆等外观缺陷，乳突已剔除。

第六节 钢结构分部工程质量验收

1. 根据现行国家标准《建筑工程施工质量验收统一标准》GB 50300 的规定，钢结构作为主体结构之一应按子分部工程验收；当主体结构均为钢结构时应按分部工程验收。大型钢结构工程可划分成若干个子分部工程进行验收。

2. 钢结构分部工程有关安全及功能的检验和见证检测项目见表 11-40，检验应在其分项工程验收合格后进行。

钢结构分部（子分部）工程有关安全及功能的检验和见证检测　　　表 11-40

项次	项　目	抽检数量及检验方法	合格质量标准
1	见证取样送样试验项目： (1) 钢材及焊接材料复验 (2) 高强度螺栓预拉力、扭距系数复验 (3) 摩擦面抗滑移系数复验 (4) 网架节点承载力试验	GB 50205 第 4.2.2、4.3.2、4.4.2、4.4.3、6.3.1、12.3.3 条规定	符合设计要求和国家现行有关产品标准的规定
2	焊缝质量： (1) 内部缺陷 (2) 外观缺陷 (3) 焊缝尺寸	一、二级焊缝按焊缝处数随机抽检 3%，且不应少于 3 处；检验采用超声波或射线探伤及 GB 50205 第 5.2.6、5.2.8、5.2.9 条方法	GB 50205 第 5.2.4、5.2.6、5.2.8、5.2.9 条规定
3	高强度螺栓施工质量： (1) 终拧扭距 (2) 梅花头检查 (3) 网架螺栓球节点	按节点数随机抽检 3%，且不应少于 3 个节点，检验按 GB 50205 第 6.3.2、6.3.3、6.3.8 条方法执行	GB 50205 第 6.3.2、6.3.3、6.3.8 条的规定
4	柱脚及网架支座： (1) 锚栓紧固 (2) 垫板、垫块 (3) 二次灌浆	按柱脚及网架支座数随机抽检 10%，且不应少于 3 个；采用观察和尺量等方法进行检验	符合设计要求和 GB 50205 的规定
5	主要构件变形： (1) 钢屋(托)架、桁架、钢梁、吊车梁等垂直度和侧向弯曲 (2) 钢柱垂直度 (3) 网架结构挠度	除网架结构外，其他按构件数随机抽检 3%，且不应少于 3 个；检验方法按 GB 50205 第 10.3.3、11.3.2、11.3.4、12.3.4 条执行	GB 50205 第 10.3.3、11.3.2、11.3.4、12.3.4 条的规定
6	主体结构尺寸： (1) 整体垂直度 (2) 整体平面弯曲	见 GB 50205 第 10.3.4、11.3.5 条的规定	GB 50205 第 10.3.4、11.3.5 条的规定

3. 钢结构分部工程有关观感质量检验应按表 11-41 执行。

钢结构分部（子分部）工程观感质量检查项目　　　表 11-41

项次	项　目	抽检数量	合格质量标准
1	普通涂层表面	随机抽查 3 个轴线结构构件	GB 50205 第 14.2.3 条的要求
2	防火涂层表面	随机抽查 3 个轴线结构构件	GB 50205 第 14.3.4、14.3.5、14.3.6 条的要求
3	压型金属板表面	随机抽查 3 个轴线间压型金属板表面	GB 50205 第 13.3.4 条的要求
4	钢平台、钢梯、钢栏杆	随机抽查 10%	连接牢固，无明显外观缺陷

4. 钢结构分部（子分部）合格质量标准应符合下列规定：
(1) 各分项工程质量均应符合合格质量标准；
(2) 质量控制资料和文件应完整；
(3) 有关安全及功能的检验和见证检测结果应符合表 11-40 合格质量标准的要求；
(4) 有关观感质量应符合表 11-41 合格质量标准的要求。

5. 钢结构分部（子分部）工程验收时，应提供下列文件和记录：
(1) 钢结构工程竣工图纸及相关设计文件；

(2) 施工现场质量管理检查记录；

(3) 有关安全及功能的检验和见证检测项目检查记录；

(4) 有关观感质量检验项目检查记录；

(5) 分部（子分部）所含各分项工程质量验收记录；

(6) 分项工程所含各检验批质量验收记录；

(7) 强制性条文检验项目检查记录及证明文件；

(8) 隐蔽工程检验项目检查验收记录；

(9) 原材料、成品质量合格证明文件、中文标志及性能检测报告；

(10) 不合格项的处理记录及验收记录；

(11) 重大质量、技术问题实施方案及验收记录；

(12) 其他有关文件和记录。

6. 钢结构工程质量验收记录应符合下列规定：

(1) 施工现场质量管理检查记录可按现行国家标准《建筑工程施工质量验收统一标准》GB 50300 中附录 A 进行；

(2) 分项工程检验批验收记录可按 GB 50205 附录 J 中表 J.0.1～表 J.0.13 进行；

(3) 分项工程验收记录可按现行国家标准《建筑工程施工质量验收统一标准》GB 50300 中附录 E 进行；

(4) 分部（子分部）工程验收记录可按现行国家标准《建筑工程施工质量验收统一标准》GB 50300 中附录 F 进行。

第十二章 门窗与幕墙工程

目前门窗的种类很多，除了原来的木门窗、钢门窗外，铝合金门窗、涂色钢板门窗、塑料门窗和各类特种门等新型的建筑门窗、建材产品在工程中开始大量运用，极大地提高了我国建筑物的门窗种类，同时也提高了房屋建筑装饰的档次。我国幕墙工程从1984年起步开始发展很快，在短短的不到20年时间内，目前发展成为世界幕墙大国。我国已从起步阶段的铝合金玻璃幕墙向金属幕墙、石材幕墙、点支承幕墙和单元式等幕墙多元化发展。

目前门窗的制作生产已逐步走向标准化、规格化和商品化，除了有些单位为了追求装饰效果的不同，木门窗由施工单位自行制作外，基本上门窗都由工厂加工制作，许多地方门窗产品都有标准图集，使门窗有统一的规格尺寸。工厂化生产保证了制作的质量。因此本章就工业与民用建筑的木门窗、钢门窗、铝合金门窗、涂色钢板门窗、塑料门窗和特种门的安装施工技术和质量监督控制方面提出了一些值得注意的事项，供质量检查人员参考。

第一节 门 窗 工 程

一、一般规定

（一）门窗安装前的要求

1. 门窗的种类、型号、规格和开启方向必须符合设计要求。
2. 门窗及零附件产品必须符合国家和行业标准的规定。
3. 门窗及零附件产品必须有出厂质量证书。门窗应有生产许可证。不得使用不合格产品和无生产许可证的产品。
4. 铝合金门窗、塑料门窗应有抗风压性能、雨水渗漏和空气渗透性能的测试报告，外墙金属窗、塑料窗应进行抗风压性能、雨水渗漏和空气渗透性能的复验，并符合设计要求。施工单位不得自行加工制作铝合金门窗和塑料门窗。
5. 门窗构造尺寸应按设计洞口尺寸规定，并应扣除洞口的间隙及装饰面材料的厚度订购或加工制作。一般每边间隙为15～20mm，当墙面为大理石装饰面和有窗台板时间隙为50mm。
6. 砌筑门窗洞口时，应按门窗品种、规格设置预埋件，预埋件一般为混凝土块或铁件；木门窗可设置经防腐处理的木砖，但当为单砖或轻质隔墙时，应埋设混凝土木砖，以防松动。
7. 门窗框与墙体间缝隙的填嵌材料应符合设计要求，填嵌应饱满。寒冷地区的外门窗框与墙体间的空隙应填充保温材料。铝合金门窗和塑料门窗与洞口应采用有弹性和粘结性的密封膏内外侧嵌缝密封。

8. 铝合金门窗型材壁厚：门宜 2mm，窗宜 1.2mm，塑料门窗型材的壁厚应大于 2.3mm。

（二）门窗贮运中的产品保护

1. 门窗在装运时，底部应用枕木垫平，其间距为 500mm 左右。枕木表面应平整光滑。门窗应竖直排放，并固定牢靠。金属、塑料门窗樘与樘之间应用非金属软质材料隔开，以防相互摩擦及压坏五金配件。玻璃运输时，应装箱直立紧靠放置，并用木条钉牢固定，空隙应用软物填实，使玻璃在运输过程中不发生摇动、碰撞的现象。

2. 门窗运输时应做好防雨措施。装卸和堆放时要轻抬轻放，不得随意溜滑和撬甩，不得在框扇内插入抬杆起吊。吊运时表面应用非金属软质材料衬垫，并选择牢靠平稳的着力点，以免门窗表面擦伤。

3. 门窗应按规格、型号分类存放，严禁乱堆乱放。

4. 门窗应在室内竖直排放，并用枕木垫平。禁止与酸、碱等有害杂物一起存放。塑料门窗存放的环境温度应低于 50℃，与热源应隔开 1m 以上。玻璃和玻璃门应立放紧靠，不得歪斜和平放，不得受重压和碰撞。当存放在室外时，必须用方枕木垫水平。并做好遮盖措施，以免日晒雨淋。

（三）门窗安装过程中的注意事项

1. 门窗安装应采用预留洞的方法，禁止采用边安装、边砌或先安装后砌的方法，以避免砌筑过程中对门窗造成损坏、变形和移位。安装前应对门窗洞口尺寸进行检验。

2. 门窗安装前应事先检查门窗是否变形、损坏，对损坏、变形的应予以修复，对保护膜脱落的应予以贴补，对无法修复的门窗应予剔除。

3. 门窗安装前应根据图纸要求逐樘核对门窗的品种、规格、型号、数量和安装位置及开启方向。

4. 门窗安装前应将洞口内墙体表面的附着物清除干净，以免影响安装质量和造成渗漏。

5. 门窗安装前应对预埋件和锚固件，隐蔽部位的防腐、填嵌处理进行隐蔽工程验收。

6. 门窗安装时，除应控制同一楼层的水平标高外，还应控制同一部位门窗的整体垂直偏差，做到整个建筑物同一类型的门窗安装横平竖直。

7. 当金属或塑料门窗为组合时，应加拼樘料，拼樘料的材质、规格、尺寸和壁厚应符合设计要求。

8. 门窗安装应平整，不得扭斜。门窗固定可采用焊接、膨胀螺栓或射钉等方式，但固定在砖墙上时，严禁采用射钉，以免砖墙碎而影响门窗的固定和造成墙面渗水。门窗框与墙体间需填塞保温、隔声材料时，应塞实、饱满均匀。

9. 在施工过程中不得在门窗框上搁置脚手架、板或悬挂重物，以免门窗变形、损坏。

10. 平开门窗应装定位装置。防火门应装闭门器。推拉门窗必须装限位装置，以防门窗扇脱落。

（四）门窗安装完毕后的产品保护

1. 施工中，利用门窗洞口作料具、人员进出口时，应将门窗边框、窗下槛用木板或其他材料保护，以防碰伤框边。

2. 施工过程中应防止物料撞坏门窗，特别是搭、拆、转运脚手架、板时，不得在门窗框、扇上拖拽和搁置，不得在门窗扇上吊挂物料。

3. 无保护膜的门窗框在抹水泥砂浆、喷涂、打胶等易污染作业时，应事先在门窗框表面贴纸或薄膜遮盖保护。

4. 当清除门窗和玻璃表面污染物时，不得使用金属利器或硬物擦。当用清洗剂时，应采用对门窗无腐蚀性的清洗剂。

（五）门窗工程验收

1. 门窗工程验收时应检查下列文件和记录：

（1）门窗工程的施工图、设计说明及其他设计文件。

（2）材料的产品合格证书、性能检测报告、进场验收记录和复验报告。

（3）特种门及其附件的生产许可文件。

（4）隐蔽工程验收记录。

2. 门窗工程应对下列材料及其性能指标进行复验：

（1）人造木板的甲醛含量。

（2）建筑外墙金属窗、塑料窗的抗风压性能、空气渗透性能和雨水渗漏性能。

3. 门窗工程应对下列隐蔽工程项目进行验收：

（1）预埋件和锚固件。

（2）隐蔽部位的防腐、填嵌处理。

4. 各分项工程的检验批按下列规定划分：

（1）同一品种、类型和规格的木门窗、金属门窗、塑料门窗及门窗玻璃每100樘应划分为一个检验批，不足100樘也划分为一个检验批。

（2）同一品种、类型和规格的特种门每50樘应划分为一个检验批，不足50樘也划分为一个检验批。

5. 检查数量应符合下列规定：

（1）木门窗、金属门窗、塑料门窗及门窗玻璃，每个检验批应至少抽查5%，并不得少于3樘，不足3樘时应全数检查；高层建筑的外窗，每个检验批应至少抽查10%，并不得少于6樘，不足6樘时应全数检查。

（2）特种门每个检验批应至少抽查50%，并不得少于10樘，不足10樘时应全数检查。

二、木门窗

（一）木门窗的制作技术要求

1. 材料要求

（1）木门窗的木材品种、材质等级、规格、尺寸、框扇的线型及人造木板的甲醛含量应符合设计要求当设计对材质等级未作规定时，应不低于国家规定的木门窗用木材的质量要求。

（2）木门窗应采用烘干的木材，其含水率不应大于当地气候的平衡含水率，一般在气候干燥地区不宜大于12%，在南方气候潮湿地区不宜大于15%。

（3）木门窗框与砌体、混凝土接触面及预埋木砖均应防腐处理。沥青防腐剂不得用于室内。对易腐朽和虫蛀的木材应进行防腐、防虫处理。木材的防火、防腐、防虫处理应符合设计要求。

2. 制作要求

(1) 木门窗的结合处和安装配件处不得有木节或已填补的木节。当其他部位有允许限值范围内的死节和直径较大的虫眼时，应用同一材质的木塞加胶填补。当门窗表面用清漆涂饰时，木塞的木纹和色泽应与制品一致。

(2) 门窗框、扇的榫与榫眼必须用胶、木楔加紧，嵌合严密平整，胶料品种应符合规范规定。当门窗框和厚度大于 50mm 的门窗扇时，应用双榫连接。榫槽应采用胶料严密嵌合，并用胶木加紧。

(3) 胶合板门、纤维板门和模压门不得脱胶，胶合板不得刨透表层单板，不得有戗槎。制作胶合板门、纤维板门时，边框和横楞应在同一平面上，面层、边框及横楞应加压胶结。横楞和上下冒头应有不少于两个透气孔，透气孔应畅通。

(4) 机加工的装饰线，表面应将机刨印打磨光滑。

(5) 装饰薄皮粘贴牢固平顺，无明显接缝，薄皮不起鼓、不翘边和脱胶。

(6) 门窗表面平整，拼缝严密，无戗槎、刨痕、毛刺、锤印、缺棱和掉角。清油制品无明显色差。

(二) 木门窗安装施工技术要求

1. 门窗安装前，应根据施工图拉水平统线在洞口位置标出门窗安装的水平标高，然后用经纬仪或吊垂线在洞口位置标出同一部位门窗的边线和中线，以确定门窗安装的水平和垂直方向的位置。

2. 将不同规格的木门窗框搬到相应洞口位置，并在门框上下边划出中线。

3. 木门窗框安装时，应用木楔临时固定，用线坠和水平尺与洞口面标出的位置进行校正，并根据图纸尺寸调整门窗的前后位置，待位置校正后，用钉子将门窗框固定在木砖上，每块木砖应钉两只钉子，钉子钉入木砖深度不应小于 50mm，钉帽应砸扁冲入框内；当门窗框较大或硬木门窗框时，应用铁脚与洞口墙体结合固定。

4. 门窗扇安装应控制好缝隙大小，以免门缝太大漏风，太小造成门启闭碰擦。不得采用补钉板条调整门窗风缝。

5. 门窗铰链应铲铰链槽，禁止贴铰链。铰链槽的深度应为铰链的厚度。铰链距上下边的距离应等于门边长的 1/10，并应错开冒头。铰链的固定页应安装在门窗框上，活动页安装在门窗扇上。

6. 双扇门窗铲口时，应注意顺手缝，一般右手为盖口，左手为等口。铲口深度不宜超过 12mm。

7. 门锁不得装在中冒头与立梃的结合处，其高度应距地面 1m 为宜。

8. 安装五金应用木螺钉固定，不得用铁钉代替。螺钉不得用锤子打入全部深度，应用螺丝刀拧入。当为硬木制品时，应先钻 2/3 深度的孔，孔经为木螺钉直径的 0.9 倍，再将木螺钉拧入。

9. 门窗拉手应位于门窗扇中线以下。窗拉手距地面以 1.5～1.6m 为宜，门拉手距地面以 0.9～1.05m 为宜。

10. 推拉门的金属滑槽不应露出门框表面。

11. 当门窗框一面需镶贴脸板时，门窗框应凸出墙面，凸出厚度为抹灰层厚度。

(三) 木门窗的质量监督检验

1. 木门窗施工中的质量控制

（1）木门窗成品在进场和安装前应按木门窗制作质量要求进行检验，对损坏、变形和有缺陷的木门窗应予整修，对于无法整修的不合格门窗制品应予剔除。

（2）木门洞口两侧预埋木砖间距一般不超过 10 皮砖，最大间距不大于 1.2m 每边一般为 2～3 块，最下一块木砖应放在地坪以上 200mm 左右处。木砖大小约为半砖。当采用混凝土木砖时，应不小于 120mm×120mm×墙厚。

（3）门安装前应根据图纸逐一检查门窗在各部位的位置、标高、门窗式样、规格和开启方向，特别注意不同式样门窗的安装部位，以免影响装饰效果。安装后及时用托线板、水平尺检查门窗安装的垂直度和水平度。

（4）窗扇铰链一般不小于 75mm，门扇铰链不小于 100mm。有贴脸的门扇宜使用方板铰链。铰链安装必须在同一轴线上，以免影响开关或产生挤轧声。铰链所用螺钉的规格应相配，不得使用小规格螺钉。门窗扇安装不得缺少螺钉和五金配件。

（5）门窗扇安装后应与框齐平，门窗扇不得轧铲口和有自开自关现象。

（6）外开木门应设置雨篷，以减少日晒雨淋对木门的影响。

2. 木门窗验收时的质量检验

木门窗验收时除按本节一、（五），二、（一）2 规定外，还应检验以下内容：

（1）木门窗的木材品种、材质等级、规格、尺寸、框扇的线型及人造木板的甲醇含量应符合设计要求。设计未规定材质等级时，所用木材的质量应符合《建筑装饰装修工程质量验收规范》附录 A 的规定。

（2）木门窗的防火、防腐、防虫处理应符合设计要求。

（3）木门窗的品种、类型、规格、开启方向、安装位置及连接方式应符合设计要求。

（4）木门窗框的安装必须牢固。预埋木砖的防腐处理、木门窗框固定点的数量、位置及固定方法应符合设计要求。

（5）木门窗扇必须安装牢固，并应形状灵活，关闭严密，无倒翘。

（6）木门窗配件的型号、规格、数量应符合设计要求，安装应牢固，位置应正确，功能应满足使用要求。

（7）木门窗与墙体间缝隙的填嵌材料应符合设计要求，填嵌应饱满。寒冷地区外门窗（或门窗框）与砌体间的空隙应填充保温材料。

（8）木门窗表面洁净，割角、拼缝严密平整、门窗框、扇截口吸直、刨面平整。

（9）木门窗批水、盖口条、压缝条、密封条的安装应顺直，与门窗结合应牢固、严密。

（10）木门窗制作的允许偏差和检验方法应符合表 12-1 的规定。

（11）木门窗安装的留缝限值、允许偏差和检验方法应符合表 12-2 的规定。

木门窗制作的允许偏差和检验方法　　　　　表 12-1

项次	项　目	构件名称	允许偏差(mm)		检验方法
			普通	高级	
1	翘曲	框	3	2	将框、扇平放在检查平台上，用塞尺检查
		扇	2	2	
2	对角线长度差	框、扇	3	2	用钢尺检查,框量裁口里角,扇量外角

续表

项次	项　目	构件名称	允许偏差(mm) 普通	允许偏差(mm) 高级	检验方法
3	表面平整度	扇	2	2	用1m尺和塞尺检查
4	高度、宽度	框	0；-2	0；-1	用钢尺检查，框量裁口里角,扇量外角
4	高度、宽度	扇	+2；0	+1；0	用钢尺检查，框量裁口里角,扇量外角
5	裁口、线条结合处高低差	框、扇	1	0.5	用钢直尺和塞尺检查
6	相邻棂子两端间距	扇	2	1	用钢直尺检查

木门窗安装的留缝限值、允许偏差和检验方法　　表12-2

项次	项　目	留缝限值(mm) 普通	留缝限值(mm) 高级	允许偏差(mm) 普通	允许偏差(mm) 高级	检验方法
1	门窗槽口对角线长度差	—	—	3	2	用钢尺检查
2	门窗框的正、侧面垂直度	—	—	2	1	用1m垂直检测尺检查
3	框与扇、扇与扇接缝高低差	—	—	2	1	用钢直尺和塞尺检查
4	门窗扇对口缝	1～2.5	1.5～2	—	—	用塞尺检查
5	工业厂房双双扇厦门对口缝	2～5	—	—	—	用塞尺检查
6	门窗扇与上框间留缝	1～2	1～1.5	—	—	用塞尺检查
7	门窗扇与侧框间留缝	1～2.5	1～1.5	—	—	用塞尺检查
8	窗扇与下框间留缝	2～3	2～2.5	—	—	用塞尺检查
9	门扇与下框留缝	3～5	3～4	—	—	用塞尺检查
10	双层门窗内外框间距	—	—	4	3	用钢尺检查
11	无下框时门扇与地面间留缝 外门	4～7	5～6	—	—	用塞尺检查
11	无下框时门扇与地面间留缝 内外	5～8	6～7	—	—	用塞尺检查
11	无下框时门扇与地面间留缝 卫生间门	8～12	8～10	—	—	用塞尺检查
11	无下框时门扇与地面间留缝 厂房大门	10～20	—	—	—	用塞尺检查

三、钢门窗

（一）钢门窗的安装施工技术

1. 钢门窗的产品要求

（1）钢门窗及其附件的质量必须符合钢门窗产品和五金配件的相关标准的规定。

（2）钢门窗及其附件的规格、品种、开启方向必须符合设计要求。

（3）钢门窗在运输、堆放时，应轻拿轻放，不得用钢管、棍棒穿入框内吊运，不得受外力挤压，堆放时应竖立，其竖立倾斜坡度不大于20°，以防变形。

（4）钢门窗在安装前必须进行检查，对翘曲、变形、脱焊、铆接松动、铰链损坏、歪曲者均应予整修，符合要求后方可使用。对于锈蚀或防锈漆脱落的必须经防锈处理后再予安装。

2. 钢门窗的安装

(1) 门窗洞口四周的预留孔或预埋件位置经检查应符合安装要求，对遗漏、位移的应予整改后再安装。当采用预留孔形式时，铁脚预留孔一般不宜小于 ϕ50mm，深 70mm，组合钢门窗的横档、竖梃的预留孔一般为 120mm×180mm，安装时，铁脚预留孔应用1：2 水泥砂浆窝实。横档、竖梃预留孔应用 C20 细石混凝土灌实。

(2) 根据标出的位置，门窗安装就位后，应暂时用木楔固定调整好位置后，铁脚、横档、竖梃与预埋件焊接牢固或用水泥砂浆、细石混凝土窝捣密实。在砂浆或混凝土未完全凝固前，不得碰撞，不可将木楔撤除，也不得进行零、附件的安装，以防松动，影响安装质量和日后安全使用。

(3) 组合钢门窗安装前，在拼合处预先满嵌油灰，然后用螺钉将门窗框与竖梃、横档拧紧，再行安装，拼缝应密实平直。

(4) 钢门窗安装待铁脚、横档和竖梃处的砂浆、混凝土凝固后（一般 3d）方可取出木楔，洒水湿润砌体后，用 1：3 水泥砂浆嵌填门窗框四周与砌体间的缝隙。嵌填必须密实，禁止用石灰砂浆或混合砂浆嵌缝，更不可用刮糙代替嵌缝，以避免渗漏。

(5) 钢门窗安装后，按规定式样、尺寸、位置安装零附件。待安装零附件后再安装玻璃。玻璃安装前应在截口部位薄刮一层油灰，以免玻璃安装后松动。

(6) 钢门窗安装完毕后，应及时将污染物清除干净，清除时不得损坏门窗和相邻表面。

(二) 钢门窗的质量监督检验

1. 钢门窗安装过程中的质量控制

(1) 钢门窗安装前必须按照设计图纸的要求核对钢门窗的规格、型号、安装位置、开启方向、节点构造和配用附件等，以免出现差错。

(2) 钢门窗在洞口内安装就位后，应检查复核其垂直度、平整度和水平度及前后位置，符合要求后方可固定。

(3) 安装好的钢门窗在框与墙体填塞前，必须检查预埋件的数量、位置、预埋深度、连接点的数量、电焊质量等是否符合要求，并做好隐蔽记录。如有缺陷应及时处理，符合要求后再进行框与墙体的嵌缝处理。

(4) 在安装五金零附件前，应逐樘检查、重新校正，务使门窗安装牢固、框扇配合处关闭严密、启闭灵活、无回弹、阻滞现象后，再安装零附件和玻璃。

2. 钢门窗验收时的质量检验

除按本节一、(五) 规定外还应检验以下内容：

(1) 钢门窗的品种、类型、规格、尺寸、性能、开启方向、安装位置、连接方式应符合设计要求。钢门窗的防腐处理及填嵌、密封处理应符合设计要求。

(2) 钢门窗框的安装必须牢固。预埋件的数量、位置、埋设方式、与框的连接方式必须符合设计要求。

(3) 钢门窗扇必须安装牢固，并应开关灵活、关闭严密，无倒翘。

(4) 钢门窗配件的型号、规格、数量应符合设计要求，安装应牢固，位置应正确，功能应满足使用要求。

(5) 钢门窗表面应洁净、平整、光滑，无锈蚀，防锈漆膜不磨损。

(6) 钢门窗安装的留缝限值、允许偏差和检验方法应符合表 12-3 的规定。

钢门窗安装的留缝限值、允许偏差和检验方法　　　　表 12-3

项次	项　目		留缝限值(mm)	允许偏差(mm)	检验方法
1	门窗槽口宽度、高度	≤1500mm	—	2.5	用钢尺检查
		>1500mm	—	3.5	用钢尺检查
2	门窗槽口对角线长度差	≤2000mm	—	5	用钢尺检查
		>2000mm	—	6	用钢尺检查
3	门窗框的正、侧面垂直度		—	3	用1m垂直检测尺检查
4	门窗横框的水平度		—	3	用1m水平尺和塞尺检查
5	门窗横框标高		—	5	用钢尺检查
6	门窗竖向偏离中心		—	4	用钢尺检查
7	双层门窗内外框		—	5	用钢尺检查
8	门窗框、扇配合间隙		≤2	—	用塞尺检查
9	无下框时门扇与地面间留缝		4～8	—	用塞尺检查

四、铝合金门窗

（一）铝合金门窗的安装施工技术

1. 铝合金门窗的产品要求

（1）铝合金门窗必须有出厂质量证书、准用证和抗压强度、气密性、水密性测试报告。

（2）铝合金门窗选用的铝合金材料的品种、规格、型号、开启方向必须符合设计的要求。选用的五金件和其他配件必须符合相关规范的规定和设计要求。金属零附件应采用不锈钢、轻金属或其他表面防腐处理的材料。

（3）组合门窗应采用中竖框、中横框或拼樘料的组合形式，其构造应满足曲面组合的要求。

（4）产品进场和安装前必须进行检验，不得将扭曲变形、节点松脱、表面损坏和附件缺损等缺陷的不合格产品用于工程上。

2. 铝合金门窗的安装

（1）门窗安装前，应根据施工图在洞口部位标出门窗安装水平和垂直方向的控制标志线。

（2）在铝合金门窗框外侧距框边角180mm处用铆钉或螺钉将连接件固定在门窗框上，其余部位的连接件的固定间距不大于500mm，连接件应采用厚度不小于1.5mm，宽度不小于25mm的金属件，其两端应伸出门窗框。

（3）根据标出的门窗位置检查预埋件的位置和数量是否符合设计要求，并适当调整连接件的位置。

（4）当为组合门窗时，必须在中竖（横）框和拼樘料的对应位置设置预埋件或预留洞。中竖（横）框和拼樘料两端必须同墙体连接，固定牢固。

（5）铝合金门窗框安装就位后，应用木楔临时固定门窗框，木楔间距控制在500mm左右，然后调整好门窗框的垂直度和水平标高及前后位置。

（6）门窗框位置调整完毕后，用射钉或电焊将连接件与预埋件连接固定。

（7）铝合金门窗框安装时，外表面应用保护膜覆盖，以防铝合金表面在施工中污染或损伤。

（8）铝合金门窗框安装应采用弹性连接。门窗框固定后，其与墙体间的空隙用弹性材料填嵌密实、饱满、确保无缝隙。填塞材料与方法应符合设计要求。

（9）当用水泥砂浆塞缝时，铝合金型材表面应有隔离措施，水泥砂浆和铝合金型材不得直接接触。水泥砂浆应分层填实，在门窗框四周与墙表面交接处，应留设5～8mm的凹槽，以填嵌密封胶。见图12-1。

（10）当为组合门窗时，应采用曲面组合形式，可采用套插、搭接等方式，见图12-2，搭接宽度不宜小于10mm，并用密封胶封闭。禁止采用平面同平面的组合形式，以免影响其气密性、水密性和隔声的性能要求。框与框（拼樘料）之间应用螺钉或铆钉连接，其间距不应大于500mm。

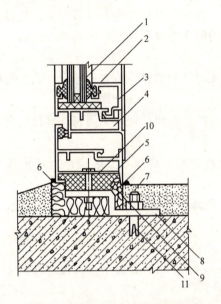

图12-1 铝合金门窗安装节点及缝隙处理示意图
1—玻璃；2—橡胶条；3—压条；4—内扇；5—外框；
6—密封膏；7—砂浆；8—地脚；9—软填料；
10—塑料垫；11—膨胀螺栓

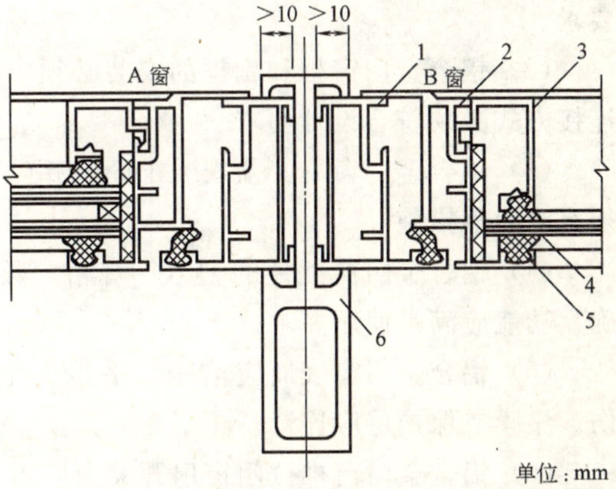

图12-2 铝合金门窗组合方法示意图
1—外框；2—内扇；3—压条；4—橡胶条；
5—玻璃；6—组合杆件

（11）门窗内外侧与墙面交界处应打密封胶，密封胶应具有一定的弹性和足够的粘结强度，以免出现裂缝造成渗水。

（12）平开门窗不宜采用抽芯铝铆钉固定铰链。外墙面平开门窗固定铰链的螺钉尾部不应露在室外，以防门窗关闭时仍可拆下门窗扇。

（二）铝合金门窗的质量监督检验

1. 铝合金门窗安装过程中的质量控制

（1）铝合金门窗安装前，应对门窗洞口进行清理，将杂物和松动的砂浆清除干净，以免因填充料无法封闭松动处缝隙而造成渗漏。

（2）铝合金门窗框就位后，必须对前后位置、垂直度、水平度进行总体调整符合要求后方能固定，并应防止门窗框变形。

（3）组合门窗与中竖（横）框、拼樘料应用螺钉连接固定，其间距不得大于500mm，严禁中竖（横）框、拼樘料两端未与墙体固定牢固而与门窗框直接连接。

（4）门窗框与墙体连接固定后，必须检查预埋件、连接固定方法和焊接质量等是否符合要求，并做好隐蔽验收记录。如有缺陷应及时处理后再进行框与墙体间的嵌缝处理。

（5）铝合金材料不得直接与水泥砂浆、混凝土接触。溅上的水泥砂浆应及时擦干净，以免水泥砂浆中的碱性物质对铝合金门窗的腐蚀。

（6）门窗框四周内外侧与墙面交接部位、门窗下槛两端与梃交接部位和下槛平面上螺钉尾（铆钉）部位均应用密封材料和密封胶密封。下槛应有泄水孔，泄水孔尺寸宜为5mm×15mm，以防门窗渗漏。

2. 铝合金门窗验收时的质量检验

除按本节一、（五）规定外还应检验以下内容：

（1）铝合金门窗的品种、类型、规格、尺寸、性能、开启方向、安装位置、连接方式及铝合金门窗的型材壁厚应符合设计要求。门窗的防腐处理及填嵌、密封处理应符合设计要求。

（2）铝合金门窗框和副框的安装必须牢固。预埋件的数量、位置、埋设方式、与框的连接方式必须符合设计要求。

（3）铝合金门窗扇必须安装牢固，并应开关灵活、关闭严密，无倒翘。推拉门窗扇必须有防脱落措施。

（4）铝合金门窗配件的型号、规格、数量应符合设计要求，安装应牢固，位置应正确，功能应满足使用要求。

（5）铝合金门窗表面应洁净、平整、光滑、色泽一致，无锈蚀。大面应无划痕、碰伤。漆膜或保护层应连续。

（6）铝合金门窗推拉门窗扇开关力应不大于100N。

（7）铝合金门窗与墙体之间的缝隙应填嵌饱满，并采用密封胶密封。密封胶表面应光滑、顺直、无裂纹。

（8）铝合金门窗扇的橡胶密封条或毛毡密封条应安装完好，不得脱槽。

（9）有排水孔的门窗，排水孔应畅通，位置和数量应符合设计要求。

（10）铝合金门窗安装的允许偏差和检验方法应符合表12-4的规定。

铝合金门窗安装的允许偏差和检验方法　　　　　表12-4

项次	项　　目		允许偏差（mm）	检验方法
1	门窗槽口宽度、高度	≤1500mm	1.5	用钢尺检查
		>1500mm	2	
2	门窗槽口对角线长度差	≤2000mm	3	用钢尺检查
		>2000mm	4	
3	门窗框的正、侧面垂直度		2.5	用1m垂直检测尺检查
4	门窗横框的水平度		2	用1m水平尺和塞尺检查
5	门窗横框标高		5	用钢尺检查
6	门窗竖向偏离中心		5	用钢尺检查
7	双层门窗内外框		4	用钢尺检查
8	推拉门窗扇与框搭接量		1.5	用钢直尺检查

五、涂色钢板门窗

(一)涂色钢板门窗的安装施工技术

1. 涂色钢板门窗的产品要求

(1) 涂色钢板门窗产品的外观、外形尺寸、装配质量等必须符合国家现行有关规范和企业标准的规定。

(2) 涂色钢板门窗产品必须有出厂质量证书、准用证和抗风压、雨水渗漏、空气渗透的测试等级报告,并符合设计规定的要求。

(3) 门窗所用的五金件、紧固件、密封条的规格、性能等必须符合规范规定和设计要求。

2. 涂色钢板门窗的安装

(1) 根据设计图纸的规定,将不同规格、类型的门窗搬到相应的洞口位置,并在门窗框上标出中线。

(2) 根据设计图在门窗洞口标出门窗安装的水平、垂直控制线,并在洞口标出门窗安装中心线。

(3) 对有副框的门窗应将副框拆下,用自攻螺钉将连接件固定在副框外侧。连接件应距框边角 180mm 处设一点,其余间距不大于 500mm。

(4) 将副框放入洞口,根据标出的标志调整位置后,用木楔将副框临时固定,木楔间距应控制在 500mm 左右,以防副框变形。然后将连接件与预埋件焊接牢固,或用膨胀螺栓、射钉等将连接件固定在预埋的混凝土块上。

(5) 为使门窗框与副框接触严密,且不擦伤涂层,在安装门窗框前,在副框的内侧顶面和两侧面贴上密封条,密封条应粘贴平整,无皱折、残缺,然后用螺钉将门窗框与副框固定牢固,盖好螺钉盖。

(6) 推拉门窗应将门窗框与副框固定后再装推拉门窗扇,调整好滑块、装上限位装置。

(7) 对无副框的门框安装与副框安装方法相同。

(8) 洞口与副框(门窗框),副框与门窗框之间的缝隙应用建筑密封胶密封。安装完毕后应剥去保护条,及时擦掉污染杂物。

(二)涂色钢板门窗的质量监督检验

1. 涂色钢板门窗安装过程中的质量控制

(1) 涂色钢板门窗搬到相应洞口后,应根据设计图纸、对门窗的规格、品种和零件进行检查核对,对其质量进行检验,符合要求后方可安装。

(2) 门窗框(副框)安装就位后,应检查复核其上下、左右、前后的位置、开启方向等是否符合设计要求和质量标准允许偏差范围之内,符合要求后方可与洞口连接固定。

(3) 门窗框(副框)安装完毕后,应做好隐蔽验收记录再予嵌缝处理。

2. 涂色钢板门窗验收时的质量检验

除按本节一、(五)规定外,还应检验以下内容:

(1) 门窗的品种、类型、规格、尺寸、性能、开启方向、安装位置、连接方式及铝合金门窗的型材壁厚应符合设计要求。金属门窗的防腐处理及填嵌、密封处理应符合设计要求。

(2) 门窗框和副框的安装必须牢固。预埋件的数量、位置、埋设方式、与框的连接方式必须符合设计要求。

(3) 门窗扇必须安装牢固,并应开关灵活、关闭严密,无倒翘。推拉门窗扇必须有防脱落措施。

(4) 门窗配件的型号、规格、数量应符合设计要求,安装应牢固,位置应正确,功能应满足使用要求。

(5) 门窗表面应洁净、平整、光滑、色泽一致,无锈蚀。大面应无划痕、碰伤。漆膜或保护层应连续。

(6) 门窗框与墙体之间的缝隙应填嵌饱满,并采用密封胶密封。密封胶表面应光滑、顺直,无裂纹。

(7) 门窗扇的橡胶密封条或毛毡密封条应安装完好,不得脱槽。

(8) 有排水孔的门窗,排水孔应畅通,位置和数量应符合设计要求。

(9) 涂色镀锌钢板门窗安装的允许偏差和检验方法应符合表12-5的规定。

涂色镀锌钢板门窗安装的允许偏差和检验方法　　　　表12-5

项次	项　　目		允许偏差(mm)	检验方法
1	门窗槽口宽度、高度	≤1500mm	2	用钢尺检查
		>1500mm	3	用钢尺检查
2	门窗槽口对角线长度差	≤2000mm	4	用钢尺检查
		>2000mm	5	
3	门窗框的正、侧面垂直度		3	用垂直检测尺检查
4	门窗横框的水平度		3	用1m水平尺和塞尺检查
5	门窗横框标高		5	用钢尺检查
6	门窗竖向偏离中心		5	用钢尺检查
7	双层门窗内外框间距		4	用钢尺检查
8	推拉门窗扇与框搭接量		2	用钢直尺检查

六、塑料门窗

(一) 塑料门窗的安装施工技术

1. 塑料门窗的产品要求

(1) 塑料门窗产品的外观、外形尺寸、装配质量、力学性能和抗老化性能等必须符合国家现行有关规范的规定。

(2) 塑料门窗必须有出厂质量证书、准用证和抗风压强度、气密性、水密性测试等级报告。

(3) 门窗采用的异型材、密封条、紧固件、五金件、增强型钢、金属衬板、玻璃等的型号、规格、性能等必须符合规范规定和设计要求。

(4) 玻璃垫块应用邵氏硬度为70～90(A)的橡胶或塑料,不得使用硫化再生橡胶垫片或其他吸水性材料。其长度宜为80～150mm,厚度应按框、扇与玻璃的间隙确定,宜为2～6mm。

(5) 塑料门窗所用的紧固件、五金件和其他金属材料除不锈钢外，应采用热镀锌或其他金属防腐镀层处理。固定片应采用 Q235-A 冷轧钢板，其厚度应不小于 1.5mm，宽度应不小于 15mm。滑撑铰链不得使用铝合金材料。

(6) 全防腐型门窗应采用相应的防腐型五金件及紧固件。

(7) 在安装五金配件部位的塑料型材内应增设 3mm 厚的金属衬板，不得使用工艺木衬代替。组合门窗的拼樘料内侧应采用与其内腔紧密吻合的增强型钢作内衬，其两端应长出拼樘料 10~15mm。

(8) 当门窗构件符合下列情况之一时，其内腔必须加衬增强型钢：

1) 大于 50 系列：平开窗框构件长度大于等于 1300mm，窗扇构件长度大于 1200mm。小于 50 系列：平开窗框构件长度大于等于 1000mm，窗扇构件长度大于等于 900mm。

2) 推拉门窗的门窗框上、中、边框构件长度大于等于 1300mm，门窗框下槛构件长度大于等于 600mm，窗扇边梃构件长度大于等于 1000mm，窗扇下帽构件长度大于等于 700mm。

3) 平开门框、扇构件长度大于等于 1200mm。可根据重量比较观察检查，必要时可钻孔检查。

(9) 门窗不得有焊角开裂、型材断裂等损坏和影响外观质量的缺陷。

(10) 与塑料型材直接接触的五金件、紧固件、密封条、垫块、嵌缝密封胶等材料的性能应与塑料具有相容性，应通过取样送具有资质的检测机构检测，并出具相容性报告。

(11) 密封条装配后应均匀、牢固，接口粘接严密，无遗漏、脱槽现象。

2. 塑料门窗的安装

门窗安装的工序宜符合表 12-6 的规定。

门窗安装的工序　　　　　表 12-6

序号	工序名称＼门窗类型	平开窗	推拉窗	组合窗	平开门	推拉门	连窗门
1	补贴保护膜	+	+	+	+	+	+
2	框上找中线	+	+	+	+	+	+
3	装固定片	+	+	+	+	+	+
4	洞口找中线	+	+	+	+	+	+
5	卸玻璃（或门、窗扇）	+	+	+	+	+	+
6	框进洞口	+	+	+	+	+	+
7	调整定位	+	+	+	+	+	+
8	与墙体固定	+	+	+	+	+	+
9	装拼樘料			+			
10	装窗台板	+	+	+			+
11	填充弹性材料	+	+	+	+	+	+
12	洞口抹灰	+	+	+	+	+	+
13	清理砂浆	+	+	+	+	+	+

续表

序号	工序名称＼门窗类型	平开窗	推拉窗	组合窗	平开门	推拉门	连窗门
14	嵌缝	＋	＋	＋	＋	＋	＋
15	装玻璃（或门、窗扇）	＋	＋	＋	＋	＋	＋
16	装纱窗（门）	＋	＋	＋	＋		
17	安装五金件				＋	＋	＋
18	表面清理	＋	＋	＋	＋	＋	＋
19	撕下保护膜	＋	＋	＋	＋	＋	＋

注：表中"＋"号表示应进行的工序。

(1) 将不同规格的塑料门窗搬到相应的洞口位置，对保护膜脱落的应予补贴。在门窗框的上、下边划出中线。

(2) 卸下已装上的门窗扇和玻璃，并做好标记，以防安装时出差错。

(3) 在距门窗框角、中竖（横）框 150～200mm 处安装固定片，其他固定片的间距不大于 600mm。固定片不得直接装在中竖（横）框的档头上。

(4) 安装固定片时，应采用 $\phi 3.2mm$ 的钻头钻孔，后用 $M4 \times 20mm$ 的十字槽盘头自攻螺钉拧紧。钻头与螺钉不得同规格。严禁直接将螺钉锤击钉入。

(5) 根据已标出的门窗洞口中线和门窗框的中线，在框的四角及中横、中竖框的对称位置，用木楔将门窗框临时固定，然后调整门窗的水平和前后位置。并控制好门窗框的垂直度。

(6) 固定门窗框时，应先固定上框，再固定边框。

(7) 安装组合窗时，拼樘料（中竖、中横框）两端必须与洞口的预埋件固定或插入预留洞中用细石混凝土浇灌固定。两门窗框与拼樘料（中竖、中横框）之间应采用卡接方式，并用紧固件双向拧紧，紧固件间距不大于 600mm。紧固件端头及拼樘料（中竖、中横框）间的缝隙应用嵌缝胶密封。

(8) 连窗门的门与窗之间应采用拼樘料拼接，拼樘料下端应固定在窗台上。

(9) 塑料门窗框与洞口之间应留有伸缩缝隙，见图 12-3，以免门窗框料因伸缩变形而开裂。伸缩缝内腔应用聚苯乙烯、闭孔泡沫塑料等弹性材料分层填塞。有保温、隔声要求的应用相应的隔热、隔声材料填塞。对临时固定用木楔部位，撤除木楔后也应予填塞，不得将木楔留在缝内。

(10) 门窗框内外侧与洞口墙面之间应用砂浆抹平，并留出 5mm 左右凹槽，用嵌缝密封胶嵌缝。

(11) 玻璃安装时。玻璃不得与槽直接接触，应在玻璃四边垫上不同厚度的垫块，其位置按图 12-4 放置。边框上的垫块应采用聚氯乙烯胶加以固定。

(12) 门窗扇上粘附的水泥砂浆及其他污染物应及时用湿布擦净，不得采用硬质材料铲刮或用有腐蚀性的清洗剂洗，以免损坏门窗表面或嵌缝密封胶。

(二) 塑料门窗的质量监督检验

1. 塑料门窗安装过程中的质量控制

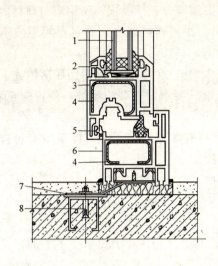

图12-3 塑料门窗安装节点示意图
1—玻璃；2—玻璃压条；3—内扇；4—内钢衬；
5—密封条；6—外框；7—地脚；8—膨胀螺栓

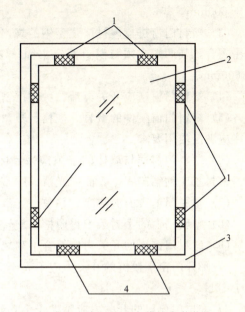

图12-4 支承块和定位块安装位置
1—定位块；2—玻璃；3—框架；4—支承块

（1）塑料门框安装前，应将洞口内垃圾及松动物清除干净，以免发泡剂等填充料无法封闭该处缝隙而造成渗漏。

（2）门窗安装时，其环境温度不宜低于5℃。

（3）门窗框就位后，必须对前后，左右、垂直度、水平度、平整度和标高进行总体调整至符合要求后方能固定，并应防止门框变形。

（4）组合窗、连窗门的中竖（横）框和拼樘料两端必须与洞口墙体直接连接固定，并控制好框与中竖（横）框、拼樘料之间双向紧固件拧紧固定，其间距不得大于600mm，缝隙用嵌缝胶密封处理，以防渗漏。

（5）门窗框固定后，必须检查预埋件、连接件的数量、位置、连接固定方法、焊接质量和中竖（横）框、拼樘料两端的连接固定方式、埋设固定情况是否符合设计要求，并做好隐蔽验收记录。如有缺陷应予处理后再进行嵌缝处理。

（6）门窗扇应待门窗框四周水泥砂浆硬化后安装，以免渗漏。

（7）门窗框四周内外侧与墙面交接部位的密封胶应密实，无缝隙和遗漏。下槛的泄水孔应畅通不堵塞，以免造成渗漏。

2. 塑料门窗验收时的质量检验。

除本节一、（五）外，还应检验以下内容：

（1）塑料门窗的品种、类型、规格、尺寸、开启方向、安装位置、连接方式及填嵌密封处理应符合设计要求，内衬增强型钢的壁厚及设置应符合国家现行产品标准的质量要求。

（2）塑料门窗框、副框和扇的安装必须牢固。固定片或膨胀螺栓的数量与位置正确，连接方式应符合设计要求。固定点应距窗角、中横框、中竖框150～200mm，固定点应不大于600mm。

（3）塑料门窗拼樘内衬增强型钢的规格、壁厚必须符合设计要求，型钢应与型材内腔紧密吻合，其两端必须与洞口固定牢固。窗框必须与拼樘连接紧密，固定点间距应不大于600mm。

（4）塑料门窗扇应开关灵活、关闭严密，无翘曲。推拉门窗扇必须有防脱落措施。

（5）塑料门窗配件的型号、规格、数量应符合设计要求，安装应牢固，位置应正确，功能应满足使用要求。

（6）塑料门窗框与墙体间缝隙应采用闭孔弹性材料填嵌饱满，一面应采用密封胶密封。密封胶应粘结牢固，表面应光滑、顺直、无裂纹。

（7）塑料门窗表面应洁净、平整、光滑，大面应无划痕、碰伤。

（8）塑料门窗的密封条不得脱槽。旋转窗间隙应基本均匀。

（9）塑料门窗扇的开关力应符合下列规定：

1）平开门窗平铰链的开关力应不大于80N；滑撑铰锭的开关力应不大于80N，并不小于30N。

2）推拉门窗扇的开关力应不大于100N。

（10）玻璃密封条与玻璃及玻璃槽口的接缝应平整，不得卷边脱槽。

（11）排水孔畅通，位置和数量应符合设计要求。

（12）塑料门窗安装的允许偏差和检验方法应符合表12-7的规定。

塑料门窗安装的允许偏差和检验方法　　　　表12-7

项次	项　　目		允许偏差(mm)	检验方法
1	门窗槽口宽度、高度	≤1500mm	2	用钢尺检查
		>1500mm	3	
2	门窗槽口对角线长度差	≤2000mm	3	用钢尺检查
		>2000mm	5	
3	门框的正、侧面垂直度		3	用1m垂直检测尺检查
4	门窗横框的水平度		3	用1m水平尺和塞尺检查
5	门窗横框标高		5	用钢尺检查
6	门窗竖向偏离中心		5	用钢尺检查
7	双层门窗内外框间距		4	用钢尺检查
8	同樘平开门窗相邻扇高度差		2	用钢直尺检查
9	平开门窗铰链部位配合间隙		+2；-1	用塞尺检查
10	推拉门窗扇与框搭接量		+1.5；-2.5	用钢直尺检查
11	推拉门窗扇与竖框平行度		2	用1m水平尺和塞尺检查

七、特种门

（一）特种门的安装施工技术

1. 产品要求

（1）特种门应有生产许可证、产品合格证和性能检测报告，其质量和各项性能应符合设计要求。

(2) 带有机械装置、自动装置或智能化装置的特种门，其机械装置、自动装置或智能化装置的功能应符合设计要求和有关标准的规定。

2. 施工中应注意的事项

(1) 特种门因其功能要求各不相同，因此在施工过程中，应严格遵守有关专业标准和主管部门的规定。

(2) 特种门安装前应按设计图纸检查预埋件的数量和位置是否符合设计和安装要求，如有缺损或位移，应采取整改措施。

(3) 应根据图纸在门的安装位置的洞口或地面顶部墙面标出水平线、中线、弹簧轴线和旋转门轴线，确定特种门的安装位置。

(4) 根据水平标高和玻璃门的高度，将自动推拉门的上下轨道固定在预埋件上，上下两滑槽轨道必须平行并控制在同一平面内。并防止受外撞击，以保证轨道顺直，防止滑轮阻滞。

(5) 无框门的玻璃必须采用钢化玻璃，其厚度不应小于10mm，门夹和玻璃之间应加垫一层半软质垫片，用螺钉将门夹固定在玻璃上或用强力胶粘剂将门夹铜条粘结在门夹安装部位的玻璃两侧，根据胶粘剂的养护要求达到要求后再予吊装在轨道的滑轮上。

(6) 推拉自动门安装后，在门框上部中间部位安装探头，接通电源，调试探头角度，使开闭适时。

(7) 地弹簧安装时，轴孔中心线必须在同一铅垂线上，并与门扇底地面垂直。地弹簧面板应与地面保持在同一标高上。地弹簧安装后应进行开闭速度的调整，调整时应注意防止液压部位漏油。

(8) 旋转门轴与上下轴孔中心线必须在同一铅垂线上，应先安装好圆弧门套后，再等角度安装旋转门，装上封闭条带（刷），然后进行调试。

(9) 卷帘门轴两端必须在同一水平线上，卷帘门轴与两侧轨道应在同一平面内。

(10) 防火门应装闭门器，以保持其功能要求，在防火门上不宜安装门锁，以免紧急状态下无法开启。

(二) 特种门验收时的质量检验

除按本节一（五）规定外，还应检验以下内容：

1. 特种门的品种、类型、规格、尺寸、开启方向、安装位置及防腐处理应符合设计要求。

2. 特种门的安装必须牢固。预埋件的数量、位置、埋设方式、与框的连接方式必须符合设计要求。

3. 特种门的配件应齐全，位置应正确，安装应牢固，功能应满足使用要求和特种门的各项性能要求。

4. 特种门的表面应洁净，无划痕、碰伤。表面装饰应符合设计要求。

5. 推拉自动门安装的留缝限值、允许偏差和检验方法应符合表12-8的规定。

6. 推拉自动门的感应时间限值和检验方法应符合表12-9的规定。

7. 旋转门安装的允许偏差和检验方法应符合表12-10的规定。

推拉自动门安装的留缝限值、允许偏差和检验方法 表 12-8

项次	项 目		留缝限值(mm)	允许偏差(mm)	检 验 方 法
1	门槽口宽度、高度	≤1500mm	—	1.5	用钢尺检查
		>1500mm	—	2	
2	门槽口对角线长度差	≤2000mm	—	2	用钢尺检查
		>2000mm	—	2.5	
3	门框的正、侧面垂直度		—	1	用1m垂直检测尺检查
4	门构件装配间隙		—	0.3	用塞尺检查
5	门梁导轨水平度		—	1	用1m水平尺和塞尺检查
6	下导轨与门梁导轨平行度		—	1.5	用钢尺检查
7	门扇与侧框间留缝		1.2～1.8	—	用塞尺检查
8	门扇对口缝		1.2～1.8	—	用塞尺检查

推拉自动门的感应时间限值和检验方法 表 12-9

项次	项 目	感应时间限值(s)	检 验 方 法
1	开门响应时间	≤0.5	用秒表检查
2	堵门保护时间	16～20	用秒表检查
3	门扇全开启后保持时间	13～17	用秒表检查

旋转门安装的允许偏差和检验方法 表 12-10

项次	项 目	允许偏差(mm)		检 验 方 法
		金属框架玻璃旋转门	木质旋转门	
1	门扇正、侧面垂直度	1.5	1.5	用1m垂直检测尺检查
2	门扇对角线长度差	1.5	1.5	用钢尺检查
3	相邻扇高度差	1	1	用钢尺检查
4	扇与圆弧边留缝	1.5	2	用塞尺检查
5	扇与上顶间留缝	2	2.5	用塞尺检查
6	扇与地面间留缝	2	2.5	用塞尺检查

8. 特种门安装除应符合设计要求和规范规定外，还应符合有关专业标准和主管部门的规定。

八、门窗玻璃安装

(一)施工中应注意的事项

1. 当门玻璃面积大于 $0.5m^2$、窗玻璃面积大于 $1.5m^2$ 或底边离最终装修面小于 500mm 的落地窗玻璃和七层及其以上建筑物的外开窗应使用安全玻璃。无框玻璃门应采用厚度不小于 10mm 的钢化玻璃；有框玻璃门应采用厚度不小于 5mm 的钢化玻璃或厚度不小于 6.38mm 的夹层玻璃。

2. 门窗玻璃在裁割时应比门窗扇内口尺寸小 4～6mm，但每边嵌入深度不小于 8mm。玻璃底部应设橡胶垫块，其位置宜距角端1/4边长部位。玻璃与框扇内外侧间隙不宜小于

2mm，并用密封条或密封胶固定，使玻璃四边受力均匀。

3. 玻璃与门窗框扇不得直接接触，单片、夹层玻璃的间隙不应小于3mm，嵌入框扇深度不小于8mm。

4. 当门窗玻璃采用密封条时，密封条应比装配边长20～30mm，在转角处应斜面断开，并用胶粘剂粘贴牢固，以免密封条收缩产生缝隙或脱落。

5. 支承垫块与定位块安装位置固定门距槽角1/4处，开启门距槽角不应小于30mm。当玻璃较大时，还应设置弹性止动片，其长度不应小于25mm，高度小于槽深3mm，厚度等于玻璃前后部或边缘余隙，设置间距应不大于300mm。

6. 在一般情况下（2m² 以下），有框玻璃门应采用厚度不小于4mm的钢化玻璃或厚度不小于5.38mm的夹层玻璃。

7. 玻璃支承垫块宜采用挤压成型的PVC或邵氏A80～90的氯丁橡胶，定位垫块和止动片宜采用有弹性的无吸附性材料。

8. 有图案要求的门窗玻璃，不宜在钢化处理后的玻璃表面进行，以免损坏钢化玻璃的表面应力。

9. 当玻璃门透光宽度大于等于900mm时，应在距地面1500～1700mm处的玻璃表面设置醒目标志。

10. 玻璃安装时，应根据间隙要求，先设置支承垫、定位垫后，再安装玻璃，在玻璃前后两侧与槽口内壁之间嵌入密封条或密封胶。当采用金属、塑料、木制压条时，应用螺钉固定。单片玻璃、夹层玻璃、中空玻璃的最小安装尺寸应符合表12-11和表12-12的规定。

单片玻璃、夹层玻璃的最小安装尺寸（mm） 表12-11

玻璃公称厚度	前部余隙或后部余隙			嵌入深度	边缘余隙
	①	②	③		
3	2.0	2.5	2.5	8	3
4	2.0	2.5	2.5	8	3
5	2.0	2.5	2.5	8	4
6	2.0	2.5	2.5	8	4
8	—	3.0	3.0	10	5
10	—	3.0	3.0	10	5
12	—	3.0	3.0	12	5
15	—	5.0	4.0	12	8
19	—	5.0	4.0	15	10
25	—	5.0	4.0	18	10

注：1. 表中①适用于建筑钢、木门窗油灰的安装，但不适用于安装夹层玻璃。
2. 表中②适用于塑性填料、密封剂或嵌缝条材料的安装。
3. 表中③适用于预成型的弹性材料（如聚氯乙烯或氯丁橡胶制成的密封垫）的安装。油灰适用于公称厚度不大于6mm、面积不大于2m² 的玻璃。
4. 夹层玻璃最小安装尺寸，应按原片玻璃公称厚度的总和，在表中选取。

中空玻璃的最小安装尺寸（mm） 表12-12

中空玻璃	固定部分					可动部分				
	前部余隙或后部余隙	嵌入深度	边缘余隙			前部余隙或后部余隙	嵌入深度	嵌入深度		
			下边	上边	两侧			下边	上边	两侧
3+A+3	5	12	7	6	5	5	12	7	3	3
4+A+4		13					13			
5+A+5		14					14			
6+A+6		15					15			

注：A=6、9、12mm，为空气层的厚度。

（二）门窗玻璃验收时的质量检验

门窗玻璃检验除按本节一、（五）规定外，还应检验以下内容：

1. 玻璃的品种、规格、尺寸、色彩、图案和涂膜朝向应符合设计要求。

2. 门窗玻璃裁割尺寸应正确。安装后的玻璃应牢固，不得有裂纹、损伤和松动。

3. 玻璃的安装方法应符合设计要求。固定玻璃的钉子或钢丝卡的数量、规格应保证玻璃安装牢固。

4. 镶钉木压条接触玻璃处，应与裁口边缘平齐。木压条应互相紧密连接，并与裁口边缘紧贴，割角应整齐。

5. 密封条与玻璃、玻璃槽口的接触应紧密、平整。密封胶与玻璃、玻璃槽口的边缘应粘结牢固、接缝平齐。

6. 带密封条的玻璃压条，其密封条必须与玻璃全部贴紧，压条与型材之间应无明显缝隙，压条接缝应不大于0.5mm。

7. 玻璃表面应洁净，不得有腻子、密封胶、涂料等污渍。中空玻璃内外表面应洁净，玻璃中空层内不得有灰尘和水蒸气。

8. 门窗玻璃不应直接接触型材。单面镀膜玻璃的镀膜层及磨砂玻璃的磨砂面应朝室内。中空玻璃的单面镀膜玻璃应在最外层，镀膜层应朝向室内。

9. 腻子应填抹饱满、粘结牢固；腻子边缘与裁口应平齐。固定玻璃的卡子不应在腻子表面显露。

第二节 幕 墙 工 程

一、一般规定

（一）幕墙施工企业的要求

承接幕墙施工的企业，除必须具备相应的资质等级外，其施工的幕墙类型必须是在经核定的许可证范围之内，或经具有相应幕墙专业设计资质单位设计的幕墙类型。

幕墙施工企业必须使用具有幕墙产品生产许可证的组件，不得使用无证或生产单位超越许可证范围生产的幕墙组件。

（二）幕墙设计图的要求

1. 具有幕墙设计专业资质设计的幕墙施工图，其构造连接、外观形式、幕墙荷载和防火、防雷、节能等性能必须满足该土建设计单位的要求。

2. 无幕墙设计资质的施工单位不得独自设计，其幕墙施工图必须经具有幕墙设计专业资质的单位审核盖章，其外观形式和各项性能必须满足土建设计单位的要求。

（三）幕墙物理性能的测试要求

1. 对有抗震要求的幕墙应进行抗风压、气密性、水密性和抗平面位移的性能测试，其测试的时间应在设计阶段，不得在构件加工或施工阶段进行。

2. 每批硅酮胶都应具有相容性和粘结性能的测试报告。

3. 幕墙的性能测试、硅酮胶的相容性和粘结性能测试，必须有经国家核准的检测机构出具的测试报告。

（四）幕墙工程验收

1. 幕墙及其连接件应具有足够的承载力、刚度和相对于主体结构的位移能力。幕墙构架立柱的连接金属角码与其他连接件应采用螺栓连接，并应有防松动措施。

2. 隐框、半隐框幕墙所采用的结构粘结材料必须是中性硅酮结构密封胶，其性能必须符合《建筑用硅酮结构密封胶》(GB 16776)的规定；硅酮结构密封胶必须在有效期内使用。

3. 立柱和横梁等主要受力构件，其截面受力部分的壁厚应经计算确定，且铝合金型材壁厚不应小于3.0mm，钢型材壁厚不应小于3.5mm。

4. 隐框、半隐框幕墙构件中板材与金属框之间硅酮结构密封的粘结宽度，应分别计算风荷载标准值和板材自重标准值作用下硅酮结构密封胶的粘结宽度，并取其较大值，且不得小于7.0mm。

5. 硅酮结构密封胶应打注饱满，并应在温度15～30℃、相对湿度50%以上、洁净的室内进行；不得在现场墙上打注。

6. 幕墙的防火除应符合现行国家标准《建筑设计防火规范》(GBJ 16)和《高层民用建筑设计防火规范》(GB 50045)的有关规定外，还应符合下列规定：

（1）应根据防火材料的耐火极限决定防火层的厚度和宽度，并应在楼板处形成防火带。

（2）防火层应采取隔离措施。防火层的衬板应采用经防腐处理且厚度不小于1.5mm的钢板，不得采用铝板。

（3）防火层的密封材料应采用防火密封胶。

（4）防火层与玻璃不应直接接触，一块玻璃不应跨两个防火分区。

7. 主体结构与幕墙连接的各种预埋件，其数量、规格、位置和防腐处理必须符合设计要求。

8. 幕墙的金属框架与主体结构预埋件的连接、立柱与横梁的连接及幕墙面板的安装必须符合设计要求，安装必须牢固。

9. 单元幕墙连接处和吊挂处的铝合金型材的壁厚应通过计算确定，并不得小于5.0mm。

10. 幕墙的金属框架与主体结构应通过预埋件连接，预埋件应在主体结构混凝土施工时埋入，预埋件的位置应准确。当没有条件采用预埋件连接时，应采用其他可靠的连接措施，并应通过试验确定其承载力。

11. 立柱应采用螺栓与角码连接，螺栓直径应经过计算，并不应小于10mm。不同金属材料接触时应采用绝缘垫片分隔。

12. 幕墙的抗震缝、伸缩缝、沉降缝等部位的处理应保证缝的使用功能和饰面的完整性。

13. 幕墙工程的设计应满足维护和清洁的要求。

14. 幕墙工程验收时应检查下列文件和记录：

(1) 幕墙工程的施工图、结构计算书、设计说明及其他设计文件。

(2) 建筑设计单位对幕墙工程设计的确认文件。

(3) 幕墙工程所用各种材料、五金配件、构件及组件的产品合格证书、性能检测报告、进场验收记录和复验报告。

(4) 幕墙工程所用硅酮结构胶的认定证书和抽查合格证明；进口硅酮结构胶的商检证；国家指定检测机构出具的硅酮结构胶相容性和剥离粘结性试验报告；石材用密封胶的耐污染性试验报告。

(5) 后置埋件的现场拉拔强度检测报告。

(6) 幕墙的抗风压性能、空气渗透性能、雨水渗漏性能及平面变形性能检测报告。

(7) 打胶、养护环境的温度、湿度记录；双组分硅酮结构胶的混匀性试验记录及拉断试验记录。

(8) 防雷装置测试记录。

(9) 隐蔽工程验收记录。

(10) 幕墙构件和组件的加工制作记录；幕墙安装施工记录。

15. 幕墙工程应对下列材料及其性能指标进行复验：

(1) 铝塑复合板的剥离强度。

(2) 石材的弯曲强度；寒冷地区石材的耐冻融性；室内用花岗石的放射性。

(3) 玻璃幕墙用结构胶的邵氏硬度、标准条件拉伸粘结强度、相容性试验；石材用结构胶的粘结强度；石材用密封胶的污染性。

16. 幕墙工程应对下列隐蔽工程项目进行验收：

(1) 预埋件（或后置埋件）。

(2) 构件的连接节点。

(3) 变形缝及墙面转角处的构造节点。

(4) 幕墙防雷装置。

(5) 幕墙防火构造。

17. 各分项工程的检验批应按下列规定划分：

(1) 相同设计、材料、工艺和施工条件的幕墙工程每 500～1000 m^2 应划分为一个检验批，不足 500 m^2 也应划分为一个检验批。

(2) 同一单位工程的不连续的幕墙工程应单独划分检验批。

(3) 对于异型或有特殊要求的幕墙，检验批的划分应根据幕墙的结构、工艺特点及幕墙工程规模，由监理单位（或建设单位）和施工单位协商确定。

18. 检查数量应符合下列规定：

(1) 每个检验批每 100 m^2 应至少抽查一处，每处不得小于 10 m^2。

(2) 对于异型或有特殊要求的幕墙工程，应根据幕墙的结构和工艺特点，由监理单位

(或建设单位)和施工单位协商确定。

二、材料要求

(一)铝合金材料

1. 用于建筑幕墙的铝合金型材质量应符合现行国家标准《铝合金建筑型材》(GB/T 5237)的规定,型材尺寸偏差应达到高精级和超高精级,其化学成分应符合《变形铝及铝合金化学成分》(GB/T 3190)的有关规定。

2. 铝合金型材的硬度应符合设计要求,且韦氏硬度值不得小于8.3。采用硬度检测仪测量铝合金型材表面,在铝材端面测点不应少于5个,取测量平均值。

3. 铝合金表面阳极氧化膜平均厚度不小于15μm;局部最小膜厚不应小于12μm,不宜太厚,以防氧化膜空鼓、开裂脱落。当采用氟碳喷涂工艺时,涂层平均厚度不应小于40μm,局部膜厚不应小于34μm;当采用粉末喷涂工艺时,涂层平均厚度不应小于60μm,局部最小膜厚不应小于40μm;电泳涂漆复合膜厚度应符合表12-13中B级,复合膜厚度应不小于16μm。采用氧化膜测厚仪在每个杆件的不同部位测,测点不少于5点。

电泳涂漆复合膜厚度(μm)　　　　　　表12-13

级别	阳极氧化膜		漆膜
	最小平均膜厚	最小局部膜厚	最小局部膜厚
A	10	8	12
B	10	8	7

4. 当铝合金型材表面采用氟碳喷涂、粉末喷涂、电泳涂漆和聚胺脂涂漆时,其表面不得直接注结构硅酮密封胶,必须经测试后,根据测试报告的要求采取相应措施。

5. 用穿条工艺生产的隔热铝型材,其隔热材料应使用PA66GF25(聚酰胺66+25玻璃纤维)材料,不得采用PVC材料。用浇注工艺生产的隔热铝型材,其隔热材料应使用PUR(聚氨基甲酸乙酯)材料。连接部位的抗剪强度必须满足设计要求。

(二)钢材

1. 用于幕墙的钢材应用碳素结构钢和低合金结构钢,钢种、牌号和质量应符合规范和设计要求。碳素结构钢表面应经热镀锌或静电喷涂处理,镀锌膜厚度应大于45μm,氟碳喷涂膜厚应大于35μm,空气污染严重和沿海地区涂膜厚度不宜小于45μm。

2. 玻璃幕墙用不锈钢材宜采用奥氏体不锈钢,且含镍量不应小于8%。不锈钢材应符合现行国家标准、行业标准的规定。与铝合金材料直接接触的紧固件应使用不锈钢紧固件。

3. 钢材表面不得有裂纹、气泡、结疤、泛锈、夹渣和折叠。

(三)板材(玻璃、金属板、石板和其他板材)

1. 幕墙板材的材质、规格、品种必须符合国家现行有关规范的规定。

2. 各种板材的力学性能和化学性能必须符合设计要求。板材的厚度应符合规范规定和设计要求。检查板材厚度采用游标卡尺在板材的每边的中点测量,取其平均值。

3. 非在线热喷涂LOW-E玻璃因其涂膜层易磨损,因此不得与外界直接接触,也不得加工成夹层玻璃,以免LOW-E膜失去其隔热功能。

4. 玻璃幕墙采用中空玻璃时,除应符合现行国家标准《中空玻璃》GB/T 11944的有关规定外，尚应符合下列规定：

(1) 中空玻璃气体层厚度不应小于 9mm。

(2) 中空玻璃应采用双道密封。一道密封应采用丁基热熔密封胶。隐框、半隐框及点支承玻璃幕墙用中空玻璃的二道密封应采用硅酮结构密封胶；明框玻璃幕墙用中空玻璃的二道密封宜采用聚硫类中空玻璃密封胶，也可采用硅酮密封胶。二道密封应采用专用打胶机进行混合、打胶。

5. 幕墙玻璃应进行机械磨边处理，磨轮的目数应在 180 目以上。点支承幕墙玻璃的孔、板边缘均应进行磨边和倒棱，磨边宜细磨，倒棱宽度不宜小于 1mm。

6. 钢化玻璃宜经二次热处理。

7. 有防火要求的幕墙玻璃，应根据防火等级要求，采用单片防火玻璃或其制品。

8. 用于幕墙的钢化玻璃表面应力应大于 95MPa，半钢化玻璃表面应力应在 24MPa≤σ≤69MPa 范围之内。用玻璃表面应力检测仪测量，在距玻璃长边 100mm 的距离上引平行于长边的两条平行线并与对角线相交的四点处测量和计算的应力来判定玻璃表面应力。

9. 当幕墙有水平夹角小于 75°的采光顶棚时，必须使用钢化夹层玻璃或半钢化夹层玻璃，夹层胶片的厚度应不小于 0.76mm。

10. 单层金属板和复合铝板应设置边肋和中肋，当复合板为增强其强度和刚度时，也应加肋。

11. 铝合金板表面用氟碳树脂处理时，树脂厚度一般应大于 25μm，在沿海和有严重酸雨地区，其厚度应大于 45μm。涂层不应有起泡、开裂、剥落和明显色差等现象。

12. 搪瓷板的搪瓷应具有较大的膨胀系数和弹性，耐冲击，边缘、锐角不脱瓷。

13. 天然石板厚度应不小于 25mm，火烧板厚度应不小于 28mm；单块石板面积不宜大于 1m²；石材吸水率应小于 0.8%；抗弯强度应不小于 8.0N/mm²。

14. 大理石不宜作幕墙板材。石板崩边不应大于 5mm×20mm，缺角不应大于 20mm，石板不应有暗裂缝，在连接部位不得有崩坏现象。检查石板暗裂缝时，可采用在板材表面淋水后擦干进行观察。石板在允许范围内的缺损应经修补后使用，且宜用于立面不明显部位。

15. 石材外表面色泽应符合设计要求，不得有明显色差。

(四) 结构胶和其他密封材料

1. 硅酮结构胶和其他密封材料应符合现行《建筑用硅酮结构密封胶》(GB 16776) 和其他相关产品标准的规定。

2. 硅酮结构密封胶使用前，应经国家认可的检测机构进行与其相接触材料的相容性和剥离粘结性试验，并应对邵氏硬度、标准状态拉伸粘结性能进行复验。检验不合格的产品不得使用。进口硅酮结构密封胶应具有商检报告。

3. 硅酮结构密封胶生产商应提供其结构胶的变位承受能力数据和质量保证书。

4. 硅酮结构胶和耐候密封胶必须在有效期内使用，不同品牌、种类的胶不得直接接触混用，必须经相容性检测符合要求后方可使用。

5. 玻璃幕墙的耐候密封应采用硅酮建筑密封胶；点支承幕墙和全玻幕墙使用非镀膜玻璃时，其耐候密封可采用酸性硅酮建筑密封胶，其性能应符合国家现行标准《幕墙玻璃接缝用密封胶》JC/T 882 的规定。夹层玻璃板缝间的密封，宜采用中性硅酮建筑密封胶。

6. 用于石材幕墙的密封胶应采用适用于石材性能的专用耐候硅酮密封胶。不宜用玻璃幕墙和金属幕墙使用的耐候硅酮密封胶。

7. 双组分胶在使用时应做混匀性试验和拉断试验，并做好试验记录。

8. PVC 橡塑材料不得在幕墙工程中作密封材料使用。橡胶密封条不应有硬化开裂现象。

9. 其他密封材料及衬垫材料应符合相关产品标准的规定，并与结构胶、密封胶相容。

10. 双面胶带的粘结性能应符合设计要求。

11. 硅酮结构胶必须是内聚性破坏，当剥离试验时，粘结破坏面积不大于 5%，切开截面颜色均匀，不得有气泡。

（五）其他材料

1. 五金件

（1）幕墙中采用的五金配件和与铝合金材料接触的金属制品应采用不锈钢或轻金属制品，以免发生接触腐蚀。

（2）五金件表面光洁无斑点、砂眼及明显划痕，其强度、刚度应满足设计要求。

（3）五金件表面的防腐处理应符合设计要求，镀层不得有气泡、露底、脱落等明显缺陷。

（4）滑撑、限位器在紧固铆接处不得松动，在转动、滑动处应灵活，无卡阻现象。

2. 紧固件

（1）紧固件宜采用奥氏体不锈钢六角螺栓，并应带有弹簧垫圈，当未采用弹簧垫圈时，应有防松脱措施，主要受力构件不应采用自攻螺钉，严禁使用镀锌自攻螺钉。

（2）结构受力的铆钉应根据结构计算值选用相应的品种、规格。构件之间的受力连接不得采用抽芯铝铆钉。

（3）幕墙采用的防火、保温隔热材料应采用不燃性或难燃性材料，其耐燃性能必须达到设计要求，其表面应有防潮措施。

（4）幕墙不同金属材料接触处所使用的垫片应具有耐热、耐久、防腐和绝缘性能的硬质有机垫片，铝合金与钢（或其他非等电位金属），共同复合受力构件间应采用不锈钢垫片或其他防接触腐蚀材料。

（5）幕墙横梁与立柱间设置的垫片应具有压缩性的软质橡胶垫片。

三、幕墙的性能和构造要求

（一）幕墙性能要求

1. 幕墙应具有抗风压变形、雨水渗漏、空气渗透、保温、隔声、耐撞击、平面内变形等性能，其性能要求应符合规范规定和设计的要求。

2. 幕墙的立柱与横梁在风荷载标准值作用下，铝合金型材的相对挠度应不大于 $l/180$；钢型材的相对挠度应不大于 $l/250$；当外力被排除后，垂直幕墙其永久变形不得大于 $l/1000$（l 为立柱、横梁两支点间距离，悬臂构件可取挑出长度的 2 倍）。

3. 幕墙的防火区分隔和防火等级应符合规范规定和设计要求。

4. 幕墙的避雷性能应符合规范规定和设计要求，其防雷接地电阻值不得大于 1Ω。

（二）幕墙的构造要求

1. 幕墙的立柱、横梁的截面构造形式宜按等压原理设计。

2. 横梁截面主要受力部位的厚度，应符合下列要求：

(1) 截面自由挑出部位和双侧加劲部位的宽厚比 b_0/t 应符合表 12-14 的要求。

横梁截面宽厚比 b_0/t 限值　　　　　　　　　表 12-14

截面部位	铝型材				钢型材	
	6063-T5 6061-T4	6063A-T5	6063-T6 6063A-T6	6061-T6	Q235	Q345
自由挑出	17	15	13	12	15	12
双侧加劲	50	45	40	35	40	33

(2) 当横梁跨度不大于 1.2m 时，铝合金型材截面主要受力部位的厚度不应小于 2.0mm；当横梁跨度大于 1.2m 时，其截面主要受力部位的厚度不应小于 2.5mm。型材孔壁与螺钉之间直接采用螺纹受力连接时，其局部截面厚度不应小于螺钉的公称直径。

(3) 钢型材截面主要受力部位的厚度不应小于 2.5mm。

3. 立柱截面主要受力部位的厚度，应符合下列要求：

(1) 铝合金型材开口部位的厚度不应小于 3.0mm，闭口部位的厚度不应小于 2.5mm；型材孔壁与螺钉之间直接采用螺纹受力连接时，其局部厚度不应小于螺钉的公称直径。

(2) 钢型材截面主要受力部位的厚度不应小于 3.0mm。

(3) 对偏心受压立柱，其截面宽厚比应符合本节三、(二)、2 的相应规定。

(4) 全玻璃幕墙肋的截面高度应根据计算确定，但不得小于 100mm。

(5) 点式幕墙的杆索截面必须符合设计规定。

4. 幕墙所采用的金属材料、附件除不锈钢外，应进行防腐蚀处理，并应防止发生接触腐蚀。

5. 幕墙框架应设置温差伸缩变形缝隙。玻璃幕墙立柱上下之间空隙应不小于 15mm；金属、石板幕墙立柱每层之间空隙应不小于 15mm，当为实体墙面时，每两层不小于 15mm。立柱采用芯管套接的空隙应用密封胶封闭。横梁与立柱接触处的空隙应用软质垫片衬垫。

6. 立柱上下之间应采用芯管（柱）连接，闭口型材芯管（柱）长度应大于 250mm，芯管（柱）与下柱之间应采用不锈钢螺栓固定，开口型材上下柱之间可采用等强型材机械连接。

7. 立柱与主体结构的连接应每层设置支承点。可一层设一个支承点，也可设两个支承点，在实体墙面上时，可加密设置支承点。上支承点宜采用圆孔，下支承点宜采用长孔。

8. 竖直幕墙的立柱应悬挂在主体结构上，其立柱应处于受拉工作状态。

9. 立柱应通过连接件（角码）、不锈钢螺栓与预埋件连接，螺栓直径宜不小于 10mm。立柱与连接件（角码）采用不同金属材料时，应采用绝缘片分隔。

10. 横梁应通过角码、不锈钢螺栓（钉）与立柱连接。螺栓（钉）的直径不得小于 5mm。

11. 受力的铆钉和螺栓每处不得少于 2 个。

12. 明框或单元幕墙应有泄水孔。易产生冷凝水的部位应设置冷凝水排出管道。

13. 玻璃幕墙结构胶的厚度应不小于 6mm，且不大于 12mm，粘结宽度不得小于 7mm。

14. 密封胶的厚度应大于 3.5mm，宽度不应小于厚度的 2 倍，并不得三面粘结。

15. 用结构硅酮密封胶粘结玻璃、石板时，应在竖向幕墙板材底部设置两块长度不小于 100mm 的金属支承件，倒挂式幕墙的板材边缘应设置金属安全件，以避免结构胶长期处于受力状态。

16. 隐框幕墙板材拼缝宽度不宜小于 15mm。

17. 玻璃四周不得与构件直接接触。玻璃边缘至框槽底的间隙应符合规范和设计的规定。

18. 幕墙的每一块板材构件（玻璃、金属、石板、单元板）都应是独立单元，且宜便于安装和拆卸。

19. 玻璃幕墙保温隔热材料应采用隔气层等措施与室内空间隔开。金属、石板幕墙保温材料应与主体结构外表面有 50mm 以上的空气层。

20. 玻璃幕墙的同一块玻璃不得跨入两个防火分隔区域。

21. 固定隐框玻璃幕墙的压块厚度为：不锈钢应不小于 4mm；铝合金应不小于 5mm。固定用的不锈钢螺钉直径应不小于 5mm，不锈钢螺钉间距应由计算确定，一般宜不大于 300mm，其距玻璃端部不得大于 180mm。对于倒挂式玻璃幕墙设置金属安全件的规格尺寸应符合设计规定。

22. 金属幕墙板材周边应用不锈钢自攻螺钉固定于横梁或立柱上，自攻螺钉直径应不小于 4mm，并有防松脱措施，螺钉间距应符合设计要求。

23. 石板幕墙的 T 型、L 型金属挂板，厚度应不小于 4mm，单元板中的 T、L 型连接件可采用铝合金材料，其厚度应不小于 4mm，钢销式干挂石板幕墙的连接件应采用不锈钢板，其截面尺寸不宜小于 40mm×4mm，钢销直径不应小于 5mm，入孔深度为 20～30mm。

24. 钢销式干挂石板幕墙可在 7 度以下或非抗震设防幕墙中运用。幕墙高度不宜大于 20m。钢销间距不宜大于 600mm。

25. 钢销孔位和短槽式槽边距石板端部不得小于石板厚度的 3 倍，也不得大于 180mm。

26. 钢销、挂板与石板的孔、槽应留有空隙，并用石材专用胶填嵌。

27. 高度超过 4m 采用肋玻璃的全玻璃幕墙应悬挂在主体结构上。悬挂玻璃的底部应设置邵氏硬度大于 90 的应急橡胶垫块，玻璃与垫块距离应长期保持 10mm。

28. 点式全玻璃幕墙连接处所使用的材料应是耐用、无腐蚀性的并与不锈钢材料相容。与玻璃接触处应设置弹性垫圈或专用插入件。

29. 主体结构变形缝处安装幕墙时应考虑不影响其功能性和外墙面的完整性。

四、幕墙的产品保护

（一）幕墙构件在贮运中的保护

1. 幕墙构件应有厂名、产品名称、制作日期和编号等标识。

2. 幕墙构件应放在通风、干燥的地方。严禁与酸碱等腐蚀类物质接触，并严防雨水渗入。

3. 幕墙构件不得直接接触地面，应按品种、规格堆放在特种架子或垫木上，架子或垫木应采用不透水的材料，其底部垫高不小于100mm。构件上方不得堆放其他杂物。

4. 构件包装应采用无腐蚀作用的材料。不得用草绳、草包包装石板材料。

5. 包装箱、构架应有足够的强度，以避免贮运过程中因包装箱、构架的损坏而造成构件破损变形。

6. 构件装入箱内应采取防止碰撞、摩擦的措施，与构架固定牢固不松动。

7. 构件搬动时，应轻拿轻放，严禁摔、扔、碰撞。

8. 包装箱、构架在运输中应有避免相互碰撞的固定措施和防雨措施。吊装时，不得碰撞，防止损坏。

（二）幕墙安装过程中的产品保护

1. 幕墙施工前应制定对构件、附件、板材等的保护措施，确保产品不发生碰撞变形、电焊溅伤、变色、污染和排水系统堵塞等现象。对已安装好的部位采取隔离围护措施，以防其他施工造成对已安装部位的损坏。

2. 幕墙构件，特别是单元板在安装过程中不得用金属物敲击或用金属杆件强行撬抬安装就位。避免构件变形损坏造成幕墙渗漏。

（三）幕墙安装完毕后的产品保护

1. 幕墙施工完毕后，应采取保护措施，防止其他施工造成对幕墙的损坏。

2. 幕墙安装完毕后，其型材、金属板表面的保护膜应在装饰施工完毕后方可剥除。并及时清除幕墙表面的污染物。

3. 清除幕墙表面污染物时，不得使用金属利器刮铲；当用清洗剂时，应采用对幕墙无腐蚀性的清洗剂清洗。

4. 采取其他防护措施以防止后续装饰施工损坏防火层、避雷节点和影响幕墙平面内变形性能等。

五、幕墙的施工技术

（一）材料加工

1. 幕墙构件应在专门车间裁割、加工、制作，所采用的设备、机具应能达到幕墙构件加工精度的要求。连接附件安装的位置与尺寸应准确。不得采用手工加工制作。量具应定期进行计量鉴定。

2. 幕墙结构杆件裁料前应进行校直调整。

3. 幕墙构件加工的尺寸偏差应控制在规范规定的范围之内。

4. 构件的连接应牢固，各构件连接处的缝隙应进行密封处理。

5. 隐框、单元结构装配组合件应在车间制作，不得在现场进行。

6. 金属幕墙板加工应在车间内进行并符合以下要求：

（1）单层金属板折弯加工时，折弯外圆弧半径不应小于板厚的1.5倍。板的加强肋和板周边肋应采用铆接、螺栓、焊接或胶结及机械结合的方式固定，四角部位应作密封处理，并使构件刚性好，固定牢固、不变形、不变色。

（2）复合金属板、蜂窝板边折弯时，应切割内层板和中间芯料，在外层板内侧保留0.3mm厚的芯料，并不得划伤外层金属板的内表面，角弯成圆弧状，在打孔、切口和四角部位应用中性耐候硅酮密封胶密封。

(3) 复合铝板在加工过程中严禁与水接触。

7. 石材板加工

(1) 钢销式安装石板时钢销孔深宜为 22~33mm, 孔径宜为 7mm, 孔径内应保持光滑、洁净。

(2) 通槽式安装石板的通槽宽度宜为 6~7mm, 槽深为 16~23mm。开槽后不得有损坏或崩裂现象, 槽口应打磨成 45°倒角, 槽内应保持光滑、洁净。

(3) 短槽式安装石板时, 上下两边应各开两个短槽, 槽宽为 6~7mm, 槽深 15~20mm, 平槽长度应不小于 100mm, 弧形槽的有效长度应不小于 80mm。开槽后不得有损坏或崩裂现象, 槽口应打磨成 45°倒角, 槽内应保持光滑、洁净。

(4) 石板加工好后应用水将石屑冲洗干净, 然后将石板直立存放在通风良好的仓库内, 其直立角度不应小于 85°。

8. 半隐框、隐框、单元幕墙的玻璃（板块）及支撑物需注胶部位必须做好净化工作。

9. 应注意净化环境, 保持操作环境清洁, 无风沙灰尘, 并严禁烟火。

10. 净化操作应按以下程序操作:

(1) 将溶剂倒在一块干净布上, 用该布将注胶部位和相邻部位表面的尘埃、油渍和其他脏物清除掉, 再用另一块干净布擦干, 不得来回擦, 更不得将擦布放在溶剂里或用布蘸溶剂。

(2) 擦布必须保持清洁, 一般净化一个构件或一块玻璃（板块）后更换一次干净布。

(3) 净化后的构件应在 1h 内进行注胶、密封, 当再次受污染时, 应重新进行净化处理。

11. 用结构硅酮密封胶粘结固定构件时, 其注胶温度应在 20℃以上 30℃以下, 相对湿度 50%以上的洁净, 通风的室内进行。

12. 在现场装配打胶时, 基材表面温度不得超过 60℃。

13. 结构硅酮密封胶应打注饱满, 其厚度和宽度必须符合规范规定和设计要求。不得使用过期的结构硅酮密封胶和耐候硅酮密封胶。

14. 组件应待结构硅酮密封胶完全固化后才可挪动。养护 14~21d 后方可运往现场组装。

15. 结构硅酮密封胶必须在非受力状态下固化, 否则必须先用机械方式固定, 用机械方式固定时, 待结构硅酮密封胶完全固化后才能拆除机械固定材料。

16. 热反射玻璃的镀膜面应朝室内。

(二) 幕墙的安装

1. 幕墙安装前的要求

(1) 幕墙施工前应编制好施工组织设计方案。施工组织设计方案应经技术部门审查批准。

(2) 幕墙安装前, 应根据幕墙设计图对已建建筑物需安装幕墙的部位进行复测, 对预埋件进行全数检查, 根据实测和检查结果交设计部门, 设计部门据此调整幕墙施工图后, 方可进行构件加工、组装。

(3) 在风力不大于 4 级的情况下, 在建筑物上根据幕墙施工图的幕墙分格轴线, 进行放线定位。

（4）加工好的构件应按照安装顺序、排列位置、编号放置。

2. 幕墙安装

（1）根据分格轴线的定位位置，按设计出具的方案将所有偏移不到位的预埋件调整至规范规定的允许偏差范围之内。

（2）幕墙立柱根据分格轴线安装就位并调整完毕后应及时与预埋件、连接件紧固定位固定。安装的临时螺栓等在构件紧固定位后应及时拆除。

（3）现场焊接或高强螺栓紧固的构件固定后，应及时进行防锈处理。

（4）上下立柱应采用芯管（柱）套插的方法连接，芯管（柱）插入上下立柱深度不少于200mm。芯管（柱）与下立柱用螺栓（钉）固定。但不得上下立柱同时固定。

（5）立柱上固定横梁的角码安装必须水平，位置正确。并不得漏设软质垫片。

（6）幕墙避雷导线同铝合金材料连接时，应满足等电位要求。当用铜质材料与铝合金材料连接时，铜质材料外表面应经热镀锌处理。幕墙避雷连接点的间距和导线材质、截面应符合设计规定。

（7）防火保温材料安装应有固定措施，防火层不应有缝隙，参见图12-5。

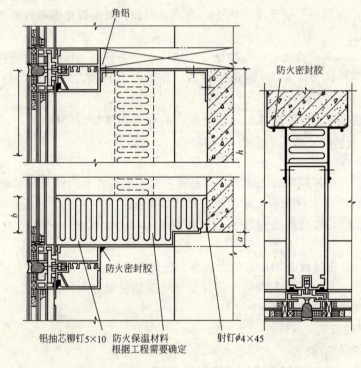

图 12-5

注：a—根据工程要求确定；b—根据工程防火要求确定

（8）幕墙四周与主体结构之间的缝隙应采用防火保温材料填塞，内外表面应采用密封胶连续封闭，接缝严密，不渗漏。

(9) 明框玻璃幕墙的玻璃底部与横梁槽中应设置不少于 2 块定位垫块，垫块长度宜不小于 100mm。玻璃四周与构件保持一定的空隙，其空隙和玻璃嵌入量应符合图 12-6、图 12-7、表 12-15、表 12-16 规定。

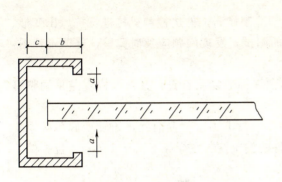

图 12-6 玻璃与槽口的配合尺寸示意图　　图 12-7 中空玻璃与槽口的配合尺寸示意图

单层玻璃与槽口的配合尺寸（mm）　　　　　　　　　　　　　表 12-15

厚　度	a	b	c
5～6	≥3.5	≥15	≥5
8～10	≥4.5	≥16	≥5
12 以上	≥5.5	≥18	≥5

注：包括夹层玻璃

中空玻璃与槽口的配合尺寸（mm）　　　　　　　　　　　　　表 12-16

厚　度	a	b	c
4+A+4	≥5	≥16	≥5
5+A+5	≥5	≥16	≥5
6+A+6	≥5	≥17	≥5
8+A+8 以上	≥5	≥18	≥5

(10) 石板幕墙安装时，钢销、挂件不得触及石板孔、槽底和壁，其间隙应用专用胶填嵌。

(11) 金属、石板幕墙组件安装完毕后，应用胶条或密封胶将组件间的缝隙密封。打胶前应对打胶面进行净化处理。对石板打胶时，应采用石材专用密封胶，并应待石材完全干燥后进行。

(12) 悬吊式全玻璃幕墙安装时，悬吊结构应与预埋件可靠连接，不得单靠膨胀螺栓连接。

(13) 悬吊式全玻璃幕墙的顶部与主体结构间应留有 400mm 以上的空间，以满足悬吊结构的空间要求。

(14) 悬吊式全玻璃幕墙的安装吊夹具部位应用特殊强力胶粘剂（Araldite2011）将楔形铜板粘结，并在 4℃以上环境下养护 72h。

(15) 安装时玻璃必须平顺，侧向用专用夹具保护，与玻璃接触的器具应有软性构造。

（16）点式全玻璃幕墙的玻璃必须在钢化前进行切角、打孔。安装时，金属板及钢扣件与玻璃接触处应设置垫片。

六、幕墙的质量监督检验

（一）幕墙施工中的质量控制

1. 幕墙安装前，在设计阶段应根据设计构造制作测试件送检测机构进行抗风压变形、空气渗透、雨水渗漏和设计需要的其他性能的测试，发现问题应及时调整，修改设计图，以满足规范规定和设计的要求。

2. 幕墙安装前必须做好对已建建筑物和预埋件的复测检查，并根据检查结果调整幕墙分格和对偏差进行调整。

3. 对每个预埋件都应进行检查。预埋件应埋设牢固、位置准确，如发现偏差必须按设计出具的整改方案图进行。要求每个预埋件的偏差控制在标高不大于10mm，位置偏差不大于20mm。

4. 在测量放线时，要严格控制其精确度，并每天定时校核幕墙立柱位置和幕墙垂直度，发现偏差应及时调整，不使偏差积累。

5. 构件在安装前均应进行检验，不合格的构件不得用于幕墙工程上。

6. 幕墙与预埋件连接时应注意以下几个方面：

（1）安装的连接件、绝缘片、紧固件的材质、规格、数量必须符合设计要求。

（2）连接件应安装牢固，不松动，螺栓应有防松脱措施。焊缝饱满、不咬肉、无焊渣。

（3）连接件防锈和调节范围应符合设计要求。

（4）角码连接应有三维调节构造。

（5）连接件与预埋件之间位置偏差采用焊接调整时，焊缝长度应符合设计要求。

（6）在预埋件与幕墙连接节点处观察检查。

7. 当幕墙局部采用锚栓连接时，应注意以下几个方面：

（1）所用锚栓的强度、规格、数量、设置、位置和锚固性能必须符合《建筑锚栓技术规程》和设计的要求。

（2）锚栓的埋设应牢固可靠，不得松动，不露套管。锚栓埋入深度应符合设计要求。

（3）在现场用游标深度尺检查钻孔的深度。用锚栓拉拔仪、位移计、记录仪对不同部位、不同受力情况的锚栓进行锚固性能测试。并做好测试记录。

8. 安装立柱时，应注意以下几个方面：

（1）连接立柱的芯管材质、规格应符合设计要求。

（2）上下立柱之间的间距应不小于10mm，并用密封胶密封。

（3）立柱应为受拉构件，其上端应与主体结构固定连接，下端为可上下活动的连接。

9. 安装横梁时，应注意以下几个方面：

（1）连接固定横梁的连接件、螺栓（钉）的材质、规格、品种、数量必须符合设计要求，螺钉应有防松脱的措施。同一个连接处的连接螺栓（钉）不应少于2个，且不应采用自攻螺钉。

（2）弹性垫片安装位置正确，不松脱。

（3）梁、柱连接牢固不松动，其接缝间隙不大于1mm，并以密封胶密封。

（4）在梁柱节点处观察、手拭检查，必要时用尺量控制。

10. 安装幕墙底部连接时，应注意以下几个方面：

（1）当采用钢材作幕墙底部固定连接件时，钢材（含热镀锌）不应同铝合金立柱直接接触。

（2）立柱、底部横梁与墙顶面、楼地面之间应留有伸缩空隙，幕墙板块底部边缘与主体结构之间也应有伸缩空隙，空隙宽度不小于15mm，并用弹性密封材料嵌填，不得用水泥砂浆或其他硬质材料嵌填。

（3）在幕墙底部立柱与主体结构交界部位用尺量和观察检查控制。

11. 明框、单元幕墙的内排水系统在安装中应保持畅通不堵塞，接缝应严密不渗漏，排水孔直径宜不小于8mm，方孔宜不小于5mm×15mm。

12. 安装幕墙防火体系时，应注意以下几个方面：

（1）幕墙的防火节点构造必须符合设计要求。防火材料的品种、防火等级必须符合规范和设计的规定。

（2）防火材料固定应牢固，不松脱、无遗漏，拼缝处不留缝隙。

（3）镀锌钢板不得与铝合金型材直接接触。衬板就位后，应进行密封处理。

（4）防火材料不得与幕墙玻璃直接接触。防火层与幕墙和主体结构间的缝隙必须用防火密封胶严密封闭，不漏气。

（5）可在防火节点部位手拭，观察检查，必要时可用火苗测试其是否漏气、窜烟。

13. 幕墙保温、隔热构造安装时，应注意以下几个方面：

（1）安装内衬板时，内衬板四周应套弹性密封条，内衬板应与构件接缝严密。

（2）保温材料安装应牢固，保温材料应有防潮措施。在冬季以保温为主的地区，保温棉板的隔汽铝箔面应朝室内，无隔汽铝箔面时，应在室内侧设置内衬隔汽板。

（3）保温棉与玻璃应保持30mm以上的距离，金属、石板可与保温材料结合在一起，但与主体结构外表面应有50mm以上的空气层。

（4）保温棉填塞应饱满、平整，不留间隙，其密度、厚度应符合设计要求。

14. 安装幕墙防雷体系时，应注意以下几个方面：

（1）幕墙防雷网格面积应不大于100mm^2，其接地电阻值应不大于1Ω。

（2）连接材料的材质、截面尺寸和连接方式必须符合设计要求。当铜质材料直接与铝合金型材接触时，铜质材料表面应经热镀锌处理。

（3）连接接触面应紧密可靠、不松动。

（4）在女儿墙部位，幕墙构架与避雷带连接节点应明露。

（5）在避雷接地连接部位观察、手试检查，并用欧姆表测试电阻值控制在1Ω之内。

15. 安装明框幕墙时应注意以下几个方面：

（1）明框料外露拼缝和压板拼缝应横平竖直，线条通顺、装饰压板表面平整、色泽一致，不应有变形、波纹和凹凸不平现象，接缝应均匀严密。

（2）玻璃四周橡胶密封条裁割时应比边框槽口长1.5%～2%，安装时在转角处应斜面断开，拼成设计角度，并用胶粘剂粘结牢固后嵌入槽内，橡胶条应镶嵌平整密实。

16. 隐框板块组件安装时必须牢固。螺钉、压块的规格及固定点距离应符合设计要求，且距离应控制在300mm之内，不得用自攻螺钉固定隐框板块组件。

17. 全玻幕墙吊夹具安装时，应注意以下几个方面：

（1）吊夹具和衬垫材料应符合设计要求。

（2）吊夹具应安装牢固，位置准确。

（3）夹具不得与玻璃直接接触。

（4）夹具衬垫材料与玻璃应平整结合，紧密牢固。

（5）在安装吊夹具处用手拭，观察检查，必要时对夹具进行力学性能检测后再予安装。

18. 石板幕墙的下连接托板的水平夹角不得向下倾斜，允许向上斜2mm以内。上连接板水平可向下倾斜2mm以内。

19. 幕墙在安装过程中应分层进行抗雨水渗漏性能的淋水试验，并做好记录。对检查中发现的渗漏部位进行整改，并分析原因，采取相应措施，避免类似情况的再次发生。淋水试验时的水压应由设计确定，一般不应小于设计规定的抗雨水渗漏等级的压力；当设计未确定时，水压可为210kPa，流量为2L/min，喷嘴口离幕墙水平距离为0.6m，喷嘴口水流垂直于幕墙，在1m范围内缓慢来回移动5min，观察有无渗漏现象发生。

20. 幕墙施工中应对以下项目进行隐蔽验收，并做好记录：

（1）构件与主体结构的连接节点的安装。

（2）幕墙四周、幕墙内表面与主体结构之间间隙节点的安装。

（3）幕墙伸缩、沉降、防震缝及墙面转角节点的安装。

（4）幕墙排水系统的安装。

（5）幕墙防火系统节点安装。

（6）幕墙防雷接地点的安装。

（7）立柱活动连接节点安装。

（8）梁柱连接节点安装。

（9）全玻璃悬吊节点安装。

（10）幕墙保温、隔热构造的安装。

21. 幕墙板块，覆盖前应对预埋件和连接件、竖向和横向构件的安装及分格框对角线等的质量进行检查。

22. 在明框、隐框板块安装过程中，也应进行质量检查，并填好幕墙工程安装质量检验记录表。重点检查明框玻璃与槽口的配合尺寸的嵌入量，垫块数量和位置，隐框玻璃固定点的距离、位置，金属、石板的固定点的安装质量等。

（二）幕墙验收时的质量检验

幕墙验收时，除本节一、（四）规定外，还应检验以下内容：

1. 玻璃幕墙工程：

（1）玻璃幕墙工程所使用的各种材料、构件和组件的质量，应符合设计要求及国家现行产品标准和工程技术规范的规定。

（2）玻璃幕墙的造型和立面分格应符合设计要求。

（3）玻璃幕墙使用的玻璃应符合下列规定：

1）幕墙应使用安全玻璃，玻璃的品种、规格、颜色、光学性能及安装方向应符合设计要求。

2）幕墙玻璃的厚度不应小于6.0mm。全玻幕墙肋玻璃的厚度不应小于12mm。

3）幕墙的中空玻璃应采用双道密封。明框幕墙的中空玻璃应采用聚硫密封胶及丁基密封胶；隐框和半隐框幕墙的中空玻璃应采用硅酮结构密封胶及丁基密封胶；镀膜面应在中空玻璃的第2或第3面上。

4）幕墙的夹层玻璃应采用聚乙烯醇缩丁醛（PVB）胶片干法加工合成的夹层玻璃，或经设计认可的其他胶片如SGP等加工合成的夹层玻璃。点支承玻璃幕墙夹层玻璃的夹层胶片（PVB）厚度不应小于0.76mm。

5）钢化玻璃表面不得有损伤；8.0mm以下的钢化玻璃应进行引爆处理。

6）所有幕墙玻璃均应进行边缘处理。

（4）玻璃幕墙与主体结构连接的各种预埋件、连接件、紧固件必须安装牢固，其数量、规格、位置、连接方法和防腐处理应符合设计要求。

（5）各种连接件、紧固件的螺栓应有防松动措施；焊接连接应符合设计要求和焊接规范的规定。

（6）隐框或半隐框玻璃幕墙，每块玻璃下端应设置两个铝合金或不锈钢托条，其长度不应小于100mm，厚度不应小于2mm，托条外端应低于玻璃外表面2mm。

（7）明框玻璃幕墙的玻璃安装应符合下列规定：

1）玻璃槽口与玻璃的配合尺寸应符合设计要求和技术标准的规定。

2）玻璃与构件不得直接接触，玻璃四周与构件凹槽底部应保持一定的空隙，每块玻璃下部应至少放置两块宽度与槽口宽度相同、长度不小于100mm的弹性定位垫块；玻璃两边嵌入量及空隙应符合设计要求。

3）玻璃四周橡胶条的材质、型号应符合设计要求，镶嵌应平整，橡胶条长度应比边框内槽长1.5%～2.0%，橡胶条有转角处应斜面断开，并应用粘结剂粘结牢固后嵌入槽内。

（8）高度超过4m的全玻幕墙应吊挂在主体结构上，吊夹具应符合设计要求，玻璃与玻璃、玻璃与玻璃肋之间的缝隙，应采用硅酮结构密封胶填嵌严密。

（9）点支承玻璃幕墙应采用带万向头的活动不锈钢爪，其钢爪间的中心距离应大于250mm。

（10）玻璃幕墙四周、玻璃幕墙内表面与主体结构之间的连接节点、各种变形缝、墙角的连接节点应符合设计要求和技术标准的规定。

（11）玻璃幕墙应无渗漏。

（12）玻璃幕墙结构胶和密封胶的打注应饱满、密实、连续、均匀、无气泡，宽度和厚度应符合设计要求和技术标准的规定。

（13）玻璃幕墙开启窗的配件应齐全，安装应牢固，安装位置和开启方向、角度应正确；开启应灵活，关闭应严密。

（14）玻璃幕墙的防雷装置必须与主体结构的防雷装置可靠连接。

（15）玻璃幕墙表面应平整、洁净；整幅玻璃的色泽应均匀一致；不得有污染和镀膜损坏。

（16）每平方米玻璃的表面质量和检验方法应符合表12-17的规定。

（17）一个分格铝合金型材的表面质量和检验方法应符合表12-18的规定。

每平方米玻璃的表面质量和检验方法　　　　　　　　　　　表 12-17

项次	项　目	质量要求	检验方法
1	明显划伤和长度＞100mm 的轻微划伤	不允许	观察
2	长度≤100mm 的轻微划伤	≤8 条	用钢尺检查
3	擦伤总面积	≤500mm²	用钢尺检查

一个分格铝合金型材的表面质量和检验方法　　　　　　　　表 12-18

项次	项　目	质量要求	检验方法
1	明显划伤和长度＞100mm 的轻微划伤	不允许	观察
2	长度≤100mm 的轻微划伤	≤2 条	用钢尺检查
3	擦伤总面积	≤500mm²	用钢尺检查

(18) 明框玻璃幕墙的外露框或压条应横平竖直，颜色、规格应符合设计要求，压条安装应牢固。单元玻璃幕墙的单元拼缝或隐框玻璃幕墙的分格玻璃拼缝应横平竖直、均匀一致。

(19) 玻璃幕墙的密封胶缝应横平竖直、深浅一致、宽窄均匀、光滑顺直。

(20) 防火、保温材料填充应饱满、均匀，表面应密实、平整。

(21) 玻璃幕墙隐蔽节点的遮封装修应牢固、整齐、美观。

(22) 明框玻璃幕墙安装的允许偏差和检验方法应符合表 12-19 的规定。

(23) 隐框、半隐框玻璃幕墙安装的允许偏差和检验方法应符合表 12-20 的规定。

明框玻璃幕墙安装的允许偏差和检验方法　　　　　　　　表 12-19

项次	项　目		允许偏差(mm)	检验方法
1	幕墙垂直度	幕墙高度≤30m	10	用经纬仪检查
		30m＜幕墙高度≤60m	15	
		60m＜幕墙高度≤90m	20	
		幕墙高度＞90m	25	
2	幕墙水平度	幕墙幅宽≤35m	5	用水平仪检查
		幕墙幅宽＞35m	7	
3	构件直线度		2	用 2m 靠尺和塞尺检查
4	构件水平度	构件长度≤2m	2	用水平仪检查
		构件长度＞2m	3	
5	相邻构件错位		1	用钢直尺检查
6	分格框对角线长度差	对角线长度≤2m	3	用钢尺检查
		对角线长度＞2m	4	

隐框、半隐框玻璃幕墙安装的允许偏差和检验方法　　　　表 12-20

项次	项　目		允许偏差(mm)	检验方法
1	幕墙垂直度	幕墙高度≤30m	10	经纬仪检查
		30m＜幕墙高度≤60m	15	

续表

项次	项 目		允许偏差(mm)	检验方法
1	幕墙垂直度	60m＜幕墙高度≤90m	20	经纬仪检查
		幕墙高度＞90m	25	
2	幕墙水平度	层高≤3m	3	用水平仪检查
		层高＞3m	5	
3	幕墙表面平整度		2	用2m靠尺和塞尺检查
4	板材立面垂直度		2	用垂直检测尺检查
5	板材上沿水平度		2	用1m水平尺和钢直尺检查
6	相邻板材板角错位		1	用钢直尺检查
7	阳角方正		2	用直角检测尺检查
8	接缝直线度		3	拉5m线，不足5m拉通线，用钢直尺检查
9	接缝高低差		1	用钢直尺和塞尺检查
10	接缝宽度		1	用钢直尺检查

2. 金属幕墙

（1）金属幕墙工程所使用的各种材料和配件，应符合设计要求及国家现行产品标准和工程技术规范的规定。

（2）金属幕墙的造型和立面分格应符合设计要求。

（3）金属面板的品种、规格、颜色、光泽及安装方向应符合设计要求。

（4）金属幕墙主体结构上的预埋件、后置埋件的数量、位置及后置埋件的拉拔力必须符合设计要求。

（5）金属幕墙的金属框架立柱与主体结构预埋件的连接、立柱与横梁的连接、金属面板的安装必须符合设计要求、安装必须牢固。

（6）金属幕墙的防火、保温、防潮材料的设置应符合设计要求，并应密实、均匀、厚度一致。

（7）金属框架及连接件的防腐处理应符合设计要求。

（8）金属幕墙的防雷装置必须与主体结构的防雷装置可靠连接。

（9）各种变形缝、墙角的连接节点应符合设计要求和技术标准的规定。

（10）金属幕墙的板缝注胶应饱满、密实、连续、均匀、无气泡，宽度和厚度应符合设计要求和技术标准规定。

（11）金属幕墙应无渗漏。

（12）金属板表面应平整、洁净、色泽一致。

（13）金属幕墙的压条应平直、洁净、接口严密、安装牢固。

（14）金属幕墙的密封胶缝应横平竖直、深浅一致、宽窄均匀、光滑顺直。

（15）金属幕墙上的滴水线、流水坡向应正确、顺直。

（16）每平方米金属板的表面质量和检验方法应符合表12-21的规定。

（17）金属幕墙安装的允许偏差和检验方法应符合表12-22的规定。

每平方米金属板的表面质量和检验方法　　　　　　　　　　　　　表12-21

项次	项　目	质量要求	检验方法
1	明显划伤和长度>100mm的轻微划伤	不允许	观察
2	长度≤100mm的轻微划伤	≤8条	用钢尺检查
3	擦伤总面积	≤500mm²	用钢尺检查

金属幕墙安装的允许偏差和检验方法　　　　　　　　　　　　　表12-22

项次	项　目		允许偏差（mm）	检验方法
1	幕墙垂直度	幕墙高度≤30m	10	用经纬仪检查
		30m<幕墙高度≤60m	15	
		60m<幕墙高度≤90m	20	
		幕墙高度>90m	25	
2	幕墙水平度	层高≤3m	3	用水平仪检查
		层高>3m	5	
3	幕墙表面平整度		2	用2m靠尺和塞尺检查
4	板材立面垂直度		3	用垂直检测尺检查
5	板材上沿水平度		2	用1m水平尺和钢直尺检查
6	相邻板材板角错位		1	用钢直尺检查
7	阳角方正		2	用直角检测尺检查
8	接缝直线度		3	拉5m线，不足5m拉通线，用钢直尺检查
9	接缝高低差		1	用钢直尺和塞尺检查
10	接缝宽度		1	用钢直尺检查

3. 石材幕墙

（1）石材幕墙工程所用的材料的品种、规格、性能和等级，应符合设计要求及国家现行产品标准和工程技术规范的规定。石材的弯曲强度不应小于8.0MPa；吸水率应小于0.8%。石材幕墙的铝合金挂件厚度不应小于4.0mm，不锈钢挂件厚度不应小于3.0mm。

（2）石材幕墙的造型、立面分格、颜色、光泽、花纹和图案应符合设计要求。

（3）石材孔、槽的数量、深度、位置、尺寸应符合设计要求。

（4）石材幕墙主体结构上的预埋件和后置埋件的位置、数量及后置埋件的拉拔力必须符合设计要求。

（5）石材幕墙的金属框架立柱与主体结构预埋件的连接、立柱与横梁的连接、连接件与金属框架的连接、连接件与石材板的连接必须符合设计要求，安装必须牢固。

（6）金属框架和连接件的防腐处理应符合设计要求。

（7）石材幕墙的防雷装置必须与主体结构防雷装置可靠连接。

（8）石材幕墙的防火、保温、防潮材料的设置应符合设计要求，填充应密实、均匀、厚度一致。

（9）各种结构变形缝、墙角的连接节点应符合设计要求和技术标准的规定。

（10）石材表面和板缝的处理应符合设计要求。

(11) 石材幕墙的板缝注胶应饱满、密实、连续、均匀,无气泡,板缝宽度和厚度应符合设计要求和技术标准的规定。

(12) 石材幕墙应无渗漏。

(13) 石材幕墙表面应平整、洁净、无污染、缺损和裂缝。颜色和花纹应协调一致,无明显色差,无明显修痕。

(14) 石材幕墙的压条应平直、洁净、接口严密、安装牢固。

(15) 石材接缝应横平竖直、宽窄均匀,阴阳角石材压向应正确,板边合缝应顺直;凹凸线出墙厚度应一致,上下口应平直;石材面板上洞口、槽边应套割吻合,边缘应整齐。

(16) 石材幕墙的密封胶缝应横平竖直、深浅一致、宽窄均匀、光滑顺直。

(17) 石材幕墙上的滴水线、流水坡向应正确、顺直。

(18) 每平方米石材的表面质量和检验方法应符合表12-23的规定。

(19) 石材幕墙安装的允许偏差和检验方法应符合表12-24的规定。

每平方米石材的表面质量和检验方法 表12-23

项次	项目	质量要求	检验方法
1	裂痕、明显划伤和长度>100mm的轻微划伤	不允许	观察
2	长度≤100mm轻微划伤	≤8条	用钢尺检查
3	擦伤总面积	≤500mm²	用钢尺检查

石材幕墙安装的允许偏差和检验方法 表12-24

项次	项目		允许偏差(mm)		检验方法
			光面	麻面	
1	幕墙垂直度	幕墙高度≤30m	10		用经纬仪检查
		30m<幕墙高度≤60m	15		
		60m<幕墙高度≤90m	20		
		幕墙高度>90m	25		
2	幕墙水平度		3		用水平仪检查
3	板材立面垂直度		3		用水平仪检查
4	板材上沿水平度		2		1m水平尺和钢直尺检查
5	相邻板材板角错位		1		用钢直尺检查
6	幕墙表面平整度		2	3	用垂直检测尺检查
7	阳角方正		2	4	用直角检测尺检查
8	接缝直线度		3	4	拉5m线,不足5m拉通线,用钢直尺检查
9	接缝高低差		1	—	用钢直尺和塞尺检查
10	接缝宽度		1	2	用钢直尺检查

第十三章　屋面防水与保温隔热屋面工程

本章通过屋面防水，保温隔热屋面部分，重点阐述了屋面与防水工程的施工技术与质量检查的要点和内容。

第一节　屋面防水工程

一、卷材屋面防水工程

（一）卷材屋面防水工程的施工技术要求

1. 一般规定

（1）适用范围

卷材防水屋面适用于防水等级为Ⅰ-Ⅳ级的屋面防水。

屋面结构层为装配式钢筋混凝土板时，应采用细石混凝土灌缝，其强度等级不应小于C20。灌缝的细石混凝土宜掺微膨胀剂。当屋面板板缝宽度大于40mm且上窄下宽时，板缝中应设置构造钢筋。

（2）找平层

找平层表面应压实平整，排水坡度应符合设计要求。采用水泥砂浆找平层时，水泥砂浆抹平收水后应二次压光，充分养护，不得有酥松、起砂、起皮现象。

基层与突出屋面结构（女儿墙、立墙、天窗壁、变形缝、烟囱等）的连接处，以及基层的转角处（水落口、檐口、天沟、屋脊等）均应做成圆弧，圆弧半径应根据卷材种类按表13-1选用。

转角处圆弧半径　　　　　　　　　表13-1

卷 材 种 类	圆弧半径(mm)	卷 材 种 类	圆弧半径(mm)
沥青防水卷材	100～150	合成高分子防水卷材	20
高聚物改性沥青防水卷材	50		

（3）基层处理

铺设屋面隔气层和防水层前，基层必须干净、干燥。

干燥程度的简易检验方法，是将1m²卷材平坦地干铺在找平层上，静置3～4h掀开检查，找平层覆盖部位与卷材上未见水印即可铺设隔气层或防水层。

（4）采用基层处理剂时，其配置与施工应符合下列规定

1）基层处理剂选择应与卷材的材性相容。

2）基层处理剂可采取喷涂或涂刷法施工。喷、涂应均匀一致。当喷、涂二遍时，第二遍喷、涂应在第一遍干燥后进行。待最后一遍喷、涂干燥后，方可铺贴卷材。

3）喷、涂基层处理剂前，应用毛刷对屋面节点、周边、拐角等处先行涂刷。

(5) 卷材铺贴

1) 卷材铺设方向应符合下列规定

a. 屋面坡度小于 3%，卷材宜平行屋脊铺贴。

b. 屋面坡度在 3%～15% 之间，卷材可平行或垂直屋脊铺贴。

c. 坡度大于 15% 或屋面受振动时，沥青防水卷材应垂直屋脊铺贴；高聚物改性沥青防水卷材和合成高分子防水卷材可平行或垂直屋脊铺贴。

d. 上下层卷材不得相互垂直铺贴。

2) 屋面防水层施工时，应先做好节点，附加层和屋面排水比较集中的部位（屋面与水落口连接处、檐口、天沟、屋面转角处、板端缝等）的处理，然后由屋面最低标高处向上施工。铺贴天沟、檐沟卷材时，宜顺天沟、檐沟方向，减少搭接。

3) 卷材搭接的方法、宽度和要求，应根据屋面坡度、年最大频率风向和卷材的材性决定。

a. 铺贴卷材应采用搭接法，上下层及相临两幅卷材的搭接缝应错开。平行于屋脊搭接缝应顺流水方向搭接，垂直于屋脊的搭接缝应顺年最大频率风向搭接。

各种卷材搭接宽度应符合表 13-2 的要求。

卷材搭接宽度　　　　表 13-2

搭接方向		短边搭接宽度(mm)		长边搭接宽度(mm)	
	铺贴方法	满粘法	空铺法 点粘法 条粘法	满粘法	空铺法 点粘法 条粘法
卷材种类		100	150	70	100
高聚物改性沥青防水卷材		80	100	80	100
合成高分子防水卷材	粘接法	80	100	80	100
	焊接法	50			

b. 高聚物改性沥青防水卷材和合成高分子防水卷材的搭接缝，宜用材性相容的密封材料封严。

c. 叠层铺设的各层卷材，在天沟与屋面的连接处，应采用叉接法搭接，搭接缝应错开，接缝宜留在屋面或天沟侧面，不宜留在沟底。

4) 在铺贴卷材时，不得污染檐口的外侧和墙面。

2. 细部构造施工要求

(1) 天沟、檐口防水构造

天沟、檐口防水构造应符合下列规定：

1) 天沟、檐口应增设附加层。当采用沥青防水卷材时应增铺一层卷材；当采用高聚物改性沥青防水卷材或合成高分子防水卷材时宜采用防水涂膜加强层。

2) 天沟、檐口与屋面交接处的附加层宜空铺，空铺宽度应为 200mm。

3) 天沟、檐口卷材收头，应固定密封（图 13-1）。

4) 高低跨内排水天沟与主墙交接处应采取能适应变形的密封处理（如图 13-2）。

(2) 泛水防水构造

1) 铺贴泛水处的卷材应采取满粘法。泛水收头应根据泛水高度和泛水墙体材料确定收头密封形式。

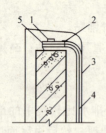
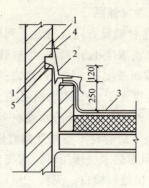

图 13-1　檐沟卷材收头
1—钢压条；2—水泥钉；3—防水层；
4—附加层；5—密封材料

图 13-2　高低跨变形缝
1—密封材料；2—金属或高分子盖板；3—防水层；
4—金属压条钉子固定；5—水泥钉

a. 墙体为砖墙时，卷材收头可直接铺压在女儿墙压顶下，压顶应做防水处理，如图13-3所示。

也可在砖墙留凹槽，卷材收头应压入凹槽内固定密封，凹槽距屋面找平层最低高度不

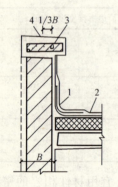
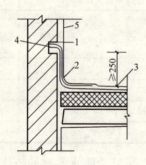
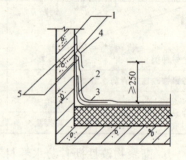

图 13-3　卷材泛水收头
1—附加层；2—防水层；
3—压顶；4—防水处理

图 13-4　砖墙卷材泛水收头
1—密封材料；2—附加层；3—防水层；
4—水泥钉；5—防水处理

图 13-5　混凝土墙卷材泛水收头
1—密封材料；2—附加层；3—防水层；
4—金属、合成高分子盖板；5—水泥钉

应小于250mm，凹槽上部的墙体亦应做防水处理，如图13-4所示。

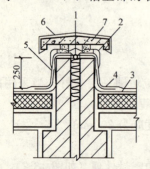

b. 墙体为混凝土时，卷材的收头可采用金属压条钉压，并用密封材料封固，如图13-5所示。

2）泛水宜采取隔热防晒措施，可在泛水卷材面砌砖后抹水泥砂浆或浇细石混凝土保护；亦可采用涂刷浅色涂料或粘贴铝箔保护层。

（3）变形缝处理

变形缝内宜填充泡沫塑料或沥青麻丝，上部填放衬垫材料，并用卷材封盖，顶部应加扣混凝土盖板或金属盖板，如图13-6所示。

图 13-6　变形缝防水构造
1—衬垫材料；2—卷材封盖；3—防水层；
4—附加层；5—沥青麻丝；6—水泥砂浆；
7—混凝土盖板

（4）水落口防水构造

水落口防水构造应符合下列规定：

1)水落口杯宜采用铸铁或塑料制品。

2)水落口杯埋设标高应考虑水落口设防时,增加的附加层和柔性密封层的厚度及排水坡度加大的尺寸。

3)水落口周围直径500mm范围内坡度不应小于5%,并应用防水涂料或密封材料涂封,其厚度不应小于2mm,水落口杯与基层接触处应留宽20mm,深20mm凹槽,嵌填密封材料如图13-7和图13-8所示。

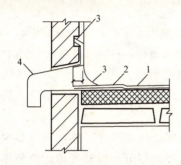

图13-7 横式水落口

1—防水层;2—附加层;3—密封材料;4—水落口

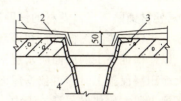

图13-8 直式水落口

1—防水层;2—附加层;3—密封材料;4—水落口杯

(5)反梁过水孔的构造

1)应根据排水坡度要求留设反梁过水孔,图纸应注明孔底标高。

2)留置的过水孔高度不应小于150mm,宽度不应小于250mm,当采用预埋管做过水孔时,管径不得小于75mm。

3)过水孔可采用防水涂料、密封材料防水。预埋管道两端周围与混凝土接触处应留凹槽,用密封材料封严。

(6)伸出屋面管道处

伸出屋面管道周围的找平层应做成圆锥台,管道与找平层间应留凹槽,并嵌填密封材料,防水层收头处应用金属箍紧,并用密封材料封严。

(7)屋面出入口

屋面垂直出入口防水层收头应压在混凝土压顶圈下(如图13-9);水平出入口防水层收头应压在混凝土踏步下,防水层的泛水应设护墙(如图13-10)。

3.沥青卷材的防水施工

石油沥青纸胎油毡通常采用传统的热沥青玛琋脂粘贴法施工。一般由三毡四油构成防

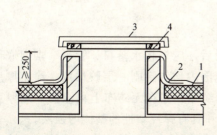

图13-9 垂直出入口防水构造

1—防水层;2—附加层;3—入孔箍;4—混凝土压顶圈

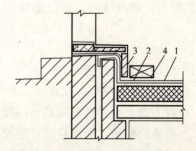

图13-10 水平出入口防水构造

1—防水层;2—附加层;3—护墙;4—踏步

水层。这一方法由于在用沥青锅熬制玛琋脂时污染空气，且有发生大火、烫伤等事故，已禁止在城内使用。

石油沥青玻璃布胎油毡、玻纤胎油毡亦可用热玛琋脂进行粘贴施工，目前常用冷玛琋脂进行铺贴。一般由三毡四油构成防水层。如选用不同胎体和性能的石油沥青油毡组成复合防水层时，应将抗裂性、耐久性等性能好的放在面层。

（1）热玛琋脂的施工工艺

1）工艺流程

基层表面清理──→喷、涂基层处理剂（冷底子油）──→细部构造（节点）附加增强处理──→定位、弹线──→铺贴卷材──→收头处理、细部构造（节点）密封──→检查、修整──→做保护层

2）卷材铺贴顺序：卷材的铺贴顺序一般是："先高后低，先远后近"，即高低跨相邻的屋面，先铺高跨后铺低跨；在等高的大面积屋面，先铺离上料点较远的部位，后铺较近部位。以便保证完工的屋面防水层不受破坏。

大面积屋面施工时，可依据屋面面积的大小、形状、施工顺序、作业人员多少等条件分若干施工段。比如以屋脊、天沟、变形缝等处作为界线划分，统筹安排运料和作业的合理流水施工。

3）试铺和大面积铺贴：为了确保卷材铺贴的施工质量，宜在正式铺贴前进行试铺（只对位，不粘连），并在基层上定位弹线。对水落口、立墙转角、檐沟、天沟等节点部位，应按设计要求尺寸裁剪好卷材先行铺贴。大面积铺贴卷材的操作工序是：先固定一端对位，将卷材端头掀开，在基层上涂刷热玛琋脂（或浇在基层上），随即紧贴端头卷材，仔细压实平整，继续铺贴卷材时，需将已放开的卷材部分紧紧地卷回，对准位置继续往前铺贴。

使用热玛琋脂连续热粘卷材的方法有：浇油、刷油、刮油、撒油等各种方法铺贴，每层卷材的玛琋脂厚度须控制在 1～1.5mm，面层热玛琋脂的厚度宜为 2～3mm。

（2）冷玛琋脂施工工艺

施工准备、基层要求、工艺流程、附加层处理、铺贴作业要求等，基本上与热玛琋脂铺贴卷材相同，只是胶结料为冷玛琋脂。沥青卷材一般采用刮涂法铺贴，每层满涂的玛琋脂厚度控制在 1mm 以下，表面刮涂厚度在 1.5mm 左右，过厚防水层容易起泡。铺贴卷材前冷玛琋脂要反复均匀刮涂，不得漏刮空白或出现麻点水泡，玛琋脂使用时应搅匀，稠度太大时可加适量溶剂稀释搅匀。

4．高聚物改性沥青卷材防水施工

依据高聚物改性沥青卷材的特性，其施工方法一般可分为热熔法、冷粘法、自粘法三种。

（1）冷粘法施工要点

1）复杂部位的增强处理。待基层处理剂干燥后，应先将水落口、管根、烟囱底部等易发生渗漏的薄弱部位，在其中心 200mm 左右范围内均匀涂刷一层胶粘剂，涂刷厚度以 1mm 左右为宜，涂胶后随即粘贴一层聚脂纤维无纺布，并在无纺布上再涂刷一层厚度为 1mm 左右的胶粘剂。干燥后即可形成一层无接缝和具有弹性塑性的整体增强层。

2）铺贴卷材防水层。按卷材的配置方案在流水坡的下坡开始弹出基准线，边涂刷胶粘剂，边向前滚铺卷材，并及时用压辊用力进行压实；用毛刷涂刷时，蘸胶液要饱满，涂

刷要均匀。滚压时注意不要卷入空气或异物，粘结必须牢固。

3) 卷材的接缝处理。卷材纵横之间的搭接宽度为80~100mm。接缝可用胶粘剂粘合，也可用汽油喷灯热熔作业，边融化边压实。接缝边缘趁融化卷材时，用扁铲压实封边，效果更佳。当为双层做法时，第二层卷材的搭接与第一层搭接缝应错开卷材幅宽的1/3~1/2。

(2) 热熔法施工要点

1) 基层要求和基层处理剂的使用与冷粘法施工相同。冬期施工基层处理剂涂刷后应干燥静置24h以上，使溶剂充分挥发后再进行热熔作业，以保安全。

2) 喷枪（灯）加热基层及卷材时，距离应适中，一般距卷材300~500mm，与基层夹角30°~45°。在幅宽内均匀加热，以卷材表面沥青熔融至黑色光亮为度，不得过分加热或烧穿卷材。

3) 热熔接缝前，先将卷材表面的隔离层熔化，搭接缝热熔以溢出热熔的改性沥青为控制度，趁卷材尚未冷却时，用铁抹子封边，再用喷灯均匀细致密封。

(3) 自粘法施工要点

1) 铺贴卷材前，基层表面应均匀涂刷基层处理剂，干燥后应及时铺贴卷材。

2) 铺贴卷材时，应将自粘胶表面的隔离纸完全撕净。

3) 铺贴卷材时，应排除卷材下面的空气，并辊压粘结卷材。

4) 铺贴的卷材应平整顺直，搭接尺寸应准确，不得扭曲、皱折。搭接部位宜采用热风焊枪加热，加热后随即粘贴牢固，并将溢出的自粘胶随即刮平封口。

5) 接缝口应用密封材料封严，宽度不小于10mm。

6) 铺贴立面卷材的，应加热后粘贴牢固。

5. 合成高分子防水卷材防水施工

合成高分子防水卷材一般均采用单层冷粘法施工，也可采用自粘法和热风焊接法铺贴。

(1) 合成高分子卷材冷粘法施工，不同的卷材和不同的粘结部位应使用不同的胶粘剂。即不同品种卷材或卷材与基层，卷材与卷材搭接缝粘结，其使用的胶粘剂不一样，切勿混用、错用。

(2) 合成高分子防水卷材施工要点

1) 卷材施工前的基层处理和卷材铺贴工艺与高聚物改性沥青卷材冷作业施工的相同。

2) 卷材铺贴时，应根据专用胶粘剂的性能，控制胶粘剂涂刷与粘合的间隔时间，并排除接缝间的空气，辊压粘接牢固。

3) 当采用空铺法施工时，丁基橡胶胶粘剂只涂刷在卷材接缝相对应的基层上，涂胶粘剂后指触基本不粘时，即可进行粘接施工，并用手持压辊压实，全部搭接缝的边缘都要用密封材料封牢。

(3) 合成高分子卷材自粘法施工，基本与高聚物改性沥青自粘法施工相同。

(4) 合成高分子卷材热风焊接法施工，一般适用于热塑性高分子防水卷材的接缝施工，其工艺如下：

一般是在基层上先铺设厚度4mm的聚乙烯泡沫卷材或无纺布衬垫。再用射钉或木螺钉将塑料圆垫片固定在衬垫上，间距50~100mm，梅花形铺设。防水卷材则用热焊方法焊接在塑料圆垫片上，卷材与卷材的接缝用专用热焊机焊接，最终形成无钉孔铺设的防水层。

为使接缝焊接牢固和密封，必须将接缝的结合面清扫干净，无灰尘、砂粒、污垢。焊缝施工前，将卷材平放顺直，搭接缝应按事先弹好的标准对齐、展铺、不扭曲、不皱折，然后进行施焊，为了保证质量和便于操作，应先焊长边接缝，后焊短边接缝。

6. 屋面卷材保护层施工

保护层有以下几种做法：

（1）涂料保护层：保护层涂料一般在现场配制，常用的有铝基沥青悬浮液、丙烯酸浅色涂料或在涂料中掺入铝粉的反射涂料，施工前防水层表面应干净，无杂物。涂刷方法与用量按各种保护层涂料使用说明书操作，基本和涂膜防水施工相同。涂刷均匀、不漏涂。

（2）绿豆砂保护层：在沥青卷材非上人屋面中使用较多。施工时在卷材表面涂刷最后一道沥青玛琋脂，趁热撒铺一层粒径为3～5mm的绿豆砂（或人工砂），绿豆砂应撒铺均匀，全部嵌入沥青玛琋脂中，为了嵌入牢固，绿豆砂须经预热至100℃左右，干燥后使用，边撒砂边扫铺均匀，并用软辊轻轻压实。

（3）细砂、云母粉或蛭石粉保护层：常用于不上人的卷材防水屋面（有时也用于涂膜防水屋面）。使用于卷材屋面时，在表面边涂刷胶粘剂、边撒布细砂（或云母粉。蛭石粉），同时用软胶辊反复轻轻压滚，使保护层牢固地粘结在涂层上。

（4）预制板块保护层：预制板块保护层的结合材料可采用砂和水泥沙浆铺设。板块的铺砌横平竖直，并满足排水要求。用砂结合铺砌板块时，砂层应洒水压实、刮平，板块对接铺砌，缝隙应一致，缝宽10mm左右，砌完洒水轻压拍实，板缝先填砂一半高度，再用1∶2水泥砂浆勾成凹缝。

隔离层的做法有：干砂垫，干油毡，铺纸筋灰或麻刀灰，黏土砂浆，白灰砂浆作隔离层等多种方法施工。

上人屋面的预制板块保护层，板块材料应参照楼地面工程的质量要求选用，结合层应选用1∶2水泥砂浆。

（5）水泥砂浆抹面保护层：水泥砂浆保护层与防水层之间应设置隔离层。保护层用的水泥砂浆配合比为1∶2.5～3（体积比）。

保护层施工前，应根据结构情况每隔4～6m，用木模设置纵横分格缝，铺设水泥砂浆时应随铺随拍压，并用刮尺刮平。排水坡度应符合设计要求。

立面水泥砂浆保护层施工时，为使砂浆与防水层粘结牢固，可事先在防水层（涂膜或卷材）表面粘结砾砂或小豆石后，然后再做保护层。

（6）整体现浇细石混凝土保护层：施工前应在防水层上铺设隔离层。浇筑细石混凝土前支好分格缝的木模，每格面积不大于36m²，分格宽度为20mm。一个分格内的混凝土应连续浇捣，不留施工缝。振捣后采用铁辊滚压或人工拍实，以防破坏防水层。拍实后随即用刮尺按排水坡度刮平，初凝前用木抹子提浆抹平，初凝后及时拆除分格缝木模，终凝前用铁抹子抹光。抹平压光时不宜在表面掺加水泥砂浆或干灰，否则表层砂浆易产生裂缝与剥落现象。

细石混凝土保护层浇筑完后应及时养护7d，养护完毕将分格缝清理干净，待干燥后用密封材料嵌填。

（7）架空隔热保护层：铺设前，将屋面防水层上的杂物清理干净，根据架空板尺寸在防水层上划线确定支座位置，支座宜采用水泥砂浆砌筑，其强度等级应为 M5，砌筑支座应根据排水坡进行挂线，以保证支座的高度一致，使架空层铺稳并达到设计要求的排水坡度。支座底面应铺垫一层卷材或聚酯毡，以保护防水层。架空板宜随支座的砌筑进行铺设，以便及时根据架空板的尺寸调整支座位置，保证架空板有足够的支撑面积。

架空板铺设 1~2d 后，板缝应用水泥砂浆勾缝抹干，以便于架空板排水，从而保护防水层。

（二）卷材屋面防水工程施工质量控制

1. 材料质量检查

防水卷材现场抽样复验应遵守下列规定：

（1）同一品种、牌号、规格的卷材，抽验数量为：大于 1000 卷取 5 卷，500~100 卷抽取 4 卷，100~499 卷抽取 3 卷，小于 100 卷抽取 2 卷。

（2）将抽验的卷材开卷进行规格、外观质量检验，全部指标达到标准规定时，即为合格。其中如有一项指标达不到要求，即应在受检产品中加倍取样复验，全部达到标准规定为合格。复验时有一项指标不合格，则判定该产品外观质量为不合格。

（3）卷材的物理性能应检验下列项目

1）沥青防水卷材：拉伸强度、性能、耐热度、柔性、不透水性。

2）高聚物改性沥青防水卷材：拉伸性能、耐热度、柔性、不透水性。

3）合成高分子防水卷材：拉伸性能、断裂伸长率、低温弯折性、不透水性。

（4）胶粘剂物理性能应检验下列项目

1）改性沥青胶粘剂：粘结剥离强度。

2）合成高分子胶粘剂：粘结剥离强度，粘结剥离强度浸水后保持率。

防水卷材一般可用卡尺、卷尺等工具进行外观质量的测试。用手拉伸进行强度、延伸率回弹力的测试，重要的项目应送质量监督部门认定的检测单位进行测试。

2. 施工质量控制

（1）卷材防水屋面的质量要求

1）屋面不得有渗漏和积水现象。

2）屋面工程所用的合成高分子防水卷材必须符合质量标准和设计要求，以便能达到设计规定的耐久使用年限。

3）坡屋面和平屋面的坡度必须准确，坡度的大小必须符合设计要求。平屋面不得出现排水不畅和局部积水现象。

水落管、天沟、檐沟等排水设施必须畅通，设置应合理，不得堵塞。

4）找平层应平整坚固，表面不得有酥软、起砂、起皮等现象，平整度不应超过 5mm。

5）屋面的细部构造和节点是防水的关键部位。所以，其做法必须符合设计要求和规范的规定，节点处的封固应严密，不得开缝、翘边、脱落。水落口及突出屋面设施与屋面连接处，应固定牢靠，密封严实。

6）绿豆砂、细砂、蛭石、云母等松散材料保护层和涂料保护层覆盖应均匀，粘结应牢固；刚性整体保护层与防水层之间应设隔离层，表面设分格缝、分格缝留设应正确；块体保护层应铺设平整，勾缝平密，分格缝留设位置、宽度应正确。

7) 卷材铺贴方法、方向和搭接顺序应符合规定,搭接宽度应正确,卷材与基层、卷材与卷材之间粘结应牢固,接缝缝口、节点部位密封应严密,不得皱折、鼓包、翘边。

8) 保护层厚度、含水率、表现密度应符合设计规定要求。

(2) 卷材防水屋面的质量检验

1) 卷材防水屋面工程施工中应做好从屋面结构层、找平层、节点构造直至防水屋施工完毕,分项工程的交接检查,未经检验验收合格的分（单）项工程,不得进行后续施工。

2) 对于多道设防的防水层,包括涂膜、卷材、刚性材料等,每一道防水层完成后,应由专人进行检查,每道防水层均应符合质量要求,不渗水,才能进行下一道防水工程的施工。使其真正起到多道设防的应有效果。

3) 检验屋面有无渗漏或积水,排水系统是否畅通,可在雨后或持续淋水2h以后进行。有可能作蓄水检验的屋面宜做蓄水24h检验。

4) 卷材屋面的节点做法、接缝密封的质量是屋面防水的关键部位,是质量检查的重点部位。节点处理不当会造成渗漏;接缝密封不好会出现裂缝、翘边、张口、最终导致渗漏;保护层质量低劣或厚度不够,会出现松散脱落、龟裂爆皮,失去保护作用,导致防水层过早老化而降低使用年限。所以,对这些项目,应进行认真的外观检查,不合格的,应重做。

5) 找平层的平整度,用2m直尺检查,面层与直尺间的最大空隙不应超过5mm,空隙仅允许平缓变化,每米长度内不多于一处。

6) 对于用卷材做防水层的蓄水屋面、种植屋面应做蓄水24h检验。

二、涂膜屋面防水工程

涂膜防水屋面是由各类防水涂料经重复多遍地涂刷在找平层上,静置固化后,形成无接缝,整体性好的多层涂膜作层面防水层。主要适用于屋面多道防水的一道,少量用于防水等级为Ⅲ级、Ⅳ级的屋面防水,这是由涂膜的强度、耐穿刺性能比卷材低所决定的。用高档涂料（聚氨酯、丙烯酸和硅橡胶）作一道设防时,其耐久年限尚能达10年以上,但一般不会超过15年,其余均为中低档涂料,所以根据屋面防水等级、耐用年限对作一道设防的涂膜厚度,应作严格规定。另外,由于涂膜的整体性好,对屋面的细部构造、防水节点和任何不规则的屋面均能形成无接缝的防水层,且施工方便。如和卷材作复合防水层,充分发挥其整体性好的特性,将取得良好的防水效果。

(一) 涂膜屋面防水施工技术要求

1. 一般规定

(1) 适用范围

涂膜防水屋面主要适用于防水等级为Ⅲ级、Ⅳ级的屋面防水,也可用作Ⅰ级、Ⅱ级屋面多道防水设防中一道防水层。

(2) 涂膜层的厚度

沥青基防水涂膜在Ⅲ级防水屋面上单独使用时,厚度不应小于8mm;在Ⅳ级防水屋面上或复合使用时,厚度不宜小于4mm;高聚物改性沥青防水涂膜厚度不应小于3mm,在Ⅲ级防水屋面上复合使用时,厚度不宜小于1mm。

(3) 防水涂膜涂刷要求

防水涂膜应分层分遍涂布。待先涂的涂层干燥成膜后,方可涂布后一遍涂料。需铺设胎体增强材料,当屋面坡度小于15%时可平行屋脊铺设;当屋面坡度大于15%时应垂直屋脊铺设,并由屋面最低处向上操作。胎体长边搭接宽度不得小于50mm;短边搭接宽度不得小于70mm。采用两层胎体增强材料时,上下层不得互相垂直铺设,搭接缝应错开,其间距不应小于幅宽的1/3。

在涂膜实干前,不得在防水层上进行其他施工作业。涂膜防水屋面上不得直接堆放物品。

(4) 天沟、泛水、水落口等部位的强化要求

天沟、檐沟、檐口、泛水等部位,均应加铺有胎体增强材料的附加层。水落口周围与屋面交接处,应作密封处理,并加铺两层有胎体增强材料的附加层。涂膜伸入水落口的深度不得小于50mm。

涂膜防水层的收头应用防水材料多遍涂刷或用密封材料封严。

(5) 屋面的板缝处理要求

屋面的板缝处理应符合下列规定:

1) 板缝应清理干净;细石混凝土应浇捣密实,板端缝中嵌填的密封材料应粘结牢固、封填严密。

2) 抹找平层时,分格缝应与板端缝对齐,均交顺直,并嵌填密封材料。

3) 涂层施工时,板端缝部位空铺的附加层每边距板缝边缘不得小于80mm。

2. 细部构造

(1) 天沟、檐沟与屋面交接处的附加层宜空铺,空铺的宽度宜200～300mm,如图13-11所示,屋面设有保温层时,天沟、檐沟处宜铺设保温层。

(2) 檐口处涂膜防水层的收头,应用防水材料多遍涂刷或用密封材料封严,如图13-12所示。

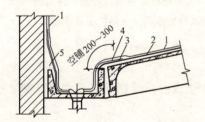

图 13-11 天沟、檐沟构造
1—涂膜防水层;2—找平层;3—有胎体增强材料的附加层;4—空铺附加层;5—密封材料

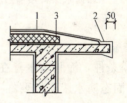

图 13-12 檐口构造
1—涂膜防水层;2—密封材料;3—保温层

(3) 泛水处的涂膜防水层宜直接涂刷至女儿墙的压顶下,收头处理应用防水涂料多遍涂刷封严,压顶应做防水处理,如图13-13所示。

(4) 变形缝内应填充泡沫塑料或沥青麻丝,其上放衬垫材料,并用卷材封盖;顶部应加混凝土盖板或金属盖板,如图13-14所示。

3. 沥青基防水涂膜施工

沥青基防水涂膜是以沥青为基料配制成的水乳型或溶剂型防水涂料,通过工程现场作业而成膜的防水层。

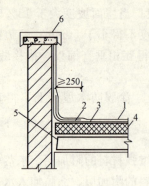
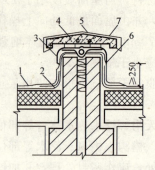

图 13-13 泛水构造
1—涂膜防水层；2—有胎体增强材料的附加层；
3—找平层；4—保温层；5—密封材料；
6—防水处理

图 13-14 变形缝构造
1—涂膜防水层；2—有胎体增强材料的附加层；
3—卷材；4—衬垫材料；5—混凝土盖板；
6—沥青麻丝；7—水泥砂浆

(1) 施工要点

1) 施工顺序应"先高后低，先远后近"涂刷涂料。并先做水落口、天沟、檐沟细部附加层处理，后做屋面大面涂刷，大面积涂刷宜以变形缝为界分段作业。涂刷方向应顺屋脊进行。特别是屋面转角与立面涂层应该薄涂，但遍数要多，并达到要求厚度。涂刷均匀，不堆积，不流淌。

涂层中夹铺胎体增强材料时，宜边涂边铺胎体；胎体应排除气泡，并与涂料粘牢。在胎体上涂布涂料时，应使涂料浸透胎体，覆盖完全，胎体不外露。

2) 施工工艺、工艺流程如图 13-15 所示。

基层表面清理、修理——→喷涂基层处理剂——→特殊部位附加增强处理——→
涂布防水涂料及铺贴胎体增强材料——→清理及检查修理——→保护层施工

图 13-15 涂膜工艺流程

3) 成膜条件，涂膜防水是在涂料涂刷干燥后才能成膜，涂刷前基层必须干燥。涂料由流态成为固态防水膜同样要在干燥环境下进行。

溶剂型防水涂料在5℃以下溶剂挥发缓慢，成膜时间较长；水乳型涂料在10℃以下，水分不易蒸发与干燥，冬季0℃以下施工，涂料易受冻，严禁使用。为此，施工温度宜在10~30℃之间。

(2) 注意事项

1) 涂料涂刷前要充分搅拌均匀。每遍涂刷薄厚一致，过厚不易固化成膜，影响连续作业和涂膜质量。沥青基防水涂膜至少涂刷两遍以上至达到设计厚度为准。

2) 涂膜防水层完工后，注意成品保护，涂膜自然养护一般7d以上。

3) 如使用二种以上不同防水材料时，材料应相容。在天沟、泛水等部位使用相容的防水卷材时，卷材与涂膜的接缝应顺流水方向，搭接宽度不小于100mm。

4. 高聚物改性沥青防水涂膜施工

高聚物改性沥青防水涂膜施工与沥青基防水涂料施工要求基本相同。

施工注意事项：

（1）屋面基层干燥程度，视所用涂料特性而定。采用溶剂型涂料时，基层应干燥。

（2）基层处理剂应充分搅拌，涂刷均匀，覆盖完全，干燥后方可进行涂膜施工。

（3）最上层涂层的涂刷不应少于两遍，其厚度应不小于1mm。

（4）高聚物改性沥青防水涂膜严禁在雨天、雪天施工；五级风及其以上时也不得施工。溶剂型涂料施工环境气温宜为－5～35℃。

5. 合成高分子防水涂膜施工

施工操作要点：

（1）合成高分子防水涂膜施工与沥青基防水涂膜施工处理相同，可采用涂刮或喷涂施工。当涂刮施工时，每遍涂刮的前进方向宜与前一遍相互垂直。涂膜厚度一致，不露底、不存气泡、表面平整。

（2）多组分涂料必须按配合比准确计算，搅拌均匀，已配成的多组分涂料必须及时使用。配料时允许加入适量的缓凝剂或促凝剂以调节固化时间，但不得混入已固化的涂料。

（3）在涂层中夹铺胎体增强材料时，位于胎体下面的涂层厚度不宜小于1mm，最上层的涂层应不少于两遍。

（4）合成高分子防水涂膜施工时的气候条件与高聚物改性沥青防水涂膜施工相同。

6. 涂膜屋面保护层施工

涂膜防水屋面保护层处理，选材可采用细砂、云母、蛭石、浅色涂料、水泥砂浆或块材等。采用水泥砂浆或块材时，应在涂膜与保护层之间设置隔离层。水泥砂浆保护层厚度不宜小于20mm。

（1）当采用细砂、云母或蛭石等撒布材料作保护层时，应筛去粉料，在涂刮最后一遍涂料时，边涂边撒布均匀，不得露底，待涂料干燥后，将多余的撒布材料清除掉。

（2）用水泥砂浆作保护层时，表面应抹平压光，每$1m^2$设表面分格缝。

（3）用块体材料作保护层时，宜留设分格缝，分格面积不宜大于$100m^2$。分格缝宽度不小于20mm，缝内嵌密封材料。

（4）用细石混凝土作保护层时，混凝土应振捣密实，表面抹平压光，并宜设分格缝。分格面积不宜大于$36m^2$。

（5）刚性保护层与女儿墙之间必须预留30mm以上空隙，并嵌填密封材料。

（6）水泥砂浆、块材、细石混凝土保护层与防水层之间设置的隔离层应平整，以便起到隔离的作用。

（二）涂膜屋面防水的施工质量控制

1. 材料质量检查

进场的防水材料和胎体增强材料抽样复验应符合下列规定：

（1）同一规格、品种的防水材料，每10t为一批，不足10t者按一批进行抽检；胎体增强材料，每$3000m^2$为一批，不足$3000m^2$者按一批进行抽检。

（2）防水涂料应检查延伸或断裂延伸率、固体含量、柔性、不透水性和耐热度；胎体增强材料应检查拉力和延伸率。

2. 施工质量检查

(1) 涂膜防水屋面的质量要求：

1) 屋面不得有渗漏和积水现象。

2) 为保证屋面涂膜防水层的使用年限，所用防水涂料应符合质量标准和涂膜防水的设计要求。

3) 屋面坡度应准确，排水系统应通畅。

4) 找平层表面平整度应符合要求，不得有酥松、起砂、起皮、尖锐棱角现象。

5) 细部节点做法应符合设计要求，封固应严密，不得开缝、翘边。水落口及突出屋面设施与屋面连接处，应固定牢靠、密封严实。

6) 涂膜防水层不应有裂纹、脱皮、流淌、鼓泡、胎体外露和皱皮等现象，与基层应粘结牢固，厚度应符合规范要求。

7) 胎体材料的铺设方法和搭接方法应符合要求；上下层胎体不得互相垂直铺设，搭接缝应错开，间距不应小于幅宽的 1/3。

8) 松散材料保护层、涂料保护层应覆盖均匀严密、粘结牢固。刚性整体保护层与防水层间应设置隔离层，其表面分格缝的留设应正确。

(2) 涂膜防水层屋面的质量检查：

1) 屋面工程施工中应对结构层、找平层、细部节点构造，施工中的每遍涂膜防水层、附加防水层、节点收头、保护层等应做分项工程的交接检查；未经检查验收合格，不得进行后续施工。

2) 涂膜防水层或其他材料进行复合防水施工时，每一道涂层完成后，应由专人进行检查，合格后方可进行下一道涂层和下一道防水层的施工。

3) 检验涂膜防水层有无渗漏和积水、排水系统是否通畅，应雨后或持续淋水 2h 以后进行。有可能作蓄水检验的屋面宜作蓄水检验，其蓄水时间不宜少于 24h。淋水或蓄水检验应在涂膜防水层完全固化后再进行。

4) 涂膜防水层的涂膜厚度，可用针刺或测厚仪控制等方法进行检验，每 $100m^2$ 的屋面不应少于 1 处；每一屋面不应少于 3 处，并取其平均值评定。

涂膜防水层的厚度应避免采用破坏防水层整体性的切割取片测厚法。

5) 找平层的平整度，应用 2m 直尺检查；面层与直尺间最大空隙不应大于 5mm，空隙应平缓变化，每米长度内不应多于一处。

三、刚性屋面防水工程

刚性防水屋面实质上是刚性混凝土板块防水和柔性接缝防水材料复合的防水屋面。这种刚柔结合的防水屋面适应结构层的变化，它主要是依靠混凝土自身的密实性或采用补偿收缩混凝土，并配合一定的结构措施来达到防水目的。这些结构措施包括：屋面具有一定的坡度便于雨水排除；增加钢筋；设置隔离层（减少结构变形对防水层的不利影响）；混凝土分块设缝，以使板面在温度、湿度变化下不致于开裂；采用油膏嵌缝，以适应屋面基层变形，保证分格缝的防水功能。由于刚性防水层对地基不均匀沉降、温度变化、结构振动等因素都非常敏感，所以刚性防水屋面适用于屋面结构刚度较大及地基地质条件较好的建筑。

刚性防水屋面施工可分为普通细石混凝土防水层、补充收缩混凝土防水层以及块体刚性防水层施工。

（一）刚性屋面防水施工技术要求

1. 一般规定

（1）适用范围

刚性防水屋面主要适用于防水等级为Ⅲ级的屋面防水、也可用做Ⅰ级与Ⅱ级屋面多道防水设施中的一道防水层；不适用与设有松散材料保温层的屋面以及受较大振动或冲击的建筑物屋面。

（2）板缝要求

刚性防水屋面的结构层宜为整体现浇的钢筋混凝土。当屋面结构采用装配式钢筋混凝土板时，应用细石混凝土灌缝，其强度等级不应小于C20，灌缝的细石混凝土宜掺微膨胀剂。当屋面板缝宽度大于40mm，或上窄下宽时，板缝内应设置构造钢筋，板端缝内应进行密封处理。

（3）基层处理

1）刚性防水层与山墙、女儿墙以及突出屋面结构的交接处均应做柔性密封处理。

2）细石混凝土防水层与基层间宜设置隔离层。

3）防水层施工要求

a. 防水层的细石混凝土宜掺微膨胀剂、减水剂、防水剂等外加剂，并应用机械搅拌，机械振捣。

b. 刚性防水层应设置分格缝，纵横间距不宜大于6m，分格缝内应嵌填密封材料。

c. 天沟、檐沟应用水泥砂浆找坡，找坡厚度大于20mm，宜采用细石混凝土。

d. 刚性防水层内严禁埋设管线。

e. 刚性防水层施工气温宜为5～35℃，并应避免在负温度或烈日爆晒下施工。

2. 细部构造

（1）普通细石混凝土和补偿收缩混凝土防水层的分格缝宽度宜为20～40mm。分格缝中应嵌填密封材料，上部铺贴防水卷材。

（2）细石混凝土防水层与天沟、檐沟的交接处应留凹槽，并应用密封材料封严（如图13-16所示）。

（3）刚性防水层与山墙、女儿墙交接处应留宽度为30mm的缝隙，并应用密封材料嵌填；泛水处应铺设卷材或涂膜附加层，如图13-17所示。

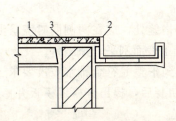

图13-16 檐沟滴水

1—刚性防水层；2—密封材料；3—隔离层

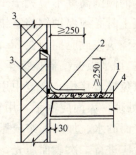

图13-17 泛水构造

1—刚性防水层；2—防水卷材或涂膜；
3—密封材料；4—隔离层

(4) 刚性防水层与变形缝两侧墙体交接处应留宽度为 30mm 的缝隙，并应用密封材料嵌填；泛水处应铺设卷材或涂膜附加层；变形缝中应填充泡沫塑料或沥青麻丝，其上填放衬垫材料，并应用卷材封盖，顶部加扣混凝土盖板或金属盖板，如图 13-18 所示。

(5) 伸出屋面管道与刚性防水层交接处应留设缝隙，用密封材料嵌填，并应加设柔性防水附加层；收头处应固定密封，如图 13-19 所示。

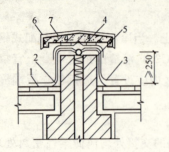

图 13-18 变形缝构造
1—刚性防水层；2—密封材料；3—防水卷材；4—补垫材料；5—沥青麻丝；6—水泥砂浆；7—混凝土盖板

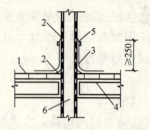

图 13-19 伸出屋面管道防水构造
1—刚性防水层；2—密封材料；3—卷材（涂膜）防水层；4—隔离层；5—金属箍；6—管道

3. 普通细石混凝土防水工程

(1) 隔离层施工

隔离层可选用干铺卷材、砂垫层、低强度等级砂浆等材料。干铺卷材隔离层做法：在找平层上干铺一层卷材，卷材的接缝均应粘牢；表面涂刷二道石灰水或掺 10% 水泥的石灰浆（防止日晒卷材发软），待隔离层干燥有一定强度后进行防水层施工。

黏土砂浆或白灰砂浆隔离层，采用这两种低强度砂浆的隔离作用比较好。黏土砂浆配合比为石灰膏：砂：黏土＝1：2.4：3.6；白灰砂浆配合比为石灰膏：砂＝1：4。铺抹前基层宜润湿，铺抹厚度 10～20mm 压光，养护至基本干燥（平压无痕）即可做防水层。

(2) 施工工艺

细石混凝土防水层施工质量的好坏，关键在于保证混凝土的密实性和及时养护。

1) 浇筑。细石混凝土应注意防止混凝土分层离析。混凝土搅拌时间不应少于 2min。用浇灌斗吊运的倾倒高度不应大于 1m，分散倾倒在屋面，浇筑混凝土应从高处往低处进行。铺摊混凝土时必须保护钢筋不错位。分格板块内的混凝土应一次整体浇灌，不留施工缝，从搅拌至浇筑完成应控制在 2h 内。

2) 振捣。用平板振捣器振捣至表面泛浆为止。在分格缝处，应在两侧同时浇筑混凝土后再振，以免模板移位，浇筑中用 2m 靠尺检查，混凝土表面刮平、抹压。

3) 表面处理。表面应刮平，用铁抹子压光压实，达到平整并符合排水坡度要求。抹压时严禁在表面洒水、加水泥浆或撒干水泥。当混凝土初凝后，提出分格缝模板并修整。混凝土收水后应进行二次表面压光，或在终凝前三次压光。

4) 混凝土浇筑 12～24h 后应进行养护。养护时间不应少于 14d，养护方法采用淋水、覆盖砂、锯末、草帘或涂刷养护剂等。养护初期屋面不允许上人。

(二) 刚性屋面防水的施工质量控制

1. 材料质量要求

(1) 对水泥的要求

1) 防水层的细石混凝土宜用普通硅酸盐水泥;当采用矿渣硅酸盐水泥时应采取有效防泌水性的措施;水泥强度等级不宜低于32.5级,并不得使用火山灰水泥。

2) 水泥贮存时应防止受潮,存放期不得超过三个月。当超过存放期限时,应重新检验确定水泥强度等级。

(2) 对粗细骨料的要求

防水层的细石混凝土和砂浆中,粗骨料的最大粒径不宜大于15mm,含泥量不应大于1%;细骨料应采用中砂或粗砂,含泥量不应大于2%,拌合用水应采用不含有害物质的洁净水。

(3) 对外加剂的要求

1) 防水层细石混凝土使用膨胀剂、减水剂、防水剂等外加剂,应根据不同品种的适用范围、技术要求选择。

2) 外加剂应分类保管、不得混杂、并应存放于阴凉、通风、干燥处。运输时应避免雨淋、日晒和受潮。

(4) 对钢筋的要求

防水层内配置的钢筋宜采用冷拔低碳钢丝。

(5) 对块体刚性防水材料要求

块体刚性防水层使用的块材应无裂纹、无石灰颗粒、无灰浆泥面、无缺棱掉角、质地密实和表面平整。

2. 施工质量检查

刚性防水层屋面不得有渗漏积水现象、屋面坡度应准确,排水系统应通畅。在防水层施工过程中,每完成一道工序,均由专人进行质量检查,合格后方可进行下一道工序的施工。特别是对于下一道工序掩盖的部位和密封防水处理部位,更应认真检查,确认合格后方可进行隐蔽施工。

刚性防水层的质量应符合以下要求:

(1) 刚性防水层的厚度应符合设计要求,表面应平整光滑,不得有起壳、爆皮、起砂和裂缝等现象。其平整度应用2m直尺检查,面层与直尺间的最大空隙不应超过5mm,空隙仅允许平缓变化,且每米长度内不应多于一处。

(2) 细石混凝土和补偿收缩混凝土防水层的钢筋位置应准确,布筋距离应符合设计要求,保护层厚度应符合规范要求、不得出现碰底和露筋现象。

(3) 块体防水层内的块体铺砌应准确,底层和面层砂浆的配比应准确。

(4) 防水剂、减水剂、膨胀剂等外加剂的掺量应准确,不得随意加入。

(5) 细部构造防水做法应符合设计、规范要求。刚柔结合部位应粘结牢固,不得有空洞、松动现象。

(6) 分格缝应平直,纵横距离、位置应准确,密封材料嵌填应密实,与两壁粘结牢固。嵌缝前,应将分格缝两侧混凝土修补平整,缝内必须清洗干净。灌缝密实材料性能应良好,嵌填应密实,否则,应返工重做。

(7) 密封部位表面应光滑、平直、密封尺寸应符合设计要求,不得有鼓包、龟裂等现象。

（8）盖缝卷材、保护层卷材铺贴应平直，粘结必须牢固，不得有翘边，脱落现象。

当刚性防水层施工结束时，全部分项检查合格后，可在雨后或持续淋水 2h 的方法来检查防水层的防水性能，检查防水层的防水性能，主要检查屋面有无渗漏或积水、排水系统是否畅通。如有条件作蓄水检验的宜作蓄水 24h 检验。

第二节 保温与隔热屋面

保温隔热施工技术与防水施工技术一起成为屋面工程的两大关键施工技术，两者的施工质量都关系到屋面工程的防水质量。现代化建筑工程对防水和节能都有很高的要求，有了配套的建筑防水新技术外，还应有良好的建筑保温隔热技术。

一、保温屋面

屋面保温材料应选用吸水率低，表观密度和导热系数较小，并具有一定强度，以便于运输、搬运和施工（施工时不易损坏）的散体和块体材料。保温层按所用保温材料的形态不同分为松散材料保温层、板状保温层和整体保温层。

（一）施工技术要求

1. 细部构造

（1）天沟、檐沟与屋面交接处的保温层，为了提高热工效能，符合节能要求，此处保温层可能出现冷桥断层，所以应铺设至少不小于墙厚的 1/2 处。

（2）对铺有保温层的设在屋面排气道交叉处的排气管应伸到结构上，排气管与保温层接触处的管壁应打孔，孔径及分布应适当，确保排气道畅通。如图 13-20 和图 13-21 所示。

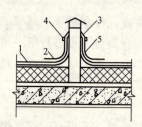

图 13-20 排汽出口构造
1—防水层；2—附加防水层；3—密封材料；
4—金属箍；5—排汽管

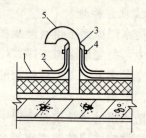

图 13-21 排汽出口构造
1—防水层；2—附加防水层；3—密封材料；
4—金属箍；5—排汽管

（3）倒置式保温屋面是将保温层设置在防水层之上的屋面，保温材料应具有憎水性，施工时先做防水层，后做保温层，如图 13-22 和图 13-23 所示。

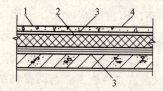

图 13-22 倒置屋面板材保护层
1—防水层；2—保温层；3—砂浆找平层；
4—混凝土或黏土板材制品

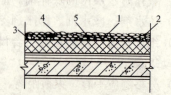

图 13-23 倒置屋面卵石保护层
1—防水层；2—保温层；3—砂浆找平层；
4—卵石保护层；5—纤维织物

2. 松散材料保温层的施工要求

(1) 对基层的要求

铺设松散材料保温层的基层应平整、干燥、干净。

(2) 对保温层含水率的要求

松散材料保温层含水率应视胶结材料的不同而异，但不得超过规定要求。炉渣应过筛，并仅作辅助材料。

(3) 保温层的铺设要求

松散材料应分层铺设，并适当压实。每层虚铺厚度不宜大于150mm，压实程度与厚度由试验确定。压实后，不得直接在保温层上行车或堆放重物，施工人员在保温层上行走宜穿软底鞋。

当屋面坡度较大时，为防止保温材料下滑，应采取防滑措施。可沿平行于屋脊的方向，按虚铺厚度的要求，用砖或混凝土每隔1m左右构筑一道防滑带，阻止松散材料下滑。

3. 板状材料保温层的施工要求

(1) 板状材料保温层的基层应平整、干燥和干净。

(2) 保温层的铺设要求

1) 干铺的板状保温材料，应紧靠在需保温的基层表面上，并应铺平垫稳。分层铺设的板块，上下层接缝应相互错开；板间缝隙应采用同类材料嵌填密实。

2) 粘贴的板状保温材料应贴严、铺平；分层铺设的板块，上下层接缝应相互错开，并应符合下列要求：

a. 当采用玛琋脂及其他胶结材料粘贴时，板状保温材料相互间及与基层之间应满涂胶结材料，使之互相粘牢。玛琋脂的加热和使用温度，与石油沥青纸胎油毡施工方法中的有关内容相同。采用冷玛琋脂粘贴时应搅拌均匀，稠度太大时可加少量溶剂稀释搅匀。

b. 当采用水泥砂浆粘贴板状保温材料时，板间缝隙应采用保温灰浆填实并勾缝。保温灰浆的配合比宜为1：1：10（水泥：石灰膏：同类保温材料的碎粒，体积比）。

4. 整体现浇保温层的施工要求

(1) 水泥膨胀蛭石、水泥膨胀珍珠岩保温层的施工要求

1) 水泥膨胀蛭石、水泥膨胀珍珠岩不宜用封闭式保温层。

2) 铺设厚度：

铺设前，应将清理干净的基层浇水湿润。虚铺的厚度应根据试验确定，一般虚铺的厚度为设计厚度的1.3倍左右，虚铺后用木拍轻轻拍实抹平至设计厚度。

3) 抹找平层：

水泥膨胀蛭石、水泥膨胀珍珠岩压实抹平后应立即抹找平层（铺设一段保温层抹一段找平层）。这样找平层在做完后可避免出现开裂现象。

(2) 整体沥青膨胀蛭石、沥青膨胀珍珠岩保温层的施工要求

1) 热沥青玛琋脂的加热温度和使用温度与石油沥青纸胎油毡施工方法中熬制温度与使用温度相同。

2) 沥青膨胀珍珠岩、沥青膨胀蛭石的搅拌宜用机械搅拌，搅拌后的色泽应均匀一致，

无沥青团。

3）沥青膨胀珍珠岩、沥青膨胀蛭石的铺设厚度：

沥青膨胀蛭石、沥青膨胀珍珠岩的铺设压实程度应根据实验确定，铺设的厚度应符合设计要求。施工前，用水平仪找好坡度，并作出标志。铺设时用铁滚子反复滚压至设计规定的厚度。最后用木抹子找平抹光，使保温层表面平整。

5. 施工条件

干铺的保温层可在负温度下施工。用热沥青粘结的整体现浇保温层和粘贴的板状材料保温层在气温低于-10℃时不宜施工。用水泥、石灰或乳化沥青胶结的整体现浇保温层和用水泥砂浆粘贴的板状材料保温层不宜在气温低于5℃时施工。

雨天、雪天、五级风及其以上时不得施工。施工中途下雨、下雪应采取有效的遮盖措施，以防止保温层内部含水率增加而降低保温效果。

6. 施工注意事项

（1）基层表面应平整、干燥、干净、无裂缝。

（2）施工前，应对进场保温材料进行现场复检，其质量应符合有关规定，并做好进场材料的防雨防潮工作。

（3）膨胀蛭石、膨胀珍珠岩的吸水率较大，用这类材料在高温环境下做松散材料保温层时，基层表面宜做防潮层。

（4）对正在施工或施工完的保温层应采取保护措施，不得随意踩踏和压重物。

（二）施工质量检查

1. 材料质量要求

保温材料现场抽样复验应遵守下列规定：

（1）松散保温材料应检测粒径、堆积密度。

（2）板状保温材料应检测密度、厚度、含水率、形状、强度，必要时还应检测导热系数。

（3）保温材料抽检数量应按使用的数量确定，同一批材料至少抽检一次。

2. 施工质量检查

保温屋面的质量应符合下列要求：

（1）保温层含水率、厚度、表观密度应符合设计要求。

（2）已竣工的防水层和保温层，严禁在其上凿孔打洞、受重物冲击；不得任意在其上堆放杂物及增设构筑物。如需增加设施时，应做好相应的系统畅通。

（3）严防堵塞水落口、天沟、檐口，保持排水系统畅通。

二、隔热屋面

隔热屋面按隔热方式的不同，一般可分为架空隔热屋面、蓄水隔热屋面和种植隔热屋面三类。蓄水屋面在民用和工业建筑屋面上应用得较多，防水等级为Ⅰ、Ⅱ级的屋面不宜采用蓄水屋面。

（一）施工技术要求

1. 细部构造

（1）架空隔热屋面的架空隔热层高度宜为100～300mm；架空板与女儿墙的距离不宜小于250mm，如图13-24所示。

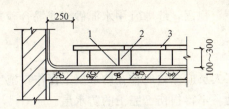

图 13-24 架空隔热屋面构造
1—防水层；2—支座；3—架空板

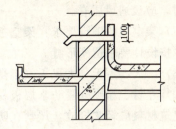

图 13-25 溢水口构造
1—溢水管

(2) 蓄水屋面的溢水口上部高度应距分仓墙顶面 100mm，如图 13-25 所示；过水孔应设在仓墙底部，排水管应与水落管连通，如图 13-26 所示。

(3) 种植屋面上的种植介质四周应设挡墙；挡墙下部应设泄水孔，如图 13-27 所示。

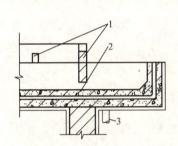

图 13-26 排水管、过水孔构造
1—溢水口；2—过水孔；3—排水管

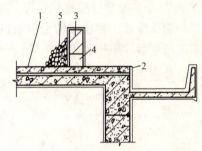

图 13-27 种植屋面构造
1—细石混凝土防水层；2—密封材料；3—砖砌挡墙；
4—泄水孔；5—种植介质

2. 架空隔热屋面施工要点

架空隔热屋面是在屋面上支撑架空板，在烈日与屋面之间形成一道通风的隔热层，从而使屋面表温得到降低。

架空隔热屋面的坡度不宜大于 5%。

(1) 架空隔热层施工对基层的要求：架空隔热层施工前，应先将屋面清扫干净，并根据架空板的尺寸，弹出支座中线。

(2) 支座底部防水层加强处理：支座底部的卷材或涂膜柔性防水层承受支座的重压，易遭损坏，所以，应在支座部位用附加防水层作加强处理，加强的宽度应大于支座底面边线 150～200mm。

支座采用强度等级为 M5 的水泥砂浆砌筑，支座应坐稳。

(3) 铺设架空板：铺设架空板时，应将灰浆刮平，并随时扫净掉在屋面防水层上的落灰、杂物等，以保证架空隔热层气流畅通。操作时不得损伤已完工的防水层。

(4) 架空板的铺设高度：架空隔热板的铺设高度应按屋面宽度或坡度大小的变化来确定。一般在 100～300mm 之间进行调整。

(5) 架空板与女儿墙之间的距离：架空板与四周女儿墙之间的距离不宜少于 250mm。

(6) 架空隔热屋面通风道的设置：通风道的设置，应根据当地炎热季节最大频率风向（主导风向）的走向，宜将进风口设置在正压区，出风口设置在负压区。当层面宽度大于

10m 时，应设通风屋脊。

（7）架空板的铺设要求：架空板铺设应平整、稳固，缝隙宜用水泥砂浆或混合砂浆嵌填，并按设计要求留变形缝。

（8）雨天、雪天、大风天气不得施工。

（9）卷材、涂膜外露防水层极易损坏，施工人员应穿软底鞋在防水层上操作，施工机具和建筑材料应轻拿轻放，严禁在防水层上拖动，不得损伤已完工的防水层。

（二）施工质量控制

1. 材料质量检查

隔热材料抽检数量应按使用的数量来确定，同一批材料至少抽检一次。

2. 隔热屋面的施工质量

（1）架空隔热屋面的架空板不得有断裂、缺损，架设应平稳，相邻两块板的高低偏差不应大于 3mm，架空层应通风良好，不得堵塞。

（2）蓄水屋面、种植屋面的溢水口、过水孔、排水管、泄水孔应符合设计要求。

施工结束后，应作蓄水 24h 检验。

（3）蓄水屋面应定期清理杂物，严防干涸。

第十四章 建筑地面工程

建筑地面工程包括建筑物底层和楼层地面,也包含室外散水、明沟、踏步、台阶和坡道等附属工程。本章主要介绍了地面基层、整体地面、块状地面、木质楼地面及地面变形缝的处理等建筑地面工程的施工工艺和施工质量监督的主要内容。

第一节 基层工程

一、基土

(一)基土施工技术要求

1. 材料要求

(1)填土用土料,可采用砂土和黏性土,过筛除去草皮与杂质。土块的粒径不大于50mm。严禁用淤泥、腐植土、冻土、耕植土、膨胀土和含有机物质大于8%的土作为填土。

(2)填土宜控制在最优含水量情况下施工,过干的土在压实前应洒水、湿润,过湿的土应予晾干。每层压实后土的干密度应符合设计要求,填土料的最优含水量和最小干密度可参照表14-1。

填土料的最优含水量和最小干密度　　　　表14-1

土料种类	最优含水量(%)	最小干密度(g/cm³)
砂土	8~12	1.8~1.88
粉土	9~15	1.85~2.08
粉质黏土	12~15	1.85~1.95
黏土	19~23	1.58~1.70

注:1. 表中土的最小干密度应根据现场实际达到的数字为准;
　　2. 一般性的回填可不作此预测。

2. 施工要求

填土的施工应采用机械或人工方法分层夯实;土块的粒径不应大于50mm。机械压实时,每层虚铺厚度不宜大于300mm;用蛙式打夯机夯实时,宜不大于250mm;人工夯实时,应不大于200mm。每层压夯实后土的压实系数应符合设计要求,但不应小于0.9。

(二)基土施工质量控制

1. 施工质量控制要点

(1)压实的基土表面应平整,用2m靠尺和楔形塞尺检查时偏差控制在15mm以内。

(2)表面标高应符合设计要求,用水准仪检查时,偏差应控制在-50mm。

(3)表面坡度应符合设计要求,用坡度尺检查不大于房间相应尺寸的2/1000,且不大于30mm。

(4) 表面厚度应符合设计要求，用钢尺检查，在个别地方偏差不大于设计厚度的 1/10。

(5) 当为墙柱基础处的填土时，应重叠夯填密实。在填土与墙柱相连处，亦可采取设缝进行技术处理。

(6) 当基土下为非湿陷性土层，其填土为砂土时可随浇水随压（夯）实，每层虚铺厚度不应大于 200mm。

(7) 重要工程或大面积的地面填土前，应取土样，按击点试验确定最优含水量与相应的最大干密度。

2. 质保资料检查要点

(1) 检查隐蔽工程验收记录。

(2) 检查填土夯实质量检验报告。

1) 该单位工程的填土取样是否按抽样检验范围的规定（室内填土每层 100～500m² 一组）。

2) 填土取样编号是否均在平面示意图上表示其位置。

3) 重点鉴定填土的干密度测试结果是否符合质量标准的规定。

二、垫层

(一) 垫层施工技术要求

1. 灰土垫层

(1) 材料要求：

1) 灰土垫层应采用熟化石灰与黏土（或粉质黏土、粉土）的拌合料铺设。

2) 熟化石灰可采用磨细生石灰，亦可采用粉煤灰或电石渣代替，熟化石灰颗粒粒径不得大于 5mm。

3) 土料采用的黏土（或粉质黏土、粉土）内不得含有有机物质，使用前应过筛，颗粒粒径不得大于 15mm。

4) 灰土的配合比（体积比）一般为 2∶8 或 3∶7。

(2) 施工要求：

1) 施工温度不应低于 +5℃，铺设厚度不应小于 100mm。

2) 灰土拌合料应适当控制含水量。

3) 灰土垫层应分层夯实，经湿润养护，晾干后方可进行下一道工序施工。

2. 三合土垫层

(1) 材料要求：

1) 三合土垫层采用石灰、砂（可掺入少量黏土）与碎砖的拌合料铺设。

2) 熟化石灰颗粒粒径不得大于 5mm。

3) 砂应采用中砂，并不得含有草根等有机物质。

4) 碎砖不应采用风化、酥松和含有机杂质的砖料，颗粒粒径不应大于 60mm。

5) 三合土的配合比（体积比），一般采用 1∶2∶4 或 1∶3∶6（熟化石灰∶砂或黏土∶碎砖）。

(2) 施工要求：

1) 采用先铺碎料后灌浆的方法时，碎料应先分层铺设，每层虚铺厚度不应大于

120mm，并洒水湿润和铺平拍实，而后灌石灰浆，其体积比宜为 1：2～1：4，灌浆后夯实。

2）三合土可采用人工夯或机械夯，夯打应密实，表面平整，如发现三合土太干，应补浇石灰浆，并随浇随打。

3．炉渣垫层

(1) 材料要求：

1）采用炉渣或采用水泥与炉渣或采用水泥、石灰与炉渣的拌合料铺设。

2）炉渣内不应含有有机杂质和未燃尽的煤块，颗粒粒径不应大于40mm，且颗粒粒径在5mm及其以下的颗粒，不得超过总体积的4%；熟化石灰颗粒粒径不得大于5mm。

3）水泥炉渣垫层的配合比（体积比）一般为1：8（水泥：炉渣）；水泥石灰炉渣垫层的配合比（体积比）一般为1：1：8（水泥：石灰：炉渣）。

(2) 施工要求：

1）炉渣和水泥炉渣垫层所用的炉渣，使用前应浇水闷透；水泥石灰炉渣垫层的炉渣，使用前应用石灰浆或用熟化石灰浇水拌合闷透，闷透时间均不得少于5d。

2）炉渣垫层铺设，其厚度不应小于80mm。

3）在垫层铺设前，其下一层应湿润，铺设时应分层压实，铺设后应养护，待其凝结后方可进行下一道工序施工。

4）炉渣垫层与其下一层应结合牢固，不得有空鼓和松散炉渣颗粒。

4．砂垫层和砂石垫层

(1) 材料要求：

1）砂和天然砂石中不得含有草根等有机杂质，冻结的砂和冻结的天然砂石不得使用。

2）砂应采用中砂。

3）石子的最大粒径不得大于垫层厚度的2/3。

(2) 施工要求：

1）砂垫层和砂石垫层施工温度不低于0℃，如低于上述温度时，应按冬期施工要求，采取相应措施。

2）砂垫层厚度不应小于60mm，砂石垫层厚度不应小于100mm。

3）砂垫层采用机械或人工夯实时，均不应少于3遍，并压（夯）至不松动为止。

5．碎石垫层和碎砖垫层

(1) 材料要求：

1）碎石的强度应均匀，最大粒径不应大于垫层厚度的2/3。

2）碎砖不应采用风化，酥松、夹有杂质的砖料。颗粒粒径不应大于60mm。

(2) 施工要求：

1）碎（卵）石垫层必须摊铺均匀，表面空隙用粒径为5～25mm的细石子填缝。

2）用碾压机碾压时，应适当洒水使其表面保持湿润，一般碾压不少于3遍，并压到不松动为止。

3）如工程量不大，亦可用人工夯实，但必须达到碾压的要求。

6．水泥混凝土垫层

(1) 材料要求：

1) 水泥可采用硅酸盐水泥、普通硅酸盐水泥、矿渣硅酸盐水泥、火山灰质硅酸盐水泥和粉煤灰硅酸盐水泥。

2) 砂为中粗砂，其含泥量不应大于3％。

3) 水泥混凝土采用的粗骨料，其最大粒径不应大于垫层厚度的2/3。

4) 水宜用饮用水。

(2) 施工要求：

1) 水泥混凝土垫层铺设在基土上，当气温长期处于0℃以下，设计无要求时，垫层应设置伸缩缝。

2) 垫层铺设前，其下一层表面应湿润。

3) 室内地面的水泥混凝土垫层，应设置纵向缩缝和横向缩缝，纵向缩缝间距不得大于6m，横向缩缝不得大于12m。

4) 垫层的纵向缩缝应做平头缝或加肋板平头缝。当垫层厚度大于150mm，可做企口缝，横向缩缝应做假缝，平头缝和企口缝的缝间不得放置隔离材料，浇筑时应互相紧贴。企口缝的尺寸应符合设计要求，假缝宽度为5～20mm，深度为垫层厚度的1/3，缝内填水泥砂浆。

5) 工业厂房、礼堂、门厅等大面积水泥混凝土垫层应分区段浇筑。分区段应结合变形缝位置、不同类型的建筑地面连接处和设备基础的位置进行划分，并应与设置的纵向、横向缩缝的间距相一致。

(二) 垫层施工质量控制

1. 灰土垫层

施工质量控制要点：

(1) 上下两层灰土的接缝距离不得小于50mm。

(2) 每层虚铺厚度宜为150～250mm。

(3) 灰土垫层的密实度，可用环刀取样测定其干土质量密度，一般要求灰土夯实后的最小干土质量密度为$1.55g/cm^3$。

(4) 灰土表面平整度用2m靠尺和楔形塞尺检查时，偏差控制在10mm以内。

(5) 表面标高应符合设计要求，用水准仪检查，其偏差应控制在±10mm以内。

(6) 坡度应符合设计要求，用坡度尺检查，其偏差不大于房间相应尺寸2/1000，且不大于30mm。

(7) 厚度应符合设计要求，用钢尺检查在个别地方偏差不大于设计厚度的1/10。

2. 三合土垫层

施工质量控制要点：

(1) 三合土垫层厚度不应大于100mm。

(2) 三合土垫层表面平整度的允许偏差不得大于10mm。其标高控制在±10mm以内。

(3) 三合土垫层表面应平整，搭接处应夯实。

(4) 三合土垫层坡度偏差不大于房间相应尺寸的2/1000，且不大于30mm。

(5) 三合土垫层厚度，偏差在个别地方不大于设计厚度的1/10。

3. 炉渣垫层

施工质量控制要点：

(1) 炉渣垫层厚度不应小于 80mm。
(2) 炉渣垫层表面平整度的偏差值应控制在 10mm 以内。
(3) 炉渣垫层标高偏差应控制在 10mm 以内。
(4) 炉渣垫层表面坡度偏差控制在不大于房间相应尺寸的 2/1000，且不大于 30mm。
(5) 炉渣垫层厚度偏差控制在个别地方不大于设计厚度的 1/10。

4. 砂垫层和砂石垫层

施工质量控制要点：

(1) 砂石垫层应摊铺均匀，不得有粗、细颗粒分离现象，压（夯）至不松动为止。
(2) 砂、砂石垫层的表面平整度，用 2m 靠尺和楔形塞尺检查时偏差值控制在 15mm 以内。
(3) 标高应符合设计要求，其偏差值可控制在 ±20mm 以内。
(4) 砂、砂石垫层的坡度偏差应符合设计要求，坡度偏差控制在不大于房间相应尺寸 2/1000，且不大于 30mm。
(5) 砂、砂石垫层厚度应符合设计要求，个别地方厚度偏差不大于设计厚度的 1/10。

5. 碎石垫层和碎砖垫层

施工质量控制要点：

(1) 碎石垫层和碎砖垫层厚度不应小于 100mm。
(2) 垫层应分层压（夯）实，达到表面坚实、平整。
(3) 压实后垫层表面平整度可用 2m 靠尺检查，其偏差应控制在 15mm 以内。
(4) 标高应符合设计要求，偏差控制在 ±20mm 以内。
(5) 坡度偏差应符合设计要求，坡度偏差控制在不大于房间相应尺寸的 2/1000，且不大于 30mm。
(6) 厚度应符合设计要求，个别地方厚度偏差不大于设计厚度的 1/10。

6. 混凝土垫层

(1) 施工质量控制要点：

1) 水泥混凝土垫层厚度不得小于 60mm，其强度等级不应小于 C10。
2) 表面平整度偏差应控制在 10mm 以内，标高偏差应控制在 ±10mm 以内。
3) 垫层找坡坡度偏差不大于房间相应尺寸的 2/1000，且不大于 30mm。
4) 厚度偏差应符合设计要求，在个别地方不大于设计厚度的 1/10。

(2) 质量保证资料检查要点：

检查混凝土强度试块报告。

三、找平层

(一) 找平层施工技术要点

1. 材料要求

(1) 水泥宜采用硅酸盐水泥、普通硅酸盐水泥，强度等级不低于 32.5 级。
(2) 砂采用中砂或粗砂，含泥量不大于 3%。
(3) 采用碎石或卵石的找平层，其颗粒粒径不大于找平层厚度的 2/3，含泥量不应大于 2%。
(4) 沥青采用石油沥青，其软化点按"环球法"试验时宜为 50～60℃，且不得大于70℃。

(5) 粉状填充料采用磨细的石料、砂或炉灰、页岩灰和其他粉状的矿物质材料。不得采用石灰、石膏、泥岩灰和黏土。粉状填充料中小于0.08mm的细颗粒含量不应少于85%，用振动法使其密实至体积不变时的空隙率不应大于45%，其含泥量不应大于3%。

(6) 水泥砂浆配合比（体积比）宜为1∶3。混凝土配合比由计算试验而定，其强度等级应不低于C15。沥青砂浆配合比（质量比）宜为1∶8（沥青∶砂和粉料）。沥青混凝土配合比由计算试验而定。

2. 施工要求

(1) 在铺设找平层前，当其下一层有松散填充料时，应予铺平振实。

(2) 有防水要求的建筑地面工程，铺设前必须对立管、套管和地漏与楼板节点之间进行密封处理，排水坡度应符合设计要求。

(3) 在预制钢筋混凝土板上铺设找平层前，板缝填嵌的施工应符合预制钢筋混凝土板相邻缝底宽不应小于20mm；填嵌时，板缝内应清理干净，保持湿润；填缝采用细石混凝土，其强度等级不得小于C20，填缝高度应低于板面10～20mm，且振捣密实，表面不应压光，填缝后应养护；当板缝底宽大于40mm时，应按设计要求配置钢筋。

(4) 在预制钢筋混凝土板上铺设找平层时，其板端应按设计要求做防裂的构造措施。

(5) 当铺设有坡度要求的找平层时，必须找坡准确。

(二) 找平层施工质量控制

1. 施工质量控制要点

(1) 找平层表面须平整、粗糙。

(2) 找平层坡度不大于房间相应尺寸的2/1000，且不大于30mm。

(3) 找平层厚度在个别地方不大于设计厚度的1/10。

2. 质保资料检查要点

(1) 预制板面上预埋电管等的隐蔽验收记录。

(2) 找平层水泥混凝土强度试块报告。

四、隔离层

(一) 隔离层施工技术要点

(1) 隔离层的材料，其材质应经有资质的检测单位认定。

(2) 在水泥类找平层上铺设沥青类防水卷材、防水涂料或以水泥类材料作为防水隔离层时，其表面应坚固、洁净、干燥。铺设前，应涂刷基层处理剂。基层处理剂应采用与卷材性能配套的材料或采用同类涂料的底子油。

(3) 当采用掺有防水剂的水泥类找平层作为防水隔离层时，其掺量和强度等级（或配合比）应符合设计要求。

(4) 厕浴间和有防水要求的建筑地面必须设置防水隔离层。楼层结构必须采用现浇混凝土或整块预制混凝土板并翻边，其高度不应小于120mm。施工时结构层标高和预留孔洞位置应准确，严禁乱凿洞。

(5) 防水隔离层严禁渗漏，坡向应正确，排水通畅。

（二）隔离层施工质量控制

施工质量控制要点：

（1）隔离层厚度应符合设计要求。

（2）隔离层与其下一层应粘结牢固，不得有空鼓；防水涂料应平整、均匀、无脱皮、起壳、裂缝、鼓泡等缺陷。

（3）铺设防水隔离层时，在管道穿过楼板面四周，防水材料应向上铺涂，并超过套管的上口；在靠近墙面处，应高出面层200~300mm或按设计要求的高度铺涂。阴阳角和管道穿过楼板面的根部应增加铺涂附加防水隔离层。

（4）防水材料铺设后，必须蓄水检验。蓄水深度应为20~30mm，24h内无渗漏为合格，并做记录。

（5）隔离层施工质量应符合现行国家标准《屋面工程质量验收规范》GB 50207的有关规定。

五、填充层

（一）填充层施工技术要求

（1）填充层应按设计要求选用材料，其密度和导热系数应符合国家有关产品标准的规定。

（2）填充层的下一层表面应平整，当为水泥类时，尚应洁净、干燥，并不得有空鼓，裂缝和起砂等缺陷。

（二）施工质量控制

（1）采用松散材料铺设填充层时，应分层铺平拍实，采用板、块状材料铺设填充层时，应分层错缝铺贴。

（2）填充层施工质量检验尚应符合现行国家标准《屋面工程质量验收规范》GB 50207的有关规定。

第二节 整体面层工程

一、水泥混凝土（含细石混凝土）面层

（一）水泥混凝土面层（含细石混凝土面层）施工技术要点

1. 材料要求

（1）水泥采用硅酸盐水泥、普通硅酸盐水泥。水泥强度等级不低于32.5级。

（2）砂宜用中砂或粗砂。

（3）水泥混凝土采用的粗骨料，其最大粒径不应大于面层厚度的2/3，细石混凝土面层采用的石子粒径不应大于15mm。

（4）水宜用饮用水。

2. 施工工艺

清扫、清洗基层→弹面层线→做灰饼、标筋→润湿基层→扫水泥素浆→铺混凝土拌合料→振实→木尺刮平→木抹子压光、搓平→铁抹子压光（3遍）→盖草包浇水养护。

（二）水泥混凝土（含细石混凝土）面层施工质量控制

1. 施工质量控制要点

(1) 水泥混凝土面层厚度应符合设计要求。

(2) 水泥混凝土面层铺设不得留施工缝。当施工间隙超允许时间规定时，应对接搓处进行处理。

(3) 楼梯踏步的宽度高度应符合设计要求，楼层梯段相邻踏步高度差不应大于10mm，每踏步两端宽度差不应大于10mm，旋转楼梯梯段的每踏步两端宽度的允许偏差为5mm。楼梯踏步齿角应整齐，防滑条应顺直。

(4) 基层应修整，清扫干净后用水冲洗晾干，不得有积水现象。

(5) 有坡度、地漏房间，检查放射状标筋的标高，以保证流水坡向。

(6) 水泥混凝土面层的强度等级不宜小于C20；水泥混凝土垫层兼面层的强度等级不应小于C15。浇筑水泥混凝土面层时，其坍落度不宜大于30mm。

(7) 水泥混凝土面层应在初凝前完成抹平工作，终凝前完成压光工作。

(8) 面层压光一昼夜后，必须覆盖草包，每天浇水2～3次，养护时间不少于7d，使其在湿润的条件下硬化。待面层强度达到5MPa时，方可准许人行走。

(9) 施工温度不应低于5℃，当低于该温度时应采取相应的冬期措施。

(10) 细石混凝土面层与基层的结合必须牢固无空鼓〔注：空鼓面积不大于400cm^2，且每自然间（标准间）不多于2处可不计〕。

(11) 细石混凝土面层表面应密实压光；无明显裂纹、脱皮、麻面和起砂等缺陷的为符合规范要求。

(12) 地漏和供排除液体用的带有坡度的细石混凝土面层，坡度应能满足排除液体要求，不倒泛水，无渗漏。

(13) 水泥混凝土面层的踢脚线高度应基本一致，与墙面结合牢固，局部虽有空鼓，但其长度不大于400mm；且在一个检查范围内不多于2处。

(14) 水泥混凝土面层表面平整度的允许偏差不得大于5mm。

(15) 水泥混凝土面层的踢脚线上口平直的允许偏差不得大于4mm。

(16) 水泥混凝土面层的缝格平直度的允许偏差不得大于3mm。

2. 质保资料检查要点

应检查混凝土强度试块报告。试块的组数，按每一层建筑地面工程不应少于一组。当每层地面面积超过1000m^{2}时，各增做一组试块，不足1000m^{2}按1000m^{2}计算。

二、水泥砂浆面层

(一) 水泥砂浆面层施工技术要点

1. 材料要求

(1) 水泥宜采用硅酸盐水泥、普通硅酸盐水泥、强度等级不低于32.5级，不同品种，不同强度等级的水泥严禁混用。

(2) 砂应用中砂或粗砂，含泥量不大于3%。

(3) 石屑（代砂）粒径宜为1～5mm，含泥量不大于3%。

(4) 水宜用饮用水。

2. 施工工艺

清扫、清洗基层→弹面层线→做灰饼、标筋→润湿基层→扫水泥素浆→铺水泥浆→木尺压实、刮平→木抹子压实、搓平→铁抹子压光（3遍）→浇水养护。

（二）水泥砂浆面层施工质量控制

1. 施工质量控制要点

（1）地面和楼面的标高与找平、控制线应统一弹到房间的墙上，高度一般比设计地面高500mm。有地漏等带有坡度的面层，标筋坡度要满足设计要求。

（2）基层应清理干净，表面应粗糙，如光滑应凿毛处理。

（3）水泥砂浆面层体积比（强度等级）必须符合设计要求，且体积比应为1∶2（水泥∶砂），强度等级不应小于M15。

（4）水泥砂浆面层的抹平工作应在初凝前完成，压光工作应在终凝前完成。且养护不得少于7d。

（5）当水泥砂浆面层内埋设管线等出现局部厚度减薄时，应按设计要求做防止面层开裂处理后方可施工。

（6）施工时环境温度不应小于5℃。

（7）水泥砂浆面层表面应洁净，无裂纹、脱皮、麻面、起砂。

（9）表面平整度允许偏差应控制在4mm以内。

（10）踢脚线上口平直度与缝格平直度允许偏差应分别控制在4mm和3mm以内。

2. 质保资料检查要点

应检查水泥砂浆强度试块报告。试块的组数，每一楼层不应少于一组，当每层面积超过1000m^2时，各增做一组试块，不足1000m^2按1000m^2计算。

三、水磨石面层

（一）水磨石面层施工技术要点

1. 材料要求

（1）水泥宜采用硅酸盐水泥、普通硅酸盐水泥或矿渣硅酸盐水泥，其强度等级不应小于32.5级。

（2）石子一般应采用坚硬可磨白云石、大理石等岩石加工而成。石子中不得含有风化、水锈及其他杂色。

（3）颜料应选用耐碱、耐光的矿物颜料。不得使用酸性颜料。

2. 施工工艺

清扫基层→做灰饼、标筋→抹底层找平层砂浆→弹分格线→粘贴分格条→养护→扫水泥素浆→铺水泥石子浆→清边拍实→滚压→再次补拍→养护→头遍磨光→擦光泥浆→二遍磨光→擦二遍水泥浆→三遍磨光→清洗、晾干→擦草酸→打光上蜡

（二）水磨石面层施工质量控制

施工质量控制要点：

（1）面层标高按房间四周墙上500mm水平线控制。有坡度的地面应在垫层或找平层上找坡，其坡度符合设计要求。

（2）基层应洁净、湿润，不得有积水，表面应粗糙，如表面光滑应斩毛。

（3）水磨石面层的颜色、图案或分格应符合设计要求。

（4）踢脚线的用料如设计未规定，一般采用1∶3水泥砂浆打底，用1∶1.25～1.5水泥石粒砂浆罩面，凸出墙面8mm。特别注意阴阳角交接处不要漏磨。

（5）水磨石面层表面应基本光滑，无裂纹、砂眼和磨纹；石粒密实；不混色；分格条

牢固、顺直和清晰。

(6) 水磨石面层坡度要求参见细石混凝土面层坡度要求。

(7) 普通水磨石表面平整度允许偏差应控制在3mm以内。

(8) 高级水磨石表面平整度允许偏差应控制在2mm以内。

(9) 踢脚线上口平直度，普通水磨石、高级水磨石的允许偏差应控制在3mm以内。

(10) 缝格平直度，普通水磨石的允许偏差应控制在3mm以内，高级水磨石应控制在2mm以内。

四、防油渗面层

(一) 防油渗面层施工技术要点

1. 材料要求

(1) 水泥宜用普通硅酸盐水泥，其强度等级应不小于32.5级。

(2) 碎石应采用花岗石或石英石，严禁使用松散多孔和吸水率大的石子，粒径为5~15mm，其最大粒径不应大于20mm，含泥量不应大于1%。

(3) 砂应为中砂，洁净无杂物，其细度模数应控制在2.3~2.6。

(4) 玻璃纤维布应为无碱网格布。

(5) 防油渗涂料应具有耐油、耐磨、耐火和粘结性能，其抗拉粘结强度不应小于0.3MPa。

(6) 防油渗混凝土的强度等级不应小于C30。

2. 施工工艺

清洗基层、晾干→刷底子油→铺贴隔离层→浇筑防油渗混凝土拌合料→振捣、抹平、压光。

(二) 防油渗面层施工质量控制

1. 施工质量控制要点

(1) 基层表面须平整、洁净、干燥，不得有起砂现象。

(2) 防油渗胶泥涂抹均匀，玻璃布粘贴覆盖时，其搭接宽度不得小于100mm；与墙、柱连接处应向上翻边，其高度不得小于30mm。

(3) 防油渗面层内配置铺筋时，应在分区段缝处断开。

(4) 分区段缝宽度宜为20mm，并上下贯通；缝内应灌注防油渗胶泥材料，并应在缝的上部用膨胀水泥砂浆封缝，封填深度宜为20~25mm。

(5) 防油渗混凝土内不得敷设管线，凡露出面层的电线管、地脚螺栓等，应进行防油渗胶泥或环氧树脂处理，与柱、墙、变形缝及孔洞等连接处应做泛水。

2. 质保资料检查要点

(1) 面层内配置钢筋的隐蔽验收记录。

(2) 防油渗混凝土强度试块报告。

五、沥青砂浆和沥青混凝土面层

(一) 沥青砂浆和沥青混凝土面层施工技术要点

1. 材料要求

(1) 沥青其软化点按"环球法"试验时宜为50~60℃，并不得大于70℃。

(2) 砂宜为天然砂，应洁净、干燥，含泥量不应大于3%。

(3) 石子应洁净、干燥、其粒径不大于面层分层铺设厚度的2/3，含泥量不应大于2%。

(4) 粉状填充料应采用磨细的石料、砂或炉灰、粉煤灰等矿物材料，不得使用石灰、石膏、黏土等作为粉状填充料。粉状填充料中小于0.08mm的细颗粒含量不应小于85%。含泥量不应大于3%。

2. 施工工艺

基层洁净、干燥→刷冷底子油→铺沥青拌合料→括平→碾压密实。

(二) 沥青砂浆和沥青混凝土面层质量控制

施工质量控制要点：

(1) 铺设沥青混凝土面层前，应将基层表面清理干净，涂刷冷底子油，并防止铺设表面被沾污。

(2) 沥青类面层拌合料应分段分层铺平后，进行揉压拍实，并用加热设备的碾压机具压实。每层虚铺厚度不宜大于30mm。

(3) 在沥青类面层施工间歇后继续铺设前，应将已压实的面层边缘加热，接搓处应碾压至不显接缝为止。

(4) 不得用热沥青作表面处理。

(5) 若面层局部强度不符合要求或者局部出现裂缝、蜂窝、脱皮等处必须挖去，仔细清扫，并以热沥青砂浆或热沥青混凝土拌合料修补。

(6) 沥青砂浆和沥青混凝土面层应表面密实，无裂缝。

(7) 表面平整度允许偏差控制在4mm以内。

(8) 踢脚线上口平直度允许偏差控制在4mm以内。

(9) 缝格平直度允许偏差控制在4mm以内。

六、水泥钢（铁）屑面层

(一) 水泥钢（铁）屑面层施工技术要点

1. 材料要求

(1) 水泥同水泥砂浆面层。

(2) 钢（铁）屑粒径应为1～5mm，钢（铁）屑中不应有其他杂质，使用前应去油除锈，冲洗干净并干燥。

2. 施工工艺

清扫、清洗基层→扫水泥素浆→做结合层、铺水泥钢（铁）屑→振实、抹平→压光→养护。

(二) 水泥钢（铁）屑面层施工质量控制

施工质量控制要点：

(1) 铺设水泥钢（铁）屑面层时，应先在洁净的基层上刷一度水泥浆，做法同水泥砂浆面层。

(2) 面层和结合层的强度等级必须符合设计要求，且面层抗压强度不应小于40MPa；结合层体积比为1:2（相应的强度等级不应小于M15）。

(3) 水泥钢（铁）屑面层配合比应通过试验确定。当采用振动法使水泥钢（铁）屑拌合料密实时，其密度不应小于2000kg/m³，其稠度不应大于10mm。

(4) 铺设水泥钢（铁）屑面层时，应先铺设20mm的水泥砂浆结合层，水泥钢（铁）屑应随铺随拍实，宜用滚筒压密实。拍实和抹平工作应在结合层和面层的水泥初凝前完成；压光工作应在水泥终凝前完成，并应养护。

(5) 表面平整度允许偏差控制在4mm以内。

(6) 缝格平直度允许偏差控制在3mm以内。

(7) 踢脚线上口平直度允许偏差控制在4mm以内。

第三节　板块地面工程

一、砖面层

(一) 砖面层施工技术要点

1. 材料要求

(1) 砖有缸砖、陶瓷锦砖、陶瓷地砖和水泥花砖。

1) 外观质量，表面平整、边缘整齐、颜色一致、不得有裂纹等缺陷。

2) 吸水率，陶瓷地砖、陶瓷锦砖不得大于4%；缸砖、红地砖不大于8%；其他颜色地砖不大于4%。

3) 抗压强度，陶瓷地砖、陶瓷锦砖、缸砖不小于15MPa。

(2) 水泥，采用硅酸盐水泥、普通硅酸盐水泥或矿渣硅酸盐水泥，其强度等级不宜小于32.5级。

(3) 砂，水泥砂浆用（粗）砂，嵌缝用中（细）砂。

2. 施工工艺

清理基层→贴灰饼标筋→铺结合层砂浆→铺地砖、缸砖→压平、嵌缝→养护
　　　　　　　　　　　　　　　↓
　　　　　　　　　　　铺陶瓷锦砖→洒水揭纸→嵌缝→养护

(二) 砖面层施工质量控制

施工质量控制要点：

(1) 基层要清洗干净，用水冲洗、晾干。

(2) 弹好地面水平标高线。在墙四周做灰饼，每隔1～5m冲好标筋。标筋表面应比地面水平标高线低一块所铺砖的厚度。

(3) 铺砂浆前，基层应浇水湿润，刷一道水泥素浆，随刷随铺水泥：砂=1:3（体积比）的干硬性砂浆，根据标筋标高拍实刮平。其厚度控制在10～15mm。

(4) 在水泥砂浆结合层上铺贴缸砖、陶瓷锦砖等面层前，应对砖的规格尺寸、外观质量、色泽等进行预选，并应浸水湿润后晾干待用。铺贴时，面砖应紧密、坚实、砂浆饱满、缝隙一致。当面砖的缝隙宽度设计无要求时，紧密铺贴缝隙宽度不宜大于1mm；虚缝铺贴缝隙宽度宜为5～10mm。

(5) 地砖铺贴完后应在24h内进行擦缝、勾缝和压缝。缝的深度宜为砖厚的1/3；擦缝和勾缝应采用同品种、同强度等级、同颜色水泥。

(6) 在水泥砂浆结合层上铺贴陶瓷锦砖，结合层和陶瓷锦砖应分段同时铺贴，在铺贴前，应刷水泥浆，其厚度宜为2～2.5mm，并应随刷随铺贴，用抹子拍实。应紧密贴合。

(7) 在砖面层铺完后，面层应坚实、平整、洁净、线路顺直，不应有空鼓、松动、脱落和裂缝、缺楞掉角、污染等缺陷。

(8) 缸砖的表面平整度、缝格平直、接缝高低差、踢脚线上口平直度的允许偏差应分别控制在 4mm，3mm，1.5mm，4mm 以内，板块间隙宽度不大于 2mm；陶瓷锦砖的表面平整度、缝格平直、接缝高低差、踢脚线上口平直的允许偏差应分别控制在 2mm，3mm，0.5mm，3mm 以内，板块间隙宽度不大于 2mm。

(9) 砖面层地坪地漏和供排除液体用的带有坡度的面层应满足排除液体要求，不倒泛水，无渗漏。

(10) 砖面层踢脚线铺设表面应洁净，结合牢固，出墙厚度一致。

(11) 楼梯踏步和台阶的铺贴，缝隙宽度应基本一致，相邻两步高差不超过 10mm，防滑条顺直。

二、大理石和花岗石面层

(一) 大理石和花岗石面层施工技术要点

1. 材料要求

(1) 大理石、花岗石、天然大理石的技术等级、光泽度、外观等质量要求，应符合国家的现行标准《天然大理石建筑板材》JC79、《天然花岗石建筑板材》JC20 的规定。

(2) 水泥、砂同砖面层。

2. 施工工艺

基层清理→弹线→试排、试拼→扫浆→铺水泥砂浆结合层→铺板→灌、擦缝

(二) 大理石和花岗石面层施工质量控制

施工质量控制要点：

(1) 清除基层垃圾，并冲洗干净。

(2) 根据墙面水平基准线，在四周墙面上弹地面面层标高线和结合层线。当结合层为水泥砂浆（1:4～1:6 体积比）时，其厚度应为 20～30mm；当结合层为水泥砂浆时，其厚度为 10～15mm。据此，以控制结合层的厚度、面层平整度和标高。

(3) 铺贴板块面层时，结合层与板块间应分段铺贴，且宜采用水泥砂浆或干铺水泥洒水粘结。铺贴的板块应平整、线路顺直、镶嵌正确；板材间、板材与结合层以及在墙角处均应紧密砌合，不得有空隙。

(4) 大理石、花岗石面层缝隙当设计无要求时，不应大于 1mm。

(5) 铺贴完后，次日用素水泥浆灌缝 2/3 高度，再用同色水泥浆擦缝，并用干锯末覆盖保护 2～3d。待结合层的水泥砂浆强度达到 1.2MPa 后，方可打蜡、行走。

(6) 大理石、花岗石面层和基层的结合必须牢固、无空鼓。

(7) 大理石、花岗石面层的表面质量要求同砖面层。

(8) 大理石、花岗石面层的坡度质量要求，踢脚线铺设以及楼梯踏步和台阶的铺贴质量要求同砖面层。

(9) 大理石、花岗石面层表面平整度、缝格平直、接缝高低差、踢脚上口平直的允许偏差应分别控制在 1mm，2mm，0.5mm，1mm 以内；板块间隙宽度不大于 1mm。

三、塑料地板面层

(一) 塑料地板面层施工技术要点

1. 材料要求

(1) 半硬质和软质聚氯乙烯板质量要求见表 14-2，表 14-3，表 14-4。

半硬质聚氯乙烯板质量要求　　　　　　　　表14-2

外观		尺寸允许偏差(mm)			
缺陷	指标	长度	宽度	厚度	直角度
缺口、龟裂、分层	不允许有	±0.3	±0.3	±0.15	<0.25
凹凸不平、发花、光泽不均匀，沾污、划伤痕、混入异物	在离地板砖60cm处观察不明显				

软质聚氯乙烯地卷材尺寸要求　　　　　　　　表14-3

项目	尺寸允许误差	附注
厚度	平均厚度与标准厚度相差小于0.13mm 最厚处与最薄处相差小于0.2mm	B. S3261,TOCT7251
卷材宽度	宽度不允许小于规定值,比规定值最多大6mm	
每卷长度	不小于20mm	
两边平行差	在1m内偏差不超过4mm	

软质聚氯乙烯地卷材质量要求　　　　　　　　表14-4

性能	要求	附注
软性	不允许有裂开、出现裂纹或其他破坏迹象	将试件在0℃时包在直径为40mm的钢棒上,用放大镜观察不应有裂纹
水分引起的伸缩	线度上的尺寸变化不得超过0.4%	
尺寸稳定性	线度能上能下尺寸变化不得大于0.4%,且不应有翘曲	将试件放在80℃的烘箱内6h后冷却至室温再测其尺寸的相对变化；将试样放在(23±2℃)的蒸馏水中72h后测其尺寸的相对变化）
热老化和掺油	增塑剂不得有明显的渗出,外观不应有任何变化,软性保持不变	将试样在70℃的烘箱内放置36h,冷却后用白色滤纸擦拭来判断有无增塑剂渗出。同时将处理过的试样在23℃时包在40mm直径的钢棒上,不应开裂和出现裂纹
弹性积	抗拉强度与延伸的乘积的平均值不小于2.0MJ/m³	
残余凹陷	不大于0.1mm	用直径4.5mm的平头钢柱压实,加负36.0kg 10min,卸荷后回复1h,再测试残余凹入深度

(2) 胶粘剂：胶粘剂须有出厂合格证，超过生产期3个月的产品，应取样检验，合格后方可使用；超过保质期的产品，不得使用。

2. 施工工艺：

基层清理→弹线→预铺→焊接法卷材→焊缝坡→施焊→切削→修整→刮胶→粘贴→贴踢脚板→养护→接缝弹线→接缝切割→接缝粘贴压平

(二) 塑料地板板面施工质量控制

1. 施工质量控制要点

(1) 水泥类基层质量达到以下要求

1) 水泥类材料的抗压强度不得小于12MPa。

2) 表面无起砂、起皮、空鼓、裂缝等现象。

3) 表面平整度不大于2mm。

4) 阴、阳角方正,地面与墙、柱面成直角,且顺直。

5) 基层含水率不大于9%。

(2) 塑料板块面层质量应符合下列规定

1) 表面应平整、光洁、无缝纹、四边应顺直,不得翘边和鼓泡。

2) 色泽应一致,接槎应严密。脱胶处面积不得大于20cm²。且相隔的间距不得小于500mm。

3) 与管道接缝处应严密、牢固、平整。

4) 焊缝应平整、光洁,无焦化变色、斑点、焊瘤和起鳞等缺陷。

5) 踢脚板上口平直,拉5m直线检查(不足5m的要拉通线),允许偏差为±3mm。

6) 面层表面平整度允许偏差±2mm,相邻板块拼缝高度差不应大于0.5mm。

2. 质保资料检查要点:

胶粘剂出厂合格证。应检查出厂日期,如超过生产日期3个月,应再检查胶粘剂现场取样复试报告。

四、活动地板面层

(一) 活动地板面层施工技术要点

1. 材料要求

活动地板面层承载力不应小于7.5MPa,其系统电阻:A级板为$1.0 \times 10^5 \sim 1.0 \times 10^8 \Omega$,B级板为$1.0 \times 10^5 \sim 1.0 \times 10^{10} \Omega$。

2. 施工工艺

基层清理→弹支柱(架)→测水平→固定支柱(架)底座→安装桁条(搁栅)→仪器抄平、调平→铺设活动地板面板。

(二) 活动地板面层施工质量控制

施工质量控制要点:

(1) 基层表面应平整、光洁、不起灰。

(2) 在铺设活动地板面板前,须在横梁上设置缓冲胶条,可采用乳胶液与横梁结合。在铺设面板时,应调整水平度保证四角接触处平整,严密,不得采用加热的方法。

(3) 活动地板面层的质量应符合下列规定:

1) 表面平整度其允许空隙不应大于2mm。

2) 相邻板块间缝隙不应大于0.3mm;接缝高低差不应大于0.4mm;缝格平直的允许偏差在2.5mm以内。

3) 缝隙直线度不应大于0.5‰。

4) 活动地板面层应排列整齐,行走应无声响、摆动。

第四节 木质楼板地面工程

一、硬木地板面层

(一) 硬木地板面层施工技术要点

1. 材料要求

(1) 搁栅、撑木、垫木经干燥和防腐处理后含水率不大于20%。

(2) 地板含水率不大于12%。

(3) 硬木地板含水率：长条板不超过12%；拼花板不超过10%。

(4) 硬木踢脚板：含水率应不超过12%，背面满涂防腐剂。

2. 施工工艺

长条、拼花硬木地面：

(1) 实铺式：基层清理→弹线、找平→修理预埋铁件→安装木搁栅、撑木→弹线、钉毛地板→找平、刨平→弹线、铺硬木面层→找平、刨平→弹线、钉踢脚板→刨光、打磨→油漆。

(2) 架空式：地垅墙顶抄平、弹线→干铺油毛毡→铺垫木→弹线、找平、安装木搁栅、剪刀撑→弹线、钉毛地板→找平、刨平→弹线、铺硬木面层→找平、刨平→弹线、钉踢脚板→刨光、打磨→油漆。

(二) 硬木地板面层施工质量控制

1. 施工质量控制要点

(1) 木板面层搁栅下的砖、石地垅墙、礅的砌筑应符合现行国家砌体工程施工质量验收规范的有关规定。

(2) 木板面层的侧面带有企口的木板宽度不应大于120mm，且双层面层下的毛地板以及木板面层下木搁栅和垫木等用材均需作防腐处理。

(3) 在钢筋混凝土板上铺设有木搁栅的木板面层，其木搁栅的截面尺寸、间距和稳固方法应符合设计要求。

(4) 木搁栅和木板应作防腐处理，木板的底面应满涂木材防腐油。

(5) 木板面层下的木搁栅，其两端应垫实、钉实、搁栅间应加钉剪刀撑或横撑。木搁栅与墙之间宜留出30mm的缝隙。木搁栅的表面平整度不应超过3mm。

(6) 双层木板面层下的毛地板其宽度不宜大于120mm。在铺设毛地板时，应用钉子与搁栅成30°或45°斜向钉牢，且髓心向上。板间缝隙不应大于3mm。毛地板与墙之间应留10~20mm缝隙。铺设毛地板长条木板或拼花木板时，宜先铺设一层沥青纸（或油纸），以隔声和防潮。

(7) 在铺设单层木板面层时，每块长条木板应在每根木搁栅上斜向上钉入钉子，钉长为板厚的2.5倍。

(8) 在铺设木板面层时，木板端头接缝应错开并在搁栅上。且面层与墙之间应留10~20mm缝隙，并用踢脚线盖缝。

(9) 采用胶粘剂粘贴薄木地板时，其水泥类基层应平整、清洁、干燥。

(10) 采用胶粘剂铺贴时，胶粘剂应存放在阴凉通风、干燥的室内。超过生产期3个月的产品，应取样复试，合格后方可使用。超过保质期的产品不得使用。

2. 质保资料检查要点

(1) 隐蔽验收记录。

(2) 胶粘剂出厂合格证。

二、硬质纤维板面层

(一) 硬质纤维板面层施工技术要点

1. 材料要求

(1) 硬质纤维板。采用的硬质纤维板应符合现行的国家标准《硬质纤维板》的规定。

(2) 胶粘剂应具有出厂合格证、生产日期和保质日期,超过生产期3个月的产品,应取样复试,合格后方可使用,超过保质期的产品,不得使用。

(3) 沥青胶粘料宜采用10号或30号建筑石油沥青。沥青的软化点宜为60°~80°,针入度宜为20~40。

2. 施工工艺

基层清理、润湿→弹线、做灰饼、标筋→抹水泥木屑找平层→养护→弹线预铺→刷胶→铺贴→刷涂料→打蜡、磨光。

(二) 硬质纤维板面层施工质量控制

1. 施工质量控制要点:

(1) 铺贴硬质纤维板面层的下一层基层表面应平整、洁净、干燥、不起砂,含水率不应大于9%。

(2) 水泥木屑砂浆抹平工作应在初凝前完成;压光工作应在终凝前完成。养护7~10d方可铺贴面层。

(3) 硬质纤维板粘结应牢固,防止翘边、空鼓。

(4) 硬质纤维板相邻高差不应高于铺贴面1.5mm或低于铺贴面0.5mm;或高或低的应重铺。

(5) 当硬质纤维板铺贴在水泥木屑砂浆垫层上时,在每块板的四周边缘和"V"形槽内用ϕ1.8mm、长度20mm的圆钉,砸扁钉牢,钉帽宜稍冲进。钉子间距60~100mm。钉眼可用同色腻子嵌平。

(6) 硬质纤维板间的缝隙宽度宜为1~2mm,相邻两块板的高差不宜大于1mm,板面与基层间不得有空鼓现象,板面应平整,2m直尺内其允许空隙为2mm。

2. 质保资料检查重点

检查胶粘剂出厂合格证。

第五节 地面工程变形缝与镶边的设置

一、变形缝的设置

(一) 建筑地面工程变形缝的种类和构造做法

1. 变形缝的种类

(1) 沉降缝。

(2) 防震缝。

(3) 伸缩缝。伸缩缝有又可分为两种情况,一种是由于房屋结构体形较大,设计时从结构位置考虑而设置;另一种是由于建筑地面面积较大,从构造要求考虑而设置的。第二种伸缩缝又可分为伸缝和缩缝两种。

2. 变形缝各种构造做法

(1) 地面变形缝各种构造做法,见图14-1所示。

(2) 楼面变形缝各种构造做法,见图14-2所示。

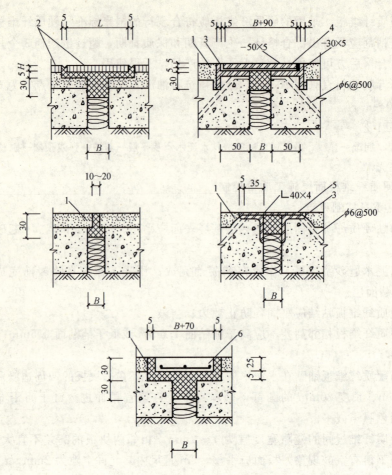

图 14-1 建筑地面变形缝构造

图注见图 14-2

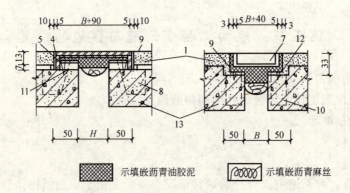

图 14-2 建筑楼面变形缝构造

1—整体面层按设计；2—板块面层按设计；3—焊牢；4—5mm 厚钢板（或铝合金板、塑料硬板）；5—5mm 厚钢板；6—C20 混凝土预制板；7—钢板或块材、铝板；8—40mm×60mm×60mm 木楔 500mm 中距；9—24 号镀锌铁皮；10—40mm×40mm×60mm 木楔 500mm 中距；11—木螺钉固定 500mm 中距；12—∟30mm×3mm 木螺钉固定 500mm 中距；13—楼层结构层；B—缝宽按设计要求；L—尺寸按板块料规格；H—板块面层厚度

(3) 室内水泥混凝土地面工程分区、段浇筑时，应与设置的纵、横向缩缝相一致，见图 14-3 所示。

(4) 纵向缩缝做成：1) 平接缝（如图 14-4，a 所示）；2) 加肋板平头缝（如图 14-4，b 所示），用于垫层板边加肋时；3) 企口缝（如图 14-4，c 所示），用于垫层厚度大于 150mm 时。

(5) 横向缩缝应做假缝，如图 14-5 所示。

(6) 伸缝如图 14-6 所示。

(二) 建筑地面工程变形缝施工质量控制

(1) 建筑地面变形缝应按设计要求设置，并应与结构相应缝的位置相对应。除假缝外，均应贯通各构造层。

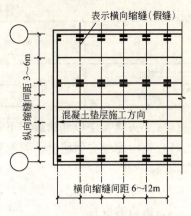

图 14-3 施工方向与缩缝平面布置

(2) 水泥混凝土垫层长期处于 0℃以下，而设计无要求时，其房间地面应设置伸缩缝。

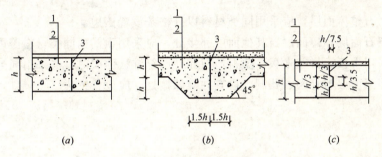

图 14-4 纵向缩缝的做法
(a) 平接缝；(b) 加肋板平头缝；(c) 企口缝
1—面层；2—混凝土垫层；3—干铺油毡

图 14-5 假缝
图注见图 14-6

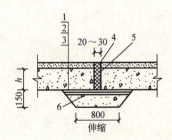

图 14-6 伸缝构造
1—面层；2—混凝土垫层；3—干铺油毡一层；
4—沥青胶泥填缝；5—沥青胶泥或沥青木丝板；
6—C10 混凝土

(3) 变形缝的宽度应符合设计要求。在缝内清洗干净后，应先用沥青麻丝填实，再以沥青胶结料填嵌后用盖板封盖，盖板应与地面面层齐平。

(4) 室外水泥混凝土地面工程应设置伸缩缝；室内水泥混凝土楼、地面工程应设置纵、横向缩缝，不宜设置伸缝。

(5) 当设计无要求时，伸缝和缩缝的间距应符合表 14-5 的要求。

伸缝和缩缝的间距要求（m） 表14-5

	伸 缝	缩 缝	
		纵 向	横 向
室外	宜30		宜3~6
室内	不宜设置	宜3~6	宜6~12

（6）平头缝和企口缝的缝间不得放置任何隔离材料，在浇筑时应互相紧贴。

（7）横向缩缝应做假缝。缝宽宜为5~20mm，其深度为垫层厚度的1/3，缝内用水泥砂浆填嵌。

（8）伸缝的位置应上下贯通，其缝宽宜为20~30mm，缝内应填嵌沥青类材料。

二、镶边的位置

镶边设置的施工质量控制：

（1）在有强度机械作用下的水泥类整体面层与其他类型的面层邻接处，应设置镶边角钢。

（2）水磨石整体面层，应采用同类材料以分格条设置镶边。

（3）在条石面层和砖面层与其他面层邻接处，应采用顶铺的同类材料镶边。

（4）当采用木板、拼花木板、塑料地板和硬质纤维板面层时，应采用同类材料镶边。

（5）在地面面层与管沟、孔洞、检查井等邻接处，应设置镶边。

第十五章 装饰工程

第一节 抹灰工程

一、抹灰工程施工技术要求

（一）材料的质量要求

1. 水泥

（1）抹灰工程中常用的水泥为一般水泥和装饰水泥。一般水泥有硅酸盐水泥、普通硅酸盐水泥、矿渣硅酸盐水泥、火山灰质硅酸盐水泥、粉煤灰硅酸盐水泥。装饰水泥有白色硅酸盐水泥（白水泥）、彩色硅酸盐水泥（彩色水泥）。

（2）水泥的初凝不得早于45min，终凝不得迟于12h，体积安定性必须合格。储存的水泥应防止风吹、日晒和受潮，出厂超过三个月的水泥，应复试合格后方可使用。

2. 砂（石粒）

（1）抹灰用砂最好是中砂，或粗砂与中砂混合掺用。使用时应过筛，不得含有杂物。要求颗粒坚硬、洁净，含泥量不得大于3%。

（2）装饰抹灰用的石粒、砾石等，应耐光、坚硬，使用前必须冲洗干净。干粘石用的石粒应干燥。

3. 石灰膏

经过淋制熟化成膏状的石灰膏，一般熟化时间应不少于15d；罩面用的磨细石灰粉的熟化期不应少于3d。不得含有未熟化颗粒，已硬化或冻结的石灰膏不得使用。

4. 其他

（1）麻刀，要求坚韧、干燥，不含杂质，使用时长度为20～30mm为宜，敲打松散，以1%的重量比与石灰膏掺合使用。

（2）纸筋，使用前应浸透、捣烂，以2.5%～3%的重量比与石灰膏搅拌均匀，并过筛或搅磨成纸筋灰使用。

（二）抹灰工程砂浆品种的选用

1. 混凝土墙面

混凝土墙面的抹灰，一般为水泥砂浆、水泥混合砂浆或聚合物水泥砂浆。

2. 砖（砌块）墙面

（1）砖墙面抹灰可用水泥砂浆、水泥混合砂浆、聚合物水泥砂浆或石灰砂浆。

（2）硅酸盐砌块、加气混凝土砌块的墙面的底层抹灰，应用水泥混合砂浆或聚合物水泥砂浆。

3. 板条、金属网顶棚和墙面

板条、金属网顶棚和墙面的底层和中层抹灰，可用麻刀石灰砂浆或纸筋石灰砂浆。

（三）抹灰工程的施工要求

1. 一般抹灰

（1）室内抹灰

1）抹灰前应先对室内阳角用1∶2水泥砂浆做暗护角，高度不应低于2m，每侧宽度不应小于50mm。对木门窗框与墙连接处缝隙用水泥砂浆或水泥混合沙浆（加少量麻刀）分层嵌塞密实（铝合金、塑钢门窗与墙连接处缝隙按有关规范处理），待砂浆达到一定强度后，方可进行墙面抹灰。

2）墙面抹灰前，应根据墙面的平整情况及抹灰厚度，横线找平，竖线吊直，做出灰饼和冲筋（又叫塌饼和柱头或标筋），达到一定强度后，即可对墙面进行抹底层与中层灰，又称刮糙。待中层抹灰至六七成时，即可抹面层灰。当墙面为混凝土大板和大模板建筑墙面时，宜用腻子分遍刮平，各遍应粘结牢固，总厚度为2～3mm。

3）抹灰工程的面层，不得有爆灰和裂缝，各抹灰层之间及抹灰层与基体之间应粘结牢固，不得有脱层、空鼓等缺陷，表面光滑、接槎平整。

（2）室外抹灰

1）外墙抹灰前与内墙抹灰一样，应做灰饼和冲筋。高层建筑的垂直方向控制应用经纬仪来代替垂线，上下拉紧钢丝为准。门窗口上沿、窗台前的水平和垂直方向均应拉通线，做好灰饼及相应的冲筋。由于外墙抹灰整体面积较大，为了避免抹灰砂浆收缩后产生裂缝，影响墙面美观和造成墙面渗水，应在适当部位设置分格缝。同时按一定的层数和开间划分几个施工段，施工段的划分可以阴阳角交接处或分格缝为界线。抹灰时应先上部后下部。

2）分格缝的设置，一般在中层抹灰六七成干时，按要求弹出分格线，粘贴分格条。面层抹好后即可拆除分格条，并用水泥浆把缝勾齐。其宽度和深度应均匀一致，表面光滑，无砂眼，不得有错缝、缺棱掉角。

3）抹灰面层不得有爆灰、裂缝，各抹灰层之间及抹灰层与基体间应粘结牢固，不得有脱层，空鼓等缺陷，表面光滑、接槎平整，抹灰的总厚度应符合设计要求；水泥砂浆不得抹在石灰砂浆层上；罩面石灰膏不得抹在水泥砂浆层上。

4）窗台、窗眉、雨篷、阳台、压顶和突出腰线等，上面应做流水坡度，下面应做滴水线或滴水槽。滴水槽的深度和宽度均不小于10mm，并整齐一致。

（3）顶棚抹灰

1）混凝土大板和大模板建筑的顶棚宜用腻子分遍刮平，各遍应粘结牢固，总厚度为2～3mm。当抹灰时，底层灰应用力抹实，且越薄越好。抹灰方向应与模板木纹（或钢模拼缝）、预制楼板接缝或板条顶棚的板条缝垂直。板条顶棚的底层灰应压入板条缝内，形成转脚以使结合牢固。中层抹完后，待六七成干时抹面层。

2）抹灰面层不得有爆灰和裂缝，各抹灰层之间及抹灰层与基层之间应粘结牢固，不得有脱层、空鼓等缺陷。表面光滑、接槎平整。

2. 装饰抹灰

（1）水刷石

1）水刷石的基层处理及底层、中层抹灰的施工工艺同一般抹灰，待中层砂浆六七成干时，按设计要求弹分格线并粘贴分格条。

2）水刷石面层涂抹前，应在已浇水润湿的中层砂浆面上刮一遍水泥浆，然后立即抹面层，以使面层与中层结合牢固。

3) 水刷石面层必须分遍拍平压实，石子分布均匀紧密，待水泥石子浆开始凝结，用手指揿上无痕时，用软毛刷子蘸水刷掉表面水泥浆，露出石子，然后用喷雾器喷洗。喷头一般距墙面10～20cm，喷洗顺序应先上后下，喷洗完毕起出分格条，再根据要求用水泥浆嵌缝及上色。

4) 水刷石面层应石粒清晰，分布均匀，紧密平整，色泽一致，应无掉粒和接槎痕迹。

（2）斩假石

1) 斩假石面层抹灰前对中层的处理与水刷石相同。斩假石面层的厚度为10～15mm，一般分二遍进行，头遍为薄层，先薄薄地抹一层，待收水后，再抹第二遍，其厚度与分格条齐平，用铁板抹子用力压实后，用软扫帚顺剁纹方向清扫一遍。其面层不能受烈日曝晒或遭冰冻，养护3～7d左右，进行试斩剁，以石子不脱落为准。

2) 斩剁时，要把稳剁斧，动作要快，轻重均匀，一般自上而下进行，先剁转角和四周边缘，后剁中间大面。边缘和棱角部位斩纹应与边棱垂直，以免斩坏边棱。也可在棱角与分格缝周边留15～20mm不剁，以免影响美观。遇有分格条，每剁一行时，随时取出分格条，用水泥浆修补分格缝中的缝隙和小孔。

3) 斩假石应剁纹均匀顺直，深浅一致，应无漏剁处。阳角处应横剁并留出宽窄一致的不剁边条，棱角应无损坏。

（3）干粘石

1) 干粘石面层施工前，应先用水润湿中层砂浆表面，并刷水泥浆一遍，随即抹水泥砂浆或聚合物水泥砂浆粘结层，粘结层表面应平整、垂直，阴阳角方正，其厚度一般为4～6mm，稠度不大于8mm。

2) 粘结层抹好后应立即开始甩石粒。甩石粒时，应先两边，后甩中间，从上至下，然后用辊子或抹子压平压实，石粒嵌入砂浆的深度不得小于粒径的1/2，用力要适当，用力过大，会把灰浆拍出造成泛浆糊面；用力过小，石粒粘结不牢，易掉粒。

3) 干粘石表面应色泽一致、不露浆，不漏粘，石粒应粘结牢固，分布均匀，阳角处应无明显黑边。

（4）假面砖

1) 假面砖面层施工时，应在湿润的中层上弹出水平线，一般一个水平工作段上弹上、中、下三条水平通线，以便控制面层划沟平直度。

2) 抹面层砂浆，面层砂浆稍收水，按面砖的尺寸，沿靠尺划纹和沟，纹的深度为1mm，沟的深度为3mm，要求深浅一致，接缝平直。

3) 假面砖表面应平整，沟纹清晰，留缝整齐，色泽一致，应无掉角、脱皮、起砂等缺陷。

二、抹灰工程施工质量控制

1. 抹灰工程必须在墙体检查合格后方可进行。对抹灰工程的质量检查，首先应查阅设计图纸，了解设计对抹灰工程的具体要求。同时还应检查原材料质保书和复试报告，对进入现场的材料进行质量把关。

2. 对抹灰工程还应加强施工过程中的检查。底层抹灰时，应注意检查墙体基层是否清理干净、浇水湿润，门、窗框与洞口的缝是否嵌密实，室内抹灰前阳角护角线必须完成。一般抹灰工程应按要求分层进行，不得一次完成，并按规范要求严格控制每层抹灰的厚度，同时应严格控制抹灰层的总厚度，当抹灰总厚度大于或等于 35mm 时，应采取加强措施，这样可避免抹灰的空鼓与开裂。不同材料基体交接处表面的抹灰，应采取防止开裂的加强措施，当采用加强网时，加强网与各基体的搭接宽度不应小于 100mm。空鼓与开裂是抹灰工程的主要质量通病，其产生的主要原因有：

(1) 基层处理不当，清理不干净；抹灰前浇水不透。

(2) 墙面平整度差，一次抹灰太厚或分层抹灰间隔时间太近。

(3) 水泥砂浆面层粉在石灰砂浆底层上。

(4) 面层抹灰或装饰抹灰的中层抹灰表面未划毛，太光滑。

(5) 装饰抹灰前未按要求在中层砂浆上刮水泥浆以增加粘结度。

(6) 夏季施工砂浆失水过快。

3. 为了有效地防止抹灰层的空鼓与开裂，在监督控制中应加强检查：

(1) 抹灰前的基层处理。抹灰前基层是否处理干净，浇水湿透。对不平整的墙面须剔凿平整，凹陷处用 1∶3 水泥砂浆找平，然后按要求分层抹灰。当由于墙面不平整，造成抹灰厚度超过规范和设计要求时，应加钉钢丝网片扑强措施，并适当增加抹灰层数，以防止抹灰的空鼓开裂脱落。

(2) 抹灰材料的选用。水泥砂浆抹灰各层用料是否一致，对水泥砂浆抹灰各层必须用相同的砂浆或是水泥用量偏大的混合砂浆。

(3) 中层抹灰的表面是否平整毛糙。装饰抹灰前是否按要求刮水泥浆处理。

(4) 夏季抹灰应避免在日光曝晒下进行。

4. 在抹灰工程的施工中，应注意预留洞、电气槽及管道背后等处的质量，检查时应特别注意这些部位。

5. 检查抹灰工程的空鼓，可用小锤在抽查部位任意轻击。外墙和顶棚的抹灰与基层之间及各抹灰层之间必须粘结牢固。如发现有空鼓，必须督促施工单位进行整修。在检查抹灰表面时，可对所检查部位进行观察和手摸，同时可用 2m 托线板和楔形塞尺等辅助工具检查抹灰表面的平整度和垂直度。

6. 检查数量：相同材料、工艺和施工条件的室外抹灰工程每 500～1000m² 应划分为一个检验批，不足 500m² 也应划分为一个检验批；相同材料、工艺和施工条件的室内抹灰工程每 50 个自然间（大面积房间和走廊按抹灰面积 30m² 为一间）应划分为一个检验批，不足 50 间也应划分为一个检验批。

室内每个检验批应至少抽查 10%，并不少于 3 间，不足 3 间时应全数检查。室外每个检验批每 100m² 应至少抽查一处，每处不得小于 10m²。

第二节 涂 饰 工 程

一、涂饰工程施工技术要求

（一）材料的质量要求

1. 涂料

(1) 涂料工程所用的涂料和半成品（包括施涂现场配制的），均应有品名、种类、颜色、制作时间、贮存有效期、使用说明和产品合格证书、性能检测报告及进场验收记录。

（2）内墙涂料要求耐碱性、耐水性、耐粉化性良好，及有一定的透气性。

（3）外墙涂料要求耐水性、耐污染性和耐候性良好。

2.腻子

涂料工程使用的腻子的塑性和易涂性应满足施工要求，干燥后应坚固，不得粉化、起皮和开裂，并按基层、底涂料和面涂料的性能配套使用。处于潮湿环境的腻子应具有耐水性。

（二）涂料对基层的要求

1.涂饰工程墙面基层，表面应平整洁净，并有足够的强度，不得酥松、脱皮、起砂、粉化等。

2.新建筑物的混凝土或抹灰基层在涂饰涂料前应涂刷抗碱封闭底漆；旧墙面在涂饰涂料前应清除疏松的旧装修层，并涂刷界面剂。

3.基体或基层的含水率：混凝土和抹灰表面涂刷溶剂型涂料时，含水率不得大于8%，涂刷乳液型涂料时，含水率不得大于10%，木料制品含水率不得大于12%。

（三）涂饰工程的施工要求

1.混凝土、抹灰表面

（1）室内（顶棚）

1）涂料施涂前，应先对基层进行处理。将基层表面的灰尘、残浆、油污等杂物清理干净。

2）根据基层情况及所用涂料，配制不同的腻子对基层进行分遍批刮，批刮遍数应根据基层的平整度、涂料工程的质量等级（普通、高级）及所用涂料的类型而定。下遍腻子的批刮，须待上遍腻子干燥后，用铲刀将残余腻子刮平，再用砂纸打磨平整，并将表面粉尘清扫干净后方可进行。

3）当使用溶剂型涂料时，在涂刷前，先涂刷一遍干性油打底。涂料工程的涂刷应先顶棚后墙面，先上后下，涂刷时要注意接槎严密，同一墙面应同班内连续完成，以防止色泽不均。涂料的工作黏度或稠度，必须加以控制，使其在涂刷时不流坠、不显刷纹，施涂过程中不得任意稀释。

4）双组分或多组分涂料在涂刷前，应按产品说明规定的配合比，根据使用情况分批混合，并在规定的时间内用完。所用涂料在施涂前和施涂过程中，均应充分搅拌。

5）溶剂型涂料后一遍涂料必须在前一遍涂料干燥后进行；水性涂料和乳液涂料后一遍涂料必须在前一遍涂料表干后进行。每一遍涂料应施涂均匀，各层必须结合牢固。涂饰工程严禁起皮、掉粉、漏刷、透底，涂料表面应平整光滑，色泽均匀一致，分色线平直，不污染其他部位。高级涂料不得有反碱、咬色、流坠、疙瘩等现象。

（2）室外

1）室外涂料施涂前，必须将基层表面的残浆、浮灰等附着物清扫干净。对基层抹灰的空鼓、裂缝，墙面的蜂窝、麻面、孔洞等缺陷，须事先修补平整。

2）根据基层情况和设计要求用腻子进行局部或全部批刮、打磨处理，外墙基层所用腻子一般为聚合物水泥腻子。最后进行涂刷（或喷涂）。

3）施涂时，应以分格缝、墙的阴角处或水落管等处为分界线，从上至下分段进行。

为避免色差，对于外墙涂料，在同一墙面应用同一批号的涂料，每遍涂料不宜施涂过厚，涂层应均匀。涂料的工作黏度，必须加以控制，使其在施涂时不流坠、不显刷纹。施涂过程中不得任意稀释。

4）涂料工程完成后，不得有起皮、掉粉、漏刷、透底、流坠、疙瘩等现象。

2．木材表面

（1）涂料施涂前，应先对木材表面进行清理，将油脂、污垢、胶渍等去除干净。对于高级清色涂料，还应采用漂白方法将木材的色斑和不均匀的色调消除。

（2）按混色涂料和清色涂料的不同要求及涂料质量等级要求——普通、高级——的不同，进行分遍批嵌腻子、润粉、打磨、刷涂料等工序的施工。

（3）涂刷混色涂料时，批嵌第一遍腻子前，应先刷一遍干性油或带色干性油打底。

（4）门窗扇施涂涂料时，上冒头顶面和下冒头底面不得漏施涂料。木地（楼）板施涂涂料不得少于3遍。

（5）混色和清色涂料不得脱皮、漏刷、反锈；高级涂料不得透底、流坠、皱皮、裹棱；五金、玻璃应洁净，不得污染。

3．金属表面

（1）施涂涂料前，应将金属表面的灰尘、油渍、鳞皮、锈斑、焊渣、毛刺等清除干净。方法可用手工、机械或化学药物处理等。经过处理后的金属表面，应先涂刷防锈漆，涂刷时金属表面必须干燥。

（2）防锈涂料和第一遍银粉涂料，应在设备、管道安装就位前施涂。对于钢结构中不易涂到的缝隙处，应在装配前除锈和涂涂料。

（3）防锈涂料干后，可根据设计要求和涂料质量等级要求，按普通、高级分遍批嵌腻子、打磨、施涂涂料或直接施涂涂料。

（4）薄钢板制作的屋脊、檐沟和天沟咬口处，应用防锈油腻子填补密实。

（5）涂料不得脱皮、漏刷、反锈，高级涂料不得透底、流坠、皱皮、裹棱。

4．美术涂料

美术涂料施涂前应先完成对基层的处理和相应等级或工序的涂料作业（或刷浆作业），待其干燥后，方可进行美术涂饰。

（1）套色漏花——按套色所用颜色，每一种颜色制一块套板，并根据色别标出顺序号，施涂时（常用喷印方法）根据事先的定位，按颜色先中间色、浅色，后深色顺序喷印。头套漏板喷印完，等涂料稍干后，方可进行下套漏板的喷印。套色漏花的图案不得位移，纹理和轮廓应清晰。

（2）滚花涂饰——在干燥的底层涂料上弹出垂直线和水平线，确定滚花位置，然后用刻有花纹图案的胶皮滚筒蘸涂料，从左至右，从上至下进行滚印，滚筒的轴必须垂直于粉线。滚花的图案、颜色应鲜明，轮廓清晰，不得有漏涂、斑污和流坠等。

（3）仿花纹涂饰——在底层涂料上刷面层涂料，仿花纹涂饰的饰面应具有被摹仿材料的纹理。

二、涂饰工程施工质量控制

1．涂料工程施工前，首先应检查基层是否平整，表面尘埃、油渍及附着砂浆等是否清扫干净，以防止批刮腻子后，产生腻子起皮、空鼓，最终影响涂料工程质量。对金属构件、螺钉等应检查是否进行了防锈处理。还应检查基层的含水率是否符合规范要求。核对设计图纸，了解设计对涂料工程的要求，检查进场涂料的品种、颜色是否符合要求，检查涂料的产品合格证、使用说明、生产日期和有效期。对产品质量有怀疑时，可取样做复试，合格后方可使用。

2. 对批刮所用的腻子，应检查是否与基层墙面、使用部位和使用的涂料相匹配。在涂料工程施工中，应注意检查每一遍腻子（或涂料）施工时，上一遍的腻子（或涂料）是否干燥，并打磨平整。还应督促施工人员，在涂料施涂前和施涂过程中，应经常搅拌涂料，以避免产生涂层厚薄不一、色泽不匀现象。

3. 在施工中还应注意施工环境。当施工现场尘土飞扬、太阳光直接照射、气温过高或过低、湿度过大时，应阻止施工人员进行涂料工程的施工，以保证涂料工程的质量。

4. 检查数量：室外涂饰工程每栋楼的同类涂料涂饰的墙面每 500～1000m² 应划分为一个检验批，不足 500m² 也应划分为一个检验批；室内涂饰工程同类涂料涂饰的墙面每 50 间（大面积房间和走廊按涂饰面积 30m² 为一间）应划分为一个检验批。

室外涂饰工程每 100m² 应至少检查一处，每处不得小于 10m²；室内涂饰工程每个检验批应至少抽查 10%，并不得少于 3 间，不足 3 间时应全数检查。

第三节　轻质隔墙工程

一、轻质隔墙工程施工技术要求

（一）材料的质量要求

1. 龙骨

（1）隔墙工程中常用的龙骨主要有：木龙骨、轻钢龙骨、铝合金龙骨等。

（2）木龙骨一般宜选用针叶树类，其含水率不得大于 18%。轻钢龙骨、铝合金龙骨应具备出厂合格证。

（3）龙骨不得变形、生锈，规格品种应符合设计及规范要求。

2. 罩面板

（1）隔墙工程中常用的罩面板主要有：纸面石膏板、矿棉板、胶合板、纤维板等。

（2）罩面板应具有出厂合格证。

（3）罩面板表面应平整、边缘整齐，不应有污垢、裂缝、缺角、翘曲、起皮、色差和图案不完整等缺陷。胶合板、木质纤维板不应脱胶、变色和腐朽。

3. 玻璃（玻璃砖）

（1）隔墙工程所用玻璃必须为国家规定的安全玻璃。

（2）玻璃和玻璃砖的品种、规格和颜色应符合设计要求，质量应符合有关产品标准，具有出厂合格证。

4. 板材

（1）板材隔墙所用的复合轻质墙板、石膏空心板、预制或现制的钢丝网水泥板等板材的品种、规格、性能、颜色应符合设计要求。

（2）有隔声、隔热、阻燃、防潮等特殊要求的工程，板材应有相应性能等级的检测报告。

5. 其他

（1）隔墙工程罩面板所使用的螺钉、钉子宜为镀锌的。

（2）玻璃橡胶定位垫块、镶嵌条、密封膏等的品种、规格、断面尺寸、颜色、物理及化学性质应符合设计要求，其相互间的材料性质必须相容。

（二）隔墙的施工要求

1. 龙骨

（1）轻钢龙骨

隔墙龙骨施工时，应先按照设计要求，在楼（地）面上按龙骨宽度弹出隔断位置线，并引到两端墙（或柱）上及顶棚（或梁）下面，并在楼（地）面上标出门、窗洞口位置，将沿顶、沿地龙骨及靠主体结构墙（或柱）的竖向沿边龙骨用射钉或膨胀螺栓固定牢固。

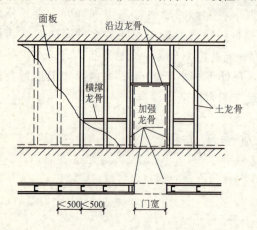

图15-1 轻钢龙骨设置

其四周（顶、地、边）龙骨与基体间，应按设计要求安装密封条。当基体为多孔砖或轻质砖、标准砖墙体时，应留预埋件固定。当四周龙骨安装好后，按设计、规范要求及罩面板实际宽度，安装竖向龙骨，并与沿顶、沿地龙骨用铆钉固定。在门、窗框边应设置加强龙骨，以保证隔断的刚度，如图15-1。最后按所用龙骨系列和设计要求安装横串龙骨、支撑卡。当隔断用于厕所间及厨房间分隔时，在龙骨下部宜设置素混凝土导墙或砌二皮标准砖墙，以防跟部渗水。

（2）木龙骨

施工时按设计要求，在楼（地）面、顶棚（或梁）下面及两端墙（或柱）上弹出隔墙位置线，并标出门、窗洞口位置，将四周龙骨按设计要求固定。在木龙骨与基体接触处的侧面须作防腐处理。然后按设计要求及罩面板宽度安装竖向龙骨和横向小龙骨，并进行防火处理。龙骨固定应牢固，竖向龙骨应垂直。

（3）玻璃隔墙的固定框

玻璃隔墙的固定框通常有木框、铝合金框、金属框（如角铁、槽钢等）或木框外包金属装饰板等。固定框的形式有四周均有档子组成的封闭框，或只有上下档子的固定框（常用于无框玻璃门的玻璃隔断中）。固定框与楼（地）面、两端墙体的固定，按设计要求先弹出隔断位置线，固定方法与轻钢龙骨、木龙骨相同。固定框的顶框，通常在吊平顶下，而无法与楼板顶（或梁）的下面直接固定。因此顶框的固定须按设计施工详图处理。固定框与连接基体的结合部应用弹性密封材料封闭。

空心玻璃砖隔墙固定框可为铝合金或槽钢。用于80mm厚的空心玻璃砖金属型材框，最小截面应为90mm×50mm×3.0mm；100mm厚的空心玻璃砖的金属型材框，最小截面应为108mm×50mm×3.0mm。金属型材框的固定用镀锌膨胀螺栓，直径不得小于8mm，间距不得大于500mm。型材框应与结构连接牢固。型材框与建筑物基体结合部应用弹性密封料封闭。

2. 罩面板

(1) 石膏板

石膏板安装前,应对预埋隔断中的管道和有关附墙设备采取局部加强措施;石膏板宜竖向铺设,长边(即包封边)接缝宜落在竖龙骨上。但隔断为防火墙时,石膏板应竖向铺设;曲面墙所用石膏板宜横向铺设;龙骨两侧的石膏板及龙骨一侧的内外两层石膏板应错缝排列,接缝不得落在同一根龙骨上;石膏板用自攻螺钉固定。安装石膏板时,应从板的中部向板的四边固定。钉头略埋入板内,但不得损坏纸面。钉眼应用石膏腻子抹平;石膏板宜使用整板。如需对接时,应靠紧,但不得强压就位;石膏板的接缝,应按设计要求进行板缝的防裂处理;隔断端部的石膏板与周围的墙或柱应留有3mm的槽口。施工时,先在槽口处加注嵌缝膏,然后铺板,挤压嵌缝膏使其和邻近表层紧紧接触;石膏板隔断以丁字或十字型相接时,阴角处应用腻子嵌满,贴上接缝带,阳角处应做护角。

(2) 胶合板和纤维板

安装胶合板的基体表面,用油毡、油纸防潮时,应铺设平整,搭接严密,不得有皱折、裂缝和透孔等;胶合板如用钉子固定,钉帽宜打扁并进入板面0.5~1mm,钉眼用油性腻子抹平;纤维板如用钉子固定,钉帽宜进入板面0.5mm,钉眼用油性腻子抹平。硬质纤维板施工前应用水浸透,自然阴干后安装;墙面用胶合板、纤维板装饰,在阳角处宜做护角;胶合板、纤维板用木压条固定时,钉帽宜打扁,并进入木压条0.5~1mm,钉眼用油性腻子抹平。

(3) 玻璃(空心玻璃砖)

1) 隔断玻璃的厚度,应按设计要求定,但同时应满足《建筑玻璃应用技术规程》(JGJ 102—2003)的有关要求。

2) 玻璃与固定框的结合不能太紧密,玻璃放入固定框时,应设置橡胶支承垫块和定位块,支承块的长度不得小于50mm,宽度应等于玻璃厚度加上前部余隙和后部余隙;厚度应等于边缘余隙。定位块的长度应不小于25mm,宽度、厚度同支承块相同。支承垫块与定位块的安装位置应距固定框槽角1/4边的位置处;然后安装固定压条,固定压条通常用自攻螺钉固定,在压条与玻璃间(即前部余隙和后部余隙)注入密封胶或嵌密封条。如果压条为金属槽条,且为了表面美观不得直接用自攻螺钉固定时,可采用先将木压条用自攻螺钉固定,然后用万能胶将金属槽条卡在木压条外,以达到装饰目的。安装好的玻璃应平整、牢固,不得有松动现象;密封条与玻璃、玻璃槽口的接触应紧密、平整,并不得露在玻璃槽口外面;用橡胶垫镶嵌的玻璃,橡胶垫应与裁口、玻璃及压条紧贴,并不得露在压条外面;密封胶与玻璃、玻璃槽口的边缘应粘结牢固,接缝齐平。

3) 玻璃隔墙安装完毕后,应在玻璃单侧或双侧设置护栏或摆放花盆等装饰物,或在玻璃表面,距地面1500~1700mm处设置醒目彩条或文字标志,以避免人体直接冲击玻璃。

4) 空心玻璃砖的砌筑砂浆一般宜使用325号白色硅酸盐水泥与粒径小于3mm的河砂拌制,等级应为M5;勾缝砂浆的水泥与河砂之比应为1:1,砂的粒径不得大于1mm。当室内空心玻璃砖隔断的高度和长度均超过1.5m时,应在垂直方向上每二层空心玻璃砖水平布2根$\phi 6$(或$\phi 8$)的钢筋(当只有隔断的高度超过1.5m时,放一根钢筋),在水平方向上每3个缝至少垂直布一根钢筋(错缝砌筑时除外),钢筋每端伸入金属型材框的尺寸不得小于35mm。空心玻璃砖与金属型材框两翼接触的部位应留有滑缝,且不得小于

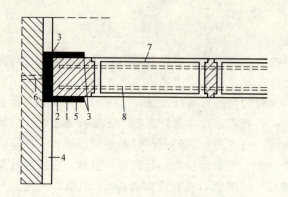

图 15-2 室内空心玻璃砖隔断与建筑物墙壁的连接剖面
1—沥青毡（滑缝）；2—硬质泡沫塑料（胀缝）；3—弹性密封剂；
4—泥灰；5—金属型材框；6—膨胀螺栓；7—空心玻璃砖；8—钢筋

4mm，腹面接触的部位应留有胀缝，且不得小于10mm。滑缝和胀缝应用沥青毡和硬质泡沫塑料填充。空心玻璃砖之间的接缝不得小于10mm，且不得大于30mm。金属型材框与建筑墙体和屋顶的结合部，以及空心玻璃砖砌体与金属型材框翼端的结合部应用弹性密封剂封闭，如图15-2。

（4）板材隔墙

施工时按设计要求，在楼（地）面、顶棚（或梁）下面及两端墙（或柱）上弹出隔墙位置线，并标出门、窗洞口位置，将板材预埋件、连接件按设计要求固定；然后将隔墙板材与其按设计要求进行固定连接，并进行嵌缝处理。

二、隔墙工程的施工质量控制

1. 对隔断工程的质量监督检查，首先检查设计图纸，查看图纸的施工说明、平面布置、节点详图等，了解设计对隔断工程所用材料、规格、颜色、门窗位置及与原有建筑的连接（固定）方法和要求。对施工现场所用材料，检查其出厂合格证（或测试报告）是否齐全、有效，特别对隔墙工程所用的玻璃，应检查是否符合国家安全玻璃的要求；检查施工企业对隔墙工程的隐蔽记录是否经监理（或业主）签字认可，企业的质量检验评定是否真实；检查现场所用材料与设计图纸是否相符，现场存放是否符合规范要求。

2. 当隔墙工程龙骨施工完毕，应按施工图纸对龙骨的固定方法、隔墙的构造、所用材料品种规格、龙骨的垂直、平整情况进行检查，特别对门窗框边的加强龙骨、横串龙骨进行检查，检查有否漏放、虚设等情况。因加强龙骨、横串龙骨的漏放、虚设，将影响整个隔墙工程的质量和今后的使用。检查龙骨与建筑结构的连接，连接应牢固，无松动现象，立面垂直，表面平整，同时可用手推摇隔断龙骨，以检查其刚度是否符合要求。

3. 对罩面板应检查表面是否平整；粘贴的罩面板是否脱层；螺钉间距是否符合规范；石膏板铺设方向是否正确，安装是否牢固；检查罩面板的拼接缝是否按要求留设，嵌缝和贴接缝带，是否符合要求。还应检查门框上端是否骑缝，如图15-3。因罩面板的拼缝设在门、窗边框的竖向龙骨上时，使用中易在该部位产生裂缝，应加强检查。罩面板表面不得有污染、折裂、缺棱。

4. 隔墙工程的验收检查数量：同一品种的轻质隔墙工程每50间（大面积房间和

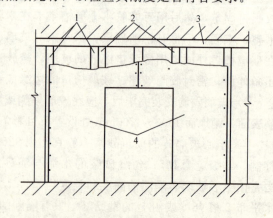

图 15-3 罩面板安装
1—主龙骨；2—加强龙骨；3—沿顶龙骨；4—罩面板

走廊按轻质隔墙的墙面 30m² 为一间）应划分为一个检验批，不足 50 间也应划分为一个检验批。

板材隔墙和骨架隔墙工程每检验批抽查 10%，并不得少于 3 间；不足 3 间时应全数检查。玻璃隔墙工程每检验批应至少抽查 20%，并不得少于 6 间；不足 6 间时应全数检查。

第四节 吊 顶 工 程

一、吊顶工程施工技术要求

（一）材料的质量要求

1. 龙骨

（1）吊顶工程中常用的龙骨主要有：木龙骨、轻钢龙骨、铝合金龙骨等。

（2）木龙骨一般宜选用针叶树类，其含水率不得大于 18%。轻钢龙骨、铝合金龙骨应具备出厂合格证。

（3）龙骨不得变形、生锈，规格品种应符合设计及规范要求。

2. 罩面板

（1）吊顶工程常用的罩面板主要有：石膏板、矿棉装饰吸声板、胶合板、纤维板、钙塑装饰板、金属板等。

（2）罩面板应具有出厂合格证。

（3）罩面板不应有气泡、起皮、裂纹、缺角、污垢和图案不完整等缺陷；表面应平整，边缘整齐，色泽一致。穿孔板的孔距排列整齐；胶合板、木质纤维板不应脱胶、变色和腐朽；金属装饰板不得生锈。

3. 其他

（1）安装吊顶罩面板的紧固件、螺钉、钉子宜为镀锌的，吊杆所用的钢筋、角铁等应作防锈处理。

（2）胶粘剂的类型应按所用罩面板的品种配套选用，现场配制的胶粘剂，其配合比应由试验确定。

（二）吊顶的施工技术要求

1. 龙骨、吊杆的安装

（1）轻钢龙骨、铝合金龙骨

1）轻钢龙骨、铝合金龙骨按外形有 U 型龙骨和 T 型龙骨。U 型龙骨的吊顶一般为暗架，即罩面板固定在龙骨外，龙骨不外露；T 型龙骨吊顶一般为明架吊顶，即罩面板直接搁置在 T 型龙骨的翼缘上，龙骨外露。

2）安装龙骨前，应按设计要求对房间净高、洞口标高和吊顶内管道、设备及其支架的标高进行交接检验。施工时按吊顶高度，沿墙面四周弹出水平线，然后按设计要求在楼板底面上弹出主龙骨位置线及标出吊杆位置，吊杆距主龙骨端部距离不得大于 300mm，否则应增加吊杆，以免主龙骨下坠。当吊杆与设备相遇时，应调整吊杆，如用角铁、槽钢等在设备下部安装挑梁，吊杆固定在挑梁上，以保证吊杆的间距满足要求。吊杆宜用 $\phi 6 \sim \phi 10$ 钢筋制作，上端与预埋件焊牢，下端套丝，配好螺帽。螺帽一般为二只，一只防止挂

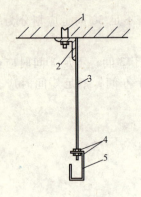

图 15-4 吊杆安装
1—膨胀螺栓；2—角铁；
3—φ6（φ8）吊杆；
4—固定螺帽；5—龙骨大吊挂件

件向上活动，一只承受吊顶荷载。当上端无预埋件时，吊杆上端可与一段角铁焊牢，角铁的另一边钻孔后用膨胀螺栓固定在楼板混凝土上，如图 15-4。吊杆安装好后，将主龙骨用吊挂件连接在吊杆上，拧紧螺栓上下卡牢，主龙骨按不小于房间短向跨度的 1/200 起拱。主龙骨接长可用接插件连接，同时宜在连接处增设吊杆。然后将次龙骨按要求用吊挂件固定在主龙骨下面，次龙骨应紧贴主龙骨安装，并根据罩面板布置的需要，在罩面板接缝处安装横撑龙骨。边龙骨安装在已弹出的水平线位置。全面校正主、次龙骨的位置及水平度，校正后应将龙骨的所有吊挂件、连接件拧夹紧。

3）安装好的吊顶龙骨应牢固可靠，连接件应错位安装；明架龙骨应目测无明显弯曲。当吊顶与上面楼板底的高度超过 1.5m 时，应在吊杆处设置一定量的反撑，以防止吊杆刚度不足，导致反向变形，引起吊顶罩面板开裂。重型灯具、电扇及其他重型设备严禁安装在吊顶工程的龙骨上。

（2）木龙骨

这里介绍的木龙骨吊顶主要是指安装在混凝土楼板下面的吊平顶。

施工时先根据吊顶高度在墙面四周弹出水平线，沿水平线将沿墙的搁栅（即木龙骨）钉在墙内预埋木砖上，搁栅截面一般为 50mm×50mm 或 40mm×60mm，中间搁栅应根据罩面板尺寸，一般间距为 400～600mm。搁栅与楼板的固定，可用宽度 30mm 的扁钢作吊杆，扁钢上端与楼板下面的预埋件焊牢，或在扁钢上钻孔弯成直角后用膨胀螺栓固定在楼板底下；下端在扁钢上钻孔后用钉子或木螺钉横向与搁栅连接。也可用木吊杆，但应采用不易劈裂的干燥木材，上端一般用一小段角铁，在角铁的二边钻孔，一边用膨胀螺栓固定在楼板底下，一边用钉子或木螺钉水平与吊杆固定。木吊杆的下端直接与木龙骨固定，如图 15-5。在搁栅间钉卡档搁栅（小龙骨），截面与搁栅相同，间距一般为 300～400mm。中间部分应起拱，吊顶龙骨应安装牢固，靠墙木龙骨应作防腐处理，其他部位应作防火处理。

2. 罩面板的安装

（1）石膏板

纸面石膏板应在自由状态下进行固

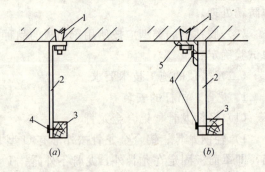

图 15-5 吊杆与木龙骨固定
1—膨胀螺栓；2—扁钢（口为木吊杆）；
3—木龙骨；4—螺钉；5—角铁

定，防止出现弯棱、突鼓现象；纸面石膏板的长边（即包封边）应沿纵向次龙骨铺设；双层石膏板，面层与基层板的接缝应错开，不得在同一根龙骨上接缝；石膏板的接缝，应按设计要求进行板缝处理，通常先用腻子对接缝分二次批嵌，第二次批嵌不得高出石膏板面，然后贴接缝带，最后与板的大面一起进行批嵌。纸面石膏板与龙骨固定，应从一块板的中间向板的四边固定，不得多点同时作业；螺钉头宜略埋入板面，并不使纸面破损，钉眼应作防锈处理，并用石膏腻子抹平。

（2）胶合板和纤维板、钙塑板等

1）胶合板可用钉子固定，钉帽宜打扁，并进入板面0.5~1.0mm，钉眼用油性腻子抹平。胶合板面如涂刷清漆时，相邻板面的木纹和颜色应近似。

2）纤维板可用钉子固定，钉帽进入板面0.5mm，钉眼用油性腻子抹平。硬质纤维板应用水浸透，自然阴干后安装。

3）胶合板、纤维板用木条固定时，钉帽宜打扁，并进入木压条0.5~1.0mm，钉眼用油性腻子抹平。

4）钙塑装饰板用胶粘剂粘贴时，涂胶应均匀，粘贴后，应采取临时固定措施，并及时擦去挤出的胶液。用钉固定时，钉帽应与板面齐平，排列整齐。并用与板面颜色相同的涂料涂饰。

（3）金属板

金属铝板的安装应从边上开始，有搭口缝的铝板，应顺搭口缝方向逐块进行，铝板应用力插入齿口内，使其啮合。金属条板式吊顶龙骨一般可直接吊挂，也可增加主龙骨，主龙骨间距不大于1.2m，条板式吊顶龙骨形式应与条板配套；方板吊顶次龙骨分明装T型和暗装卡口两种，根据金属方板式样选定次龙骨，次龙骨与主龙骨间用固定件连接；金属格栅的龙骨可明装也可暗装，龙骨间距由格栅做法确定。金属板吊顶与四周墙面所留空隙，用金属压缝条镶嵌或补边吊顶找齐，金属压条材质应与金属面板相同。

二、吊顶工程施工质量控制

1. 在吊顶工程的质量监督检查中，首先应检查设计图纸是否齐全有效。然后查看图纸的施工说明、龙骨布置、节点详图等，了解设计对吊顶工程所用材料、规格、颜色、检修孔和灯具位置的要求。对施工现场所用材料，检查其出厂合格证或试验报告是否齐全、有效，与设计图纸是否相符，现场存放情况是否符合规范要求。检查施工企业对吊顶工程的隐蔽记录是否经监理或业主签字认可，企业的质量检验评定是否真实。

2. 吊顶龙骨施工完后，在安装罩面板前应按设计图纸对吊顶龙骨进行检查，检查主、次龙骨之间，主龙骨与吊杆、吊杆与楼板基层的连接固定是否符合设计和规范要求；吊杆的间距是否过大，吊杆距主龙骨端部距离是否大于300mm。当发现吊杆间距过大（一般不大于1.2m）吊杆距主龙骨端部距离超过300mm时，应责令施工企业进行加固，增设吊杆。检查吊杆的规格、焊接及防锈处理是否符合设计要求；还应注意当吊顶高度（指吊顶罩面板距楼板底面的净空高度）大于1.5m时，是否有防止吊顶因气流而向上运动的措施——设置反支撑，因为当吊顶高度较大时，钢筋吊杆的长细比较大，这时当房门开关时，会产生气流将吊平顶向上推，罩面板的接缝处容易产生裂缝。因此应在吊杆位置设置反支撑，以阻止吊顶向上。当吊平顶为明架龙骨时，可不设反支撑。

3. 当龙骨为木质龙骨时，应检查是否进行防火处理及木质有否钉劈，如不符合要求，应立即督促施工单位整改。

4. 对罩面板应检查是否与龙骨连接紧密，表面是否平整，有否污染、折裂、缺棱掉角等缺陷；粘贴的罩面板有否脱层，胶合板是否有刨透之处。明架龙骨吊顶罩面板应检查有否漏、透、翘角现象，发现应督促施工单位予以调换。罩面板在批嵌前应检查固定螺钉间距，钉帽是否敲扁并进入板面，接缝是否按要求留设、嵌缝和贴接缝带。

5. 吊顶工程的验收数量：同一品种的轻质隔墙工程每50间（大面积房间和走廊按轻质隔墙的墙面30m² 为一间）应划分为一个检验批，不足50间也应划分为一个检验批。

每个检验批应至少抽查10%，并不得少于3间；不足3间时应全数检查。

第五节 饰面板（砖）工程

一、饰面板（砖）工程施工技术要求

（一）材料的质量要求

1. 天然石饰面板

（1）天然石饰面板是从天然岩体中开采出来的经加工成块状或板状的一种面层装饰板。常用的主要为天然大理石饰面板、花岗石饰面板。

（2）天然大理石饰面板主要用于室内的墙面、楼地面处的装饰。要求表面不得有隐伤、风化等缺陷；表面应平整，无污染颜色，边缘整齐，棱角不得损坏，并应具有产品合格证和放射性指标的复试报告。

（3）花岗石饰面板可用于室内、外的墙面、楼地面。花岗石饰面板要求棱角方正。颜色一致，无裂纹、风化、隐伤和缺角等缺陷。

2. 人造石饰面板

（1）人造石饰面板主要有：人造大理石饰面板、预制水磨石或水刷石饰面板。

（2）人造石饰面板应表面平整，几何尺寸准确，面层石粒均匀、洁净、颜色一致。

3. 饰面砖

（1）饰面砖主要有各类外墙面砖、釉面砖、陶瓷锦砖（马赛克）、玻璃锦砖（玻璃马赛克）等。

（2）饰面砖应表面平整、边缘整齐，棱角不得损坏，并具有产品合格证。外墙釉面砖、无釉面砖，表面应光洁，质地坚固，尺寸、色泽一致，不得有暗痕和裂纹，其性能指标均应符合现行国家标准的规定，并具有复试报告。

4. 其他

（1）安装饰面板用的铁制锚固件、连接件，应镀锌或经防锈处理。镜面和光面的大理石、花岗石饰面板，应用铜或不锈钢的连接件。

（2）安装装饰板（砖）所使用的水泥，体积安定性必须合格，其初凝不得早于45min，终凝不得迟于12h。砂要求颗粒坚硬、洁净，含泥量不得大于3%。石灰膏不得含有未熟化颗粒。施工所用的其他胶结材料的品种、掺合比例应符合设计要求。

（二）饰面板（砖）基层的处理

1. 混凝土墙面

将混凝土墙面凿毛，用水润湿，刷一度108水泥浆或其他界面剂，再用1∶3水泥砂浆打底（即刮糙），木抹子搓平、划毛。具体做法与混凝土墙面的抹灰底层、中层做法相同。

当饰面板用干挂法施工时，混凝土墙面可不做抹灰处理，但须按设计要求作防水处理。

2. 砖墙面

先将砖墙面的多余砂浆、浮灰清扫干净，用水湿透后，用1∶3水泥砂浆打底，抹子搓平划毛，隔天浇水养护。具体做法与砖墙抹灰的底层、中层做法相同。

3. 板条墙、纸面石膏板墙面

在木板条墙上钉一层钢丝网片，在纸面石膏板墙上，可用钢丝将钢丝网片与之绑扎牢固，然后用1∶3水泥砂浆打底，木抹子搓平、划毛，隔天浇水养护。

（三）饰面板（砖）的施工技术要求

1. 饰面板

（1）干挂

1）饰面板的干挂法施工，一般适用于钢筋混凝土墙面。安装前先将饰面板在地面上按设计图纸及墙面实际尺寸进行预排，将色调明显不一的饰面板挑出，换上色泽一致的饰面板，尽量使上下左右的花纹近似协调，然后逐块编号，分类竖向堆放好备用。在墙面上弹出水平和垂直控制线，并每隔一定距离做出控制墙面平整度的砂浆灰饼，或用麻线拉出墙面平整度的控制线。饰面板的安装一般应由下向上一排一排进行，每排由中间或一端开始。在最下一排饰面板安装的位置上、下口用麻线拉两根水平控制线，用不锈钢膨胀螺栓将不锈钢连接件固定在墙上；在饰面板的上下侧面用电钻钻孔或槽，孔的直径和深度按销钉的尺寸定（槽的宽度和深度按扁钢挂件定），然后将饰面板搁在连接件上，将销钉插入孔内，板缝须用专用弹性衬料垫隔，待饰面板调整到正确位置时，拧紧连接件螺帽，并用环氧树脂胶或密封胶将销钉固定，如图15-6。待最下一排安装完毕后，再在其上按同样方法进行安装，全部安装完后，饰面板接缝应按设计和规范要求里侧嵌弹性条，外面用密封胶封嵌。

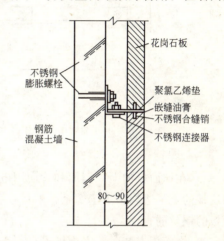

图15-6 干挂法的构造

2）在砖墙墙面上采用干挂法施工时，饰面板应安装在金属骨架上，金属骨架通常用镀锌角钢根据设计要求及饰面板尺寸加工制作，并与砖墙上的预埋铁焊牢。如砌墙时未留设预埋铁，可用对穿螺栓与砖墙连接，如图15-7。其他施工方法与混凝土墙面相同。

3）饰面板安装工程的预埋件（或后置埋件）、连接件的数量、规格、位置、连接方法和防腐处理必须符合设计要求。后置埋件的现场拉拔强度必须符合设计要求。饰面板安装必须牢固。

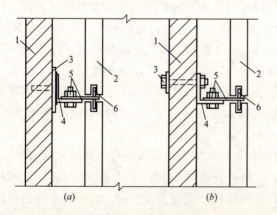

图15-7 用对穿螺栓固定饰面板

1—砖墙；2—饰面板；3—预埋铁、对穿螺栓；4—镀锌角铁；5—不锈钢连接件；6—不锈钢销钉

425

(2) 湿铺

1) 饰面板湿铺前,也应进行预排,在墙上弹出垂直和水平控制线,其做法与干挂施工时相同。在墙上凿出结构施工时预埋的钢筋,将 $\phi 6$ 或 $\phi 8$ 的钢筋按竖向和横向绑扎(或焊接)在预埋钢筋上,形成钢筋网片。水平钢筋应与饰面板的行数一致并平行。如结构施工时未预埋钢筋,则可用膨胀螺栓(混凝土墙面)或凿洞埋开脚螺栓(砖墙面)的方法来固定钢筋网片,如图15-8。

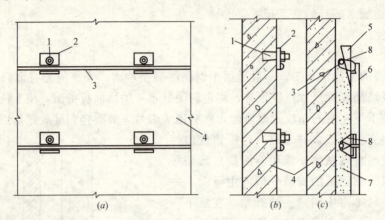

图15-8 饰面板固定方法
1—膨胀螺栓;2—钢板;3—钢筋;4—混凝土墙面;5—定位木楔;
6—饰面板;7—水泥砂浆;8—铜丝

2) 在饰面板的上下侧面和背面用电钻钻直孔或斜孔,间距由饰面板的边长决定,但每块板的上下边均不少于2个,然后在孔洞的后面剔一道槽,其宽度、深度可稍大于绑扎面板的铜丝的直径。

3) 饰面板安装时,室内铺设可由下而上,每排由中间或一端开始。先在最下一排拉好水平通线,将饰面板就位后,上口外仰,将下口铜丝绑扎在横向钢筋上,再绑扎上口铜丝并用木楔垫稳,随后检查、调整饰面板后再系紧铜丝。如此依次进行,第一排安装完毕,用石膏将板两侧缝隙堵严。较大的板材以及门窗镶脸饰面板应另加支撑临时固定。然后用1:2.5的水泥砂浆分三次灌浆,第一次灌浆高度不得超过板高的1/3,一般约15cm左右,灌浆砂浆的稠度应控制在100～150mm,不可太稠。灌浆时应徐徐灌入缝内,不得碰动饰面板,然后用铁棒轻轻捣振,不得猛灌猛捣,间隔1～2h,待砂浆初凝无水溢出后再进行第二次灌浆至板高1/2处,待初凝后再灌浆至离板上口5mm处,余量作为上排饰面板灌浆的结合层。隔天再安装第二排。全部饰面板安装完毕后,应将表面清理干净后,按设计和规范要求进行嵌缝、清理及打蜡上光。

4) 系固饰面板用的钢筋网片,应与锚固件连接牢固。锚固件宜在结构施工时埋设。

5) 饰面板的品种、规格、颜色和图案必须符合设计要求;安装必须牢固,无歪斜、缺棱掉角和裂缝等缺陷;表面平整、洁净,色泽一致,无变色、泛碱、污痕和显著的光泽受损处;接缝应填嵌密实、平直、宽度均匀、颜色一致,阴阳角处的搭接方向正确;突出物周围的饰面板套割吻合、边缘整齐,墙裙、贴脸等突出墙面的厚度一致,流水坡向正确。

2. 饰面砖

(1) 外墙面砖

1) 在处理过的墙面上,根据墙面尺寸和面砖尺寸及设计对接缝宽度的要求,弹出分格线,并在转角处挂垂直通线。

2) 外墙面砖施工应由上往下分段进行,一般每段自下而上镶贴。镶贴宜用水泥砂浆,厚度为 5~6mm,为改善砂浆的和易性,可掺入少量石灰膏;也可采用胶粘剂或聚合物水泥浆镶贴,聚合物水泥浆配合比由试验确定。

3) 外墙面砖镶贴前应将砖的背面清理干净,并浸水 2h 以上,待表面晾干后方可使用。当贴完一排后,将分格条(其宽度为水平接缝的宽度)贴在已镶贴好的外墙面砖上口,作第二排镶贴的基准,然后依次向上镶贴。

4) 在同一墙面上的横竖排列不宜有一行以上的非整砖,非整砖应排在次要部位或阴角处。阳角可磨成 45°夹角拼接或两面砖相交处理,如图 15-9。不宜用侧边搭接方法铺贴。

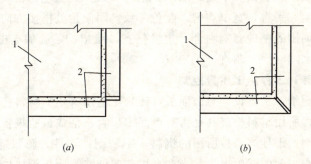

图 15-9 阳角处理
1—墙体;2—外墙面砖

5) 外墙面砖镶贴完后,应用 1∶1 水泥砂浆勾缝,先勾横缝,后勾竖缝,缝深宜凹进面砖 2~3mm,完成后即用布或纱头擦净面砖。必要时可用稀盐酸擦洗,并随即用清水冲洗干净。

(2) 釉面砖

1) 在处理过的墙面上弹出垂直、水平控制线,用废釉面砖贴在墙面上作灰饼,间距为 1~1.6m,并上、下吊好垂直,水平用麻线拉通线找平,以控制整个墙面釉面砖的平整度。

2) 镶贴应由下向上一行一行进行,镶贴所用砂浆与外墙面砖相同。

3) 将浸水、晾干(方法与外墙面砖相同)的釉面砖满抹砂浆,四边刮成斜面,将其靠紧最下一行的平尺板上,以上口水平线为准,贴在墙上,用小铲木把轻敲砖面,使其与墙面结合牢固。

4) 最下行釉面砖贴好后,用靠尺横向找平、竖向找直,然后依次往上镶贴。

5) 在同一墙面上的横竖排列,不宜有一行以上的非整砖,非整砖行应排在次要部位或阴角处。如遇有突出的管线、灯具、卫生设备的支承等,应用整砖套割吻合,不得用非整砖拼凑镶贴。在阴阳角处应使用配件砖,在阳角处也可磨 45°夹角。接缝一般用白水泥浆擦缝,要求缝均匀而密实。

(3) 陶瓷锦砖

1) 在处理过的墙面上,根据墙面实际尺寸和陶瓷锦砖的尺寸,弹水平和垂直分格线,线的间距为陶瓷锦砖的整张数,非整张者用在不明显部位,并弹出分格缝的位置和宽度。

2) 镶贴应分段,自上而下进行;每段施工时应自下而上进行,套间或独立部位宜一次完成。一次不能完成者,可将茬口留在施工缝或阴角处。

3) 镶贴时,先将已弹好线的墙面浇水湿润,薄薄抹一层素水泥浆,再抹1:0.3水泥纸筋灰砂浆或1:1水泥砂浆,厚度为2~3mm,将锦砖的粘结面洒水湿润,抹一层素水泥浆,缝里要灌满水泥浆,然后将其镶贴在墙面上,对齐缝,轻轻拍实,使其粘结牢固。依次镶贴,最后在陶瓷锦砖的纸面上刷水,使其湿润脱胶,然后便可揭纸,揭纸时应仔细按顺序用力下揭,切忌向外猛揭。然后检查、调整缝隙,并补好个别带下的小块锦砖。待粘结水泥浆凝固后,用素水泥浆擦缝并清洁锦砖表面。

4) 饰面砖的品种、规格、颜色和图案必须符合设计要求;镶贴必须牢固,无歪斜、缺棱掉角和裂缝等缺陷;表面应平整、洁净、色泽一致,无变色、污痕和显著的光泽受损处;接缝应填嵌密实、平直,宽窄均匀,颜色一致,阴阳角处搭接方向正确,非整砖使用部位适宜;突出物周围的整砖套割吻合、边缘整齐,墙裙、贴脸等突出墙面的厚度一致;流水坡向正确,滴水线(槽)顺直。

二、饰面板(砖)工程施工质量控制

(1) 查看设计图纸,了解设计对饰面板(砖)工程所选用的材料、规格、颜色、施工方法的要求,对工程所用材料检查其是否有产品出厂合格证或试验报告,特别对工程中所使用的水泥、胶粘剂,干挂饰面板所用的钢材、不锈钢连接件、膨胀螺栓等应严格把关。对钢材的焊接应检查焊缝的试验报告。当在高层建筑外墙饰面板干挂法安装时,采用膨胀螺栓固定不锈钢连接件,还应检查膨胀螺栓的抗拔试验报告,以保证饰面板安装安全可靠。

(2) 饰面板外墙面采用干挂法施工时,应检查是否按要求做防水处理,如有遗漏应督促施工单位及时补做。检查不锈钢连接件的固定方法、每块饰面板的连接点数量是否符合设计要求。当连接件与建筑物墙面预埋件焊接时,应检查焊缝长度、厚度、宽度等是否符合设计要求,焊缝是否做防锈处理。对饰面板的销钉孔,应检查是否有隐性裂缝,深度是否满足要求。饰面板销钉孔的深度应为上下二块板的孔深加上板的接缝宽度稍大于销钉的长度,否则会因上块板的重量通过销钉传到下块板上,而引起饰面板损坏。

(3) 饰面板施铺时,着重检查钢筋网片与建筑物墙面的连接、饰面板与钢筋网片的绑扎是否牢固,检查钢筋焊缝长度、钢筋网片的防锈处理。施工中应检查饰面板灌浆是否按规定分层进行。

(4) 饰面砖应注意检查墙面基层的处理是否符合要求,这直接会影响饰面砖的镶贴质量。可用小锤检查基层的水泥抹灰有否空鼓,发现有空鼓应立即铲掉重做(板条墙、纸面石膏板墙除外),检查处理过的墙面是否平整、毛糙。

(5) 为了保证建筑工程面砖的粘结质量,外墙饰面砖应进行粘结强度的检验。每 $300m^2$ 同类墙体取1组试样,每组3个,每楼层不得少于1组;不足 $300m^2$ 每二楼层取1组。每组试样的平均粘结强度不应小于0.4MPa;每组可有一个试样的粘结强度小于0.4MPa,但不应小于0.3MPa。

(6) 饰面板（砖）安装完成后，应检查其垂直度、平整度、接缝宽度、接缝高低、接缝平直等。检查时可用 2m 托线板、楔形塞尺及拉 5m 麻线等方法检查。用小锤轻敲饰面板（砖），以检查其是否空鼓。当发现饰面板（砖）有空鼓时，应及时督促施工单位进行整改，特别对外墙饰面板（砖）的空鼓，如不及时整改将危及人身的安全。还应检查饰面板（砖）接缝的填嵌是否符合设计和规范的要求，非整砖的使用是否适宜，流水坡向是否正确等。

(7) 检查数量：相同材料、工艺和施工条件的室内饰面板（砖）工程每 50 间（大面积房间和走廊按施工面积 30m² 为一间）应划分为一个检验批，不足 50 间也应划分为一个检验批。相同材料、工艺和施工条件的室外饰面板（砖）工程每 500～1000m² 应划分为一个检验批，不足 500m² 也应划分为一个检验批。

室内每个检验批应至少抽查 10%，并不得少于 3 间；不足 3 间时应全数检查。室外每个检验批每 100m² 应至少抽查一处，每处不得小于 10m²。

第六节 裱糊与软包工程

一、裱糊与软包工程施工要求

（一）材料的质量要求

1. 壁纸、墙布

壁纸、墙布要求整洁，图案清晰，颜色均匀，花纹一致，燃烧性能等级必须符合设计要求及国家现行标准的有关规定，具有产品出厂合格证。运输和贮存时，不得日晒雨淋，也不得贮存在潮湿处，以防发霉。压延壁纸和墙布应平放；发泡壁纸和复合壁纸则应竖放。

2. 胶粘剂

胶粘剂有成品和现场调制二种。胶粘剂应按壁纸、墙布的品种选用，要求具有一定的防霉和耐久性。当现场调制时，应当天调制当天用完。胶粘剂应盛放在塑料桶内。

3. 软包材料

软包面料、内衬材料及边框的材料、颜色、图案、燃烧性能等级和木材的含水率应符合设计要求及国家现行标准的有关规定。

（二）墙面基层的要求及处理

1. 混凝土、抹灰基层

(1) 混凝土、抹灰基层要求干燥，其含水率小于 8%。

(2) 将基层表面的污垢、尘土清除干净，泛碱部位，宜使用 9% 的稀醋酸中和、清洗。

(3) 新建筑物的混凝土或抹灰基层墙面在刮腻子前应涂刷抗碱封闭底漆，然后在基层表面满批腻子，腻子应坚实牢固，不得粉化、起皮和裂缝，待完全干燥后用砂皮纸磨平、磨光，扫去浮灰。批嵌腻子的遍数可视基层平整度情况而定。

(4) 旧墙面在裱糊前应清除疏松的旧装修层，并涂刷界面剂。

2. 木基层

(1) 木基层的含水率应小于 12%。

(2) 将基层表面的污垢、尘土清扫干净，在接缝处粘贴接缝带并批嵌腻子，干燥后用砂皮纸磨平，扫去浮灰，然后涂刷一遍涂料（一般为清油涂料）。

(3) 木基层也可根据设计要求和木基层的具体情况满批腻子，做法和要求同混凝土、抹灰基层。

（三）裱糊与软包工程的施工与质量要求

1. 壁纸、墙布

(1) 壁纸、墙布裱糊前，应将突出基层表面的设备或附件卸下。

(2) 裱糊时先在墙面阴角或门框边弹出垂直基准线，以此作为裱糊第一幅壁纸、墙布的基准，将裁割好的壁纸浸水或刷清水，使其吸水伸张（浸水的壁纸应拿出水池，抖掉明水，静置 20min 后再裱糊），然后在墙面和壁纸背面同时刷胶，刷胶不宜太厚，应均匀一致。再将壁纸上墙，对齐拼缝、拼花，从上而下用刮板刮平压实。对于发泡或复合壁纸宜用干净的白棉丝或毛巾赶平压实（有颜色的容易将颜色染在壁纸上造成污染），上下边多出的壁纸，用刀裁割整齐，并将溢出的少量胶粘剂擦拭干净。

(3) 裱糊时如对花拼缝不足一幅的应裱糊在较暗或不明显部位。对开关、插座等突出墙面的设备，在裱糊前已先卸下，待裱糊完毕，在盒子处用壁纸刀对角划一十字开口，十字开口尺寸应小于盒子对角线尺寸，然后将壁纸反入盒内，装上盖板等设备。

(4) 壁纸和墙布每裱糊 2~3 幅，或遇阴阳角时，要吊线检查垂直情况，以防造成累计误差。裱糊好的壁纸、墙布必须粘贴牢固，表面色泽一致，不得有气泡、空鼓、裂缝、翘边、皱折和斑污，斜视时无痕迹；表面平整，无波纹起伏，与挂镜线、贴脸板和踢脚板紧接，不得有缝隙；各幅拼接横平竖直，拼接处花纹、图案吻合，不离缝，不搭接，距墙面 1.5m 处正视，不显拼缝；阴阳转角垂直，棱角分明，阴角处搭接顺光，阳角处无接缝。

(5) 对于带背胶壁纸，裱糊时无需在壁纸背面和墙面上刷胶粘剂，可在水中浸泡数分钟后，直接粘贴。

(6) 对于玻璃纤维墙布、无纺墙布，无需在背面刷胶，可直接将胶粘剂涂于墙上即可裱糊，以免胶粘剂印透表面，出现胶痕。

2. 软包

(1) 织物软包施工前，为防止潮气侵蚀，引起板面翘曲、织物发霉，应在砌体或混凝土墙面上抹 20mm 厚 1:3 水泥砂浆，然后在其上做防潮处理，可涂防水涂料或钉一层油毡。混凝土墙面也可直接做防潮处理。

(2) 在处理过的墙面上按设计要求弹出水平和垂直分档线，在分档线上预埋防腐木砖，然后将截面尺寸为 20mm×50mm 或 50mm×50mm 的木立筋钉在木砖上。混凝土墙面可直接用射钉固定。木筋表面要求垂直、平整，并根据设计要求做好防腐或防火处理。将细木工板或夹板按软包的分档尺寸裁割后，四边刨平，用稍大于板尺寸的海绵覆盖于板的正面，将大于板尺寸的织物包在海绵外层，并卷过板边至背后，先用泡钉固定一边，然后拉紧另一边用泡钉固定。另两边同样拉紧固定。织物在包海绵前，宜先稍许喷水湿润。最后将已包好的织物软包板用钉子从板的侧面钉于木立筋上，钉头没入板内。若木立筋上已先固定有一层夹板或纸面石膏板（或为龙骨分隔墙），也可用双面胶带固定织物软包板。

(3) 织物软包应在其他所有项目都完工后进行，以防止织物污染。软包工程的龙骨、衬板、边框应安装牢固，无翘曲，拼缝应平直。织物表面不应松弛、皱折和有斑污，单块软包面料不应有接缝，四周应绷压严密。

二、裱糊与软包工程的质量控制

1. 裱糊工程的基层处理得好坏，关系到整个裱糊工程的好坏，因此在裱糊工程的质量监督中，首先应检查基层的含水率是否符合规范要求。对基层进行批嵌前，应检查基层表面的污垢、尘土是否清理干净，以防止批嵌后腻子起皮、空鼓。对阴阳角方正和垂直度误差较大的基层，可先用石膏腻子进行批嵌处理，使阴阳角方正、垂直。第二遍批嵌，应待第一遍批嵌的腻子完全干燥，并磨平扫清浮灰后方可进行，当检查发现第一遍腻子未干燥时应阻止第二遍腻子的批嵌。

2. 壁纸、墙布，一幅裱糊结束后，应及时检查，发现壁纸与墙面空鼓起泡时，可及时用注射器针头对准空鼓处刺穿后，先排出气后，再注入适量的胶粘剂，刮平压实壁纸、墙布；检查发现壁纸、墙布有皱折时，要趁其未干，用湿毛巾轻拭表面，让其湿润后，用手慢慢把皱折处抚平；对于因垂直偏差过多造成较大的皱折，可将壁纸、墙布裁开拼接或搭接。

3. 对织物软包应重点检查基层的防水处理是否符合要求，木立筋安装是否牢固、垂直平整。

4. 检查数量：同一品种的裱糊或软包工程每50间（大面积房间和走廊按施工面积30m² 为一间）应划分为一个检验批，不足50间也应划分为一个检验批。

裱糊工程每个检验批应至少抽查10%，并不得少于3间；不足3间时应全数检查。软包工程每个检验批应至少抽查20%，并不得少于6间；不足6间时应全数检查。

第七节 细 部 工 程

一、细部工程施工技术要求

（一）一般规定

1. 细木制品应采用密干法干燥木质，含水率不应大于12%。
2. 细木制品制成后，应立即刷一遍底油（干性油），防止受潮变形。
3. 细木制品与砖石砌体、混凝土或抹灰层接触处及埋入砖体或混凝土中的木砖均应进行防腐处理，除木砖外其他接触处应设置防潮层。
4. 由工厂加工制作的细木制品，应有出厂合格证。
5. 湿度较大的房间，不得使用未经防水处理的石膏花饰等。固定花饰用的木砖若与砖石、混凝土接触时，应经防腐处理。
6. 粘贴花饰用的胶粘剂应按花饰的品种选用，现场配制胶粘剂，其配合比应由试验确定。

（二）细部工程的施工

1. 橱柜

吊柜施工时，应按设计要求在墙四周弹出水平位置线，在预埋的木砖上按抹灰层厚度钉木块，间距一般为500mm左右，固定可用钉子固定，钉帽敲扁，并冲入木材表面（适用于水平方向的固定）；也可用木螺钉固定，木螺钉钉帽进入木材表面，用腻子嵌平。

2. 窗帘盒、窗台板

(1) 窗帘盒分明、暗二种。暗窗帘盒适用于有吊平顶的房间。目前常用窗帘轨道来吊挂窗帘，明窗帘盒宜先装轨道，暗窗帘盒可后安装轨道。

(2) 窗帘盒应根据设计要求的式样进行加工制作。安装时将窗帘盒的中线对准窗洞口的中线，使其两端伸出洞口的长度相同，用水平尺检查，使窗帘盒二端水平高度一致，然后用钉子或螺钉将窗帘盒与墙上的预埋木砖或预埋铁件固定。同一房间有几个窗帘盒时，应弹出水平通线，使其水平高度一致。

(3) 木窗台板施工时，窗台墙上预先砌入防腐木砖，木砖间距为500mm左右，但每樘窗不少于两块。将按设计要求加工好的窗台板的中线对准窗台的中线，使两端伸出的长度一致，用钉子或木螺钉将窗台板固定在木砖上，钉帽敲扁，并冲进木板，用腻子嵌平。板面略向室内倾斜，坡度约1%。

3. 门窗套

门窗套施工时，应在门窗框安装和墙面抹灰完成后进行。木门窗套施工时，可用钉子（或气钉枪）固定，拼角处应锯成45°夹角。使用石材时，其施工方法与饰面板（砖）工程相同。

4. 护栏和扶手

(1) 扶手施工前应先将铁栏杆按设计要求制作好，并与扶梯踏步中的预埋件焊牢固。将加工制作好的木扶手安装在铁栏杆上端的扁铁上。固定时用木螺钉从栏杆上端扁铁孔中与木扶手固定，间距一般为300mm。木扶手安装应由下而上，先安装扶手弯头，后安装扶手。弯头与扶手接口需在下面做暗榫，也可用胶加指形接头连接。全部安装完毕，按木扶手的斜度、断面尺寸、形状修整弯头成形，然后刷一道干性油，防止受潮变形。

(2) 护栏施工时，应将按设计要求加工制作好的护栏与楼地面中的预埋件焊牢固，护栏高度、栏杆间距、安装位置必须符合设计要求。护栏为玻璃时，固定玻璃的螺栓与玻璃间应垫橡胶垫片。

5. 花饰

(1) 重量轻的花饰施工时，一般采用粘贴法，也可采用粘贴法加木螺钉。如室内的平顶石膏花饰安装时，先在顶棚四周弹线找平，在石膏花饰的背面涂抹石膏浆进行粘贴，粘贴时，应将花饰上的预留孔对准墙上的预埋木砖，用木螺钉固定，木螺钉不宜拧得过紧，以防止石膏花饰损坏。随后用石膏腻子将接缝和木螺钉孔填满嵌平，待凝固后打磨修平。

(2) 重量较重的花饰施工时，可用螺栓固定。安装时将花饰预留孔对准基层预埋螺栓，若对不准时，可在预埋螺栓处的花饰上另钻孔（钻孔时应注意不得损坏花饰），或采用其他补救措施。花饰就位后，应采用临时支撑，予以固定，随后拧紧固定螺帽，并用与花饰同颜色的水泥浆或水泥砂浆将花饰与基层之间的缝隙填嵌密实。待达到足够强度后，拆除临时支撑，清除干净后再用嵌缝材料将周边修补整齐。当安装金属花饰时，可采用焊接方法固定。

(3) 花饰表面应洁净，接缝严密，不得有歪斜、裂缝、翘曲及损坏。

二、细部工程的质量控制

(1) 在对细部工程进行检查时，首先应检查细木制品的树种、材质等级、含水率和防腐处理是否符合设计要求和《木结构工程施工质量验收规范》（GB 50206—2002）的规定,成品、半成品是否有出厂合格证,隐蔽验收记录是否齐全(特别是预埋件)、企业自查资料是否真实。

(2)应检查成品、半成品是否尺寸正确,表面是否光滑、线条顺直,对不符合要求的产品应予退货,不得使用在工程中。

(3)对安装好的细部工程应检查其是否安装位置正确,夹角整齐,接缝严密,对不符合要求的,应及时责令施工单位进行整改。

(4)对细部工程中的油漆,参照涂料工程的有关方法进行检查。

(5)护栏所使用的玻璃,应使用公称厚度不小于12mm的钢化玻璃或钢化夹层玻璃,当护栏一侧距楼地面高度为5m及以上时,应使用钢化夹层玻璃。

(6)在对花饰检查时,应检查花饰制品、胶粘剂、固定方法是否符合设计要求,花饰有否破损;固定用的预埋木砖(预埋铁)等是否符合要求,并检查隐蔽验收记录。对已安装的花饰应检查其是否安装牢固,拼接缝、螺孔(钉孔)等填嵌是否密实、平整。

(7)检查数量:同类制品每50间(处)应划分为一个检验批,不足50间(处)也应划分为一个检验批。每部楼梯应划分为一个检验批。

每个检验批应至少抽查3间(处),不足3间(处)时应全数检查。

第十六章 建筑给水排水及采暖工程

第一节 室内给水管道安装

一、施工技术要求

（一）材料要求

1. 对进场材料进行质量验收，凡损坏、严重锈蚀的材料一律不可使用于工程。
2. 对用于工程的材料均应有产品质保书或合格证，对特殊产品应有技术文件。
3. 材料进场应按施工阶段分批进料。规格、型号、数量、质量验收后应有记录。

（二）施工前应具备下列条件

1. 施工技术图纸及其他技术文件齐全，并且已进行图纸技术交底，满足施工要求。
2. 施工方案、施工技术、材料机具供应等能保证正常施工。
3. 施工人员应经过管道安装技术的培训。
4. 提供的管材和管件，应符合设计规定，并附有产品说明书和质量合格证书。
5. 管材、管件应作外观质量检查，如发现质量有异常，应在使用前进行技术鉴定。
6. 施工安装时，应复核冷、热水管的公称压力等级和使用场合。管道的标记应面向外侧，处于显眼位置。

（三）作业条件

1. 认真熟悉图纸，参看有关专业设备图和装修建筑图，核对各种管道的标高是否有交叉，管道排列所用空间是否合理。有问题及时与设计和有关人员研究解决，办好变更洽商记录。
2. 预留孔洞、预埋件已配合完成。
3. 暗装管道（含竖井、吊顶内的管道）应核对各种管道的标高、坐标的排列有无矛盾。
4. 明装管道安装时室内地平线应弹好，墙面抹灰工程已完成。
5. 材料、施工力量、机具等已准备就绪。

（四）工艺流程

测量与定位→支、吊架的安装→管道预制→立管及水平总管安装→水平横干管、支管安装→泵房设备安装→水压试验与冲洗消毒。

二、施工质量控制

（一）管道敷设安装

1. 管道嵌墙、直埋敷设时，宜在砌墙时预留凹槽，若在墙体上开槽，应先确认墙体强度。凹槽表面必须平整，不得有尖角等突出物，管道试压合格后，凹槽用 M7.5 级水泥砂浆填补密实。

2. 管道在楼（地）坪面层内直埋时，预留的管槽深度不应小于 D_e+5mm，当达不到此深度时应加厚地坪层，管槽宽度宜为 D_e+40mm。管道试压合格后，管槽用与地坪层相同强度等级的水泥砂浆填补密实。

3. 直埋敷设的管道必须有埋设位置的施工记录，竣工时交业主存档。

4. 管道安装时，不得有轴向扭曲。穿墙或穿楼板时，不宜强制校正。

5. 给水塑料管与其他金属管道平行敷设时，应有一定的保护距离，净距离不宜小于100mm，且塑料管宜在金属管道的内侧。

6. 给水引入管与排水排出管的水平净距不得小于1m，室内给水与排水管道平行敷设时，两管间的最小水平净距不得小于0.5m，交叉铺设时，垂直净距不得小于0.15m。给水管应铺在排水管上面，若给水管必须铺在排水管的下面时，给水管应加套管，其长度不得小于排水管管径的3倍。

7. 室内明装管道，宜在土建粉刷或贴面装饰完毕后进行，安装前应配合土建正确预留孔洞或预埋套管。

8. 管道穿越楼板时，应设置套管，套管高出地面50mm，并有防水措施。管道穿越屋面时，应采取严格的防水措施。穿越管段的前端应设固定支架。

9. 直埋式敷设在楼（地）坪面层及墙体管槽内的管道，应在封闭前做好试压和隐蔽工程的验收记录工作。

10. 建筑物埋地引入管或室内埋地管道的敷设要求如下：

（1）室内地坪±0.00以下管道敷设宜分两阶段进行。先进行室内段的敷设，至基础墙外壁处为止；待土建施工结束，外墙脚手架拆除后，再进行户外连接管的敷设；

（2）室内地坪以下管道的敷设，应在土建工程回填土夯实以后，重新开挖管沟，将管道敷设在管沟内。严禁在回填土之前或在未经夯实的土层中敷设管道；

（3）管沟底应平整，不得有突出的尖硬物体。土壤的颗粒粒径不宜大于12mm，必要时可铺100mm厚的砂垫层；

（4）管沟回填时，管周围的回填土不得夹杂尖硬物体。应先用砂土或过筛的粒径不大于12mm的泥土，回填至管顶以上0.3m处，经洒水夯实后再用原土回填至管沟顶面。室内埋地管道的埋深不宜小于0.3m。

11. 管道出地坪处，应设置保护套管，其高度应高出地坪100mm。

12. 管道在穿越基础墙处，应设置金属套管。套管顶与基础墙预留了孔的孔顶之间的净空高度，应按建筑物的沉降量确定，但不应小于0.1m。

13. 管道在穿越车行道时，覆土深度不应小于0.7m。达不到此深度时，应采取严格的保护措施。

（二）管道连接

1. PVC-U 硬聚氯乙烯给水管道的连接

一般采用粘接连接：

（1）严格检查管口承口表面，检查无污后用清洁干布蘸无水酒精或丙酮等清洁剂擦拭承口及管口表面，不得将管材、管件头部浸入清洁剂；

（2）待清洁剂全部挥发后，将管口、承口用清洁无污的鬃刷蘸胶粘剂涂刷管口、管件承口，涂刷时先涂承口，后涂插口，由里向外均匀涂刷，不得漏涂。胶粘剂用量应适量；

(3) 涂刷胶粘剂的管表面经检查合格后,将插口对准承口迅速插入,一次完成,当插入 1/2 承口时应稍加转动,但不应超过 90°,然后一次插到底部。全部过程应在 20s 内完成;

(4) 粘接工序完成,应将残留承口的多余胶粘剂擦揩干净;

(5) 粘接部位在 1h 内不应受外力作用,24h 内不得通水试压。

2. PP-R 聚丙烯给水管道的连接

同种材质的给水聚丙烯管材和管件之间,应采用热熔连接或电熔连接,熔接时应使用专用的热熔或电熔焊接机具。直埋在墙体或地坪面层内的管道,只能采用热(电)熔连接,不得采用丝扣或法兰连接,丝扣或法兰连接的接口必须明露。给水聚丙烯管材与金属管件相连接时,应采用带金属嵌件的聚丙烯管件作为过渡,该管件与聚丙烯管采用热(电)熔连接,与金属管件或卫生洁具的五金配件采用丝扣连接。

热熔连接应按下列进行:

(1) 热熔工具接通电源,等到工作温度指示灯亮后,方能开始操作;

(2) 管材切割前,必须正确丈量和计算好所需长度,用合适的笔在管表面画出切割线和热熔连接深度线,连接深度应符合要求,切割管材必须使端面垂直于管轴线。管材切割应使用管子剪或管道切割机;

(3) 管材与管件的连接端面和熔接面必须清洁、干燥、无油;

(4) 熔接弯头或三通时,应注意管线的走向宜先进行预装,校正好走向后,用笔画出轴向定位线;

(5) 加热管材应无旋转地将管端导入加热套内,插入到所标志的连接深度,同时,无旋转地把管件推到加热头上,并达到规定深度标志处。加热时间必须符合规定(或热熔机具生产厂的规定);

(6) 达到规定的加热时间后,必须立即将管材与管件从加热套和加热头上同时取下,迅速无旋转地直线均匀地插入到所标深度,使接头处形成均匀的凸缘;

(7) 在规定的加工时间内,刚熔接好的接头允许立即校正,但严禁旋转;

(8) 在规定的冷却时间内,应扶好管材、管件,使它不受扭、受弯和受拉。

电熔连接应按下列步骤进行:

(1) 按设计图将管材插入管件,并达规定深度,校正好方位;

(2) 将电熔焊接机的输出接头与管件上的电阻丝接头夹好,开机通电加热至规定时间后断电;

(3) 冷却至规定时间。

3. 金属管连接:

丝口连接:

(1) 切割管材,必须使端面垂直于管轴线,清理断口的飞刺和铁膜;

(2) 对管道进行套丝,以丝口无断丝和缺牙为合格;

(3) 用厚白漆加麻丝或聚四氟乙烯生料带顺时针缠绕在管材丝口上;

(4) 连接管路,丝口宜露出 2~3 扣;

(5) 去除露出丝口的麻丝或生料带;

(6) 管路连接后,在丝口处刷防锈漆。

法兰连接：

(1) 法兰盘套在管道上；

(2) 校直两对应的连接件，使连接的两片法兰垂直于管道中心线，表面相互平行；

(3) 法兰的衬垫，应采用耐热无毒橡胶圈；

(4) 应使用相同规格的螺栓，安装方向一致；螺栓应对称紧固；紧固好的螺栓应露出螺母之外，宜齐平；螺栓螺帽宜采用镀锌件；

(5) 连接管道的长度应精确，当紧固螺栓时，不应使管道产生轴向拉力；

(6) 法兰连接部位应设置支吊架。

沟槽式连接：

(1) 连接管端面应平整光滑、无毛刺；

(2) 沟槽深度应符合表 16-1 规定；

沟槽式连接的沟槽深度　　　表 16-1

公称直径(mm)	沟槽深度(mm)	允许偏差(mm)	支、吊架间距(m)	端面垂直度允许偏差(mm)
65～100	2.20	0～+0.3	3.5	1.0
125～150	2.20	0～+0.3	4.2	1.5
200	2.50	0～+0.3	4.2	1.5
225～250	2.50	0～+0.3	5.0	1.5
300	3.0	0～+0.5	5.0	1.5

(3) 支、吊架不得支承在连接头处；

(4) 水平管的任意两个连接头之间必须有支、吊架。

（三）支吊架安装

1. 管道安装时必须按不同管径和要求设置管卡或支、吊架，位置应准确，埋设应平整。管卡与管道接触紧密，但不得损伤管道表面。

2. 塑料管采用金属管卡或金属支、吊架时，卡箍与管道之间应夹垫塑胶类垫片。固定支、吊架的本体，应有足够的刚度，不得产生弯曲等变形。

3. 当给水塑料管道与金属管配件连接时，管卡或支、吊架应设在金属管配件一端。

4. 三通、弯头、配水点的端头、阀门、穿墙（楼板）等部位，应设可靠的固定措施。用作补偿管道伸缩变形的自由臂，不得固定。

（四）管道试压

1. 金属给水管道的试压

(1) 将试压管段末端封堵，缓慢注水，注水过程中同时将管内气体排出；

(2) 管道系统充满水后，进行水密性检查；

(3) 对系统加压，加压宜采用泵缓慢升压，升压时间不应小于 10min；

(4) 升至规定试验压力后，停止加压，稳压 10min，观察接点部位有否漏水现象，压力降不应大于 0.02MPa；

(5) 然后，降至工作压力检查管路，应不渗不漏；

(6) 管道系统试压后，发现渗漏水或压力下降超过规定值时，应检查管道进行排除；再按以上规定重新试压，直至符合要求。

2. PVC-U 硬聚氯乙烯给水管道的试压

(1) 将试压管段末端封堵，缓慢注水，注水过程中同时将管内气体排出；

(2) 管道系统充满水后，进行严密性检查；

(3) 对系统加压，加压宜采用泵缓慢升压，升压时间不应小于 10min；

(4) 升至规定试验压力后，停止加压，稳压 1h，观察接点部位有否漏水现象；

(5) 稳压 1h 后，再补压到规定的试验压力值，15min 内压力降不超过 0.05MPa 为合格；

(6) 第一次试压合格后进行第二次试压，将系统加压到试验压力持续 3h，以压力不低于 0.6MPa，且系统无渗漏现象为合格；

(7) 管道系统试压后，发现渗漏水或压力下降超过规定值时，应检查管道进行排除；再按以上规定重新试压，直至符合要求。

3. PP-R 聚丙烯给水管道的试压

(1) 热（电）熔连接的管道，应在接口完成超过 24h 以后才能进行水压试验，一次水压试验的管道总长度不宜大于 500m；

(2) 水压试验之前，管道应固定牢固，接头须明露，除阀门外，支管端不连接卫生器具配水件；

(3) 加压宜用手压泵，泵和测量压力的压力表应装设在管道系统的底部最低点（不在最低点时应折算几何高差的压力值），压力表精度为 0.01MPa；

(4) 管道注满水后，排出管内空气，封堵各排气出口，进行水密性检查；

(5) 缓慢升压，升压时间不应小于 10min，升至规定试验压力（在 30min 内，允许 2 次补压至试验压力），稳压 1h，检验应无渗漏，压力降不得超过 0.06MPa；

(6) 在设计工作压力的 1.5 倍状态下，稳压 2h，压力降不得超过 0.03MPa，同时检查无发现渗漏，水压试验为合格。

(五) 清洗、消毒

1. 给水管道系统在验收前应进行通水冲洗，冲洗水总流量可按系统进水口处的管内流速为 2m/s 计，从下向上逐层打开配水点龙头或进水阀进行放水冲洗，放水时间不小于 1min，同时放水的龙头或进水阀的计划当量不应大于该管段的计算当量的 1/4。放水冲洗后切断进水，打开系统最低点的排水口将管道内的水放空。

注：冲洗水水质应符合《生活饮用水卫生标准》。

2. 管道冲洗后，用含 20～30mg/L 的游离氯的水灌满管道，对管道进行消毒。消毒水滞留 24h 后排空。

3. 管道消毒后打开进水阀向管道供水，打开配水点龙头适当放水，在管网最远配水点取水样，经卫生监督部门检验合格后方可交付使用。

第二节 室内塑料排水管安装

一、施工技术要求

(一) 材料要求

1. 管材为硬聚氯乙烯（UPVC）。所用胶粘剂应是同一厂家配套产品，应与卫生洁具连接相适宜,并有产品合格证及说明书。

2. 管材内外表层应光滑,无气泡、裂纹,管壁厚薄均匀。

(二)作业条件

1. 暗装管道(含竖井、吊顶内的管道)应核对各种管道的标高、坐标的排列有无矛盾。

2. 预留孔洞、预埋件已配合完成。

3. 明装管道安装时室内地平线应弹好,墙面抹灰工程已完成。

4. 材料、施工力量、机具等已准备就绪。

(三)工艺流程

安装准备→预制加工→支架设置→立管安装→干管安装→支管安装→灌水试验→通水、通球试验。

二、施工质量控制

(一)根据图纸要求并结合实际情况确定支架位置

1. 支架最大间距不得超过表16-2的规定。

塑料排水管道支架最大间距(m) 表16-2

管径(mm)	40	50	75	90	110	125	160
横管	0.40	0.50	0.75	0.90	1.10	1.25	1.60
立管	1.0	1.2	1.5	2.0	2.0	2.0	2.0

2. 支架与管材的接触面应为非金属材料。

3. 支架应根据管道布置位置在墙面弹线确定。

4. 采用金属材料制作的支架应及时刷防锈漆和面漆。

5. 支架的固定应牢固。

(二)立管的安装

1. 立管安装应在支架稳固后自下而上分层进行。

2. 用管材对承插口进行试插,插入承口3/4深度为宜,做好标记。

3. 管道粘接(适用立管和横管)。

(1)胶粘剂涂刷应先涂管件承口内侧,后涂管材插口外侧。插口涂刷应为管端至插入深度标记范围内;

(2)胶粘剂涂刷应迅速、均匀、适量,不得漏涂;

(3)承插口涂刷胶粘剂后,应立即找正方向将管子插入承口,施压使管端插入至预先划出的深度标记处,并将管道旋转90°;

(4)承插接口粘接后,应将挤出的胶粘剂擦净;

(5)粘接完毕后,应立即将管道固定。

(三)干管及支管的安装

1. 先对支架吊线,进行坡度校正。

2. 用管材对承插口进行试插,插入承口3/4深度为宜,做好标记。

3. 管道粘接同立管。

(四)管路的保护

1. 有防火要求的(主要是高层建筑且管径≥φ110的管路),在穿墙或楼板处须按规定设置阻火圈或防火套管。

2. 无防火要求的，在穿墙或楼板处须按规定设置金属或非金属套管，套管内径可比穿越管外径大 10～20mm，套管高出完成地面宜为 50mm，穿墙套管应与饰面平。

（五）灌水及通水、通球试验

1. 隐蔽或埋地的排水管道在隐蔽前必须做灌水试验，其灌水高度应不低于底层卫生洁具的上边缘或底层地面高度。

（1）灌水 15min 后，若液面下降，再灌满延续 5min，液面不降为合格；

（2）高层建筑可根据管道布置，分层、分段做灌水试验；

（3）室内雨水管灌水高度必须到每根立管上部的雨水斗；

（4）灌水试验完毕后，应及时排清管路内的积水。

2. 排水立管及水平干管在安装完毕后做通水、通球试验。

（1）通球球径应≥管径的 2/3；

（2）通球率必须达到 100%。

第三节 卫生洁具安装

一、施工技术要求

（一）材料要求

1. 对卫生器具的外观质量和内在质量必须进行检验，并且应有产品的合格证，对特殊产品应有技术文件。

2. 高低水箱配件应采用有关部门推荐产品。

3. 对卫生器具的镀铬零件及制动部分进行严格检查，器具及零件必须完好无裂纹及损坏等缺陷。

4. 卫生器具检验合格后，应包扎好单独放置，以免碰坏。

5. 卫生器具应分类、分项整齐的堆放在现场材料间，并妥善保管，以免损坏。

6. 卫生器具进场后班组材料员和现场材料员对照材料单进行规格、数量验收。

（二）作业条件

1. 卫生器具与它相连接的管道的相对位置安排合理、正确。

2. 所有与卫生器具相连接的管道应保证排水管和给水管无堵、无漏，管道与器具连接前已完成灌水试验、通球、试气、试压等试验，并已办好隐蔽检验手续。

3. 用于卫生器具安装的预留孔洞坐标，尺寸已经测量过，符合要求。

4. 土建已完成墙面和地面全部工作内容后，并且室内装修基本完成后，卫生器具才能就位安装（除浴缸就位外）。

5. 蹲式大便器应在其台阶砌筑前安装。

（三）工艺流程

安装准备→卫生洁具及配件检验→卫生洁具安装→盛水试验。

二、施工质量控制

（一）卫生洁具的就位找平

1. 卫生器具的固定必须牢固无松动，不得使用木螺钉。便器固定螺栓应使用镀锌件，并使用软垫片压紧，不得使用弹簧垫片。

2. 坐便器底座不得使用水泥砂浆垫平抹光。装饰工程中，面盆、小便斗的标高应控制在标准允许的偏差范围内；面盆的热水和冷水阀门的标高及排水管出口位置应正确一致，严禁在多孔砖或轻型隔墙中使用膨胀螺栓固定卫生洁具（如：高、低水箱及面盆、水盘等）。

3. 就位时用水平尺找平，就位后加软垫片，拧紧地脚螺丝，用力要适当，防止器具破裂，卫生器具与地坪接口处用纸筋石灰抹涂后再安装器具，严禁用水泥涂抹接口处。

4. 卫生器具安装位置应正确。允许偏差：单独器具为±10mm；成排器具为±5mm。卫生器具安装要平直牢固，垂直度允许偏差不得超过3mm。卫生器具安装标高，如设计无规定应按施工规范安装，允许偏差：单独器具为±15mm，成排器具为±10mm，器具水平度允许偏差2mm。

5. 卫生器具安装好后若发现安装尺寸不符合要求，严禁用铁器锤钉器具的方法来调整尺寸，应用扳手松开螺帽重新校正位置。

（二）洗脸盆的安装

1. 有沿洗脸盆的沿口应置于台面上，无沿洗脸盆的沿口应紧靠台面底。台面高度一般均为800mm。

2. 洗脸盆由型钢制作的台面构件支托，安装洗脸盆前应检测台面构架的洗脸盆支托梁的高度，安装洗脸盆时盆底可加橡胶垫片找平，无沿盆应有限位固定。

3. 有沿洗脸盆与台面接合处，应用YJ密封膏抹缝，沿口四周不得渗漏。

4. 洗脸盆给水附件安装：

(1) 冷水的水龙头位于盆中心线，高出盆沿200mm。

(2) 冷、热水龙头中心距150mm。

(3) 暗管安装时，冷、热水龙头平齐。

5. 洗脸盆排水附件安装

洗脸盆排水栓下安装存水弯的，应符合如下要求：

(1) P型存水弯出水口高度为400mm，与墙体暗设排水管连接。

(2) S型存水弯出水口与地面预留排水管口连接，预留的排水管口中心距墙一般为70mm。

(3) 墙、地面预留的排水管口，存水弯出水管插入排水管口后，用带橡胶圈的压盖螺母拧紧在排水管上，外用装饰罩罩住墙、地面。洗脸盆排水栓下不安装存水弯的成排洗脸盆，排水管安装应符合如下要求：

(1) 排水横管高为450mm，管径不得小于DN50，并应有排水管最小坡度。

(2) 排水横管始端应安装三通和丝堵。

(3) 成组安装洗脸盆不得超过6个。

(4) 普通洗脸盆存水弯与明装排水管连接时，存水弯出水管可直接插入排水管内40~60mm，并用麻丝箍或橡胶圈填嵌管隙，并用油灰密封。

（三）大便器的安装

1. 坐便器应以预留排水管口定位。坐便器中心线应垂直墙面。坐便器找正找平后，划好螺孔位置。

2. 坐便器排污口与排水管口的连接，里"S"坐便器为地面暗接口，地面预留的排水

管口为 $DN100$ 应高出地面 $10mm$。排水管口距背墙尺寸，应根据不同型号的坐便器定。

（四）壁挂式小便器安装

1. 墙面应埋置螺栓和挂钩，螺栓的位置，根据不同型号的产品实样尺寸定位。

2. 壁挂式小便器水封出水口有连接法兰，安装时应拆下连接法兰，将连接法兰先拧在墙内暗管的外螺纹管件上，调整好连接法兰凹入墙面的尺寸。

3. 小便器挂墙后，出水口与连接法兰采用胶垫密封，用螺栓将小便器与连接法兰紧固。

4. 壁挂式小便器墙内暗管应为 $DN50$，管件口在墙面内 $45mm$ 左右。暗管管口为小便器的中心线位置，离地面高度应根据所选用的型号确定。

（五）地漏安装

1. 地漏应安装在室内地面最低处，篦子顶面应低于地面 $5mm$，其水封高度不小于 $50mm$。

2. 地漏安装后应进行封堵，防止建筑垃圾进入排水管内。

3. 地漏篦子应拆下保管，待交工验收时进行安装上，防止丢失。

（六）卫生器具与给排水管连接

1. 卫生器具与支管连接应紧密、牢固，不漏、不堵。

2. 卫生器具支托架安装必须平整牢固与器具接触应紧密。

3. 卫生器具安装完毕后，对每个器具都应进行 $24h$ 盛水试验，要求面盆、水盘满水，马桶水箱至溢水口，浴缸至 $1/3$ 处，检查器具是否渗漏及损坏。

4. 卫生器具盛水试验后，应做通水试验，检查器具给排水管路是否通畅，管路是否渗漏，器具和管道连接处是否渗漏，保证无漏、无堵现象。

5. 卫生器具安装调试完毕后，应采取产品保护措施，防止器具损坏及杂物入内堵塞。

第四节 室内采暖管道安装

一、施工技术要求

（一）材料要求

1. 对进场材料进行质量验收，凡损坏、严重锈蚀的材料一律不可使用于工程。

2. 对用于工程的材料均应有产品质保书或合格证，对特殊产品应有技术文件。

3. 材料进场应按施工阶段分批进料。规格、型号、数量、质量验收后应有记录。

（二）工艺流程

安装准备→支架安装→预制加工→干管安装→立管安装→支管安装→试压→冲洗→防腐→保温→调试。

二、施工质量控制

（一）预制加工

1. 根据设计图纸及现场实际情况，进行管段的加工预制。

2. 根据确定的支架位置进行支架安装。

（二）管路安装

1. 管路连接

(1) 丝扣连接：
1) 采用聚四氟乙烯生料带或厚白漆加麻丝作为垫料；
2) 管路连接后，丝扣宜外露2～3扣，并清除外露的垫料；
3) 等试压结束对镀锌层被破坏的部位进行防腐处理。
(2) 法兰连接：
1) 应采用耐热橡胶板作为法兰垫片或按照设计要求；
2) 法兰严禁采用双垫片；
3) 管口伸入法兰应为法兰厚度的1/2～2/3。
(3) 沟槽式连接：
1) 连接管端面应平整光滑、无毛刺；
2) 沟槽深度应符合表16-1规定；
3) 支、吊架不得支承在连接头处；
4) 水平管的任意两个连接头之间必须有支、吊架。
2. 当水平管变径时，热水系统采用顶平偏心连接；蒸汽系统采用底平偏心连接。
3. 当管路转弯时，若作为自然补偿应采用煨弯连接。

(三) 水压试验

采暖系统管路安装结束，在保温前必须进行水压试验。
1. 试验压力应符合设计要求。当设计未明确时，应符合下面规定：
(1) 蒸汽、热水采暖系统应以系统顶点工作压力加0.1MPa作试验压力，同时系统顶点压力不小于0.3MPa。
(2) 高温热水采暖系统，试验压力应为系统顶点工作压力加0.4MPa。
(3) 使用塑料管及复合管的热水采暖系统，应以系统顶点工作压力加0.2MPa作水压试验，同时在系统顶点的试验压力不小于0.4MPa。
2. 水压试验符合下列情况可判定为合格。
(1) 钢管及复合管的采暖系统应在试验压力下10min内压力降不大于0.02MPa，降至工作压力后检查管路不渗、不漏。
(2) 塑料管的采暖系统应在试验压力下1h内压力降不大于0.05MPa；然后降压至工作压力1.15倍，稳压2h，压力降不大于0.03MPa，同时管路不渗、不漏。

(四) 冲洗

1. 试压合格后，应对系统冲洗并清扫过滤器和除污器。
2. 冲洗时水流速度宜为3m/s，冲洗压力宜为0.3MPa。
3. 当出水口水质与进水口水质类同时，可判定冲洗合格。

(五) 防腐

1. 试压合格后对管路进行防腐。
2. 防腐应按设计要求进行，若设计无明确要求，可按一道底漆一道面漆进行防腐。
3. 防腐前应先除去管路的锈迹和油污。
4. 防腐和涂漆应附着良好，无脱皮、起泡、流淌和漏涂等缺陷。

(六) 保温

1. 防腐结束后即可对管路进行保温。

2. 当采用一种绝热制品,保温层厚度大于100mm,保冷层厚度大于80mm时,绝热层的施工必须分层进行。

3. 绝热层拼缝时,拼缝宽度:保温层不大于5mm,保冷层不大于2mm。同层错缝,上下层压缝,角缝为封盖式搭缝。

4. 施工后的绝热层严禁覆盖设备铭牌。

5. 有保护层的绝热,对管路其环向和纵向接缝搭接尺寸应不小于50mm,对设备其接缝搭接尺寸宜为30mm。

6. 保护层的搭接必须上搭下,成顺水方向。

第五节 室内消防管道及设备安装

一、施工技术要求

(一) 材料要求

1. 消火栓系统管材应根据设计要求选用,一般采用碳素钢管或无缝钢管,管材不得有弯曲、锈蚀、重皮及凹凸不平等现象。

2. 消火栓箱体的规格类型应符合设计要求,箱体表面平整、光洁。金属箱体无锈蚀、划伤,箱门开启灵活。箱体方正,箱内配件齐全。

栓阀外型规矩,无裂纹,启闭灵活,关闭严密,密封填料完好,有产品出厂合格证。

(二) 作业条件

1. 主体结构已验收,现场已清理干净。

2. 管道安装所需要的基准线应测定并标明,如吊顶标高、地面标高、内隔墙位置线等。

3. 设备基础经检验符合设计要求,达到安装条件。

4. 安装管道所需要的操作架应由专业人员搭设完毕。

5. 检查管道支架、预留孔洞的位置、尺寸是否正确。

(三) 工艺流程

安装准备→干管安装→立管安装→消火栓及支管安装→消防水泵、高位水箱、水泵结合器安装→管道试压→管道冲洗→节流装置安装→消火栓配件安装→系统通水调试。

二、施工质量控制

(一) 干管安装

1. 管道连接紧固法兰时,检查法兰端面是否干净,采用3~5mm的橡胶垫片。法兰螺栓的规格应符合规定。紧固螺栓应先紧最不利点,然后依次对称紧固。法兰接口应安装在易拆装的位置。

2. 消火栓系统干管安装应根据设计要求使用管材,按压力要求选用碳素钢管或无缝钢管。

3. 管道在焊接前应清除接口处的浮锈、污垢及油脂。

4. 当壁厚≤4mm、直径≤50mm时,应采用气焊;壁厚≥4.5mm、直径≥70mm时,应采用电焊。

5. 不同管径的管道焊接,连接时如两管径相差不超过小管径的15%,可将大管径端部缩口与小管对焊。如果两管相差超过小管径的15%，应加工异径短管焊接。

6. 管道对口焊缝上不得开口焊接支管，焊口不得安装在支吊架位置上。

7. 管道穿墙处不得有接口（丝接或焊接），管道穿过伸缩缝处应有防冻措施。

8. 碳素钢管开口焊接时要错开焊缝，并使焊缝朝向易观察和维修的方向。

9. 管道焊接时先点焊三点以上，然后检查预留口位置、方向、变径等无误后，找直、找正，再焊接，紧固卡件、拆掉临时固定件。

（二）报警阀安装

1. 应设在明显、易于操作的位置，距地高度宜为1m左右。

2. 报警阀处地面应有排水措施，环境温度不应低于+5℃。

3. 报警阀组装时应按产品说明书和设计要求，控制阀应有启闭指示装置，并使阀门工作处于常开状态。

（三）消火栓立管安装

1. 立管暗装在竖井内时，在管井内预埋铁件上安装卡件固定，立管底部的支吊架要牢固，防止立管下坠。

2. 立管明装时每层楼板要预留孔洞，立管可随结构穿入，以减少立管接口。

（四）消火栓及支管安装

1. 消火栓箱体要符合设计要求（其材质有木、铁和铝合金等），栓阀有单出口和双出口双控等。产品均应有消防部门的制造许可证及合格证方可使用。

2. 消火栓支管要以栓阀的坐标、标高定位甩口，核定后再稳固消火栓箱，箱体找正稳固后再把栓阀安装好，栓阀侧装在箱内时应在箱门开启的一侧，箱门开启应灵活。

3. 消火栓箱体安装在轻质隔墙上时，应有加固措施。

（五）消防水泵安装

1. 水泵的规格型号应符号设计要求，水泵应采用自灌式吸水，水泵基础按设计图纸施工，吸水管应加减振器。加压泵可不设减振装置，但恒压泵应加减振装置，进出水口加防噪声设施，水泵出口宜加缓闭式逆止阀。

2. 水泵配管安装应在水泵定位找平正，稳固后进行。水泵设备不得承受管道的重量。安装顺序为逆止阀，阀门依次与水泵紧牢，与水泵相接配管的一片法兰先与阀门法兰紧牢，用线坠找直找正，量出配管尺寸，配管先点焊在这片法兰上，再把法兰松开取下焊接，冷却后再与阀门连接好，最后再焊与配管相接的另一管段。

3. 配管法兰应与水泵、阀门的法兰相符，阀门安装手轮方向应便于操作，标高一致，配管排列整齐。

（六）高位水箱安装

1. 应在结构封顶前就位，并应做满水试验，消防用水与其他共用水箱时应确保消防用水不被它用，留有10min的消防总用水量。

2. 与生活水合用时应使水经常处于流动状态，防止水质变坏。

3. 消防出水管应加单向阀（防止消防加压时，水进入水箱）。

4. 所有水箱管口均应预制加工，如果现场开口焊接应在水箱上焊加强板。

（七）水泵结合器安装

1. 规格应根据设计选定，有三种类型：墙壁型、地上型、地下型。

2. 其安装位置应有明显标志,阀门位置应便于操作,结合器附近不得有障碍物。

3. 安全阀应按系统工作压力定压,防止消防车加压过高破坏室内管网及部件,结合器应装有泄水阀。

(八) 管道试压

1. 消防管道试压可分层分段进行,上水时最高点要有排气装置,高低点各装一块压力表,上满水后检查管路有无渗漏,如有法兰、阀门等部位渗漏,应在加压前紧固,升压后再出现渗漏时做好标记,卸压后处理。必要时泄水处理。

2. 冬季试压环境温度不得低于＋5℃,夏季试压最好不直接用外线上水防止结露。试压合格后及时办理验收手续。

(九) 管道冲洗

1. 消防管道在试压完毕后可连续做冲洗工作。

2. 冲洗前先将系统中的流量减压孔板、过滤装置拆除,冲洗水质合格后重新装好,冲洗出的水要有排放去向,不得损坏其他成品。

(十) 消火栓配件安装

1. 应在交工前进行。消防水龙带应折好放在挂架上或卷实、盘紧放在箱内,消防水枪要竖直放在箱体内侧,自救式水枪和软管应放在挂卡上或放在箱底部。

2. 消防水龙带与水枪、快速接头的连接,一般用14号钢丝绑扎两道,每道不少于两圈,使用卡箍时,在里侧加一道钢丝。设有电控按钮时,应注意与电气专业配合施工。

(十一) 消防系统通水调试

消防系统通水调试应达到消防部门测试规定条件。消防水泵应接通电源并已试运转,测试最不利点的消火栓的压力和流量能满足设计要求。

第六节 锅炉及附属设备安装

一、施工技术要求

(一) 材料、设备要求

1. 锅炉必须具备图纸、合格证、安装使用说明书、劳动部门的质量监检证书。技术资料应与实物相符。

2. 锅炉设备外观应完好无损。

3. 锅炉配套附件和设备应齐全完好,并符合要求。

(二) 工艺流程

基础弹线→锅炉本体安装→管线及设备、配件安装→水压试验→烘炉→煮炉→安全阀定压→带负荷试运行。

二、施工质量控制

(一) 基础弹线

1. 根据锅炉房平面图和基础图弹安装基准线。

2. 锅炉基础标高基准点,在锅炉基础上或基础四周选有关的若干地点分别作标记,各个标记间的相对位移不应超过3mm。

3. 当基础尺寸、位置不符合要求时,必须经过修改达到安装要求。

4. 基础弹线应有验收记录。

(二) 锅炉本体安装

1. 通常采用机械吊装就位。

2. 锅炉就位后应进行校正。

(1) 锅炉纵向找平：

1) 用水平尺放在炉排的纵排面上，检查炉排面的纵向水平度，检查点最少为炉排前后两处。

2) 当锅炉纵向不平时，可用千斤顶将过低的一端顶起，在锅炉的支架下垫以适当厚度的钢板，使锅炉的水平度达到要求。垫铁的间距一般为500～1000mm。

(2) 锅炉横向找平：

1) 用水平尺放在炉排的横排面上，检查炉排面的横向水平度，检查点最少为炉排前后两处。

2) 当锅炉横向不平时，可用千斤顶将锅炉一侧支架顶起，在支架下垫以适当厚度的钢板，垫铁的间距一般为500～1000mm。

3. 锅炉找平找正后，即可进行地脚螺栓孔灌注混凝土。灌注时应捣实，防止地脚螺栓倾斜。待混凝土强度达到75%以上时，方可拧紧螺栓，在拧紧螺栓时应进行水平的复核。

(三) 管线及设备、配件安装

1. 排烟管、蒸汽管（热水管）、排污管、放空管等管线按有关标准安装。蒸汽管（热水管）法兰连接时，垫料采用耐热橡胶板。

2. 阀门应经强度和严密性试验合格才可安装。

3. 安全阀应在锅炉水压试验合格后再安装。

(四) 水压试验

1. 水压试验应报请当地有关部门参加。

2. 试验对环境温度的要求：

(1) 水压试验应在环境温度（室内）高于+5℃时进行。

(2) 在低于+5℃进行水压试验时，必须有可靠的防冻措施。

3. 锅炉水压试验压力见表16-3。

锅炉水压试验压力表　　　　表16-3

名　称	锅炉本体工作压力 P	试　验　压　力
锅炉本体	<0.8MPa	$1.5P$ 但$\geqslant 0.2$MPa
锅炉本体	0.8～1.6MPa	$P+0.4$MPa
锅炉本体	>1.6MPa	$1.25P$

4. 锅炉应在试验压力下保持20min，期间压力不下降。然后，降到工作压力进行检查。

5. 锅炉进行水压试验符合下列情况时为合格：

(1) 受压元件金属壁和焊缝上没有水珠和水雾。

(2) 当降到工作压力后胀口处不滴水珠。

(3) 水压试验后没有发现残余变形。

（五）烘炉

1. 烘炉前，应制订烘炉方案。

2. 烘炉可根据现场条件，采用火焰、蒸汽等方法进行。

3. 对整体安装的锅炉烘炉时间宜为2~4d。

4. 烘炉时，应经常检查砌体的膨胀情况。当出现裂纹或变形迹象时，应减慢升温速度，并应查明原因后，采取相应措施。

5. 烘炉过程中应测定和绘制实际升温曲线图。

（六）煮炉

1. 在烘炉末期，当炉墙红砖灰浆含水率降到10%时，可进行煮炉。

2. 煮炉的加药量应符合锅炉设备技术文件的规定；当无规定时，应按表16-4的配方加药。

煮炉的加药量　　　　　　　　　　表16-4

药　品　名　称	加药量(kg/m^3)	
	铁锈较薄	铁锈较厚
氢氧化钠(NaOH)	2~3	3~4
磷酸三钠($Na_3PO_4 \cdot 12H_2O$)	2~3	2~3

3. 药品应溶解成溶液后方可加入炉内；配制和加入药液时应采取安全措施。

4. 加药时，炉水应在低水位；煮炉时，药液不得进入过热器内。

5. 煮炉时间宜为2~3d。煮炉的最后24h宜使压力保持在额定工作压力的75%。

6. 煮炉期间，应定期从锅筒和水冷壁下集箱取水样，进行分析。当炉水碱度低于45mol/L时，应补充加药。

7. 煮炉结束后，应交替进行持续上水和排污，直到水质达到运行标准；然后停炉排水，冲洗锅炉内部和曾与药品接触过的阀门。

8. 煮炉后检查锅筒和集箱内壁，其内壁应无油垢，擦去附着物后，金属表面应无锈迹。

（七）安全阀定压

送专业检测部门调整，调整后的安全阀应立即加锁或铅封。

（八）带负荷试运行

1. 试运行必须由具有合格证的司炉工负责操作。

2. 锅炉应全负荷连续运行72h，以锅炉及全部附属设备运行正常为合格。

3. 在锅炉试运行合格后，建设单位、施工单位应会同当地有关部门对锅炉及全部附属设备进行总体验收。

第七节　室内自动喷水灭火系统安装

一、施工技术要求

（一）材料、设备要求

1. 对进场材料进行质量验收，凡损坏、严重锈蚀的材料一律不可使用于工程。

2. 对用于工程的材料均应有产品质保书或合格证，对特殊产品应有技术文件。
3. 材料进场应按施工阶段分批进料。规格、型号、数量、质量验收后应有记录。
4. 主要系统设备要有消防许可证。

（二）工艺流程

安装准备→支架安装→管网安装→试压→设备安装→喷头支管安装→系统试压及冲洗→通水调试。

二、施工质量控制

（一）支架安装

1. 根据图纸要求并结合管路的实际布置确定支架的位置。
2. 支架的位置必须弹线确定。
3. 支架的间距必须符合国家规范规定。
4. 沟槽式连接的管道，在距弯头中心15~50cm的部位对称设置2只支架。
5. 沟槽式连接的管道其水平管的任意两个连接头之间必须有支、吊架。
6. 水平管支架固定管路的U字螺栓或抱箍等固定装置严禁倒吊。

（二）管路安装

管路连接同第四节室内采暖管道安装二、（二）1.的要求。

（三）试压

1. 管网安装完毕后，应进行强度和严密性试验。
2. 强度和严密性试验宜用水进行。干式喷水灭火系统和预作用喷水灭火系统应作水压和气压试验。
3. 试压要求：

水压试验：

（1）系统工作压力≤1.0MPa时，水压强度试验压力为工作压力的1.5倍，并≥1.4MPa；当系统设计工作压力＞1.0MPa时，水压强度试验压力应为工作压力加0.4MPa。

（2）水压强度试验的测试点应设在系统管网的最低点。

（3）对管网注水时，应将管网内的空气排净，并应缓慢升压，达到试验压力后，稳压30min，目测管网无泄漏和变形，且压力降≤0.05MPa为合格。

（4）严密性试验应在强度试验和管网冲洗合格后进行。

（5）严密性试验压力应为设计工作压力，稳压24h，应无泄漏。

气压试验：

（1）气压试验介质宜采用空气或氮气。

（2）气压严密性试验的试验压力应为0.28MPa，且稳压24h，压力降应≤0.01MPa。

（四）冲洗

1. 管网冲洗的水流方向应与灭火时管网的水流方向一致。
2. 管网冲洗顺序应先室外后室内；先地下后地上；室内冲洗时应按配水干管、配水管、配水支管的顺序进行。
3. 对不能经受冲洗的设备和冲洗后可能存留污物的管段，应进行清理。
4. 管网冲洗的水流速度不宜小于3m/s。
5. 管网冲洗应连续进行，当出水口水质与进水口水质基本一致时，可判定冲洗合格。
6. 冲洗结束，应将管网内的水排除干净。

第十七章 电气工程

第一节 导管工程

一、导管工程技术要求

(一) 电气导管敷设

1. 电气导管的一般要求

(1) 电气导管遇下列情况之一时,中间应增设接线盒或拉线盒,且接线盒或拉线盒的位置应便于穿线和固定牢靠:

管长度每超过 30m,无弯曲;

管长度每超过 20m,有一个弯曲;

管长度每超过 15m,有两个弯曲;

管长度每超过 8m,有三个弯曲。

(2) 电气导管工程中所采用的管卡、支吊架、配件和箱盒等黑色金属附件都应作镀锌或涂防锈漆等防腐措施。

(3) 进入箱、盒、柜的导管应排列整齐,固定点间距均匀,安装牢固;进入落地式柜、台、箱、盘内的电气导管,应高出柜、台、箱、盘的基础面 50~80mm。所有管口在穿入电线、电缆后应做密封处理。

(4) 电气导管敷设完成后应对施工中造成建筑物、构筑物的孔、洞、沟、槽等进行修补。

(5) 电气导管及线槽经过建筑物的沉降缝或伸缩缝处,必须设置补偿设置。

2. 电气导管的连接

(1) 薄壁钢导管:

薄壁钢导管应采用螺纹连接,管端螺纹长度应等于或接近于管接头长度 1/2,其管螺纹处不应有明显锥度,连接处管螺纹光洁无缺损、紧密、牢固无松动,外露丝扣宜为 2~3 扣。套接扣压式薄壁钢导管应采用专用工具压接连接,不应敲打形成压点。套接扣压式薄壁钢导管当管径为 $\phi 25$ 及以下时,每端扣压点不应少于 2 处;当管径为 $\phi 32$ 及以上时,每端扣压点不应少于 3 处,扣压点应对称,间距均匀。

薄壁钢导管严禁熔焊连接。

(2) 厚壁钢导管:

厚壁钢导管的连接应采用螺纹连接、紧固螺钉式套管连接或套管焊接连接。镀锌厚壁钢导管不得采用熔焊连接。

采用丝扣连接的,管端螺纹长度应等于或接近于管接头长度 1/2,其管螺纹不应有明显锥度,连接处管螺纹光洁无缺损、紧密、牢固无松动,外露丝扣宜为 2~3 扣。

采用紧固螺钉式套管连接的，螺钉应拧紧；在振动场所，紧固螺钉应有防松措施。

采用套管焊接连接的，钢导管对口处应在套管中心，套管长度应为钢导管直径的1.5～3倍；焊接应紧密牢固，焊缝应平整、饱满，无夹渣、气孔、焊瘤等现象。焊接后应及时清除焊渣并刷两度防锈（腐）漆进行保护。钢导管严禁有焊穿现象。

(3) 刚性绝缘导管：

管口平整光滑，管与管、管与盒（箱）等器件的连接应采用插入法连接，连接处结合面应涂专用胶粘剂，接口牢固密封。

(4) 非金属柔性导管：

刚性导管经柔性导管与电气设备、器具连接，柔性导管的长度在动力工程中不大于0.8m，在照明工程中不大于1.2m；柔性导管与电气设备、器具的连接必须采用配套的专用接头，不应将柔性导管直接插入电气导管或设备、器具中。

3. 电气导管敷设

(1) 暗配的电气导管，埋设深度与建筑物、构筑物表面的距离不应小于15mm。

(2) 当电气导管在砌体上剔槽埋设时，应采用强度等级不小于M10的水泥砂浆抹面保护，保护层厚度大于15mm。直埋于地下或楼板内的刚性绝缘导管，在穿出地面或楼板易受机械损伤的一段，应采取保护措施。

(3) 金属导管内外壁应防腐处理；埋设于混凝土内的导管内壁应防腐处理，外壁可不防腐处理。

(4) 埋入混凝土中的电气导管应在底层钢筋绑扎完成后方可进行，导管与模板之间距离不得小于15mm，导管不得直接敷设在底层钢筋下面模板上面，以免产生"露筋"现象。并列敷设的导管之间间距不应小于25mm，以使混凝土浇捣密实。

(5) 埋入墙体敷设：

埋入墙体中可采用薄壁钢导管、可挠金属电气导管或刚性绝缘导管。

电气导管在墙体（实心砖、空心砖、砌块砖等）内暗敷，走向应合理，不得有明显破坏墙体结构现象。剔槽宜在砖缝间，一般宜做到"横平竖直"，不应斜走（斜走剔槽对结构破坏较大，尤其是空心砖等）。剔槽的深度应符合规范规定，管外壁距墙体表面不应小于15mm，电气导管在墙体内应固定，黑色钢导管应涂刷防腐漆，槽缝应用M10水泥砂浆补平。

剔槽宜采用机械方式。以保证槽的宽度和深度基本一致。

电气导管弯曲半径不应小于管外径的6倍，保护管应绑扎固定，紧贴墙体。

预埋在墙体中的箱盒应固定牢固，位置或高度应正确、统一，箱盒应凸出墙体表面5mm。

电气导管敷设在石膏板轻钢龙骨墙体内，应在龙骨上采用管卡或绑扎方法固定

(6) 明配电气导管在室外露天场所或潮湿场所与电气器具连接时，应有防水弯头。

(7) 导管宜按照明敷管线的要求，基本做到"横平竖直"，不应有斜走、交叉等现象。

(8) 电气导管在吊平顶内敷设应有单独的吊支架，不得利用龙骨的吊架，也不得将电气导管直接固定在轻钢龙骨上。

4. 吊平顶内电气导管敷设

(1) 吊支架的距离宜采用明导管的要求，在箱盒和转角等处应对称、统一。

(2) 吊支架材料应推广新型的膨胀螺栓镀锌螺纹吊杆和镀锌弹性管卡固定电线保护导管。刚性绝缘导管宜用同样材质的管卡固定。

(3) 从接线盒引至灯位的导管应采用软管,其长度不宜大于1m。接线盒的设置应便于检修,一般宜朝下,并应有盖板。

5. 电气导管进箱盒、线槽

电气导管进箱盒或线槽,必须用机械方法开孔,严禁用电焊或气焊开孔;箱盒有敲落孔的,敲落孔径应与电气导管相匹配。

电气导管进箱盒及线槽,管径在 $\phi50$ 及以下的应采用螺纹丝扣连接,并用二片锁紧螺母固定,螺纹露出锁紧螺母 2~3 扣;管径在 $\phi65$ 及以上的可采用电焊"点焊"固定,管口露出箱盒或线槽 3~5mm,点焊处应刷防腐漆及面漆。

刚性绝缘导管进箱盒或线槽应采用专用护口配件,并涂以专用胶粘剂。

(二) 电气导管的接地保护

1. 金属导管和线槽的接地保护

(1) 当非镀锌钢导管在采用螺纹连接时,连接处的两端应焊跨接接地线。当镀锌钢导管采用螺纹连接时,连接处的两端用专用接地卡固定跨接接地线。

(2) 当镀锌的钢导管、可挠性导管和金属线槽不得熔焊跨接接地线,以专用接地卡跨接的两卡间连线为铜芯软导线,截面积不小于 $4mm^2$。

(3) 金属线槽不作设备的接地导体,当设计无要求时,金属线槽全长不少于 2 处与接地(PE)或接零(PEN)干线连接。

(4) 非镀锌金属线槽间连接板的两端跨接铜芯接地线,镀锌线槽间连接板的两端不跨接接地线,但连接板两端不少于 2 个有防松螺帽或防松垫圈的连接固定螺栓。

(5) 金属导管严禁对口熔焊连接;镀锌和壁厚小于等于 2mm 的钢导管不得套管熔焊连接。

2. 钢导管进箱盒、线槽的接地保护

钢导管与金属箱盒、金属线槽连接时,应作可靠的跨接接地连接,其方法如下:

(1) 镀锌钢导管进入金属箱盒应将专用接地线卡上的连接导线接入箱盒内专用接地螺栓或 PE 排上,不应直接与箱盒外壳连接。非镀锌钢导管应焊接螺栓,用导线接入箱盒内,焊接处及时做好防腐处理。

(2) 镀锌钢导管或非镀锌钢导管在进入金属线槽时,钢导管上的跨接接地做法同上述一样;金属线槽为镀锌件时,可钻孔用螺栓固定于钢导管连接的跨接接地线;非镀锌件时应在线槽上焊接接地螺栓连接跨接接地线。

成排钢导管进入箱盒或线槽,则应在成排钢导管上用专用接地线卡或焊接圆钢跨接线将成排钢导管连成一整体。然后在较大直径的钢导管上用专用接地线卡或焊接接地螺栓将导线与箱盒或线槽连接成一完整的电气通路。

跨接接地线采用导线的,其颜色应为黄绿双色;采用的螺栓应为镀锌件,且平垫片、弹簧垫片齐全。

二、电气导管工程质量检查

(一) 暗配电气导管的质量检查

1. 埋地敷设质量检查的主要要求

(1) 埋地敷设的电气导管应是厚壁钢导管或刚性绝缘导管，严禁使用薄壁钢导管。
(2) 埋地敷设的刚性绝缘导管在露出地面处应有防机械损伤的保护措施。
质量检查应在埋地导管工程隐蔽前核对设计图纸并进行现场抽查或检查隐蔽验收记录。

2. 埋入混凝土敷设质量检查的主要要求
(1) 电气导管的弯曲半径应不小于管外径的 10 倍，弯曲处无明显褶皱或弯扁现象；管线的绑扎固定应牢固无松动。刚性绝缘导管应用胶粘剂连接牢固。
(2) 电气导管不得敷设在底层钢筋下面；敷设在混凝土毛地面上的管线应固定，管线上面整浇层不应小于 20mm；成排电气导管管与管之间的间距不应小于 25mm。
(3) 金属电气导管连接处与金属箱盒的跨接接地保护应可靠、牢固，无遗漏现象，焊接倍数应符合规范规定。
质量检查应在电气导管敷设完毕，混凝土尚未浇筑前，对实物按设计图纸核对并进行现场抽查或核查隐蔽验收记录。

3. 埋入墙体内质量检查的主要要求
(1) 埋入墙体内的电气导管走向应合理，不应有明显破坏墙体结构现象，管线应绑扎固定，管线表面至墙体平面的保护层不应小于 15mm。
(2) 电气导管弯曲半径不应小于管外径的 6 倍，弯曲处应无明显褶皱或弯扁现象。
(3) 箱盒位置高度正确，箱盒四周应用 M10 水泥砂浆粉刷固定，并凸出墙体 5mm。
(4) 金属电气导管连接处及与金属箱盒跨接接地应可靠、牢固，防腐油漆无遗漏。
质量检查应对实物进行抽查或尺量检查，并核查隐蔽验收记录。

(二) 明配电气导管的质量检查
1. 明配电气导管质量检查的主要要求
(1) 管卡或支吊架固定牢固，间距符合规范规定；在转角、进箱盒等处对称、统一。支吊架应有防锈漆和面漆，且无污染。
(2) 电气导管弯曲半径不宜小于管外径的 6 倍，当只有一个弯曲时，不宜小于管外径 4 倍，圆弧均匀光滑，无褶皱或弯扁现象；成排弯曲弧度应成比例，间距一致，整齐美观。
(3) 金属电气导管连接及与箱盒跨接接地：采用圆钢焊接的跨接圆钢弯曲加工应整齐、统一，焊接处应平整、饱满、无夹渣、气孔、焊瘤等现象，不得采用点焊，严禁直接对口焊接或有钢导管焊穿现象；采用专用接地线卡的，跨接导线当采用绝缘导线时必须为黄绿双色导线，截面不得小于 $1.5mm^2$，导线跨接接地应牢固、紧密、无松动现象，固定螺栓防松件应齐全。
(4) 明配电气导管为刚性绝缘导管的，连接处应涂有专用胶粘剂，严禁有不涂胶粘剂现象，进箱盒处应有专用配件。
质量检查中应核对设计图，并对实物进行观察检查或采用吊线、尺等工具测量检查。

2. 吊平顶内质量检查的主要要求
(1) 电气导管走向合理、整齐，无交叉混乱现象；弯曲半径同明管要求。
(2) 管卡吊支架固定牢固，严禁使用木楔；固定点间距及转弯处和箱盒处基本均匀、对称、统一。黑铁管卡或吊支架应有防锈漆和面漆。

(3) 绝缘导管管材、配件必须符合阻燃规定；连接处必须涂有胶粘剂。
(4) 金属电气导管和金属柔性导管应可靠接地，但不得作为接地干线使用。

第二节 配 线 工 程

一、配线工程技术要求

（一）导线

1. 导线的安全要求

(1) 电压等级：

导线的额定电压应大于线路的工作电压，在民用建筑安装工程中，工作电压一般为 380V 和 220V。因此，配线工程所采用的导线额定电压应不低于 500V。

(2) 导线的截面：

导线的截面应符合设计规定，当设计无规定时，应符合以下要求：

1) 相线与 N 线、PE 保护线截面要求：

任何使用场合，导线的相线与 N 线截面应相同。

相线与 PE 保护线：当相线截面为 16mm² 及以下时，PE 保护线截面应和相线截面相同；当相线截面为 25～35mm² 及以下时，PE 保护线截面应为 16mm²；当相线截面为 35mm² 及以上时，PE 保护线截面应为相线截面的 1/2。

2) 导线的绝缘和分色要求：

导线相与相、相与零、相与地、零与地之间的绝缘电阻值必须大于 0.5MΩ。

为区分各种不同要求的导线，确保安全使用，导线的分色应正确。

A 相（L_1）——黄色；B 相（L_2）——绿色；C 相（L_3）——红色；N 线——浅蓝色；PE 保护线——黄绿双色。

2. 导线的连接

(1) 导线与导线的连接：

配线工程中，常因线路分支而需要把一根导线和另一根导线连接起来，连接处通常称为"接头"。

配线施工过程中应尽可能减少不必要的导线接头，导线接头过多或因导线接头质量差会导致导线发热而造成事故。当导线必须有接头时，导线的连接接头必须在接线盒、灯头盒等箱盒内。导线连接处和分支处都不应受横向机械力的作用。

导线与导线的连接方法有多种，如绞接、焊接、压接和螺栓连接、导线分流器连接等。

(2) 导线与电器设备或器具的连接应符合下列规定：

1) 截面积在 10mm² 及以下的单股铜芯线和单股铝芯线直接与设备、器具的端子连接；

2) 截面积在 2.5mm² 及以下的多股铜芯线拧紧搪锡或接续端子后与设备、器具的端子连接；

3) 截面积大于 2.5mm² 的多股铜芯线，除设备自带插接式端子外，接续端子后与设备或器具的端子连接；多股铜芯线与插接式端子连接前，端部拧紧搪锡；

4) 多股铝芯线接续端子后与设备、器具的端子连接；

5) 每个设备和器具的端子接线不多于 2 根导线。

(3) 导线、电缆的回路标记应清晰，编号准确。

(二) 穿线

1. 管内穿线的一般要求

(1) 不同回路、不同电压等级的交流与直流的导线，不应穿于同一根导管内。

(2) 同一交流回路的电线应穿于同一金属导管内，且管内电线不得有接头。

2. 线槽敷线应符合下列规定

(1) 电线在线槽内有一定余量，不得有接头。电线按回路编号分段绑扎，绑扎点间距不应大于 2m。

(2) 同一回路的相线和零线，敷设于同一金属线槽内。

(3) 同一电源的不同回路无抗干扰要求的线路可敷设于同一线槽内；敷设于同一线槽内有抗干扰要求的线路用隔板隔离，或采用屏蔽电线且屏蔽护套一端接地。

(三) 电缆

1. 电缆的一般要求

(1) 电力电缆、控制电缆等在敷设前，应认真核对其型号、规格、电压等级等是否符合设计要求，当有变更时应取得原设计单位的书面变更通知书。

(2) 电缆在敷设前应进行外观检查，电缆应无绞拧、压扁、保护层断裂和表面严重划伤等现象。

(3) 电缆敷设前应对整盘电缆进行绝缘电阻测试，电缆敷设后还应对每根电缆进行绝缘电阻测试。电缆额定电压为 500V 及以下的，应采用 500V 摇表，绝缘电阻值应大于 $0.5M\Omega$。

(4) 电缆敷设完毕应及时将电缆端部密封，盘内剩余电缆端部也应及时密封，以免潮气进入降低绝缘性能。

(5) 电缆的最小弯曲半径一般不应小于电缆外径的 10 倍。

(6) 电缆敷设应尽量减少中间接头，当必须有接头时，并列敷设的电缆，其接头位置应错开；明敷电缆的接头，应用托板托住固定；埋地敷设电缆的接头应装设保护盒，以防意外机械损伤。

(7) 电缆在进入配电柜内应及时做好电缆头，电缆头应绑扎固定，整齐统一，并挂上电缆标志牌；电缆芯线应排列整齐，绑扎间距一致并应留有适当余量。

(8) 电缆保护管内径不应小于电缆外径的 1.5 倍；保护管的弯曲半径一般为管外径的 10 倍，但不应小于所穿电缆的允许最小弯曲半径。

(9) 电缆芯线应有明显相色标志或编号，且与系统相位一致。

2. 电缆敷设

(1) 埋地敷设：

1) 埋地敷设的电缆，表面至地面的深度不应小于 700mm；电缆应埋设于冻土层以下，当受条件限制时，应采取防止电缆受到损坏的措施。

2) 埋地电缆的上、下部应铺以不少于 100mm 厚的软土或砂层，上部并加以电缆盖板保护，保护盖板的宽度应大于电缆两侧各 50mm。

3）埋地电缆在直线段每隔 50～100m 处、中间接头处、转角处、进入建筑物处，应设置明显的电缆标志桩。

4）埋地电缆进入建筑物应有钢导管保护，管口宜做成喇叭形，保护管室内部分应高于室外埋地部位，电缆敷设完毕，保护管口应采用密封措施。

5）埋地电缆在回填土前，应作隐蔽验收，验收通过后方可覆土。

(2) 电缆沟内敷设：

1）电缆沟内支架应排列整齐、高低一致、安装牢固。

2）电缆在电缆沟内敷设时应排列整齐，不宜交叉，电缆在直线段每 5～10m 及转角处、电缆接头两端处应绑扎牢固。

3）电力电缆和控制电缆不应敷设在同一层支架上。

4）电缆敷设完毕后，应及时清除杂物，盖好盖板。电缆沟内严禁有积水现象。

(3) 桥架（托盘）中敷设：

1）桥架（托盘）的固定支、吊架安装应牢固，其固定间距应符合设计要求，当设计无要求时应不大于 2m，桥架（托盘）的起、终端和转角两侧、分支处三侧应有支、吊架固定，固定点宜为 300～500mm。

2）桥架（托盘）连接板处螺栓应紧固，螺栓应由里向外穿，螺母位于桥架（托盘）的外侧。

3）桥架（托盘）转角和三通处的最小转弯半径应大于敷设电缆最大者的最小弯曲半径。

4）桥架（托盘）跨越变形缝（沉降缝、伸缩缝）处或桥架（托盘）直线长度超过 30m 应有补偿装置。

5）电缆在桥架（托盘）内宜单层敷设，排列整齐，不宜交叉。电缆在每一直线段 5～10m、转角、电缆中间接头的两端处应绑扎固定。

6）不同电压等级的电缆在桥架（托盘）内敷设时，中间应用隔板分开。

3. 接地保护

(1) 电力电缆当有铠装钢带护层时，在终端处应可靠接地。接地线应采用铜铰线或镀锡铜编织线，电缆截面在 120mm^2 及以下的不应小于 16mm^2；截面在 150mm^2 及以上的不应小于 25mm^2。

(2) 金属桥架（托盘）连接处应可靠接地，镀锌金属桥架连接处可不作跨接线接地，但连接两端应不少于 2 处的固定螺栓上应有防松件。

(3) 金属桥架（托盘）的全长和起、终端应与接地干线进行多处可靠连接，或在桥架（托盘）内全长敷设接地线。接地线可采用绿黄绝缘导线、裸铜线和镀锌扁钢，其截面当设计无规定时不宜小于 100mm^2。

(4) 电缆支、托架应与接地干线可靠连接，一般可采用镀锌圆钢或镀锌扁钢与支、托架焊接。截面当设计无要求时，圆钢宜为 ϕ10，扁钢宜为 25mm×4mm。焊接后应及时清除焊渣，并进行防腐处理。

二、配线工程的质量检查

(一) 导线的质量检查

(1) 导线的型号、规格、电压等级、截面必须符合规范和设计要求。核查设计图纸、产品质保书和合格证。

(2) 导线间和导线对地间的绝缘电阻值应符合规范规定。核查测试记录,其绝缘电阻应大于 0.5MΩ,测试摇表的电压等级应为 500V,严禁使用 1000V 及以上的高压摇表进行测试。记录表上的测试摇表应有经计量检测合格的编号和有效期限。当有疑问时,应在现场进行抽查。

(3) 导线的分色应符合要求,PE 线必须为黄绿双色,严禁用其他导线颜色替代。观察或用手扳动对实物进行检查。

(4) 导线的接头、包扎和安全型塑料接线帽的压接质量应符合要求。对实物进行打开抽查,重点应为:接头绞接搪锡的,搪锡部位应均匀、饱满、光滑,不损伤绝缘层;采用塑料接线帽的,材质应为阻燃型,一般可对实物进行燃烧试验,即将接线帽用火点燃,在燃烧后离开火种,接线帽应立即熄灭。而继续燃烧的即为不合格产品。压接钳应是配套的"三点抱压式",查看接线帽压接处,正面应为一坑面,背后应为二点。

(5) 采用铜接头连接导线的,铜接头应用机械方法压接,严禁用锤敲扁连接。对实物进行检查。

(6) 导线在箱、柜内的排列应整齐,绑扎固定间距应统一、清晰、端子号齐全。对实物进行观察检查。

(7) 在吊平顶中导线和导线接头必须在接线盒或器具内,不得裸露。

(二) 管内穿线的质量检查

(1) 管内穿线导线的额定电压不应低于 500V。核查产品合格证。

(2) 导线包括绝缘层在内的总截面积不应超过管子内径空截面积的 40%。对实物进行观察检查。

(3) 管内穿线导线严禁有接头。核查施工记录,分项评定表及监理检查记录。

(4) 照明花灯几个回路同穿一根管内的,导线总数不能超过 8 根。核查设计施工图,对实物进行抽查。

(5) 导线穿管前,管口应有护圈,护圈不应有松落或劈开补放现象。对实物进行观察检查。

(6) 对垂直穿管敷设的导线,接线盒或拉线盒设置应符合规定,导线在箱盒内应绑扎固定。对实物进行抽查。

(三) 线槽配线的质量检查

(1) 线槽固定应牢固,固定点间距不应大于 2m;固定支架设置应间距一致,在转角处、分支处应对称。观察检查或用手扳动检查,尺量检查。

(2) 线槽的安装应平直整齐,其水平或垂直偏差应符合规定,盖板应平整,无翘曲。观察检查和用水平尺、吊线坠方法对实物检查。

(3) 线槽的转角处,内角应成双 45,严禁为 90°。对实物观察检查。

(4) 金属线槽的跨接接地应齐全、可靠,不得有遗漏,两端头处应与箱、柜内 PE 线可靠连接。对实物进行抽查,观察检查。

(5) 线槽经过变形缝处应有补偿装置。观察检查。

(6) 线槽内敷设的导线包括绝缘层在内不应大于线槽截面积的 60%。打开盖板,对实物进行抽查。

(7) 在民用建筑安装工程尤其在吊平顶中线槽内敷设的导线不得有接头。核查施工记录和分项评定表。

(8) 当强电、弱电导线敷设在同一线槽时，应有隔板分开。核对施工设计图，对实物进行抽查。

（四）电缆敷设的质量检查

(1) 敷设电缆用的吊、支、托架或桥架（托盘）安装应平整牢固，设置间距应符合规定，吊、支、托架间距应一致，在转角处、分支处应对称、统一。对实物进行观察检查。

(2) 金属桥架（托盘）的连接处应跨接接地可靠。金属桥架（托盘）及支、吊架与接地干线的连接要求应符合规定。核对施工设计图，对现场实物进行抽查。

(3) 抽查已敷设电缆的型号、规格、截面、绝缘电阻等要求，核对设计图纸、测试记录、产品质保书、合格证。

(4) 电缆敷设的弯曲半径应符合规定，电缆排列和绑扎固定应整齐、一致；电缆严禁有绞拧、压扁和护层断裂等现象；电缆头制作美观，固定位置正确；电缆标志牌、标志桩位置正确、清晰。对现场实物进行抽查。

(5) 埋地敷设电缆的深度应符合规定，电缆盖板齐全，回填土质量符合要求。电缆埋设后回填土前可进行抽查或核查隐蔽验收记录。

(6) 电缆沟内支架上敷设的电缆，控制电缆应在下层，电力电缆在上层，排列绑扎应整齐，电缆沟内严禁有积水现象。

(7) 电缆桥架（托盘）水平和垂直安装应平直，固定位置正确、牢固，托架和支、吊架的偏差不得大于规范规定。桥架（托盘）的连接处应牢固，固定螺栓位置正确。桥架（托盘）跨越变形缝（沉降缝、伸缩缝）处有补偿装置。对实物进行观察检查或测量检查。

(8) 金属桥架（托盘）、托架和支、吊架的接地保护应可靠，并多处与接地干线相连。对实物进行观察检查。

第三节　电气照明装置安装工程

一、照明装置安装技术要求

（一）照明器具

1. 灯具安装一般要求

(1) 灯具配件应齐全，无机械损伤、变形、油漆剥落、灯罩破裂等缺陷。

(2) 根据灯具的安装场所及用途，引向每个灯具的导线线芯最小截面应符合表17-1的规定。

灯具导线线芯最小截面　　　　　表17-1

灯具的安装场所及用途		线芯最小截面（mm²）		
		铜芯软线	铜线	铝线
灯头线	民用建筑室内	0.5	0.5	2.5
	工业建筑室内	0.5	1.0	2.5
	室外	1.0	1.0	2.5

(3) 灯具的固定应符合下列要求：
1) 吊灯灯具重量大于 3kg 时，应采用预埋吊钩或螺栓固定。
2) 软线吊灯，灯具重量在 0.5kg 及以下时，采用软电线自身吊装；大于 0.5kg 的灯具应增设吊链。灯具固定应牢固可靠，不得使用木楔。
3) 当钢管做灯杆时，钢管内径不应小于 10mm；钢管厚度不应小于 1.5mm。
4) 同一室内或场所成排安装的灯具，其中心线偏差不应大于 5mm。

2. 灯具的安装

(1) 固定花灯的吊钩，其圆钢直径不应小于灯具吊挂销、钩的直径，且不应小于 6mm。吊钩严禁使用螺纹钢。
(2) 固定灯具带电部件的绝缘材料以及提供防触电保护的绝缘材料，应耐燃烧和防明火。
(3) 需要接地的灯具应做好保护接地。
(4) 灯具的灯头及接线应符合下列要求：
1) 软线吊灯的软线两端做保护扣，两端芯线搪锡；当装升降器时，套塑料软管。采用安全灯头；
2) 连接灯具的软线盘扣、搪锡压线，当采用螺口灯头时，相线接于螺口灯头中间的端子上；
3) 灯头的绝缘外壳不破损和漏电；带有开关的灯头，开关手柄无裸露的金属部分。
(5) 装有白炽灯泡的吸顶灯具，灯泡不应紧贴灯罩；当灯泡与绝缘台间距离小于 5mm 时，灯泡与绝缘台间应采取隔热措施。
(6) 安装在重要场所的大型灯具的玻璃罩，应按设计要求采取防止碎裂后向下溅落的措施。
(7) 安装在室外的壁灯应有泄水孔，绝缘台与墙面之间应有防水措施。
(8) 在变电所内，高压、低压配电设备及母线的正上方，不应安装灯具。
(9) 公共场所用的应急照明灯和疏散指示灯，应有明显的标志。无专人管理的公共场所照明宜装设自动节能开关。

(二) 开关、插座、吊扇、壁扇

1. 开关安装

(1) 安装在同一建筑物、构筑物内的开关，宜采用同一系列的产品，开关的通断位置应一致，一般向下为开启，操作灵活，接触可靠。
(2) 开关安装位置应便于操作，距地面高度应符合下列要求：
1) 拉线开关一般在 2~3m，距门框为 0.15~0.2m，且拉线的出口应垂直向下。
2) 当设计无要求时，其他各种开关安装一般为 1.3m，距门框为 0.15~0.2m，开关不应装于门后，成排安装的开关高度应一致，高低差不大于 2mm。
(3) 当开关面板为二联及以上控制时，导线应采用并头后分支与开关接线连接，不应采用"头拱头"方式串接。
(4) 电器、灯具的相线应经开关控制；民用住宅严禁装设床头开关。
(5) 暗设的开关、插座应有专用盒，专用盒的四周不应有空隙，盖板应端正紧贴墙面。

2. 插座安装

(1) 插座的安装高度应符合设计的规定,当设计无规定时应符合下列要求:

1) 一般距地面高度为1.3m,在托儿所、幼儿园、住宅及小学等不应低于1.8m,同一场所安装的插座高度应一致。

2) 车间及试验室的明、暗插座一般距地高度不低于0.3m,特殊场所暗装插座高度差不应低于0.15m,同一室内安装的插座高低差不应大于5mm,成排安装的插座不应大于2mm。

3) 落地插座应具有牢固可靠的保护盖板。

(2) 插座接线应符合下列要求:

1) 单相二孔插座:面对插座的右极接相线,左极接零线。

2) 单相三孔、三相四孔及三相五孔的接地线或接零线均应在上孔,插座的接地线端子严禁与零线端子直接连接。

3) 交、直流或不同电压等级的插座安装在同一场所时,应有明显区别,且其插头与插座均不能互相插入。

(3) 潮湿场所应采用密封良好的防水防溅插座。

(4) 当原预埋插座接线盒与装饰板面不平时,应加装套箱接出,导线不得裸露在装饰板内。

3. 风扇安装

(1) 吊扇安装应符合下列要求:

1) 吊扇挂钩应安装牢固,不得使用螺纹钢。

2) 吊杆上的悬挂销钉必须装设防振橡皮垫及防松装置。

3) 吊扇的接线钟罩应与平顶齐平,接线不应有外露现象,成排安装的吊扇应在同一直线上。

(2) 扇叶距地面高度不应低于2.5m。

(3) 吊扇组装时,应符合下列要求:

1) 严禁改变扇叶角度;

2) 扇叶的固定螺钉应有防松装置;

3) 吊杆之间,吊杆与电机之间,螺纹连接的啮合长度不得小于20mm,并必须有防松装置。

(4) 吊扇接线正确,运转时扇叶不应有显著颤动和异常声响。

(5) 壁扇安装应符合下列要求:

1) 壁扇底座固定应牢固无松动。

2) 壁扇安装高度距地面不宜低于1.8m。底座平面的垂直偏差不大于2mm。

3) 壁扇防护罩应扣紧,固定可靠,运转时扇叶与防护罩不应有明显的颤动和异常声响。

二、照明装置工程质量检查

(一) 照明器具的质量检查

1. 灯具一般由玻璃、塑料、搪瓷、铝合金等原材料制成,且零件较多,运输保管中易破损或丢失,安装前应认真检查,防止安装破损灯具,影响美观和质量。

2. 为了保证导线能承受一定的机械应力和可靠的安全运行，根据灯具的用途和不同的安装场所，对导线线芯最小截面按规定进行核查。

3. 灯具安装要求：

1) 为防止灯具超重发生坠落，特规定在混凝土顶板内先预埋吊钩，或用膨胀螺栓固定，其固定件的承载能力应与灯具重量相匹配。

2) 软线吊灯的软线应作保险扣，两端芯线应搪锡。吸顶灯安装应牢固，位置正确，有台的应装在台中央，且不得有漏光现象。链吊日光灯灯线应不受力，灯线应与吊链编织在一起，双链平行；管吊灯钢管内径不应小于10mm，壁厚不应小于1.5mm，吊杆垂直；弯管壁灯应装吊攀，吊攀统一加工制作，不得用导线缠绕吊在灯杆上；安装在吊顶上的灯具应有单独的吊链，不得直接安装在平顶的龙骨上。

3) 成排灯具在安装过程中应拉线，使灯具在纵向、横向、斜向及高低水平上都成一直线。按规范要求，偏差不大于5mm。如为成排日光灯，则应认真调整灯脚，使灯管都在一直线上。

4. 按国家施工及验收规范的规定，对大型花灯的固定及悬吊装置应作2倍的过载试验，建设单位、施工企业应重视。为确保安全，有的地区要求大型花灯的预埋吊钩必须有隐蔽验收记录。

5. 为了保证用电安全检修方便，对部件材料作了具体的规定。安装前应认真检查材料是否符合规定。

6. 按国家施工及验收规范的规定，当灯具距地面高度小于2.4m时，灯具的可接近裸露导体必须接地（PE）或接零（PEN）可靠，并应有专用接地螺栓，且有标识。

7. 为防止触电，特别是防止更换灯泡时触电，对灯头及接线方式作了具体的规定，工人在安装完后应认真检查是否符合要求。

8. 白炽灯泡离绝缘台过近，绝缘台易受热而烤焦、起火，故应在灯泡与绝缘台间设置隔热阻燃制品，如石棉布等。

9. 在实际使用中，由于灯泡温度过高，玻璃罩常有破碎现象发生，为确保安全，避免发生事故，施工单位应按设计要求采取安全措施。

10. 室外壁灯因为积水时常引起用电事故，故要求施工单位在安装前先打好泄水孔，并要求与墙面之间不得有缝隙，可用硅胶等材料密封。

（二）开关、插座、吊扇和壁扇的质量检查

1. 开关安装

（1）开关的面板在一个单位工程中应统一，不得出现两种以上的不同面板。开关的面板固定螺钉不得使用平机螺钉和木螺钉，面板螺孔盖帽应齐全。

（2）开关不得装于门后，建设单位应重视设计交底工作，对不合理的地方应及时提出修改意见，使问题及时得到解决。

（3）为确保使用安全、可靠，开关中的导线在接线孔上都只允许接一根线，且线应在安全型压接帽内进行。开关线的颜色应选用与相线、零线、接地线的色标有所区别的颜色。

（4）为确保安全，电器设备、灯具的相线应该由开关控制。

（5）在现浇混凝土内预埋箱盒应紧靠模板，固定牢靠，并应主动与土建配合，避免歪斜或凹入混凝土墙内，箱盒四周应用水泥砂浆修补平整，箱盒内杂物应清除干净，并及时刷红丹防锈漆。

2. 插座安装

（1）插座安装高度的规定主要是为确保使用安全、方便，设计中如果对特殊场合的插座没有合理的布置，建设单位应及时提出并修改。为了装饰美观，同一场所的插座高度应一致，工人在施工中应多用卷尺测量其高度的准确性。

（2）为了确保安全，插座接线应统一，插座中的相线、零线、PE保护线在接线孔上都只允许接入一根线，且线应在阻燃性的压接帽内进行。导线的颜色应区分：零线的应用浅蓝或深蓝色导线，接地线（PE）应用黄绿双色线，相线应用黄色、绿色、红色三种颜色。

（3）为了确保用电安全，设计对潮湿场所的插座的选材应有明确的规定。

（4）工人在施工过程中应注意预埋的接线盒与饰面的距离，并及时调整增加套箱至饰面平，套箱与接线盒应用螺钉固定。

3. 风扇安装

（1）吊风扇吊钩的直径不应小于悬挂销钉的直径，且不得小于8mm。吊钩加工成型应一致，安装的吊钩应埋设在箱盒内。吊钩离平顶高低应一致，使吊扇的钟罩能够吸顶将吊钩遮住。一直线上的吊扇其偏差不大于5mm。

（2）壁扇底座可采用尼龙胀管或膨胀螺栓固定，数量不少于2个，直径不应小于8mm。

（3）为确保安全，壁扇高度低于2.4m及以下时，其金属外壳应可靠接地。

（4）吊扇与壁扇安装完毕应进行试运转，当不出现明显的颤动和异常声响后方可交付使用。

第四节 配电装置安装工程

一、成套柜安装技术要求

1. 成套配电柜安装一般要求

（1）埋设的基础型钢和柜下的电缆沟等相关建筑物检查合格，才能安装。

（2）室内外落地动力配电柜的基础验收合格，且对埋入基础的电线导管、电缆导管进行检查，符合施工图纸要求，才能安装配电柜。

（3）成套配电柜、金属框架及基础型钢必须接地（PE）和接零（PEN）可靠，装有电器的可开启门，门和框架的接地端子间，应用裸编织铜线连接。框架之间与基础型钢之间应用镀锌螺栓连接，且防松零件齐全。

（4）成套配电柜应有可靠的电击保护。柜内保护导体应为裸露的连接外部保护导体的端子，当设计无要求时，柜内保护导体最小截面积 S_p 不应小于表17-2的规定。

（5）手车、抽出式成套电柜推拉应灵活，无卡阻碰撞现象。动触头与静触头的中心线应一致，且触头接触紧密，投入时接地触头先于主触头接触；退出时接地触头后于主触头脱开。

（6）低压成套配电柜交接试验，应符合下列要求

保护导体的截面积　　　　　　　　　表 17-2

相线的截面积 $S(mm^2)$	相应保护导体的最小截面积 $S_p(mm^2)$
$S \leqslant 16$	S
$16 < S \leqslant 35$	16
$35 < S \leqslant 400$	$S/2$
$400 < S \leqslant 800$	200
$S > 800$	$S/4$

注：S 指柜（箱）电源进线相线截面积，且两者（S、S_p）材质相同。

1）每路配电开关及保护装置的规格，型号应符合设计要求；

2）相间和相对地间的绝缘电阻值应大于 0.5MΩ；

3）电气装置的交流工频耐压试验电压为 1kV，当绝缘电阻大于 10MΩ 时，可采用 2500V 兆欧表摇测替代，试验持续时间 1min，无击穿闪络现象。配电柜线间的绝缘和二次回路交流工频耐压试验，线与地和馈电线路，绝缘电阻测试值必须大于 0.5MΩ，后者二次回路必须大于 1MΩ。二次回路交流工频耐压试验，当绝缘电阻大于 10MΩ 时，可采用 2500V 兆欧表摇测 1min，应无击穿闪络现象，当绝缘电阻在 1～10MΩ 时，做 1000V 交流工频耐压试验，时间 1min，无击穿闪络现象。

2. 照明配电箱安装要求

（1）箱内配线、接线整齐，导线无绞接现象，回路编号齐全，标识正确。

（2）箱内开关动作灵活可靠，带有漏电保护的回路，漏电保护装置动作电流不大于 30mA，动作时间不大于 0.1s。

（3）照明箱内分别设置零线（N）和保护地线（PE）汇流排，零线和保护地线经汇流排配出。

（4）配电箱应安装牢固，位置正确，门开启方便。箱内部件齐全，箱体开孔与导管管径适配，暗装配电箱箱盖紧贴墙面，箱涂层完整。

（5）箱体不可采用可燃材料制作。

（6）箱底边距地面为 1.5m，照明配电板底边距地面不小于 1.8m。

（7）基础型钢制作安装基本要求应符合表 17-3 的规定。

（8）配电柜、配电箱安装基本要求，应符合表 17-4 的规定。

基础型钢安装允许偏差　　表 17-3

项目	允许偏差	
	(mm/m)	(mm/全长)
不直度	1	5
水平度	1	5
不平行度	/	5

配电柜、配电箱安装允许偏差　　表 17-4

项目	允许偏差(mm)	
垂直度	1000	1.5
相互间接缝	全长	≤2
成列盘面	全长	≤5

（9）配电柜配电箱间的配线，电流回路应采用额定电压不低于 750V，芯线截面积不小于 2.5mm² 的铜芯绝缘电线或电缆，除电子元件或类似回路外，其他回路的电线应采用额定电压不低于 750V，芯线截面不小于 1.5mm² 的铜芯绝缘电线或电缆。二次回路连线应成束绑扎，不同电压等级，交流直流线路及计算机线路应分别绑扎，且有标识。

二、配电装置的质量检查

1. 成套柜的检查

（1）配电间的电器设备安装，应在土建装饰完成后进行。在配电间土建施工前，电气安装施工人员对施工图纸应该有一个基本的了解和掌握，在土建整个施工过程中，应积极配合做好预埋等配合工作，主要有以下几个方面：

1）复合土建施工图，对柜下的沟槽宽和深校对一次。

2）根据电气施工图，预埋输入和输出电源的电线导管和电缆导管及接地扁钢。

3）对于电线和电缆导管的外露端部，应焊接地螺栓。

4）对于穿越基础的导管，预埋防水钢性套管，防止墙面出现渗水现象。

5）复核预埋的导管和扁钢敷设部位，检查是否正确，是否与柜一一对应。

6）对于电缆导管，要求做到其管端部两侧应成喇叭口。

另外，电柜就位固定前，建筑物的屋顶、楼板、墙面、室内地坪、地沟、地槽应施工完毕。

（2）配电柜在固定安装前，先应加工制作柜底部的基础型钢。基础型钢一般应采用10号槽钢，在下料制作前，应检查基础型钢的不直度，如超标应予以校正，并根据配电柜的设计尺寸和数量，测得基础型钢长和宽的具体尺寸，此时方可切割下料。基础型钢在加工时，槽面应向内侧。采用内外侧电焊连接，内侧应及时清除焊渣，外侧需打磨，以不突出槽外侧平面为合格要求。基础型钢加工完毕后，应及时除锈防腐，并根据柜底部框架上的 4 只孔的尺寸相对应，在基础型钢上部钻孔，用于柜和基础型钢的螺栓连接。基础型钢下部，相对称的钻四个孔用于与地面的固定。另外，基础型钢内侧下部，应焊接地螺栓。

（3）为了保证手车、抽屉式成套配电柜推拉灵活，无卡阻、碰撞现象出现，保证配电柜的功能和检查，因此必须做到：

1）配电柜从生产制造至施工现场安装就位固定，柜体不能出现有变形。保证配电柜在储藏、装卸、运输、搬运和安装过程中，对产品的保护。

2）电柜与基础型钢紧密连接，柜体垂直平面和基础型钢均处于水平状态。

3）对电柜复测，对手车、抽屉进行水平检测。

4）对配电柜内触点处的检查，特别是投入时接地触头先于主触头接触，退出时接地触头后于主触头脱开。以及检查触点处是否紧密，如有问题，需进行调整。

（4）低压部分的交接试验，主要是绝缘电阻检测，分为线路与装置两个单元。对于线路，采用 500V 兆欧表进行相间和相对地间绝缘电阻检测，凡检测结果电阻值大于 $0.5M\Omega$ 为合格。

电气装置交流工频耐压试验是根据绝缘测试结果来选择，一般采用电源升至 1000V 方法和用 2.5kV 的兆欧表方法进行试验。当绝缘电阻值在 $1\sim10M\Omega$ 时，用 1kV 做工频耐压试验，当绝缘电阻大于 $10M\Omega$ 时，用 2.5kV 的兆欧表进行检测，持续时间 1min，无击穿现象为合格。

2. 配电箱的检查

（1）照明配电箱的配线有多种方法，怎样合理的布置，将有助于提高工效，保证质量和节省材料。因此配线要根据不同建筑物，不同功能与类型进行合理调整与布置。

1) 输入和输出同为配电箱上部配置，它主要适合于有吊顶的，采用桥架敷设，墙面设置照明箱的如写字楼，高档装潢的办公室，高级公寓和选用立式水泵的泵房间等。

2) 输入为配电箱上部，输出为配电箱下部配置，它主要适合于普通学校这一类的建筑物和选用卧式水泵的泵房间等。

3) 输入和输出同为配电箱下部配置，它主要适合于民用住宅中的弱电系统。

4) 输入为配电箱下部输出为配电箱上部配置，它主要适合于民用住宅工程中配电表箱至照明箱的电源采用沿地敷设的照明系统。

（2）配电箱内的布线应平直，无绞接现象。在布线前，先要理顺在放线过程中导线出现扭转，然后按回路对每组导线用尼龙扎带等距离进行绑扎。输入和输出的导线应适当留有一定的长度。单一电源或双电源进箱，导线均应沿箱内侧左右两角敷设，各型号开关等配线，其导线端部绝缘层不应剥得过长防止导线插入开关接线孔后，仍有裸铜芯外露。另外配电箱内不论电源有多少回路，导线不应交叉捏成一团，应平行整理，按开关排列，分间距进行绑扎。

（3）配电箱配线注意事项：

1) 核对图纸，检查箱内配件在数量、规格、型号等方面是否符合图纸设计要求。

2) 配电箱内开关排列与导线色标排列是否一致。

3) 检查配电箱内零线（N）和保护接地线（PE）汇流排的接线端子数量是否满足零线（N）和保护接地线（PE）输出输入和本体接线的要求。

4) 根据图纸，在空气开关下部标注各回路的编号。

（4）照明配电箱内，各种开关应启闭灵活，开关的接线桩头导线应固定牢固，防止松动，以避免造成接触电阻增加，温度升高，使开关烧坏。

对漏电保护开关，应用专用仪器进行检测，其动作电流不能大于30mA，动作时间不大于0.1s。

（5）配电箱内应分别设置零线（N）和保护地线（PE）汇流排，所有输入和输出的零线（N）和保护地线（PE）必须通过汇流排。汇流排每个接线端只能接二根导线且导线之间应有平垫片隔开，平垫片两侧导线截面应相同，导线固定防松垫圈等零件齐全。

（6）配电箱安装固定前，应结合施工图和现场配电间的面积条件进行必要的排布，特别是对于面积较小的配电间排布与调整尤为重要。排布时要考虑操作方便，布线顺序，门开启能成90°，同时，对桥架、线槽、配管进行同步适当调整，使配电间电箱设置合理。箱体开孔的直径要根据配管口径而定，不宜过大，开孔时孔与管应相匹配，孔距应一致，且孔中心成一直线。暗装配电箱，其底箱安装应在墙面塌饼已做方能进行，底箱不应突出塌饼，防止出现箱面板突出粉层表面。

（7）配电箱不应用塑料板等燃烧材料制作，通常应采用薄壁钢板制成。

（8）配电箱安装高度应以箱底边为准，其安装高度为光地坪至箱底1.5m。照明配电板，可选用胶木板，玻璃丝板等阻燃材料，选用木板应涂二度防火漆，安装高度应为板底距光地坪不小于1.8m。

（9）基础型钢制作时应控制槽钢四边平面的水平。一般应先点焊、测量、校正，然后进行焊接，焊接时注意槽钢的变形，其水平高度偏差控制在每米不大于1mm，全长偏差不大于 5mm，二边不平行度偏差全长不大于 5mm。当地坪不平，型钢面水平度达不到要求时，应用垫铁衬垫在基础型钢下部。当平行度达不到要求时，应切割重新焊接。基础型钢一般采用金属膨胀螺栓固定，当配电柜设在机房或潮湿场合时，基础型钢需抬高时，下部应浇筑混凝土。

(10) 配电柜、配电箱安装前，需先对已固定的基础型钢进行水平度检查，如超过允许偏差范围，应进行调整。柜、箱与基础型钢之间周边大小匹配，连接平整牢固，之间无衬垫。其垂直度偏差每米不得大于 1.5mm，柜与柜之间接缝间隙全长不得大于 2mm，成列盘面偏差全长不得大于 5mm。

(11) 配电柜、配电箱内部接线由制造商完成，但柜箱间电气配件的电流回路，配线和工程项目因功能变化而调整、增加等，造成施工现场对柜箱内电气配件进行修改或增加以及线路调整。因此对这部分导线的选用应按规定：对于柜箱间电气配件的电流回路配线，应采用额定电压不低于 750V 芯线，截面积不小于 2.5mm² 铜芯绝缘电线或电缆。对于柜箱间电气配件连线，采用额定电压不低于 750V 芯线截面积不小于 1.5mm² 的铜芯绝缘电线或电缆。在配线中要注意导线使用是否正确，容易混淆的是工程中照明线一般是选用额定电压不低于 500V 的绝缘线。

(12) 二次回路的不同电压等级，交流、直流线路及计算机控制线路在布线时，应将导线色标予以区别，并根据不同功能对导线成束绑扎。

第五节 避雷针（带）及接地装置安装工程

一、避雷针（带）及接地装置安装技术要求

（一）接地装置技术要求

1. 接地装置顶面埋设深度不应小于 0.6m。角钢及钢管接地极应垂直埋入地下，水平接地极间距不应小于 5m。

2. 接地极与建筑物的距离不应小于 1.5m。

3. 接地线在穿过墙壁时应通过明孔、钢管或其他的坚固的保护套管。

4. 接地线沿建筑物墙壁水平敷设时，离地面应保持 250～300mm 的距离，与建筑物墙壁应有 10～15mm 的间隙。

5. 在接地线跨越建筑物伸缩缝、沉降缝时，应加设补偿装置，补偿装置可用接地线本身弯成弧状代替。

6. 接地线的连接应采用焊接，焊接必须牢固，其焊接长度必须符合下列规定：

(1) 扁钢与扁钢搭接为扁钢宽度的 2 倍，不少于三面施焊。

(2) 圆钢与圆钢搭接为圆钢直径的 6 倍，双面施焊。

(3) 圆钢与扁钢搭接为圆钢直径的 6 倍，双面施焊。

(4) 扁钢与钢管或角钢焊接时，应紧贴角钢外侧两面，或紧贴 3/4 钢管表面，上下两侧施焊。

(5) 除埋设在混凝土中的焊接接头外，应有防腐措施。

7. 当设计无要求时，接地装置的材料采用为钢材，并热浸镀锌处理，最小允许规格、尺寸应符合表 17-5 的规定：

接地装置最小允许规格尺寸　　　　　　　　　表 17-5

种类、规格及单位		敷设位置及使用类别			
		地 上		地 下	
		室 内	室 外	交流电流回路	直流电流回路
圆钢直径		6	8	10	12
扁钢	截面(mm²)	60	100	100	100
	厚度(mm)	3	4	4	6
角钢厚度(mm)		2	2.5	4	6
钢管管壁厚度(mm)		2.5	2.5	3.5	4.5

（二）避雷针（带）安装技术要求

1. 如设计无要求时避雷带应沿屋脊或女儿墙明敷，支持件必须已预埋固定，无松动现象。

2. 避雷针（带）与引下线之间的连接应采用焊接，其材料采用及最小允许规格、尺寸应符合本规定第 6 条、第 7 条的规定。

3. 暗敷在建筑物抹灰层的引下线应有卡钉分段固定，明敷的引下线应平直、无急弯，与支架焊接处，油漆防腐，且无遗漏。

4. 建筑物采用多根引下线时，应在各引下线距地面的 1.5～1.8m 处设置断接卡。上海地区除了设置断接卡外，当引下线采用暗敷时，可设置测试点。测试点的点数或坐标位置应按设计图设置，设计无要求时，一个工程应不少于 2 组测试点。

5. 设计要求接地的幕墙金属框架和建筑物的金属门窗、阳台金属栏杆应就近与接地干线连接可靠，连接处不同金属间应有防电化腐蚀措施。

6. 装有避雷针的金属筒体，当其厚度大于 4mm 时，可作为避雷针的引下线；筒体底部应有对称两处与接地体相连。

7. 屋顶上装设的防雷金属网和建筑物顶部的避雷针及金属物体应焊接成一个整体。

8. 不得在避雷针构架上架设低压线或通讯线。

二、避雷针（带）及接地装置质量检查

（一）接地装置安装质量检查

1. 接地装置由接地线和接地极组成。接地线一般采用 25mm×4mm 扁钢，当地下土壤腐蚀性较强时，应适当加大其截面（上海地区采用 40mm×4mm）。为便于施工时将接地极打入地下，接地极应采用角钢或钢管（上海地区一般采用∟50mm×50mm×5mm 角钢）。

2. 接地线与接地极的连接应采用焊接。当扁钢与钢管、扁钢与角钢焊接时，为确保连接可靠，除应在其接触部位两侧进行焊接外，并应以由钢带弯成的弧形（或直角形）卡子或直接由钢带本身弯成弧形（或直角形）与钢管（或角钢）焊接。焊缝应平整饱满，不应有夹渣、咬边现象。焊接后应及时清除焊渣，并应刷沥青漆两道。

3. 接地装置埋设的深度，当设计无要求时，从接地极的顶端至地面的深度不应小于 0.6m。

（二）避雷针（带）安装质量检查

1. 避雷带（扁钢或圆钢）在女儿墙敷设时，一般应敷设在女儿墙中间，当女儿墙宽度大于 500mm 时则应将避雷带移向女儿墙的外侧 200mm 处为宜。

2. 利用金属钢管作避雷带的，应在钢管直线段对接处、转角以及三通引下线等部位用镀锌扁钢或者圆钢进行搭接焊接，搭接长度每边为扁钢宽度 2 倍。

3. 避雷带的搭接焊焊缝处严禁用砂轮机将焊缝磨平整。

4. 避雷带在经过变形缝（沉降缝或伸缩缝）时，应加设补偿装置，补偿装置可用同样材质弯成弧状做成。

5. 引下线的根数以及断接卡（测试点）的位置、数量由设计决定，建设单位或施工单位不得任意取消和修改，如确需取消或修改的应由设计出具书面变更通知。引下线必须与接地装置可靠连接，并根据设计和规范要求设置断接卡或测试点。

6. 高层建筑物的金属门窗，金属阳台栏杆以及玻璃幕墙的金属构架都必须与均压环或接地干线连接可靠。当玻璃幕墙主金属构架采用型钢材料时，应用镀锌扁钢或圆钢与金属主构架进行焊接，并引出与屋面或女儿墙上的避雷带进行搭接焊接；当玻璃幕墙主金属框架采用铝合金材料时，应在主金属构架和避雷带上钻一个 $\phi 13mm$ 小孔，用软导线、螺栓将两端进行连接，导线截面不应小于 $100mm^2$。

第十八章 通风与空调工程

第一节 风管制作

一、施工技术要求

(一) 材料要求

1. 金属风管

(1) 制作金属风管的板材品种、规格必须符合设计要求及施工质量验收规范的规定。

(2) 材料应作外观检查。对普通薄钢板,应剪切整齐,呈矩形,表面平整光滑,具有紧密的氧化铁皮薄膜,不得有气泡、裂纹、结疤与锈斑;对镀锌钢板,钢板应平整,镀锌层均匀,镀层无泛白、起皮、起泡、麻点、脱落、起瘤等缺陷;对不锈钢板要求表面平整光洁,不得有锈迹和划痕,存放时不得与碳素钢直接接触;对铝板要求表面平整光洁,不应有氧化斑点和划痕等缺陷;对复合钢板,表面应清洁、平整,复合层不得起泡、脱落、破损和色泽不一致。

(3) 对用于风管咬缝的板材,在使用前还要取样板作咬口成型试验,试验后的样板上不得出现分层、裂缝、裂口和折断等现象。

2. 非金属风管

(1) 硬聚氯乙烯板表面应平整光滑,无裂纹、无气泡和未塑化杂质,品种、规格应符合设计要求和施工质量验收规范的规定。硬聚氯乙烯焊条表面应光洁、无凸瘤、气泡和杂质,焊条在15℃以上常温情况下进行180°弯曲时不应断裂。

(2) 玻璃钢风管和配件不得扭曲、内表面应平整光滑,外表面应整齐美观,厚度应均匀且边缘无毛刺,并不得有气泡、分层现象。法兰与风管或配件应成一整体,矩形法兰两对角线之差不应大于3mm。

(3) 复合材料风管的品种、规格应符合设计要求。含绝热层的复合材料风管,其绝热层应为不燃或难燃材料,覆层与绝热层的结合应牢固,不得分层。

(二) 施工要求

1. 风管的标准规格

通风管道的规格,风管以外径或外边长为准,风道以内径或内边长为准。

(1) 圆形风管规格应符合表18-1的规定。

(2) 矩形风管规格应符合表18-2的规定。

(3) 圆形弯管的弯曲半径(以中心线计)和最少节数应符合表18-3的规定。

(4) 矩形风管弯管可采用内弧形或内斜线矩形弯管(见图18-1);当边长 A 大于或等于500mm时应设置导流片。矩形三通、四通可采用分叉式或分隔式(见图18-2)。

2. 风管板材厚度

圆形风管规格（mm） 表 18-1

基本系列	辅助系列	基本系列	辅助系列
100	80	250	240
	90	280	260
120	110	320	300
140	130	360	340
160	150	400	380
180	170	450	420
200	190	500	480
220	210	560	530
630	600	1250	1180
700	670	1400	1320
800	750	1600	1500
900	850	1800	1700
1000	950	2000	1900
1120	1060		

风管直径 D

矩形风管规格（mm） 表 18-2

风 管 边 长

120	320	800	2000	1000
160	400	1000	2500	—
200	500	1250	3000	—
250	630	1600	3500	—

圆形弯管弯曲半径和最少节数 表 18-3

弯管直径 D(mm)	曲率半径 R	弯管角度和最少节数							
		90°		60°		45°		30°	
		中节	端节	中节	端节	中节	端节	中节	端节
80~220	$\geqslant 1.5D$	2	2	1	2	1	2	—	2
220~450	$D\sim 1.5D$	3	2	2	2	1	2	—	2
450~800	$D\sim 1.5D$	4	2	2	2	1	2	1	2
800~1400	D	5	2	3	2	2	2	1	2
1400~2000	D	8	2	5	2	3	2	2	2

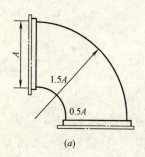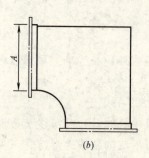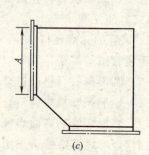

图 18-1 矩形弯管
(a) 内外弧形矩形弯管；(b) 内弧形矩形弯管；(c) 内斜线矩形弯管

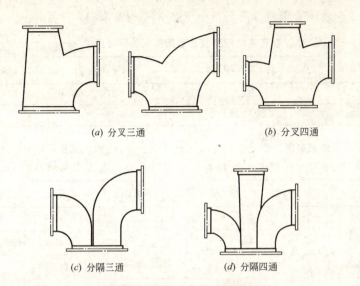

图 18-2 矩形三通、四通形式

(1) 各类金属风管板材厚度不得小于表 18-4～表 18-6 的规定。

钢板风管板材厚度 (mm) 表 18-4

类别 风管直径 D 或长边尺寸 b	圆形风管	矩 形 风 管		除尘系统风管
		中、低压系统	高压系统	
$D(b) \leqslant 320$	0.5	0.5	0.75	1.5
$320 < D(b) \leqslant 450$	0.6	0.6	0.75	1.5
$450 < D(b) \leqslant 630$	0.75	0.6	0.75	2.0
$630 < D(b) \leqslant 1000$	0.75	0.75	1.0	2.0
$1000 < D(b) \leqslant 1250$	1.0	1.0	1.0	2.0
$1250 < D(b) \leqslant 2000$	1.2	1.0	1.2	按设计
$2000 < D(b) \leqslant 4000$	按设计	1.2	按设计	

注：1. 螺旋风管的钢板厚度可适当减小 10%～15%。
2. 排烟系统风管钢板厚度可按高压系统。
3. 特殊除尘系统风管钢板厚度应符合设计要求。
4. 不适用于地下人防与防火隔墙的预埋管。

不锈钢板风管板材厚度 (mm) 表 18-5

风管直径或长边尺寸 b	不锈钢板厚度
$b \leqslant 500$	0.5
$500 < b \leqslant 1120$	0.75
$1120 < b \leqslant 2000$	1.0
$2000 < b \leqslant 4000$	1.2

中、低压系统铝板风管板材厚度 (mm) 表 18-6

风管直径或长边尺寸 b	铝板厚度
$b \leqslant 320$	1.0
$320 < b \leqslant 630$	1.5
$630 < b \leqslant 2000$	2.0
$2000 < b \leqslant 4000$	按设计

（2）各类非金属风管板材厚度不得小于表18-7～表18-11的规定。

中、低压系统硬聚氯乙烯圆形风管板材厚度（mm）　　　表18-7

风管直径 D	板材厚度	风管直径 D	板材厚度
D≤320	3.0	630<D≤1000	5.0
320<D≤630	4.0	1000<D≤2000	6.0

中、低压系统硬聚氯乙烯矩形风管板材厚度（mm）　　表18-8

风管长边尺寸 b	板材厚度
b≤320	3.0
320<b≤500	4.0
500<b≤800	5.0
800<b≤1250	6.0
1250<b≤2000	8.0

中、低压系统有机玻璃钢风管板材厚度（mm）　　表18-9

圆形风管直径 D 或矩形风管长边尺寸 b	壁厚
D(b)≤200	2.5
200<D(b)≤400	3.2
400<D(b)≤630	4.0
630<D(b)≤1000	4.8
1000<D(b)≤2000	6.2

中、低压系统无机玻璃钢风管板材厚度（mm）　　　表18-10

圆形风管直径 D 或矩形风管长边尺寸 b	壁厚	圆形风管直径 D 或矩形风管长边尺寸 b	壁厚
D(b)≤300	2.5～3.5	1000<D(b)≤1500	5.5～6.5
300<D(b)≤500	3.5～4.5	1500<D(b)≤2000	6.5～7.5
500<D(b)≤1000	4.5～5.5	D(b)>2000	7.5～8.5

中、低压系统无机玻璃钢风管玻璃纤维布厚度与层数（mm）　　表18-11

圆形风管直径 D 或矩形风管长边 b	风管管体玻璃纤维布厚度		风管法兰玻璃纤维布厚度	
	0.3	0.4	0.3	0.4
	玻璃布层数			
D(b)≤300	5	4	8	7
300<D(b)≤500	7	5	10	8
500<D(b)≤1000	8	6	13	9
1000<D(b)≤1500	9	7	14	10
1500<D(b)≤2000	12	8	16	14
D(b)>2000	14	9	20	16

3. 金属风管的制作与连接

1) 金属风管和配件的常见咬口形式见图18-3。

2) 风管与风管、风管与部件、配件之间可采用法兰连接，风管法兰材料的规格见表18-12和表18-13。

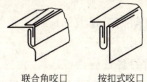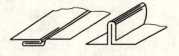

| 联合角咬口 | 按扣式咬口 | 转角咬口 | 单角咬口 | 单平咬口 | 立式咬口 |

图 18-3　金属风管和配件的常见咬口形式

金属圆形风管法兰及螺栓规格（mm）　　　表 18-12

风管直径 D	法兰材料规格		螺栓规格
	扁钢	角钢	
D≤140	20×4	—	M6
140<D≤280	25×4	—	M6
280<D≤630	—	25×3	M6
630<D≤1250	—	30×4	M8
1250<D≤2000	—	40×4	M8

金属矩形风管法兰及螺栓规格（mm）　　　表 18-13

风管长边尺寸 b	法兰材料规格（角钢）	螺栓规格	风管长边尺寸 b	法兰材料规格（角钢）	螺栓规格
b≤630	25×3	M6	1500<b≤2500	40×4	M8
630<b≤1500	30×3	M8	2500<b≤4000	50×5	M10

3）风管与风管之间也可采用承插、插条、薄钢板法兰弹簧夹等无法兰连接的形式。

4）金属风管的加固可采用楞筋、立筋、角钢（内、外加固）、扁钢、加固筋和管内支撑等形式。

金属风管的加固应符合以下规定：

a. 圆形风管（不包括螺旋风管）的直径大于等于 800mm，且其管段长度大于 1250mm 或总表面积大于 4mm² 均应采取加固措施；

b. 矩形风管边长大于 630mm、保温风管边长大于 800mm，管段长度大于 1250mm 或低压风管单边平面积大于 1.2m²、中、高压风管大于 1.0m² 的均应采取加固措施；

c. 高压风管的单咬口缝应有加固补强措施。当风管的板材厚度大于或等于 2.0mm 时，加固措施的范围可放宽。

4. 非金属风管的制作与连接

(1) 硬聚氯乙烯风管

1）热成型的硬聚氯乙烯风管和配件不得出现气泡、分层、碳化、变形和裂纹等缺陷。

2）硬聚氯乙烯风管及配件的板材连接应采用焊接并应进行坡口，焊缝形式及其相关尺寸应符合规定。焊缝应饱满，焊条排列整齐，不得出现焦黄、断裂等缺陷，焊缝强度不得低于母材的 60%。

3）硬聚氯乙烯矩形风管的成型，四角可采用煨角或焊接的方法。当采用煨角时，纵向焊缝应设置在距煨角 80mm 处。

(2) 玻璃钢风管

玻璃钢风管分为有机玻璃钢风管和无机玻璃钢风管二类，目前在工程上的应用越来越多，不仅仅用于排风排烟系统，空调送风系统和新风系统也可适用。

1) 有机玻璃钢风管应采用1∶1经纬线的玻纤布增强，树脂的含量应为50%～60%。

2) 无机玻璃钢风管的玻璃布层数不应少于表18-11中的规定，其表面不得出现返卤或严重泛霜。

(3) 超级风管

超级风管亦称离心玻璃纤维板风管，风管的外表面粘上一层耐用防火的铝箔，内表面用化学乳胶热力凝固而成的覆盖层，风管的连接采用雌雄口的插接，结合处用密封胶粘合，再用粘胶带封严。

制作安装这类风管时应注意，施工时不应出现破损，一旦出现破损应及时用修补胶补好。同时风管支吊架的间距应缩短，以防止风管变形。

二、施工质量控制

(一) 施工质量控制要点

1. 风管制作与连接

(1) 金属风管

1) 金属风管和配件的板材连接，钢板厚度小于或等于1.2mm时宜采用咬接，大于1.2mm时宜采用焊接；镀锌钢板及含有保护层的钢板应采用咬接或铆接。

2) 不锈钢板风管壁厚小于或等于1.0mm时应采用咬接，大于1.0mm时宜采用氩弧焊或电弧焊焊接，不得采用气焊。采用氩弧焊或电弧焊时应选用与母材相匹配的焊丝或焊条；采用手工电弧焊时应防止焊接飞溅物沾污表面，焊后应将焊渣及飞溅物清除干净。对有要求的焊缝还应作酸洗和钝化处理。

3) 铝板风管壁厚小于或等于1.5mm时应采用咬接，大于1.5mm时可采用氩弧焊或气焊焊接，并采用与母材材质相匹配的焊丝。焊接前应清除焊口处和焊丝上的氧化皮及污物。焊接后应用热水清洗除去焊缝表面残留的焊渣、药粉等。焊缝应牢固，不得有虚焊和烧穿等缺陷。

4) 中低压系统风管法兰的螺栓及铆钉孔的孔距不得大于150mm；高压系统风管不得大于100mm。矩形风管法兰的四角部位应设有螺孔。

(2) 非金属风管

1) 硬聚氯乙烯风管与法兰连接应采用焊接。法兰端面应与风管轴线成直角。当直径或边长大于500mm时，其风管与法兰的连接处应设加强板，且间距不得大于450mm。硬聚氯乙烯风管亦可采用套管连接或承插连接的形式。套管连接时，套管的长度宜为150～250mm，其厚度不应小于风管壁厚。圆形风管直径小于或等于200mm且采用承插连接时，插口深度宜为40～80mm。粘接处应去除油污，保持干净，并应严密和牢固。

2) 玻璃钢风管及配件的连接可采用法兰连接，也可采用承插连接的形式。当采用法兰连接时，其螺栓孔的间距不得大于120mm，矩形风管法兰的四角处应设有螺孔。当采用承插连接时，接口的封闭应采用本体材料或防腐性能相同的材料，并与风管成一整体。

2. 成品保护

成品、半成品加工成型后,应存放在宽敞、避雨的仓库中,堆放应整齐,避免相互间碰撞造成表面划伤;运输装卸时应轻拿轻放,避免来回碰撞,损坏风管及配件。

(二) 质量通病及其防治

1. 法兰连接铆钉脱落

应按施工工艺正确操作,增强工人责任心,或加长铆钉。

2. 风管法兰连接不方正

应用直角钢尺找正,使法兰与直管棱线垂直管口四边,并保持翻边宽度一致。

3. 法兰翻边四角漏风

风管各片咬口前要倒角,咬口重叠处翻边时应铲平,且四个角上不应出现豁口。

第二节 风管部件制作

一、施工技术要求

(一) 材料要求

1. 金属板材的质量要求及外观质量检验参见上一节。
2. 钢板和钢带表面不得有气泡、裂纹、结疤、拉断和夹杂,钢板和钢带不得有分层。
3. 电焊条应进行外观质量检验,并应存放在干燥而且通风良好的仓库内。
4. 圆钢和方钢是制作各类阀门转动轴及拉杆等的材料,其截面面积和允许偏差应符合有关产品制造规范的规定。

(二) 施工要求

1. 常用风口制作

风口的规格和尺寸应以颈部外径或外边长为准,其尺寸的允许偏差值应符合表 18-14 的规定。风口的外表装饰面应平整,叶片或扩散环的分布应匀称,颜色应一致、无明显的划伤和压痕;其调节装置转动应灵活、可靠,定位后应无明显自由松动。

风口尺寸允许偏差 (mm) 表 18-14

圆 形 风 口		
直径	≤250	>250
允许偏差	0～-2	0～-3
矩 形 风 口		
边长	<300	300～800	>800
允许偏差	0～-1	0～-2	0～-3
对角线长度	<300	300～500	>500
对角线长度之差	≤1	≤2	≤3

2. 常用阀门制作

(1) 应按阀门的种类、形式、规格和使用要求选用不同的材料制作。

(2) 阀门的外框及叶片下料应使用机械完成,成型应尽量采用专用模具。

(3) 阀门内转动的零部件应采用有色金属制作,以防锈蚀。

(4) 阀门外框焊接可采用电焊或气焊方法,并保证使其焊接变形控制在允许范围。

(5) 阀门组装应按照规定的程序进行。风阀的结构应牢固,调节应灵活,定位准确可靠，并应标明风阀的启闭方向及调节角度。严禁调节和定位失控。

3. 常用罩类制作

(1) 应根据不同要求选用普通钢板、镀锌钢板、不锈钢板、铝板等材料制作。

(2) 尺寸应正确，连接牢固，形状规则，表面应平整光滑，外壳不应有尖锐边角。

(3) 厨房锅灶排烟罩应采用不易锈蚀材料制作，其下部集水槽应严密不漏水并坡向排放口，罩内油烟过滤器应便于拆卸和清洗。

4. 风帽制作

(1) 尺寸应正确，结构牢靠，风帽接管尺寸的允许偏差与风管制作的规定一致。

(2) 风帽的制作可采用镀锌钢板、普通碳素钢板及其他适宜材料。

5. 柔性短管制作

(1) 应选用防腐、防潮、不透气、不易霉变的柔性材料。用于空调系统的应采取防止结露的措施；用于净化空调系统的应是内壁光滑、不易产尘的材料。

(2) 长度一般宜为 150～300mm，连接处应严密、牢固可靠。

(3) 设于变形缝处的柔性短管长度宜为变形缝的宽度加 100mm 及以上。

(4) 防排烟系统柔性短管的制作材料必须为不燃材料。

(5) 柔性短管不宜作为找正、找平的异径连接管。

6. 导流叶片的制作

矩形弯管导流叶片的迎风侧边缘应圆滑，固定应牢固。导流片的弧度应与弯管的角度相一致。导流片的分布应符合设计规定。当导流片的长度超过 1250mm 时应有加强措施。

二、施工质量控制

(一) 施工质量控制要点

1. 各类部件的规格、尺寸必须符合设计要求。

2. 各类部件组装应连接紧密、牢固，活动件灵活可靠，松紧适度。

3. 防火阀必须关闭严密，转动部件必须采用耐腐蚀材料。外壳、阀板厚度严禁小于 2mm。

4. 风口外观质量应合格，孔、片、扩散圈间距一致，边框和叶片平直整齐，外观光滑、美观。

5. 各类风阀的制作应有启闭标记，多叶阀叶片贴合，搭接一致，轴距偏差不大于 1mm，阀板与手柄方向一致。

6. 罩类制作，罩口尺寸偏差每米应不大于 2mm，连接处牢固，无尖锐的边缘。

7. 风帽的制作尺寸偏差每米不大于 2mm，形状规整，旋转风帽重心平衡。

8. 柔性短管应松紧适度，长度符合设计要求和规范的规定，无开裂、扭曲等现象。

(二) 质量通病及其防治

1. 风口的装饰面划伤

组装时应在操作台上加垫橡胶板等柔性材料。

2. 部件活动不灵

下料时应考虑装配误差和喷漆增厚，同时还要做到方正、平直、通轴。

3. 柔性短管脱落

柔性短管与法兰组装可采用钢板压条和角钢法兰的方式，通过铆接使两者连接紧密，

第三节 风管系统安装

一、施工技术要求

（一）材料要求

送排风系统风管法兰垫片的材质当设计无要求时一般应采用橡胶板、闭孔海绵橡胶板、密封胶带或其他闭孔弹性材料等。法兰垫片的厚度宜为 3~5mm，并应有出厂合格证和检验证明。洁净空调系统风管法兰垫料及清扫口、检视门的密封垫料应选用不漏气、不产尘、弹性好和具有一定强度的材料如软橡胶板、闭孔海绵橡胶板或密封条，厚度不得小于 5mm。严禁采用厚纸板、石棉绳、铅油、麻丝以及油毡纸等易产尘的材料。

风管系统支吊架采用膨胀螺栓等胀锚固定时必须符合其相应使用技术文件的规定。

风管法兰螺栓的规格应符合表 18-12 和表 18-13 的规定。

（二）施工要求

1. 风管安装

（1）一般规定

1) 风管和空气处理室内，不得敷设电线、电缆以及输送有毒、易燃、易爆气体或液体的管道。

2) 风管与配件可折卸的接口（风管法兰、法兰弹簧夹等）及调节机构（风阀的调节操作手柄及自控装置）不得装设在墙或楼板内。

3) 风管安装前，应清除内外杂物，并做好清洁和保护工作。

4) 输送含有易燃、易爆气体和安装在易燃、易爆环境的风管系统均应有良好的接地，并应减少接头。法兰与法兰之间应进行跨接。

5) 输送易燃、易爆气体的风管严禁通过生活间或其他辅助生产房间，必须通过时应严密，并不得设置接口。

（2）普通风管安装施工要求

1) 现场风管接口的配置，不得缩小其有效截面。

2) 支、吊架不得设置在风口、风阀、检查门及自控机构处。

3) 支、吊架的间距，如设计无要求，应符合下列规定：

a. 风管水平安装，直径或边长尺寸小于等于 400mm，间距不应大于 4m；大于 400mm，不应大于 3m。

b. 风管垂直安装，间距不应大于 4m，单根立管至少应有 2 个固定点。

c. 水平悬吊的主、干风管长度超过 20m 时应设置防止摆动的固定点，每个系统不应少于 1 个。

4) 法兰垫料的材质及厚度如设计无要求，应按以下规定选择：

a. 输送空气温度低于 70℃的风管，应采用橡胶板、闭孔海绵橡胶板、密封胶带或其他闭孔弹性材料等。

b. 输送空气温度高于 70℃的风管，应采用石棉橡胶板等。

c. 输送含有腐蚀性介质气体的风管，应采用耐酸橡胶板或软聚氯乙烯板等。

d. 输送产生凝结水或含有蒸汽的潮湿空气的风管，应采用橡胶板或闭孔海绵橡胶板等。

　　e. 法兰垫片的厚度宜为 3～5mm，法兰截面尺寸小的取小值；截面尺寸大的取大值，无法兰连接的垫片应为 4～5mm，垫片应与法兰齐平，不得凸入管内。连接法兰的螺栓应均匀拧紧，达到密封的要求，连接螺栓的螺母应在同一侧。

　　5) 风管及部件穿墙、过楼板或屋面时，应设预留孔洞，尺寸和位置应符合设计要求。穿出屋面的风管超过 1.5m 时应设拉索，拉索应镀锌或用钢丝绳。拉索不得固定在风管法兰上，严禁拉在避雷针或避雷网上。

　　6) 柔性短管的安装应松紧适度，不得扭曲。可伸缩性的金属或非金属软风管（指接管如从主管接出到风口的短支管）的长度不宜超过 2m，并不应有死弯及塌凹。

　　7) 保温风管的支、吊架宜设在保温层的外部，并不得破坏保温层。

　　(3) 特殊风管安装施工要求

　　特殊风管是指有特殊用途的风管，如不锈钢、铝板、防爆系统、净化系统、复合材料及有机、无机玻璃钢风管等。

　　1) 不锈钢风管安装的质量要求

　　不锈钢风管与普通碳钢支架接触处，应按设计的要求在支架上喷以涂料或在支架与风管之间垫以非金属垫片。非金属垫片是指耐酸橡胶板、聚氯乙烯板等。

　　2) 铝板风管安装的质量要求

　　铝板风管法兰的连接应采用镀锌螺栓，并应在法兰螺栓两侧加镀锌垫圈。支、吊架应镀锌或按设计要求做防腐绝缘处理。铝板风管较软，法兰用纯铝制作的较少，一般用角钢法兰镀锌的较多，这样可以增加风管的强度。铝板风管用于防爆系统的比较多，除法兰跨接外，还应有良好的接地，并符合设计要求。

　　3) 玻璃钢风管安装的质量要求

　　有机玻璃钢风管的安装应符合下列规定：

　　a. 风管不应有明显扭曲、树脂破裂、脱落及界皮分层等缺陷，破损处应及时修复或调换。

　　b. 支架的形式、宽度与间距应符合设计要求。

　　c. 连接法兰的螺栓两侧应加镀锌垫圈。

　　无机玻璃钢风管属于水泥类制品，在安装过程中很容易受到碰撞，易损伤。无机玻璃钢风管有法兰连接和承插连接两种形式，安装质量应符合下列规定：

　　a. 法兰不得破损或缺角，法兰与风管结合处不得开裂，螺孔洞应完整无损，相同规格的风管法兰应可通用。

　　b. 承插连接的无机玻璃钢风管接口处应严密牢固，不得有开裂或松动，嵌缝应饱满密实。

　　c. 连接法兰的螺栓两侧应加镀锌垫圈。

　　4) 空气净化空调系统风管安装的质量要求

　　a. 系统安装应严格按照施工程序进行，不得次序颠倒。

　　b. 风管、静压箱及其他部件在安装前内壁必须擦拭干净，做到无油污和浮尘。当施工完毕或安装停顿时，应封好端口（用不透气不产尘的塑料薄膜封口）。

　　c. 风管、静压箱、风口及设备（空气吹淋室、余压阀等）安装在或穿过围护结构，其接缝处应采取密封措施,做到清洁、严密。

d. 法兰垫片和清扫口、检查门等处的密封垫料应选用不漏气、不产尘、弹性好、不易老化和具有一定强度的材料,如闭孔海绵橡胶板,软橡胶板等,厚度应为5～8mm。严禁采用厚纸板、石棉绳、铅油麻丝以及泡沫塑料、乳胶海绵等易产尘材料。法兰垫料应减少接头,接头必须采用梯形或榫形连接,垫片应干净,并涂密封胶粘牢。

5) 集中式真空吸尘系统安装的质量要求

集中式真空吸尘系统是清理洁净室内不洁空气及室内粉尘的吸尘装置,通常将管道系统安装在洁净室内,并留有数个吸尘管接口,使用时将吸尘设备的接管与接口相接。真空吸尘管道的安装应符合下列规定:

a. 集中式真空吸尘管道宜采用无缝钢管或硬聚氯乙烯管,管道连接应采用焊接,并应减少可拆卸接头。

b. 真空吸尘系统弯管的弯曲半径应为直径的4～6倍,弯管煨弯不得采用折皱法;三通的夹角宜为30°,且不得大于45°,四通制作应采用两个斜三通做法。

c. 水平吸尘管道的坡度值为$i=1‰～3‰$,并应坡向立管或吸尘点。

d. 吸尘嘴与管道应采用焊接或螺纹连接,并应牢固、严密地装设在墙或地面上,真空吸尘泵安装应按现行国家标准执行,并符合产品标准的要求。

6) 超级风管安装的质量要求

超级风管是用离心法产生的玻璃纤维与乳胶凝固而成的材料制成的。外表面褙上防火铝箔,内表面喷以化学乳胶层,两端用模具压制成雌雄接口,以备安装之用。

该风管质轻,内表面不产尘,具有保温、消声作用和抑制细菌生长的功能,适应于系统工作压力1000Pa以下的中低压风管系统。

超级风管安装应符合下列规定:

a. 内外表面不得破损,损伤处应立即修复并达到合格品的要求;

b. 风管各管段的对接处,三通(四通)开口处以及风口风阀的连接部位必须严密不漏风;

c. 风管系统的安装不得出现变形和扭曲。安装完毕后必须做漏风量测试。

2. 部件安装

(1) 风口安装的质量要求

1) 散流器与风管的连接应有适当的伸缩余量,以便于调节安装距离。散流器在平顶下安装,扩散圈必须紧附平顶,不应出现明显缝隙(见图18-4)。

2) 百叶式风口必须镶入风管内并与风管或木框连接。

侧装的百叶式风口应与墙面或风管侧面平齐,风口边框的密封填料应均匀压紧,装好后的风口应横平竖直。

附顶或在风管底部安装的风口应排列整齐。附顶安装时应紧贴平顶,无明显缝隙。

(2) 阀门安装的质量要求

蝶阀及多叶调节阀的调节装置应安装在便于操作的部位。

安装在过墙处的防火阀应设套管。防火阀应设单独支架固定(见图18-5和图18-6)。

斜插板阀垂直安装时插板应向上拉启。水平安装时插板应顺气流方向插入,并且插板向上以免积灰。

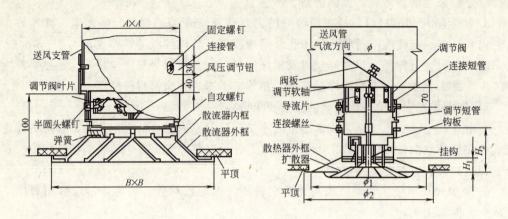

图 18-4 散流器安装图

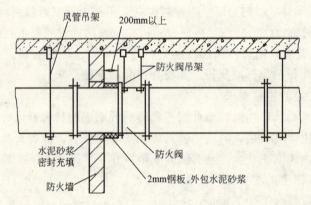

图 18-5 风管水平方向穿过防火墙时,阀门安装示意图

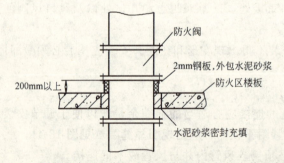

图 18-6 风管垂直方向穿过防火区楼板时,阀门安装示意图

二、施工质量控制

(一)施工质量控制要点

1. 风管规格、走向、坡度必须符合设计要求,用料品种规格正确。

2. 风管的连接应平直、不扭曲。明装风管水平安装,水平度的允许偏差为 3/1000,总偏差不应大于 20mm。明装风管垂直安装,垂直度的允许偏差为 2/1000,总偏差不应大于 20mm。暗装风管的位置应正确,无明显偏差。

3. 风管支吊架宜按国标图集与规范选用强度和刚度相适应的形式和规格。对于直径或边长大于 2500mm 的超宽、超重等特殊风管的支吊架应按设计规定。吊架的螺孔应采用机械加工。吊架应平直，螺纹完整、光洁。安装后各副支、吊架的受力应均匀，无明显变形。

4. 风口安装

1）风口与风管的连接应牢固、严密；边框与建筑装饰面贴实，外表面应平整不变形，调节应灵活。同一厅室、房间内相同规格风口的安装高度应一致、排列应整齐。

2）铝合金条形风口（也称条形散流器）的安装，其表面应平整、线条清晰、无扭曲变形，转角、拼接缝处应衔接自然，且无明显缝隙。接散流器风口的风管尺寸应比风口的颈部尺寸大 3～5mm。

3）净化系统风口安装前应清扫干净，其边框与建筑顶棚或墙面间的接缝应加密封垫料或填密封胶，不得漏风。

5. 风阀安装

1）多叶阀、三通阀、蝶阀、防火阀、排烟阀（口）、插板阀、止回阀等应安装在便于操作的部位，操作应灵活。

2）斜插板阀的安装，阀板应向上拉启。水平安装时，阀板应顺气流方向插入。止回阀宜安装在风机的压出管段上，开启方向必须与气流方向一致。

3）防火阀安装，方向位置应正确，易熔件应迎气流方向，安装后应做动作试验，其阀板的启闭应灵活，动作应可靠。

4）排烟阀（排烟口）及手控装置的位置应符合设计要求，预埋管不得有死弯及瘪陷。排烟阀安装后应做动作试验，手动、电动操作应灵敏、可靠，阀板关闭时应严密。

5）各类排气罩的安装宜在设备就位后进行，位置应正确，固定应可靠。支吊架不得设置在影响操作的部位。

6）自动排气活门安装，活门的重锤必须垂直向下，调整到需要的位置，开启方向应与排气方向一致。

6. 严密性检验

风管及部件安装完毕后，应按系统压力等级进行严密性检验（即漏光法检验和漏风量测试），系统风管的严密性检验应符合《通风与空调工程施工质量验收规范》GB 50243—2002 的规定。系统风管漏光法检测、漏风量测试的被抽检系统应全数合格，如有不合格应加倍抽检直至全数合格。

（二）质量通病及其防治

1. 风管支吊架间距过大

认真贯彻规范要求，安装完毕后应认真复查有无间距过大现象。

2. 法兰连接螺栓漏穿或松动

应加强工人责任心，吊装前应全数加以检查。

3. 法兰垫料脱落

应严格按照施工工艺进行施工，法兰表面应保持清洁。

4. 防火阀距墙过远

应严格按图施工，保证防火阀距墙表面不大于 200mm。

5. 风口安装软管接口不实

软管与风口连接时应用专用卡具，软管应套进风口喉颈 100mm 及以上，用卡子卡紧。与软管连接风管的末端宜压制楞筋，以便于软管安装。

第四节　通风与空调设备安装

一、施工技术要求

（一）材料要求

1. 通风与空调设备应有装箱清单、设备说明书、产品质量合格证书和产品性能检测报告等随机文件，进口设备还必须具有商检合格的证明文件。

2. 设备安装前，应进行开箱检查，并形成验收文字记录。开箱检查人员可由建设、监理、施工和厂商方等单位的代表组成。

3. 通风机的开箱检查应符合下列规定：

（1）根据设备装箱清单，核对叶轮、机壳和其他部位的尺寸、进风口、出风口的位置等应与设计相符。

（2）叶轮旋转方向应符合设备技术文件的规定。

（3）进风口、出风口应有盖板遮盖，各切削加工面、机壳和转子不应有变形和锈蚀、碰损等缺陷。

4. 空调设备的开箱检查应符合下列规定：

（1）应按装箱清单核对设备的型号、规格及附件数量。

（2）设备的外形应规则、平直，圆弧形表面应平整无明显偏差，结构应完整，焊缝应饱满，无缺损和孔洞。

（3）金属设备的构件表面应作除锈和防腐处理，外表面的色调应一致，且无明显的划伤、锈斑、伤痕、气泡和剥落现象。

（4）非金属设备的构件材质应符合使用场所的环境要求，表面保护涂层应完整。

（5）设备的进出口应封闭良好，随机的零部件应齐全、无缺陷。

（二）施工要求

1. 通风机安装

（1）通风机的搬运和吊装

1）整体安装的风机，搬运和吊装的绳索不得捆绑在转子和机壳或轴承盖的吊环上。

2）现场组装的风机，绳索的捆绑不得损伤机件表面，转子、轴颈和轴封等处均不应作为捆绑部位。

3）输送特殊介质的通风机转子和机壳内如涂有保护层，应严加保护，不得损伤。

（2）通风机的进风管、出风管应顺气流，并设单独支撑，与基础或其他建筑物连接牢固，风管与风机连接时，不得强迫对口。

（3）通风机传动装置的外露部位应有防护罩（网），当风机的进、出口直通大气时，应加装保护网或采取其他安全措施。

（4）通风机底座若不用隔振装置而直接安装在基础上，应用垫铁找平。

（5）通风机的基础，各部位尺寸应符合设计要求。预留孔灌浆前应清除杂物，灌浆应用细石混凝土，其强度等级应比基础的混凝土高一级，并捣固密实，地脚螺栓不得歪斜。

(6) 电动机应水平安装在滑座上或固定在基础上，找正应以通风机为准，安装在室外的电动机应设防雨罩。

(7) 通风机的拆卸、清洗和装配应符合下列规定：

1) 应将机壳和轴承箱拆开后再清洗，直联传动的风机可不拆卸清洗；

2) 清洗和检查调节机构，其转动应灵活；

3) 各部件的装配精度应符合产品技术文件的要求；

4) 轴承箱清洗后应加入清洁机械油。

(8) 通风机的叶轮旋转后，每次均不应停留在原来的位置上，并不得碰壳。

(9) 固定通风机的地脚螺栓，除应带有垫圈外，并应有防松装置，如双螺母、弹簧垫圈等。

(10) 安装隔振器的地面应平整，各组隔振器承受荷载的压缩量应均匀，高度误差应小于2mm。

2. 空气过滤器安装

通风空调工程中常用空气过滤器分为三类：干式纤维过滤器、浸油金属网格过滤器和静电过滤器。空气过滤器起净化空气的作用，把室外含尘量较大的空气经净化后送入室内，根据过滤器的滤尘性能分为初效、中效和高效过滤器。由于过滤器使用要求和组合形式的不同，对安装的质量也提出了不同要求。

(1) 框架式及袋式初、中效空气过滤器的安装，应便于拆卸和更换滤料。过滤器与框架之间、框架与空气处理室的围护结构之间严密。

(2) 自动浸油过滤器的安装，链网应清扫干净，传动灵活。两台以上并列安装，过滤器之间的接缝应严密。

(3) 卷绕式过滤器的安装框架应平整，滤料应松紧适当，上下筒应平行。

(4) 静电过滤器的安装应平稳，与风管或风机相连接的部位应设柔性短管，接地电阻应小于4Ω。

(5) 亚高效、高效过滤器的安装应符合下列规定：

1) 应按出厂标志方向搬运和存放。安装前的成品应放在清洁的室内，并应采取防潮措施。

2) 框架端面或刀口端面应平直，端面平整度的允许偏差单个为±1mm，过滤器外框不得修改。

3) 在洁净室全部安装工程完毕，并全面清扫，系统连续试车12h后，方能开箱检查，不得有变形、破损和漏胶等现象，检漏合格后立即安装。

4) 安装时，外框上的箭头应与气流方向一致。用波纹板组合的过滤器在竖向安装时波纹板必须垂直于地面，不得反向，以免脱胶受损。

5) 过滤器与框架之间必须加密封垫料或涂抹密封胶。密封垫料厚度应为6~8mm，定位粘贴在过滤器边框上，拼接方法为梯形或榫形连接，安装后垫料的压缩率应大于50%。

采用硅橡胶作密封材料，应先清除过滤器边框上的杂物和油污。挤抹硅橡胶应饱满、均匀、平整，并应在常温下施工。

采用液槽密封，槽架安装应水平，槽内应保持干净，无污物和水分。槽内密封液高度宜为 2/3 槽深。

6) 多个过滤器组安装时，应根据各台过滤器初阻力大小进行合理配置，初阻力比较相近的安装在一起。

3. 消声器安装

（1）外观检查

1) 消声器外表面应平整，不应有明显的凹凸、划痕及锈蚀；外观清洁完整，严禁放于室外受日晒雨淋；

2) 吸声片的玻纤布应平整无破损，两端设置的导向条应整齐完好；

3) 紧固消声器部件的螺钉应分布均匀，接缝平整，不得松动、脱落；

4) 穿孔板表面应清洁，无锈蚀及孔洞堵塞。

（2）消声器安装的方向应正确，不得损坏和受潮。

（3）大型组合式消声室的现场安装，应按照正确的施工顺序进行。消声组件的排列、方向与位置应符合设计要求，其单个消声器组件的固定应牢固。当有2个或2个以上消声元件组成消声组时，其连接应紧密，不得松动，连接处表面过渡应圆滑顺气流。

（4）消声器、消声弯管均应设单独支吊架。

4. 空调机组安装

（1）组合式空调机组的安装

1) 组合式空调机组各功能段的组装，应符合设计规定的顺序和要求。

2) 机组应清理干净，箱体内应无杂物。

3) 机组应放置在平整的基础上，基础应高于机房地平面至少一个虹吸管的高度。

4) 机组下部的冷凝水排管，应有水封，与外管路连接应正确。

5) 组合式空调机组各功能段之间的连接应严密，整体应平直，检查门开启应灵活，水路应畅通。

（2）空气处理室的安装

1) 金属空气处理室壁板及各段的组装，应平整牢固，连接严密、位置正确，喷水段不得渗水。

2) 喷水段检查门不得漏水，冷凝水的引流管或槽应畅通，冷凝水不得外溢。

3) 预埋在砖、混凝土空气处理室构件内的供、回水短管应焊防渗肋板，管端应配制法兰或螺纹，距处理室墙面应为100～150mm。

4) 表面式换热器的散热面应保持清洁、完好，用于冷却空气时，在下部应设排水装置。

5. 风机盘管安装

（1）机组安装前宜进行单机三速试运转及水压检漏试验。试验压力为系统工作压力的1.5倍，试验观察时间为2min，不渗漏为合格。

（2）机组应设独立支吊架，安装的位置、高度及坡度应正确。

（3）机组与风管、回风箱或风口的连接处应严密、可靠。

6. 除尘器安装

（1）基础检验

大型除尘器的钢筋混凝土基础及支柱，应提交耐压试验报告，验收合格后方可进行设备安装。

(2) 除尘器的安装应符合下列规定:

1) 型号、规格、进出口方向必须符合设计要求;除尘器的安装位置应正确、牢固平稳,允许误差应符合表 18-15 的规定;

除尘器安装允许偏差和检验方法　　　　表 18-15

项次	项　目		允许偏差(mm)	检　验　方　法
1	平面位移		≤10	用经纬仪或拉线、尺量检查
2	标高		±10	用水准仪、直尺、拉线和尺量检查
3	垂直度	每米	≤2	吊线和尺量检查
		总偏差	≤10	

2) 现场组装的除尘器壳体应做漏风量检测,在设计工作压力下允许漏风率为 5%,其中离心式除尘器为 3%;

3) 布袋除尘器、电除尘器的壳体及辅助设备接地应可靠;

4) 除尘器的活动或转动部件的动作应灵活、可靠,并应符合设计要求;

5) 除尘器的排灰阀、卸料阀、排泥阀的安装应严密,并便于操作与维护修理。

二、施工质量控制

(一) 施工质量控制要点

1. 通风机传动装置的外露部位应有防护罩(网),当风机的进、出口直通大气时,应加装保护网或采取其他安全措施。通风机安装的允许偏差应符合表 18-16 的规定。

通风机安装允许偏差　　　　表 18-16

项次	项　目		允许偏差	检验方法
1	中心线的平面位移		10mm	经纬仪或拉线和尺量检查
2	标　高		±10mm	水准仪或水平仪、直尺、拉线和尺量检查
3	皮带轮轮宽中心平面偏移		1mm	在主、从动皮带轮端面拉线和尺量检查
4	传动轴水平度		纵向 0.2/1000 横向 0.3/1000	在轴或皮带轮 0°和 180°的两个位置上,用水平仪检查
5	联轴器	两轴芯径向位移	0.05mm	在联轴器互相垂直的四个位置上,用百分表检查
		两轴线倾斜	0.2/1000	

2. 现场组装的组合式空气调节机组应做漏风量的检测,其漏风量必须符合现行国家标准《组合式空调机组》GB/T 14294 的规定。

3. 静电空气过滤器金属外壳接地必须良好。

4. 电加热器的安装必须符合下列规定:

(1) 电加热器与钢构架间的绝热层必须为不燃材料;接线柱外露的应加设安全防护罩;

（2）电加热器的金属外壳接地必须良好；

（3）连接电加热器的风管的法兰垫片应采用耐热不燃材料。

5. 干蒸汽加湿器的安装，蒸汽喷管不应朝下。

6. 风机盘管机组应设独立支吊架，安装的位置、高度及坡度应正确。机组与风管、回风箱或风口的连接处应严密、可靠。

7. 消声器、消声弯管均应设独立支吊架。

8. 变风量末端装置的安装应设单独支吊架，与风管连接前宜做动作试验。

（二）质量通病及其防治

1. 除尘器制作

（1）异型排出管与筒体连接不平

防治措施：在圈圆时用各种样板找准各段弧度。

（2）芯子的螺旋叶片角度不正确

防治措施：组装时边点焊边检查。

2. 风机运转中皮带滑下或产生跳动

应检查两皮带轮是否找正并在一条中线上，或调整两皮带轮的距离，如皮带过长应更换。

3. 通风机与电动机整体振动

应检查地脚螺栓是否松动，机座是否紧固；与通风机相连的风管是否加支撑固定以及柔性短管是否过紧等。

4. 消声器外壳拼接处及角部产生孔洞漏风

用锡焊或密封胶封堵孔洞。

5. 风机盘管表冷器堵塞

风机盘管与管道连接后未经冲洗排污不得投入运行使用。

6. 风机盘管结水盘堵塞

风机盘管运行前应清除结水盘中的杂物，保证凝结水畅通，凝结水管道还应做充水试验。

第五节 空调水系统及制冷设备安装

一、施工技术要求

（一）材料要求

1. 所采用的管道和焊接材料应符合设计规定，并具有出厂合格证明或质量鉴定文件。

2. 制冷系统的各类阀件必须采用专用产品，并有出厂合格证。

3. 无缝钢管内外表面应无显著腐蚀、无裂纹、无重皮及凹凸不平等缺陷。

4. 铜管内外壁均应光洁、无疵孔、裂缝、结疤、层裂或气泡等缺陷。管材不应有分层，管子端部应平整无毛刺。铜管在加工、运输、储存过程中应无划伤、碰伤等缺陷。

5. 管道法兰密封面应光洁，不得有毛刺及径向沟槽，带有凹凸面的法兰应能自然嵌合，凸面的高度不得小于凹槽的深度。

6. 螺栓及螺母的螺纹应完整，无伤痕、无毛刺、无残断丝等缺陷。螺栓与螺母应配合良好，无松动或卡涩现象。

7. 非金属垫片如石棉橡胶板、橡胶板等应质地柔韧，无老化变质或分层现象，表面不应有折损、皱纹等缺陷。

8. 制冷设备的开箱检查要求

（1）根据设备装箱清单说明书、合格证、检查记录和必要的装配图和其他技术文件、核对型号、规格以及全部零件、部件、附属材料和专用工具。

（2）主体和零、部件等表面有无缺损和锈蚀等情况。

（3）设备充填的保护气体应无泄漏，油封应完好，开箱检查后，设备应采取保护措施，不宜过早或任意拆除，以免设备受损。

（二）施工要求

1. 空调水系统安装

（1）管道安装

1）焊接钢管、镀锌钢管不得采用热煨弯；

2）管道与设备的连接，应在设备安装完毕后进行，与水泵、制冷机组的接管必须为柔性接口。柔性短管不得强行对口连接，与其连接的管道应设置独立支架；

3）管道穿越墙体或楼板处应设钢制套管，管道接口不得置于套管内，保温管道与套管四周间隙应使用不燃绝热材料填塞紧密；

4）螺纹连接的管道，螺纹应清洁、规整，断丝或缺丝不大于螺纹全扣数的10%；法兰连接的管道，法兰面应与管道中心线垂直，并同心。法兰对接应平行，其偏差不应大于其外径的1.5/1000，且不得大于2mm。

（2）阀门安装

1）阀门的安装位置、高度、进出口方向必须符合设计要求，并便于操作；连接应牢固紧密，启闭灵活；成排阀门的排列应整齐美观，在同一平面上的允许偏差为3mm；

2）装在各类保温管道上的各类手动阀门，手柄均不得朝下；

3）阀门安装前必须进行外观检查。对于工作压力大于1.0MPa及在主干管上起到切断作用的阀门，应进行强度和严密性试验，合格后方准使用；

4）电动、气动等自控阀门在安装前应进行单体的调试，包括开启、关闭等动作试验。

（3）水泵、水箱等设备安装

1）水泵的规格、型号、技术参数应符合设计要求和产品性能指标。水泵正常连续试运行的时间不应少于2h；

2）水箱、集水缸、分水缸、储冷罐的满水试验或水压试验必须符合设计要求。储冷罐内壁防腐涂层的材质、涂抹质量、厚度必须符合设计或产品技术文件要求，储冷罐与底座必须进行绝热处理。

2. 制冷设备安装

（1）制冷设备的搬运和吊装，应符合下列规定：

1）混凝土基础达到养护强度，表面平整，位置、尺寸、标高、预留孔洞及预埋件等均符合设计要求后方可安装；

2）安装前放置设备应用衬垫将设备垫妥；

3）吊装前应核对设备重量，吊运捆扎应稳固，主要承力点应高于设备重心；

4) 吊装具有公共底座的机组，其受力点不得使机组底座产生扭曲和变形；

5) 吊索的转折处与设备接触部位，应采用软质材料衬垫。

(2) 活塞式制冷机安装的质量要求

1) 安装的要求

整体安装的活塞式制冷机组，其机身纵、横向水平度允许偏差为 0.2/1000，测量部位在主轴外露部分或其他基准面上，对于有公共底座的冷水机组，应按主机结构选择适当位置作基准面。

2) 制冷设备的装卸和清洗

a. 用油封的活塞式制冷机，在技术文件规定期限内（一般以出厂半年为限），外观完整，机体无损伤和锈蚀等现象，可仅拆卸缸盖、活塞，气缸内壁、吸排气阀、曲轴箱等均应清洗干净，油系统应畅通，检查紧固件是否牢固，并更换曲轴箱内的润滑油。如在技术文件规定期限外，或机体有损伤和锈蚀等现象，则必须全面检查，并按设备技术文件的规定拆洗装配，调整各部位间隙，并做好记录；

b. 充入保护气体的机组在设备技术文件规定期限内，外观完整和氮封压力无变化的情况下，不作内部清洗，仅作外表擦洗，如需清洗时，严禁混入水气；

c. 制冷系统中的浮球阀和过滤器均应检查和清洗。

3) 制冷机的辅助设备

单机安装前必须吹污，并保持内壁清洁。承受压力的辅助设备，应在制造厂进行强度试验，并具有合格证。

4) 辅助设备的安装

a. 辅助设备安装位置应正确，各管口必须畅通；

b. 立式设备的垂直度，卧式设备的水平度允许偏差均为 1/1000；

c. 卧式冷凝器、管壳式蒸汽器和贮液器，应坡向集油的一端，其倾斜度为 1/1000～2/1000；

d. 贮液器及洗涤式油氨分离器的进液口均应低于冷凝器的出液口；

e. 直接膨胀表面式冷却器、贮液器在室外露天布置时，应有遮阳与防冻措施。

(3) 离心式制冷机安装的质量要求

1) 安装前，机组的内压及油箱内的油量应符合设备技术文件规定的出厂要求；

2) 机组应在压缩机的机加工平面上找正水平，其纵、横向水平度允许偏差均为 0.1/1000；

3) 基础底板应平整，底座安装应设置隔振器，隔振器压缩量应均匀一致。

(4) 溴化锂吸收式制冷机组的安装质量要求

1) 安装前，设备的内压应符合设备技术文件规定的出厂压力；

2) 机组就位后，应找正水平，其纵、横向水平度允许偏差均为 0.5/1000。双筒吸收式制冷机应分别找正上、下筒的水平；

3) 机组配套的燃油系统等安装应符合产品技术文件的规定。

(5) 螺杆式制冷机安装的质量要求

1) 机组安装应对机座进行找平，其纵、横向水平度允许偏差均为 0.1/1000；

2) 机组接管前，应先清洗吸、排气管道，合格后方能连接，接管不得影响电机与压缩机的同轴度。

(6) 模块式冷水机组安装的质量要求

1) 机组安装应对机座进行找平,其纵、横向水平度允许偏差均为1/1000;

2) 多台模块式冷水机组单元并联组合,应牢固地固定在型钢基础上,连接后模块机组外壳应保持完好无损,表面平整、接口牢固;

3) 模块式冷水机组进、出水管连接位置应正确、严密不漏。

(7) 大、中型热泵机组安装的质量要求

1) 空气热源热泵机组周围应按设备不同留有一定的通风空间;

2) 机组应设置隔振垫,并有定位措施;

3) 机组供回水管侧应留有检修距离;

4) 水源热泵机组安装要求同单元式空调机组。

(8) 冷却塔安装的质量要求

1) 基础标高应符合设计的规定,允许偏差为20mm。冷却塔地脚螺栓与预埋件的连接或固定应牢固,各连接部件应采用热镀锌或不锈钢螺栓,其紧固力应一致、均匀;

2) 冷却塔安装应水平,单台冷却塔安装水平度和垂直度允许偏差均为2/1000。同一冷却水系统的多台冷却塔安装时,各台冷却塔的水面高度应一致,高差不应大于30mm;

3) 冷却塔的出水口及喷嘴的方向和位置应正确,积水盘应严密无渗漏,分水器布水均匀。带转动布水器的冷却塔,其转动部分应灵活,喷水出口按设计或产品要求,方向应一致;

4) 冷却塔风机叶片端部与塔体四周的径向间隙应均匀。对于可调整角度的叶片,角度应一致。

二、施工质量控制

(一) 施工质量控制要点

1. 制冷系统管道、管件和阀门安装的控制要点

(1) 制冷系统的管道、管件和阀门的型号、材质及工作压力等必须符合设计要求,并应具有出厂合格证、质量证明书;

(2) 法兰、螺纹等处的密封材料应与管内的介质性能相适应;

(3) 制冷剂液体管不得向上装成"Ω"形。气体管道不得向下装成"U"形(特殊回油管除外);液体支管引出时,必须从干管底部或侧面接出;气体支管引出时,必须从干管顶部或侧面接出;有两根以上的支管从干管引出时,连接部位应错开,间距不应小于2倍支管直径,且不小于200mm;

(4) 制冷机与附属设备之间制冷剂管道的连接,其坡度与坡向应符合设计及设备技术文件要求。当设计无规定时应符合表18-17的规定;

制冷剂管道坡度、坡向　　　　表18-17

管道名称	坡向	坡度	管道名称	坡向	坡度
压缩机吸气水平管(氟)	压缩机	≥10/1000	冷凝器水平供液管	贮液器	(1~3)/1000
压缩机吸气水平管(氨)	蒸发器	≥3/1000	油分离器至冷凝器水平管	油分离器	(3~5)/1000
压缩机排气水平管	油分离器	≥10/1000			

(5) 制冷系统投入运行前，应对安全阀进行调试校核，其开启和回座压力应符合设备技术文件的要求。

2. 燃油管道系统必须设置可靠的防静电接地装置，其管道法兰应采用镀锌螺栓连接或在法兰处用铜导线进行跨接，且接合良好。

3. 燃气系统管道与机组的连接不得使用非金属软管。燃气管道的吹扫和压力试验应为压缩空气或氮气，严禁用水。当燃气供气管道压力大于0.005MPa时，焊缝的无损检测的执行标准应按设计规定。当设计无规定，且采用超声波探伤时，应全数检测，以质量不低于Ⅱ级为合格。

4. 空调水系统管道安装完毕，外观检查合格后，应按设计要求进行水压试验。当设计无规定时，应符合下列规定：

(1) 冷热水、冷却水系统的试验压力，当工作压力小于等于1.0MPa时，为1.5倍工作压力，但最低不小于0.6MPa；当工作压力大于1.0MPa时，为工作压力加0.5MPa；

(2) 对于大型或高层建筑垂直位差较大的冷（热）媒水、冷却水管道系统宜采用分区、分层试压和系统试压相结合的方法。一般建筑可采用系统试压方法；

(3) 各类耐压塑料管的强度试验压力为1.5倍工作压力，严密性工作压力为1.15倍的设计工作压力。

5. 钢制管道的安装应符合下列规定：

(1) 管道和管件在安装前，应将其内、外壁的污物和锈蚀清除干净，当管道安装间断时，应及时封闭敞开的管口；

(2) 管道弯制弯管的弯曲半径，热弯不应小于管道外径的3.5倍、冷弯不应小于4倍；焊接弯管不应小于1.5倍；冲压弯管不应小于1倍。弯管的最大外径与最小外径的差不应大于管道外径的8%，管壁减薄率不应大于15%；

(3) 冷凝水排水管坡度应符合设计文件的规定。当设计无规定时，其坡度宜大于或等于8‰；软管连接的长度，不宜大于150mm；

(4) 冷热水管道与支吊架之间应有绝热衬垫（承压强度能满足管道重量的不燃、难燃硬质绝热材料或经防腐处理的木衬垫），其厚度不应小于绝热层厚度，宽度应大于支吊架支承面的宽度。衬垫的表面应平整、衬垫接合面的空隙应填实；

(5) 管道安装的坐标、标高和纵、横向的弯曲度应符合表18-18的规定。在吊顶内等暗装管道的位置应正确，无明显偏差；

管道安装的允许偏差和检验方法 表18-18

项目			允许偏差(mm)	检查方法
坐标	架空及地沟	室外	25	按系统检查管道的起点、终点、分支点和变向点及各点之间的直管
		室内	15	
	埋地		60	
标高	架空及地沟	室外	±20	用经纬仪、水准仪、液体连通器、水平仪、拉线和尺量检查
		室内	±15	
	埋地		±25	

续表

项目		允许偏差(mm)	检查方法
水平管道平直度	DN≤100mm	2L‰,最大40	用直尺、拉线和尺量检查
	DN>100mm	3L‰,最大60	
立管垂直度		5L‰,最大25	用直尺、线锤、拉线和尺量检查
成排管段间距		15	用直尺尺量检查
成排管段或成排阀门在同一平面上		3	用直尺、拉线和尺量检查

注：L——管道的有效长度（mm）。

6. 金属管道的支吊架的型式、位置、间距、标高应符合设计或有关技术标准的要求。设计无规定时，应符合下列规定：

（1）支吊架的安装应平整牢固，与管道接触紧密。管道与设备连接处应设独立支吊架；

（2）冷（热）媒水、冷却水系统管道机房内总、干管的支吊架应采用承重防晃管架；与设备连接的管道管架宜有减振措施。当水平支管的管架采用单杆吊架时，应在管道起始点、阀门、三通、弯头及长度每隔15m设置承重防晃支吊架；

（3）无热位移的管道吊架，其吊杆应垂直安装；有热位移的，其吊杆应向热膨胀（或冷收缩）的反方向偏移安装，偏移量按计算确定；

（4）滑动支架的滑动面应清洁、平整，其安装位置应从支承面中心向位移反方向偏移1/2位移值或符合设计文件规定；

（5）竖井内的立管，每隔2～3层应设导向支架。在建筑结构负重允许的情况下，水平安装管道支吊架的间距应符合表18-19的规定；

钢管道支吊架的最大间距 表18-19

公称直径(mm)		15	20	25	32	40	50	70	80	100	125	150	200	250
支架的最大间距(m)	L_1	1.5	2.0	2.5	2.5	3.0	3.5	4.0	5.0	5.0	5.5	6.5	7.5	8.5
	L_2	2.5	3.0	3.5	4.0	4.5	5.0	6.0	6.5	6.5	7.5	7.5	9.0	9.5
		对大于300mm的管道可参考300mm管道												

注：1. 适用于工作压力不大于2.0MPa，不保温或保温材料密度不大于200kg管道系统。
　　2. L_1用于保温管道，L_2用于不保温管道。

（6）管道支吊架的焊接应由合格持证焊工施焊，并不得有漏焊、欠焊或焊接裂纹等缺陷。支架与管道焊接时，管道侧的咬边量应小于0.1管壁厚。

7. 制冷系统试验及试运转

空调制冷系统安装结束后，应做系统试验及试运转，以检验系统的完整性、严密性和可靠性。系统试验及试运转的内容如下：

（1）压缩式制冷系统应做系统吹扫排污

系统吹污压力采用0.6MPa的干燥压缩空气或氮气，在排污口用白布检查，5min内无污物（垃圾、铁锈、粉尘）为合格。吹污后应将系统中阀门的阀芯拆下清洗干净（安全阀除外）。

(2) 系统气密性试验

试验压力保持24h，前6h压力降不应大于0.03MPa，后18h除去因环境温度变化而引起的误差外，压力无变化为合格。

(3) 真空试验

真空试验的剩余压力，氨系统应不高于8kPa，氟利昂系统应不高于5.3MPa，保持24h，氨系统压力以无变化为合格；氟利昂系统压力回升不应大于0.53MPa。离心式制冷机按设备技术文件规定执行。

(4) 活塞式制冷机充注制冷剂

充注制冷剂应按下列步骤进行：首先充注适量制冷剂，氨系统加压到0.1～0.2MPa，用酚酞试纸检漏。氟利昂系统加压到0.2～0.3MPa，用卤素喷灯或卤素检漏仪检漏，无渗漏时，再按技术文件规定继续加液。充注时应防止吸入空气和杂质，严禁用高于40℃的温水或其他方法对钢瓶加热。

(5) 制冷机组单机试运转和系统带负荷试运转

各类制冷机组应按照有关技术文件的规定做好单机试运转工作，无负荷试运转时间一般不应少于2h；在系统吹污、气密性试验、抽真空结束后方可进行系统的带负荷试运转。

(二) 质量通病及其防治

1. 冷凝水管道无坡或倒坡

应严格按照规范要求施工，坡度宜大于或等于8‰，冷凝水管道还应做充水试验，防止流水不畅。

2. 风机盘管机组与管道之间的软管连接扭曲

应加强工人责任心，软管的连接应牢固，不应有强扭和瘪管。

3. 阀门渗漏

阀门安装前应按规范规定做好检查、清洗、试压工作，杜绝不合格产品使用于工程中。

4. 随意用气焊切割型钢、螺栓孔及管道

支吊架、管道等金属材料的切割应用砂轮锯或手锯断口；各类螺栓孔则应用电钻打孔，严禁气割开孔。

第六节 防腐与绝热

一、施工技术要求

(一) 材料要求

1. 防腐工程中所使用的油漆必须符合设计要求并要有出厂合格证书。

2. 防腐工程中所使用的各类油漆，使用前应作质量检验。所使用的油漆如遇下列质量问题便不得使用。

(1) 油漆成胶冻状；

(2) 油漆沉淀；

(3) 油漆结皮；

(4) 慢干与返黏的油漆。

3. 绝热工程宜采用不燃材料（如超细玻璃面板）、难燃材料（如阻燃聚苯乙烯），应对其难燃性能进行检查，合格后方可使用。

4. 绝热材料必须具有产品质量证明书或出厂合格证，其产品性能等技术要求应符合设计文件的规定。

5. 用于奥氏体不锈钢风管及设备的绝热材料及其制品应提交氯离子含量指标。

6. 防潮层、保护层材料及其制品外形尺寸应符合要求，不得有穿孔、破裂、脱层等缺陷，其材质应符合国家有关标准。

（二）施工要求

1. 通风管道油漆的质量要求

（1）油漆施工时应采取防火、防冻、防雨等措施，并不应在低温及潮湿环境下喷刷油漆。

（2）风管和管道喷刷底漆前，应清除表面的灰尘、污垢和锈斑，并保持干燥。

（3）面漆和底漆漆种宜相同。漆种不相同时，施涂前应做亲溶性试验，不相溶合的漆不宜使用。

（4）普通薄钢板在制作咬接风管前，宜预涂防锈漆一遍，以防咬口缝锈蚀。

（5）喷、涂油漆的漆膜应均匀，不得有堆积、漏涂、皱纹、气泡、掺杂及混色等缺陷。

（6）支、吊架的防腐处理应与风管或管道相一致，明装部分必须涂面漆。明装部分的最后一遍色漆，宜在安装完毕后进行。

2. 制冷管道油漆的质量要求

（1）空调制冷系统管道包括制冷剂、冷冻机（载冷剂）、冷却水、冷冻供回水管及冷凝水管道等的油漆应符合设计要求。

（2）空调制冷各系统管道的外表面，应按设计规定做色标。

3. 风管及管道保温绝热工程的质量要求

（1）一般规定

1）风管与部件及空调设备绝热工程施工应在风管系统严密性检验合格后进行。

2）空调制冷系统管道绝热工程施工应在管路系统强度与严密性试验合格及防腐处理结束后进行。

3）绝热工程应采用不燃材料（如超细玻璃棉板）或难燃材料，如采用难燃材料（如阻燃型的聚苯乙烯保温板）应对其难燃性进行检查，合格后方可使用。

4）绝热工程冬期施工或在户外施工时应有防冻、防雨措施。

5）空气净化系统的绝热工程不得采用易产尘的绝热材料（如玻璃纤维、短纤维矿棉等）。

（2）风管、部件及空调设备绝热工程施工质量要求

1）绝热层应平整密实，不得有裂缝、空隙等缺陷。风管系统部件的绝热，不得影响其操作功能。风管与设备的绝热层如用卷、散材料时，厚度应均匀，包扎牢固，不得有散材外露的缺陷。

2）电加热器前后800mm范围内的风管绝热层及穿越防火隔墙两侧2m范围内的风管绝热层应采用不燃绝热材料。

3）绝热层采用粘结方法固定时，应符合下列规定：

  a. 胶粘剂的性能应符合使用温度及环境卫生的要求，并与绝热材料相匹配；

  b. 粘结材料宜均匀地涂在风管、部件及设备的外表面上，绝热材料与风管、部件及设备表面应紧密贴合，无空隙；绝热层的纵、横向接缝应错开；

  c. 绝热层粘贴后，如进行包扎或捆扎，包扎的搭接处应均匀贴紧，捆扎时应松紧适度不得损坏绝热层。

 4) 绝热层采用保温钉连接固定时应符合下列规定：

  a. 保温钉与风管、部件与设备表面的连接可采用粘接或焊接，结合应牢固，保温钉不得脱落；

  b. 矩形风管及设备保温钉应均匀分布，其数量底面每平方米不应少于 16 个，侧面不应少于 10 个，顶面不应少于 8 个。首行保温钉至风管或保温材料边沿的距离应小于 120mm；

  c. 绝热材料纵向缝不宜设在风管或设备底面；

  d. 保温钉的长度应能满足压紧绝热层及固定压片的要求，固定压片应松紧适度，均匀压紧；

  e. 带有防潮隔汽层的绝热材料的拼缝处应用粘胶带封严。粘胶带的宽度不应小于 50mm。粘胶带应牢固地粘贴在防潮面层上，不得胀裂和脱落。

 5) 绝热涂料（即糊状保温材料）作绝热层时，应分层涂抹，厚度均匀，不得有气泡和漏涂等缺陷，表面固化层应光滑，牢固无缝隙。

 6) 金属保护层施工应符合下列要求：

  a. 保护层材料宜采用镀锌钢板或铝板，当采用薄钢板时内外表面必须做防腐处理。金属保护壳可采用咬接、铆接、搭接等方法施工，外表应整齐、美观；

  b. 保护壳应紧贴绝热层，不得有脱壳、褶皱、强行接口等现象。接口的搭接应顺水，并有凸筋加强，搭接尺寸为 20～25mm；采用自攻螺钉紧固时，螺钉间距应匀称，并不得刺破防潮层；

  矩形保护层表面应平整、棱角规则、圆弧（指弯管）均匀、底部与顶部不得有凸凹等缺陷；

  c. 户外金属保护层的纵、横向接缝应顺水，其纵向接缝应设在侧面。保护层与外墙面或屋顶的交接处应加设泛水。

 (3) 制冷管道及附属设备绝热工程施工质量要求

 制冷管道的绝热材料有橡塑类制品、离心玻璃棉、聚苯乙烯制品、聚氨脂泡沫塑料制品、珍珠岩制品、软木制品等，橡塑类制品及离心玻璃棉制品使用最为常见。

 1) 制冷管道系统绝热层施工质量要求

  a. 绝热制品的材质和规格应符合设计要求。绝热材料应粘贴牢固，敷设平整，绑扎紧密，无滑动、松弛、断裂等现象；

  b. 硬质或半硬质绝热管壳之间的缝隙，保温时不应大于 5mm，保冷时不应大于 2mm，并且粘结材料勾缝填满；纵缝应错开，外层的水平接缝应设在侧下方。当绝热层厚度大于 100mm 时，应分层铺设，层间应压缝；

  c. 硬质或半硬质绝热管壳应用金属丝或难腐织带捆扎，其间距为 300～350mm，且每节至少捆扎二道；

d. 松散或软质材料作绝热层，应按规定的密度压缩其体积，疏密应均匀，毡类材料在管道上包扎时，搭接处不应有孔隙；

e. 管道穿墙、穿楼板套管处应采用不燃或难燃的绝热材料填实；

f. 管道阀门、过滤器及法兰部位的绝热结构应能单独拆卸。

2) 制冷管道系统防潮层的施工质量要求

a. 防潮层应紧密粘贴在绝热层上，封闭良好，不得有虚粘、气泡、褶皱、裂缝等缺陷；

b. 立管的防潮层应由管道的低端向高端敷设，环向搭缝口应朝向低端，纵向搭缝应位于管道的侧面并顺水；

c. 卷材作防潮层时采用螺旋形缠绕的方式施工时，卷材的搭接宽度宜为30～50mm；

d. 油毡纸作防潮层时，可用包卷的方式包扎，搭接宽度宜为50～60mm。

3) 制冷管道系统保护层的施工质量要求

a. 与风管系统保护层材料相同的保护层质量参见本节；

b. 毡、布类保护层表面加涂防水涂层时，涂层应完整均匀，且应有效地封闭所有网孔。

二、施工质量控制

（一）施工质量控制要点

1. 风管及管道油漆防腐工程施工质量控制要点

（1）底漆与面漆在同一项目上使用时，两种油漆必须为相溶性漆种。

（2）风管、部件、设备及制冷管道在刷底漆前，必须清除金属表面的氧化物、铁锈、灰尘、污垢等。

（3）油漆施工前应对油漆质量进行检验，对超过使用期限；油漆成胶冻状；油漆沉淀、底部结成硬块不易调开；慢干与返黏的油漆不得使用。

（4）涂刷油漆的施工场所应清洁，不得在粉尘飞扬的环境里施工；也不得在低温环境下及潮湿的环境下施工。

（5）漆膜应附着牢固、光滑均匀、无杂色、透锈、漏涂、起泡、剥落、流淌等缺陷；各类产品铭牌不得刷漆。

（6）带有调节、关闭和转动要求的风口类及阀门类油漆后应开启灵活、调节角度准确，关闭严密。

（7）油漆规格、油漆遍数及制冷管道的颜色符合设计要求。

2. 风管及制冷管道系统绝热施工质量控制要点

（1）原材料检验

1) 绝热工程施工前，风管系统应完成漏光检查、漏风量试验；制冷管道系统应完成吹污、气密性检验、真空试验等确认合格后，并在防腐处理结束后进行。

2) 对绝热材料的质量应进行检验，保温材料的外观质量及物理性能（密度、导热系数、防火性能等）必须符合设计要求。

（2）风管绝热工程

1) 绝热材料的品种、规格、厚度应符合设计要求。

2) 用粘贴法施工的绝热层，粘贴必须牢固，胶粘剂应均匀地涂满在风管及设备表面上，绝热材料应均匀压紧，接缝处用密封膏填实。

用保温钉施工的绝热层，保温钉的数量、规格应符合规范的规定，保温钉的粘贴必须牢固，保温材料纵、横向的拼缝应错开，拼缝处的缝隙应用相同的绝热材料填实，并用密封胶带封严。

3) 防潮层应完整无破损。

4) 石棉水泥保护层，配料应正确，涂层厚度均匀（10～15mm），表面光滑、平整，无明显裂纹。

金属保护壳的搭接应顺水，搭接宽度一致，凸鼓重合。垂直风管应由下向上施工，水平风管应由低处向高处施工。弯头、三通、异径管的保护壳不得有孔洞。同一根风管保护壳的搭接缝方向一致。

(3) 制冷管道系统绝热工程

1) 制冷管道系统的绝热材料品种、规格及物理性能必须符合设计要求。

2) 硬质管壳绝热层应粘贴牢固，绑扎紧密、无滑动、松弛、断裂现象。管壳之间的拼缝应用树脂腻子或沥青胶泥嵌填饱满。检查粘贴是否牢固，可用双手卡住绝热管壳轻轻扭动，不转动则为合格。

3) 用橡塑材料施工时，所有接缝都必须粘贴牢固、平整，弯头、异径管、三通等处的绝热层应衔接自然。阀门类及法兰处的绝热层必须留出螺栓安装的距离，一般为螺栓长度加长25～30mm，接缝处应用与前后管道相同的绝热材料填实。

(4) 制冷管道系统保护层施工

制冷管道系统绝热材料的保护层有石棉水泥粉面、缠绕玻璃布、薄金属板保护壳等。

1) 石棉水泥保护层，应分二次施抹，第一层为与铅丝网的结合层，应将砂浆抹进铅丝网内，并要抹平。第二层为覆盖层，应抹平、抹圆、抹光，不得出现胀裂。

2) 缠绕玻璃布要平直、圆整，玻璃布的搭接宽度宜为30mm，间距均匀，玻璃布的始端和终端部位必须用镀锌铅丝扎牢，外表面宜刷防水涂料二道，涂刷均匀，颜色一致。

3) 金属保护壳的施工可以采用咬接和搭接。纵向拼接缝可用咬接，纵向及横向搭接缝的边缘应凸筋。保护壳的搭接应顺水，表面应平整光滑，不得有明显凹凸和缝隙，凸筋方向一致，自攻螺丝间距均匀，固定可靠，整齐美观。

(二) 质量通病及其防治

1. 保温层脱落，玻璃布松散

保温钉固定时一定要粘牢，铺设保温材料后压盖要压紧。玻璃布端头要固定好。

2. 保温外表不美观

保温材料裁剪要准确，拼缝应整齐，玻璃布缠绕要松紧适度。

3. 管道保温近垫木处缝隙大，易结露

垫木处保温材料要塞紧，不得有孔隙。

4. 风管保温法兰处保温厚度不够

风管法兰部位的保温厚度不应低于风管绝热层的0.8倍，法兰处保温宜做成加强腰鼓型。

5. 管道穿楼板处结露

管道穿楼板套管应采用不燃或难燃的软、散绝热材料填实。

6. 油漆漆膜剥落

在油漆前应清除风管和管道表面的灰尘、污垢和锈斑。

第七节 系 统 调 试

通风与空调系统安装完毕后，在投入使用前还必须进行系统的测定和调整，使其达到使用要求。通风与空调系统的调试应由施工单位负责，监理单位监督，设计单位与建设单位参与和配合。

一、施工技术要求

系统调试应包括：设备单机试运转及调试和系统无生产负荷下的联合试运转及调试。

（一）设备单机试运转

1. 通风机试运转

通风机运转前必须加上适度的机械油，检查各项安全措施；盘动叶轮，应无卡阻和碰壳；叶轮旋转方向必须正确，运转平稳，其电机运行功率应符合设备技术文件的规定；试运转应无异常振动与声响，在额定转速下连续试运转 2h 后，滑动轴承外壳最高温度不得超过 70℃；滚动轴承最高温度不得超过 80℃。

2. 水泵试运转

在设计负荷下连续运转应不少于 2h，并应符合下列规定：

（1）运转中不应有异常振动和声响，壳体密封处不得渗漏，紧固连接部位不应松动；

（2）滑动轴承外壳的最高温度不得超过 70℃，滚动轴承的最高温度不得超过 75℃；

（3）轴封的温升应正常，在无特殊要求的情况下，普通填料泄漏量不应大于 60mL/h，机械密封的泄漏量不应大于 5mL/h；

（4）电动机的电流和功率不应超过额定值。

3. 其他设备试运转

（1）冷却塔本体应稳固、无异常振动，其噪声应符合设备技术文件的规定；

（2）制冷机组、单元式空调机组的试运转应符合设备技术文件和《制冷设备、空气分离设备安装工程施工及验收规范》GB 50274 的有关规定，正常运转不应少于 8h；

（3）带有动力的除尘器、空气过滤器、板式换热机组、转轮除湿机、全热交换机组等设备的试运转可参照本节"通风机和水泵"的试运转。

（二）系统无生产负荷联合试运转及调试

1. 系统联合试运转

系统联合试运转是对组成系统的各部件、设备、管道或风管等总体质量的检验，联合试运转应在制冷设备和通风与空调设备单机试运转和风管系统严密性检验合格后进行。

2. 无生产负荷的测定与调试

（1）通风机的风量、风压及转速的测定。通风与空调设备（如空调机组）的风量、余压（指机外余压）与风机转速的测定（指设备内风机）。实测值应满足设计要求；

（2）系统与风口的风量测定与调整，系统总风量实测与设计风量的偏差不应大于 10%，各风口或吸风罩的风量与设计风量的允许偏差不应大于 15%；

（3）通风机、制冷机、空调噪声应符合设计规定要求；

(4) 制冷系统运行的压力、温度、流量等各项技术参数应符合有关技术文件的规定;

(5) 防排烟系统风量及正压必须符合设计与消防的规定;

(6) 空调系统带冷（热）源的正常联合试运转应大于 8h，当竣工季节与设计条件相差较大时，仅做不带冷（热）源的试运转。通风、除尘系统的连续试运转应大于 2h;

(7) 设计要求满足的其他测试项目。

3．系统风量的测定

(1) 风管的风量一般可用毕脱管和微压计测量，测量截面的位置应选择在气流均匀处，按气流方向，应选择在局部阻力之后大于或等于 4 倍及局部阻力之前大于或等于 1.5 倍圆形风管直径或矩形风管长边尺寸的直管段上。当测量截面上的气流不均匀时，应增加测量截面上的测点数量。

(2) 风管内的压力测量应采用液柱式压力计，如倾斜式、补偿式微压计。

(3) 通风机出口的测定截面位置应靠近风机。通风机的风压为风机进出口处的全压差。风机的风量为吸入端和压出端风量的平均值，且风机前后的风量之差不应大于 5%。如超过此值则应重测。

(4) 风口的风量可在风口处或风管（连接风口的支管）内测量。在风口处测风量可用风速仪直接测量或用辅助风管法求取风口断面的平均风速，再乘以风口净面积得到风口风量值。当风口与较长的支管段相连接时，可在风管内测量风口的风量。

(5) 风口处的风速如用风速仪测量时，应贴近格栅或网格，平均风速测定可采用匀速移动法或定点测量法等。匀速移动法不应少于 3 次，定点测量法的测点不应小于 5 个。

(6) 系统风量调整宜采用"流量等比分配法"或"基准风口法"，从系统最不利环路的末端开始，最后进行总风量的调整。

4．噪声测量及其他

(1) 通风机、制冷机、空调机组、水泵等设备噪声的测量，应按现行国家标准《采暖通风与空气调节设备噪声声功率级的测定——工程法》GB 9068 的规定执行。

(2) 通风机转速的测量可采用转速表直接测量风机主轴转速，重复测量三次取其平均值的方法。如采用累积式转速表，应测量 30s 以上。

(3) 空气净化系统高效过滤器检漏和室内洁净度测定应按国家标准《通风与空调工程施工质量验收规范》GB 50243—2002 的规定执行。

二、施工质量控制

(一) 系统调试施工质量控制要点

1．系统调试所使用的测试仪器和仪表，性能应稳定可靠，其精度等级及最小分度值应能满足测定的要求，并应符合国家有关计量法规及检定规程的规定。

2．系统调试前，承包单位应编制调试方案，报送专业监理工程师审核批准；调试结束后，必须提供完整的调试资料和报告。

3．系统调试应在设备单机试运转和风管系统严密性检验合格后进行。

4．各项测定数据应真实可靠，并应符合设计要求和规范规定。

(二) 质量通病及其防治

1．通风与空调系统安装完成后不进行调试或进行虚假调试

通风与空调系统性能的好坏，是否达到设计要求，需要通过系统各参数的测定与调整

来实现。通过测试可以发现一些安装质量问题。

2. 实际风量过大

可能是系统阻力偏小或风机转速过大造成。可以调节风机风板或阀门增加阻力或降低风机转速、更换风机。

3. 实际风量过小

可能是系统阻力偏大或风机转速过小造成。检查风管系统有无漏风处，或放大部分管段尺寸，改进部分部件，检查风道或设备有无堵塞，提高风机转速或更换风机。

4. 气流速度过大

可能是气流组织不合理，送风量过大或风口风速过大造成。改大送风口面积，减少送风量，改变风口型式或加挡板使气流组织合理。

5. 房间噪声过大

可能是风管中空气流动引起管壁振动或风道风速偏大及消声器质量问题等造成。检查风机和水泵的隔振，改小风机转速，放大风速偏大的风道尺寸及防止风管振动，对矩形风管按规定进行加固及在风道中增贴消声材料等。

第十九章　电梯安装工程

第一节　设备进场验收与土建交接检验

一、设备进场控制要点
（一）随机文件
随机文件必须包括下列资料：
1. 土建布置图。
2. 产品出厂合格证。
3. 门锁装置、限速器、安全钳及缓冲器的型式试验证书复印件。
4. 装箱单。
5. 安装、使用维护说明书。
6. 动力电路和安全电路的电气原理图。
（二）设备零部件
设备零部件应与装箱单内容相符。
（三）设备外观
设备外观不应存在明显的损坏。

二、土建交接检验
1. 机房（如果有）内部、井道土建（钢梁）结构及布置必须符合电梯土建布置图的要求。
2. 主电源开关必须符合要求。
3. 井道必须符合规定。

第二节　电梯机房设备安装

一、曳引机组安装
（一）曳引机安装工程技术要求
1. 紧急操作装置动作必须正常，可拆卸的装置必须置于驱动主机附近易接近处，紧急救援操作说明必须贴于紧急操作时易见处。
2. 曳引机组和承重梁本体的水平度应符合规范规定。
3. 曳引机组上全部紧固件应齐全，加工面无机械损伤，无锈蚀。
4. 曳引机底座与承重梁的连接螺孔，若现场需要钻孔的应用机械钻孔。对螺孔大于 23mm 时方可气割开孔，对长腰形螺孔应垫上斜边垫圈，调整后点焊固定。
5. 曳引机组外表漆层牢固，外观平整、光洁、无漏涂和起皮等缺陷。
6. 曳引电机及其风机应工作正常，轴承应用规定的润滑油。

7. 曳引轮位置偏差，在前后（向着对重看）方向不应超过±2mm，在左右方向偏差不应超过±1mm。

8. 曳引轮对铅垂线偏差在空载或满载情况下均小于或等于2mm。

（二）质量控制要点

1. 采用吊线法，从轮的上缘吊下，在轮的下缘边测量，用钢皮直尺不易分清尺码，可用斜塞尺进行测量。

2. 在曳引比1∶1直拖式电梯中，曳引轮（或导向轮）轮缘宽度的中点应垂直对准轿厢（或对重梁）绳头板中点。

3. 在曳引比2∶1复绕式电梯中，曳引轮（或导向轮）轮缘宽度的中点应对准轿厢（或对重）反绳轮的对应位置。图19-1。

4. 驱动主机减速箱（如果有）内油量应在油标所限定的范围内。

二、承重梁安装

承重梁是设置在机房楼板上面或埋入墙内，承受曳引机组自重及其负载的钢梁。

（一）承重梁安装工程技术要求

1. 承重梁两端如需埋入承重墙内时，其埋入深度应超过墙厚中心20mm，且不应小于75mm（对砖墙梁下应垫以能承受其重量的钢筋混凝土过梁或金属过梁）见图19-2。

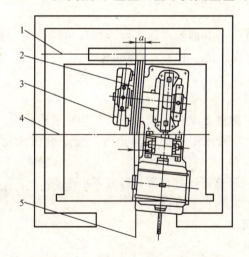
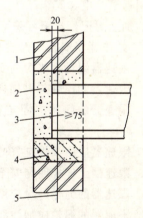

图19-1 曳引轮在水平面内扭转
1—对重中心线；2、3—曳引机；4—轿厢架中心线；
5—轿厢架中心至对重中心的中心线

图19-2 承重梁的埋设
1—砖墙；2—混凝土；3—承重梁；4—钢筋
混凝土过梁或金属过梁；5—墙中心线

2. 承重梁二端支架在建筑物承重梁（或墙）上时，所采用混凝土强度等级应大于C20，厚度应大于100mm。

3. 承重梁的底面应离开机房光地坪50mm以上，以减少电机运行时共振和不使地坪受力。

4. 机组如直接安装在地坪上时，其混凝土地坪厚度应大于300mm，并应有减振橡胶垫装置。

（二）质量控制要点

在承重梁上放500mm铁水平尺以最高处为基准用垫片调整低处，使承重梁上平面呈水平状态。同时调整相互间的水平和平行度。

三、制动器安装

制动器是曳引电梯中重要安全装置之一，是为了保证制动器闸瓦与制动轮保持同心圆要求，使松开时间隙各处相同和合闸时压力均匀分布。

（一）制动器安装工程技术要求

1. 闭式制动器的闸瓦应紧密地贴合于制动轮的工作表面上，当松闸时，两侧闸瓦应同时松开制动轮表面，间隙应均匀（均在 0.7mm 之内）。

2. 固定制动带的铆钉不允许与制动轮接触，制动带磨损量超过制动带厚度 1/3 时应更换。

3. 制动器线圈温升不超过 60℃。

4. 松开制动器闸瓦时应注意做好防止轿厢自身移动，以确保安全。

5. 电梯制动器需要调整或检查时应由电工配合进行。

（二）质量控制要点

1. 在对制动轮与闸瓦间隙的检查时，应将闸瓦松开用塞尺测量，每片闸瓦两侧各测四点。

2. 检查时闸瓦四周间隙应均匀，其间隙在任何部位均在 0.7mm 之内。

四、限速器安装

限速器是电梯安全部件，其动作速度应根据电梯额定速度在生产厂出厂前完成调整、测试后加上封记，封记可采用铅封或漆封。安装施工时不允许再进行调整。

（一）限速器安装工程技术要求

1. 限速器绳轮在机房内安装的位置应按机房布置图进行施工。

2. 限速器的铭牌与电梯参数应相匹配。限速器动作速度应每两年整定校验一次。

3. 限速器的底座应固定在机房楼板上，采用膨胀螺栓固定时，当安全钳联动时无颤动。

4. 限速器应由柔性良好的钢丝绳驱动，限速器绳的公称直径应不小于 $\phi 6mm$。

5. 限速器上应标明与安全钳动作相应的旋转指示方向。

6. 限速器的绳轮外缘应用黄色油漆指出。

7. 限速器的绳轮应加注润滑油，转动灵活。

8. 限速器绳索在电梯正常运行时不应触及夹绳装置。

9. 限速器绳轮、选层器钢带轮对铅垂线的偏差均不大于 0.5mm。

10. 限速器的钢丝绳至导轨导向面与顶面两个方向上下的偏差均不超过 10mm。

11. 限速器动作时，限速器绳的提拉力至少应是以下两个值中的较大值。

（1）300N。

（2）安全钳起作用所需力的两倍。

12. 限速器电气开关接地良好。

（二）质量控制要点

1. 根据限速器型式试验证书及安装说明书，找到限速器上的每个整定封记（可能多处）部位，观察封记是否完好。

2. 用线坠沿绳轮侧面吊线，测量其垂直度，绳轮铅垂线的偏差不大于 0.5mm。

五、导向轮（或复绕轮）安装

（一）导向轮（或复绕轮）安装工程技术要求

1. 在机房中安装位置应按机房布置图固定。

2. 轴承应用制造厂规定牌号润滑油，活动部分应转动灵活，并加润滑油脂，运转时无异常声音和明显跳动。

3. 设有挡绳装置的导向轮（或复绕轮）的电梯，挡绳装置应有效。

4. 安装垂直度对曳引钢丝绳的工作状态有较大影响，应注意调整。

5. 不设导向轮（或复绕轮）时，曳引轮中心至轿厢架中心线和对重中心线的距离应相近。

6. 导向轮（或复绕轮）的不铅垂度偏差在空载或满载状况下均不大于2mm（图19-3）。

7. 导向轮（或复绕轮）的位置偏差在前后（向着对重）方向不应超过±3mm；在左右方向不应超过±1mm。

（二）质量控制要点

1. 采用吊线法，从轮的上缘吊下，在轮的下缘边测量，如钢直尺不易分清尺码时，可采用斜塞尺测量。

2. 导向轮与曳引轮两者端面平行度的检查。可采用拉线法，这里要注意导向轮与曳引轮的宽度要一致，如不一致时，两轮轮宽中心线应重合。

3. 在曳引比1∶1直拖式电梯中，曳引轮（或导向轮）轮缘宽度的中点应垂直对准轿厢（或对重架）绳头板中点。

4. 在曳引比2∶1复绕式电梯中，曳引轮轮缘宽度的中点应对准轿厢（或对重）反绳轮的对应位置。

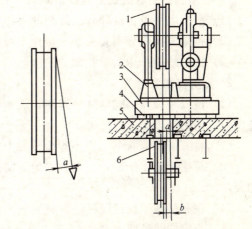

图19-3 导向轮端面对曳引轮端面的不平行度
1—曳引轮；2—曳引机；3—曳引机机座；
4—拍胶垫；5—机房楼板；6—导向轮

六、电气装置

（一）电源开关安装工程技术要求

1. 每台电梯应有独立的能切断电梯的主电源开关。其开关容量能切断电梯正常使用情况下的最大电流，一般不小于主电机额定电流的2倍。

2. 对有机房电梯主电源开关应能从机房入口处方便地接近；对无机房电梯主电源开关应设置在井道外工作人员方便接近的地方，且应具有必要的安全防护。安装标高宜为1300～1500mm。

3. 电源开关与线路熔断丝应匹配正确。

4. 电梯动力电源与电梯照明电源应分开设置。

5. 电梯电源开关不应切断下列供电电路：

(1) 轿厢照明和通风。

(2) 机房和滑轮间照明。

(3) 机房中电源插座。

(4) 轿顶与底坑的电源插座。

(5) 电梯井道照明。

(6) 报警装置。

6. 消防电梯应有消防电源自动切换装置。

7. 配电板应配有中性汇流排（N）和接地汇流排（PE）。

8. 机房内有多台电梯时，应在开关装置上标有易于识别的标记。

9. 各开关应具有明显的断开和闭合位置的标识。

10. 供电电源的色标应正确，L1 为黄色，L2 为绿色，L3 为红色，N（零）线为浅蓝色，PE 保护线为黄绿双色。

（二）电气设备

1. 电气设备接地安装工程技术要求

(1) 所有电气设备及导管、线槽的外露可导电部分均必须可靠接地（PE）。

(2) 接地支线应分别直接接至接地干线接线柱上，不得互相连接后再接地。

(3) 接地线应采用黄绿相间的绝缘导线。

2. 质量控制要点

(1) 按安装说明书或电气原理图，观察电气设备及导管、线槽的外露可导电部分是否按安装说明书要求的位置接地。

(2) 将控制系统断电，用手施适当的力拉接地的连接点，观察是否牢固。

(3) 观察接地支线是否有断裂或绝缘层破损，支线选用应符合安装说明书或电气原理图要求。

(4) 观察接地干线接线柱是否有明显的标示。

(5) 根据安装说明书和电气原理图，观察每个接地支线是否直接接在接地干线接线柱上。

（三）导体之间、导体对地之间绝缘电阻的安装工程技术要求

导体之间和导体对地之间绝缘电阻必须大于 $1000\Omega/V$，且其值不得小于：

1. 动力电路和电气安全装置电路：$0.5M\Omega$。

2. 其他电路（控制、照明、信号等）：$0.25M\Omega$。

七、控制柜、屏安装

（一）控制柜、屏安装工程技术要求

1. 柜、屏应用螺栓固定于型钢或混凝土基础上，基础应高于地面 50~100mm。

2. 控制柜、屏安装应符合下列规定：

(1) 控制柜、屏安装正面距门、窗不小于 600mm。

(2) 控制柜、屏的维修侧距墙不小于 600mm。

(3) 控制柜、屏距机械设备不小于 500mm。

3. 控制柜、屏、箱，安装布局应合理，固定牢固、其垂直偏差不大于 1.5/1000，金属外壳接地可靠。

4. 控制柜、屏的垂直度：每米垂直度偏差为 1.5mm。

5. 控制柜、屏应设置接地汇流排（PE）。

6. 应有断相、错相保护装置。

(1) 断相、错相保护装置应对每相断开及任何相错位均能起到保护作用,其保护功能应正常可靠。

(2) 断相、错相动作试验应在控制柜主电源进线侧前处断开或错相试验。

(二) 质量控制要点

对控制柜、屏的正面、侧面进行测量,每一控制柜、屏测二点。在测量前应对控制柜、屏高度进行选择,为计算方便起见,取 1m 高度进行测量。

八、电机接线

电机接线工程技术要求:

1. 曳引电机绝缘电阻值相与相、相与地,应大于 0.5MΩ。

(1) 绝缘电阻测试。应采用兆欧表进行测试,兆欧表应按电气设备电压等级选用,电梯电机应选用 500V 兆欧表测试。

(2) 检查兆欧表是否有检验合格证,有效期应在规定日期内。

(3) 兆欧表的连线必须用绝缘良好的单芯线。

(4) 测试时应认清兆欧表接线柱"接地"的接地栓应接到被测设备的外壳或接地线上。

(5) 测量电机时应拆除电机电源进线。

2. 电机接线正确、牢固,镀锌垫圈、紧固件齐全。

3. 多股导线应压接端子与设备的端子连接。

4. 接线端头应与电机接线端子相应编号。

5. 电机外表应可靠接地保护,连接螺栓、垫圈必须镀锌,并有防松装置。

6. 接地线截面选择:

(1) 相线截面积 16mm² 以下时,接地线截面积与相线相同。

(2) 相线截面积 16~35mm² 时,接地线截面积选 16mm²。

(3) 相线截面积 35mm² 以上时,接地线截面积选相线截面积 1/2。

7. 接地线最小截面积不应小于铜芯线 1.5mm²。

8. 金属软管外壳应可靠接地,但不得使用金属软管作接地线。

9. 接地线应接在规定位置上,"〒"不得任意乱接;电机接地线应单独敷设,不得串接。

10. 保护接地电阻值应小于 4Ω。

11. 供电系统采用 (TN-C) 制式中接零保护注意事项:

(1) 在同一回路中不应将电气设备一部分接零保护,而一部分接地保护。

(2) 单相回路中,中性线上不得装断路设备(如熔断器)。

(3) 进入电梯机房后应为 TN-C-S 制。

九、线槽与电气配管安装

(一) 线槽与电气配管安装工程技术要求

1. 线槽安装

(1) 线槽敷设安装位置应按设计施工。

(2) 采用线槽配线严禁使用可燃性材料制品。

(3) 线槽敷设应横平竖直,接口严密,槽盖齐全、平整无翘角现象。

(4) 每根线槽固定点不应少于 2 点,并列安装时,应使槽盖便于开启。

(5) 线槽连接螺栓应从内向外穿、螺帽在外侧。

(6) 金属线槽外壳应可靠接地，黑铁线槽应用圆钢焊接跨接，圆钢直径应不小于 $\phi6$，焊接长度为30mm，或焊接螺栓用导线连接，镀锌线槽应采用铜皮或黄绿双色导线连接。

(7) 线槽内导线总截面积不大于线槽净截面积60%。

(8) 电梯动力回路与控制回路应分别敷设，不应在同一线槽内敷设以免感应产生误动作。

(9) 线槽出线口应无毛刺，并有护圈，位置正确，垂直向上槽口的应封堵，防止杂物落入。

(10) 线槽敷设其水平、垂直偏差度在机房内不应大于2/1000，井道内不应大于5/1000，全长不应大于50mm。

2. 电气配管工程技术要求

(1) 电气配管应按设计进行施工。

(2) 薄壁钢管（电管）应采用螺纹连接，管端螺纹长度不应小于管接头长度的1/2，其螺纹应外露2~3扣。

(3) 电管敷设弯曲处不应有折皱、凹陷和裂缝，且弯扁程度不应大于管外径的10%。

(4) 当线路明配管时，弯曲半径不应小于管外径的6倍，当只有一个弯曲半径不应小于管外径的4倍。

(5) 配管螺纹连接时，连接处的两端应焊接圆钢作接地跨接，其圆钢规格为不小于 $\phi6$，或焊接螺栓用导线跨接见表19-1。

跨接圆钢的选择　　　　　　　　　　　表 19-1

管小口径(mm)	接地跨接规格(mm)	焊接长度(mm)	螺栓直径×长度(mm)
≤32	$\phi6$	30	M6×20
40	$\phi8$	30	M8×25
50	$\phi10$	40	M8×25

(6) 镀锌钢管连接处跨接应采用专用接地线卡跨接，不得采用焊接。

(7) 配管进箱，线槽应用锁紧帽固定，管口应装护圈。

(8) 配管排列整齐，固定点间距均匀，钢管管卡的最大距离应符合表19-2规定，管卡与终端、弯头中点、电气器具边缘的距离应为150~500mm。

钢管管卡间的最大距离　　　　　　　　　　　表 19-2

敷设方式	钢管种类	钢管直径(mm)		
		15~20	25~32	40~50
		管卡间最大距离(m)		
吊架、支架沿墙敷设	厚壁钢管	1.5	2.0	2.5
	薄壁钢管	1.0	1.5	2.0
	塑料管	1.0		

(9) 金属软管不应直接埋于地下或混凝土中。

(10) 金属软管应可靠接地，且不得作为电气设备的接地导体。

(11) 采用塑料管及配件必须为阻燃处理的材料制品。

（12）塑料管管口应平整、光滑，管与管、管与盒（箱）等器件应采用插入法连接，连接处结合面应涂专用胶合剂，接口应牢固密封。

（13）敷设电线管内的导线截面积不应超过电线管内径截面积40%。

（14）电梯动力回路与控制回路应分开穿管敷设，不应同穿一管内，以免感应产生误动作。

（15）配管安装后应横平竖直，其水平和垂直偏差在机房内不应大于2/1000，在井道内不应大于5/1000，全长不应大于50mm。

（二）质量控制要点

1. 电线管的垂直、水平度；质量控制与控制柜垂直度测试相同。
2. 电线管应任取一段进行测量，每根电线管应测正面、侧面。
3. 井道配管任取10段进行测试。

十、机房安全规定

（一）孔洞处理

机房内钢丝绳与楼板孔洞边间隙均匀为20～40mm，通向井道的孔洞四周应设置高度不小于50mm的台缘。

（二）手动松闸装置

1. 手动松闸装置转盘应漆成黄色，松闸手柄漆成红色。
2. 松闸装置应挂在易接近的墙上，中心标高宜1300～1500mm。

（三）色标、标记要求

1. 机房门窗应牢固可锁，并应有醒目的警告标志："机房重地，闲人免进"。
2. 同一机房有数台电梯应标明电梯机号，并相对控制柜编号。
3. 电机或飞轮上应有与轿厢升降方向相对应的标志。曳引轮、飞轮、限速器轮外侧面应漆成黄色。
4. 编号应粘在设备本体上，不宜粘在易拆下的门、盖、罩上。
5. 编号应用电脑打印、油漆喷印，不准用油漆涂写。
6. 机房吊钩应标明载荷值，吊钩应防腐处理。
7. 曳引绳上应标明层站对应标记或平层标记（上下终端站）。

第三节　井道设备安装

井道内装有轿厢导轨、对重导轨、导轨支架、轿厢、对重、曳引钢丝绳、控制电缆、补偿钢丝绳或补偿链条、补偿绳张紧装置、极限开关、平层铁板、选层器钢带、限速器钢丝绳及张紧装置、上下端减速装置、上下端站限位开关和应急电铃等。

一、导轨支架安装

导轨支架，系支撑导轨的支架。其在井道壁上的安装应固定可靠。

导轨支架安装工程技术要求：

1. 导轨支架一般由角钢、扁钢或钢板弯制而成。它的安装方式有直接埋入固定、底脚螺栓埋入固定、膨胀螺栓固定、预埋钢板焊接固定、穿墙螺钉固定等方式。具体按井道建筑结构设计而选用。

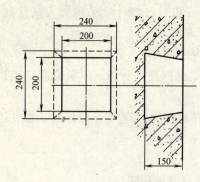

图 19-4 导轨支架预留孔

2. 预留孔应做成内大外小（图 19-4）。

3. 支架若采用直接埋入法，埋入端应开脚，埋入深度不小于 120mm。

4. 钢筋混凝土墙如采用预埋钢板时，钢板厚度不小于 10mm。

5. 锚栓（如膨胀螺栓等）固定应在井道壁的混凝土构件上使用，其连接强度与承受振动的能力应满足电梯产品设计要求，混凝土构件的抗压强度应符合土建布置图要求。采用膨胀螺栓固定时，螺栓规格不应小于 M12。

6. 其支架本体组合焊接及支架与预埋钢板焊接都必须达到双面焊牢、焊缝饱满、焊波均匀，其上下两边可采取间断焊，每段焊缝长度不小于 80mm，间隙不小于 100mm。

7. 导轨支架的连接螺孔凡是长腰形或气割开孔的，必须加装宽边平垫圈，并用点焊固定。

8. 导轨支架最低一档支架应离底坑小于 1m，最高一档支架离导轨顶应小于 0.5m。

9. 预留孔洞灌浆后，须经足够时间的养护，方能投入导轨安装工作。

10. 经焊接后的支架、焊缝药渣应铲除干净，刷上防锈漆。

11. 导轨支架应从上而下编号，以便检查。

12. 导轨支架每档间距，应在 2.5m 以内，且每根导轨不少于两个支架。

13. 导轨支架安装的不水平度不应超过 1.5‰，且不应超过 5mm，如图 19-5。

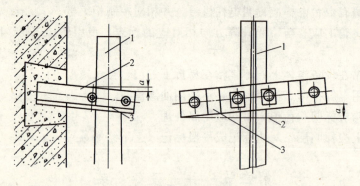

图 19-5 导轨支架的安装
1—导轨；2—水平线；3—导轨支架

二、导轨安装

导轨：供轿厢和对重装置在升降运行中起导向作用的部件。

（一）导轨安装工程技术要求

1. 导轨吊装前，需核对规格、数量，根据井道总高度及支架档距确定最下一根导轨的长度，截取导轨应注意导轨两端凹凸接口，接口排列一般应为凹口朝下，凸口朝上。

2. 吊顶部一根导轨之顶端一般应离井道顶部楼板 50～100mm。且保证电梯对重压缩缓冲器蹲底时，轿厢导靴不越出导轨。

3. 轿厢导轨与设有安全钳的对重导轨的下端应支承在地面坚固的导轨座上。

4. 导轨应用压板固定在导轨支架上,不应用焊接或螺栓连接。

5. 导轨校正的部位在每档支架处,从下至上逐点校正,对于楼层较高可采用从整列导轨的 1/3 高度处往下校正,然后再从下至上校正。

6. 导轨校正用的垫片厚度一般有 0.5,1.0,1.5,2.0mm 几种规格,连接板接合面板校正可用薄铜皮垫入校正。

7. 导轨校正用调整垫片厚度一般控制在 3mm 之内。垫片数量不应超过 3 片,若调整间隙超过 5mm 或 3 片以上垫片时应换上厚垫片,并用点焊固定在支架上(进口电梯的特殊要求除外)。

8. 每列导轨工作面(包括侧面与顶面)对安装基准线每 5m 的偏差均不大于下列数值:

(1) 轿厢导轨和设有安全钳的对重(平衡重)导轨为 0.6mm。

(2) 不设安全钳的对重(平衡重)导轨为 1.0mm。

(3) 检查导轨时可对 5m 铅垂线分段连续检测(至少测 3 次)。测量值间的相对最大偏差应不大于上述规定值的 2 倍。测量点应设在导轨支架处。

9. 有安装基准线时,每列导轨应相对基准线整列检测,取最大偏差值。

10. 两列导轨顶面间的距离偏差应为:轿厢导轨 0~+2mm;对重导轨 0~+3mm。

11. 轿厢导轨和设有安全钳的对重(平衡重)导轨工作面接头处不应有连续缝隙,且局部缝隙不大于 0.5mm。导轨接头处台阶不应大于 0.05mm。如超过应修平,修平长度应大于 150mm。可用直线度为 0.01/300 的平直尺靠在导轨表面,并用塞尺检查。

12. 不设安全钳的对重(平衡重)导轨接头处缝隙不得大于 1.0mm,导轨工作面接头处台阶应不大于 0.15mm。

13. 导轨校正工作是电梯安装施工中一项关键工作,必须严格按照技术要求进行施工。

(二)质量控制要点

1. 紧固:导轨压板应压紧,螺栓应放置防松垫圈,每个导轨支架的每一点处均应检查。

2. 用扳手检查螺栓的紧固程度。

3. 检查两导轨相对内表面的间距。

用导轨安装校正尺,检查每个导轨支架处的导轨内表面距离。不得出现负偏差,按工艺要求此项检验是在平行导轨的垂直度校正之后进行。在检验导轨内表面间距的同时应进行相对两导轨的侧工作面的平行度的检查。最后再进行两导轨侧工作面垂直度的复核。

4. 检查两导轨的相互偏差。

在导轨的支架处用专用导轨安装校正尺检查两导轨的侧工作面的平行度。

三、对重装置安装

对重的作用是平衡轿厢自重和一部分升降载荷的重量。

(一)对重装置安装工程技术要求

对重导轨、对重导轨支架与轿厢导轨、轿厢导轨支架安装工程技术要求基本相似。

1. 对重(平衡重)块应可靠固定。对重(平衡重)架若有反绳轮时,其反绳轮应润滑良好,并应设置防护罩和挡绳装置。

2. 轿厢与对重间的最小距离为 50mm。

3. 限速器钢丝绳和选层器钢带应张紧，在运行中不得与轿厢或对重相碰撞。

（二）质量控制要点

与轿厢导轨、导轨支架质量控制方法相同。

四、井道电气安装

井道线槽、配管安装工程技术要求，安装质量控制方法与机房线槽敷设、配管基本相同。

（一）井道线槽和配管安装工程技术要求

1. 如果设计中采用电管，则每一层楼应设置一个分层接线箱，其安装高度和该层的层楼指示灯箱的中心标高相同，最底一层的分层接线箱应设在该层地坪线标高的 2～3.5m 的高度上，以便以后在轿厢顶上仍能方便进行检修。

2. 如果井道中是采用线槽配线时，则分层接线箱取消。

3. 井道中间接线箱设在井道电线架上方 200～300mm 处。

4. 井道内电管（线槽），凡是到限位开关、缓速开关、基站开关、层门连锁开关、层楼指示灯箱、按钮箱、层楼控制感应器的导线保护管可采用金属软管。

5. 垂直线槽内，应每隔 2～3m，设置一档支架用来固定导线，使导线的重量均匀分布在整个线槽内。

6. 井道控制电缆敷设应垂直，固定牢靠，固定间距宜不大于 1.0m，分支电缆、固定尼龙扎带间距宜 300mm 左右。

（二）电缆架及电缆敷设工程技术要求

1. 轿底电缆支架应与井道电缆支架平行，并使电梯电缆处于井道底部时能避开缓冲器，并保持一定距离。

2. 保证随行电缆在运动中不得与线槽、电管发生卡阻。

3. 随行电缆两端及不运动部分应可靠固定。

4. 随行电缆严禁有打结和波浪扭曲现象。

5. 扁平型随行电缆可重叠安装，重叠根数不宜超过 3 根，每两根间应保持 30～50mm 的活动间距，扁平型电缆的固定应使用楔形插座式卡子，多根长度应一致。

6. 电缆受力处应加绝缘衬垫。

7. 轿厢压缩缓冲器后，电缆不得与底坑地面和轿厢底边框接触，一般下垂弛度离地≥500mm，不得拖地。

8. 软电缆弯曲半径应符合下列规定：

（1）8 芯电线，扁电缆曲率半径≥250mm。

（2）16～24 芯电缆曲率半径≥400mm。

（三）质量控制要点

检查人员在电梯运行向上时，打开层门进入底坑。当轿厢运行到基站平层时，用钢卷尺进行测量，观察检查。

五、井道安全规定

（一）轿顶最小空间距离

1. 轿顶最小空间距离

当对重完全压缩在缓冲器上时，井道顶的最低部件与固定轿顶上设备的最高部件间的距离（不包括导靴或滚轮、钢丝绳附件和垂直滑动门的横梁或部件最高部分）与电梯的额定速度V（单位 m/s）有关，其数值应不小于$0.3+0.035V^2$。

例：某一电梯额定速度为2.5m/s时，井道上端空间距离应为多少？

公式：$0.3+0.035V^2$

解：$0.3+0.035\times 2.5^2$

$=0.3+0.035\times 6.25$

$=0.3+0.218$

$=0.518$ （m）

轿顶最小空间距离为0.5m约500mm左右。

小型杂物电梯的轿厢和对重的空程严禁小于0.3m。

2. 质量控制要点

（1）考虑到轿厢或对重在运行中可能发生蹲底、冲顶，为保证检修人员和设备安全：按"电梯制造与安全规范（GB 7588—2003）"第5.7条款要求，轿厢上方应有不小于上式计算要求的空程。

（2）将轿厢停在井道最高层，人在轿顶上用尺丈量轿顶上最高突出部件与井道顶壁的距离（H）。此H值应满足：$H=$对重装置底部到缓冲器的越程距离＋缓冲器可压缩的尺寸＋h（表19-3）的要求。

轿顶上方空程的数值 表19-3

额定速度(m/s)	h(m)	额定速度(m/s)	h(m)
0.5	0.309	2.0	0.440
1.0	0.335	2.5	0.519
1.5	0.379	3.0	0.615

（二）底坑底面安装要求

1. 当底坑底面下有人员能到达的空间存在，且对重（或平衡重）上未设有安全钳装置的安装工程技术要求：

（1）采用隔墙、屏障等防护措施使人员能到达的空间不存在。

（2）对重缓冲器必须能安装在一直延伸到坚固地面上的实心桩墩上。

2. 质量控制要点：

（1）核查土建施工图是否要求底坑的底面至少能承受$5000N/m^2$载荷、是否要求支撑轿厢和对重缓冲器的底坑底面处的结构和强度能承受轿厢和对重以缓冲器设计速度撞击缓冲器时所产生的力。

（2）检查建筑物土建施工图所要求实心桩墩及支撑实心桩墩的地面强度是否能承受电梯土建布置图所提供的冲击力，还应观察或用线锤、钢卷尺测量实心桩墩位置是否在对重缓冲器（平衡重运行区域）的下边。

（三）安全门和围护要求

1. 电梯安装之前，所有层门预留孔必须设有高度不小于1.2m的安全保护围封，并应保证有足够的强度。

2. 当相邻两层门地坎的距离大于 11m 时，其间必须设置井道安全门，井道安全门严禁向井道内开启，且必须装有安全门处于关闭时电梯才能运行的电气安全装置。当相邻轿厢间有相互救援用轿厢安全门时，可不执行本款。

（1）安全门的安装工程技术要求：

1）井道安全门和轿厢安全门的高度不应小于 1.8m，宽度不应小于 0.35m。

2）将 300N 的力以垂直于安全门表面的方向均匀分布在 5cm^2 的圆形面积（或方形）上，安全门应无永久变形且弹性变形不应大于 15mm。井道安全门还应满足如下要求：

a. 应装设用钥匙开启的锁。

b. 不应向井道内开启。

c. 应装有安全门处于关闭时电梯才能运行的电气安全装置。

d. 安全门设置的位置应有利于安全的救援乘客。

（2）质量控制要点：

1）检查土建施工图和施工记录，并逐一观察、测量相邻的两层门地坎间之间的距离，如大于 11m 且需要设井道安全门时，应检查安全门的尺寸、强度、开启方向、钥匙开启的锁、设置的位置是否满足上述要求。

2）开、关安全门观察上述要求的电气安全装置的位置是否正确、是否可靠地动作。

（四）井道照明安装

井道应设置永久照明，井道最高点和最低点 0.5m 之内各装一盏灯，中间最大间距每隔 7m 设一盏灯。

六、曳引绳安装

电梯中曳引钢丝绳用来悬挂轿厢和对重。我国目前采用"电梯钢丝绳" YB/J 5198—93，专门规定了电梯用钢丝绳的技术标准和技术要求。

（一）曳引钢丝绳绳头制作工程技术要求

1. 绳头组合必须安全可靠，并使每根曳引绳受力相近，其张力与平均值偏差不应大于 5%，且每个绳头组合必须安装防螺母松动和脱落的装置。

2. 钢丝绳严禁有死弯。

3. 当轿厢悬挂在两根钢丝绳或链条上，且其中一根钢丝绳或链条发生异常相对伸长时，为此装设的电气安全开关应动作可靠。

4. 对于要截切的钢丝绳，应先做好防松股措施。

5. 浇灌巴氏合金时，应将锥套和下部钢丝绳保持垂直，必须一次连续浇注，未冷却前不可摇动。

6. 巴氏合金绳头制作（图 19-6）。电梯钢丝绳绳头制作，要求注入量达到绳股弯曲部露出 2～3mm。

7. 浇灌应密实、饱满、平整一致。去除锥套下口的包扎物，在防松钢丝露出处可以见到巴氏合金微渗为最佳。

8. 对锥套内露出的绳股弯曲部刷油漆或涂黄油保护。

9. 采用楔形夹绳钳固定钢丝绳头处应紧密牢固，并用 U 形轧头紧固。

10. 曳引绳应符合 GB 8903 规定，曳引绳表面应清洁不粘有杂质，并宜涂有薄而均匀的 ET 极压稀钢丝绳脂。

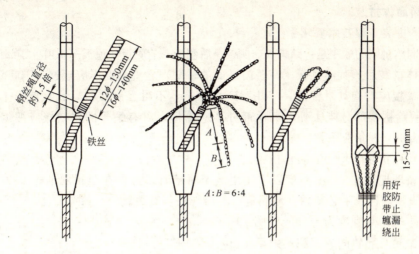

图 19-6 巴氏合金绳头制作

（二）质量控制要点

1. 观察绳头组合上的钢丝绳是否有断丝。
2. 如采用钢丝绳绳夹，检查绳夹的使用方法、型号、间距、数量及是否拧紧。
3. 观察防螺母松动装置的安装，用手不应拧动防松螺母。
4. 观察防螺母脱落装置的安装，用手活动此装置，不应从绳头组合中拨出。
5. 在有利的位置即当轿厢处于井道 2/3 高度时，人站在轿厢顶上面向对重钢丝绳，这时正好在可能测得最大长度的中部，用弹簧秤将曳引钢丝绳逐根拉出 100～200mm 距离看弹簧秤上拉出力的大小，逐一记录。每根钢丝绳张力与平均值偏差如有超过 5%，应进行调整。
6. 曳引钢丝绳张力不均是安装中常见病，过去未规定测量方法，只凭手感来定。新标准中对张力相互差值规定采用上述方法，要做得标准，就得使每根钢丝绳拉出相同的距离，由于各根曳引绳不是在一直线上，呈二、三排列，拉出时要考虑原有位置差。
7. 对 2∶1 全绕式（或半绕）电梯，对重侧有反绳轮，有两组钢丝绳，可任测一组，但曳引绳排列成一字形，对在轿厢顶上的检验人员来说：拉伸曳引绳有困难，可取 45°方向斜拉，但同样要注意使各绳拉出相同的距离。

第四节 轿厢、层门安装

一、轿厢、轿门安装

轿厢是电梯载客或载货的结构组合，它由轿厢架、轿底、轿壁、轿顶、轿门等组成。

轿厢架、底盘安装工程技术要求：

1. 将轿厢架底梁安放在承座梁上，调整其水平度及安全钳座与导轨工作面之端、侧间隙。
2. 组装后的轿厢底盘平面水平度应不超过 3/1000。
3. 立柱垂直度在整个高度上不应超过 1.5mm。
4. 轿厢架立柱上限位开关相对铅垂线偏差最大不超过 3mm。

二、轿厢体拼装

轿厢体拼装工程技术要求：

1. 轿厢体拼装的顺序是：踏脚板→侧板→后侧板→前侧板→顶板→轿顶各零部件→轿门。
2. 轿体拼装后，其前侧板（有轿门一面的轿壁）之垂直度不应超过 1/1000。
3. 轿壁板应检查其平整性，应注意产品保护，不得强制接口，或在壁板上乱涂，其保护塑料膜除拼装部分撕去外，其他部分不应撕掉，对有编号的轿壁板应按编号排列拼装，切勿搞错，嵌条应平整。
4. 在轿壁拼装时均应有防松措施。
5. 距轿厢地板在 1.1m 高度以下使用玻璃轿壁时，必须在距轿厢地板 0.9～1.1m 的高度安装扶手，且扶手必须独立地固定，不得与玻璃有关。
6. 门导轨的垂直度为 ±1mm（图 19-7）。
7. 防振轮与导轨间的间隙不大于 1mm（图 19-8）。

图 19-7　门导轨的垂直度

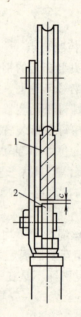

图 19-8　防振轮与导轨间隙
1—防振轮；2—导轨；c—间隙

三、轿顶反绳轮安装

（一）轿顶反绳轮安装工程技术要求：

1. 当轿顶有反绳轮时，反绳轮应设置防护装置和挡绳装置，尤其是挡绳装置应该有效，以免钢丝绳跳槽发生事故，且润滑应良好。
2. 当轿顶外侧边缘至井道壁水平方向的自由距离大于 0.3m 时，轿顶应装设防护栏及警示标识。
3. 轿顶反绳轮经安装校正后，其垂直度偏差不大于 1mm（图 19-9）。
4. 两轮端面平行度不大于 1mm（图 19-10）。

（二）质量控制要点

$a=b=c=d$ 不大于 1mm

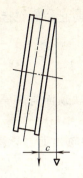

图 19-9 轮的垂直度

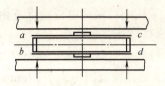

图 19-10 反绳轮与上梁间的间隙

四、安全钳安装

安全钳是轿厢或对重向下运行超速或断绳情况下，使其停止并夹紧在导轨上的一种机械装置。安全钳不得在上行方向时动作。对重安全钳也可通过悬挂机械断裂式通过一根限速绳来动作，这时安全钳能夹住对重导轨，使对重停止，并保持静止状态。

（一）安全钳安装工程技术要求

1. 当安全钳可调节时，整定封记应完好，且无拆动痕迹。

2. 额定速度大于 0.63m/s 时及轿厢装有数套安全钳时，应采用渐进式安全钳，其余采用瞬时式安全钳。

3. 安全钳楔块面与导轨侧面间的间隙为 2～3mm。双楔块式的两侧间隙应相近，单楔块式的安全钳楔块与导轨侧面间隙为 2～3mm，另一面钳座与导轨侧面间隙为 0.5mm（图 19-11）。

4. 瞬时安全钳装置的提拉力应为 150～300N，恒值制动力安全钳装置动作应灵活可靠。

（二）质量控制要点

1. 根据安全钳型式试验证书及安装、维护使用说明书，找到安全钳上的每个整定封记（可能多处）部位，观察封记是否完好。

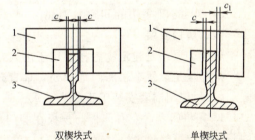

图 19-11 安全钳与导轨的间隙
1—安全钳座；2—楔块；3—导轨

2. 如采用定位销定位，用手检查定位销是否牢靠，不能有脱落的可能。

3. 限速器与安全钳电气开关在联动试验中动作应可靠，且使曳引机立即制动。

4. 对瞬时式安全钳，轿厢应载有均匀分布的额定载荷，短接限速器与安全钳电气开关、轿内无人，并在机房内操作按下行检修速度，人为使限速器动作。

5. 对渐进式安全钳，轿厢应载有均匀分布 125% 的额定载荷，短接限速器与安全钳电气开关、轿内无人，在机房内操作按平层或检修速度下行，人为让限速器动作。

6. 以上检查轿厢应可靠制动，且在载荷试验后对于原正常位置轿厢底的倾斜度不超过 5%。检查时，各种安全钳均采用空轿厢在平层或检修速度下试验。

7. 检查时应与电气操作人员配合进行。

五、导靴安装

装在轿厢上梁的两侧和下梁的两侧（安全钳上方或下方）每台电梯轿厢共有四个导

靴。轿厢依靠导靴在导轨上滑动，以保持轿厢平稳运行。防止轿厢在运行过程中偏斜和摆动。

导靴分两大类：滚动导靴和滑动导靴（刚性、弹性）。

（一）导靴安装工程技术要求：

1. 采用刚性结构时应能保证电梯正常运行，且轿厢导轨顶面与两导靴内表面间隙之和不大于2.5mm。

2. 采用弹性结构时应能保证电梯正常运行，且轿厢导轨顶面与导靴滑块面无间隙，导靴弹簧的伸缩范围不大于4mm。

3. 采用滚轮导靴时，滚轮对导靴不歪斜，压力均匀，中心接近一致且在整个轮缘宽度上与导轨工作面均匀接触。

（二）质量控制要点

1. 各电梯生产厂所生产的导靴形式不一，检验调试可根据各生产厂随带技术资料或说明书进行检验、调试。

2. 弹性滑动导靴的两边间隙值以2mm为宜；弹簧式滑动导靴对重的尺寸根据电梯额定载重量来确定（见表19-4）。

弹簧式滑动导靴对重尺寸　　　　　表19-4

电梯额定载重量(kg)	500	750	1000	1500	2000～3000	5000
b间隙(mm)	42	31	30	25	25	20

3. 刚性导靴每边的间隙为1mm。

六、层门安装

电梯的层站是建筑物各楼层用于出入轿厢的地点。层门通常是封闭式空门。

护脚板是设置在轿厢门地坎处，垂直向下延伸的光滑安全挡板。

（一）层门门套安装工程技术要求

1. 先将门套之左右侧板与顶板在层门口拼装成整体，拼装门套时应检测门宽度尺寸，内侧平面应平整。

2. 将组装好的门套就位到地坎外沿，其底部与地坎用螺栓固定，门套两侧背面与钢筋或圆钢焊接固定。

3. 门套垂直度偏差不大于1/1000。

（二）门横梁安装工程技术要求

1. 门横梁下部与门套顶部用螺栓连接，上部有支座，用膨胀螺栓或其他方法固定在井壁上。

2. 门横梁安装，需进行层门导轨垂直度，导轨与地坎平行度，导轨中心与地坎滑靴槽中心的重合度等校正检测工作。

（三）门扇安装工程技术要求

1. 门扇安装须进行门扇闭合中心偏移，门扇底面与地坎间隙，门扇闭合处平整性，门扇闭合缝隙与门套间隙等调整工作。

2. 门扇与门扇、门扇与门套、门扇与门楣、门扇与门口处轿壁、门扇下端与地坎的间隙，乘客电梯不应大于6mm，载货电梯不应大于8mm。

3. 门的牵引力为小于 300N。
4. 层门强迫关门装置必须动作正常。
5. 门锁装置的间隙调整和门头护板、地坎护板的安装，可在电梯调试慢车运行时进行检查，其要求按产品说明书规定。
6. 层门锁钩必须动作灵活，在证实锁紧的电气安全装置动作之前，锁紧元件的最小啮合长度为 7mm。
7. 层门外观应平整、光洁、无划伤或碰伤痕迹。
8. 层门指示灯盒、召唤盒和消防开关盒应安装正确，其面板与墙面贴实，横竖端正。
9. 动力操纵的水平滑动门在关门开始的 1/3 行程之后，阻止关门的力严禁超过 150N。

（四）层门地坎安装工程技术要求

1. 地坎安装应以两根钢丝垂线为基准，按电梯设计要求的地坎距将地坎上两宽度线对准钢丝垂线。地坎上平面标高应以建筑楼面最终地面标高为基准。
2. 为确保地坎经校正后不易发生位移，可采用焊接方法固定在建筑物牛腿上，然后再浇灌混凝土。
3. 地坎浇灌混凝土之后，在养护期内，不能压重物或碰撞，并经常复查安装校正有否变化，发现偏差应立即修正。
4. 地坎安装标高应比楼面最终地坪标高高出 2～5mm。
5. 层门地坎应具有足够的强度，水平度不得大于 2/1000，地坎应高出装修地面 2～5mm。
6. 层门地坎与轿厢地坎之间的水平距离偏差为 0～+3mm，且最大距离严禁超过 35mm。
7. 门刀与层门地坎、门锁滚轮与轿厢地坎间隙不应小于 5mm。

（五）质量控制要点

1. 层门的检查

(1) 门导轨与下部挡轮间隙不大于 0.5mm。
(2) 中分门的对口处不平度不应大于 1mm。
(3) 门缝不大于 2mm。
(4) 自动门上的门刀与厅门地坎间隙为 5～8mm。
(5) 门扇未装联动机前，在门的中心，沿导轨的水平方向，任何部位牵引灵活。
(6) 层门装完后用手推拉不应有不轻快现象。
(7) 检查人员应逐层检验强迫关门装置的动作情况。

1) 将层门打开到 1/3 行程、1/2 行程、全行程处将外力取消，层门均应自动关闭。
2) 在门开关过程中，观察重锤式的重锤是否在导向装置内（上）有撞击层门其他部件（如门头组件及重锤行程限位件）的现象。观察弹簧式弹簧运动时是否有卡住现象，是否碰撞层门上金属部件。
3) 观察和利用扳手、螺丝刀等工具检验强迫关门装置连接部位是否牢靠。

2. 检查人员站在轿顶或轿内使电梯检修运行，逐层停在容易观察、测量门锁的位置。

(1) 用手打开门锁钩并将层门扒开后，往打开的方向旋转锁钩，观察锁钩回位是否灵活,将扒门的手松开,观察、测量证实锁紧的电气安全装置动作前,锁紧元件是否已达到最小啮合长度7mm。

(2) 让门刀带动门锁开、关门,观察锁钩动作是否灵活。

3. 每层在轿厢与楼面齐平时测量,每层测量层门地坎与轿厢地坎两边。轿厢地坎下有护脚板,测量应从护脚板边量起、逐层记录。

七、轿厢电气安装

轿厢电气设备安装工程技术要求:

1. 轿顶操纵箱应有停止电梯运行的非自动复位的红色停止开关,且动作可靠,在轿顶检修接通后,轿厢内检修开关应失效,检修开关应是安全触点开关。

2. 轿顶应有低压(36V)照明灯具与控制开关和单相三孔检修插座(220V)。

3. 轿厢内操纵按钮动作灵活,信号显示清晰,轿厢超载装置或称量装置应动作可靠。

4. 各种安全开关应可靠固定,但不得使用电焊固定。安装后不得因电梯正常运行的碰撞或因钢丝绳、钢带、电缆的正常摆动使开关产生位移、损坏和误动作。

5. 电梯轿厢应可靠接地。

(1) 电梯轿厢可利用随行电缆的钢芯或芯线作保护线。当采用电缆芯线作保护线时,不得少于2根。

(2) 多股铜芯线打羊眼圈时,应搪锡成一体或压接线端子与设备连接。

(3) 接地线接头应固定可靠,镀锌垫圈紧固件齐全。

八、层门电气设备安装

层门电气设备安装工程技术要求:

1. 盒体应平整、牢固、不变形,埋入墙内的盒不应突出装饰面。

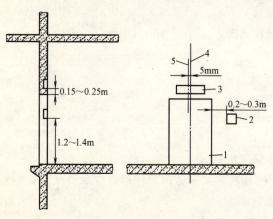

图 19-12 单梯层门装置位置
1—层门(厅门);2—召唤盒;3—层门指示灯盒;
4—层门中心线;5—指示灯盒中心线

2. 面板安装后应与墙面贴实,不得有明显的凹凸变形和歪斜。

3. 安装位置当无设计规定时,应符合下列规定(图 19-12)。

(1) 层门指示灯盒应装在层门口以上150~250mm 的层门中心处,指示灯在召唤盒内除外。

(2) 层门指示灯盒安装后,其中心线与层门中心线的偏差不应大于5mm。

(3) 召唤盒应装在层门右侧,距地1200~1400mm 的墙壁上,且盒边与层门边的距离为200~300mm。

(4) 并联、群控电梯的召唤盒应装在两台电梯的中间位置。

(5) 在同一候梯厅有二台及以上电梯并列或相对安装时,各层门对应位置应一致,并应符合下列规定:

1) 并列梯各层门指示灯盒的高度偏差不应大于5mm。

2) 并列梯各召唤盒的高度偏差不应大于2mm。

3) 各召唤盒距层门边的距离偏差不应大于 10mm。

4) 相对安装的电梯，各层门指示灯盒的高度偏差和各召唤盒的高度偏差均不应大于 5mm。

4. 具有消防功能的电梯，必须在基站或撤离层设置消防按钮。消防开关盒宜装于召唤盒的上方，其底边距地面高度宜为 1600～1700mm。

九、验收安全装置

1. 轿顶上方应有一个不小于 0.5m×0.6m×0.8m 的矩形空间，（可以任何面朝下位置）。钢丝绳中心线距矩形至少一个铅垂面可包括在这个空间里。

2. 轿内操纵按钮动作应灵活，信号清晰，轿厢超载装置或称量装置应动作可靠。

第五节 电梯底坑设备安装

电梯底坑设备包括：缓冲器、防护栏杆、检修扶梯、停止开关、检修插座、照明灯具。

一、缓冲器安装

（一）缓冲器安装工程技术要求

1. 在同一基础上安装两个缓冲器时，其顶部与轿底对应距离差不大于 2mm。

2. 轿厢、对重的缓冲器撞板中心与缓冲器中心的偏差不应大于 20mm。

3. 液压缓冲器活动柱塞的铅垂度不大于 0.5%。充液量正确，且应设有在缓冲器动作后未恢复到正常位置时，使电梯不能正常运行的电气安全开关。

（二）质量控制要点

轿厢在两端站平层位置时，轿厢、对重缓冲器撞板与缓冲器顶面间的距离应符合土建布置图要求（图 19-13）。

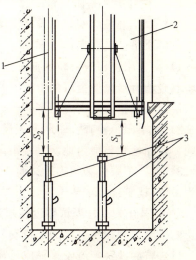

图 19-13 撞板与缓冲器顶面距离
1—对重；2—轿厢；3—缓冲器

二、防护栏杆安装

防护栏杆安装工程技术要求：

1. 在井道的下部，不同电梯的运动部件（轿厢或对重）之间应设置防护栏杆。

2. 防护栏杆应至少从轿厢或对重行程的最低点延伸到底坑地面以上 1.7m 的高度。

3. 轿厢顶部边缘与相邻电梯的运动部件（轿厢或对重）之间的水平距离小于 300mm 时，隔离防护应延长贯穿整个井道的高度，并应超过其有效宽度。

4. 被防护的运动部件（或其部分）的有效宽度应不小于每边加 100mm 的宽度。

三、底坑电气设备装置

底坑内应装有的电气设备：急停开关、检修插座、底坑照明及控制开关。

（一）底坑电气设备安装工程技术要求：

1. 底坑应设有停止电梯运行的非自动复位红色停止按钮，按钮应安装在端站地坪上

500～1300mm 左右高度的层门内侧墙上。

2. 底坑应有单相三孔检修插座（220V），其接线应正确（面对插座看），接地线在上方，左孔为零线，右孔为火线，其安装标高宜为 1300～1500mm。

3. 底坑应有照明灯具和控制开关，其开关为平开关，手柄向下开灯，向上关灯。

（二）底坑安全验收要求

1. 底坑的底部应光滑平整，底坑不得作为积水坑使用。

2. 在导轨、缓冲器、栅栏等安装竣工后，底坑不得漏水或渗水。

3. 电梯井道应为电梯专用，井道内不得设有与电梯无关的设备、电缆等杂物，应设有上下底坑的专用扶梯。

4. 当轿厢完全压缩在缓冲器上时，轿厢最低部分与底坑之间的净空距离不小于 0.5m，且底部应有一个不小于 0.5m×0.6m×1.0m 的矩形空间（可以任何面朝向下位置）。

第六节 安全保护装置

一、安全保护开关安装

各种安全保护开关的固定必须可靠，且不得焊接，动作正确、灵活。

安全开关安装工程技术要求：

1. 限位开关：是防止轿厢超过端站正常平层停车位置的安全装置。

（1）限位开关应安装在导轨同侧井壁上，撞铁安装在轿厢侧面。

（2）质量控制要点：

1）向上限位检查：轿厢向下运行一层后，再向上以检修速度（按下应急按钮）运行。使轿厢碰铁直接碰撞上限位滑轮，并切断上限位开关，使电梯到达端站自行停驶。轿厢地坎与层门地坎垂直距离应为 +40～+70mm。

2）向下限位检查：轿厢向上运行半层，再向下运行，检查方法和测量与上限位检查相同，轿厢地坎与层门地坎垂直距离应为 -40～-70mm。

3）上、下限位必须连续试验 3 次，每次必须动作正确为合格，如其中有一次不动作则为不合格。

2. 极限开关：是当轿厢运行超过端站时，轿厢或对重装置在接触缓冲器之前，能强迫切断主电源和控制电源的非自动复位安全装置。

（1）轿厢碰铁与碰轮接触应可靠，在任何情况下，碰轮边距碰铁边不小于 5mm。

（2）向上极限开关位置在端站向上 150～200mm（轿厢地坎与层门地坎之间垂直距离）。

（3）向下极限开关位置在端站向下 150～200mm（轿厢地坎与层门地坎之间垂直距离）。

（4）安装后极限开关应试验 5 次，均动作灵活，准确可靠。

（5）质量控制要点：

1）检查向上极限开关时，电梯必须从顶层向下运行半层位置，在机房控制柜内用接线短接向上限位开关端子，使上限位开关不起作用，然后电梯以检修速度（按下应急按钮）运行，使轿门开启，当轿厢撞铁直接碰撞极限开关碰轮，并切断极限开关，电梯停止运行，此时，轿厢地坎与层门地坎之间垂直距离应在 +150～+200mm。

2) 检查向下极限开关时，电梯必须向上运行半层位置，检查方法与上极限开关相同，当电梯停止运行时，轿厢地坎与层门地坎之间垂直距离应在-150~-200mm。

3) 上、下极限开关试验后，应及时拆除上、下限位短接线。

4) 极限开关必须连续试验5次，每次必须动作正确，如其中一次不动作则为不合格项目。

3. 门锁开关：是层门和轿厢门与电梯运行的连锁装置，防止电梯在开门状态下行驶。

4. 自动安全触板、光电或光幕：是避免乘客或物品被夹在门缝受到损伤的装置，安装在门沿上。

5. 轿厢超载报警装置：当轿厢载重超过额定载重时，该装置发出信号，使电梯控制电路断电，防止电梯在超载负荷状态下运行。该装置安装在轿厢底部或上部。

6. 安全开关：即急停开关，当电梯出现紧急情况时，用它切断电梯电源，使运行电梯迅速停止，此安全开关安装位置在机房、轿顶、底坑等处。

7. 断绳或断带开关：在导轨架上安装有断绳保护开关，若安全钢丝折断或绳头脱落，支架即往下掉，安装在支架侧面的打板撞动行程开关触头，切断电梯控制电路，防止电梯在没有安全钳保护下行驶。

8. 轿厢安全窗：设在轿厢顶部向外开启的封闭窗，供安装检修人员使用或有故障的出入口，窗上装有限位，打开即可切断电路的开关。

9. 检修开关：是供电梯检修时，控制轿厢顶部的检修装置。在检修开关闭合时，电梯只能慢速运行（轿厢速度不应大于0.63m/s）。

10. 程序转换按钮：在群控电梯中，电梯根据乘客流量、时间依事先编排的程序进行运行。

二、与机械配合的各种安全开关质量控制要点

对电梯内各功能开关进行切断、转换，检查电梯内各功能开关转换时是否能与电梯运行动作相符合。

1. 选层器钢带（钢绳、链条）松弛或张紧轮下落大于50mm时：

(1) 选层器：是模拟轿厢运行状态，根据控制系统需要发生相应信号的装置，钢带传动装置通过钢带将轿厢运行状态传递到选层器的装置。

(2) 质量控制要点：

1) 利用工具将钢带或钢绳松开，使张紧轮下落切断限位开关，使电梯不能启动。

2) 当张紧轮下落时用钢卷尺测量一下是否在大于50mm处切断限位开关门。

2. 限速器配重轮下落大于50mm时：

(1) 限速器：是当轿厢运行速度达到限定值时，能发生电信号，并产生机械动作的安全装置。

(2) 在导轨上安装有断绳保护开关，若安全钢绳折断或绳头脱落，限速器配重轮下落，即支架往下掉，安装在支架侧面上的打板撞动行程开关触头，切断电梯控制电路，防止电梯在没有安全钳保护下行驶。

(3) 质量控制要点：

1) 在井道底坑用手扳动限速器配重轮，使钢丝绳滑出配重轮槽，使配重轮下落，切断保护限位开关，电梯停止运行。

2）用钢卷尺测量配重轮，下落大于50mm时，应能立即切断限位开关。

3. 限速器钢丝绳夹住轿厢上安全钳拉杆动作时：

(1) 限速器和安全钳一起构成轿厢的快速制动装置，限速器是该装置的发放机构，当轿厢行驶速度达到限位值时，要求限速器动作，夹住安全钢丝绳，强迫安全钳作出相应反应，制止轿厢直到停止，与此同时切断电梯控制电路，电机断电停转，制动器刹住制动轮，整个牵引系统停止运行。

(2) 质量控制要点：

限速器动作，限速器钢丝绳张紧力在300N时应即动作，并切断安全限位开关，使电梯停止运行。

4. 电梯超速达到限速器动作速度的95%时：

(1) 电梯限速器动作速度如表19-5。电梯限速器，由厂方试验合格，并铅封。

电梯限速器动作速度　　　　　表19-5

额定速度(m/s)	限速器最大动作速度(m/s)	%	额定速度(m/s)	限速器最大动作速度(m/s)	%
0.5	0.85	170	1.75	2.26	129
0.75	1.05	140	2.0	2.55	128
1.00	1.40	140	2.50	3.13	125
1.50	1.98	132	3.00	3.70	123

(2) 质量控制要点：

1）电梯轿厢运行到最高层处停车。

2）在机房用转速表测试限速器转速。

3）在轿厢顶上用工具将限速器安全钢丝绳头拉手与轿厢架连接处拆开。

4）在钢丝绳头绑扎重物并松手，使重物迅速向下坠落。

5）在此同时机房测量人员测量限速器下降转速并注意限速器动作时的转速，检验限速器最大动作速度。

5. 电梯载重量超过额定载重量的110%时：

(1) 超载装置：设置在轿厢底、轿厢顶和机房等处，是当轿厢负载超过额定负载时，能发生警告信号，使轿厢不能运行的安全装置。

(2) 质量控制要点：

1）电梯轿厢停在底层，向轿厢内渐渐加附加压铁。

2）当向轿厢加负载达到电梯额定载重量110%时，调整在轿厢底部的超载限位开关位置，使超载限位开关动作，切断电路。并发出超载报警信号。此时把限位开关固定牢固。

3）从轿厢内取出10%的载重时，超载限位开关复位，闭合电路，解除超载报警。

4）超载试验应进行多次，以精确确定限位开关位置。

6. 任意层门、轿门未关闭或锁紧（按下应急按钮除外）时：

(1) 门锁装置：是设置在层门的内侧，门关闭后，将门锁紧，同时接通控制回路，轿厢方可运行的机电连锁安全装置。

(2) 质量控制要点：

1) 电梯停在某一层,如厅门或轿门打开时,按电梯向上或向下操作按钮,电梯不能正常启动运行为正确。

2) 在轿顶上作电梯慢速运行时,用手扳动厅门滚轮,电梯应立即停车。

3) 电梯轿门、层门全数检查。

7. 轿厢安全窗未正常关闭时:

(1) 轿厢安全窗:是在轿厢顶部向外开启的封闭窗,供安装、检修人员使用或在发生事故时的出口,窗上装有即可断电开关。

(2) 质量控制要点:

1) 电梯在运行过程中,用于向上推动轿顶安全窗,使电梯立即停车为正确。

2) 应多次检查,均为正确。

三、缓速装置(减速装置)

缓冲装置是电梯运行到终端站时,行程开关切断高速或接入端站强迫减速装置。

直流高速电梯强迫缓速开关安装位置,应按电梯的额定速度,减速时间及停止距离选定,但其安装位置不得使电梯停止距离小于电梯的最小停止距离(电梯允许最小停止距离中的平均速度不应大于-1.5m/s)。见表19-6。

停止距离 表19-6

减速时间(s)	额定速度(m/s)				
	1.5	1.75	2	2.5	3
	停止距离(m)				
2	1.5	1.75	2	2.5	3
3	2.5	2.62	3	2.75	4.5
4				5	6

四、轿厢自动门安全触板检查

1. 安全触板:是设置在层门、轿门之间,在层门、轿门关闭过程中,当有乘客或障碍物触及时,门立即返回开启位置的安全装置。

2. 质量控制要点:

(1) 当在轿门启动关闭时,用手触及轿门安全触板,门应立即返回到开启位置。

(2) 装有安全触板,触板动作的碰撞力不大于5N。

第七节 电梯整机安装工程质量验收

一、安全保护验收

安全保护验收必须符合下列规定:

1. 必须检查以下安全装置或功能:

(1) 断相、错相保护装置或功能。

(2) 短路、过载保护装置。

(3) 限速器上的轿厢(对重、平衡重)下行标志必须与轿厢(对重、平衡重)实际下行方向相符。

(4) 安全钳。
(5) 缓冲器。
(6) 门锁装置。
(7) 上、下极限开关必须是安全触点，在端站位置进行动作试验时必须动作正常。
(8) 位于轿顶、机房（如果有）、滑轮间（如果有）、底坑停止装置的动作必须正常。

2. 下列安全开关，必须动作可靠。
(1) 限速器张紧开关。
(2) 液压缓冲器复位开关。
(3) 有补偿张紧轮时，补偿绳张紧开关。
(4) 当额定速度大于3.5m/s时，补偿绳轮防跳开关。
(5) 轿厢安全窗（如果有）开关。
(6) 安全门、底坑门、检修活板门（如果有）的开关。
(7) 对可拆卸式紧急操作装置所需要的安全开关。
(8) 悬挂钢丝绳（链条）为两根时，防松动安全开关。

二、限速器安全钳联动试验

限速器安全钳联动试验必须符合下列规定：

1. 限速器与安全钳电气开关在联动试验中必须动作可靠，且使驱动主机立即制动。
2. 对瞬时式安全钳，轿厢应载有均匀分布的额定载重量；对渐进式安全钳，轿厢应载有均匀分布的125%额定载重量。当短接限速器及安全钳电气开关，轿厢以检修速度下行，人为使限速器机械动作时，安全钳应可靠动作，轿厢必须可靠制动，且轿底倾斜度不应大于5%。

三、层门与轿门的试验

层门与轿门的试验必须符合下列规定：

1. 每层层门必须能够用三角钥匙正常开启。
2. 当一个层门或轿门（在多扇门中任何一扇门）非正常打开时，电梯严禁启动或继续运行。

四、曳引式电梯的曳引能力试验

曳引式电梯的曳引能力试验必须符合下列规定：

1. 轿厢在行程上部范围空载上行及行程下部范围载有125%额定载重量下行，分别停层3次以上，轿厢必须可靠制停（空载上行情况应平层）。轿厢载有125%额定载重量，以正常运行速度下行时，切断电动机与制动器供电，电梯必须可靠制动。
2. 当对重安全压在缓冲器上，且驱动主机按轿厢上行方向连续运转时，空载轿厢严禁向上提升。
3. 当轿厢面积不能限制载荷超过额定值时，再需用150%额定载荷做曳引静载检查。历时10min，曳引绳无打滑现象。

五、电梯安装后进行空载、额定载荷下运行试验

1. 轿厢分别以空载、50%额定载荷和额定载荷三种工况，并在通电持续率40%情况下，到达全行程范围，按120次/h，每天不少于8h，各起、制动运行1000次，电梯应运行平稳、制动可靠，连续运行无故障。

2. 制动器温升不应超过 60K，曳引机减速器油温升不超过 60K，其温度不应超过 85℃，电动机温升不超过 GB 12974 的规定。

六、平层准确度检验

平层精确度偏差见表 19-7。

平层精确度偏差　　　　　　　　　　　表 19-7

项 目		允许偏差(mm)
平层精确度	甲　2, 2.5, 3(m/s)	±5
	乙　1.5, 1.75(m/s)	±15
	0.75, 1(m/s)	±30
	丙　0.25, 0.5(m/s)	±15

七、曳引式电梯的平衡系数

曳引式电梯的平衡系数应为 0.4～0.5。

八、噪声检验

1. 机房内噪声应不大于 80dB。
2. 乘客电梯和病床电梯运行中轿厢内噪声应不大于 55dB。
3. 开关门过程噪声应不大于 65dB。
4. 对货梯不作噪声测试要求。

九、速度规定

当电源为额定频率和额定电压、轿厢载有 50% 额定载荷时，向下运行至行程中段（去加速减速段）时的速度，不应大于额定速度的 105%，且不应小于额定速度的 92%。

十、其他

1. 缓冲器复位试验

对耗能型缓冲器需进行复位试验，即轿厢在空载的情况下以检修速度下降将缓冲器完全压缩，从轿厢开始离开缓冲器一瞬间起，直到缓冲器复位到原状，所需时间应不大于 120s。

2. 消防功能试验

当电梯向上行驶时，不论在任何层站，如按消防按钮即电梯迅速向下行驶，停靠基站，中间不停任何层站。

十一、观感质量

观感质量符合规范要求。

第八节　液压电梯安装工程

一、设备进场验收

设备进场控制要点：

除随机文件中需增加液压原理图外，其他与曳引式电梯安装工程相同。

二、土建交接验收

与曳引式电梯安装工程相同。

三、液压系统

（一）安装工程技术要求：

1. 液压泵站及液压顶升机构的安装必须按土建布置图进行，顶升机构必须安装牢固，缸体垂直度严禁大于4‰。

2. 液压管路应可靠连接，且无渗漏现象。

3. 液压泵站油位显示应清晰、准确。

4. 压力表应清晰、准确地显示系统的工作压力。

（二）质量控制要点

1. 液压顶升

液压顶升机构应按照制造厂提供的土建布置图进行安装，严禁随意更改安装位置。顶升机构的支架应安装在混凝土墙上，采用膨胀螺栓固定。如井道采用砖墙结构时，膨胀螺栓不应直接固定在砖墙上，应采用夹板螺栓固定法来进行固定。顶升机构应安装牢固，缸体垂直度严禁大于4‰。

2. 液压管道

（1）液压系统的液压管路应尽量短捷，液压站以外的管道连结应采用焊接，焊接法兰螺纹管连接头，不得采用压紧装配或扩口装配，且应无渗漏现象。

（2）压力管路的油流速度不应大于5m/s，吸油管路不应大于1m/s。

（3）系统管路中的刚性管道应采用足够壁厚的无缝钢管，用于液化缸与单向阀或下行阀之间的高压管，相对于爆破压力的安全系数不应小于8。胶管上应打有制造厂名，试验压力和试验日期的标记与液压缸相连的高压胶管使用期限达到8年时应更换新管。

（4）液压油管穿墙应设套管，套管内径大小应能通过软管接头，套管两端管口应密封，便于今后维修。

3. 液压油

（1）液压油的黏温特性应符合系统元件正常工作的要求。

（2）液压系统应设有滤油器，滤油器的过滤精度不得低于25μm。

（3）油箱应安装密闭顶盖，以防止尘埃落入油箱内，顶盖上部应设有带过滤的注油器，对带空滤器的通气孔，其通气能力应满足流量的要求。

（4）液压油箱应设有显示最高和最低油面的液位计，油箱和油液容量应能满足液压电梯正常运行的需要。

4. 压力表

液压泵站应设有压力指示表，该压力指示表应清晰准确地显示其系统的工作压力，压力表的量程应不大于额定载荷时压力的150%，且压力指示表的表面应对进门入口处，便于维修人员能一目了然地看清楚其系统工作时的压力是否处于正常范围内。

将检测情况计入表中，在表中应有建设方或监理方、施工方签字才能生效。

四、导轨

与曳引式电梯安装工程相同。

五、门系统

与曳引式电梯安装工程相同。

六、轿厢

与曳引式电梯安装工程相同。

七、平衡重

与曳引式电梯安装工程相同。

八、安全部件

与曳引式电梯安装工程相同。

九、悬挂装置、随行电缆

与曳引式电梯安装工程相同。

十、电气装置

与曳引式电梯安装工程相同。

十一、整机安装验收

（一）安装工程技术要求

1. 液压电梯安全保护验收必须符合下列规定：

（1）必须检查以下安全装置的功能：

1）断相、错相保护装置的功能：

当控制柜三相电源中任何一相断开或任何二相错位时，断相、错相保护装置或功能应使电梯不发生危险故障。

注：当错相不影响电梯正常运行时可没有错相保护装置的功能。

2）短路、过载保护装置：

动力电路、控制电路、安全电路必须有与负载匹配的短路保护装置；动力电路必须有过载保护装置。

3）防止轿厢坠落、超速下降的装置：

液压电梯必须装有防止轿厢坠落、超速下降的装置，且各装置必须与其型式试验证书相符。

4）门锁装置：

门锁装置必须与其型式试验证书相符。

5）上极限开关：

上极限开关必须是安全触点，在端站位置进行动作试验时，必须动作正常。它必须在柱塞接触到其缓冲器制停装置之前动作，且柱塞处于缓冲制停区时保持动作状态。

6）机房、滑轮间（如果有）、轿顶、底坑停止装置：

位于机房、滑轮间（如果有）、轿顶、底坑停止装置的动作必须正常。

7）液压油温升保护装置：

当液压油达到产品设计温度时，温升保护装置必须动作，使液压电梯停止运行。

8）移动轿厢的装置：

在停电或电气系统发生故障时，移动轿厢的装置必须能够移动轿厢上行或下行，且下行时还必须装设防止顶升机构与轿厢运动相脱离的装置。

（2）下列安全开关必须动作可靠：

1）限速器（如果有）张紧开关。

2）液压缓冲器（如果有）复位开关。

3）轿厢安全窗（如果有）开关。

4）安全门、底坑门、检修活板门（如果有）的开关。

5）悬挂钢丝绳（链条）为两根时，防松动安全开关。

2. 限速器（安全绳）与安全钳联动试验必须符合下列规定：

（1）限速器（安全绳）与安全钳电气联动试验中必须动作可靠，且应使电梯停止运行。

（2）联动试验时轿厢载荷及速度应符合下列规定：

1）当液压电梯额定载重量与轿厢最大有效面积符合表 19-8 的规定时，轿厢应载有均匀分布的额定载重量；当液压电梯额定载重量小于表 19-8 规定的轿厢最大有效面积对应的额定载重量时，轿厢应载有均匀分布的 125％的液压电梯额定载重量，但该载荷不应超过表 19-8 规定的轿厢最大有效面积对应的额定载重量。

额定载重量与最大有效面积之间的关系　　　　　　表 19-8

额定载重量(kg)	轿厢最大有效面积(m^2)	额定载重量(kg)	轿厢最大有效面积(m^2)	额定载重量(kg)	轿厢最大有效面积(m^2)	额定载重量(kg)	轿厢最大有效面积(m^2)
100[1]	0.37	525	1.45	900	2.20	1275	2.95
180[2]	0.58	600	1.60	975	2.35	1350	3.10
225	0.70	630	1.66	1000	2.40	1425	3.25
300	0.90	675	1.75	1050	2.50	1500	3.40
375	1.10	750	1.90	1125	2.65	1600	3.56
400	1.17	800	2.00	1200	2.80	2000	4.20
450	1.30	825	2.05	1250	2.90	2500[3]	5.00

注：1）一人电梯的最小值。

2）二人电梯的最小值。

3）额定载重量超过 2500kg 时，每增加 100kg 面积增加 $0.16m^2$，对中间的载重量其面积由线性插入法确定。

2）对瞬时式安全钳，轿厢应以额定速度下行；对渐进式安全钳，轿厢应以检修速度下行。

3）当装有限速器的安全钳联动时，使下行阀保持开启状态（直到钢丝绳松弛为止）的同时，人为使限速器机械动作，安全钳应可靠动作，轿厢必须可靠制动，且轿底倾斜度不应大于 5％。

3. 层门与轿门的试验

与曳引式电梯安装工程相同。

4. 超载试验必须符合下列规定：

当轿厢载荷达到 110％的额定载重量，且 10％的额定载重量的最小值按 75kg 计算时，液压电梯严禁启动。

5. 液压电梯安装后应进行运行试验：

轿厢在额定载重量工况下，按产品设计规定的每小时启动次数运行 1000 次（每天不少于 8h）；液压电梯应平稳，制动可靠，连续运行无故障。

6. 噪声检查应符合下列规定：

（1）液压电梯的机房噪声不应大于 85dB（A）；

（2）乘客液压电梯和病床液压电梯运行中轿厢内噪声不应大于 55dB（A）；

(3) 乘客液压电梯和病床液压电梯的开关门过程噪声不应大于 65dB（A）。

7. 平层准确度检验应符合下列规定：

液压电梯平层准确度应在 ±15mm 范围内。

8. 运行速度检验应符合下列规定：

空载轿厢上行速度与上行额定速度的差值不应大于上行额定速度的 8%；载有额定载重量的轿厢下行速度与下行额定速度的差值不应大于下行额定速度的 8%。

9. 额定载荷沉降量试验应符合下列规定：

载有额定载荷的轿厢停靠在最高层站时，停梯 10min，沉降量不应大于 10mm，但因油温变化而引起的油体积缩小所造成的沉降不包括在 10mm 内。

10. 液压泵站溢流阀压力检查应符合下列规定：

液压泵站上的溢流阀应设定在系统压力为满载压力的 140%～170% 时动作。

11. 超压静载试验应符合下列规定：

将截止阀关闭，在轿厢内施加 200% 的额定载荷，持续 5min，应确保液压系统完好无损。

12. 观感检查与曳引式电梯安装工程相同。

（二）质量控制要点

1. 在轿厢内载有额定载荷的 120% 重量时，此时液压电梯控制系统应能报警，并切断动力线路，使液压泵不能启动或无压力油输出，使电梯轿厢不能上行。

2. 将额定载重量的轿厢停靠在最高层站，观察和测量 10min 后，检查：

(1) 轿厢变形情况。

(2) 结构件变形及损坏情况。

(3) 是否有漏油现象。

(4) 钢丝绳绳头是否有松动。

(5) 测量沉降量不应大于 10mm，但因油温变化而引起的油体积缩小所造成的沉降不包括在 10mm 内。

3. 耐压试验：

(1) 液压油缸超耐压试验：

将液压油缸加压至额定工作压力 1.5 倍，保压 5min，检查阀体及接头处有无明显的变形，各处有无外漏。

(2) 限速切断阀耐压实验：

在额定工作压力 1.5 倍的情况下，保压 5min，检查阀体及接头处是否有外漏。

(3) 电动单向阀耐压试验：

在额定工作压力 1.5 倍的情况下，检查阀体及接头处有无外漏，检查单向阀处是否有内漏。

4. 限速性能试验：

在额定工作压力和流量的情况下，突然降低阀入口处的压力试验阀芯关闭液压油缸中的逆流回油所需时间。

5. 调节限速切断阀的调节螺钉，测定该阀的正常工作流量范围，是否符合设计要求。

6. 耐久性试验：

(1) 液压油缸：

在油缸柱塞杆头部加载至额定值，柱塞杆按照设计速度往复运动全行程不少于 2×10^4 次，检查柱塞杆有无磨损，密封面是否有渗漏现象。

(2) 限速切断阀：

在额定工作压力，工作 10000 次，要求无故障。

(3) 电动单向阀：

在额定工作压力和流量的情况下，按以下要求工作 10000 次后，应保持阀的原性能不变。

1) 换向频率 15~20 次/min。

2) 每次换向中，保证时间不少于 2s。

7. 液压泵站上的溢流阀应调节在系统压力为满载压力的 140%~170%。

8. 超载静载负荷试验：

轿厢停止在底层平层位置，将截止阀关闭，在轿厢施加额定载重量的 200% 的重量负载，保持 5min，观察液压系统各部位应保持无渗漏，观察各构件有无发生永久性变形和损坏，钢丝绳头有无松动，轿厢有无不正常地沉降。

9. 额定速度试验：

在液压电梯平稳运行区段（不包括加、减速区段）先确定一个不少于 2m 的试验距离，电梯启动后，按行程开关或接近开关用电秒表分别测出通过上述试验距离时，空载轿厢向上运行所消耗的时间和额定载重量轿厢向下运行所消耗时间，按计算公式计算出速度（试验分别进行 3 次，取其平均值）：

$$V_1 = \frac{L}{t_1} \quad V_2 = \frac{L}{t_2}$$

其中 V_1 和 t_1——空载轿厢上行速度（m/s）和时间（s）；

V_2 和 t_2——有载轿厢下行速度（m/s）和时间（s）；

L——试验距离（m）。

将检测情况计入表中，在表中应有建设方或监理方、施工方代表签字才能生效。

第九节 自动扶梯、自动人行道安装工程

一、设备进场验收

设备进场控制要点：

(一) 必须提供的资料

1. 随机文件：

(1) 土建布置图。

(2) 产品出厂合格证。

(3) 装箱单。

(4) 安装、使用维护说明书。

(5) 动力电路和安全电路的电气原理图及接线布置图。

2. 技术资料：

(1) 梯级或踏板的型式试验报告复印件或胶带的断裂强度证明文件复印件。

(2) 对于公共交通型自动扶梯、自动人行道应有扶手带的断裂强度证明书复印件。

（二）设备零部件

设备零部件应与装箱单内容相符。

（三）设备外观

设备外观不应有明显的损坏。

二、土建交接验收

（一）安装工程技术要求

1. 自动扶梯的梯级或自动人行道的踏板或胶带上空，垂直净高度严禁小于 2.3m。
2. 在安装之前，井道周围必须设有保证安全的栏杆和屏障，其高度严禁低于 1.2m。
3. 土建工程应按照土建布置图进行施工，并且其主要尺寸允许误差应为：
提升高度 $-15\sim+15$mm；跨度 $0\sim+15$mm。
4. 应根据产品供应商的要求，提供设备进场所需的通道和搬运空间。
5. 在安装之前，土建施工单位提供明显的水平基准线标识。
6. 电源零线和接地线应始终分开，接地装置的接地电阻值不应大于 4Ω。

（二）质量控制要点

1. 在自动扶梯和自动人行道的出入口，应有充分畅通的区域，以容纳乘客，该畅通区的宽度至少等于扶手带中心线之间的距离，其纵深尺寸从扶手带转向端端部起算，至少为 2.5m。如果该区宽度增至扶手带中心距的两倍以上，则其纵深尺寸允许减少至 2m。必须注意到，应将该畅通区看作整个交通系统的组成部分，因此，有时需增大。

2. 自动扶梯的梯级或自动人行道的踏板或胶带上空，垂直净高应不小于 2.3m。

3. 如果建筑物的障碍物会引起人员伤害时，则应采取相应的预防措施，特别是在与楼板交叉处，以及各交叉设置的自动扶梯或自动人行道之间，应在外盖板上方设置一个无锐利边缘的垂直防碰挡板，其高度不应小于 0.3m。

4. 当自动扶梯或自动人行道边缘周围有空隙距离时应设置安全防护栏或隔离屏障，以防儿童坠落，该防护栏严禁低于 1.2m。且栏杆中间应有防儿童能钻出的隔离杆。

5. 施工企业应在施工前派施工人员对现场进行勘察，勘察人员应对设计施工图及土建的实际施工的机房底坑的质量进行复测，测量其提升高度及跨度是否符合制造厂所提供技术标准范围之内，如不符合应向建设单位提出进行修正，待修正符合规范要求后，方可派施工人员进场进行安装。

6. 勘察人员在施工现场勘察的同时应对现场的设备运进现场的道路一并进行勘察，针对设备进场的条件，运输所要的通道及设备进行拼装、吊运的场地空间检查是否符合要求，如不符合要求应向建设单位及时提出便于建设单位能清理场地，满足施工的需要，确保设备能安全就位。

7. 自动扶梯或自动人行道的桁架中心及标高作为自动扶梯或自动人行道部件组装的基础，是一项十分重要的工作，故土建施工单位应在建筑物柱上测量出明显 X、Y 轴线的基准线，及最终地平面的 ± 0 标高基准线。这样便于施工单位的安装，一旦出了质量问题也便于分清责任。

8. 接地

(1) 在同一回路中严禁将电气设备一部分采用接零保护，而另一部分采用接地保护。

(2) 如系统采用三相四线制（TN—C）系统供电时，保护地线应从前一级电源的保护零线（PEN）引出（见图19-14和图19-15）。

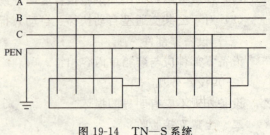

图 19-14　TN—S 系统

(3) 接地线应安装在规定的位置上，不得任意乱接，不得串接，保护接地电阻值不应大于4Ω。

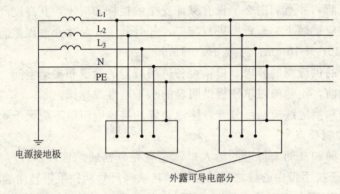

图 19-15　TN—C 系统

将检测情况计入表中，在表中应有建设方或监理方、施工方代表签字才能生效。

三、整机安装验收

(一) 安装工程技术要求

1. 在下列情况下，自动扶梯、自动人行道必须自行停止运行，并且第4款至第11款情况下的开关断开动作必须通过安全触点或安全电路来完成。

(1) 无控制电压。

(2) 电路接地的故障。

(3) 过载。

(4) 控制装置在超速和运行方向非操纵逆转下动作。

(5) 附加制动器动作（如果有）。

(6) 直接驱动梯级、踏板或胶带的部件（如链条或齿条）断裂或过分伸长。

(7) 驱动装置与转向装置之间的距离（无意性）缩短。

(8) 梯级、踏板或胶带进入梳齿板处有异物夹住，且产生损坏梯级、踏板或胶带支撑结构。

(9) 无中间出口的连续安装的多台自动扶梯、自动人行道中的一台停止运行。

(10) 扶手带入口处保护装置动作。

(11) 梯级或踏板下陷。

2. 测量不同回路导线对地的绝缘电阻，要求与电梯安装工程相同。

3. 电气设备接地要求与电梯安装工程相同。

4. 整机安装检查应符合下列要求：

(1) 梯级、踏板、胶带的楞齿及梳齿板应完整、光滑。

(2) 在自动扶梯、自动人行道入口处应设置使用须知的标牌。

(3) 内、外盖板、围裙板、扶手支架及扶手导轨，护壁板接缝应平整。接缝处的凸台不应大于 0.5mm。

(4) 梳齿板梳齿与踏板面齿槽的啮合深度至少应为 6mm。

(5) 梳齿板梳齿与踏板面齿槽的间隙至少为 4mm。

(6) 围裙板与梯级、踏板或胶带任何一侧的水平间隙不大于 4mm，两边的间隙之和不大于 7mm，如果自动人行道的围裙板设置在踏板或胶带之上时，则踏板表面与裙板下端之间的垂直间隙不应超过 4mm，踏板或胶带的横向摆动不允许踏板或胶带的侧边与围裙板垂直投影产生间隙。

(7) 梯级间或踏板间的间隙在工作区段的任何位置，从踏板面测得的两个相邻梯级或两个相邻踏板之间的间隙不应超过 6mm。在自动人行道过渡曲线区段、踏板的前缘和相邻踏板的后缘啮合，且间隙允许增至 8mm。

(8) 护壁板之间的空隙不应大于 4mm。

5. 性能试验应符合下列规定：

(1) 在额定频率和额定电压下，梯级、踏板或胶带沿运行方向空载时的速度与额定速度之间允许偏差为 ±5%。

(2) 扶手带的运行速度相对于梯级、踏板或胶带的速度允许偏差为 0~2%。

6. 自动扶梯、自动人行道制动试验应符合下列规定：

(1) 自动扶梯、自动人行道应进行空载制动试验，制停距离应符合表 19-9 的规定。

制停距离   表 19-9

额定速度	制停距离范围		额定速度	制停距离范围	
	自动扶梯	自动人行道		自动扶梯	自动人行道
0.5m/s	0.20~1.00m	0.20~1.00m	0.75m/s	0.35~1.50m	0.35~1.50m
0.65m/s	0.30~1.30m	0.30~1.30m	0.90m/s	—	0.40~1.70m

注：若速度在上述数值之间，制停距离用插入法计算，制停距离应从电气制动装置工作开始测量。

(2) 自动扶梯应进行载有制动载荷的下行制停距离试验（除非制停距离可以通过其他方法检验）。制停距离应符合表 19-10 的规定，对于自动人行道，制造商应提供按载有表 19-10 规定的制动载荷计算的制停距离，且制停距离应符合表 19-10 的规定。

制动载荷   表 19-10

梯级、踏板或胶带的名义宽度(m)	自动扶梯每个梯级上的载荷(kg)	自动人行道每 0.4m 长度上的载荷(kg)
$z \leqslant 0.6$	60	50
$0.6 < z \leqslant 0.8$	90	75
$0.8 < z \leqslant 1.1$	120	100

注：1. 自动扶梯受载的梯级数量由提升高度除以最大可见梯级踢板高度求得，在试验时允许将总制动载荷分布在所求得的 2/3 的梯级上。

2. 当自动人行道倾斜角度不大于 6°，踏板或胶带的名义宽度大于 1.1m。那么，宽度每增加 0.3m 制动载荷应在每 0.4m 长度上增加 25kg。

3. 当自动人行道在长度范围内有多个不同倾斜角度（高度不同）时，制动载荷应仅考虑到那些能组合成最不利载荷的水平区段和倾斜区段。

7. 电气装置的规范要求与电梯安装工程相同。

8. 观感检查应符合下列规定：

（1）上行和下行自动扶梯、自动人行道、梯级、踏板或胶带与围裙板之间应无刮碰现象（梯级、踏板或胶带上的导向部分与围裙板接触除外），扶手带表面应无刮痕。

（2）对梯级（踏板或胶带）、梳齿板、扶手带、护壁板、围裙板、内外盖板及活动盖板等部位的外表面应进行清理。

（二）质量控制要点

1. 当自动扶梯或自动人行道一旦失去控制电压的情况下，应立即停止运行。

2. 当自动扶梯或自动人行道的电气装置的接地系统发生断路或故障的情况下应立即停止运行。

3. 当电流发生过载时，自动扶梯或自动人行道内的电气装置应有过载保护，使其动作，并立即停止运行。

4. 当自动扶梯和自动人行道的运行速度超过额定速度的1.2倍时，超速保护装置（速度控制器）应能切断控制回路电源，使其立即停止运行。

5. 当自动扶梯和自动人行道在正常的运行情况下，突然逆向运行（非人为操作）时，应立即停止运行。

6. 当自动扶梯和自动人行道带有附加制动器时，自动扶梯或自动人行道在运行过程中，一旦附加制动器的保护装置发生动作，应立即停止运行。

7. 当驱动链断裂或伸长时，该保护装置应起作用，使自动扶梯或自动人行道立即停止运行。

8. 驱动装置与转向装置一旦产生螺栓松动而移位，使两者之间距离缩缺时，其保护装置应起作用并使自动扶梯或自动人行道立即停止运行。

9. 当梯级或踏板及胶带进入梳齿板处有被异物夹住时或胶带支撑结构损坏时，该保护装置应有效，并使自动扶梯或自动人行道立即停止运行。

10. 当有异物带入扶手带入口处时，该保护装置应有效，并使自动扶梯或自动人行道立即停止运行。

11. 在装有多台连续的自动扶梯或自动人行道，且中间又无出口，当其中一台发生故障又不能运行时，应有一个保护装置使其他的自动扶梯或自动人行道均应立即停止运行。

12. 当梯级或踏板下沉时，该保护装置应有效，并使自动扶梯或自动人行道立即停止运行。

13. 安装检查：

（1）目测梯级、踏板、胶带楞齿及梳齿板的梳齿应完好无损。

（2）应目测自动扶梯或自动人行道的入口处是否贴有醒目的告知乘客的须知像形图（见图19-16）。

（3）目测检查，必要时用塞尺和钢直尺测量扶手支架，平盖板、斜角盖板、护壁板及围裙板的对接处应平整光滑。对接处的接缝间隙应小于1mm。接缝处的台阶不应大于0.5mm。

（4）自动扶梯的梯级或自动人行道的踏板，表面具有凹槽。它是使扶梯上下出入口时，能嵌在梳板尺中，以确保乘客能安全上下。另外，可防止乘客在梯级上滑动，槽的节

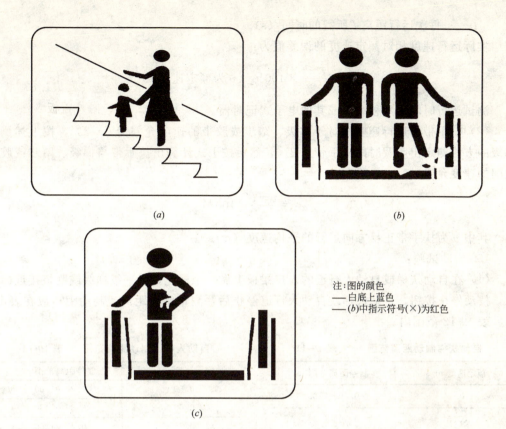

图 19-16

距有较高精度,槽深为 10mm。检查时用斜塞尺测量梳齿与踏板面齿槽的啮合深度应为 6mm。梳齿板梳齿与踏板面齿槽的间隙应为 4mm。

(5) 应用塞尺检查围裙板与梯级或踏板的单侧水平间隙不应大于 4mm。但两边间隙之和不得大于 7mm。如自动人行道的围裙板安装在胶带上面时,踏板表面与围裙板下端的垂直间隙不应大于 4mm。踏板或胶带的横向摆动不允许踏板或胶带的侧边与围裙板垂直投影间产生间隙。

(6) 应用塞尺检查梯级或踏板,其间隙在任何工作位置的两个相邻梯级或踏板之间的间隙不应大于 6mm。但对于自动人行道在过渡曲线区段,其踏板的前缘和相邻踏板的后缘啮合,它的间隙允许不大于 8mm。

(7) 应用塞尺检查自动扶梯或自动人行道的护壁板之间的间隙不应大于 4mm。

14. 性能试验:

(1) 自动扶梯或自动人行道空载稳定运行,正、反方向各 3 次。可通过测定自动扶梯或自动人行道踏步(或胶带)稳定运行一定距离所需的时间,然后按下式求出正(反)方向的平均运行速度。

$$\bar{v} = \frac{l}{3}\left(\sum_{i=1}^{3}\frac{1}{t_i}\right)$$

式中 $\bar{v}$——正或反方向运行速度 (m/s);

l——预定的稳速运行的测试距离 (m);

t_i——每次运行距离 l 所需的时间（s）。

实际运行速度相对额定速度的误差值为：

$$s_1 = \frac{\overline{v} - v}{v} \times 100\% \text{（}v\text{ 为额定速度）}$$

测试运行时间可用秒表，或其他电子式记时器。

（2）扶手带的运行速度相对于梯级、踏步或胶带的速度允差为 0～2%，按上述测定梯级的方法测定出空载时的扶手带速度 $\overline{v}$，然后按下式计算出扶手带与梯级、踏步或胶带之间的速度允差。

$$s_1 = \frac{\overline{v} - v}{v} \times 100\%$$

其中 $\overline{v}$ 为扶手带正反方向运行的平均速度（m/s）。

15. 制动试验：

（1）在自动扶梯或自动人行道的入口裙板上做一个标记，当一级梯级或踏板接近标记时，按动停止按钮。自动扶梯或自动人行道停止后，测量制动距离，制动距离应在表 19-11、表 19-12 范围内。

自动扶梯制动距离范围　　表 19-11

额定速度 m/s	制停距离范围 m
0.5	0.20～1.00
0.65	0.30～1.30
0.75	0.35～1.50

自动人行道制动距离范围　　表 19-12

额定速度 m/s	制停距离范围 m
0.50	0.20～1.00
0.65	0.30～1.30
0.75	0.35～1.50
0.90	0.40～1.70

（2）对于自动扶梯、自动人行道还应进行载荷试验，试验时自动扶梯，梯级宽度小于等于 600mm。在每个梯级上应有 600N 的载荷。大于 600mm，不大于 800mm 梯级宽度。在每个梯级上应有 900N 的载荷，大于 800mm，不大于 1100mm 梯级宽度，在每个梯级上应有 1200N 的载荷。但对于自动人行道的踏板每 400mm 长度上应有 500N 的载荷，且每增加 400mm 的长度上应增加 250N 的载荷，此时的制动距离应符合表内要求。

16. 观感检查

对于自动扶梯或自动人行道安装完毕后，应对其外观作一次观感检查，对其的梯级、踏板或胶带是否有损坏或与围裙板之间是否有互相摩擦，刮痕等现象、扶手带表面是否光滑，扶手导轨内、外盖板，围裙板接缝处等是否平整、光滑，如有毛刺等应进行修复，确保乘客的人身安全。

将检测情况计入表中，在表中应有建设方或监理方、施工方代表签字才能生效。